高等学校"十四五"农林规划新形态教材

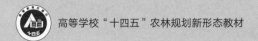

U0185155

动物生理学

（第2版）

主编　付守鹏　栾新红　康波

ANIMAL PHYSIOLOGY

中国教育出版传媒集团

高等教育出版社 · 北京

内容简介

本书以哺乳动物为主要对象,兼顾禽类等动物门类,系统介绍了动物生理学的基本理论和基础知识,同时对生理学不同研究领域的新理论、新发现及前沿性成果也适当涉猎。全书内容包括细胞的基本功能、神经生理、血液生理、血液循环、呼吸生理、消化与吸收、能量代谢与体温调节、泌尿生理、内分泌、生殖生理、泌乳生理,并单独安排一章讲述禽类生理特点。本书力求文字简洁、重点突出,书中采用了大量图、表直观地展示动物生理学的相关原理,同时注重理论联系实际。

本书为新形态教材,纸质教材与数字课程一体化设计。配套的数字资源包括每章的知识导图、学习基础、学习要点,与正文知识点紧密相关的拓展阅读,为教师教学和学生自学提供参考。

本书可作为高等农林院校动物科学类、动物医学类、生物学类相关专业的本科生教学用书,亦可作为国家兽医资格考试人员、兽医临床工作者和相关专业研究生的参考书。

图书在版编目(CIP)数据

动物生理学 / 付守鹏,栾新红,康波主编 . --2版 .
-- 北京:高等教育出版社,2023.12
ISBN 978-7-04-061466-4

Ⅰ.①动… Ⅱ.①付… ②栾… ③康… Ⅲ.①动物学 – 生理学 – 高等学校 – 教材 Ⅳ.① Q4

中国国家版本馆 CIP 数据核字(2023)第 226139 号

DONGWU SHENGLIXUE

策划编辑 张 磊 责任编辑 田 红 封面设计 李小璐 责任印制 耿 轩

出版发行	高等教育出版社	网 址	http://www.hep.edu.cn
社 址	北京市西城区德外大街4号		http://www.hep.com.cn
邮政编码	100120	网上订购	http://www.hepmall.com.cn
印 刷	河北信瑞彩印刷有限公司		http://www.hepmall.com
开 本	850mm×1168mm 1/16		http://www.hepmall.cn
印 张	26.5	版 次	2011 年 7 月第 1 版
			2023 年 12 月第 2 版
字 数	690 千字		
购书热线	010-58581118	印 次	2023 年 12 月第 1 次印刷
咨询电话	400-810-0598	定 价	68.00 元

本书如有缺页、倒页、脱页等质量问题,请到所购图书销售部门联系调换
版权所有 侵权必究
物料号 61466-00

编 审 人 员

主　审　柳巨雄　杨焕民　胡建民
主　编　付守鹏　栾新红　康　波
副主编　王纯洁　王　玮　邢　华　李士泽　李　术
编　者（按所在高校校名拼音排序）

东北农业大学	李　术　高雪娇
河北北方学院	尹秀玲
河北工程大学	刘　娜　范春艳
河北科技师范学院	张文香　张香斋
河北农业大学	武现军　霍书英
黑龙江八一农垦大学	李士泽　计　红　郭景茹
华南农业大学	束　刚
吉林大学	付守鹏　陈　巍　郭文晋
吉林农业大学	张　迪　曲桂娟
吉林农业科技学院	李建平
江西农业大学	殷　超
锦州医科大学	唐　峰
内蒙古农业大学	王纯洁　徐斯日古楞
宁夏大学	张　莉
山西农业大学	闫　艺
沈阳农业大学	栾新红　杨建成　林树梅　盖叶丹
四川农业大学	康　波　马恒东
扬州大学	邢　华
云南农业大学	程美玲
仲恺农业工程学院	王　玮　彭　杰

新形态教材·数字课程（基础版）

动物生理学

（第2版）

主编　付守鹏　栾新红　康波

登录方法：

1. 电脑访问 http://abooks.hep.com.cn/61466，或微信扫描下方二维码，打开新形态教材小程序。
2. 注册并登录，进入"个人中心"。
3. 刮开封底数字课程账号涂层，手动输入 20 位密码或通过小程序扫描二维码，完成防伪码绑定。
4. 绑定成功后，即可开始本数字课程的学习。

绑定后一年为数字课程使用有效期。如有使用问题，请点击页面下方的"答疑"按钮。

新形态教材网 Abooks　　　　　关于我们 | 联系我们　　　　登录/注册

动物生理学（第2版）

付守鹏　栾新红　康波

开始学习　　　收藏

　　本数字课程与纸质教材一体化设计，包括每章的知识导图、学习基础、学习要点，与正文知识点紧密相关的拓展阅读等，为师生提供教学参考。

http://abooks.hep.com.cn/61466

第 2 版前言

"动物生理学"是高等农林院校动物科学类、动物医学类、生物学类相关专业的一门重要的专业基础课程。全国高等学校"十二五"农林规划教材《动物生理学》自 2011 年出版以来,至今已在诸多高校作为动物生理学课程教材使用了十二年。经过多年的教学应用,广大读者肯定了该书具有内容翔实、重点突出、基础性和实用性强等特点,肯定了该书在专业教学、科学研究和生产实践上发挥了重要作用。同时,动物生理学发展十分迅速,新知识、新技术不断涌现。为了适应现代教育、教学改革和教育事业的发展,满足相关专业学生及广大读者对新知识、新技术的迫切需要,根据动物生理学最新研究进展,在第 1 版教材的基础上,吸收广大动物生理学教学工作者和学习者们在教材使用过程中的意见和建议,我们于 2022 年 4 月召开教材修订启动会,组织教材的修订工作。

参与本版修订工作的编者团队由来自 20 所高校的 35 名长期工作在教学第一线并拥有丰富教学经验的教师组成。编者们经过多次会议讨论,充分研究了第 1 版教材和动物生理学领域最新研究进展后,在保留第 1 版教材诸多优点的基础上对内容进行了更新:一、新增知识导图,帮助读者整理思路,增强记忆,提高学习效率;二、新增学习基础与学习要点,帮助读者精确化学习目标,高效化学习进度;三、新增思政元素,即增添与内容相关的中国生理学家的成就、介绍了包括诺贝尔奖在内的对生理学的发展有重大意义的科学发现等,引导读者用正确的立场、观点、方法认识并分析问题,促进读者更深刻地认识世界、理解中国,增强民族自信心和社会责任感;四、新增了与正文知识点紧密关联的拓展阅读资源,读者可以通过扫描二维码或登录新形态教材网浏览学习;五、对每章思考题进行调整,包括知识型、综合型、临床相关型和临床案例,从而引导读者发散思维,将理论与生产实践相结合,达到学以致用的目的。

本次修订过程中,各位编者都非常认真负责,互相之间积极配合,为本教材的顺利完稿作出了巨大的贡献。在此,向各位编写人员表达诚挚的谢意。同时,本教材承蒙柳巨雄教授、杨焕民教授和胡建民教授主审,特此感谢。

动物生理学领域的研究发展日新月异,在修订过程中,编者们深感学识浅薄,恳切地希望广大读者对本教材中尚存的问题和不足之处给予批评指正。

主 编
2023 年 7 月

第 1 版前言

"动物生理学"是农业及师范院校中动物医学、动物科学、动物药学、生物学及动物生物技术等专业的一门重要的专业基础理论课程。为适应现代教育、教学改革和教育事业发展的需要，根据《国家中长期教育改革和发展规划纲要》提出的全面提高高等教育质量和人才培养质量的要求，由全国 15 所高等院校合作编写了这本《动物生理学》教材。

近年来，国内相继编写出版了多本动物生理学的好教材，为动物医学、动物科学及生物科学人才的培养做出了贡献。每本教材都各有特色，体现了主编和作者的风格。本教材在借鉴这些教材特点的同时，以本书的 1994 年版、2002 年版为基础，结合编者多年的教学经验编写而成。在编写过程中坚持了如下原则：除系统阐述动物生理学的基本理论和基本知识外，还注重提高教材的思想性、科学性、先进性、启发性和适用性；在编写上力求做到文字简练，通俗易懂，逻辑严密，特色鲜明，条理清楚，使教材具有较强的可读性。在教材体系上，本教材以动物生理功能及其调控为主线，以系统生理学为基本单元，探索性地将参与机体调控的主要内容——神经生理一章前置。这是因为神经生理的部分内容与细胞生理密切关联，如"突触传递"内容与"神经－肌肉接头"类似，兴奋性突触后电位、抑制性突触后电位、突触后抑制、突触前抑制与去极化、超极化、兴奋、抑制、出胞和入胞、静息电位和动作电位等细胞生理内容密切相关，这样的安排有利于巩固学生对上述概念和内容的理解。而且其他器官系统活动相对稳态的维持都有赖于神经系统的调节，这样的安排可为后面的章节做好铺垫，使学生更易于学习和理解各章节有关神经调控的内容，教师也容易讲授神经对其他器官系统活动的作用原理。此外，在各章节中加入了一些动物生理学前沿性的内容，如：自律细胞动作电位的形成机制，肺的非呼吸功能以及神经免疫调节等。为了便于读者更好地把握动物生理学的重点和难点内容，在每章的结尾都安排了小结和思考题。

参加本书编写的成员来自全国 15 所高等院校的教师，均是在教学、科研第一线工作的骨干，都有较丰富的教学经验和较强的科研能力，且了解本领域的前沿。本书承蒙吉林大学张玉生教授主审，特此感谢。动物生理学领域研究发展突飞猛进，知识日新月异，编者们深感学识浅薄，加之经验不足，在编写过程中，虽经多次讨论、修改和审校，但修改后的教材，仍然难免存在疏漏和不当之处。恳切希望广大读者给予批评指正，敬请各位同仁斧正。

柳巨雄 杨焕民

2010 年 12 月

目 录

第一章

绪论

◎知识导图

生理学（physiology）是生物科学的一个分支，是研究生物机体正常功能活动及其规律的一门科学。根据研究对象的不同，生理学可分为动物生理学、植物生理学和人体生理学等多个分支学科。动物生理学是以动物机体的正常生命活动及其规律、机体各个组成部分的功能及其机制等作为研究对象的一门科学。例如，动物的消化系统完成对食物的摄取、消化和吸收功能，呼吸系统完成气体交换功能，心血管系统完成物质的运输功能等。动物生理学的任务就是要研究和阐明动物机体及各组成部分的生命活动规律、诸多生理功能的发生机制、内外环境各种变化对功能活动的影响，以及动物机体为适应内外环境变化所作的调节。

第一节　动物生理学的研究对象和任务

一、动物生理学的研究对象

动物生理学（animal physiology）是研究动物机体的正常生命活动现象及其规律的一门科学。动物生理学的主要研究对象是与人类生产活动密切相关的动物，如牛、猪、羊、鸡、犬等。通过研究动物机体各系统、器官、细胞的正常生命活动及其内在机制和相互联系，以及动物与外界环境的关系来认识动物机体的正常生命活动规律，从而利用这些规律提高动物的生产性能，更好地为人类的生产活动服务。

二、动物生理学的研究目的和任务

动物生理学的理论来源于实践，也始终服务于实践。研究动物生理学的目的不仅在于揭示动物机体的生命活动及其规律，解释各种生命活动规律和各种生理现象，更主要的是在于掌握动物机体的生命活动规律，并根据这些规律有效地预防和治疗动物疾病。在动物生理学理论充分揭示了正常动物机体各个组成部分的生命活动规律及功能发生机制的基础上，人们才能有效地研究各种疾病时动物机体各部分发生的功能变化、功能变化与形态变化之间的关系、一个器官发生病变时如何影响其他器官的功能等；才能理解各种药物预防、治疗动物疾病的原理，进而开发新的药物；才能切实明确各种动物疾病的诊断和防治原则及方法，从而保障动物健康，促进畜牧业的高质量发展。

三、动物生理学研究的不同水平

动物机体的基本结构和功能单位是细胞，不同的细胞构成组织和器官。组织是指由结构和功能相似的细胞组成的细胞群；器官则是由几种组织组合在一起，行使某种与生命维持相关的功能。一些器官相互联系共同行使一大类生理功能，完成一项生命活动，构成一个系统，如心脏、动脉、毛细血管和静脉等共同构成心血管系统，其功能是运输 O_2、营养物质和代谢产物。各个系统互相联系、互相作用就构成了复杂的动物机体。

动物生理学就是研究构成动物机体各个系统的器官和细胞的正常生命活动过程，各个器官、细胞的功能表现的内部机制，不同细胞、器官、系统之间的相互联系和相互作用，并阐明机体作为一个整体是如何在复杂多变的环境中维持正常生命活动的一门学科。因此，动物生理学研究涵盖了细胞和分子水平、器官和系统水平，以及整体水平三个层次的内容。

（一）细胞和分子水平的研究

细胞和分子水平的研究在于探索细胞及其所含生物大分子的活动规律。在这个水平上进行研究和获取的知识属于细胞生理学（cell physiology）或普通生理学（general physiology）的内容。

机体各个器官的功能都是由构成该器官的各种细胞的特性决定的。例如，肌肉的收缩功能和腺体的分泌功能分别是由肌细胞和腺细胞的生理学特性决定的。因此，研究一个器官的功能，就要从细胞水平上着手。而细胞的生理特性又是由构成细胞的各个成分，特别是细胞中各种生物大分子的物理和化学特性决定的。例如，肌细胞发生收缩，是由于在某些离子浓度改变及酶的作用下，肌细胞内若干种特殊蛋白质分子的排列方式发生变化的结果。各种细胞的生理特性还取决于它们所表达的各种基因，而在不同的环境条件下基因的表达可以发生改变。因此，生理学研究还必须深入到分子水平。分子生物学理论和研究技术的不断发展，对于从细胞和分子水平上进行生理学研究起了很大的促进作用，细胞和分子水平的研究也成为生理学中发展最为迅速的部分。

在细胞水平上的研究，多数情况下需要将所研究的细胞从整体上分离出来放在适当的环境中培养，观察其功能以及在不同情况下功能活动的变化，因此在分析这类实验结果时，必须注意实验当时细胞所处的特殊条件，不能简单地把在离体实验中观察到的结果直接用来推定或解释这些细胞在完整机体中的活动和功能。这是因为在完整机体内，细胞所处的环境比在离体实验条件下复杂得多。针对任何一种细胞在完整机体中所表现的生理功能的分析，都必须考虑到这些细胞在体内所处的环境条件，以及各种环境条件可能发生的变化。

（二）器官和系统水平的研究

对机体生理功能的研究，早期是在器官和系统水平上进行的，即针对器官和系统的功能及其活动规律，以及各种因素对其活动的影响等进行观察和研究。例如，要了解循环系统中心脏如何射血、血液在心血管系统中流动的规律、各种神经和体液因素对心脏和血管活动的影响等，就要以心脏、血管和循环系统作为研究对象。在这个水平上进行研究所获得的知识，就是器官生理学（organ physiology）的内容，如循环生理学、呼吸生理学、消化生理学和泌尿生理学等。

（三）整体水平的研究

动物机体作为一个整体，各个器官、系统之间会发生相互联系并相互影响。在生理情况下，各个器官和系统的功能互相协调，从而使机体在不断变化着的环境中维持正常的生命活动。整体水平上的研究，就是要以完整的机体为研究对象，观察和分析各种环境条件和生理情况下不同器官、系统之间互相联系、互相协调，以及完整机体对环境变化所发生的各种反应的规律。整体水平上的研究比细胞水平和器官、系统水平上的研究更加复杂。

上述三个水平的研究之间不是相互孤立的，而是互相联系、互相补充的。要阐明某一个生理功能的机制，一般都需要从细胞和分子、器官和系统，以及整体三个水平进行研究。把在不同水平上的研究结果进行分析和综合，才能对动物机体的功能活动有全面、完整的认识。本书内容主要以整体及器官、系统的生理为主，兼论某些组织和细胞的生理，至于分子生理只在个别处有所涉及。

四、动物生理学的研究方法

动物生理学是一门实验科学，动物生理学的知识来自对生命现象的观察和实验。观察就是如实地把自然的客观现象记录下来，加以概括和统计，得出结论。实验是指人为地创造一定条件，使平时不能观察到的某种隐蔽的或微细的生理变化能够被观察，或某种生理变化的因果关系能够被认识。实际上，简单而直观的观察还不能称之为科学，只有当人们开始用实验的方法来研究生命现象和机体各种功能时，才真正形成生理学这门科学。17世纪初，英国学者 William Harvey 首先在动物身上用活体解剖和科学实验的方法研究了血液循环，证明心脏是循环系统的中心，血液由心脏射入动脉，再由静脉回流入心脏，不断地循环。1628年他出版的《心血运动论》(On the Motion of the Heart and Blood in Animals)，是人类历史上第一本基于实验证据的生理学著作。

每一种生理功能的发现及其机制的揭示，都是通过科学实验获得的。每一种新的实验研究方法的应用和发展都推动和促进了生理学上的重大发现和理论突破。

动物生理学的实验研究方法按实验持续时间的不同分为急性实验和慢性实验，按实验对象性质和特点的不同分为在体实验和离体实验。

（一）急性实验和慢性实验

急性实验是在麻醉或损毁中枢神经的动物个体上、或急性分离的动物组织或器官上进行的时程较短的实验研究。如颈动脉插管的方法直接测定家兔动脉血压，并观察不同神经体液因素对家兔动脉血压的影响；观察分析脊蛙反射弧完整性与反射活动的关系；观察各种药物对急性分离的动物肠段收缩的影响等。急性实验通常具有损伤性，一般会造成实验动物死亡。急性实验的优点是方法较简单，容易控制条件；缺点是不能完全代表正常生理条件下的功能状态。

慢性实验往往是以完整、清醒的个体作为研究对象，尽可能使动物所处的外界环境接近自然常态，对同一动物在较长时间内反复多次观察、记录完整机体内某些器官功能活动或生理指标的变化及规律。实验一般在动物清醒的状态下进行。必要时也可对动物进行预处理，如在无菌条件下对健康动物进行手术，暴露、摘除、破坏或移植所要研究的器官，待动物康复后再在尽可能接近正常的生活条件下观察实验动物与该器官有关的功能变化情况。慢性实验的优点是获得的结果更接近正常生理状态，缺点是时程长，实验条件相对复杂，影响因素较多，不易控制。

（二）在体实验和离体实验

在体（ in vivo ）实验是以完整动物个体为研究对象的生理学实验，可以观察和分析在各种环境条件和生理情况下各器官、系统之间的互相影响、互相协调，以及完整机体对环境变化所作出的各种反应的规律。如测定动物摄取不同食物后胰液、胆汁的分泌，以及血中某些激素含量的变化等。在体实验的优点是有利于观察器官间的具体关系和分析某一器官功能活动的过程与特点，缺点是不能排除各系统、器官和组织之间的相互干扰。

离体（*in vitro*）实验是指从活的或刚处死的动物体内分离所需要的器官、组织或细胞，置于一个能保持其功能活动的人工环境中，观察其机能状况以及对某些影响因素的反应，从而了解其生理功能的发生机制。如离体蛙心灌流实验可以用来研究某些离子、药物和生物活性物质对心肌收缩功能的影响。离体实验的优点是观察对象比较单一，实验条件比较容易控制，可以尽量消除与研究对象无关的因素对实验结果的影响。但机体作为一个整体，其内在环境更为复杂，因此离体实验得到的结果不能完全代表在正常机体内的情况，往往需要通过在体实验来验证。

特定的研究目的要求与之相适应的研究对象和实验方法，但各种实验方法各有其优缺点。在进行动物生理学研究时，要根据其研究的任务和课题的性质来选择适当的研究对象和实验方法，要在了解实验方法局限性的基础上正确评估实验研究得出的结果。通常需要急、慢性实验相结合，在体、离体实验相结合，对实验结果进行综合分析评价，才能得到正确、客观的研究结论。

第二节 生命的基本特征

从单细胞生物到高等动物，各种活的生物体至少表现出四种基本的生命活动，即新陈代谢、兴奋性、适应性和生殖。因为这些生命活动是活的生物体所特有的，所以被认为是生命的基本特征。

一、新陈代谢

新陈代谢（metabolism）是指机体主动地与环境进行物质和能量交换，以及机体内部物质和能量的转变、转移过程。从物质运动方向看，新陈代谢过程包括两个基本方面：一方面把从外界环境摄入体内的营养物质经过改造或转化，以提供建造自身结构所需的原料，并贮存能量，称为同化作用（主要是合成代谢）；另一方面是将组成自身的物质或储存于体内的物质分解，并释放能量供给生命活动需要和维持体温，同时把分解后的终产物排出体外，称为异化作用（主要是分解代谢）。在物质转变的同时伴随着能量的转变和转移，因此，新陈代谢从运动形式上又可分为物质代谢与能量代谢两个方面，二者密切联系。动物体内能量代谢的基本知识将在本书第八章阐述。

新陈代谢是生命最基本的特征，新陈代谢一旦停止，生命也就停止。其他各种生命特征和机能无不是建立在新陈代谢基础之上。

二、兴奋性

生物机体存在于一定的环境中，当环境发生变化时，机体能主动对环境的变化做出适宜的反应（response），如改变代谢水平或活动状态，从而更好地适应环境。在生理学上，将这种作用于机体、组织或细胞的内外环境变化称为刺激（stimulus）。刺激可以是声、光、电、力、温度等物理形式，也可以是激素、药物等化学形式。

兴奋性（excitability）是指生物机体或活的组织、细胞对环境变化（即刺激）能够做出适应性反应的能力或特性。机体内的神经细胞、肌细胞和腺体表现出较高的兴奋性，即接受刺激后能迅速产生某种特定的生理反应，因此被称为可兴奋细胞（excitable cell）或可兴奋组织（excitable tissue）。机体或可兴奋组织、细胞在接受刺激产生反应时，其表现的形式主要有两种：一种是由相对静止变为显著的活动状态，或原有的活动由弱变强，称为兴奋（excitation）；另一种是由活动状态转为相对静止，或原有的活动由强变弱，称为抑制（inhibition）。

由于可兴奋细胞或组织在发生反应之前都会产生动作电位（action potential），如肌细胞受到刺激后首先产生动作电位，然后再通过兴奋－收缩耦联（excitation-contraction coupling）发生收缩，腺细胞在产生动作电位后通过兴奋－分泌耦联（excitation-secretion coupling）引起分泌。因此，现代生理学也将能对刺激产生动作电位的细胞或组织称为可兴奋细胞或可兴奋组织，而兴奋常常用来指代产生动作电位的过程或动作电位本身，兴奋性则可指可兴奋细胞或组织接受刺激产生兴奋的能力或特性。

并不是所有的刺激都能引起可兴奋细胞或组织发生兴奋，刺激要引起兴奋通常要具备足够的刺激强度、足够的刺激作用时间和适当的强度－时间变化率（见第二章第三节）。在将刺激作用时间和强度－时间变化率固定时，能引起可兴奋细胞或组织发生兴奋的最小刺激强度被称为阈强度（threshold intensity）。阈强度可用来衡量活组织、细胞兴奋性的高低，二者呈反变关系。兴奋性较高的组织、细胞，引发其兴奋所需的阈强度则较低，反之亦然。

三、适应性

生物机体能根据环境的变化调整体内各种活动，以适应变化的能力称为适应性（adaptability）。生物机体所处环境中的生物、物理、化学等因素无时不在发生着变化，当这些变化达到一定阈值时，就可构成对生物机体的刺激而影响其生命活动。生物机体按环境变化调整自身生理功能的过程称为适应（adaption），可分为生理性适应和行为性适应。

生理性适应主要是体内各器官、系统的活动改变，如长期生活在高原地区的动物，其血液中红细胞数和血红蛋白含量比生活在平原地区的动物要高，从而具有更强的运氧能力，以适应高海拔低氧条件下的生存需要。行为性适应一般是躯体活动的改变，如处于低温环境中的动物会出现趋热行为等。

四、生殖

生物体生长发育到一定阶段后，能够产生与自己相似的子代个体，这种功能称为生殖（reproduction）。生物个体的寿命是有限的，必然要经历衰老和死亡，只有通过生殖实现自我复制，才能使种族得到繁衍。因此生殖也是生命的基本特征之一。

单细胞生物的生殖过程，就是一个亲代细胞通过简单的分裂或较复杂的有丝分裂分成两个子代细胞。高等动物则分化为雌性和雄性个体，要由两性生殖细胞结合生成子代个体。这种生殖过程要复杂得多，其父系与母系的遗传信息分别由雄性和雌性生殖细胞的脱氧核糖核酸带给子代。

讲新陈代谢、兴奋性、适应性和生殖是生命的基本特征，是从生命的普遍现象和种群角度出发的，并不一定在每个生物个体表现出来，也不一定在个体生活史的每一个阶段表现出来。例如，处于休眠状态的孢子几乎停止了代谢，老年个体和某些不育个体就不具备繁殖特征，但无法否认它们也是生命。

第三节　机体的内环境及其稳态

一、机体的内环境

动物体内的液体称为体液（body fluid），其中约 2/3 分布在细胞内，称为细胞内液（intracellular fluid），其余的约 1/3 体液分布于心血管系统内和全身组织细胞间隙等，形成血浆（plasma）和组织液（tissue fluid），以及少量的淋巴液和脑脊液，这部分体液称为细胞外液（extracellular fluid）。动物机体的绝大多数细胞并不直接与外界环境发生接触，而是浸浴在细胞外液之中，因此细胞外液是机体细胞直接接触并赖以生存的环境。19 世纪法国生理学家贝尔纳（Claude Bernard，1813—1878）首先把细胞外液称为机体的内环境（internal environment），以区别于整个机体所处的外环境（external environment）。

二、内环境的稳态

动物机体内的细胞时刻进行着新陈代谢，需要不断地从细胞外液获取 O_2 和营养物质，同时不断地将代谢产物排到细胞外液。但在正常生理情况下，这并没有导致细胞外液中 O_2 和营养物质的耗竭，或代谢产物的堆积。实际上，细胞外液的渗透压、酸碱度、温度，以及水、电解质和其他各种成分含量等理化性质仅在很小的范围内发生变化，即保持相对恒定。这是细胞维持正常生理功能的必要条件，也是机体维持正常生命活动的必要条件。20 世纪初，美国生理学家 W. Cannon 创造了一个词"homeostasis"来描述机体内环境的成分和理化性质保持相对稳定的状态，即稳态。

内环境的稳态并不是静止不变的固定状态。机体细胞不间断的新陈代谢会不断干扰内环境的稳态，外环境的剧烈变动也会影响内环境的稳态，内环境稳态的维持有赖于各器官、系统生理活动的调节，使内环境和外环境之间也不断地进行物质和能量交换。例如肺的呼吸活动从外环境摄取细胞代谢所需的 O_2，并排出代谢产生的 CO_2；胃肠道将食物消化，并吸收其中的营养物质以供细胞代谢利用；循环血液将从肺部摄入的 O_2 和从小肠吸收的营养物质运输到全身各处细胞以供利用，也能将细胞产生的代谢产物运输到排泄器官排到外环境中；肾将大量代谢产物和部分过量摄入或代谢产生的水及电解质以尿液的形式排出体外，以维持体内水和各种电解质的平衡。由此可见，内环境稳态的维持是机体各器官、系统正常生理活动的结果，也可以说是细胞内液与细胞外液之间的交换、细胞外液与外环境之间的交换取得动态平衡的结果。

目前，稳态的概念已经延伸到泛指机体从细胞和分子水平、器官和系统水平到整体水平的各种生理功能活动在神经和体液等因素的调节下始终维持在相对稳定的状态。

稳态的维持具有重要的生理意义：①稳态是新陈代谢的必要保证。如当细胞外液的温度或pH等发生变化时，有关酶的活性将发生改变，从而影响体内各种酶促反应过程；又如血浆渗透压的变化将影响血管内外、细胞内外的水平衡，也将影响物质交换过程。②细胞正常兴奋性的维持需要细胞内外离子浓度的相对稳定。③在外界环境剧烈变化（如温度）时，内环境保持相对稳定是机体具有适应能力的前提。正如贝尔纳所说"生命活动的唯一目的在于维持机体内环境的恒定。它是机体自由独立生活的必要条件"。可见稳态是生理学中的核心概念，并且已日益扩展为生命科学中具有普遍意义的一个基本概念。

第四节　动物机体功能的调节

一、机体功能的调节方式

当机体处于不同的生理状态下，或当外界环境发生改变时，内环境的成分和理化性质会发生变动。此时体内一些器官、组织和细胞的功能活动会发生相应的改变，使机体适应各种不同的生理状态和外界环境的变化，同时使被扰乱的内环境重新得到恢复，内环境的稳态得以维持。这种过程称为生理功能的调节。机体对各种功能活动进行调节的方式主要有三种，即神经调节、体液调节和自身调节。

（一）神经调节

神经调节（nervous regulation）是指通过神经系统的活动对机体各组织、器官和系统的生理功能进行的调节，是机体功能最重要的调节方式。神经调节的特点是反应迅速，作用部位准确但较局限，持续时间较短。机体的许多生理活动是由神经系统的活动进行调节的。神经系统功能不健全时，调节将发生紊乱。

神经调节的基本形式是反射（reflex）。所谓反射是指在中枢神经系统的参与下，机体对内外环境变化所产生的有规律的应答。反射的结构基础是反射弧（reflex arc），包括感受器（sensor）、传入神经（afferent nerve）、反射中枢（reflex center）、传出神经（efferent nerve）和效应器（effector）五个基本组成部分（图1-1）。感受器在功能上相当于换能器，作用是感受机体内部或外界的理化变化，并将这种变化转变成一定的神经放电信号。后者通过传入神经传导到相应的反射中枢。反射中枢对传入信号进行分析整合并产生指令性信号，通过传出神经改变效应器（如肌肉、腺体）的活动，即做出反应。反射弧结构和功能上的完整是完成反射的基本条件，当其中任何一个环节被阻断，都会导致反射活动的消失。

高等动物的反射可分为非条件反射（unconditioned reflex）和条件反射（conditioned reflex）。非条件反射是指生来就具有的反射，是生物体在长期的进化发展过程中形成的，数量有限，形式低级。反射中枢基本上位于大脑皮层以下较低部位，反射弧相对固定。条件反射不是生来就具有的，而是在生命过程中逐渐建立起来的，数量无限，可以建立，也可以消退。条件反射的主要中枢在大脑皮层，是建立在非条件反射基础上的高级反射形式。

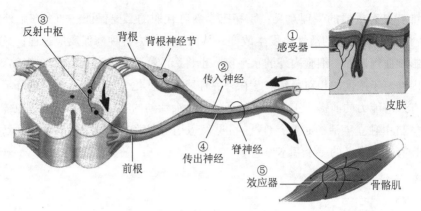

图 1-1　反射弧的结构示意图

（二）体液调节

体液调节（humoral regulation）是指由体内的一些细胞合成并分泌的某些特殊化学物质，经体液运输作用于全身或局部的靶细胞，通过与靶细胞上相应受体（receptor）结合，对靶细胞活动进行调节。这些特殊化学物质主要是内分泌细胞或内分泌腺分泌的激素，从广义的角度还包括其他细胞产生的组胺、生长因子、细胞因子等生物活性物质，以及细胞代谢过程中产生的 CO_2、H^+ 等代谢产物。体液调节是一种较为原始的调节方式，其特点是发生相对缓慢，影响范围比较广泛，持续时间较长。

体液调节的主要途径是激素或其他生物活性物质经血液循环运输至全身各处的靶细胞，发挥相应的调节作用，这称为远距分泌（telecrine）调节。而经组织液扩散到达邻近靶细胞发挥调节作用的方式称为旁分泌（paracrine）调节。还有些细胞分泌的激素或生物活性物质能作用于分泌细胞自身或相邻的同类细胞，这种方式称为自分泌（autocrine）调节。此外，机体内还存在神经内分泌（neuroendocrine）调节方式，如下丘脑视上核和室旁核的大细胞肽能神经元合成的抗利尿激素（血管升压素）和缩宫素（催产素），经神经元轴突沿下丘脑垂体束运送至神经垂体，当机体需要时从神经末梢释放入血液，并作用于相应的靶细胞。

大多数高等动物同时具有神经调节和体液调节机制，二者相辅相成，共同调节机体的功能活动。并且，许多内分泌腺受自主神经支配，它们的活动也受到神经系统调节。如肾上腺髓质受交感神经节前纤维末梢支配，当交感神经兴奋时，肾上腺髓质分泌肾上腺素和去甲肾上腺素。这种通过神经影响激素分泌，再由激素对机体功能进行调节的方式，称为神经 - 体液调节（neuro-humoral regulation）。此外，免疫系统作为机体内的一个感受和调节系统，与神经系统和内分泌系统之间也有着密切的关系。三者共同构成完整而精密的调节网络，即神经 - 内分泌 - 免疫网络（neuro-endocrine-immune network），维持内环境的稳态，保证机体生命活动的正常进行。

（三）自身调节

许多组织、细胞自身也能对周围环境变化发生适应性的反应，这种反应是组织、细胞本身的生理特性，并不依赖于神经或体液因素的作用，所以称为自身调节（autoregulation）。自身调节的特点是调节强度较弱，影响范围小，且灵敏度较低，但对于某些功能活动的调节仍然具有一定的意义。例如，血管平滑肌在受到牵拉刺激时，会发生收缩反应。当小动脉的灌注压力升高时，对血管壁的牵张刺激增强，小动脉的血管平滑肌就发生收缩，使小动脉的口径缩小，使其血流量不致增大。这种自身调节对于维持局部组织血流量的稳态起一定的作用。肾小动脉有明显的自身调节能力，因此当动脉血压在一定范围内变动时，肾血流量能保持相对稳定。又如，在血浆中碘的浓度发生改变的情况下，甲状腺有自身调节对碘的摄取以及合成和释放甲状腺激素的能力。

神经调节、体液调节、自身调节这三种调节方式有各自的特点。在对机体功能调节上，三种调节方式密切联系、相互配合、协同完成，共同维持机体内环境的稳态，保证生命活动的正常进行。

二、机体功能调节的控制系统

人们在用数学和物理学的原理和方法研究工程技术控制时，也用这些原理和方法来分析、研究机体内许多功能的调节过程，并看到机体功能调节过程与工程控制有许多共同的规律。机体内存在着数以千计的各种控制系统（control system），甚至在一个细胞内也存在着许多极其精细复杂的控制系统，对细胞的各种功能进行调节。传统上，一般将有关细胞和分子水平上各种控制系统的知识在细胞生物学、分子生物学和生物化学等课程中讨论，而在生理学课程中则主要讨论器官水平和整体水平上的各种控制系统，如神经系统对肌肉活动的调控，神经和体液因素对心血管、呼吸、胃肠道、肾等功能活动的调控以及能量代谢等功能活动的调控等。

从控制论的观念来分析，控制系统可分为非自动控制系统、反馈控制系统和前馈控制系统等不同的形式。任何控制系统都包含控制部分和受控部分。控制部分向受控部分发出指令信息。根据受控部分是否将信息反馈到控制部分，可将控制系统分为开环系统（open-loop system）和闭环系统（closed-loop system）。在闭环系统中，受控部分可以通过某种方式将信息反馈给控制部分，形成环路，从而影响控制部分发出的指令。在开环系统中，受控部分不向控制部分发出反馈信号。

（一）非自动控制系统

非自动控制系统（non-automatic control system）是一个开环系统，是单方向的。由控制部分向受控部分发出活动指令，受控部分的活动不会反过来影响控制部分。在正常的生理功能调节中非自动控制系统的活动并不多见，仅在体内的反馈机制受到抑制时，机体的反应才表现出非自动控制方式。例如，在应激状态下，心、血管的压力感受性反射受到抑制，应激刺激引起交感神经系统高度兴奋，使血压升高、心率加快，而这些信息不能引起明显的神经反射调节活动，故应激反应时，血压和心率一直维持在很高的水平；应激反应时，体液调节的反馈机制也受到抑制，强烈的刺激使下丘脑和垂体对肾上腺素的敏感性降低，故血液中的促肾上腺皮质激素和肾上腺皮质激素都高于正常水平。

（二）反馈控制系统

反馈控制系统（feedback control system）是由控制部分、受控部分和比较器等组成的一种闭环系统。如图1-2所示，控制部分发出指令信息指示受控部分的活动。监测装置（感受器）感知到反映受控部分活动情况的输出变量后，向比较器发出反馈信息。比较器将反馈信息与系统预先设定的标准信息（调定点）进行比较，再将比较产生的偏差信息传给控制部分。控制部分接收偏差信息后进行分析、整合并调整向受控部分发出的控制信息，使受控部分的活动受到调整，以保证输出变量的准确，避免作用于受控部分的干扰信息对输出变量的影响。这样就在控制部分

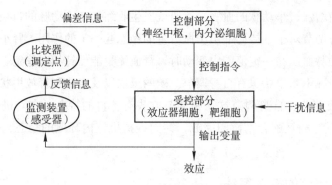

图1-2　反馈控制系统示意图

和受控部分之间形成一种反馈控制系统的闭环联系。机体通过反馈控制系统维持机体的稳态，保证正常生理活动的有序进行。

　　根据反馈信号对控制部分的活动产生影响的不同，可将反馈控制系统分为负反馈（negative feedback）控制系统和正反馈（positive feedback）控制系统。如果经过反馈调节，受控部分的活动向着与它原先活动相反的方向发生改变，这种方式的调节称为负反馈调节；如果反馈调节使受控部分继续加强向原来方向的活动，则称为正反馈调节。在正常动物体内，绝大多数控制系统都是负反馈调节方式，只有少数是正反馈调节。

　　1. 负反馈控制系统

　　当一个系统的活动处于某种平衡或稳定状态时，如果因某种外界因素（干扰信息）导致受控部分活动增强，则该系统原先的平衡或稳定状态遭受破坏。在存在负反馈控制机制的情况下，如果受控部分的活动增强，可通过相应的感受装置将这个信息反馈给控制部分，控制部分经分析后，发出指令使受控部分的活动减弱，向原先的平衡状态的方向转变，甚至完全恢复到原先的平衡状态。反之，如果受控部分的活动过低，则可以通过负反馈机制使其活动增强，结果也是向原先平衡状态的方向恢复。所以，负反馈控制系统的作用是使系统的活动保持稳定。

　　机体的内环境和各种生理活动之所以能够维持稳态，就是因为体内存在许多负反馈控制系统并发挥作用。例如，神经系统的心血管中枢通过交感神经和迷走神经控制心脏和血管的活动，使动脉血压维持在一定的水平。当由于某种原因导致动脉血压突然升高时，位于主动脉弓和颈动脉窦的压力感受器就立即将这一信息通过传入神经反馈到心血管中枢，心血管中枢的活动就会发生相应的改变，使心脏活动减弱，血管舒张，于是动脉血压向正常水平恢复。又如动物在起卧转位的时候，体内有一部分血液滞留在下肢静脉内，使单位时间内流回心脏的血量减少，动脉血压降低，此时动脉压力感受器传入中枢的神经冲动立即减少，使心血管中枢活动发生改变，其结果是心脏活动加强，血管收缩，动脉血压回升至原先的水平。正常机体内，循环血量、血糖浓度、血浆 pH 和渗透压等也是在负反馈控制系统的作用下保持稳定的。许多内分泌细胞也受到各种负反馈机制的调控，使其活动能够维持在一定的水平。

　　体内许多负反馈调节机制中都设置了一个"调定点"（set point），负反馈机制对受控部分活动的调节就以这个调定点为参照，即规定受控部分的活动只能在靠近调定点的一个狭小范围内变动。在上述动脉血压的负反馈调节机制中，就有一个动脉血压的调定点。假如正常情况下动脉血压的调定点设置在 13.3 kPa（100 mmHg），则当各种原因使血压偏离这个水平时，上述的负反馈调节机制就会使血压重新回到接近 13.3 kPa 的水平。在某些情况下，调定点是可以发生变动的。例如，在原发性高血压中，血压的调定点被设置在较高的水平，因此动脉血压就保持在一个高于正常的水平。生理学中将调定点发生变动的过程称为重调定（resetting）。

2. 正反馈控制系统

在正反馈控制系统中，当受控部分的活动增强，通过感受装置将此信息反馈至控制部分，控制部分再发出指令，使受控部分的活动进一步加强，如此循环往复，使整个系统处于再生状态。可见，正反馈控制的特性不是维持系统的稳态或平衡，而是破坏原先的平衡状态或者加快某一生理过程。通过正反馈，一些生理活动可以很快地进行并得到完成，使细胞或器官能从一种状态很快地转到另一种状态。在正常生理情况下，体内的正反馈控制系统较少。例如，在正常分娩过程中，子宫收缩导致胎儿头部下降并牵张子宫颈，子宫颈部受牵张时可进一步加强子宫收缩，再使胎儿头部进一步牵张子宫颈，子宫颈牵张再加强子宫收缩，如此反复，直至整个胎儿娩出。排尿的过程也是一种正反馈控制。当膀胱中的尿液充盈到一定程度时，可刺激膀胱壁上的牵张感受器，后者发出冲动经传入神经传至排尿中枢。排尿中枢对传入信息进行整合、分析后，经传出神经引起膀胱逼尿肌收缩、尿道内括约肌和尿道外括约肌舒张，开始排尿。而当尿液流经后尿道时，能刺激尿道壁上的感受器，其传入冲动进一步加强排尿中枢活动，使排尿反射反复加强，直至膀胱内的尿液被完全排出为止。此外，凝血过程中，各种凝血因子的相继激活也是一个正反馈过程；可兴奋细胞产生动作电位的过程中，细胞膜的去极化和钠通道的开放之间也存在着正反馈控制。

尽管在器官和系统水平上，正反馈破坏了原来的平衡状态，但也可以认为正常机体中的一些正反馈活动参与维持了整个机体的稳态。例如上述的分娩过程，母体通过正反馈娩出胎儿，打破了怀孕状态下的稳态，但实际上胎儿娩出后，母体又恢复至怀孕前的稳态。排尿反射正反馈控制的结果是将膀胱中的尿液排尽，从而维持机体内水、电解质和内环境其他成分的稳态。

（三）前馈控制系统

前馈控制系统（feed-forword control system）属于开环系统。当控制部分发出信号指示受控部分进行某一活动的同时，由某一监测装置接收刺激信息并发出前馈信号作用于控制部分，使其尽早做出适应性反应，及时地调控受控部分的活动，避免受控部分的活动出现大的波动和偏差，这种控制方式称前馈控制。

在体温调节机制中存在着典型的前馈控制。例如，在寒冷环境中皮肤的温度感受器受到寒冷刺激，将其以前馈信息的方式传递给下丘脑体温调节中枢，从而使机体的代谢活动增强以增加产热，皮肤血管收缩以减少散热。这种调节并不是在寒冷环境使体温降低之后发生的，而是在体温降低之前就通过调节机体的产热和散热维持体温，所以属于前馈调节。消化系统前馈调节的例子是：动物在开始进食时肠黏膜即分泌抑胃肽，后者可刺激胰岛素分泌。胰岛素是降低血糖水平的一个重要激素。由于抑胃肽的及早分泌，在进食开始血糖水平尚未升高时，胰岛素的分泌就开始增加，从而实现对血糖水平更快速和精确的调节。条件反射也是前馈调节。例如动物通过视觉、嗅觉，甚至听觉而获知食物的外观、气味等相关信息，在食物进入口腔之前就可以引起唾液、胃液的分泌。由这些例子可以看出，前馈控制对受控部分活动的调控比反馈控制快，控制部分可以在受控部分活动偏离正常范围之前就发出前馈信号，及时对受控部分的活动进行调节，因此受控部分活动的波动幅度比较小。可见，前馈控制系统可以使机体的调节控制更迅速、更准确、更富预见性和适应性，能更有效地保持机体生理功能的相对稳定。

小　结

　　动物生理学的任务不仅是揭示动物机体的生命活动及其规律，解释各种生命活动规律和各种生理现象，更主要的是掌握动物机体的生命活动规律，并根据这些规律有效地预防和治疗动物疾病，保障动物健康和畜牧业的发展。动物生理学的研究方法根据实验持续时间分为急性实验和慢性实验，根据实验对象性质和特点分为在体实验和离体实验；动物生理学的研究水平包括细胞和分子水平的研究，器官和系统水平的研究及整体水平的研究；生命的基本特征包括新陈代谢、兴奋性、适应性和生殖等；内环境维持相对稳定是新陈代谢的必要保证，是维持细胞正常兴奋性和机体具有适应能力的前提。细胞不断地进行着新陈代谢，并因此不断地扰乱内环境的稳定，而外环境的强烈变动也会对内环境造成影响。为此，机体通过神经调节、体液调节和自身调节的方式使内环境的成分和各种理化性质保持相对稳定。

思考题

1. 动物生理学研究的对象和任务是什么？
2. 动物生理学的研究方法有哪些，各有何优缺点？
3. 可从哪些水平进行动物生理机能的研究？简述其主要内容。
4. 生命的基本特征有哪些？
5. 机体生理机能的调节方式有哪些，各有何特点？
6. 何谓正反馈和负反馈？试各举一例说明它们在生理机能调节中的作用及意义。
7. 何谓内环境及其稳态，为何必须维持内环境相对稳定？机体将如何维持内环境相对稳定？

第二章

细胞的基本功能

　　细胞是构成绝大多数生物体的基本结构和功能单位，体内所有的生理和生化过程都是在细胞及其产物的物质基础上进行的，机体的各种功能活动都是体内各个细胞功能活动有机整合的结果。尽管生命现象在不同种属的动物或同一个体的不同组织器官或系统的表现形式千差万别，但在细胞及分子生理学水平，其基本原理却具有高度的一致性。那么，不同类型的细胞具有哪些共性的结构和功能？细胞与细胞之间是如何进行信息传递的？生物电是生物活组织的一个基本特征，它又是如何产生的？神经兴奋产生的是生物电，而肌肉兴奋表现的是机械变化，这中间包含哪些过程？其机制又如何？本章将详细解答这些问题。

第一节　细胞膜的结构特征和物质转运功能

　　所有细胞都被一层薄膜包被而与外界分开，这层膜称为细胞膜（cell membrane）或质膜（plasma membrane）。细胞内也存在着类似细胞膜的膜性结构，围成各种细胞器（organelle），如内质网膜、高尔基体膜和溶酶体膜等，从而实现细胞内空间上的区域化和功能上的有序化。由于细胞的膜性结构在所有生物都类似，因此将细胞膜、细胞器膜（包括核膜）统称为生物膜（biomembrane）。细胞膜环绕着细胞，确定了细胞的轮廓，把细胞内容物与细胞的周围环境分隔开来，使细胞能相对独立地存在于内环境当中。此外，细胞膜还与细胞的跨膜物质转运、跨膜信号转导、能量转换、兴奋的产生与传播，以及免疫等功能密切相关。

一、细胞膜的结构特征

　　人类对细胞结构与功能的研究从宏观到微观经历了细胞水平、亚细胞水平和分子水平几个层次。从低等生物草履虫、鞭毛虫以至高等哺乳动物的各种细胞，都具有类似的细胞膜结构。

　　细胞膜主要由脂质分子和蛋白质分子组成，此外还有少量糖类物质。不同来源的膜中各种物质的比例和组成有所不同。通常情况下，功能活跃的细胞膜蛋白含量较高，如小肠绒毛上皮细胞，其膜蛋白和脂质的重量比可高达 $4.6:1$；而功能简单的细胞膜蛋白含量较低，如形成神经纤维髓鞘的施万细胞，其膜蛋白和脂质的重量比仅为 $0.25:1$。

　　关于上述几种物质在细胞膜中的分子排列形式，曾有多种学说，其中 1972 年提出膜结构的

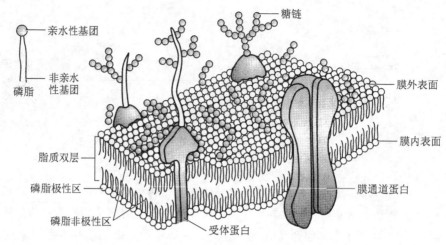

图 2-1　细胞膜液态镶嵌模型

"液态镶嵌模型"（fluid mosaic model）被较多实验事实所支持，目前仍被大多数学者所接受。该学说的基本内容是：细胞膜以流动性的脂质双分子层（lipid bilayer）为基架，其中镶嵌着具有各种分子结构和生理功能的蛋白质（图 2-1），脂质和蛋白质分子通过非共价键相互作用结合在一起。脂质分子排列成 5 nm 厚的连续双层，作为不透水层阻挡大多数水溶性分子通过。镶嵌在脂质双层中的跨膜蛋白执行膜的其他功能。

（一）脂质双分子层

细胞膜上的脂质主要是磷脂，占总量的 70% 以上；其次是固醇，一般低于 30%；还有少量的鞘脂质。

1. 磷脂

几乎所有细胞膜中都含有磷脂。磷脂基本结构是以甘油为基架，甘油的 2 个羟基与 2 分子的脂肪酸相结合形成酯键，另一个羟基与磷酸形成酯键，磷酸又与一个碱基结合。根据碱基的不同可以形成 4 种磷脂：磷脂酰胆碱（phosphatidylcholine，PC）、磷脂酰乙醇胺（phosphatidylethanolarnine，PE）、磷脂酰丝氨酸（phosphatidylserine，PS）和磷脂酰肌醇（phosphatidylinositol，PI），其分子结构见图 2-2。膜中含量最多的是磷脂酰胆碱，其次是磷脂酰乙醇胺和磷脂酰丝氨酸。磷脂酰肌醇在膜结构中含量虽然很少，但它与细胞接受外界信息并把信息传递到细胞内的过程有关。

2. 固醇

细胞膜中的固醇以胆固醇为主，为中性脂质，其结构比较特殊，含有一个甾体结构（环戊烷多氢菲）和一个 8 碳支链。膜中胆固醇的含量在一定程度上与膜的流动性成反比关系，即胆固醇的含量越高，膜的流动性越低，反之，则膜的流动性越高。胆固醇含量增高引起的膜流动性降低可能会影响细胞的变形能力，还可影响细胞的其他功能。例如，膜流动性的降低可能会损害免疫细胞对抗原的结合和反应能力，因为免疫细胞对抗原的识别依赖于膜上相应的受体蛋白在膜中的移动。

所有的膜脂质都是双嗜性分子。磷脂一端的磷酸和碱基、胆固醇分子中的羟基，以及鞘脂分子中的糖链都是亲水性极性基团，分子另一端的脂肪酸烃链则属疏水性非极性基团。每个脂质分子中的亲水性极性基团都朝向膜的外表面或内表面，而分子中两条较长的脂肪酸烃链则在膜

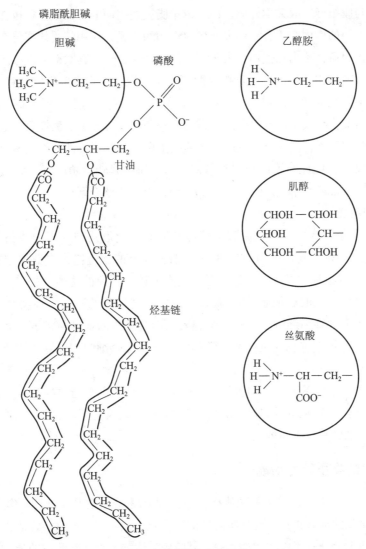

图 2-2 磷脂分子的组成

的内部两两相对。脂质分子的这种定向而整齐的排列是由脂质分子本身的热力学和理化特性所决定的。

细胞膜脂质熔点比较低，在正常体温条件下，细胞膜的状态介于液、固态之间，因而细胞膜具有流动性。脂质双分子层在热力学上的稳定性和流动性，使得细胞能够承受相当大的张力和外形改变而不破裂，而且当膜结构发生较小断裂时，可以自动修复，仍保持双分子层的形式。另外，物质转运、能量转换、细胞识别、免疫和药物对细胞的作用等都与膜的流动性密切相关。

（二）膜蛋白质

虽然生物膜基本结构由脂质双分子层构成，但膜的大部分具体功能都由膜蛋白执行。

根据膜蛋白在膜上存在的形式，可分为表面蛋白质（peripheral protein）和整合蛋白质（integral protein）。表面蛋白质占膜蛋白的 20%~30%，主要分布在膜的内外表面，为水溶性蛋白，它通过弱的静电作用与膜脂质亲水的极性头部相结合，或通过与从脂质双层伸出的整合蛋白相互作用，间接与膜结合，故又称外周蛋白。位于脂膜内表面的表面蛋白可以在该处形成一个纤维网，起膜"骨架"的作用。还有一些表面蛋白作为酶或激素作用的受体或传递跨膜信号的因子发挥作用。整合蛋白质又称内在蛋白，占膜蛋白的 70%~80%。其肽链一次或多次穿越整个脂质双分子层，因此具有突出于膜的胞外和胞质两侧的结构域。整合蛋白质也兼有亲水和疏水部分，并可不同程度地嵌入脂质双分子层中。有的贯穿整个脂质双分子层，两端暴露于膜的内外表面，这种类型的膜蛋白又称跨膜蛋白。整合蛋白露出膜外的部分含较多的极性氨基酸，属亲水性，与磷脂分子的亲水头部邻近；嵌入脂质双层内部的膜蛋白由一些非极性的氨基酸组成，与脂质分子的疏水尾部相互结合，因此与膜结合非常紧密。与物质跨膜转运功能有关的功能蛋白，如载体（carrier）、通道（channel）、离子泵（ion pump）等，都属于整合蛋白。

（三）细胞膜糖类

细胞膜中的糖类主要是一些寡糖和多糖链，以共价键形式与膜蛋白或膜脂质结合，以糖蛋白或糖脂的形式存在，其含量为 2%~10%。细胞膜上的糖链绝大多数裸露在膜的外表面一侧（参见图 2-1），有细胞"天线"之称，通常具有受体或抗原的功能。如霍乱毒素的受体就是一种称为 G_{M1} 的糖脂；人的红细胞 ABO 血型系统中，红细胞的不同抗原特性也是由结合在膜脂质的鞘氨醇分子上的寡糖链所决定的。细胞表面糖基富集的地带通常被称为细胞外被或糖萼（glycocalyx），具有保护细胞免受机械和化学伤害，以及保持细胞和外界物体及其他细胞之间距离的作用。

不同细胞或同一细胞不同部位的膜结构中，脂质、膜蛋白和糖类的分布不匀称，决定了膜内、外表面功能的不对称性，同时使膜功能保持方向性，即两侧具有不同的功能，有的功能只发生在膜的外层，有的则只发生在内层。

二、细胞膜的物质转运功能

细胞在新陈代谢过程中，需要不断从环境中得到 O_2 和营养物质，排出 CO_2 等代谢产物。以脂质双分子层为基架的细胞膜只能允许脂溶性的物质自由通过，其他水溶性的物质，如离子、小分子物质、蛋白质大分子、团块物和液滴等，其跨膜转运均与镶嵌在膜中的蛋白质有关。

小分子和离子的跨膜转运根据其物质运动方向和耗能情况，基本上可分为被动转运和主动转运两大类。

（一）被动转运

被动转运（passive transport）是指物质顺电势梯度或浓度梯度（即电－化学梯度）进行的跨膜转运过程。转运时物质移动所需的能量来自高电势或高浓度一侧溶液所含的势能，因而不需细胞额外供能。被动转运最终达到的平衡点是膜两侧电势差和/或浓度差为零。

根据物理学原理，溶液中的一切分子都处于不断的热运动当中（分子运动的平均动能与溶液的绝对温度成正比），而高浓度区域中的溶质分子总有向低浓度区域的净移动，称为扩散（diffusion）。一般条件下，物质通过膜的扩散量与膜两侧该物质的浓度差成正比。如果溶液是含有多种溶质的混合溶液，则其中每一种物质的扩散方向和扩散量，只决定于该物质的浓度差，与其他物质的浓度或移动方式无关。但对电解质溶液来说，其中离子的移动除取决于浓度差外，还取决于离子所受的电场力，即电位差。根据物质顺电－化学梯度发生净移动过程中是否需要特殊蛋白质的帮助，将扩散分为单纯扩散和易化扩散。

1. 单纯扩散

单纯扩散（simple diffusion）不需细胞额外供能，也不需要特殊蛋白质的帮助，是脂溶性或小分子物质顺着电－化学梯度通过细胞膜的物质转运方式。

在生物体系中，细胞外液和细胞内液中的各种脂溶性溶质分子可以单纯扩散的方式进行跨膜转运。物质的单纯扩散除了与膜两侧的浓度差有关外，还与该物质通过膜的难易程度有关，后者称为膜的通透性（membrane permeability）。膜对某物质的通透性高低主要取决于该物质的脂溶性程度，此外，还与分子的大小、构型及解离情况有关。当细胞膜对某物质通透时，该物质单纯扩散的速度与膜两侧浓度差呈正相关关系。一般来说，分子量小、脂溶性强的非极性分子能迅速地通过脂质双分子层，不带电荷的小分子也较易通透，如 CO_2、O_2、乙醇和尿素。H_2O 因为分子小，不带电荷，且本身具有双极结构，也很容易通过膜。一些带电荷的分子或离子，如 Na^+、K^+、Cl^- 等，尽管分子很小，但往往因其周围形成的水化层难以通过脂质双分子层的疏水区而完全不能通透。不带电的葡萄糖因分子太大，也几乎不能自由扩散过膜。

渗透（osmosis）是单纯扩散的一种特例，是指水分子的跨膜转运。在对水选择性通透而对溶质不通透的半透膜处，水将从低溶质浓度（水分子浓度高，渗透压低）的溶液一侧向高溶质浓度（水分子浓度低，渗透压高）的溶液一侧转运。在此过程中，促使水分子发生净移动的力量称为渗透压（osmotic pressure）。渗透压的大小由溶解在水溶液中的溶质颗粒数的多少决定，而与溶质颗粒的体积大小无关。单位容积内溶质颗粒数越多，溶液的渗透压越大。

2. 易化扩散

易化扩散（facilitated diffusion）是不溶于脂质或脂溶性小的物质，在特殊膜蛋白的"帮助"下，顺电势梯度和／或浓度梯度转运的方式。物质转运消耗的能量也来自高电势或高浓度一侧溶液所含的势能，因而不需细胞额外供能，但需要膜转运蛋白参与。

细胞膜上含有的各种膜转运蛋白（membrane transport protein）为此类物质的跨膜转运提供帮助。膜转运蛋白以多种形式存在于所有类型的生物膜中，每种蛋白质转运一类特殊分子（如离子、糖或氨基酸），并且常常是这类分子中的特定种类。膜转运蛋白都是多次跨膜蛋白，即它们的多肽链多次跨越脂质双分子层，形成连续的蛋白质跨膜通道，能使特殊的亲水性溶质不直接接触脂质双分子层的疏水内核而进行跨膜转运。

参与易化扩散的膜转运蛋白主要有两类：通过自身运动跨膜转运特异分子的载体蛋白（carrier protein）和形成一条主要允许无机小离子被动运动的狭窄亲水孔的通道蛋白（channel protein）。根据参与易化扩散的蛋白质不同，可将易化扩散分为载体介导的易化扩散和通道介导的易化扩散。

（1）载体介导的易化扩散（carrier-mediated facilitated diffusion）　指水溶性小分子物质在载体蛋白的帮助下顺电－化学梯度进行的被动跨膜转运。

这里的载体是指细胞膜上的一类特殊蛋白质，也称为传递体或运载体，具有一个或数个能与某种被转运物结合的位点或结构域，因而能在被转运物浓度高的一侧选择性地与其结合，并经历一系列的构象变化，将被转运物移向膜的另一侧。若该侧被结合物的浓度较低，载体即与之分离并恢复原有构型，从而完成被转运物的跨膜转运，并为下一次结合和转运做好准备（图 2-3A）。有的载体只能将一种物质从膜的一侧转运至另一侧，这称为单物质转运（uniport），该载体称为单物质转运体（uniporter）。有的载体可同时转运两种或两种以上的物质。如果被转运的分子或离子都向同一方向转运，即称为同向转运（symport），该载体称为同向转运体（symporter），如Na⁺–葡萄糖同向转运体等；如果被转运物质彼此向相反的方向转运，则称为反向转运（antiport）或交换（exchange），该载体称为反向转运体（antiporter）或交换体（exchanger），如H⁺–Na⁺交换体、Na⁺–Ca²⁺交换体等。体内许多重要物质，如葡萄糖、氨基酸和核苷酸等都是经载体蛋白进行跨膜转运的，各种继发性主动转运（后述）过程也都需要载体的参与。

载体介导的易化扩散具有以下特征：① 顺浓度梯度转运。② 高度的结构特异性：载体与被转运的物质间有高度的结构特异性，如质膜上存在的右旋葡萄糖载体（D–glucose carrier），或称葡萄糖转运体（glucose transporter，GLUT）只转运右旋葡萄糖，不转运左旋葡萄糖。③ 饱和现象：这是由于某种物质的载体数目或每一载体上能与该物质结合的位点数目是固定的；当被转运物质将所有的载体都结合了，没有多余的可以再利用时，转运能力就不再增加。④ 竞争性抑制：化学结构相似的物质经同一载体转运时会出现竞争性抑制。如果某一载体对结构类似的 A、B 两种物质都有转运能力，那么在环境中加入 B 物质将会减弱它对 A 物质的转运能力，这是因为有一定数量的载体或其结合位点竞争性地被 B 物质所占据。在这种情况下，两种物质中每一种物质的转运速度均比单独存在时降低。

（2）通道介导的易化扩散（channel-mediated facilitated diffusion）　脂溶性小，溶于水中的 Na⁺、K⁺、Ca²⁺ 等离子，在通道蛋白的帮助下，顺电 – 化学梯度的跨膜转运。这种转运方式是体液中的某些金属和非金属离子跨膜被动转运的重要方式。

离子通道（ion channel）是贯穿脂质双分子层、中央带有亲水性孔道的蛋白质。当孔道开放时，离子可经孔道以极高的速率（每秒可通透 $10^6 \sim 10^8$ 个离子）顺电 – 化学梯度跨膜流动（图 2–3B）。一般认为，细胞膜上不存在化合物型阴离子（如 SO_4^{2-}、PO_4^{3-}、OH^- 等）的天然通道，其中有些阴离

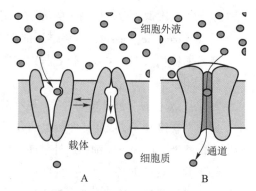

图 2–3　小分子物质经载体（A）和通道（B）
跨膜被动转运示意图（自姚泰，2005）

子需转变成其他分子（如 OH^- 需与 H^+ 化合成 H_2O）才能通过细胞膜；此外，除 Na⁺、K⁺、Ca²⁺、H^+ 和 Cl⁻ 以外的其他金属和非金属离子也没有自身的天然通道。

在静息状态下，大多数通道都处于关闭状态，只有受到刺激时通道蛋白才会发生构象变化，引起通道开放。根据对不同刺激的敏感性，离子通道又可分为电压门控离子通道（voltage-gated ion channel）、化学门控离子通道（chemically-gated ion channel）（又称配体门控离子通道，ligand-gated ion channel）和机械门控离子通道（mechanically-gated ion channel）等。另外，疏水性的脂质双分子层对水的通透性很低，水通过它的速度很慢，所以，水能快速地通过细胞膜是依靠细胞膜上特异性蛋白质分子（水通道）完成的。

① 电压门控离子通道　其构象状态取决于膜两侧离子电荷的差。大多数细胞都存在电压门控 Na⁺ 通道、Ca²⁺ 通道和 K⁺ 通道。这 3 种离子的电压门控通道蛋白质的一级结构中氨基酸排列有相当大的同源性，说明它们属于同一蛋白质家族，与之有关的 mRNA 在进化上由同一个远祖

基因演化而来。在这类通道的分子结构中存在一些对膜电位改变敏感的基团或亚单位，膜两侧膜电位的变化可诱发整个通道分子功能状态的改变，从而实现该通道的开放与关闭。Na^+ 通道与细胞动作电位（后述）的产生有密切关系。电压门控 Na^+ 通道主要由一个较大的 α 亚单位组成，分子量约 2.6×10^5；有时还另有一个或两个分子量小的亚单位，分别称为 $\beta1$ 和 $\beta2$，但 Na^+ 通道的主要功能一般由 α 亚单位完成。α 亚单位是一条由 1820 个氨基酸残基组成的多肽链，是形成通道孔道的亚单位，其他亚单位为调节亚单位。α 亚单位含有 4 个结构域，每个结构域含有 6 个跨膜 α 螺旋，其中第 5 和第 6 跨膜区之间的胞外环向内折叠构成孔道内壁，决定通道的离子选择性（图 2-4）。

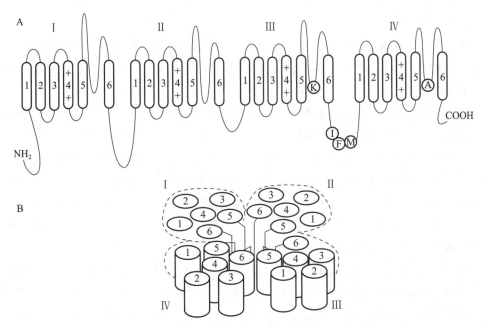

图 2-4　Na^+ 通道 α 亚单位分子结构示意图（自姚泰，2005）

A. 推衍的 α 亚单位的二级结构，Ⅰ、Ⅱ、Ⅲ、Ⅳ代表 4 个同源结构域；圆圈中的字母是氨基酸的缩写符号，I 为异亮氨酸，F 为苯丙氨酸，M 为甲硫氨酸，K 为赖氨酸；A 为丙氨酸；B. 由 4 个同源结构域形成通道孔道的分子模型

利用基因突变技术将 Na^+ 通道孔道内第 1422 位的赖氨酸和第 1714 位的丙氨酸用谷氨酸替代，则通道的离子选择性就由 Na^+ 改变为 Ca^{2+}。每个结构域中的第 4 个跨膜 $\alpha-$ 螺旋在氨基酸序列上存在特殊之处，即每隔两个疏水性氨基酸就再现一个带正电荷的精氨酸或赖氨酸。这些 α 螺旋由自身的带电性质，当它们所在膜的膜电位有改变时会产生位移，因而被认为是该通道结构中感受外来信号的特异结构，由此再诱发通道开放（图 2-5）。

电压门控通道均有开放（激活）、关闭（静息）和失活三种功能状态。现已证明，位于第 3 和第 4 结构域之间的细胞内环上第 1489 位的苯丙氨酸及其两侧的异亮氨酸与甲硫氨酸是引起 Na^+ 通道失活的关键结构。当膜去极化时，它们向孔道内口移动，并堵塞通道。将这 3 个氨基酸全部用谷氨酰胺替代，Na^+ 通道便不能失活。

② 化学（配体）门控离子通道　这类通道本身既是通道又是受体，配体与受体结合后通道

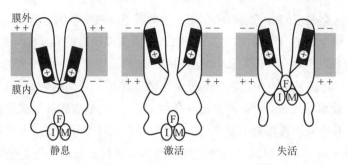

图 2-5　Na⁺ 通道的 3 种功能状态（静息、激活和失活）示意图（自姚泰，2005）
圆圈中的字母是氨基酸的缩写符号，I 为异亮氨酸，F 为苯丙氨酸，M 为甲硫氨酸

即开放或关闭。通常配体是不能穿过该通道的溶质。受体和通道由该蛋白的不同肽段构成。该类通道的共同结构特点是由 5 个同源亚单位构成，每个亚单位有 4 个跨膜区。有些配体门控通道在分子结合到通道的外表面后开启（或关闭），具有代表性的是 N_2 型乙酰胆碱受体通道，还有某些 γ- 氨基丁酸受体（$GABA_A$ 和 $GABA_C$ 受体）、甘氨酸受体、某些 5- 羟色胺受体（5-HT₃ 受体）和离子型谷氨酸受体（NMDA 受体、AMPA 受体、KA 受体）等。其他门控通道在配体结合到通道的内表面后开启（或关闭），如 cAMP、cGMP、Ca^{2+}、G 蛋白和磷酸化门控通道等。

③ 机械门控离子通道　是由细胞膜感受机械刺激而引起其中的通道开放或关闭。研究最早和最详细的机械门控通道是 Mscl-E.coli 细胞膜上的大电导通道。它能感受细胞膜脂质双分子层的张力变化，进而发生构象变化，使通道的"门"开放。又如下丘脑内有些对渗透压敏感的神经细胞，其质膜上的机械门控通道可在胞外低渗时由于细胞肿胀、质膜张力增加而关闭。

④ 水通道　水孔蛋白（aquaporin，AQP），又称水通道蛋白，是动植物细胞膜上存在的一组对水高度选择性通透的转运蛋白。目前已鉴定出的水孔蛋白包括 AQP0 ~ AQP10。其中 AQP1 是最早被克隆和功能鉴定的水通道蛋白。AQP1 是一个四聚体，每个亚单位均有一个中心孔道。水分子成单一纵列进入弯曲狭窄的孔道，孔道中的极性会帮助水分子旋转，以适当的角度通过狭窄的通道，而孔道中有一个带正电的区域，会排斥带正电的离子，避免水合质子的通过。因此，水通道能选择性地通过大量的水，但不允许其他离子或分子通过。动物机体在炎热的夏天浓缩尿液而不致发生脱水，或者机体在饥饿时会把储存在脂肪组织的水释放出来，这些生理现象都与水通道蛋白的功能有密切关系。

（二）主动转运

主动转运（active transport）是指细胞通过本身的某种耗能过程，将某种物质分子或离子逆着电化学梯度进行转运。主动转运中所需的能量由细胞膜或细胞膜所属的细胞自身提供。

一般情况下，哺乳动物细胞内的 K⁺ 浓度约为 100 mmol · L⁻¹，而细胞外 K⁺ 浓度只有 5 mmol · L⁻¹。因此，两侧有一个很"陡"的 K⁺ 浓度梯度，有利于将 K⁺ 扩散到胞外。Na⁺ 在质膜两侧的分布也很不均衡，细胞外的 Na⁺ 浓度为 150 mmol · L⁻¹，而细胞内则为 10 ~ 20 mmol · L⁻¹。Ca^{2+} 在质膜两侧分布的差别更大，一般情况下，细胞质基质中的 Ca^{2+} 浓度为 10^{-7} mol · L⁻¹，是细胞外浓度的 1/10000。一个细胞无论是通过简单扩散还是易化扩散，都不可能在质膜两侧建立如此陡的浓度梯度，这样的浓度梯度必须通过主动转运产生。根据物质转运过程中是直接消耗 ATP，还是间接消耗 ATP，将主动转运分为：原发性主动转运和继发性主动转运。

1. 原发性主动转运

原发性主动转运（primary active transport）是由贯穿在脂质双分子层当中的离子泵蛋白介导、由 ATP 直接供能的逆电 – 化学梯度进行的跨膜物质转运方式。

钠 – 钾泵（sodium-potassium pump）简称钠泵（sodium pump），也称 Na^+-K^+ 依赖式 ATP 酶，是镶嵌在细胞膜脂质双分子层之间的一种特殊的大分子蛋白质。钠泵由 α 亚单位（催化亚单位）和 β 亚单位（调节亚单位）组成，ATP 酶活性部位及阳离子结合位点均位于 α 亚单位（图 2-6）。当细胞内 Na^+ 浓度升高或

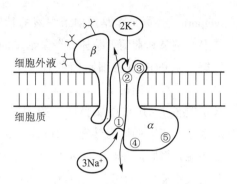

图 2-6　钠泵的主动转运示意图
α 亚单位的胞外部分有 K^+ 结合位点②和哇巴因结合位点③；胞内部分有 Na^+ 结合位点①、磷酸化位点④和 ATP 结合位点⑤

细胞外 K^+ 浓度升高时，钠泵被激活，即可利用水解 ATP 高能磷酸键所释放的能量将 3 个 Na^+ 从膜内泵到膜外，同时将 2 个 K^+ 由膜外泵入膜内，从而形成并维持细胞内高钾、低钠的生理状态。

钠泵对 Na^+、K^+ 的主动转运是由其磷酸化和脱磷酸化循环驱动的，是一种消耗 ATP 的活动，但钠泵转运机制的细节目前并不完全清楚。一般认为，钠泵工作时：①钠泵 α 亚单位与膜内 3 个 Na^+ 结合；②酶被激活并在细胞质侧水解 ATP，释放出 ADP，泵本身被磷酸化而改变构象；③运送 Na^+ 通过膜并在外侧释放；④ α 亚单位与膜外 2 个 K^+ 结合；⑤泵去磷酸化；⑥钠泵回到原来的构象，并运送 K^+ 通过膜释放到胞内而再一次结合 Na^+，开始下一个循环，直到恢复膜两侧 Na^+、K^+ 浓度梯度。

◎钠 – 钾泵与诺贝尔奖

体内存在的另一种重要的离子泵是钙泵（calcium pump），也称 Ca^{2+}-ATP 酶（Ca^{2+}-ATPase），广泛分布于细胞膜、肌质网或内质网膜上。细胞膜钙泵每分解 1 分子 ATP 可将 1 个 Ca^{2+} 由细胞质转运至胞外，转运机制与钠泵相似。肌质网或内质网膜钙泵每分解 1 分子 ATP 可将 2 个 Ca^{2+} 由细胞质转运至肌质网或内质网内。钙泵可造成胞质内 Ca^{2+} 浓度仅为细胞外液 Ca^{2+} 浓度的万分之一。故即使很少量胞外的 Ca^{2+} 涌入胞内都会引起胞质游离 Ca^{2+} 浓度显著变化，导致一系列生理反应，如肌细胞的收缩、突触囊泡中递质的释放等。

除钠泵、钙泵外，目前了解较多的还有质子泵、Cl^- 泵和碘泵等。这些泵蛋白在分子结构上和钠泵类似，都以直接分解 ATP 为能量来源，将 Ca^{2+}、H^+、Cl^- 和 I^- 逆着浓度梯度进行主动转运。

2. 继发性主动转运

某种物质逆电 – 化学梯度进行跨膜转运，但所消耗能量不是直接来自 ATP 分解，而是由原发性主动转运建立的膜电 – 化学势能提供，这种转运方式称为继发性主动转运（secondary active transport），也称协同转运（cotransport）。

小肠黏膜上皮细胞和肾小管上皮细胞对葡萄糖和氨基酸的吸收都是以继发性主动转运的方式完成的。在小肠上皮，细胞间的紧密连接（tight junction）将肠上皮细胞膜分为具有不同转运系统的两个区，一个是面向肠腔的顶端膜区，膜上有 Na^+ – 葡萄糖的同向转运体（Na^+-glucose symporter）；另一个是面向组织液的基底侧膜区，膜上有钠泵和葡萄糖载体。钠泵活动时利用 ATP 分解释放的能量将细胞内的 Na$^+$ 源源不断地泵出，造成细胞内的低 Na$^+$ 环境（相对于肠腔液和肾小管液），并在顶端膜区的膜内、外形成 Na$^+$ 浓度差。膜上的同向转运体则利用 Na$^+$ 的浓度梯度势能，将肠腔中的 Na$^+$ 和葡萄糖分子一起转运至上皮细胞内。在这一过程中，Na$^+$ 的转运是顺浓度梯度的，而葡萄糖分子的转运是逆浓度梯度的，所需的能量不是直接来自 ATP 的分解，而是间接利用钠泵分解 ATP 释放的能量完成的主动转运。进入上皮细胞的葡萄糖分子可经基底侧膜上

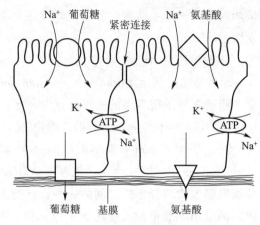

图 2-7 葡萄糖、氨基酸的继发性主动转运

的葡萄糖载体扩散至组织液，完成葡萄糖在肠腔中的吸收过程（图 2-7）。氨基酸在小肠也是以同样的模式被吸收。肾小管上皮细胞对葡萄糖和氨基酸的主动重吸收机制与小肠黏膜上皮细胞相似。

　　继发性主动转运在体内广泛存在。参与继发性主动转运的载体蛋白除了 Na$^+$-葡萄糖同向转运体外，还有 Na$^+$-Ca^{2+} 交换体（Na$^+$-Ca^{2+} exchanger）和 H$^+$-Na$^+$ 交换体（H$^+$-Na$^+$ exchanger）。Na$^+$-Ca^{2+} 交换体可以利用钠泵活动建立的膜两侧 Na$^+$ 的浓度梯度势能，将 3 个 Na$^+$ 转入胞内并将 1 个 Ca^{2+} 转至胞外，以维持胞质内低的游离 Ca^{2+} 浓度。H$^+$-Na$^+$ 交换体能将细胞外的 1 个 Na$^+$ 转运入细胞内，同时将细胞内的 1 个 H$^+$ 转运出细胞，主要参与肾小管等部位的 H$^+$-Na$^+$ 交换过程。

　　总之，主动转运是机体最重要的物质转运形式。主动转运因细胞提供了一定能量，使被转运物质分子或离子逆着电－化学梯度移动，其结果是被转运物质在高浓度一侧浓度进一步升高，而在低浓度一侧则愈来愈少，甚至可以全部被转运到另一侧。而单纯扩散和易化扩散都有一个最终平衡点，即被转运物质在膜两侧达到电－化学梯度为零时。

（三）出胞和入胞

　　以上讨论的都是分子或离子的跨膜转运，然而细胞也需要输入和输出大分子，如蛋白质、多聚核苷酸等。它们不能直接通过通道或载体蛋白跨膜转运。这些大分子物质乃至物质团块可通过形成质膜包被的囊泡，再借助于细胞膜的"运动"，以出胞和入胞的方式完成转运。这些过程需要细胞提供能量。

1. 出胞

　　出胞是指胞质内的大分子物质以分泌囊泡的形式排出细胞外的过程，又称胞吐（exocytosis）。

　　出胞现象多见于内分泌腺分泌激素、外分泌腺分泌酶原颗粒或黏液、神经细胞分泌释放神经递质等。这些具有分泌功能的细胞分泌的蛋白性分泌物首先在粗面内质网合成，然后转运至高尔基体并被一层膜性结构所包被形成分泌囊泡；囊泡再逐渐移向质膜内侧的特定部位，同时，囊泡不断成熟，其中的分泌蛋白也不断被浓缩之后暂时储存在囊泡中。神经细胞的神经递质则是在胞体合成并被膜性结构包被，然后通过轴浆运输转运至神经末梢储存。当细胞分泌或递质释放时，囊泡逐渐向质膜内侧移动，最后囊泡膜和质膜在某点接触，形成一个小的蛋白构成的"融合

孔"，融合孔会迅速扩大，在融合处形成释放出口，将囊泡内容物一次性全部排空（图2-8）。囊泡膜的腔面变成了细胞膜外表面的一部分，而囊泡膜的胞质面就变成了细胞膜内表面的一部分。出胞作用的详尽机制目前尚未完全阐明。通常认为是由局部膜中的 Ca^{2+} 通道开放，Ca^{2+} 内流使膜内 Ca^{2+} 浓度升高引发的。

出胞有持续性出胞和间断性出胞两种形式。如小肠黏膜上皮细胞分泌黏液的过程就是持续性出胞，它是细胞本身固有的功能活动；而神经末梢释放递质的过程属于间断性出胞，神经末梢一般只有在动作电位到达后才释放递质，是一种受细胞兴奋状态调节的出胞过程。

2. 入胞

大分子物质或物质团块（细菌、异物、细胞碎片等）借助于细胞膜形成吞噬泡或吞饮泡的方式进入细胞的过程，又称胞吞（endocytosis）。

胞外的一些生物大分子、颗粒性物质在入胞过程中，首先被一小部分质膜包入其内，质膜内陷、出芽形成入胞泡。被摄入的物质最终转到溶酶体中被消化。入胞作用根据入胞泡的大小分为两种基本类型：一种是吞噬作用（phagocytosis）（图2-8），入胞物是大的颗粒性物质，如微生物或者死细胞，形成的大的囊泡叫吞噬泡（直径 1~2 μm）。另一种是吞饮作用（pinocytosis）（图2-8），入胞物是溶液或可溶性分子，形成的囊泡较小，叫吞饮泡（直径 0.1~0.2 μm）。大多数真核细胞都不断通过吞饮作用连续地摄入溶液或可溶性分子，而大的颗粒性物质主要是被特殊的吞噬细胞摄入的。

对原生动物来说，吞噬作用是一种获取食物的方式。吞噬泡摄入的大颗粒性物质在溶酶体中消化，并将消化产物释放到胞质中作为食物利用。然而多细胞生物的细胞很少能够有效地摄入如此大的颗粒，它们的吞噬功能需由一些称为吞噬细胞的特殊细胞来执行。在哺乳动物细胞中有 3 类吞噬细胞——巨噬细胞、中性粒细胞和树突状细胞。这些细胞来源于造血干细胞，可吞噬入侵的微生物防止机体被感染。而巨噬细胞每天还可吞噬多达 10^{11} 个以上的衰老和凋亡细胞。

在吞噬过程中，被吞入的颗粒必须首先结合到吞噬细胞表面特异性受体上才能被吞入。吞噬作用是一个信号引发过程，需要被受体激活并将信号传递到胞内以起始反应。如吞噬细胞在执行其防御功能时，首先由抗体结合到入侵微生物的表面形成一个包被，尾部暴露在外面的部分，被巨噬细胞或中性粒细胞表面的相应受体所识别。两者结合后，吞噬细胞伸出伪足将颗粒包裹入内，最终伪足对合形成吞噬泡。

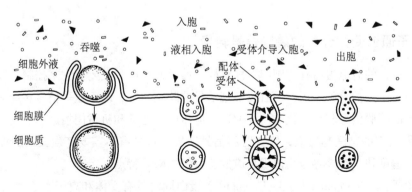

图2-8　物质的入胞和出胞过程示意图（自姚泰，2005）

吞饮可分为液相入胞（fluid-phase endocytosis）和受体介导入胞（receptor-mediated endocytosis）。液相入胞是细胞本身固有的经常性活动，指细胞外液及所含溶质连续不断地进入细胞内，进入细胞的溶质量与溶质的浓度成正比。某些特殊物质进入细胞是通过被转运物质与膜表面的特殊受体蛋白质相互作用而引起的，称为受体介导入胞。通过这种方式入胞的物质很多，包括一些多肽类激素（如胰岛素）、内皮生长因子、神经生长因子、低密度脂蛋白颗粒、结合了铁离子的运铁蛋白、结合了维生素的运输蛋白质、抗体及一些细菌等，通常称它们为配体。

第二节　细胞的跨膜信号转导

细胞在其生命过程中不断受到来自周围环境各种理化因素的刺激，为了使自身功能活动适应外界环境的变化，细胞必将对这些刺激作出相应的反应。这是所有活细胞的一项基本功能。环境中可对细胞构成有效刺激的信号包括一些物理刺激信号、细胞外的化学刺激信号及生物刺激信号，其中化学刺激信号的种类和数量远远多于物理刺激信号和生物刺激信号。

不同形式的外界信号作用于细胞膜表面，通过引起膜结构中一种或数种蛋白质结构的变构作用，将外界环境变化的信息以新的信号形式传递到膜内，再引发被作用细胞即靶细胞相应功能的改变，包括细胞出现电反应或其他功能改变等，这一系列过程称为细胞的跨膜信号转导（transmembrane signal transduction）或跨膜信息传递（transmembrane signaling）。细胞水平的信号转导其实指的就是由细胞外向细胞内传递的跨膜信息流。

细胞对外来刺激信号进行跨膜信号转导并产生相应应答的过程是非常复杂的。不同的外界信号作用于细胞时，通常并不进入细胞或直接影响细胞内的过程，而是作用于细胞膜表面相应的受体；受体被激活后再引起后续其他信号分子的顺序激活和信号传递，将外界环境变化的信息以新的信号形式传递到膜内，再引发细胞相应的功能改变。细胞信号转导过程中一个上游信号分子往往可以激活多个下游信号分子，产生信号的级联放大效应，也就是说少量的细胞外信号分子可以引发靶细胞的显著反应。不同细胞的跨膜信号转导都是通过少数几类转导途径实现的，根据细胞膜上感受信号物质的受体蛋白分子的结构和功能不同，跨膜信号转导的途径大致可分为离子通道受体介导的跨膜信号转导、G 蛋白偶联受体介导的跨膜信号转导和酶偶联型受体介导的跨膜信号转导 3 类。

一、离子通道受体介导的跨膜信号转导

细胞膜上存在的通道蛋白有"闸门"样结构，通道的开放和关闭由它来控制。通道的门控特性不仅影响离子本身的跨膜转运，而且可实现信号的跨膜转导，因而这一信号转导途径称为离子通道受体介导的跨膜信号转导。化学门控通道、电压门控通道和机械门控通道 3 类通道可以使不同细胞对外界相应的刺激起反应，完成跨膜信号转导，且具有不需要产生其他的细胞内信使分子、信号转导速度快、对外界作用出现反应的位点较局限等特点。

离子通道受体（ion channel linked receptor）蛋白同时具有受体和离子通道功能。如 N_2 型乙酰胆碱（acetylcholine, ACh）受体、A 型 γ- 氨基丁酸受体、甘氨酸受体和促离子型谷氨酸受体

等都是细胞膜上的化学门控通道，具有结构上的相似性。如骨骼肌细胞运动终板膜上 N_2 型 ACh 受体阳离子通道是由 4 种不同的亚单位组成的 5 聚体蛋白质，形成一种结构为 $\alpha_2\beta\gamma\delta$ 的梅花状通道样结构；每个亚单位有 4 个跨膜 α 螺旋，即 $M_1 \sim M_4$（图 2-9）；在 5 个亚单位中，ACh 的结合位点在 α 亚单位上，结合后可引起受体蛋白构象发生变化，通道开放，Na^+ 和 K^+ 经通道跨膜流动造成膜的去极化，产生去极化型局部电位即终板电位（end-plate potential），后者使邻近的肌细胞膜去极化并产生动作电位，从而引发肌细胞的兴奋和收缩。又如，神经元细胞膜上 A 型 γ- 氨基丁酸受体与配体 γ- 氨基丁酸结合后，引发 Cl^- 通道开放，Cl^- 的跨膜流动使膜产生抑制性突触后电位（inhibitory postsynaptic potential，IPSP），并进而引起神经元的抑制。由于这种通道性结构只有在同递质（配体）结合时才开放，故也称为递质门控通道或配体门控通道。因化学门控通道也具有受体功能，故也称为通道型受体；由于其激活时直接引起跨膜离子流动，故也称为促离子型受体。这类信号转导途径简单、速度快，从递质与受体结合至产生细胞电活动仅需 0.5 ms 左右。

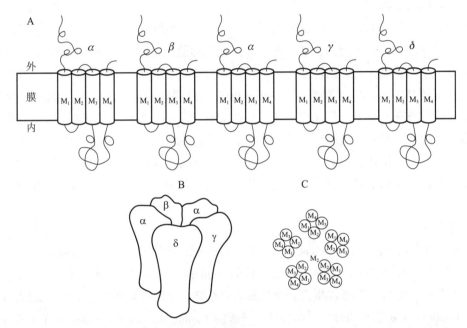

图 2-9 N_2 型乙酰胆碱受体阳离子通道的分子结构示意图（改自姚泰，2005；冯志强，2007）

A. 5 个亚单位二级结构的示意图，每个亚单位都是 4 次跨膜；B. 5 个亚单位聚合形成通道的三维结构示意图，中间形成一个孔道样结构；C. 通道横断面示意图，由每个亚单位第二跨膜亚单位 α 螺旋形成孔道的内壁

电压门控通道和机械门控通道与化学门控通道在分子结构上有相似性。电压门控通道和机械门控通道通常不称为受体，但事实上在行使受体的功能。它们接受电信号和机械信号，并通过通道的开、闭和离子跨膜流动的变化，把信号转导到细胞内部。电压门控通道的分子结构中存在一些对膜电位的改变敏感的结构域或亚单位，由后者诱发整个通道分子功能状态的改变。例如，心肌细胞 T 管膜上的 L 型 Ca^{2+} 通道是一种电压门控通道。当心肌细胞产生动作电位时，T 管膜的去极化可激活这种 Ca^{2+} 通道并使其开放，引起 Ca^{2+} 的内流，导致肌质内 Ca^{2+} 浓度升高；内流的 Ca^{2+} 还作为第二信使，进一步激活肌质网的 Ca^{2+} 释放通道，引起肌质内 Ca^{2+} 浓度的进一步升高（此过程称为 Ca^{2+} 诱导的 Ca^{2+} 释放），从而实现由电信号（动作电位）引发的跨膜信号转

导，引发肌细胞的收缩。

由机械信号引发的跨膜信号转导原理与此类似。例如，血管平滑肌细胞上具有机械门控通道，对血管壁的牵张刺激（如血压升高）可激活机械门控通道使其开放，引起 Ca^{2+} 的内流，内流的 Ca^{2+} 作为细胞内信号，可进一步引发血管收缩，从而实现管壁牵张刺激的信号转导。

二、G 蛋白偶联受体介导的跨膜信号转导

G 蛋白偶联受体（G-protein coupled receptors，GPCR）是目前发现的种类最多的受体，由其介导的信号转导过程也非常复杂。G 蛋白偶联受体介导的信号转导是由 G 蛋白偶联受体、G 蛋白、G 蛋白效应器、第二信使和蛋白激酶等存在于细胞膜脂质双分子层及膜内侧的一系列信号分子的连锁活动来完成的。

（一）主要的信号蛋白

1. G 蛋白偶联受体

G 蛋白偶联受体是最大的一类细胞表面受体，在哺乳动物中已发现百余种。G 蛋白偶联受体能与许多不同的信号分子（配体）结合并介导其生理功能。这些信号分子包括激素、神经递质和局部调质。相同的配体能激活许多不同的受体家族成员。例如，肾上腺素激活至少 9 个不同的 G 蛋白偶联受体。乙酰胆碱激活 5 个或更多的 G 蛋白偶联受体，5- 羟色胺激活至少 15 个 G 蛋白偶联受体。所有的 G 蛋白偶联受体蛋白的结构有很大的相似性，属于同一个超家族，都是由一条多肽链构成，来回穿过脂质双分子层 7 次，因而也称之为 7 次跨膜受体（seven-spanning receptor）。肽链的 N 末端在细胞外，C 末端在胞质侧。G 蛋白偶联受体的胞外侧有配体结合的部位，胞质内侧有 G 蛋白偶联部位。受体与配体结合后，其分子发生构象改变，引起对 G 蛋白的结合和激活。

2. G 蛋白

鸟苷酸结合蛋白（guanine nucleotide-binding protein），简称 G 蛋白（G protein），通常是指由 α、β、γ 3 个亚基形成的异源三聚体 G 蛋白（heterotrimeric G protein），此外还有一类单一亚基的 G 蛋白，称为小 G 蛋白。根据 G 蛋白 α 亚基的结构差异，可以将 G 蛋白分为 6 个亚族：Gs、G_i、Gq、Gt、Gg 和 G_{12}。α 亚基同时具有结合鸟苷三磷酸（guanosine triphosphate，GTP）或鸟苷二磷酸（guanosine diphosphate，GDP）的能力和 GTP 酶活性，是所有 G 蛋白的共同特点。G 蛋白有两种存在形式，即与 GTP 结合时的激活型（Gs）和与 GDP 结合时的失活型（G_i），两种状态可以相互转换，构成 GTP 酶循环，在信号转导的级联反应中起分子开关的作用。

在未受刺激的状态，G 蛋白是静止的，在膜内是与受体分离的，其 α 亚基与 GDP 相结合。当一个细胞外配体与受体结合后，受体发生构象改变，与 G 蛋白结合，导致 G 蛋白释放出与 α 亚基结合的 GDP，并代之以 GTP。α 亚基与 GTP 的结合使三聚体 G 蛋白分成两部分，即 α-GTP 复合物和 $\beta\gamma$- 二聚体，由此产生的两个独立分子可以沿着细胞膜自由地扩散，两部分均可进一步激活它们的靶蛋白（G 蛋白效应器），把信号向细胞内转导。这些靶蛋白与 α 或 $\beta\gamma$ 亚基结合得愈长久，传递的信号会愈强，且持续的时间也会更长。α 或 $\beta\gamma$ 亚基维持解离状态和保持激活效应的时间是由 α 亚基的行为所限制的。α 亚基具有内在的 GTP 水解酶活性，经一定时间后，结合的 GTP 水解为 GDP，从而使 α 亚单位和它的靶蛋白双双失活。α 亚基和 $\beta\gamma$ 亚基复合物重新配合

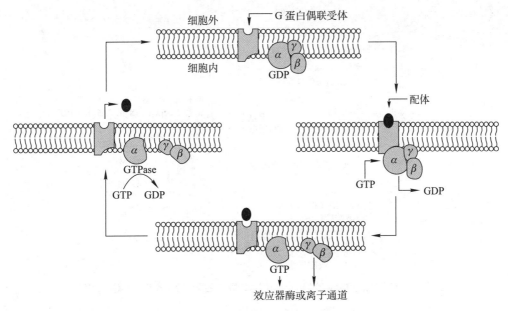

图 2-10 G 蛋白作用模式图（引自王庭槐，2018）

成非激活状态的 G 蛋白，从而终止信号转导过程。这一般是在 G 蛋白被激活后的几秒钟内发生的（图 2-10）。

3. G 蛋白效应器

G 蛋白效应器（G protein effector）主要包括酶和离子通道。G 蛋白调控的效应器酶主要有腺苷酸环化酶（adenylyl cyclase，AC）、磷脂酶 C（phospholipase C，PLC）、磷脂酶 A_2（phospholipase A_2，PLA_2）、磷酸二酯酶（phosphodiesterase，PDE）等，它们都是催化生成或分解第二信使的酶。G 蛋白也可直接或间接（通过第二信使）调控离子通道的活动。

4. 第二信使（Second messenger）

激素、递质、细胞因子等信号分子（第一信使）作用于细胞膜后产生的细胞内信号分子，能把细胞外信号分子携带的信息转入胞内，这类物质称为第二信使（second messenger）。目前已知的第二信使物质有环磷酸腺苷（cyclic adenosine monophosphate，cAMP）、1,4,5 三磷酸肌醇（inositol 1,4,5–triphosphate，IP_3）、1,2-二酰甘油（1,2–diacylglycerol，DAG）、环磷酸鸟苷（cyclic guanosine monophosphate，cGMP）、NO 和 Ca^{2+} 等。第二信使的靶蛋白主要是各种蛋白激酶和离子通道（图 2–11）。

5. 蛋白激酶

目前已发现的蛋白激酶（protein kinase）有 100 多种。蛋白激酶可将 ATP 分子上的磷酸基团转移至底物蛋白，使其磷酸化，磷酸化底物的电荷特性和构象发生变化，导致其生物学特性发生变化。根据蛋白激酶磷酸化底物蛋白机制的不同，蛋白激酶可分为两大类：一类是可使底物蛋白中的丝氨酸或苏氨酸残基磷酸化的丝氨酸 / 苏氨酸蛋白激酶（serine/threonine protein kinase），它们占蛋白激酶中的大多数；另一类是可使底物蛋白酪氨酸残基磷酸化的酪氨酸蛋白激酶（tyrosine protein kinase，TPK），数量较少，主要在酶偶联型受体的信号转导途径中发挥作用。许多蛋白激酶是被第二信使激活的，根据激活它们的第二信使，又可分为依赖 cAMP 的蛋白激酶，

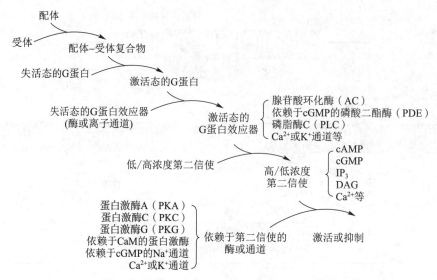

图 2-11　G 蛋白偶联受体介导的跨膜信号转导的主要步骤（改自利维等，2008）

或称蛋白激酶 A（protein kinase A，PKA），依赖 cGMP 的蛋白激酶，或称蛋白激酶 G（protein kinase G，PKG），以及依赖于 Ca^{2+} 的蛋白激酶，或称蛋白激酶 C（protein kinase C，PKC）等。

　　PKA 是一种结构最简单、生化特性最清楚的蛋白激酶，是由 4 个亚基组成的四聚体，其中 2 个是调节亚基（regulatory subunit，简称 R 亚基），另 2 个是催化亚基（catalytic subunit，简称 C 亚基），全酶没有活性。PKA 的功能是将 ATP 上的磷酸基团转移到特定蛋白质的丝氨酸或苏氨酸残基上进行磷酸化，被蛋白激酶磷酸化的蛋白质可以调节靶蛋白的活性。

（二）G 蛋白偶联受体介导的 3 条信号转导通路

1. 受体 –G 蛋白 –AC 信号通路

　　环磷酸腺苷（cAMP）是在质膜结合酶腺苷酸环化酶的催化下由 ATP 合成，cAMP 执行完生理功能后又可被一个或多个 cAMP 磷酸二酯酶（phosphodiesterase，PDE）迅速水解成腺苷 –5′– 磷酸（5′–AMP）。在正常情况下，cAMP 的生成与分解保持平衡，使细胞内 cAMP 的正常浓度保持在约 10^{-7} mol·L^{-1}。但细胞膜上的 G 蛋白偶联受体受到相应的配体分子刺激后，G 蛋白被激活，之后导致 AC 被激活，最终使得 cAMP 水平在数秒内增高至原来的 20 倍。腺苷酸环化酶是大的多次跨膜蛋白，其催化结构域在质膜的胞质面。通过 cAMP 起作用的所有受体都与兴奋性 G 蛋白（stimulatory G protein，Gs）偶联，Gs 激活腺苷酸环化酶，从而增加 cAMP 浓度。另一种抑制性 G 蛋白（inhibitory G protein，Gi）抑制腺苷酸环化酶的活性，从而使胞质内 cAMP 的水平降低，一些生物学效应相应被抑制。但 Gi 主要是通过直接调控离子通道，而不是降低 cAMP 含量起作用。

　　真核细胞内几乎所有的 cAMP 的作用都是通过活化 PKA，从而使其底物蛋白发生磷酸化而实现的。在没有 cAMP 时，PKA 由两个催化亚基和两个调节亚基组成钝化复合体存在。当 cAMP 与调节亚基结合时，改变了调节亚基构象，使调节亚基和催化亚基解离，释放出催化亚基。活化的 PKA 催化亚基可使细胞内某些蛋白的丝氨酸或苏氨酸残基磷酸化，于是改变这些蛋白质的活性。在不同类型的细胞中，PKA 的底物蛋白不同，因此 cAMP 在不同的靶细胞中具有不同的功能。例如肝细胞内，cAMP 的升高可激活 PKA，PKA 又激活磷酸化酶激酶，后者促使肝糖原分解；在心肌细胞，PKA 可使 Ca^{2+} 通道磷酸化，导致 Ca^{2+} 通道开放，细胞内游离 Ca^{2+} 浓度升高，因而增强心肌收缩力；在胃黏膜的壁细胞，PKA 的激活可促进胃酸分泌。在有些动物细胞内，cAMP 浓度的提高能激活一些特异基因的转录。如在能分泌一种叫作生长激素释放抑制激素（growth hormone release-inhibiting hormone，GHRIH；或 somatostatin，SS）的细胞中（下丘脑和胰腺 D 细胞），cAMP 能使编码该激素的基因转录。这类基因的调控区有一短序列的顺式元件，称为 cAMP 反应元件（cAMP response element，CRE），能识别 CRE 的转录因子称为 CRE 结合蛋白，简称 CREB。CREB 被 PKA 磷酸化并与 CRE 结合后，就能促进有关基因的转录。

cAMP 的生物效应是一过性的，因为细胞内有一种机制能使被 PKA 磷酸化的蛋白质去磷酸化，丝氨酸 / 苏氨酸蛋白磷酸酶催化去磷酸化反应。

2. 受体 –G 蛋白 –PLC 信号通路

许多配体与受体结合后可激活另一种 G 蛋白 Gq，Gq 可激活细胞膜上的磷脂酶 C（phospholipase C，PLC），PLC 可以作用于质膜脂质双分子层内侧存在的二磷酸磷脂酰肌醇（phosphatidylinositol bisphosphate，PIP_2），将其迅速水解为 2 种第二信使物质，即三磷酸肌醇（IP_3）和二酰甘油（DAG）。

IP_3 是一种小的水溶性分子，它在生成后离开质膜，在胞质内迅速扩散。当 IP_3 到达内质网或肌质网膜时，就和上面的 IP_3 受体结合，并打开 IP_3 门控 Ca^{2+} 释放通道，迅速升高胞质内 Ca^{2+} 浓度。PIP_2 水解产生的另一产物 DAG 仍留在膜的内表面，在 Ca^{2+} 及带负电荷的膜脂磷脂酰丝氨酸的共同作用下，可以结合并激活胞质内的蛋白激酶 C（protein kinase C，PKC），从而使靶蛋白发生磷酸化，产生多种生物效应，实现胞内信号转导功能。

Ca^{2+} 作为第二信使，在信号转导中具有重要的作用。它可直接作用于底物蛋白发挥调节作用。如在骨骼肌，Ca^{2+} 与肌钙蛋白结合可引发肌肉收缩，因此肌钙蛋白可看作是 Ca^{2+} 的受体。Ca^{2+} 的另一种受体是钙调蛋白（calmodulin，CaM）。CaM 是一种特异的 Ca^{2+} 结合蛋白，几乎在所有的真核细胞中都存在。CaM 与 Ca^{2+} 生成的复合物（Ca^{2+}–CaM）能与多种靶蛋白结合并改变靶蛋白的活性。如在平滑肌，Ca^{2+}–CaM 可结合于肌球蛋白轻链激酶并使之活化，导致肌球蛋白轻链磷酸化和平滑肌收缩；在血管内皮细胞，Ca^{2+}–CaM 可结合并激活一氧化氮（氧化亚氮）合酶，由后者催化生成的 NO 扩散至平滑肌，可引起血管舒张。Ca^{2+}–CaM 的某些效应需通过 Ca^{2+}–CaM 依赖的蛋白激酶（CaM 激酶）介导。CaM 激酶再通过使靶蛋白上特异的丝氨酸或苏氨酸的磷酸化激活靶蛋白，从而发挥调节作用。

3. 受体 –G 蛋白 – 离子通道信号通路

少数 G 蛋白可直接激活或失活靶细胞质膜上的离子通道，改变离子的通透性，从而改变膜的兴奋性。如乙酰胆碱与心肌细胞膜上的 M_2 型乙酰胆碱受体结合后，可激活 G_i，G_i 活化后生成的 α–GTP 复合物抑制腺苷酸环化酶的活性，$\beta\gamma$ 二聚体能结合在心肌细胞质膜上，促进质膜上的 K^+ 通道打开。这些 K^+ 通道的打开使细胞去极化更难，从而产生了 ACh 降低心肌细胞的收缩速率和力量的效应。

G 蛋白在大多数情况下通过第二信使间接地调控离子通道的活性。例如，神经细胞和平滑肌细胞中都普遍存在 Ca^{2+} 激活的 K^+ 通道（K_{Ca} 通道）。细胞内 Ca^{2+} 浓度升高时可激活这类通道，导致细胞膜的复极化或超极化。嗅觉和视觉依赖于调控环核苷酸门控离子通道的 G 蛋白偶联受体。动物鼻内层中特化的嗅觉受体神经元通过特异的 G 蛋白偶联的嗅觉受体识别气味。当该受体与气味物结合就可激活一种嗅觉特异的 G 蛋白（称为 G_{olf}），G_{olf} 再激活腺苷酸环化酶，导致 cAMP 浓度升高，由此打开 cAMP 门控离子通道，从而允许 Na^+ 内流，Na^+ 的内流使嗅觉受体神经元去极化，触发沿轴突传递到脑的神经脉冲。在视网膜信号转换过程中，光量子被作为受体的视色素如视紫红质（rhodopsin，Rh；也具有 7 个跨膜 α 螺旋的结构特点）吸收后，也是先激活称为 Gt（转换蛋白）的 G 蛋白，再激活作为效应器的磷酸二酯酶，使视杆细胞外段中 cGMP 的分解加强，从而关闭 Na^+ 通道，引起细胞超极化，产生视觉。

三、酶偶联型受体介导的跨膜信号转导

酶偶联型受体（enzyme-linked receptor）和 G 蛋白偶联受体一样也是一类跨膜蛋白，与配体结合的结构域在细胞膜外，细胞内的胞质结构域本身具有酶活性，或能与膜内侧其他酶直接结合，调控后者的功能而完成信号转导。目前已知有 6 种类型酶偶联型受体：酪氨酸激酶受体、酪氨酸激酶结合型受体、受体型鸟苷酸环化酶、受体型丝氨酸 / 苏氨酸激酶、受体型蛋白酪氨酸磷酸酶和组氨酸激酶连接的受体（与细菌的趋化性有关）。

1. 酪氨酸激酶受体

受体与酶是同一蛋白分子，受体蛋白本身具有酪氨酸激酶的活性，称为具有酪氨酸激酶活性的受体或酪氨酸激酶受体（tyrosine kinase-linked receptor，TKR）。酪氨酸激酶受体由 3 部分组成：含有配体结合位点的细胞外结构域、单次跨膜的疏水 α 螺旋区、含有酪氨酸蛋白激酶活性的细胞内结构域。该受体不仅能与配体结合，同时它也是一种酶，能使其他蛋白质的特异性酪氨酸残基磷酸化。该类受体介导的跨膜信号转导过程如下：有配体结合位点的细胞外结构域识别相应的配体并与之结合后，可直接激活膜内侧的酪氨酸激酶，该酶激活后，一方面引发膜内酪氨酸残基的自身磷酸化，另一方面可促进其他靶蛋白质中的酪氨酸残基发生磷酸化，由此再引发各种细胞内功能的改变。如胰岛素、胰岛素样生长因子、血小板源生长因子、神经生长因子及一些肽类激素和其他与机体发育、生长、增殖，甚至细胞癌变有关的各种生长因子（或细胞因子），都通过靶细胞膜上的酪氨酸激酶受体将信号转导至细胞核，从而引起基因转录的改变。

2. 酪氨酸激酶结合型受体

有些受体本身没有酶的活性，但当它被配体激活时，立即与酪氨酸激酶结合并使之激活，称之为酪氨酸激酶结合型受体（tyrosine kinase-associated receptor）。这类受体包括促红细胞生成素受体、生长激素和催乳素受体，以及许多细胞因子和干扰素的受体。这类受体的分子结构中没有蛋白激酶的结构域，因此受体本身没有蛋白激酶活性，但当受体与配体结合后，就可与细胞内的酪氨酸蛋白激酶结合并使后者激活。酪氨酸激酶被该受体激活后，可使自身和胞质中的另一种酪氨酸蛋白激酶 STAT（即信号转导及转录活化因子，signal transducer and activator of transcription，STAT）的酪氨酸残基发生磷酸化，后者又使转录因子磷酸化，最终导致基因转录的功能改变而发挥生物学作用。

3. 受体型鸟苷酸环化酶

受体型鸟苷酸环化酶（receptor guanylate cyclase）是单次跨膜蛋白受体，膜外侧是配体结

合部位，膜内侧有鸟苷酸环化酶催化结构域。细胞内有两种形式的鸟苷酸环化酶（guanylate cyclase，GC），与细胞膜结合的膜结合型 GC 和胞质可溶型 GC。作为酶联受体信号途径成员的主要是膜结合型 GC（membrane bound guanylate cyclase，mGC）。配体与受体结合后，可激活膜内侧的 GC。GC 催化胞质内的 GTP 生成 cGMP，后者激活 cGMP 依赖性蛋白激酶 G（PKG）。被激活的 PKG 可使特定蛋白质的丝氨酸或苏氨酸残基磷酸化，从而引起细胞反应。

与受体型鸟苷酸环化酶结合的配体有心房利尿钠肽（atrial natriuretic peptide，ANP）和脑利尿钠肽（brain natriuretic peptide，BNP）。介导 ANP 反应的受体分布在肾和血管平滑肌细胞表面。当血压升高时，心房肌细胞分泌的 ANP 与受体结合，直接激活膜内侧鸟苷酸环化酶，使 GTP 转化为 cGMP，cGMP 作为第二信使结合并激活 PKG，导致靶蛋白的丝氨酸/苏氨酸残基磷酸化而活化，促进肾细胞排水、排钠，同时导致血管平滑肌细胞舒张，结果使血压下降。当用基因打靶失活小鼠的 ANPs 受体鸟苷酸环化酶时，小鼠的血压长期升高，导致渐进性的心脏扩张。此外，细菌热稳定肠毒素、海胆卵肽等肽类物质也是这类受体的配体。

除了与质膜结合的鸟苷酸环化酶外，在细胞胞质中还存在可溶性的鸟苷酸环化酶（soluble GC，sGC），它们是 NO 作用的靶酶，催化产生 cGMP，使胞质内的 cGMP 浓度和 PKG 活性升高，引起相应的细胞反应。

4. 受体型丝氨酸/苏氨酸激酶

受体型丝氨酸/苏氨酸激酶（receptor serine/threonine kinases，RSTK）是单次跨膜蛋白受体，在胞内区具有丝氨酸/苏氨酸蛋白激酶活性，该受体以异二聚体行使功能。主要配体是转化生长因子-β（transforming growth factor-β，TGF-β）超家族成员，该超家族包括 TGF-β 本身、活化素和骨形成蛋白。这些家族成员具有类似的结构与功能，它们充当激素或局部调质，主要参与调节细胞的生长、分化、凋亡、迁移和细胞外基质形成。此外，它们还参与组织修复和免疫调节。

RSTK 也是一个大家族，目前至少已分离出 17 个 RSTK 成员，这些 RSTK 可分为结构相似的2 类—类型 I 和类型 II。TGF-β 作用于细胞时，首先结合并激活类型 II 受体，结合后的复合物再磷酸化并激活类型 I 受体，形成一个具有活性的受体复合体，从而完成跨膜信号转导。

5. 受体型蛋白酪氨酸磷酸酶

受体型蛋白酪氨酸磷酸酶（receptor protein tyrosine phosphatase）是专一水解蛋白质中酪氨酸残基上的磷酸根基团的酯酶，存在胞质和跨膜 2 种形式。受体型蛋白酪氨酸磷酸酶为单次跨膜蛋白受体，胞内区具有蛋白酪氨酸磷酸酯酶的活性，胞外配体与受体结合激发该酶活性，使特异的胞内信号蛋白的磷酸酪氨酸残基去磷酸化。其作用是控制磷酸酪氨酸残基的寿命，使静息细胞具有较低的酪氨酸磷酸化水平。CD45（cluster determinant-45）是一种重要的受体型蛋白酪氨酸磷酸酶，位于 T 淋巴细胞和巨噬细胞的细胞膜上，其膜外区的肽段（N 端）具有受体功能，与抗原识别有关；其膜内肽段（C 端）有 2 个重复催化功能区，具有酪氨酸磷酸酶的活性，可水解自身及底物蛋白肽链上已被磷酸化的酪氨酸残基上的磷酸基，从而发挥生物学作用。此外，根据膜外结构特点，受体型蛋白酪氨酸磷酸酶还有另外 3 种类型，其功能不完全清楚，可能与细胞黏附及细胞与细胞之间的相互作用有关。

第三节   细胞的生物电现象

生物电现象是一切活细胞共有的基本特性，是指伴随生命活动的所有电现象，如心电、脑电、肌电等。机体各器官表现的生物电现象是以细胞水平的生物电现象为基础的，而细胞的电活动主要表现为发生在细胞膜两侧的膜电流（又称跨膜电流）和膜电位（又称跨膜电位）的变化。细胞生物电变化是其功能改变的前提，因此，细胞的膜电变化在细胞和整体功能活动中都是至关重要的。所以，要探讨细胞生物电的特性及发生机制，首先要从研究膜电位开始。细胞的膜电位大体有 2 种表现形式，即安静状态下相对平稳的静息电位（resting potential，RP）和受刺激时发生的迅速波动的、可传播的动作电位（action potential，AP）。

◎生物电的发现

一、静息电位

（一）细胞的静息电位

将一对电极（参考电极和记录电极）在处于静息状态的细胞膜上任意移动，可见两点间无电位差，即当有生命的细胞处于静息状态时，细胞膜表面的任何两点之间都是等电位的（图 2-12A）。但细胞膜的内外两侧，却有明显的电位差，即当把参考电极置于细胞膜外，记录电极插入膜内时，则可观察到电位差（图 2-12B）。在静息状态下（未受刺激时），存在于细胞膜内外两侧的电位差称为静息电位（resting potential）。由于这一电位差存在于安静细胞膜的两侧，故亦称静息膜电位（transmembrane potential），表现为外正内负，说明静息状态下膜内电位比膜外低。若规定膜外电位为生理零值，则膜内为负电位。不同细胞静息电位的数值有所不同，并且只要细胞未受刺激、生理条件不变，这种电位将持续存在。一般哺乳动物的骨骼肌细胞、神经细胞、平滑肌细胞、普通心肌细胞和红细胞的静息电位分别为 -90 mV、-70 mV、-55 mV、-90 mV

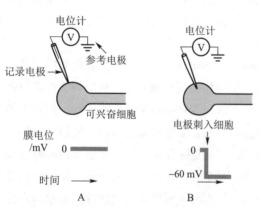

图 2-12   细胞生物电活动的记录方式
（自朱文玉，2009）

A. 细胞外记录方式，等电位状态；B. 细胞内记录方式，微电极刺入细胞的瞬间，记录到跨膜电位差，细胞内电位低于膜外

和 -10 mV。目前检测静息电位所用的记录电极通常是玻璃管微电极，是用毛细玻璃管加热拉制而成的，尖端直径小于 1 μm，管内充以 KCl 溶液，参考电极置于膜外，将记录电极和参考电极连接到电位仪，即可测定极间电位差。

静息电位通常是平稳的直流电位，但在中枢内的某些神经细胞及具有自律性的心肌细胞和平滑肌细胞，也会出现自发性的静息电位波动。通常把细胞处于静息状态时，膜内为负、膜外为正的状态称为极化（polarization），极化状态是细胞处于生理静息状态的标志。静息电位绝对值增大的过程或状态称为超极化（hyperpolarization），此时膜两侧电位差加大，膜内负电位增大；静息电位绝对值减小的过程或状态称为去极化

（depolarization），此时膜两侧电位差减小，膜内负电位变小；去极化至零电位后，膜内电位如进一步变为正值，则称为反极化（reverse polarization）；之后细胞由反极化状态恢复到原来的极化状态即静息状态，这一过程称为复极化（repolarization）。

（二）静息电位的产生机制

静息电位形成的基本原因是离子的跨膜转运。生物电的产生都是带电离子跨膜移动的结果，如果细胞膜不允许任何带电离子跨膜移动，则膜两侧是电中性的。"离子学说"认为，细胞水平生物电产生的前提有两个：①细胞内外离子分布和浓度不同。就阳离子来说，膜内 K^+ 浓度较高，约为膜外的 30 倍，膜外 Na^+ 浓度较高，约为膜内的 10 倍；从阴离子来看，膜外以 Cl^- 为主，膜内以带负电荷的有机离子（A^-）为主。②细胞膜在不同情况下，对不同离子的通透性不同，如在静息状态下，膜对 K^+ 的通透性较大（K^+ 通道开放），对 Na^+ 的通透性很小，对膜内有机离子 A^- 则几乎不通透。由于膜内外存在着 K^+ 浓度梯度，所以一部分 K^+ 便会顺着浓度梯度向膜外扩散，即 K^+ 外流。膜内带负电荷的有机离子 A^-，由于电荷异性相吸的作用，也应随 K^+ 外流，但因不能透过细胞膜而被阻止在膜的内表面，致使膜外正电荷增多，电位变正，膜内负电荷增多，电位变负。随着 K^+ 的进一步外流，促使 K^+ 外流的动力即 K^+ 的浓度差有所减小，而由外流的 K^+ 形成的外正内负的电位差所构成的阻力则迅速增大。当促使 K^+ 外流的动力与阻碍 K^+ 外流的阻力达到平衡，即 K^+ 的电 – 化学势能为零时，经膜的 K^+ 净流量为零，膜内外的电位差稳定于某一数值不变，此电位差称为 K^+ 的平衡电位，也就是静息电位。因此，可以说静息电位主要是 K^+ 外流所形成的电 – 化学平衡电位即 E_k，其具体数值可按 Nernst 公式计算。计算所得的 K^+ 平衡电位值与实际测得的静息电位值很接近。Nernst 公式表示：$E_k = RT/ZF \cdot \ln [K^+]_o/[K^+]_i$，29.2℃时，$E_k = 60 [K^+]_o/[K^+]_i$（mV），提示静息电位主要是由 K^+ 向膜外扩散造成的。上式中 R 为气体常数，T 为绝对温度，Z 为离子价数，F 为法拉第常数，$[K^+]_o$ 和 $[K^+]_i$ 分别是膜外侧和膜内侧的 K^+ 浓度。在哺乳动物，多数细胞的 E_k 为 –90 ~ –100 mV。如果人工改变细胞膜外 K^+ 的浓度，静息电位随之改变，其变化与根据 Nernst 公式计算所得的预期值基本一致，如增加骨骼肌细胞外液中的 K^+ 浓度，骨骼肌的静息电位减小；用 K^+ 通道的特异性阻断剂四乙胺处理后，静息电位变小。但是，实际测得的静息电位值总是比计算所得的 K^+ 平衡电位值小，这是由于膜对 Na^+ 和 Cl^- 也有很小的通透性，它们的经膜扩散（主要指 Na^+ 的内移）可以抵消一部分由 K^+ 外移造成的电位差数值。

二、动作电位

（一）细胞的动作电位

可兴奋组织或细胞受到刺激发生兴奋时，细胞膜原来的极化状态迅速消失，继而在细胞膜两侧发生的一系列电位变化，称为动作电位（action potential）。动作电位是一个连续变化过程，一旦在细胞某一部位产生，就会迅速向四周传播。如果说静息电位是细胞处于静息状态的标志，动作电位就是细胞处于兴奋状态的标志。

在神经纤维上，动作电位的主要部分一般在 0.5 ~ 2.0 ms 内完成。实验观察，动作电位包括一个上升相和一个下降相（图 2–13）。上升相代表膜的去极化过程，上升幅度为 90 ~ 130 mV。以 0 mV 电位为界，上升相的下半部分为膜的去极化，此时膜内负电位减小，由 –90 ~ –70 mV 变为 0 mV；上升相的上半部分是膜的反极化，是膜电位的极性发生倒转，由 0 mV 上升到 +20～+40 mV，即膜外变负，膜内变正。下降相代表膜的复极化过程。它是膜电位从上升相顶端下降到静息电位水平的过程，膜电位从 +40→0→–90 mV。动作电位在 0 mV 以上的部分称为超射（overshoot）。由于动作电位幅度大、时间短，不超过 2 ms，波形很像一个尖峰，故称锋电位（spike potential）。在锋电位完全恢复到静息电位水平以前，膜两侧电位还要经历一些

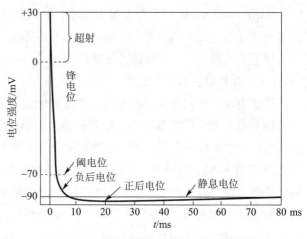

图 2-13　神经纤维动作电位曲线

微小而缓慢的波动，称为后电位（after-potential）；后电位又分为负后电位（后去极化）和正后电位（后超极化）。锋电位具有动作电位的主要特征，是动作电位的标志，即锋电位尤其是其上升支表示细胞处于兴奋状态，通常所说的神经冲动（nerve impulse）就是指一个个沿着神经纤维传导的动作电位或锋电位。

（二）动作电位的产生机制

动作电位产生的机制与静息电位相似，也与细胞膜的通透性及离子转运有关。英国剑桥大学的 Hodgkin 等根据细胞受到有效刺激时膜内负电位消失，且产生正电位的事实，设想膜在受到刺激时可能是 Na^+ 通透性突然增大，以致超过 K^+ 通透性，使大量 Na^+ 涌入膜内的结果。也就是说，细胞受到刺激后，膜的通透性发生改变，对 Na^+ 的通透性突然增大，膜外高浓度的 Na^+ 在膜内负电位的吸引下以易化扩散的方式迅速内流，造成膜内负电位迅速降低。由于膜外 Na^+ 具有较高的浓度势能，当跨膜电位减小到 0 时仍可继续内移使膜内转为正电位，直至膜内正电位足以阻止 Na^+ 内移为止，此时的电位即为动作电位。动作电位就是 Na^+ 的平衡电位，用 Nernst 公式可以表示为：$E_{Na} = RT/ZF \cdot \ln [Na^+]_o / [Na^+]_i$，29.2℃时，$E_{Na} = 60 [Na^+]_o / [Na^+]_i$（mV），式中 $[Na^+]_o$ 和 $[Na^+]_i$ 分别是膜外侧和膜内侧的 Na^+ 浓度。在大多数细胞，E_{Na} 为 +50～+70 mV。

实验数据表明，动作电位所能达到的膜内正电位的数值相当于 Na^+ 的平衡电位；并且实验中随着标本浸浴液中 Na^+ 被同等数目的葡萄糖分子代替（使膜外 Na^+ 浓度逐渐减小），所记录的超射值和整个动作电位也随之下降。精确地说，动作电位并不能达到 Na^+ 平衡电位。这主要是由于在动作电位高峰时，虽然膜对 Na^+ 不能自由通透，但是尚有残余的 K^+ 和 Cl^- 通透。

证实上述机制的依据有：① 超射值与经 Nernst 公式计算所得 Na^+ 的平衡电位数值相近。② 改变细胞外液中 Na^+ 浓度，动作电位的幅度随之改变，如增加细胞外液的 Na^+，动作电位增大，反之亦然。③ 采用 Na^+ 通道的特异性阻断剂，如河鲀毒素（tetrodotoxin，TTX）、普鲁卡因（procaine）及利多卡因（lidocaine）处理后动作电位不再产生。④ 用膜片钳可观察到动作电位与 Na^+ 通道开放的程度相关。因此，动作电位的幅度等于静息电位的绝对值加上超射值，与 K^+ 和 Na^+ 的平衡电位有关。

注意：细胞膜对 Na^+ 通透性增大，实际上是膜结构中存在的电压门控 Na^+ 通道开放的结果，

因而造成 Na$^+$ 向膜内的易化扩散。膜片钳实验研究表明，Na$^+$ 通道有以下特点：①去极化程度越大，其开放的概率也越大，是电压门控性的；②开放和关闭非常快；③存在静息（resting）、激活（activation）和失活（inactivation）等功能状态，是以蛋白质的内部结构，即它的构型和构象的相应变化为基础的；当膜的某一离子通道处于失活（关闭）状态时，膜对该离子的通透性为零，而且不会受刺激而开放，只有通道恢复到静息状态时才可以在特定刺激作用下开放。膜电导（通透性）变化的实质就是膜上离子通道随机开放和关闭的总和效应。

复极化过程中，细胞膜的 Na$^+$ 通道迅速关闭，Na$^+$ 内流停止；同时膜结构中电压门控 K$^+$ 通道开放（不同于形成静息电位时的 K$^+$ 泄漏通道），膜对 K$^+$ 通透性增大；在膜内外电 – 化学梯度的作用下，细胞内的 K$^+$ 顺其浓度梯度向细胞外扩散，导致膜内负电位增大。故锋电位的下降支是 K$^+$ 外流所致（图 2-14）。

可兴奋细胞每发生一次动作电位，总会有一部分 Na$^+$ 在去极化过程中扩散到细胞内，并有一部分 K$^+$ 在复极化过程中扩散到细胞外。这样就激活了 Na$^+$-K$^+$ 依赖式 ATP 酶，即 Na$^+$-K$^+$ 泵，于是 Na$^+$-K$^+$ 泵加速运转，将胞内多余的 Na$^+$ 泵到胞外，同时把胞外增多的 K$^+$ 泵进胞内，以恢复静息状态的离子分布，保持细胞的正常兴奋性。因此，在复极化的晚期，由于 Na$^+$-K$^+$ 泵的运转可导致超极化的正后电位。正后电位一般认为是由生电性钠泵作用的结果（泵出 3 个 Na$^+$ 同时泵入 2 个 K$^+$，造成超极化），与兴奋后的恢复有关。而负后电位一般认为是在复极化时迅速外流的 K$^+$

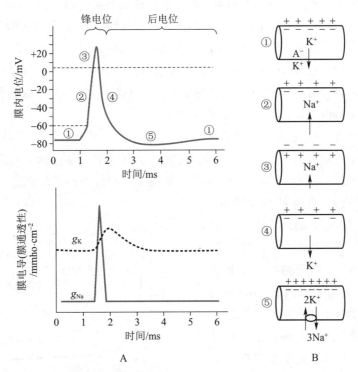

图 2-14 可兴奋细胞膜电位及其形成的基本原理（自朱文玉，2009）

A. 膜电位与细胞膜离子通透性的变化；B. 膜电位形成过程中主要离子的跨膜转移与膜两侧电荷分布状态

①静息电位（极化状态）；②去极化；③反极化（超射）；② – ③形成动作电位上升支（去极相）；④复极化形成动作电位下降支（复极相）；⑤超极化

蓄积在膜外侧附近，暂时阻碍了 K⁺ 进一步外流所致复极化变慢。

（三）动作电位的发生

1. 刺激

周围环境经常发生改变，但并不是任何变化都能引起机体或其组织细胞发生反应。能引起机体或其组织细胞发生反应的各种内外环境的变化称为刺激（stimulus）。自然界中能引起机体反应的刺激是多种多样的，按其性质可分为物理性刺激（如声、光、电、机械和温度等）、化学性刺激（如酸、碱、各种化学物质等）和生物性刺激（如细菌、病毒等）。刺激对一种特定的组织细胞来讲，可分为适宜刺激和非适宜刺激，所谓适宜刺激是指特定的组织细胞对该性质的变化最敏感（即阈值最低）或引起兴奋所需能量最低。如声波是听觉器官、光波是视觉器官的适宜刺激等。应该指出，这种分工是长期进化过程中器官功能特殊化的结果，但并不是某种器官只有唯一的适宜刺激。在诸多性质的刺激中，电刺激的强度、持续时间和时间变化率易于控制，而且电刺激对组织的损伤比较小，能够重复使用，所以实验中常采用电刺激。

2. 时间－强度曲线

能引起反应的刺激一般要具备三个条件，即一定的强度、一定的持续时间和刺激强度－时间变化率。这三个条件的参数不是固定不变的，三者可以相互影响：即三者中有一个或两个数值发生改变，其余的数值必将发生相应的变化。即使是适宜刺激，若在强度、作用时间和强度－时间变化率三个要素的某一方面达不到某一临界值，还是不能引起兴奋。实验结果表明，在强度－时间变化率固定不变的情况下，在一定范围内，引起组织兴奋所需的刺激强度与该刺激的作用时间呈反比关系。也就是说，当所用的刺激强度较大时，引起组织兴奋只需较短的作用时间；而当刺激强度较小时，需用较长的作用时间才能引起组织产生兴奋。如果把能够引起兴奋的不同刺激强度和相对应的作用时间描绘在坐标纸上，便可得到一条近似于双曲线的曲线，称为强度－时间曲线（strength-duration curve）（图 2–15）。

强度－时间曲线上的任何一点都表示一个刚能引起组织兴奋的最小刺激，称为阈刺激（threshold stimulus），曲线右上方各点表示阈上刺激，左下方各点表示阈下刺激。不同的组织描绘出的强度－时间曲线不同，如同为神经纤维，较细的神经纤维测得的强度－时间曲线偏右上方（图 2–15 中虚线），说明兴奋性较低。强度－时间曲线能够较全面地反映组织细胞的兴奋性，但是当兴奋性发生迅速变化时，要测得一条强度－时间曲线实际上很困难。因此有人主张用时值（chronaxie）代替。如图 2–15 所示，时值正位于强度－时间曲线中部曲度最明显的部位，能较好地反映整个曲线的位置，是衡量组织兴奋性高低的又一指标；但测定时值也非易事。

3. 阈强度与阈电位

（1）阈强度 刺激的持续时间固定，引起细胞或组织发生反应（产生动作电位）

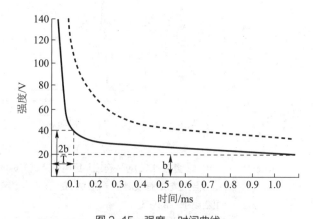

图 2-15　强度－时间曲线

b. 基强度；T. 时值，即 2 倍基强度对应的最短作用时间的最小刺激强度称为阈强度（threshold intensity），也称阈值，是衡量细胞或组织兴奋性大小的最常用且简便的指标，二者呈反变关系，即引起某组织兴奋所需的阈强度（阈值）愈小，说明组织兴奋性愈高；反之，阈强度愈大，说明组织兴奋性愈低。相当于阈强度的刺激即为阈刺激，小于阈强度的刺激即为阈下刺激，单个阈下刺激只能引起低于阈电位值的去极化，不能发展为动作电位。大于阈强度的刺激即为阈上刺激，阈刺激和阈上刺激都可引起细胞兴奋。一旦刺激强度超过阈强度后，动作电位的上升速度和所达到的最大值就不再依赖于所给刺激的强度大小了。

（2）阈电位 阈电位是膜去极化达到暴发动作电位的临界膜电位，是引起膜上 Na^+ 通道的激活对膜去极化的正反馈，也就是说，当刺激引起膜内去极化达到引起正反馈 Na^+ 内流的临界膜电位称为阈电位（threshold potential），这是用膜本身去极化的临界值来描述动作电位产生条件的一个重要概念。阈电位的绝对值一般比静息电位小 10~20 mV，对动作电位的产生只起触发作用。

（四）动作电位的传导

可兴奋细胞兴奋的标志是产生动作电位，因此兴奋的传导实质上是动作电位向周围的传播。细胞膜某一点受刺激产生兴奋时，其兴奋部位膜电位由极化状态（内负外正）变为反极化状态（内正外负），于是兴奋部位和静息部位之间出现了电位差，导致局部的电荷移动，即产生局部电流（local current）。此电流的方向是膜外电流由静息部位流向兴奋部位，膜内电流由兴奋部位流向静息部位，这就造成静息部位膜内电位升高，膜外电位降低（去极化）。当这种变化达到阈电位时，便产生动作电位。新产生的动作电位又会以同样方式作用于它的邻点。这个过程此起彼伏地逐点传下去，就使兴奋传至整个细胞，这就是局部电流学说的具体内容，兴奋在同一细胞上的传导即遵循局部电流学说。

1. 无髓神经纤维

在无髓鞘的神经纤维，动作电位以局部电流的方式依次传导（图 2-16A、B）。局部电流刺激邻近膜，使膜上每一点相继产生动作电位，依据膜的被动电学性质在动作电位前方的静息部位首先形成电紧张电位，电紧张电位进一步引发去极化的局部反应，并在局部反应达到阈电位时引起动作电位的发生，直径大的细胞电阻较小，传导的速度快。

2. 有髓神经纤维

在有髓鞘的神经纤维，动作电位以跳跃式传导（saltatory conduction，图 2-16C、D）。局部电流在相邻郎飞结间产生，使郎飞结相继发生动作电位的跳跃式传导，因而比无髓纤维传导快且"节能"。

（五）动作电位的特点

1. "全或无"特性

给予细胞阈下刺激时不能引起动作电位，而

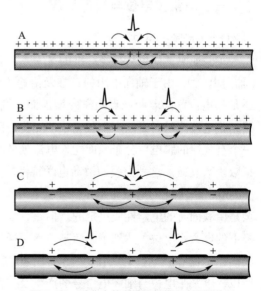

图 2-16 动作电位在神经纤维上向两侧传导
（自郑行和乔惠理，2011）
A、B. 动作电位在无髓鞘神经纤维上依次传导
C、D. 动作电位在有髓鞘神经纤维上跳跃传导

给予阈刺激或阈上刺激时，同一个细胞产生的动作电位的幅度和持续时间相等，即刺激必须达到足够强度，动作电位才能产生，再增大刺激强度，动作电位的幅值大小及波形不变；动作电位在同一个细胞上的传导也不随传导距离的改变而改变。在同一细胞上动作电位大小不随刺激强度和传导距离而改变的特性，称为动作电位的全或无（all-or-none）特性。这是因为，产生动作电位的关键是去极化能否达到阈电位水平，而与原刺激的强度无关。动作电位传导时使邻近未兴奋处的膜电位达到阈电位，阈电位只是动作电位的触发因素。决定动作电位的速度与幅度的是当时膜两侧有关的离子浓度差及膜对离子的通透性，因此动作电位的波形和大小与刺激强度、传导距离及细胞的直径无关。

2. 不衰减性传导（或可扩播性）

动作电位产生后并不局限于受刺激部位，而是迅速向周围扩播，直至整个细胞的细胞膜都依次产生动作电位。动作电位在同一个细胞的扩播是以局部电流的方式进行的、不衰减的传导，其幅度和波形始终保持不变，属数值式信号；且传导具有双向性。

3. 具有不应期

动作电位发生后的一段时间内，对任何强度的刺激都不再发生反应，这段时间称为绝对不应期。由于绝对不应期的存在，动作电位不可能发生融合。

不同细胞受到刺激发生反应（产生动作电位）时，具有不同的外部表现。例如，肌细胞表现为收缩，腺细胞表现为分泌活动等，这些表现都是通过细胞膜的电位变化引起的，比膜的电位变化稍晚。唯有神经在受刺激而兴奋时，除出现沿着神经纤维迅速传播的动作电位外，没有其他外部可见的反应。动作电位是大多数可兴奋细胞受到刺激时共有的特征性表现，它不是细胞其他功能变化的副产品或伴随物，而是细胞表现其功能的前提。

三、电紧张电位与局部反应

（一）电紧张电位

实验证明，如果从神经纤维的某一点向轴浆内注入电流，该电流将沿轴浆向该点的两侧流动（轴向电流），由于轴向电阻的存在及沿途不断有电流跨膜流出（膜电流），所以无论是轴向电流还是膜电流都随着距原点距离的增加而逐渐衰减。膜本身的电学特性相当于并联的阻容耦合电路，膜电流流过时必然产生膜电位的变化，随着膜电流的逐渐衰减，膜电位也逐渐衰减，并形成一个有规律的膜电位分布，即注入电流处的膜电位最大，其周围一定距离外的膜电位将以距离的指数函数衰减。这种由膜的被动电学特性决定其空间分布的膜电位称为电紧张电位（electrotonic potential）。单纯的电紧张电位产生过程中没有离子通道的激活，因而也没有膜电导的改变，完全是由膜固有的电学性质决定的。但是，如果一个使膜内电位变正的电紧张电位（即在膜外负电极下的电紧张电位）达到了激活某些离子通道的阈值时，就会引起由于离子通道开放而产生的跨膜离子电流和膜电位的变化，并叠加于电紧张电位之上，产生局部兴奋或动作电位（图2-17）。所以，电紧张电位与细胞电信号的产生及传播有着直接的关系。

与动作电位相比，电紧张电位有其自身特征。体内许多重要的电信号，如阈下刺激引起的局部反应、终板电位、突触后电位（包括兴奋性的和抑制性的）、感受器电位或发生器电位等，其产生过程都涉及离子通道激活等膜的主动反应，因而不属于严格意义上的电紧张电位的范畴，但它们却都具有电紧张电位的特征。

（二）局部反应

在研究单纯的电紧张电位时，为了避免激活细胞膜上的离子通道，总是采用超极化刺激或强度小于阈电位1/3的去极化刺激。当给予稍大的去极化刺激时，就会引起部分离子通道的激活和内向离子电流，使膜在电紧张电位的基础上进一步去极化，形成局部反应。因此，局部反应是由去极化电紧张电位和少量离子通道开放产生的主动反应叠加形成的，即很弱的刺激只引起细胞膜产生电紧张电位，当刺激稍强时，引发的去极化电紧张电位也能引起少量的离子通道开放，在受刺激的局部出现一个较小的膜的去极化，与电紧张电位叠加，这种产生于膜的局部、较小的去极化反应称为局部反应（local response），产生的电位称为局部电位（local potential，或者说是细胞受刺激后去极化未达到阈电位的电位变化）。

局部反应尽管包含一部分细胞的主动反应（即少量的Na^+通道开放和Na^+内流形成的膜去极化），但它仍具有电紧张电位的电学特征，表现为：①等级性：反

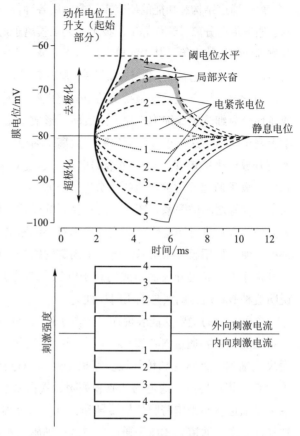

图 2-17　电紧张电位与局部兴奋
细胞内记录的膜电位，静息电位水平以上为记录电极记录到的去极化电紧张电位和局部兴奋（阴影部分），静息电位水平以下为记录电极记录到的超极化电紧张电位

应的幅度与刺激强度正相关，不是"全或无"式的；②在局部形成电紧张性扩布（electrotonic propagation）：只能以电紧张的方式影响附近膜的电位，电紧张性扩布随传播距离增加而迅速衰减；③可以叠加：局部反应没有不应期，一次阈下刺激引起一个局部反应，虽然不能引发动作电位，但多个阈下刺激引起的多个局部反应如果在时间上（在同一部位连续给予多个刺激）或在空间上（在相邻部位同时给予多个刺激）叠加起来［分别称为时间总和（temporal summation）或空间总和（spatial summation）］，就有可能导致膜去极化达到阈电位，从而暴发动作电位（图 2-17）。

四、离子通道与细胞电活动

如前所述，膜电位变化的实质是离子通道的开放和关闭，即离子通道的状态决定了膜电导，膜电导的变化又决定了膜电流和膜电位的变化，可见生物电活动最本质的问题是对离子通道（也包括具有生物电作用的转运体）的研究和认识。随着分子生物学、膜片钳技术的发展，人们对离子通道的分子结构及特性有了更加深入的认识，并发现离子通道的功能、结构异常与许多疾病的发生和发展有关。

离子通道结构和功能的研究需综合应用各种技术，包括电压和电压钳技术、单通道电流记录技术、通道蛋白分离、纯化等生化技术、人工膜离子通道重建技术、通道药物学、基因重组技术及一些物理和化学技术等。其中的单通道电流记录技术，又称膜片钳技术（patch clamp technique），是目前研究离子通道最常用的技术之一。膜片钳（patch clamp）可以直接观察单一离子通道的特性及活动状况，用于记录细胞膜上的单通道电流（图 2-18）。将特制的玻璃微吸管吸附于培养细胞或急性分离细胞（或细胞膜片）的表面，形成一个高阻封接，使这一小片膜与周围的细胞膜在电学上完全隔离。这一小片膜上仅有少数离子通道。然后对该膜片实行电压钳位，可测量单个离子通道开放产生的皮安（pA）级别的电流。通过观测单个通道开放和关闭的电流变化，可直接得到各种离子通道开放的电流幅值分布、开放概率、开放寿命等功能参量，并分析它们与膜电位、离子浓度等之间的关系。还可把吸管吸附的膜片从细胞膜上分离出来，以膜的外侧向外或膜的内侧向外等方式进行实验研究。这种技术对小细胞的电压钳位、改变膜内外溶液成分以及施加药物都很方便。如用膜片钳技术设定一个固定的钳制电压，随着设定电压向去极化方向改变时，可以看到由于 Na^+ 通道开放而形成的离子电流，随着去极化程度增加，Na^+ 通道开放的概率也增加，说明这种 Na^+ 通道确实是电压门控性的。

离子通道的主要功能表现在：①离子通道是形成细胞生物电现象的基础。在神经、肌肉等可兴奋细胞，主要通过 Na^+ 和 Ca^{2+} 通道调控去极化，通过 K^+ 通道调控复极化和维持静息电位，从而决定细胞的兴奋性和传导性。②离子通道通过提高细胞内钙浓度，从而触发从肌肉、腺体分泌到 Ca^{2+} 依赖性离子通道的开放和关闭、蛋白激酶的激活以及基因表达等各个水平的生理效应。③离子通道参与细胞跨膜信号转导和突触传递过程，其中包括 K^+、Na^+、Ca^{2+}、Cl^- 通道和某些非选择性阳离子通道。④离子通道参与维持细胞正常形态和功能完整性。在高渗环境中，离子通道

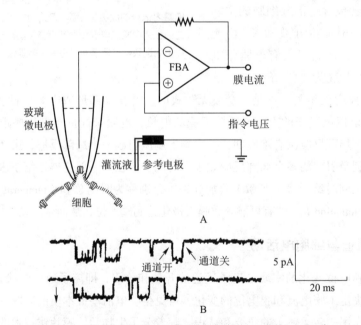

图 2-18　膜片钳实验方法和单通道电流（改自王庭槐，2018）

A. 膜片钳记录装置示意图；FBA：反应放大器。B. 从骨骼肌细胞膜片上记录的由乙酰胆碱激活的单通道电流，通道开放时产生向下的内向电流

和转运系统激活，使 Na^+、Cl^- 和有机溶质进入细胞内，水分在渗透压的作用下也随之进入细胞内，使细胞体积增大；而在低渗环境中，Na^+、Cl^- 和有机溶质流出细胞，水分也随其流出细胞，最终使细胞体积减小。

五、可兴奋细胞及其兴奋性

（一）兴奋和可兴奋细胞

现代生理学中，兴奋已被看作是动作电位的同义语或动作电位的产生过程。一般来说，神经和肌细胞，以及某些腺细胞表现出较高的兴奋性，也就是说它们只需接受较小程度的刺激，就能表现出某种形式的反应，因此称为可兴奋细胞（excitable cell）或可兴奋组织（excitable tissue）。如前所述，产生动作电位的关键环节是电压门控 Na^+ 通道或 Ca^{2+} 通道的电压依赖性及其激活过程中与膜电位之间的正反馈。因此，所有可兴奋细胞都必然具有电压门控性 Na^+ 通道或电压门控性 Ca^{2+} 通道，受刺激后它们首先发生的共同反应就是基于这些离子通道激活而产生的动作电位。不同组织或细胞受刺激而发生反应时，外部可见的反应形式有可能不同，但所有这些反应都是由刺激引起的，因此把这些反应称之为兴奋（excitation）。

（二）细胞兴奋后兴奋性的变化

细胞在发生一次兴奋后，其兴奋性会出现一系列有规律、可恢复的变化。细胞的这一特性决定着细胞在接受连续刺激时，产生动作电位的最短周期。神经纤维兴奋过程中的兴奋性变化可依次出现绝对不应期、相对不应期、超常期及低常期四个时期（图 2-19）。这是因为在动作电位的产生过程中，Na^+ 通道分别经历备用 – 激活 – 失活 – 备用的循环状态。因此，细胞在产生一次动作电位之后，其兴奋性将发生周期性的变化。

在兴奋发生的当时以及兴奋后最初的一段时间内，无论施加多强的刺激都不能使细胞再次兴奋，这段时期称为绝对不应期（absolute refractory period）。处于这一时期的细胞，阈刺激为无限大，原来激活的 Na^+ 通道失活，兴奋性降至零。因此，同一个细胞产生的动作电位不能总和，要连续引起细胞产生两个动作电位，刺激的间隔时间至少要等于绝对不应期。如绝对不应期为 2 ms，则给予连续刺激时每秒钟所能产生的动作电位次数不超过 500。绝对不应期相当于动作电位的上升支及复极化的前 1/3，即锋电位时期。

在绝对不应期之后，细胞的兴奋性逐渐恢复，对阈刺激无反应，但阈上刺激能引起细胞兴奋，这段时期称为相对

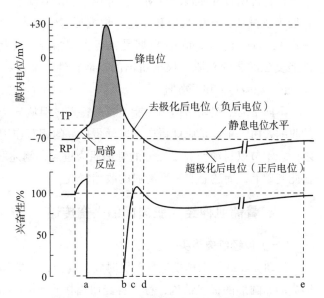

图 2-19 兴奋性变化与动作电位的对应关系示意图
（改自王庭槐，2018）

TP: 阈电位；RP: 静息电位；ab: 绝对不应期；
bc: 绝对不应期；cd: 超常期；de: 低常期

不应期（relative refractory period）。处于这段时期的细胞，兴奋性已经有所恢复，但仍低于正常水平。在此期间，部分 Na^+ 通道已经复活，但通道数量和开启能力尚未恢复到正常水平，故较强的刺激才能引起细胞再次兴奋。相对不应期相当于锋电位的负后电位（即去极化电位）前期所持续的一段时间。之后兴奋性逐渐升高，到相对不应期的晚期兴奋性基本恢复。

相对不应期之后，阈下刺激就可引起细胞再次兴奋，这段时期称为超常期（supranormal period），表明细胞的兴奋性高于兴奋前水平。这段时期里，由于 Na^+ 通道已复活到可被激活的备用状态，且膜电位离阈电位较近，故细胞兴奋性继续恢复，但高于正常。超常期相当于动作电位的负后电位（即去极化电位）时期。

超常期之后，阈上刺激才能引起细胞再次兴奋的时期称为低常期（subnormal period）。此时，Na^+ 通道虽完全恢复到兴奋前水平，但由于钠泵活动增强，膜处于超极化状态，与阈电位的距离加大，兴奋性低于正常，只有阈上刺激才能引起细胞反应。低常期相当于动作电位的正后电位（即超极化电位）时期。

不同细胞兴奋性变化的各期所持续的时间有很大差异，甚至也可缺少其中某一期，但都存在绝对不应期。绝对不应期决定可兴奋细胞在单位时间内发生兴奋的最高频率，或引起两次兴奋的最小刺激周期。不应期的长短与细胞的不同功能密切相关，如骨骼肌可接受高频率的神经冲动而发生强直收缩；而心肌不应期很长，只能有节律地活动而不会发生强直收缩。

第四节   肌细胞的收缩

动物机体各种形式的运动主要靠肌细胞的收缩活动来完成。肌细胞最本质的功能是将化学能转变为机械功，产生张力和缩短。根据形态学特点，可将肌肉分为横纹肌（striated muscle）和平滑肌（smooth muscle）；根据受神经支配情况，可将肌肉分为躯体神经支配的随意肌和自主神经支配的非随意肌；根据肌肉的功能特性，又可将肌肉分为骨骼肌（skeletal muscle）、心肌（cardiac muscle）和平滑肌。

不同肌肉组织在结构和功能上各有特点，但从分子水平来看，各种收缩活动都与细胞内所含的收缩蛋白，主要是肌球蛋白和肌动蛋白等的相互作用有关；收缩和舒张过程的控制，也有相似之处。本节以目前研究最充分的骨骼肌为重点，阐述肌细胞的收缩机制和肌肉收缩的力学表现。在此基础上，简述心肌和平滑肌的收缩特点。

一、骨骼肌神经 – 肌肉间的兴奋传递

（一）神经肌肉接头

运动神经纤维末梢抵达骨骼肌时失去髓鞘，末端膨大附着在所支配的肌细胞（即肌纤维）上形成的卵圆形的板状结构，称为神经肌肉接头（neuromuscular junction）或运动终板（motor end plate）。运动神经元是通过神经肌肉接头将神经冲动传递给骨骼肌。一条运动神经纤维末梢轴突反复分支，其分支可达几十至几百条以上，每一分支都支配一条肌纤维。当某一神经元兴奋时，其冲动可引起它所支配的全部肌纤维收缩。每个运动神经元和它所支配的全部肌纤维，称为一个

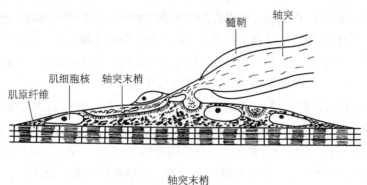

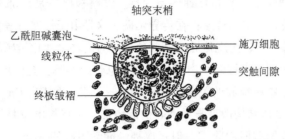

图 2-20 神经肌肉接头处的超微结构示意图

运动单位（motor unit）。当神经分支的末端接近肌纤维时，失去髓鞘，并再分成更细的分支，即神经末梢，裸露的神经末梢嵌入相应的特化了的肌膜皱褶之中，上边覆盖施万细胞。神经肌肉接头是一种特化的突触，这种特化了的肌膜称为终板膜，即神经肌肉接头的后膜，而神经末梢的膜则称为神经肌肉接头的前膜。前、后膜之间有 20 nm 左右的间隙，称为突触间隙（图 2-20）。神经末梢内存在大量突触小泡和线粒体，突触小泡内含有乙酰胆碱。后膜上有较多的蛋白质分子，它们最初被称为 N_2- 型乙酰胆碱受体（N_2-AChR），现已证明是一些化学门控通道能与乙酰胆碱特异性结合。另外，终板膜上还附着胆碱酯酶（choline esterase），能够将乙酰胆碱（ACh）分解成胆碱和乙酸而使其失去活性。

（二）神经肌肉接头的兴奋传递

当神经冲动传到运动神经末梢时，立即引起轴突膜去极化，该处的电压门控 Ca^{2+} 通道开放，使细胞外液中的 Ca^{2+} 进入轴突内，与钙调蛋白结合成聚合物，后者将激活轻链激酶，使轻链磷酸化；然后激活 ATP 酶，分解 ATP，通过小泡周围类肌纤球蛋白的收缩，促使小泡移向前膜而释放。在此，Ca^{2+} 可能有两方面作用，一方面降低轴浆黏度，有利于突触小泡的移动；另一方面，清除突触前膜上的负电荷，从而导致突触小泡与轴突膜有效碰撞、融合，并在结合处发生裂口，小泡内递质（ACh）全部释放。这种以小泡为单位的递质释放形式称为量子释放。释放出的 ACh 通过突触间隙扩散，与突触后膜的特殊通道蛋白质的两个 α 亚单位结合，每分子的通道将结合两个分子的 ACh，引起的蛋白质分子内部构象的变化会导致该通道结构的开放。这种通道开放时的截面，比 Na^+、K^+ 通道截面都大，因而可允许 Na^+、K^+ 甚至少量 Ca^{2+} 同时通过，于是发生 Na^+ 的跨膜内流和 K^+ 的跨膜外流，总的结果表现为后膜的去极化。这一终板膜的去极化，称为终板电位（endplate potential，EPP）。终板电位以电紧张的形式影响终板膜周围的肌纤维膜。当终板电位总和后使肌纤维膜的静息电位去极化达到阈电位时，即发生动作电位。在轴突末梢释放的 ACh，一般在 1～3 ms 内就被受体附近的胆碱酯酶破坏，每个神经冲动传到末梢，只释放一次递质，也只能与受体发生一次结合，并产生一次终板电位和动作电位，所以神经冲动与动作电位以 1：1 的传递方式进行，这是神经－肌肉间兴奋传递的一个重要规律，不同于中枢神经系统内的突触传递，这对于肌肉能够准确完成适应性收缩反应极为重要。

神经肌肉接头处兴奋的传递具有以下特点：①单向传递。神经肌肉接头处兴奋的传递是 1：1 传递的，即一次神经冲动，引起肌细胞一次动作电位和一次收缩，释放 10^7 个 ACh 分子，使终板电位的总和超过引起肌细胞动作电位所需阈值的 3～4 倍，保证了动作电位的产生；胆碱酯酶及时清除 ACh，从而保证了兴奋传递的单向性。②终板电位是局部电位，可以总和产生动作电位。③神经肌肉接头处兴奋的传递存在传导延搁。这是由于传递过程中有递质的释放、与受体的结合、离子的流动等，所以出现传导延搁现象。④对内环境变化敏感与易疲劳。

另外，要注意以下几点：①神经肌肉接头处的信息传递实际上是"电－化学－电"的过程，神经末梢电变化引起化学物质释放的关键是 Ca^{2+} 内流，而化学物质 ACh 引起终板电位的关键是 ACh 和 N_2-AChR 结合后受体结构改变导致 Na^+ 内流增加。②终板电位是局部电位，具有局部电位的所有特征，本身不能引起肌肉收缩，但每次神经冲动引起的 ACh 释放量足以使产生的终板电位总和达到邻近肌细胞膜的阈电位水平，使肌细胞产生动作电位。因此，这种兴奋传递是一对一的。③在接头前膜无 Ca^{2+} 内流的情况下，ACh 有少量自发释放，这是神经紧张性作用的基础。

（三）影响神经肌肉接头传递的因素

影响神经肌肉接头传递的因素很多，主要有：①细胞外液 Ca^{2+} 浓度升高时，乙酰胆碱（ACh）释放量增加，有利于兴奋传递；相反，Ca^{2+} 浓度降低时，则影响兴奋传递。但 Ca^{2+} 也不能过高，否则会在轴突上与 Na^+ 产生竞争性抑制，而不利于轴突膜产生兴奋。另外，Mg^{2+} 浓度升高，也会阻止 ACh 释放，不利于兴奋传递。② ACh 与受体结合是触发终板电位的关键，而受体阻断剂，如箭毒类药物可与接头后膜 N_2-AChR 结合，使受体数量减少，从而造成传递阻滞。因此，注射箭毒类药物，可使神经肌肉接头兴奋传递受阻而出现肌肉松弛。③胆碱酯酶能及时清除 ACh，保证兴奋由神经向肌肉传递。有些药物，如有机磷制剂、新斯的明等，均有抑制胆碱酯酶的作用，使 ACh 在体内蓄积，导致后膜持续性去极化，兴奋传递受阻。另外，维生素 B_1 也有抑制胆碱酯酶的作用，若机体缺乏维生素 B_1，则胆碱酯酶活性增强，ACh 水解加速，兴奋传递功能下降。

二、横纹肌的收缩和舒张

横纹肌包括骨骼肌和心肌。在完整的心脏中，心肌的节律性收缩由心脏的自律细胞发动，详细内容将在第五章讨论。骨骼肌的收缩是在中枢神经系统控制下完成的。每个骨骼肌细胞都受到来自运动神经元轴突分支的支配，只有当支配肌肉的神经纤维兴奋时，才能引起肌肉的兴奋和收缩。

（一）横纹肌细胞的微细结构

横纹肌由肌纤维组成，外有肌膜，内有肌浆、细胞器及丰富的肌红蛋白和肌原纤维。横纹肌细胞在结构上的主要特点是胞内含有大量的肌原纤维和高度发达的肌管系统，且在排列上是高度规则有序的（图 2-21）。

每个肌纤维都含有上千条直径 1～2 μm、沿细胞长轴走向的肌原纤维，是横纹肌收缩的基本

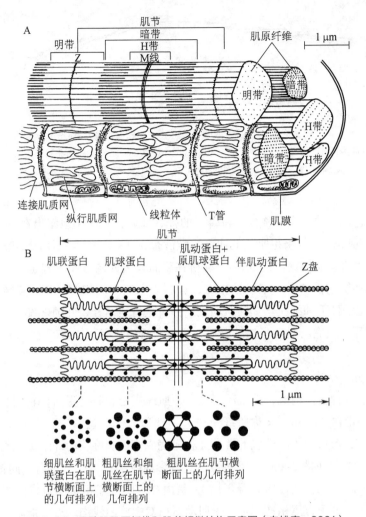

图 2-21 骨骼肌肌原纤维和肌节超微结构示意图（自姚泰，2001）

A. 肌原纤维与肌管系统超微结构；B. 肌节的超微结构

结构单位。每条肌原纤维在肌细胞内平行，光学显微镜下呈现很规则的明暗相间的横纹，分别称为明带（I带）和暗带（A带）。暗带中间有一段相对较亮的区域，称为 H 带，H 带正中央，即暗带的中央，有一条横向深亮线，称为 M 线；明带正中间也有一条暗纹，称为 Z 线。每两条相邻 Z 线之间的区域称为一个肌节（sarcomere），肌节是肌肉收缩和舒张的基本单位，它包含一个中间部分的暗带和两侧各 1/2 明带，其长度往往随明带长度的变化而变化。电子显微镜下可见更细的、纵向平行排列的许多微肌丝组成，根据其直径不一，肌微丝又可分为粗细两种（图 2-21）。

1. 粗肌丝的分子结构

粗肌丝主要由肌球蛋白（myosin，又称肌凝蛋白）分子构成（图 2-22）。肌球蛋白是长约 150 nm 的高度不对称蛋白质，由 6 条肽链构成，包括 2 条重链 4 条轻链，分子构型像豆芽状，由一个细长的双螺旋杆状部和一端呈二分叉的球形膨大的头部组成。其中的杆状部由 2 条重链组成，重链的部分结构与 4 条轻链共同构成球形头部。在生理状态下，200～300 个肌球蛋白分子聚合形成一条粗肌丝。在粗肌丝中，肌球蛋白的杆状部朝向 M 线平行排列，形成粗肌丝的主干，

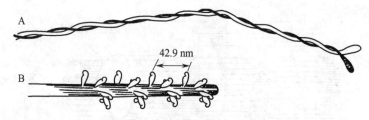

图 2-22   粗肌丝结构模式图（自王玢和左明雪，2009）

A. 组成粗肌丝的肌球蛋白分子，两个亚单位缠绕成螺旋状，可区分出杆状部和球头部；B. 肌球蛋白分子的杆状部横向聚集成束，形成粗肌丝的主轴，球状部有规则地露出主轴表面，形成横桥

球形头部连同与它相连的一小段称作"桥臂"的杆状部分，有规律地露出在粗肌丝主干的表面，形成横桥（cross bridge）。每条粗肌丝上伸出的横桥有 300~400 个。当肌肉安静时，横桥与主干的方向垂直，由粗肌丝表面突出约 6 nm。横桥在粗肌丝表面的分布位置也是严格有序的，每个横桥都能分别同环绕它们的 6 条细肌丝相对，有利于它们之间相互作用。横桥有 2 个重要的特性：一是能在一定条件下和细肌丝上的肌动蛋白分子呈可逆结合，并随之发生构型改变；二是横桥具有 ATP 酶作用。当它与肌动蛋白结合后，可被激活而具有 ATP 酶活性，分解 ATP 提供横桥扭动时所需能量。

2. 细肌丝的分子结构

细肌丝至少有 3 种蛋白构成，即肌动蛋白、原肌球蛋白和肌钙蛋白，它们在细肌丝中的比例为 7：1：1。肌动蛋白（actin，又称肌纤蛋白）是球形大分子蛋白质。在肌浆中，300~400 个肌动蛋白连接起来，形成两条串珠状的链，互相扭绕成双股螺旋状的纤维型肌动蛋白高聚物，构成细肌丝的骨架和主体（图 2-23），肌动蛋白直接参与收缩，与肌球蛋白一同被称为收缩蛋白。原肌球蛋白（tropomyosin，又称原肌凝蛋白），是由 2 条肽链互相扭绕组成的双螺旋结构。在细肌丝中，原肌球蛋白分子首尾相连，走行于肌动蛋白双螺旋的浅沟附近，能阻止肌动蛋白分子与横桥头部结合，在肌肉收缩过程中起调节作用。兴奋时，原肌球蛋白的位置移向细肌丝双螺旋的深部，暴露出肌动蛋白与横桥结合的位点。肌钙蛋白（troponin）是球形蛋白，由 3 个亚单位组成，即亚单位 T（TnT）、亚单位 I（TnI）和亚单位 C（TnC）。亚单位 T 的作用是使整个肌钙蛋白分子与原肌球蛋白结合在一起；亚单位 I 的作用是当亚单位 C 与 Ca^{2+} 结合时，把信息传递给原肌球蛋白，使后者的分子构型改变和移动位置，从而解除对肌动蛋白与横桥结合的抑制作用；亚单位 C 是结合 Ca^{2+} 的亚单位，C 亚单位对肌浆中出现的 Ca^{2+} 有高度亲和力，当肌浆 Ca^{2+} 浓度升高到一定程度时，它就可以和 Ca^{2+} 结合，每个亚单位 C 可结合 4 个 Ca^{2+}，使整个肌钙蛋白分

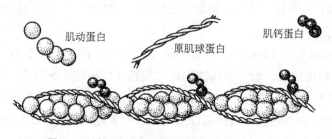

图 2-23   细肌丝分子组成模式图（自陈杰，2003）

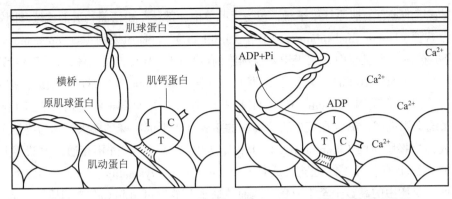

图 2-24 Ca²⁺ 通过和肌钙蛋白的结合，诱发横桥和肌动蛋白之间的相互作用

子发生一系列构型和位置的变化而解除抑制作用，随后启动收缩过程（图 2-24）。肌钙蛋白大约每隔 40 nm 的距离就与一个原肌球蛋白分子结合。由于原肌球蛋白和肌钙蛋白不直接参与收缩，但对收缩蛋白具有调控作用，所以合称为调节蛋白。

3. 肌管系统

肌管系统是指包绕在每一条肌原纤维周围的膜性囊管状结构。这些囊管状结构实际是由来源和功能都不相同的两套独立的管道系统所组成。其中一套是走行方向与肌原纤维垂直的管道，称为横管（transverse tubule）或 T 管（T tubule），是由肌细胞膜向内呈漏斗状凹陷形成，直径为 20 ~ 30 nm，穿行在肌原纤维之间，形成环形肌原纤维管道。各条 T 管互相沟通，管腔通过肌膜凹陷处的小孔与细胞外液相通。细胞外液能通过 T 管系统的开口，深入肌细胞内部，与每条肌原纤维内的肌浆进行物质交换，但并不与肌浆直接相通。T 管膜具有与肌膜相类似的特性，可以产生以 Na⁺ 为基础的去极化和动作电位，从而使沿肌膜传导的电信号能迅速传播至细胞内部的肌原纤维周围。在骨骼肌，T 管位于每个肌节中明带和暗带的交界处（见图 2-21A）；在心肌则位于 Z 线附近（图 2-25）。在肌膜和 T 管膜上都分布有 L 型钙通道，是一种分布最广泛的电压门控钙通道，其激活与肌细胞的兴奋 – 收缩偶联有关。

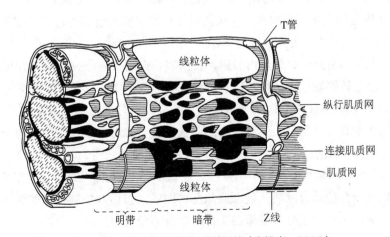

图 2-25 心肌的肌原纤维和肌管系统（自姚泰，2005）

另一套管道的走行与肌原纤维平行，包绕于肌节中间部，是由薄膜构成的连续和闭锁的管状系统，称为纵管（longitudinal tubule）或 L 管（L tubule），也称肌质网（sarcoplasmic reticulum，SR）。纵管扩布在整个肌浆内，相当于其他细胞的内质网，但没有核糖体，而且有特殊的排列方式，其管腔直径 50 ~ 100 nm。包绕在 A 带上的纵管大都沿着肌原纤维的长轴纵行排列，这部分纵管也称为纵行肌质网（longitudinal SR，LSR）。在 A 带中央部，纵管由分支互相吻合，使整个纵管系统交织成网。纵管在接近肌节两端的 T 管处，形成特殊的膨大，称为终池（terminal cisterna）或称连接肌质网（junctional SR，JSR），与横管靠近，但并不相通，内储存大量 Ca^{2+}。靠近 T 管的终池上有释放 Ca^{2+} 通道（或称 ryanodine 受体，ryanodine receptor，RYR）。终池内的 Ca^{2+} 浓度比肌质中的高数千至上万倍，因而该通道开放时可引起 Ca^{2+} 向胞质内释放。在与之对置的横管膜或肌膜上有一种 L 型 Ca^{2+} 通道（L-type Ca^{2+} channel）。静息时，横管上的 L 型 Ca^{2+} 通道对终池膜上的释放通道开口起到堵塞作用，只有当横管膜上的电信号到达此处时，L 型通道发生构型变化，才消除对终池膜上通道的堵塞作用，Ca^{2+} 大量进入肌浆。肌质网中还存在着一种钙泵，是 $Ca^{2+}-Mg^{2+}$ 依赖式 ATP 酶的离子转运蛋白质酶，Ca^{2+} 的升高一方面引起肌丝的相对滑行，另一方面又激活了纵管上的 Ca^{2+} 泵，可以将 Ca^{2+} 主动转运入终池。

骨骼肌的横管通常与它两侧的终池相接触（但不连接），形成三联管结构（见图 2-21A），在肌原纤维上有规律地重复交替排列；在心肌，终池单独与 T 管膜或肌膜相接触，形成二联管结构（图 2-25），在骨骼肌和心肌中，肌质网与横管相接触的部位是发生兴奋 - 收缩偶联的关键部位，能使横管系统传递的膜电位变化与纵管终池释放回收 Ca^{2+} 的活动偶联起来。

（二）横纹肌的收缩机制

根据横纹肌的微细结构的形态特点以及它们在肌肉收缩时的改变，Huxley 等在 20 世纪 50 年代初就提出了用肌节中粗、细肌丝的相互滑行来说明肌肉收缩的机制，被称为肌丝滑行学说（sliding filament theory）。其主要内容是：肌肉收缩时虽然在外观上可以看到整个肌肉或肌纤维缩短，但是在肌细胞内并无肌丝或它们所含的分子结构的缩短或卷曲，而只是在每一个肌节内发生了细肌丝向粗肌丝之间的滑行，亦即由 Z 线发出的细肌丝在某种力量的作用下主动向暗带中央移动，结果各相邻的 Z 线都互相靠近，肌节长度变短，造成整个肌原纤维、肌细胞，乃至整条肌肉长度的缩短。滑行现象最直接的证明是：肌肉收缩时，暗带长度不变，只看到明带缩短；同时暗带中央的 H 带也相应地变窄或消失。这说明细肌丝在肌肉收缩时也没有缩短，只是更向暗带中央移动，和粗肌丝发生了更大程度的重叠。

肌肉收缩过程的本质是在肌球蛋白与肌动蛋白相互作用下将分解 ATP 释出的化学能转变为机械功的过程，能量转换发生在横桥与肌动蛋白之间。其主要步骤是：①横桥头部具有 ATP 酶活性，在肌肉处于舒张状态时，横桥结合的 ATP 被分解，分解产物 ADP 和无机磷酸仍留在头部，此时的横桥处于高势能状态，其方位与细肌丝垂直，并对细肌丝中的肌动蛋白有高度亲和力，但并不能与肌动蛋白结合，因为肌丝上肌钙蛋白与原肌球蛋白的复合物遮盖了肌动蛋白的活化位点；②当胞质内 Ca^{2+} 浓度升高，肌钙蛋白 C 亚基（TnC）与之结合并发生构象变化，这种变构导致 TnT 与肌动蛋白的结合减弱，使原肌球蛋白向肌动蛋白双螺旋沟槽的深部移动，从而暴露出肌动蛋白的活化位点，于是肌球蛋白头部（横桥部分）与肌动蛋白结合；③肌动蛋白与横桥头部的结合使其构象改变，于是头部向桥臂方向摆动 45°，并拖动细肌丝向 M 线方向滑动，从而将横桥头部储存的能量（来自 ATP 的分解）转变为克服负荷的张力并使肌节缩短。横桥头部发生变构和摆动的同时，ADP 和无机磷酸便与之分离；④在 ADP 解离的位点，横桥头部马上结合一分子 ATP，使横桥头部对肌动蛋白的亲和力明显降低，于是横桥与肌动蛋白解离。横桥头部与肌动蛋白解离后，便分解与之结合的 ATP 为 ADP 和无机磷酸，并恢复垂直于细肌丝的高势能状态。此时如果肌浆内 Ca^{2+} 浓度较高，便又可与下一个新的肌动蛋白活化位点结合，重复上述过程。如果胞质内 Ca^{2+} 浓度降低到静息水平，则 TnC 与 Ca^{2+} 解离，肌钙蛋白与原肌球蛋白复合物恢复原来的构象，竖

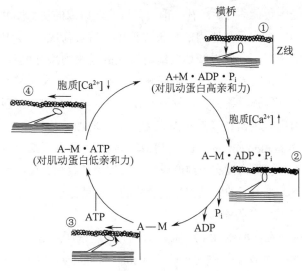

图 2-26　横桥周期（自姚泰，2005）
A: 肌动蛋白；M: 肌球蛋白

起的横桥头部便不能与肌动蛋白上新的位点结合，肌肉进入舒张状态。上述横桥与肌动蛋白结合、摆动、复位、再结合的过程，称为横桥周期（cross-bridge cycling，图 2-26）。由于舒张时肌浆内钙的回收需要钙泵作用，因此肌肉舒张和收缩一样是耗能的主动过程。

（三）横纹肌的兴奋 – 收缩偶联

骨骼肌和心肌的收缩都是由动作电位引发的。骨骼肌的动作电位来自支配它的运动神经，而心肌的动作电位则来自心肌的起搏细胞。两种肌肉动作电位的特征和形成机制也不相同。骨骼肌动作电位的形态与神经纤维的相似，呈尖峰状，只是时程稍长，约 5 ms，其形成机制也与神经纤维的相似。心肌细胞动作电位的形态因部位不同而有差异，但普遍具有较长的时程（见第五章）。将肌细胞的电兴奋和机械收缩联系起来的中介机制，称为兴奋 – 收缩偶联（excitation-contraction coupling）。目前认为，它至少包括 3 个主要过程：动作电位通过横管系统传向肌细胞深部，三联管部位的信息传递，纵管系统对 Ca^{2+} 储存、释放和再聚集。其中兴奋 – 收缩偶联的偶联因子是 Ca^{2+}，结构基础是三联管。

注意：①骨骼肌和心肌肌质网释放 Ca^{2+} 的机制不同；②L 型 Ca^{2+} 通道在心肌和骨骼肌的作用不同。在心肌，经 L 型 Ca^{2+} 通道内流的 Ca^{2+} 触发肌质网释放 Ca^{2+} 的过程，称为钙触发钙释放。在骨骼肌，L 型 Ca^{2+} 通道在引起肌质网释放 Ca^{2+} 的过程中，是作为一个对电位变化敏感的信号转导分子，而不是作为离子通道来发挥作用的；③骨骼肌和心肌肌质网膜上的钙泵回收的 Ca^{2+} 量不同。

（四）横纹肌的收缩形式

肌肉活动按其负荷情况和刺激频率可表现为等长收缩和等张收缩、单收缩和复合收缩等形式。

1. 等长收缩和等张收缩

肌肉的负荷有前后之分。肌肉在收缩之前所承受的负荷称为前负荷，肌肉开始收缩之后所承

受的负荷称为后负荷。前负荷可改变肌肉的初长度并影响肌肉的收缩力量。即在一定范围内肌肉的收缩力量与肌肉的初长成正比。后负荷决定肌肉收缩是等张形式还是等长形式。在有后负荷的情况下，肌肉开始收缩时表现的是张力增加而长度不变。这种长度不变而张力增加的收缩形式，称为等长收缩（isometric contraction），又称静态收缩，例如动物体站立时对抗重力的肌肉收缩是等长收缩，这种收缩不做功。待到肌肉张力随肌肉收缩而增加到等于或稍高于后负荷时，肌肉则表现出长度变小而张力则不再增加。这种张力不变而长度减小的收缩形式，称为等张收缩（isotonic contraction），又称动态收缩，这种收缩可使物体产生位移，因此可以做功。在正常情况下，机体内没有单纯的等张收缩和等长收缩，而是两种不同程度的复合收缩，即在完整机体条件下，骨骼肌的收缩都是混合式的。也就是说既有长度的改变，也有张力的改变。

2. 单收缩与强直收缩

在实验条件下，肌肉受到一次刺激所引起的一次收缩，称为单收缩（single twitch）。单收缩包括潜伏期、缩短期和舒张期3个时期（图2-27）。从给予刺激到肌肉开始收缩的一段时间，称为潜伏期（latent period）。在此期间，肌肉发生着兴奋－收缩偶联的复杂过程。从肌肉开始收缩到收缩达到最大限度的一段时间称为缩短期（shortening period），在此期间，肌肉内发生肌丝滑行，产生张力和缩短的主动过程。从肌肉最大限度收缩到恢复至原来的长度和张力的一段时间称为舒张期（relaxing

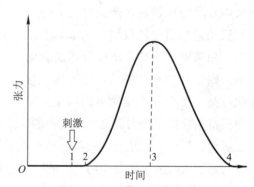

图2-27　骨骼肌的单收缩曲线（自钟国隆，2002）
1. 刺激；1~2. 潜伏期；2~3. 缩短期；3~4. 舒张期

period）。在正常机体内一般不发生单收缩，因为支配肌肉活动的神经不发放单个冲动，而是发放一连串的冲动。

在实验条件下，给肌肉一连串的刺激，若后一次刺激落在前一刺激所引起收缩的舒张期内，则肌肉不再舒张，而出现一个比前一次收缩幅度更高的收缩（图2-28），这种现象称为收缩总和（summation of contraction）。随着刺激频率的增大，肌肉收缩不断地进行总和，直至肌肉处于持续的缩短状态，这种收缩称为强直收缩（tetanus）。在刺激频率较低时，描记的收缩曲线呈锯齿状态。这样的收缩称为不完全强直收缩（incomplete tetanus）。当刺激频率升高时，可描记出平滑的收缩曲线，这样的收缩称为完全强直收缩（complete tetanus），见图2-29。引起完全强直收缩所需的最低刺激频率称为临界融合频率（critical fusion frequency）。正常机体内骨骼肌的收缩都是不同程度的强直收缩。

除此之外，还有一种是运动单位数量的总和现象。收缩较弱时，总是较小的运动神经元支配的小运动单位发生收缩；随着收缩的加强，会有越来越多和越来越大的运动单位参加收缩，产生的张力也随之增加；舒张时，停止放电和收缩的首先是最大的运动单位，最后才是最小的运动单位。骨骼肌这种调节收缩的方式，称为大小原则（size principle）。

应当指出的是，收缩与兴奋是两个不同的生理过程。在强直收缩中，收缩可以融合，但兴奋并不融合，它们仍然是一连串各自分离的动作电位。复合收缩中，肌肉的动作电位不发生叠加或

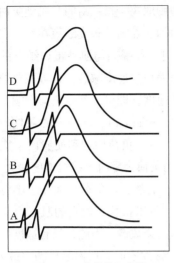

图 2-28 收缩总和曲线
间隔: A. 23 ms; B. 32 ms; C. 40 ms; D. 48 ms
图示猫的腓肠肌收缩曲线和电位变化

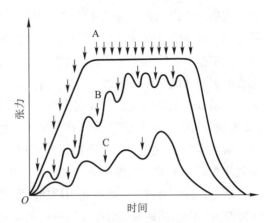

图 2-29 强直收缩曲线(自钟国隆, 2002)
A. 完全强直收缩曲线; B、C. 不完全强直收缩曲线
(每条曲线上边的箭头表示刺激)

总和, 其幅值不变。因为动作电位是"全或无"式的, 只要产生动作电位的细胞生理状态不变, 细胞外液离子浓度不变, 动作电位的幅度就稳定不变。由于不应期的存在, 动作电位不会发生叠加, 只能单独存在。肌肉发生复合收缩时, 出现了收缩形式的复合, 但引起收缩的动作电位仍是独立存在的。

(五)影响横纹肌收缩效能的因素

肌肉的收缩效能即肌肉收缩的力学表现, 具体表现为收缩时产生的张力大小、肌肉的缩短程度以及产生张力或肌肉缩短的速度, 由肌肉收缩时承受的负荷、肌肉本身的收缩能力以及收缩的总合效应等多种因素决定。

1. 负荷对肌肉收缩的影响

(1)前负荷(preload) 前负荷决定了肌肉在收缩前被拉长的程度, 即肌肉的初长度(initial length)。生理学实验中, 可以用初长度表示肌肉的前负荷。对一块具体的肌肉而言, 前负荷与肌肉的初长度均可用于描述肌肉收缩前所处的状态。在等长收缩的条件下, 可以测定在不同的肌肉初长度(前负荷)情况下肌肉主动收缩时产生的张力, 从而得到肌肉初长度与肌张力的关系曲线(length-tension relation curve)(图 2-30)。该曲线表明, 肌肉的初长度在一定范围内与肌张力呈正变关系, 但超过一定范围, 则呈反变关系, 即肌肉收缩存在一个最适初长度(optimal initial length), 也就是存在一个产生最大张力的肌肉初长度, 此时的前负荷称为最适前负荷。肌肉收缩产生的张力与能和细肌丝接触的横桥数目成比例的。肌肉只有在最适初长度时主动收缩产生的张力最大, 收缩速度也最快, 缩短的长度也最大。因为最适初长度时, 粗肌丝的横桥与细肌丝作用点的结合数目最多, 做功效率最高, 小于或超过最适初长度, 肌肉的收缩力都会下降。肌肉长度-张力关系曲线的这一特点与肌节长度的变化有关。骨骼肌在体内附着在骨骼上的长度, 大致相当于最适初长度, 因而收缩时可产生最大张力。

(2)后负荷(afterload) 后负荷是肌肉收缩的阻力或做功对象, 它与肌肉缩短速度呈反变关系。肌肉的缩短速度取决于横桥周期的长短，而收缩张力则取决于每一瞬间与肌动蛋白结合的横桥的数目。肌肉在有后负荷作用的情况下收缩，总是张力增加在前，长度缩短在后。在肌丝重叠、胞质内 Ca^{2+} 浓度等条件不变的情况下，当后负荷增加时，每瞬间与肌动蛋白结合的横桥数量增多，故收缩时产生的张力增大，但横桥周期延长，肌肉缩短的速度减慢。在等张收缩的条件下，测定在不同后负荷情况下肌肉收缩产生的张力和缩短的速度，即可得到后负荷影响肌肉缩短速度的关系曲线，称为张力 – 速度关系曲线（tension-velocity relation curve）（图 2–31）。该曲线表明，随着后负荷的增加，收缩张力增加而缩短速度减小。当后负荷增加到使肌肉不能缩短时（即出现等长收缩时），肌肉可以产生最大收缩张力（P_0）；当负荷为零时，缩短速度最大（v_{max}）；后负荷在零与 P_0 之间时，它与肌肉的缩短速度呈反变关系。显然，后负荷过大或过小对肌肉做功效率都是不利的。因为后负荷过小，虽然肌肉的缩短速度可以很快，但它的肌张力会同时下降；反之，后负荷过大，在肌张力增加的同时，肌肉缩短速度会减慢。因此，只有适度的后负荷才能获得肌肉做功的最佳效率。一般后负荷为最大张力的 30% 左右时，肌肉输出功率最大。

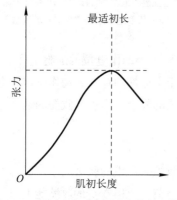

图 2-30　肌肉初长度与肌张力的关系曲线
（自钟国隆，2002）

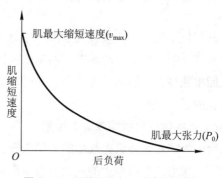

图 2-31　骨骼肌张力 – 速度关系曲线
（自钟国隆，2002）

2. 肌肉收缩能力

肌肉收缩能力是指与负荷无关的决定肌肉收缩效能的肌肉本身的内在特性。肌肉本身的内部功能状态也是不断变化着的，可以影响到肌肉收缩效果。肌肉收缩能力提高时，收缩时产生的张力大小、肌肉缩短的程度，以及产生张力或肌肉缩短的速度均提高，表现为长度 – 张力曲线上移和张力 – 速度曲线向右上方移动；肌肉收缩能力降低时则发生相反的改变。肌肉这种内在的收缩特性与多种因素有关，主要取决于肌肉兴奋 – 收缩偶联过程中胞质内 Ca^{2+} 的水平、肌球蛋白的 ATP 酶活性、细胞内各种蛋白及其亚型的表达水平等。许多神经递质、体液因子、病理因素和药物，都可通过上述途径来调节或影响肌肉的收缩能力，特别对心肌，肌肉收缩能力的改变具有重要的生理意义（见第五章"血流循环"）。

三、平滑肌的收缩和舒张

平滑肌广泛分布于动物机体消化道、呼吸道以及血管和泌尿、生殖等系统；平滑肌细胞互相连接，形成管状结构或中空器官；功能上平滑肌可以通过缩短和产生张力使器官发生运动和变

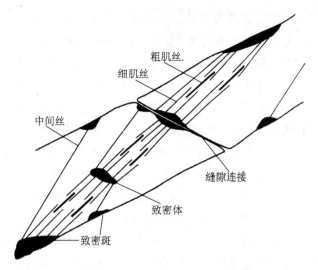

形，也可产生持续性收缩或紧张性收缩，使器官对抗所加负荷而保持原有的形状，前者如胃和肠，后者如动脉血管、括约肌等。平滑肌的功能特点反映了它在细胞结构和收缩机制方面与横纹肌有许多不同。此外，分布于不同器官的平滑肌的形态结构和功能特性也有差别，甚至同一器官不同部位的平滑肌也具有不同的形态和功能特点（图 2-32）。

图 2-32　平滑肌细胞内部结构模式图（自朱大年，2008）

（一）平滑肌的电活动

平滑肌的静息电位在 -55 ～ -60 mV，这是由于平滑肌肌膜对 Na⁺ 的通透性相对比较高所致，具体产生机制和骨骼肌类似。平滑肌动作电位的去极相是由 Ca^{2+} 和 Na^+ 内流形成的，两种离子各自的作用与肌肉的类型和部位有关。例如，肠管和输精管平滑肌主要依赖于 Ca^{2+}，而膀胱和输尿管平滑肌则以 Na^+ 内流为主。动作电位的复极相依于 K^+ 外流，其动作电位的时程为 10 ～ 50 ms，是骨骼肌的 5 ～ 10 倍。

（二）平滑肌的收缩机制

1. 胞质内 Ca^{2+} 浓度的调控

平滑肌的收缩蛋白也是由胞质内 Ca^{2+} 浓度的升高激活的，但与骨骼肌和心肌不同，平滑肌细胞可在不产生动作电位的情况下接受化学信号而诱发胞质内 Ca^{2+} 浓度升高。这一途径称为药物 – 机械偶联（pharmacomechanical coupling）。化学信号可经 G 蛋白偶联受体 – 磷脂酶 C 途径生成 IP_3，IP_3 作用于肌质网上的 IP_3 受体（IP_3R）。IP_3R 是肌质网膜上与 RYR（释放 Ca^{2+} 的通道，即 Ryanodine 受体）结构相似的钙释放通道，结合 IP_3 后通道开放，引发肌质网 Ca^{2+} 释放和胞内游离 Ca^{2+} 升高。例如，去甲肾上腺素就可经此途径刺激血管平滑肌收缩。

平滑肌细胞也可在化学信号或牵拉刺激作用下产生动作电位。通过兴奋 – 收缩偶联的途径升高胞质内 Ca^{2+} 浓度并引起肌肉收缩，这一途径称为电 – 机械偶联（electromechanical coupling）。由于平滑肌的肌质网不发达，所以经此途径增加的胞质内 Ca^{2+} 主要来自从肌膜上电压门控通道或机械门控通道流入的 Ca^{2+}，另一部分则来自肌质网 RYR 释放的 Ca^{2+}。

胞质内 Ca^{2+} 浓度的下降是通过肌质网上的钙泵将 Ca^{2+} 回收到肌质网内，以及肌膜的 Na^+–Ca^{2+} 交换体和钙泵把 Ca^{2+} 转运至胞外完成的。与横纹肌相比，这一过程相对缓慢，这也是平滑肌舒张缓慢的一个原因。

2. 平滑肌的收缩机制

平滑肌细胞的细肌丝中不含肌钙蛋白，只有肌动蛋白和原肌球蛋白，Ca^{2+} 触发收缩的作用位点主要在粗肌丝。平滑肌的粗肌丝也主要由肌球蛋白构成，但没有 M 线，横桥头部的 ATP 酶活性很低，可以通过对头部一对轻链的磷酸化而激活。目前认为，平滑肌纤维和横纹肌一样是以"肌丝滑行"原理进行收缩的，都是由 Ca^{2+} 与细肌丝上钙调蛋白或肌钙蛋白结合而引发的。

①平滑肌的细肌丝含钙调蛋白（calmodulin，CaM），Ca^{2+}与钙调蛋白结合形成钙-钙调蛋白复合物，由它去激活胞质中的一种肌球蛋白轻链激酶（myosin light chain kinase，MLCK），使ATP分解，为肌球蛋白轻链（myosin light chain，MLC）磷酸化提供磷酸基团，使肌球蛋白头部构象发生改变，从而导致横桥和肌动蛋白结合，进入与骨骼肌相同的横桥周期，并产生张力和缩短。②胞质内Ca^{2+}浓度下降时，一切过程向相反方向发展，肌肉舒张。③平滑肌中ATP的分解速度慢，因此平滑肌的收缩比骨骼肌和心肌都慢。④平滑肌横桥摆动速度较骨骼肌慢，且横桥周期较长，与肌动蛋白作用时间也较长，Ca^{2+}移至细胞外或被肌质网摄回的过程都很慢，故平滑肌的收缩和舒张都很慢。⑤由于平滑肌细胞没有横管，肌质网也不发达，所以平滑肌的兴奋-收缩偶联在很大程度上依赖于细胞外Ca^{2+}的内流。

（三）平滑肌活动的神经调控

大多数平滑肌接受神经支配，包括来自自主神经系统的外来神经支配，其中除小动脉一般只接受交感系统（一种外来神经）支配外，其他器官的平滑肌通常接受交感和副交感两种神经支配。平滑肌组织，特别是消化道平滑肌肌层中还有内在神经丛存在，后者接受外来神经的影响，但其中还发现有局部传入性神经元可以引起各种反射。平滑肌的神经肌肉接头有些类似骨骼肌，但不具有骨骼肌那样的特殊结构形式。神经兴奋以非突触性化学传递的方式传递至平滑肌细胞（见第三章）。这是因为支配平滑肌的外来神经纤维在进入靶组织时多次分支，分支上形成许多念珠状的曲张体，其中含有分泌囊泡，它们在神经冲动到达时可以释放递质或其他神经活性物质；每个曲张体和靶细胞的距离亦不固定，平均为80~100 nm，这说明由神经末梢释放出来的递质分子要扩散较远距离才能达到靶细胞，而靶细胞和神经末梢的关系也不可能是固定的；凡是递质分子可以到达而又具有该递质受体的平滑肌细胞，都可能接受外来神经的影响。由于内脏平滑肌具有自律性活动，外源性的神经冲动并不是发动肌肉收缩的必要条件，而是起调节兴奋性和影响收缩强度与频率的作用。其他没有自律性的平滑肌，收缩活动受支配它们的自主神经的控制，收缩强度取决于被激活的肌纤维数目和神经冲动的频率。

小　结

细胞膜对各种物质的跨膜转运包括被动转运、主动转运以及出胞和入胞等几种类型。①被动转运不需要消耗能量，物质从膜的高浓度（或电势高）一侧向低浓度（或电势低）一侧转运。其中单纯扩散不需要膜蛋白的介导，而易化扩散则需要膜上的通道或载体蛋白介导。②主动转运需要消耗能量，物质由膜上的载体从低浓度（或电势低）一侧转运至高浓度（或电势高）一侧。根据物质转运过程中是否直接消耗ATP，将主动转运分为原发性主动转运和继发性主动转运。③物质的出胞和入胞也需要耗能。其中，物质进入细胞称为入胞，出细胞则称为出胞。

细胞膜还有跨膜信号转导或跨膜信息传递功能。根据细胞膜上感受信号物质的受体蛋白分子结构和功能的不同，跨膜信号转导的途径大致可分为离子通道受体介导的跨膜信号转导、G蛋白偶联受体介导的跨膜信号转导和酶偶联型受体介导的跨膜信号转导3类。

一切活组织的细胞都存在生物电。细胞处于安静状态时，细胞膜内外存在静息电位；可兴奋组织细胞在受到刺激发生兴奋时，出现一种可传播的电变化称为动作电位。膜电位的产生原理可以用"离子学说"来解释。动作电位一旦在细胞膜的某一点产生，就沿着细胞膜向各个方向传播，直到整个细胞膜都产生动作电位为止。在无髓神经纤维上动作电位是以局部电流的形式进行传导的，在有髓神经纤维上动作电位是跳跃式传导的。

　　神经细胞与肌细胞之间的兴奋传递是通过神经肌肉接头实现的。将肌细胞的电兴奋和机械收缩联系起来的中介机制称为兴奋 – 收缩偶联，至少包括 3 个主要过程：动作电位通过横管系统传向肌细胞深部；三联管部位的信息传递；纵管系统对 Ca^{2+} 贮存、释放和再聚集。其中兴奋 – 收缩偶联的偶联因子是 Ca^{2+}，结构基础是三联管。神经 – 肌肉间的兴奋传递最终使肌肉表现为等张收缩、等长收缩、单收缩、强直收缩等各种形式的收缩，但骨骼肌、心肌和平滑肌的收缩机制各有不同。

 ## 思考题

1. 试述动物细胞膜的分子结构与化学组成及各成分的作用。
2. 试举例说明细胞膜物质转运的方式。
3. 试述主动转运与被动转运、单纯扩散与易化扩散的区别。
4. 简述 Na^+–K^+ 泵的化学本质、作用和生理意义。
5. 由离子通道介导的跨膜信号转导是如何进行的？举例说明。
6. 试比较 G 蛋白偶联受体介导的几种信号通路之间的异同。
7. 简述酶偶联型受体介导的跨膜信号转导的几种类型。
8. 神经细胞一次兴奋后，其兴奋性有何变化？
9. 试述静息电位的概念及产生机制。
10. 以神经细胞为例，说明动作电位的概念及产生机制。
11. 在神经纤维上动作电位是如何进行传导的？比较无髓神经纤维和有髓神经纤维动作电位传导的异同点。
12. 衡量组织兴奋性高低的指标有哪些？请分别说明阈电位和阈强度的概念及其相互关系。
13. 横纹肌的收缩形式有哪些？影响横纹肌收缩效能的主要因素有哪些？
14. 简述神经肌肉接头处兴奋传递的过程及其机制。
15. 试述骨骼肌的兴奋 – 收缩偶联过程。
16. 牛、羊采食了刚喷洒过有机磷农药的青草后，出现口吐白沫、心率缓慢、瞳孔散大、肌肉颤抖、抽搐现象，请说明出现肌肉颤抖症状的原因，临床常用的治疗方法是什么？
17. 患畜临床表现四肢肌肉无力，反应速度变慢，初步诊断与某种维生素缺乏有关。请推测可能缺乏哪种维生素？说明理由。

◎知识导图
◎学习基础
◎学习要点

第三章

神经生理

　　神经系统是调节动物机体生理功能最重要的结构，各系统和器官的各种功能性活动都是在神经系统的直接或间接调控下完成的；不仅如此，各系统和器官通过神经调节还能对体内外各种环境变化做出迅速而完善的适应性反应，调节其功能状态，以满足当时生理活动的需要，维持整个机体的正常生命活动。神经系统的组成是怎样的？它如何感知内外界环境的变化，又是如何发挥其调节功能的？内脏和躯体运动的神经调节有什么区别？高等动物在大脑皮层参与下形成的条件反射对于动物生命活动具有怎样的意义？本章中将对这些问题进行详细的讨论。

　　神经系统是机体内重要的稳态调节系统，它由中枢神经系统和外周神经系统组成。神经系统内含有神经元和神经胶质细胞两大类细胞类型。神经系统调节机体活动的基本方式是反射（reflex）。反射弧（reflex arc）是实现反射活动的结构基础。神经元之间主要依靠突触传递信息，突触传递是通过神经递质来实现的，递质与受体结合并引发突触后膜的电位变化是递质发挥作用的前提。机体内多种反射活动是由中枢兴奋和抑制过程协调而完成的，这源于中枢内神经元之间的复杂联系。依靠神经系统的活动，可以实现动物机体对于外界环境的感知和监测，并将体内外信息进行整合，从而调节躯体运动、内脏活动等多个生理过程。由于高等动物具有发达的大脑皮质，因此可以形成条件反射这种高级神经活动，从而极大地提高了动物机体适应外界环境变化的能力。

第一节　神经元与神经胶质细胞及其功能

　　组成神经系统的细胞主要包括神经元（neuron）和神经胶质细胞（neuroglial cell）两大类。神经元又称为神经细胞（nerve cell），是一种高度分化的细胞，它们通过突触联系形成复杂的神经网络，完成神经系统的各种功能性活动，因而是神经系统结构和功能的基本单位。尽管神经胶质细胞数量远大于神经元，但它们不能接受刺激，也不能整合和传递信息，主要功能是对神经元起支持、营养、修复和保护等作用。

一、神经元及其一般功能

神经系统的主要功能是感觉功能、信息整合功能、效应功能、信息储存功能，而这些主要依赖神经元来完成；神经元是高度分化的细胞，可以接受刺激、产生和扩布神经冲动，并将神经冲动传递给其他神经元或效应细胞。神经元的大小、形状、细胞结构以及它们在神经系统内的组成和排列方式，都服从它们在接受及传递信息等功能上的特殊需要。所有神经通路、神经回路及反射弧都是由神经元以简单或复杂的形式连接排列而组成的。

（一）神经元的基本结构及分类

每个神经元都是由胞体（又称核周体，perikaryon）和由胞体发出的一个或几个长短不等的突起构成（图 3-1）。胞体分为胞核和核周围胞质。神经的突起可以分为树突（dendrite）和轴突（axon）。树突一般短而粗，分支多；轴突往往细而长，且仅有一条，通常所说的神经纤维指的就是轴突。习惯上将神经纤维分为有髓纤维和无髓纤维两大类，实际上所谓无髓纤维也有一薄层髓鞘，并非完全无髓鞘。髓鞘具有电的绝缘性。

根据神经元的功能可以将其分为四类（图 3-2）：①感觉神经元（sensory neuron），接受来自机体内部和外部的各种刺激，将冲动传入中枢，故又称传入神经元。②运动神经元（motor neuron），将冲动自中枢传至周围，支配骨骼肌或平滑肌、心肌和腺体等，也称传出神经元（efferent neuron）。③联络神经元（association neuron），又分为局部中间神经元和投射中间神经元，位于感觉和运动神经元之间，起联络作用。④神经内分泌细胞（neuroendocrine cell），这些神经元除能接受传入信息外，还能分泌激素。

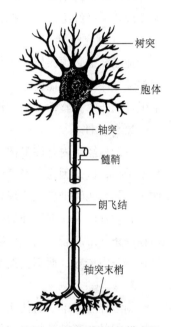

图 3-1 神经元的结构模式图

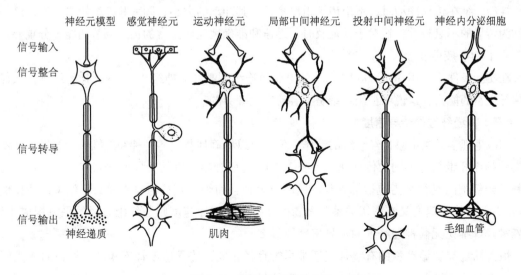

图 3-2 神经元的功能及分类

另外依据所含递质的不同，可将神经元分为胆碱能神经元（cholinergic neuron）、肾上腺素能神经元（adrenergic neuron）和其他各种递质的神经元。

神经元的主要功能是接受刺激、整合和传递信息。神经系统的调节活动是以反射的形式进行的，反射中枢的神经元通过传入神经接受来自体内、外环境变化的刺激信息，并对这些信息加以分析、综合和储存，再经过传出神经把调控信息传到所支配的器官和组织，产生调节和控制效应。

（二）神经纤维传导兴奋的特征

神经纤维的主要功能是传导兴奋，即传导动作电位。兴奋在神经纤维上的传导是依靠局部电流完成。神经纤维传导兴奋具有如下特征：

1. 生理完整性

神经纤维必须保持结构和功能上的完整才能传导冲动。神经纤维被切断后，破坏了结构上的完整性，冲动就不能传导。如结扎或在麻醉药、低温等作用下，使神经纤维机能发生改变，破坏了生理功能的完整性，冲动传导也将发生阻滞。

2. 绝缘性

一条神经干内有许多神经纤维，其中包含有传入和传出纤维，各条纤维上传导的兴奋基本上互不干扰，这是因为神经纤维上都有一层髓鞘，加上各纤维之间存在着结缔组织，也起到了绝缘作用，从而能够准确地实现各自的功能。

有学者认为，细胞外液中含有大量电解质，由于电解质溶液对电流的短路作用，局部电流主要在一条纤维的膜上构成回路。所以当神经纤维受到刺激而产生兴奋时，该神经纤维传导的冲动仅在自身内传导，而不会波及相邻的神经纤维。传导的绝缘性能使神经调节更为专一而精确。

3. 双向性

刺激神经纤维上的任何一点，兴奋就从刺激的部位开始沿着纤维向两端传导，这是传导的双向性。但是在正常动物体内传入神经总是将兴奋传入中枢，而传出神经总是将兴奋传向效应器。

4. 不衰减性

神经纤维在传导冲动时，不论传导距离多长，其冲动的大小、频率和速度始终不变，这一特点称为传导的不衰减性。这对于保证及时、迅速和准确地完成正常的神经调节功能十分重要。

5. 相对不疲劳性

在实验条件下，用 $50 \sim 100$ 次·s^{-1} 的电刺激连续刺激蛙的神经 $9 \sim 12$ h，神经纤维仍然保持其传导兴奋的能力，这说明神经纤维是不容易发生疲劳的。

（三）神经纤维的传导速度

用电生理学方法记录神经纤维的动作电位，可以精确地测定各种神经纤维的传导速度，不同种类的神经纤维具有不同的传导速度（表 3-1）。有髓神经纤维的传导速度和直径成正比。通常有髓神经纤维的直径是指包括轴索与髓鞘的总直径，而轴索直径与总直径的比例（最适比例为0.6 左右）与传导速度又有密切关系。无髓神经纤维的传导速度则与纤维直径的平方根成正比。有髓神经纤维比无髓神经纤维的传导速度快得多。

恒温动物与变温动物的有髓神经纤维尽管直径相同，传导速度却不相同，如猫的 A 类纤维的传导速度为 100 m·s^{-1}，而蛙的 A 类纤维只有 40 m·s^{-1}。显然，温度也是影响传导速度的因

表 3-1　不同类型神经纤维的传导速度

纤维分类	A 类（有髓神经纤维）				B 类（有髓纤维）	C 类（无髓神经纤维）	
	Aα	Aβ	Aγ	Aδ		SC	dγ C
来源	初级肌梭传入纤维和支配梭外肌的传出纤维	皮肤的触压觉传入纤维	支配梭内肌的传出纤维	皮肤痛温觉传入纤维	自主神经节前纤维	自主神经节后纤维	后根中传导痛觉的传入纤维
纤维直径 /μm	12~22	5~12	4~8	1~4	1~3	0.3~1.3	0.4~1.2
传导速度 /m·s⁻¹	70~120	30~70	15~30	12~30	3~15	0.7~2.3	0.6~2.0

素之一，温度降低则传导速度减慢。

（四）神经的营养性作用和神经营养因子

1. 神经的营养性作用

神经对所支配的组织除发挥调节作用，即功能性作用外，神经末梢还经常释放一些营养性因子，后者可持续调节所支配组织的代谢活动，影响其结构和功能。神经的这种作用称为营养性作用。

神经的营养性作用在正常情况下不易被觉察，但在切断神经后便能明显地表现出来。例如，切断运动神经后，由于失去神经的营养性作用，神经所支配的肌肉内糖原合成减慢，蛋白质分解加速，肌肉萎缩。

有研究表明，神经的营养作用是通过神经末梢释放的某些营养因子作用于所支配的组织来实现的。实验显示，将靠近肌肉部位的神经切断后肌肉的代谢改变发生的较早；反之，将远离肌肉部位的神经切断，肌肉的代谢改变发生较迟。通过比较两个实验营养因子消耗情况，发现前者消耗较快。神经营养性作用的机制比较复杂，普遍认为是，营养因子可能借助于轴浆运输由胞体流向末梢，然后由末梢释放到所支配的组织中，以维持组织正常代谢与功能。

2. 神经营养因子对神经元的支持作用

神经元生成营养因子，维持所支配组织的正常代谢与功能；反过来，神经支配的组织和星形胶质细胞也会持续产生某些蛋白质分子，对神经元起支持和营养作用，并且会促进神经的生长发育，称为神经营养因子（neurotrophin，NT）。它们在神经末梢经由受体介导的入胞方式进入神经末梢，再经由逆向轴浆运输抵达胞体，促进胞体生成有关蛋白质，从而发挥其支持神经元生长、发育和功能完整性的作用。另外，也有一些 NT 由神经元产生，经顺向轴浆运输到达神经末梢，发挥其对突触后神经元形态和功能完整性的支持作用。

目前已发现并分离到多种 NT，主要有神经生长因子（nerve growth factor，NGF）、脑源神经营养因子（brain-derived neurotrophic factor，BDNF）、神经营养因子 -3（NT-3）、神经营养因子 -4/5（NT-4/5）和神经营养因子 -6（NT-6）等。

二、神经胶质细胞的特征与功能

神经系统的间质细胞或支持细胞有许多种，它们统称为神经胶质细胞，广泛分布于神经元之间，其数量为神经元的几十倍，有一定的形态及功能。在周围神经系统，胶质细胞有形成髓鞘的施万细胞（Schwann cell）和脊神经节内的卫星细胞（satellite cell）；在中枢神经系统主要有星形胶质细胞（astrocyte）、少突胶质细胞（oligodendrocyte）和小胶质细胞（microglia）三类。

神经胶质细胞与神经元相比，在形态和功能上有很大差异，虽然胶质细胞也有突起，但无树突和轴突之分，细胞之间不形成化学性突触，但普遍存在缝隙连接，它们也存在膜电位变化，但不能产生动作电位。

胶质细胞虽然体积小，但由于数量多，因而其总体积较神经元大。一般认为，胶质细胞与神经元体积之比在1∶1至2∶1之间。实际上，神经元处于被胶质细胞包围的环境之中。胶质细胞对神经元具有支持、营养、保护、填充、修复、隔离和绝缘等作用。近年来研究认为神经胶质细胞还有转运代谢物质、参与神经系统的免疫应答，以及参与形成血－脑屏障、血－脑脊液屏障和脑－脑脊液屏障等多种重要功能。

第二节　反射活动一般规律

神经系统内数以亿计的神经元并不是彼此孤立的，其调节功能不可能依靠单个神经元的活动来完成，而是在许多神经元联合活动的结果。一个神经元发出的冲动可以传递给很多个神经元。同样，一个神经元也可以接受许多神经元传来的冲动，它们之间虽无原生质相连，但在功能上却存在着密切的联系。

一、突触

两个神经元相接触的功能部位称为突触（synapse）。在突触前面的神经元称为突触前神经元，后为突触后神经元。突触处两个神经元的胞质并不相通，而是彼此都形成功能联系的界面。突触不仅是指两个神经元之间的功能性接触，也指神经元和效应细胞，如肌细胞和腺细胞之间的功能性接触。

（一）突触的分类

1. 根据神经元接触部位分类（图3-3）

（1）轴－树突触（axo-dendritic synapse）　指前一个神经元的轴突末梢与下一个神经元的树突发生接触而形成突触。此类突触最为多见。

（2）轴－体突触（axo-somatic synapse）　指一个神经元的轴突末梢与下一个神经元的胞体发生接触形成的突触。这类突触也较常见。

（3）轴－轴突触（axo-axonic synapse）　指一个神经元的轴突末梢与下一个神经元的轴丘（轴突始段）或轴突末梢发生接触形成的突触。这类突触是构成突触前抑制和突触前易化的重要结构基础。

此外，在中枢神经系统中由大量局部神经元构成的局部神经元回路，还存在树－树、体－体、体－树及树－体等多种形式的突触联系。近年来还发现，同一个神经元的突起之间还能形成轴－树或树－树型的自身突触（autapse）。

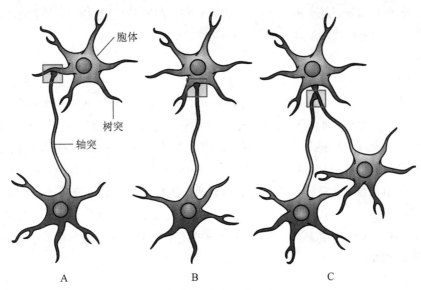

图 3-3 神经元上的突触类型
A. 轴-树突触；B. 轴-体突触；C. 轴-轴突触

2. 根据突触传递信息的方式分类

可分为化学突触（chemical synapse）和电突触（electrical synapse）。突触处以化学递质为中介的信息传递是神经元之间信息传递的主要形式，此类突触称为化学突触。电突触的结构基础是缝隙连接。形成电突触的两个神经元之间接触部位的间隙狭窄，两侧结构对称，无囊泡聚集，膜阻抗较低，信息传递是依赖电紧张性的电流传播，把动作电位从一个神经元直接传到另一个神经元。

3. 根据突触的功能分类

可分为兴奋性突触（excitatory synapse）和抑制性突触（inhibitory synapse）。兴奋性突触是指突触前膜的变化引起突触后膜去极化，因而使后继神经元发生兴奋；抑制性突触则指突触前膜的变化引起突触后膜超极化，使后继神经元发生抑制。

（二）突触的基本结构

1. 化学突触

一个神经元的轴突末梢首先分成许多小支，每个小支的末端膨大呈球状，称突触小体（synaptic knob）。小体与另一神经的胞体或树突形成突触联系。在电镜下观察到突触处两神经元的细胞膜并不融合，两者之间有一间隙，宽为 20~50 nm，称为突触间隙。由突触小体构成突触间隙的膜称突触前膜，构成突触间隙的另一侧膜称突触后膜。故一个突触即由突触前膜、突触间隙和突触后膜 3 部分构成（图 3-4）。在突触小体内含有较多的线粒体和

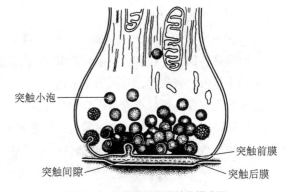

图 3-4 化学突触超微结构模式图

大量的小泡,此小泡称为突触小泡。小泡内含有兴奋性递质或抑制性递质。线粒体内含有合成递质的酶。突触后膜上有特殊的受体,能与专一的递质发生特异性结合。

2. 电突触

神经元之间除了化学突触连接外,还存在电突触。电突触的结构基础是缝隙连接,是两个神经元膜紧密接触的部位。其突触前神经元的轴突末梢内无突触小泡,也无神经递质。电子显微镜的观察表明,在发生电传递的突触部位,相邻的神经膜之间距离特别近,只有约 2 nm,每一侧的细胞膜上都有一个镶嵌在膜上并贯穿膜内外的蛋白质大分子,称为间隙连接蛋白(connexin),它包含有排列成六角形的六个亚单位,中间包绕了一个亲水的通道;两侧膜上的这种结构跨过狭窄的细胞外间隙相互对接,就构成了一条能沟通两细胞胞质成分的细胞间通道(图 3-5)。这种细胞间通道可以通过小的带电离子和分子量小于 1000 或分子直径小于 1.5 nm 的化学物质,使两细胞间的电学联系和物质交换成为可能。电突触可存在于树突与树突、胞体与胞体、轴突与胞体、轴突与树突之间。

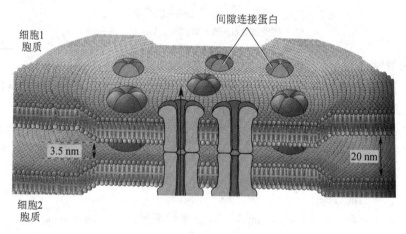

图 3-5 电突触超微结构模式图

(三)突触传递

突触前神经元的信息通过突触传递到突触后神经元的过程,叫作突触传递(synaptic transmission)。

1. 化学突触的传递

当神经冲动传至轴突末梢时,突触前膜兴奋,暴发动作电位和离子转移。此时突触前膜对 Ca^{2+} 的通透性加大,Ca^{2+} 由突触间隙顺浓度梯度进入突触小体,使小体内 Ca^{2+} 浓度升高,可降低突触小体内轴浆黏度,有利于小泡的位移。突触小泡前移,当突触小泡与突触前膜接触后发生融合并出现胞裂,然后小泡内所含的化学递质以量子式释放的形式释放出来,到达突触间隙。

递质释放出来后,通过突触间隙,扩散到突触后膜,作用于突触后膜上的特异性受体或化学门控通道,改变后膜对离子的通透性,使后膜电位发生变化,即产生突触后电位(postsynaptic potential),从而将突触前神经元的信息传递到突触后神经元,引起突触后神经元的活动变化(图 3-6)。

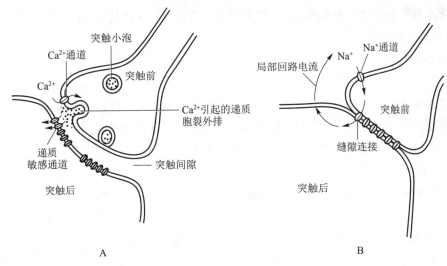

图 3-6 化学突触传递与电突触传递
A. 化学突触；B. 电突触

由于递质及其对突触后膜通透性影响的不同，突触后电位有两种类型，即兴奋性突触后电位和抑制性突触后电位。

（1）兴奋性突触后电位 当动作电位传至轴突末梢时，使突触前膜兴奋，并释放兴奋性化学递质，递质经突触间隙扩散到突触后膜，与后膜的受体结合，使后膜对 Na^+、K^+、Cl^-，尤其是对 Na^+ 的通透性升高，Na^+ 跨突触后膜内流，使后膜出现局部去极化，这种局部电位变化，叫作兴奋性突触后电位（excitatory postsynaptic potential，EPSP）。EPSP 是局部电位，它能以电紧张形式扩布，并能总和。如同一突触前末梢连续传来多个动作电位，或多个突触前末梢同时传来一排动作电位时，则兴奋性突触后电位就可叠加起来，使电位幅度加大，当达到阈电位时，即膜电位大约由 $-70\,mV$ 去极化达 $-52\,mV$ 时，便引起突触后神经元的轴突始段首先暴发动作电位，产生扩布性的动作电位，并沿轴突传导，传至整个突触后神经元，表现为突触后神经元的兴奋。这也是一种局部电位，具有总和性质，总和后对突触后神经元具有兴奋作用。此过程称兴奋性突触传递。

（2）抑制性突触后电位 当抑制性中间神经元兴奋时，其末梢释放抑制性化学递质。递质扩散到后膜与后膜上的受体结合，使后膜对 K^+、Cl^-，尤其是对 Cl^- 的通透性升高，K^+ 外流和 Cl^- 内流，使后膜两侧的极化加深，即呈现超极化，此超极化电位叫做抑制性突触后电位（inhibitory postsynaptic potential，IPSP），此过程称抑制性突触传递。它使突触后神经元的膜电位离阈电位的距离增大而不易暴发动作电位，即对突触后神经元产生了抑制效应。这也是一种局部电位变化，故也可以总和，总和后对突触后神经元的抑制作用更强。

由于一个神经元的树突或胞体可和多个神经元的轴突末梢构成突触，因此，它必然同时受到多个突触前神经元的影响。如果兴奋性影响大于抑制性影响，则呈现兴奋；反之则呈现抑制。在突触传递过程中，递质发生效应后迅速失活而停止作用，即被酶所破坏，如乙酰胆碱被乙酰胆碱酯酶（acetylcholinesterase，AChE）破坏，去甲肾上腺素被儿茶酚 -O- 甲基转移酶（catechol-O-methyl transferase，COMT）和单胺氧化酶（monoamine oxidase，MAO）破坏失活。除被酶破坏外，去甲肾上腺素主要被突触前膜摄取并重新利用。因此，一次冲动只引起一次递质释放，产生一次突触后电位的变化。

2. 电突触的传递

电突触的传递是指通过缝隙连接实现的一类信息传递方式（图3-6）。贯穿缝隙连接两膜的蛋白质形成水相通道，允许带电离子通过，使两个神经元的胞质得以直接沟通。这种水相通道电阻很低，局部电流可以直接从中通过，故传递速度快，几乎没有潜伏期，并且传递信息是双向性的。电突触的功能可能与许多神经元的同步性放电有关。

3. 非突触性化学传递

非突触性化学传递（non-synaptic chemical transmission）是指细胞间信息联系也通过化学递质，但并不是通过上述经典突触结构来实现。关于这方面的研究，首先是在交感神经节肾上腺素能神经元上进行的。实验观察到肾上腺素能神经元的轴突末梢有许多分支，在分支上有大量结节状曲张体（varicosity），曲张体内含有大量的小泡（图3-7），曲张体是递质释放的部位。但是，曲张体并不与效应器细胞形成突触联系，而是处在效应器附近。当神经冲动抵达曲张体时，递质从曲张体释放出来，通过弥散作用到达效应器细胞的受体，使效应细胞发生反应。由于这种化学传递不是通过突触进行的，故称为非突触性化学传递。在中枢神经系统内存在着这样的传递方式，例如，在大脑皮质内有直径很细的无髓纤维，属于去甲肾上腺素能纤维，其纤维分支上有许多曲张体，能释放去甲肾上腺素，这种曲张体绝大部分不与支配的神经元形成突触，所以这种传递属于非突触性化学传递方式。此外，中枢内5-羟色胺能神经元也能进行非突触性化学传递。

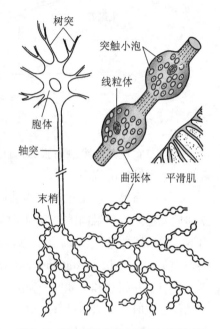

图3-7　非突触性化学传递的结构模式图

非突触性化学传递与突触性化学传递相比，有下列几个特点：①不存在突触前膜与突触后膜的特化结构。②不存在一对一的支配关系，即一个曲张体能支配较多的效应细胞。③曲张体与效应细胞间的距离至少在20 nm以上，距离大的可达几十微米。④递质的弥散距离大，因此传递的时间可大于1 s。⑤递质弥散到效应细胞时，能否发生传递效应取决于效应细胞膜上有无相应的受体存在。

二、神经递质和受体

神经递质（neurotransmitter）是指由突触前神经元合成并在末梢处释放，经突触间隙扩散，特异性地作用于突触后神经元或效应器上的受体，导致信息从突触前传递到突触后的一些化学物质。一种化学物质被确认为神经递质，应符合下列条件：①在突触前神经元内具有合成递质的前体物质和合成酶系，能够合成这一递质。②递质储存于突触小泡以防止被胞质内其他酶系所破坏，当兴奋冲动抵达神经末梢时，小泡内递质能释放入突触间隙。③递质通过突触间隙作用于突触后膜的特殊受体，发挥其生理作用；用电生理微电泳方法将递质及有关离子施加到神经元或效应细胞旁，可以模拟递质释放过程中出现的相同或类似的生理效应。④存在使这一递质失活的酶或其他环节（摄取回收）。⑤用递质拟似剂或受体阻断剂能加强或阻断这一递质的突触传递作用。在神经系统内存在许多化学物质，但不一定都是神经递质，只有符合或基本上符合以上条件的化学物质才能认为是神经递质。

（一）外周神经递质

1. 乙酰胆碱

以乙酰胆碱（acetylcholine，ACh）作为递质的神经纤维，称为胆碱能纤维（cholinergic fiber）。支配骨骼肌的运动神经纤维、所有自主神经节前纤维、大多数副交感节后纤维（少数释放肽类或嘌呤类递质的纤维除外）、少数交感节后纤维（支配多数小汗腺的纤维和支配骨骼肌血管的舒血管纤维），都属于胆碱能纤维（图3-8）。

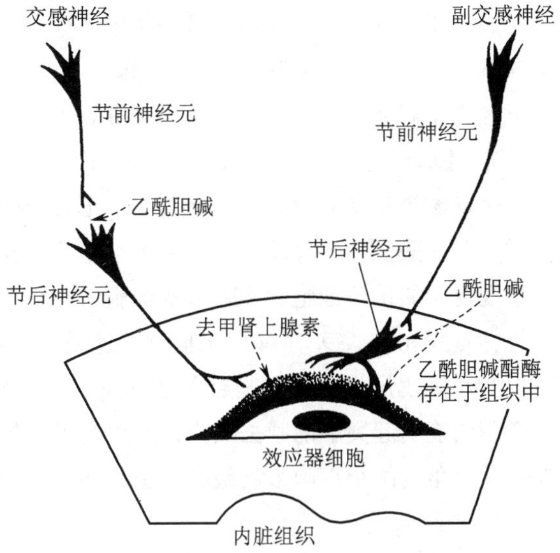

自主神经节前纤维和运动神经纤维所释放乙酰胆碱的作用，与烟碱的药理作用相同，称为烟碱样作用；而副交感神经节后纤维所释放乙酰胆碱的作用，与毒蕈碱的药理作用相同，称为毒蕈碱样作用。

图3-8　自主神经递质

2. 去甲肾上腺素

凡是释放去甲肾上腺素（noradrenaline，NE）作为递质的神经纤维，称为肾上腺素能纤维（adrenergic fiber）。除支配汗腺的交感神经和支配骨骼肌血管的交感舒血管纤维属于胆碱能纤维外，其他交感神经节后纤维末梢释放的递质为去甲肾上腺素。以往认为，肾上腺素能纤维所释放的递质是去甲肾上腺素和肾上腺素的混合物，现已明确，在高等动物中，由交感神经节后纤维释放的递质仅是去甲肾上腺素，而不含肾上腺素。因为在神经末梢只能合成去甲肾上腺素，而不能进一步合成肾上腺素，而且末梢中不含合成肾上腺素所必需的苯乙醇胺氮位甲基移位酶。

3. 嘌呤类和肽类递质

自主神经的节后纤维除胆碱能和肾上腺素能纤维外，还有其他类纤维。近年来研究发现，在支配胃肠道壁内神经丛中的一些纤维释放的递质是嘌呤类或肽类物质，如ATP、血管活性肠肽、促胃液素和生长抑素。支配胃引起容受性舒张的迷走神经节后纤维的递质可能是血管活性肠肽。

（二）中枢神经递质

1. 乙酰胆碱

乙酰胆碱是中枢神经系统的重要递质，如脊髓腹角运动神经元、脑干网状结构的上行激活系统、纹状体（尤其是尾状核）内部拥有乙酰胆碱递质。乙酰胆碱在这些部位主要起兴奋性递质的作用。

2. 单胺类

单胺类包括多巴胺（dopamine，DA）、去甲肾上腺素和 5- 羟色胺。多巴胺主要由黑质制造，沿黑质 - 纹状体系统分布，在纹状体内储存，是锥体外系统的重要递质，与躯体运动协调机能有关，一般起抑制性作用。去甲肾上腺素主要由中脑网状结构、脑桥的蓝斑核和延髓网状结构腹外侧的神经元产生。产生于蓝斑核而前行投射到大脑皮质的去甲肾上腺素能纤维与维持醒觉有关；产生于延髓网状结构而投射到下丘脑和边缘系统的去甲肾上腺素能纤维与情绪反应和下丘脑内分泌调节功能有关；从脑干后行到脊髓的去甲肾上腺素能纤维与躯体运动和内脏活动调节有关。5- 羟色胺主要由脑干背侧正中线附近的中缝核群产生。其纤维向前投射到纹状体、丘脑、下丘脑、边缘系统和大脑皮质，与睡眠、情绪反应、调节下丘脑的内分泌功能有关；后行纤维到达脊髓，与躯体运动和内脏活动的调节有关。

3. 氨基酸类

氨基酸类包括谷氨酸、天冬氨酸、甘氨酸和 γ- 氨基丁酸等。谷氨酸和天冬氨酸属于兴奋性递质。谷氨酸是脑和脊髓内的主要神经递质，在大脑皮层和脊髓背侧部分含量较高；天冬氨酸多见于视皮层的椎体细胞和多棘星状细胞。

甘氨酸和 γ- 氨基丁酸属于抑制性递质。γ- 氨基丁酸是脑内主要的抑制性递质，在大脑皮层浅层和小脑皮层浦肯野细胞层含量较高，引起突触后膜超极化，产生突触后抑制。γ- 氨基丁酸在脊髓内能引起突触前膜去极化，产生突触前抑制。甘氨酸则主要分布于脊髓和脑干中。甘氨酸在脊髓腹角的闰绍细胞浓度最高，引起突触后膜超极化，产生突触后抑制。

4. 神经肽类

神经肽是指分布于神经系统的起信息传递或调节信息传递作用的肽类物质。它们可以以调质、递质或激素等形式发挥作用。主要有以下几类：

视上核和室旁核神经元分泌升压素（9 肽）和缩宫素（催产素，9 肽）；下丘脑内其他肽能神经元能分泌多种调节腺垂体活动的多肽，如促甲状腺激素释放激素（3 肽）、促性腺激素释放激素（10 肽）、生长抑素（14 肽）等。由于这些肽类物质分泌后，须通过血液循环才能作用于效应细胞，因此称为神经激素。但现已知，这些肽类物质可能还是神经递质。

脑内具有吗啡样活性的多肽，称为阿片样肽。阿片样肽包括 β- 内啡肽、脑啡肽和强啡肽三类。脑啡肽是 5 肽化合物，有甲硫氨酸脑啡肽和亮氨酸脑啡肽两种。脑啡肽与阿片受体常相伴而存在，采用微电泳技术发现，脑啡肽可使大脑皮层、纹状体和中脑导水管周围灰质神经元的放电受到抑制。脑啡肽在脊髓背角胶质区浓度很高，它可能是调节痛觉纤维传入活动的神经递质。

此外，脑内还有其他肽类物质，如 P 物质、神经降压素、血管紧张素 Ⅱ、缩胆囊素、促胰液素、促胃液素、胃动素、血管活性肠肽、胰高血糖素等。

5. 其他可能的递质

近年来研究指出，NO 具有许多神经递质的特征。某些神经元含有一氧化氮合成酶，该酶能使精氨酸生成 NO。生成的 NO 从一个神经元弥散到另一神经元中，而后作用于鸟苷酸环化酶并提高其活力，从而发挥生理作用。此外，CO、组胺也可能是脑内的神经递质。

（三）神经调质的概念

神经调质（neuromodulator）是指神经元产生的另一类化学物质，它本身并不能直接跨突触进行信息传递，只能间接调节递质在突触前神经末梢的释放及其基础活动水平、增加或减弱递质的效应，进而对递质的活动进行调节。但是也有人把递质概念规定得非常严格，认为只有作用于膜受体后导致离子通道开放，从而产生兴奋或抑制的化学物质才能称为递质，其他一些作用于膜受体后通过第二信使转而改变膜的兴奋性或其他递质释放的化学物质，均应称为调质。根据后一种观点，递质为数不多，氨基酸类物质是递质，神经肌肉接头部位释放的乙酰胆碱也是递质，而肽类物质一般属于调质。然而，大多数学者认为，递质和调质没有严格的区分的必要，很多情况下，递质可以起调质的作用，而调质也可以作为递质发挥作用。

（四）递质的共存

近年来的研究发现，一个神经元内可以存在两种或两种以上的递质（包括调质），一个神经元的末梢可同时释放两种或两种以上递质的现象，称作递质共存。递质共存的生理意义在于协调某些生理过程。例如，猫唾液腺接受副交感神经和交感神经的双重支配，副交感神经内含有乙酰胆碱和血管活性肠肽，前者能引起唾液腺分泌，后者则可舒张血管，增加唾液腺的血液供应，并增强唾液腺上胆碱能受体的亲和力，两者共同作用，结果引起唾液腺分泌大量稀薄的唾液；交感神经内含去甲肾上腺素和神经肽 Y，前者有促进唾液分泌和减少血液供应的作用，后者则主要收缩血管，减少血液供应，结果使唾液腺分泌少量黏稠的唾液（图 3-9）。

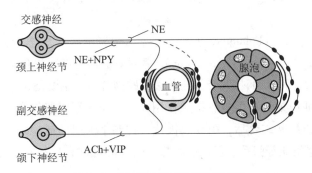

图 3-9 唾液腺中递质共存的模式图
（NE: 去甲肾上腺素；NPY: 神经肽 Y；VIP: 血管活性肠肽；ACh: 乙酰胆碱）

（五）神经递质的受体

目前认为神经递质必须先与突触后膜或效应器细胞上的受体相结合才能发挥作用。如果受体事先被某种药物或受体阻断剂结合，则递质很难再与受体结合，于是递质就不能发挥作用。递质与其相应的受体阻断剂在化学结构上往往具有一定的相似性，因此两者均能和同一受体发生竞争性结合。如受体阻断剂剂量较大，势必排斥递质与受体结合的可能性，也就阻断了递质的作用。

受体阻断剂的不断发现，有助于加强我们对受体与递质的作用关系的了解。

1. 胆碱受体

凡是能与乙酰胆碱结合的受体叫胆碱受体（cholinergic receptor）。胆碱受体又可分为两种：一种是毒蕈碱受体（muscarinic receptor）或 M 受体，另一种叫烟碱受体（nicotinic receptor）或 N 受体（图 3-10），它们因分别能与天然植物中的毒蕈碱和烟碱结合并产生对应的生物效应而得名。

M 受体已分离出 M_1-M_5 5 种亚型，均为 G 蛋白偶联受体，存在于副交感神经节后纤维支配的效应细胞上，以及交感神经支配的小汗腺、骨骼肌血管壁上。当它与乙酰胆碱结合时，则产生毒蕈碱样作用，也就是使心脏活动受抑制、支气管平滑肌收缩、胃肠运动加强、膀胱壁收缩、瞳孔括约肌收缩、消化腺及小汗腺分泌增加等。阿托品可与 M 受体结合，阻断乙酰胆碱的毒蕈碱样作用，故阿托品是 M 受体的阻断剂。

N 受体又可分为神经肌肉接头和神经节两种亚型，它们分别存在于神经肌肉接头的后膜（终板膜）和交感神经、副交感神经节

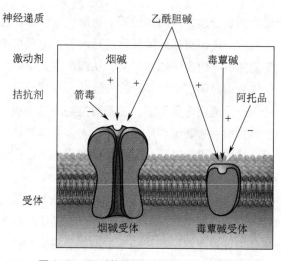

图 3-10 胆碱能受体及其激动剂与拮抗剂

的突触后膜上，前者为 N_2 亚型，后者为 N_1 亚型受体类型。当它们与乙酰胆碱结合时，则产生烟碱样作用，即可引起骨骼肌和节后神经元兴奋。箭毒可与神经肌肉接头处的 N_2 受体结合而起阻断剂的作用；六烃季铵可与交感、副交感神经节突触后膜上的 N_1 受体结合而发挥阻断剂的作用。

2. 肾上腺素受体

凡是能与儿茶酚胺（catecholamine，CA）（包括去甲肾上腺素、肾上腺素、多巴胺）结合的受体称之为肾上腺素受体（adrenergic receptor），其对效应器的作用，有兴奋效应也有抑制效应。肾上腺素受体又可分为 α 和 β 两种。α 受体与儿茶酚胺结合后，主要是兴奋平滑肌，如血管收缩、子宫收缩和瞳孔开大肌收缩等；但也有抑制作用，如使小肠平滑肌舒张。β 受体又可分为 β_1 和 β_2 两个亚型，它与儿茶酚胺结合后，引起超极化，抑制平滑肌的活动，如血管舒张、子宫收缩减弱、小肠及支气管平滑肌舒张等，但对心肌却产生兴奋效应（表 3-2）。

表 3-2 肾上腺素受体的分布与效应

效应器官	受体	效应
心（窦房结、房室传导系统、心肌）	β_1	心率加快、传导加速、收缩加强
冠状血管	α、β_2	收缩、舒张（在体时，因间接作用主要表现为舒张）
皮肤黏膜血管	α	收缩
骨骼肌血管	α、β_2	收缩、舒张（以舒张为主）
脑血管	α	收缩
肺血管	α	收缩
腹腔内脏血管	α、β_2	收缩、舒张（除肝血管外，均以收缩为主）
唾液腺血管	α	收缩
支气管平滑肌	β_2	舒张
胃平滑肌	β_2	舒张
小肠平滑肌	α、β	舒张（以 β 为主）

续表

效应器官	受体	效应
胃肠括约肌	α	收缩
膀胱壁平滑肌	β	舒张
膀胱括约肌	α	收缩
子宫平滑肌	α、β_2	收缩（有孕子宫），舒张（无孕子宫）
瞳孔开大肌	α	收缩
睫状肌	α	舒张

从表中可知，有些组织器官只有 α 受体或 β 受体，有些既有 α 又有 β 受体。α 和 β 受体不仅对交感神经末梢释放的递质起反应，而且对血液中存在的儿茶酚胺也起反应。去甲肾上腺素对 α 受体的作用强，而对 β 受体的作用弱；肾上腺素对 α 和 β 受体都有作用；异丙肾上腺素主要对 β 受体起作用。在动物实验中，注射去甲肾上腺素使血压升高，从对血管的作用来看，这是 α 受体被作用而引起广泛血管收缩的结果；注射异丙肾上腺素使血压下降，是由于 β 受体被作用，引起血管广泛舒张所致；注射肾上腺素，则血压先升高后降低，这是 α 和 β 受体均被作用，致使血管先收缩后舒张的结果。酚妥拉明是 α 受体的阻断剂，可消除去甲肾上腺素和肾上腺素的升压效应；心得安（普萘洛尔）是 β 受体的阻断剂，可消除肾上腺素和异丙肾上腺素的降压效应。

3. 突触前受体

近年来的研究指出，受体不仅存在于突触后膜，也存在于突触前膜。突触前膜的受体叫作突触前受体。突触前受体被激动后，可以调制突触前膜对递质的进一步释放。例如，肾上腺素能纤维末梢的突触前膜上存在 α 受体，当末梢释放的去甲肾上腺素在突触前膜处超过一定量时，即可与突触前膜 α_2 受体结合，从而反馈抑制末梢合成和释放去甲肾上腺素，起到调节末梢递质释放量的作用（图 3-11）。

4. 中枢内递质的受体

中枢递质种类复杂，因此相应的受体也多，除 N 型和 M 型胆碱受体，α 和 β 型肾上腺素受体外，还有多巴

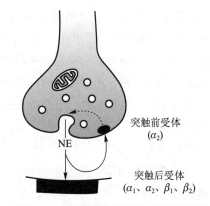

突触前受体
(α_2)

NE

突触后受体
(α_1、α_2、β_1、β_2)

图 3-11　突触前受体调节递质释放示意图

胺受体、5- 羟色胺受体、兴奋性氨基酸受体、γ- 氨基丁酸受体、甘氨酸受体、阿片受体（opioid receptor）等。

三、反射中枢活动的一般规律

机体的活动，是由多种反射同时参与的。反射是神经系统活动的基本形式，是指在中枢神经系统参与下，机体对内外环境变化所做出的规律性应答。这些反射活动相互协调，使得机体的活动有一定顺序、一定强度和一定的复杂性和适应性。反射活动之所以能够协调，是由于中枢兴奋和抑制过程的相互配合而完成的。

（一）中枢兴奋

兴奋在中枢的传递完全不同于在神经纤维上冲动的传导，其主要原因在于中枢部位除了受传入神经冲动的影响外，还受来自其他脑中枢的冲动，以及在中枢神经内神经元之间错综复杂联系的影响。中枢兴奋的传递有以下特征：

1. 单向传递

在中枢神经系统中，冲动只能沿着特定的方向和途径传递，即感受器兴奋产生的冲动向中枢传递，中枢的冲动则传向效应器，这种现象称为单向传递。单向传递是由突触传递的特征所决定。因为只有突触前末梢能释放化学递质引起后膜发生反应，突触后膜兴奋时产生的突触后电位不能越过突触间隙反过来引起突触前膜兴奋。由于中枢兴奋的单向传递，从而保证了神经系统的调节和整合活动能够有规律地进行。

2. 反射时和中枢延搁

从刺激作用于感受器起，到效应器发生反应所经历的时间称为反射时（reflex time），这是兴奋通过反射弧各个环节所需的时间。其中兴奋通过突触时，经历时间较长，即所谓突触延搁。据测定，兴奋通过一个突触为 0.3 ~ 0.5 ms。这是因为在突触传递过程中，必须经历化学递质的释放、扩散、与后膜上的受体结合，产生兴奋性突触后电位，再通过总和作用，才使突触后神经元兴奋，故延搁时间较长。由于中枢延搁和突触多少有关，因此在中枢内的突触联系越多，反射时就越长。

3. 总和

在突触传递中，突触前末梢的一次冲动引起释放的递质不多，只引起突触后膜的局部去极化，产生兴奋性突触后电位，如果同一突触前末梢连续传来多个冲动，或多个突触前末梢同时传来一排冲动，则突触后神经元可将所产生的突触后电位总和起来，待达到阈电位水平时，就使突触后神经元兴奋，前者称为时间总和，后者称为空间总和。若上述传入纤维是抑制性的，即产生抑制性突触后电位，也会发生抑制的总和。此外，兴奋性突触后电位和抑制性突触后电位也可以相互抵消。

4. 扩散与集中

由机体不同部位传入中枢的冲动，常最后集中传递到中枢内某一部位，这种现象称为中枢兴奋的集中。例如，饲喂时，由嗅觉、视觉和听觉器官传入中枢的冲动，可共同引起唾液分泌中枢的兴奋，从而导致唾液分泌。兴奋集中的结构基础是由于中枢内的神经元存在着聚合式突触联系（图 3-12A）。上述兴奋的空间总和即兴奋集中的表现。

从机体某一部位传入中枢的冲动，常不限于中枢的某一局部，而往往可引起中枢其他部位发生兴奋。这种现象称为中枢兴奋的扩散。例如，当皮肤受到强烈的伤害性刺激时，所产生的兴奋传到中枢后，在引起机体的许多骨骼肌发生防御性收缩反应的同时，还

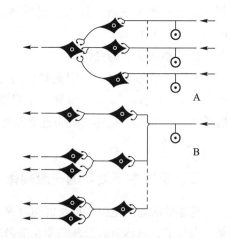

图 3-12　中枢神经系统内突触联系的基本方式
A. 聚合式；B. 辐射式
箭头表示兴奋传递的方向

出现心血管、呼吸、消化和排泄系统等活动的改变，这就是中枢兴奋扩散的结果。兴奋扩散的结构基础是由于中枢内的神经元存在着辐射式突触联系（图 3-12B）。如果刺激适当，则不引起较大范围的活动，只引起局部的反应，称之为反射的局限化。

5. 兴奋节律的改变

在一个反射活动中，如果同时分别记录背根传入神经和腹根传出神经的冲动频率，可发现两者的频率并不相同。因为传出神经的兴奋除取决于传入冲动的节律外，还取决于传出神经元本身的功能状态。在多突触反射中则情况更复杂，冲动由传入神经进入中枢后，要经过中间神经元的传递，因此传出神经元发放的频率还取决于中间神经元的功能状态和联系方式。

6. 后发放

在一个反射活动中，常可看到当刺激停止后，传出神经仍可在一定时间内连续发放冲动，使反射延续一段时间，这种现象称为后发放（after discharge）。后发放发生的原因很多，中枢内神经元存在着环式联系（图 3-13）是后发放产生的原因之一。此外，在效应器发生反应时，效应器内的感受器（如骨骼肌的肌梭）受到刺激，其发出的冲动又由传入神经传到中枢，使原先的反射活动得以维持，这也是产生后发放的原因。

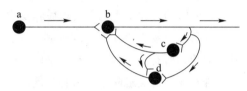

图 3-13　中枢兴奋后发放的神经机制

当感觉冲动由 a 神经元传入后，除直接由 b 传出外，还会经旁支传到 c 和 d，再重新传到 b。这样，由 a 传入的冲动可以使 b 先后发出几次冲动，产生后发放

7. 易化作用和抑制作用

中枢内任一神经元兴奋性均可受到其他神经元的影响而发生变化。当其兴奋性受到影响而升高时，其兴奋阈值降低，则兴奋的传递易于进行，反射易于发生，这一现象称为中枢兴奋的易化作用。例如，延髓网状结构外侧部的某些神经元，对脊髓腹角运动神经元有较强的易化作用。与此相反，当某一神经元的兴奋性因受到其他神经元的影响而降低时，则兴奋阈值升高，使中枢兴奋的传递难以进行，反射也较难发生，这一现象称为中枢兴奋的抑制作用。例如，大脑皮质的某些神经元对皮质下的许多中枢的神经元有明显的抑制作用。

8. 对内环境变化的敏感性和易疲劳性

在反射活动中，突触是反射弧中最易发生疲劳的部位。因为在经历了长时间的突触传递后，突触小泡内的递质将大大减少，从而影响突触传递而发生疲劳。突触也最易受内环境变化的影响，如急性缺氧几秒钟，即会发生传递障碍，这是由于缺氧造成递质合成减少所致。突触对内环境的酸碱度改变也极为敏感。当动脉血的 pH 从正常值 7.4 上升到 7.8 时，可提高后膜对递质的敏感性，而使之易于兴奋；当动脉血的 pH 下降到 7.0 或 6.95 时，可降低后膜对递质的敏感性而难以兴奋。

突触对某些药物亦很敏感。临床上常用的兴奋药或麻醉药多数是通过改变突触后膜对兴奋性或抑制性递质的敏感性而发挥作用的。如士的宁可降低后膜对抑制性递质的敏感性，特别是对脊髓内的突触作用最为明显，故常用作脊髓兴奋剂。又如巴比妥类可降低后膜对兴奋性递质的敏感性或提高其对抑制性递质的敏感性，特别是对脑干网状结构内的突触作用最为明显，故常用作镇静剂或麻醉剂。

（二）中枢抑制

中枢神经系统内既有兴奋活动，又有抑制活动，两者相辅相成，这正是反射活动能按一定次序和强度协调进行的重要原因。主要表现在使机体内某些反射活动减弱或停止，在中枢本身，表现为兴奋性降低，暂时失去传递兴奋的能力，电活动呈超极化状态。所以，抑制过程并不是简单的静止或休息，而是与兴奋过程相对立的主动的神经活动。中枢抑制（central inhibition）有许多与中枢兴奋相类似的基本特征。例如，抑制的发生也需要由刺激引起，抑制也有扩散和集中、总和、后发放等。根据中枢神经系统内抑制发生机制的不同，可将中枢抑制分为突触后抑制和突触前抑制。

1. 突触后抑制

在突触的传递中，如果突触后膜发生超极化，即产生抑制性突触后电位，使突触后神经元兴奋性降低，不易去极化而呈现抑制，这种抑制就称为突触后抑制（postsynaptic inhibition）。在哺乳动物中，所有的突触后抑制都是由一个称为抑制性中间神经元释放抑制性递质引起的。一个兴奋性神经元通过突触联系能引起其他神经元产生兴奋，但不能直接引起其他神经元产生突触后抑制，它必须首先兴奋一个抑制性中间神经元，使与其构成突触联系的后膜超极化，产生抑制性突触后电位，从而抑制突触后神经元的活动。突触后抑制根据神经元联系的方式不同，又可分为传入侧支抑制和回返性抑制。

（1）传入侧支抑制（afferent collateral inhibition） 是指一条感觉传入纤维的冲动进入脊髓后，一方面直接兴奋某一中枢神经元，另一方面通过其侧支兴奋另一抑制性中间神经元，然后通过抑制性中间神经元的活动转而抑制另一中枢神经元（图3-14）。例如：动物运动时，伸肌的肌梭传入纤维的冲动进入中枢后，直接兴奋伸肌的α-运动神经元，同时发出侧支兴奋一个抑制性中间神经元，转而抑制同侧屈肌的α-运动神经元，导致伸肌收缩而屈肌舒张。这种形式的抑制不仅在脊髓内具有，脑内也有。其作用在于使互相拮抗的两个中枢的活动协调起来，这种抑制也称为交互抑制（reciprocal inhibition）。

（2）回返性抑制 是指某一中枢的神经元兴奋时，其传出冲动在沿轴突外传的同时又经其轴突侧支兴奋另一抑制性中间神经元，后者兴奋沿其轴突返回来作用于原先发放冲动的神经元。回返性抑制（recurrent inhibition）的结构基础是神经元之间的环式联系，其典型代表是脊髓内的闰绍细胞对运动神经元的反馈抑制。脊髓腹角运动神经元在发出轴突支配骨骼肌时，其轴突在尚未离开脊髓腹角灰质前发出侧支支配腹角灰质中一种小的神经元——闰绍细胞（Renshaw cell）。闰绍细胞是一种抑制性中间神经元，兴奋时使原发放冲动的运动神经元发生抑制（图3-15）。闰绍细胞轴突末梢释放的递质可能是甘氨酸，其作用可被士的宁和破伤风毒素所破坏。如果闰绍细胞的功能被破坏，将会出现强烈的肌肉痉挛。回返性抑制在中枢内广泛存在，它使神经元的兴

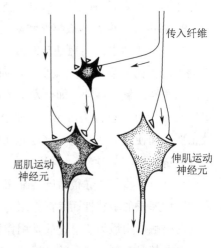

图3-14 传入侧支抑制模式图
黑色星形细胞为抑制性中间神经元

奋能及时终止，起着负反馈的调节作用。

2. 突触前抑制

突触前抑制（presynaptic inhibition）表现为突触前膜的兴奋性递质释放量减少，从而使兴奋性突触后电位减小，以致不易甚至不能引起突触后神经元兴奋，呈现抑制效应。突触前抑制是通过轴 – 轴突触和轴 – 体突触的活动而发生的（图 3-16）。如图所示，当轴突 Ⅰ 与运动神经元构成轴 – 体突触；轴突 Ⅱ 与轴突 Ⅰ 构成轴 – 轴突触，轴突 Ⅱ 不直接接触运动神经元。当轴突 Ⅱ 单独兴奋时该运动神经元没有反应，但可使轴突 Ⅰ 发生部分去极化，使静息电位变小。而当轴突 Ⅰ 单独兴奋时，则可使运动神经元产生兴奋性突触后电位（约 10 mV）。如果轴突 Ⅱ 先兴奋，接着轴突 Ⅰ 兴奋，则该运动神经元的兴奋性突触后电位将减小（5 mV），可见轴突 Ⅱ 的活动能抑制轴突 Ⅰ 对运动神经元的兴奋作用。

现已证明，突触前抑制多见于脊髓背角的感觉传入途径中，轴突 Ⅱ 兴奋，其末梢释放 γ- 氨基丁酸，激活轴突 Ⅰ 上的 γ- 氨基丁酸受体，引起末梢 Ⅰ 轴膜对某些离子的通透性发生变化，释放的兴奋性递质减少，从而使运动神经元产生的兴奋性突触后电位明显降低，达不到所需的阈电位，呈现抑制效应。又因为这种抑制发生时，在后膜上产生的是去极化电位，而不是超极化，形成的是兴奋性突触后电位幅度降低，而不是抑制性突触后电位，所以也称之为去极化抑制。

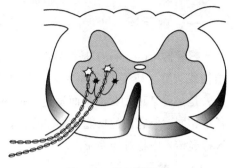

图 3-15　回返性抑制
小的黑色星形细胞为闰绍细胞

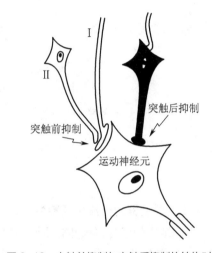

图 3-16　突触前抑制与突触后抑制的结构对比

突触前抑制广泛存在于中枢神经系统中，尤其在感觉传入途径中多见。如一个感觉兴奋传入中枢后，除沿特定的通路传向高位中枢外，还通过多个神经元的接替对其周围邻近的感觉传入纤维的活动产生突触前抑制，抑制其他感觉传入，有利于产生清晰、精确的感觉定位。

第三节　神经系统的感觉功能

动物机体的感觉（sensation）功能对于内环境稳态的维持和外界环境变化的适应是十分重要的。一个反射活动的完成，首先是通过感受器接受内、外环境的各种刺激，将各种刺激所含的能量转换为相应的神经冲动，沿着感觉神经传入中枢神经系统，经过多次交换神经元，最后到达大脑皮质的特定区域，产生相应的感觉。其中脊髓和脑干是接受感受器的传入冲动的基本部位，丘脑是感觉机能的较高级部位，大脑皮质是感觉机能的高级部位。

一、感受器

感受器（receptor）是指分布于体表或组织内部的一些专门感受机体内、外环境变化的特殊结构或装置。感受器多种多样，有的简单，只是一种游离的传入神经末梢（如痛觉）；有的复杂，是接受某种刺激能量而发生兴奋的特殊结构（如视网膜中的光感受细胞）。尽管感受器结构各不相同，但它们的功能是一样的，能够接受内、外环境的刺激，并将其转化为神经冲动，沿传入神经传入中枢神经系统。

（一）感受器的分类

感受器可分为外感受器（exteroceptor）和内感受器（interoceptor）两大类。每个大类又可分为几个小类，如下所示。

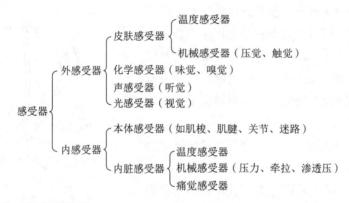

（二）感受器的一般生理特性

不同结构的感受器虽然有不同的活动，却表现出某些共同特征。

1. 适宜刺激

一般说来，每一种感受器通常只对某种特定形式的能量变化最敏感，这种形式的刺激称为该感受器的适宜刺激（adequate stimulus）。每一种感受器都有它的适宜刺激，如视网膜的适宜刺激为光波，内耳柯蒂器的适宜刺激是机械波，皮肤上温度感受器的适宜刺激是温度变化等等。引起感觉所需要的最小刺激强度称为感觉阈（sensory threshold），感觉阈受刺激面积和作用时间的影响。当然，感受器对一些非适宜刺激也可引起反应，只是所需的刺激强度常常要比适宜刺激大得多。这一现象是动物在长期进化过程中形成的。

2. 感受器换能作用

感受器接受刺激发生兴奋，使刺激的能量转化为神经上的电活动，这就是感受器换能作用（transduction of receptor）。用微电极插到感受器细胞内，在刺激时，它的神经末梢首先出现一个无潜伏期、不传播、能总和而不受局部麻醉剂影响的局部电位，这个电位叫作感受器电位（receptor potential）。它随着刺激加强而增大，当增大到一定水平时，就能使感觉神经末梢去极化，暴发动作电位并传播出去（图3-17）。

3. 刺激强度与神经冲动的关系

在一定刺激强度范围内，感受器受到刺激时，冲动发放的频率与刺激强度的对数成正比。较弱的阈上刺激，冲动发放频率较低，只能引起少数（感受性较高）感觉神经元兴奋；较强的阈上刺激，冲动发放频率较高，能使更多的感觉神经元（感受性较低）产生兴奋。

4. 感受器的适应现象

以恒定的刺激强度持续作用于感受器时，将引起它的传入神经纤维上的冲动频率逐渐降低，这一现象称为感受器的适应。不同感受器的适应速度不同，例如，痛觉感受器和颈动脉窦的压力感受器都是适应很慢的感受器；而嗅觉和触觉感受器的适应却很快。

5. 感受器的反馈调节

在感受器或传入传导路的接替核，均有来自高位中枢的传出神经纤维存在。这些传出纤维对感受器的兴奋性或者对神经核的兴奋传导功能具有调节作用，如在视网膜、耳蜗螺旋器、前庭器官的壶腹嵴、肌梭等感受器都被证明有传出神经支配。这种传出神经纤维的调节作用，多数属于抑制性的。它们是通过反馈作用来实现自身调节。

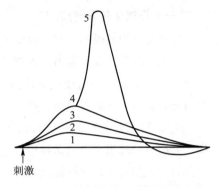

图 3-17 感受器电位和动作电位的产生
1、2、3、4. 随刺激强度增加而产生感受器电位；5. 动作电位

二、脊髓的感觉传导通路

来自动物机体各种感受器的神经冲动，除通过脑神经传入中枢外，大部分经脊神经背根进入脊髓，然后分别经各自的传导通路传至大脑皮质（图 3-18）。

脊髓的感觉传导通路一般可分为两大类：浅感觉传导通路和深感觉传导通路。

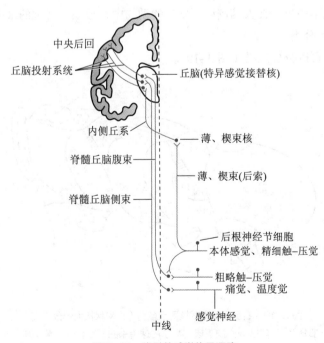

图 3-18 脊髓的感觉传导通路

（一）浅感觉传导通路

传导皮肤和黏膜的痛觉、温度觉和轻触觉冲动，由三级神经元组成。

躯干、四肢的浅感觉由传入神经传至脊髓背角，在背角灰质区换神经元，再发出纤维在中央管下交叉到对侧，分别经脊髓丘脑侧束（痛、温度觉）和脊髓丘脑腹束（轻触觉）前行达丘脑，再由丘脑更换第三级神经元，投射到大脑皮质的躯体感觉区。

头面部的浅感觉经三叉神经传入脑桥后，其中传导轻触觉的纤维止于三叉神经核，而传导痛、温度觉的纤维止于三叉神经脊束核。二者换元后，交叉到对侧前行，组成三叉丘系，经脑干各部行至丘脑更换第三级神经元投射到大脑皮质的躯体感觉区。

（二）深感觉传导通路

传导肌、腱、关节等处的本体感觉和深部压觉的冲动。由这些部位的感受器所发出的冲动经脊神经传入脊髓背角，沿同侧背索前行抵达延髓的薄束核和楔束核。在此更换神经元并发出纤维交叉到对侧，经内侧丘系达丘脑，在丘脑换第三级神经元投射到大脑皮质的躯体感觉区。

可见，脊髓在传导感觉冲动的途径中，都有一次交叉，浅感觉传导通路是先交叉再前行，深感觉传导通路是先前行再交叉。因此，在脊髓半断离的情况下，浅感觉的障碍发生在断离的对侧，而深感觉的障碍发生在断离的同侧。

三、丘脑及其感觉投射系统

丘脑是感觉传导的重要接替站，位于皮质下的卵圆形灰质块，由数十个神经核组成。来自全身各种感觉的传导通路（除嗅觉外），均在丘脑内更换神经元，然后投射到大脑皮质。在丘脑内只对感觉进行粗略分析与综合，丘脑与下丘脑、纹状体之间有纤维互相联系，三者作为许多复杂的非条件反射的皮质下中枢。在大脑皮层不发达的动物中，丘脑是感觉的最高级中枢。

（一）丘脑核团的分类

丘脑的核团大致可以分成三类（图3-19）。

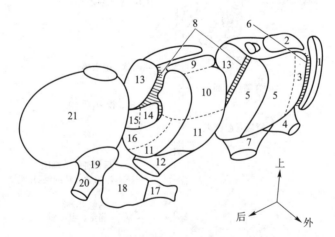

图3-19　右侧丘脑主要核团示意图（将网状核大部分除去）

1. 网状核（只显示前面一部分）; 2. 前核; 3. 前腹核; 4. 苍白球传来的纤维; 5. 外侧腹核; 6. 外髓板; 7. 小脑传来的纤维; 8. 内髓板及髓板内核群; 9. 背外侧核; 10. 后外侧核; 11. 后外侧腹核; 12. 内侧丘系; 13. 背内核; 14. 中央中核; 15. 束旁核; 16. 后内侧腹核; 17. 视束; 18. 外侧膝状体; 19. 内侧膝状体; 20. 外侧丘系; 21. 丘脑枕

1. 感觉接替核

它们接受各种感觉的投射纤维，交换神经元后进一步投射到大脑皮层特定的感觉区。主要有后内、外侧腹核和内、外侧膝状体等。

2. 联络核

它们不直接接受感觉的投射纤维，而是接受由丘脑感觉接替核和其他皮质下中枢来的纤维，换元后投射到大脑皮质某一特定区域。主要有外侧腹核接受小脑、苍白球来的纤维，投射到大脑皮质运动区等。它们的功能与各种感觉在丘脑到大脑皮层的联系及协调有关。

3. 髓板内核群

髓板内核群是丘脑的古老部分，这类细胞没有直接投射到大脑皮质的纤维，但可间接地通过多突触接替，换元后弥散地投射到整个大脑皮质，主要有中央中核、束旁核等。

（二）感觉投射系统及其作用

根据丘脑各核团向大脑皮质投射纤维特征的不同，丘脑的感觉投射系统可分为特异性投射系统（specific projection system）和非特异性投射系统（non-specific projection system）。

1. 特异性投射系统

从机体各种感受器发出的神经冲动，进入中枢神经系统后，由固定的感觉传导路，集中到达丘脑的一定神经核（嗅觉除外），由此发出纤维投射到大脑皮质的各感觉区，产生特定感觉。每一种感觉的投射路径都是专一的，具有点对点的投射关系，这种传导系统叫作特异性投射系统，主要功能是引起特定的感觉，并激发大脑皮层发出神经冲动。

典型的感觉传导路一般是由三级神经元接替完成。第一级神经元位于脊神经节或有关的脑神经感觉神经节内，第二级神经元位于脊髓背角或脑干的有关神经核内，第三级神经元在丘脑的后腹核内。但特殊感觉（视觉、听觉、嗅觉）的传导路较为复杂。因此，丘脑是特异性传导系统的一个重要接替站，它对各种传入冲动（嗅觉除外）进行汇集，并作初步的分析和综合，产生粗略的感觉，但对刺激的性质和强度不能进行精确的分析。

2. 非特异性投射系统

感觉传导向大脑皮质投射时，即特异性投射系统的第二级神经元的纤维通过脑干时，发出侧支与脑干网状结构的神经元发生突触联系，然后在网状结构内通过短轴突多次换元而投射到大脑皮质的广泛区域（图 3-20）。这一投射系统是不同感觉的共同前行途径。由于各种感觉冲动进入脑干网状结构后，经过许多错综复杂的神经元的彼此相互作用，失去了各种感觉的特异性，因而投射到大脑皮质就不再产生特定的感觉。所以，把这个传导系统叫作非特异性投射系统。此系统的作用如下：一是激动大脑皮质的兴奋活动，使机体处于醒觉状态，所以非特异性投射系统又叫脑干网状结构上行激活系统（ascending activating system）。当这一系统的传入冲动增多时，皮质的兴奋活动增强，使动物保持醒觉状态，甚至引起激动状态；当这一系统的传入冲动减少时，皮质兴奋活动减弱，使动物处于相对安静状态，甚至皮质的广大区域转入抑制状态而引起睡眠。二是调节皮质各感觉区的兴奋性，使各种特异性感觉的敏感度提高或降低。如果这一系统受到损伤，使皮质的兴奋活动减弱，动物将陷入昏睡。由于这一系统是一个多突触接替的前行系统，所以它易受麻醉药物的作用而发生传导障碍。有些麻醉药，如冬眠灵（氯丙嗪）等，就是作用于脑干网状结构，阻断这条通路，降低了皮质的兴奋性，从而引起动物的安静和睡眠。

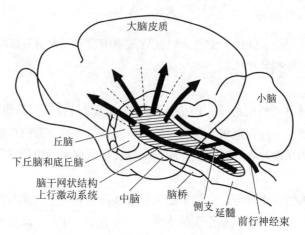

图3-20　网状结构上行激活系统示意图

要在大脑皮质产生感觉，依赖于特异性和非特异性投射系统的互相配合。只有通过非特异性投射系统的冲动才能使大脑皮质的感觉区保持一定的兴奋性。同时，只有通过特异性投射系统的各种感觉冲动，才能在大脑皮质中产生特定的感觉。

四、大脑皮质的感觉分析功能

大脑皮质是产生感觉的最高级中枢，它接受来自机体各部分传来的冲动，进行精细的分析与综合后产生感觉，并发生相应的反应。不同的感觉在大脑皮质内有不同的代表区（图3-21）。但大脑皮质的感觉代表区的功能性差别不是绝对的，它只能表明在一定的区域内对一定功能有比较密切的联系，并不意味着各感觉区之间互相孤立，各不相关。事实上，它们之间在功能上密切联系，协同活动，产生各种复杂的感觉。

1. 躯体感觉区

躯体感觉区位于大脑皮质的顶叶。兔、鼠等的躯体感觉区与躯体运动区基本重合在一起，统

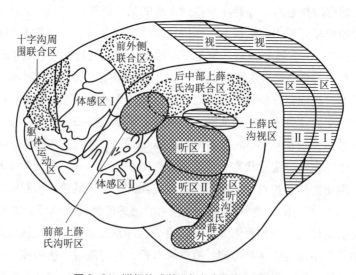

图3-21　猫躯体感觉区在大脑皮质上的投影

称感觉运动区（sensorimotor area）。猫、犬和家畜的躯体感觉区与躯体运动区也有重叠之处，但躯体感觉区主要在十字沟的后侧和外侧，叫作第一感觉区。动物愈高等，躯体感觉区与躯体运动区分离愈明显。灵长类动物（如猴）的躯体感觉区在顶叶中央后回，而躯体运动区则在额叶中央前回。

躯体感觉在大脑皮质的投影有以下规律：①具有左右交叉的特点，但头面部的感觉投影是双侧性的。②前后倒置，即后肢投影在大脑皮质顶部，且转向大脑半球内侧面，而头部投影在底部。③投影区的大小决定于感觉的灵敏度、机能重要程度和动物特有的生活方式。研究表明，马和猪的躯体感觉以鼻部所占的投影区最大，而绵羊和山羊则以上、下唇最大。这是因为鼻、唇是这些动物觅食的主要器官，机能重要，灵敏度高，故投影区大。

研究证明，大脑皮质还有第二感觉区，位置在上述区域的下面，范围较小。从系统发生来看，可能比较原始，仅对感觉进行粗略的分析。

2. 视觉区

位于皮质的枕叶。此区接受视网膜传入的冲动，再通过特定的纤维投射到此区的一定部位。

3. 听觉区

位于皮质的颞叶。听觉的投射是双侧性的，一侧皮质代表区接受双侧耳蜗的投射。

4. 嗅觉和味觉区

嗅觉区在大脑皮质的投射区随着进化而缩小。在高等动物只有边缘皮质的前底部区。味觉区在中央后回面部感觉投射区的下方。

5. 内脏感觉区

全身内脏感觉神经是混在交感神经和副交感神经中进入脊髓、脑干，更换神经元后，通过丘脑和下丘脑到达大脑皮质的中央后回和边缘叶。

五、痛觉

痛觉是动物机体受到伤害性刺激时产生的感觉。疼痛刺激可引起自主神经系统的一系列反应，如肾上腺素分泌增加、血糖升高、血压上升等。疼痛又是许多疾病的一种症状，因此，可根据疼痛的部位、时间和性质来辅助诊断某些疾病。

（一）皮肤痛觉与传导通路

伤害性刺激引起皮肤疼痛时，可导致先后产生两种性质的痛觉：一种是快痛，也叫刺痛，特点是感觉鲜明、定位清楚、发生迅速、消失也迅速；另一种是慢痛，也叫灼痛，表现为痛觉形成缓慢、呈烧灼感，是一种弥漫性而定位较差、持续时间长、强烈而难以忍受的疼痛，这类疼痛常伴有心血管和呼吸反应，临床上遇到的疼痛大部分属于慢痛。

关于痛觉的传导通路，已在脊髓感觉传导的特点内叙述，它可能与传导定位比较精确的痛觉有关。另外，有些痛觉冲动，在脑干网状结构经多次换元后，间接传到丘脑的内侧部（髓板内核群，如束旁核和中央外侧核等），最后向前传至大脑边缘系统及大脑皮质的第二体感区。这一通路与感觉关系密切，如阻断此通路，可缓解患病动物的疼痛，但不影响皮肤的其他痛觉机能。

（二）内脏痛觉与牵涉痛

1. 内脏痛觉

内脏疼痛可分为两类：一类是体腔壁的浆膜痛，如胸膜或腹膜受到炎症、摩擦或手术的牵拉刺激所引起的疼痛；另一类是内脏本身出现的脏器痛。引起脏器痛的原因可能有两种：一是器官受机械性膨胀或牵拉（如胃、肠、膀胱或胆囊等受到膨胀或牵拉、内脏平滑肌痉挛时）所引起的疼痛；二是化学性刺激，如内脏局部缺血引起代谢物积聚（乳酸、丙酮酸等），刺激神经末梢所引起的剧烈疼痛。内脏虽有神经末梢感受刺激，但较皮肤的神经末梢稀疏，传入通路也较散在，因此，这种痛觉模糊，定位不明显，属于钝痛性质，如马腹痛与体表痛相比，定位就不明确。

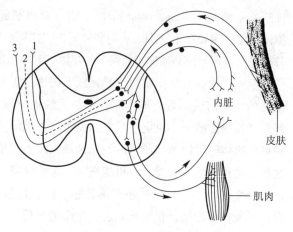

图 3-22   牵涉痛发生示意图

1. 体表痛觉传入通路；2. 体表、内脏痛觉共同传入通路；
3. 内脏痛觉传入通路

2. 牵涉痛

当某些内脏患病时，常在皮肤不同区域发生疼痛或痛觉过敏，叫作牵涉痛。牵涉痛发生的原因，一般认为是从某脏器来的感觉纤维和该段皮肤区来的感觉纤维，都传到同一节段脊髓。脏器和皮肤的一部分感觉纤维传来的冲动，沿各自专用的神经元到达丘脑（图 3-22 中 1，3）；另一部分感觉传入冲动，在该段脊髓内，沿共用的神经元传到丘脑（图 3-22 中 2）。由丘脑再传至大脑皮质，产生脏器感觉或皮肤感觉。痛觉一般都来自体表，一旦脏器传来的痛觉冲动，前传到大脑皮质时，由于有共同神经元前传的冲动，故常误认为疼痛来自同节段脊髓支配的体表，这可能是牵涉痛发生的原因。

患病脏器传来的冲动，能提高同一节段脊髓中枢的兴奋性，从而使皮肤的轻微刺激就能产生很强的兴奋，传到大脑皮质，引起相应皮肤区对正常刺激出现过敏现象。如果内脏传入冲动很强，不仅影响脊髓相应节段的皮肤感觉过敏，同时可引起反射机能亢进，出现该节段所支配的肌肉紧张性加强。例如，腹腔内脏发生炎症时，腹壁紧张。

第四节   神经系统对躯体运动的调节

躯体运动是以骨骼肌的收缩和舒张为基础的生命现象，也是动物能够在自然界生存的重要手段，动物的躯体运动可以是某些感受器刺激而形成定型的反射活动，它不受意志控制；但大量的躯体运动是在大脑皮层控制下按一定目标进行的骨骼肌运动，运动的方向、力量、速度等都能达到互相协调。神经系统对躯体运动的调节是一项十分复杂的功能，是由大脑皮层、皮层下核团和脑干下行系统以及脊髓共同配合完成的。

一、脊髓对躯体运动的调节

许多反射可在脊髓水平完成，但由于脊髓经常处于高位中枢的控制下，导致其本身固有的功能不易表现出来。通过脊休克可了解脊髓对骨骼肌活动的调节功能。脊休克（spinal shock）是指人和动物在脊髓与高位中枢之间离断后许多反射活动暂时丧失而进入无反应状态的现象。在动物实验中，为了保持动物的呼吸功能，常在脊髓第 5 颈段水平以后切断脊髓，以保留膈神经对膈肌呼吸运动的支配。这种脊髓与高位中枢离断的动物称为脊（髓）动物（spinal animal）。

中枢神经系统可通过调节骨骼肌的紧张度或使肌肉发生一定的动作，以保证或改进身体在空间的姿势，这种反射活动称为姿势反射。在脊髓水平能完成的姿势反射有牵张反射、屈肌反射和对侧伸肌反射及节间反射等。

（一）牵张反射

无论屈肌或伸肌，当其被牵拉时，肌肉内的肌梭就受到刺激，感觉冲动传入脊髓后，引起被牵拉的肌肉发生反射性收缩，从而解除被牵拉状态，这叫作牵张反射（stretch reflex）。这在伸肌表现得特别明显。牵张反射的感受器和效应器都存在于骨骼肌内，是维持动物姿势最基本的反射。一般分为腱反射和肌紧张两种类型。

1. 腱反射

腱反射（tendon reflex）是指快速牵拉肌腱时发生的牵张反射，又称位相性牵张反射。例如，敲击股四头肌腱时，股四头肌会发生一次急速的收缩活动，可引起小腿部发生一次向前伸展的运动，被称为膝跳反射（knee jerk）。敲击跟腱时，引起腓肠肌收缩，跗关节伸直，这称为跟腱反射，也属于腱反射。

2. 肌紧张

肌紧张是指缓慢持续牵拉肌腱时所发生的牵张反射，即被牵拉的肌肉发生缓慢而持久的收缩，以阻止被拉长。肌紧张的收缩力量并不大，只是抵抗肌肉被牵拉，表现为同一肌肉内不同运动单位进行交替性而不同步的收缩来维持，故不表现为明显的动作，但能持久进行而不易发生疲劳。正常机体内，伸肌和屈肌都因发生牵张反射而维持一定的紧张性，但在动物站立时，由于重力影响，支持体重的关节趋向于被重力所弯曲，关节弯曲势必使伸肌肌腱受到持续的牵拉，从而发生持续的牵张反射，引起该肌的收缩，以对抗关节的弯曲而维持站立姿势。所以动物维持站立姿势时，伸肌的肌紧张处于主要地位。

腱反射和肌紧张的感受器主要是肌梭（图3-23）。肌梭的外层为一结缔组织囊，囊内所含的肌纤维称为梭内肌纤维，囊外的肌纤维称为梭外肌纤维。肌梭的传入神经纤维有 I_A 和 II 两类。两类神经纤维终止于脊髓腹角的 α 运动神经元，其发出的 α 传出纤维支配梭外肌纤维。脊髓 γ 运动神经元发出的 γ 传出纤维支配梭内肌纤维。

当肌肉受外力牵拉时，梭内肌感受装置被动拉长，导致 I_A 类纤维传入冲动增加，神经冲动的频率与肌梭被牵拉程度成正比。肌梭的传入冲动引起支配同一肌肉的 α 运动神经元活动和梭外肌收缩，从而形成一次牵张反射反应。γ 传出纤

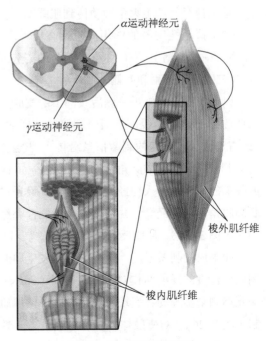

α运动神经元

γ运动神经元

梭外肌纤维

梭内肌纤维

图 3-23 肌梭基本结构

维受到刺激后可使梭内肌收缩，再引起 I_A 类传入纤维放电，肌肉发生收缩。所以 γ 传出纤维放电可增加肌梭的敏感性。梭内肌纤维上 II 类纤维的功能可能与本体感觉的传入有关。

除了肌梭之外，腱器官也是一种牵张感受器。它的传入神经纤维是 I_B 类神经纤维。腱器官对同一肌肉的 α 运动神经元有抑制作用，而肌梭对其有兴奋作用。一般情况下，当肌肉受到牵拉时，首先兴奋肌梭而发动牵张反射，引起受牵拉肌肉收缩；当牵拉力量进一步增大时，则腱器官兴奋而抑制牵张反射，这样可以避免肌肉被拉伤。

牵张反射的发生，是通过脊髓中枢的兴奋性突触和抑制性突触的双重作用完成的（图 3-24）。

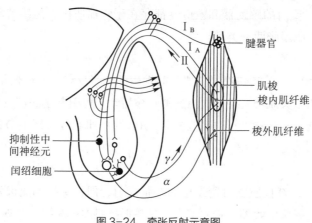

图 3-24　牵张反射示意图

（1）兴奋性突触的作用　位于骨骼肌纤维间的肌梭（muscle spindle）因突然被牵拉所产生的冲动沿传入神经元进入脊髓，其中一部分纤维和脊髓腹角 α 运动神经元发生兴奋性突触联系，使 α 运动神经元产生大量冲动传到肌纤维，使之猛烈收缩，因而整条肌肉缩短。

（2）抑制性突触的作用　包括直接（传入侧支抑制）和间接（回返性抑制）两种抑制方式（见本章中枢抑制），使机体维持正常的姿势或使运动及时终止。

（二）屈肌反射和对侧伸肌反射

以伤害性刺激施于一侧后肢的下部皮肤，如针刺激左（或右）侧后肢跖部皮肤时，引起该肢屈肌收缩而伸肌弛缓，进而引起该肢的屈曲，这种现象叫作屈肌反射。此反射的发生，是由左（或右）侧后肢皮肤的刺激信息沿传入神经进入脊髓后，通过一个兴奋性中间神经元，终止于支配受刺激一侧屈肌的腹角运动神经元（motor neuron），并与之发生兴奋性突触联系，而使屈肌完成收缩的。同时传入神经的一些侧支，又通过一个抑制性中间神经元，终止在支配受刺激一侧伸肌的腹角运动神经元，并与之发生抑制性突触联系，使伸肌舒张。结果受刺激一侧后肢产生屈曲动作（图 3-25）。屈肌反射具有保护意义，即避开伤害性刺激，不属于姿势反射。

如果加大刺激强度，除本侧肢体发生屈曲外，同时引起对侧肢体伸直，以支持体重，这种对侧肢体伸直的反射叫作对侧伸肌反射（crossed-extensor reflex）。此反射的发生是通过脊髓中枢的交互抑制来实现的，表现为被刺激侧肢体屈肌兴奋和伸肌抑制，而对侧肢体是伸肌兴奋而屈肌抑制（图 3-26）。对侧肢体伸直的原因是当刺激很强时，传入神经元活动增多，一些传入神经元的冲动传到对侧，其中一部分末梢通过抑制性中间神经元支配屈肌的运动神经元，并与之发生抑制

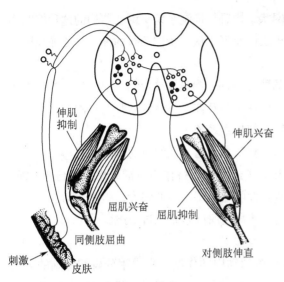

图 3-25 屈肌反射和对侧伸肌反射示意图
黑色小体表示抑制性突触；白色小体表示兴奋型突触

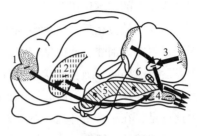

图 3-26 脑干网状结构后行抑制（-）和
易化（+）系统示意图

抑制作用（-）的路径：网状结构抑制区（4）发放
下行冲动抑制脊髓牵张反射，这一区域接受大脑皮质
（1）、尾状核（2）、小脑（3）传来的冲动；易化作用
（+）的路径：网状结构易化区（5）发放下行冲动至
延髓的前庭核（6），有加强脊髓牵张反射的作用

性突触联系，另一部分末梢则通过兴奋性中间神经元支配伸肌的运动神经元，并与之发生兴奋性
突触联系，结果使对侧屈肌抑制和伸肌兴奋，从而导致对侧肢体伸直。对侧伸肌反射是一种姿势
反射，在一侧肢体发生屈曲的情况下，对侧伸肌的收缩对保持躯体的平衡具有重要意义。上述两
种反射的生理意义在于，被刺激侧肢体屈曲，以躲避伤害作用，对侧肢体伸直，以维持机体重心
不致跌倒，这些都是比较原始的防御性反射。

（三）节间反射

节间反射（intersegmental reflex）是指脊髓一个节段的神经元发出的轴突与邻近节段的神经
元发生联系，通过上、下节段之间神经元的协同所发生的反射活动。如刺激脊动物背部皮肤可引
起其后肢节律性的搔抓动作，称为搔抓反射（scratching reflex）。

二、脑干对肌紧张的调节

脑干包括延髓、脑桥和中脑。脑干有较多的神经核以及与这些神经核相联系的前行和后行神
经传导路，还有纵贯脑干中心的网状结构。脑干网状结构是中枢神经系统中重要的皮质下整合调
节机构，有多种重要功能。尤其对牵张反射和姿势反射等躯体运动有着重要的整合调节作用。

（一）脑干网状结构对牵张反射的调节

实验证明，脑干网状结构中存在抑制和加强肌紧张及肌运动的区域。前者称为抑制区，位于
延髓网状结构腹内侧部分；后者称为易化区，包括延髓网状结构背外侧部分、脑桥被盖、中脑中
央灰质及被盖，也包括脑干以外的下丘脑和丘脑中线核群等部分。与抑制区相比，易化区的活动
较强，在肌紧张的平衡调节中略占优势。

1. 脑干网状结构后行系统的机能

延髓网状结构的腹内侧部（参见图 3-26）兴奋时，发放冲动到脊髓，能抑制四肢伸肌的牵
张反射。如电刺激这一部位，原来进行中的腿部伸直动作即被制止，四肢肌肉紧张性立即下降，

因此，这部分结构及其后行神经路径被称为脑干网状结构后行抑制系统。网状结构的这种抑制作用并不是孤立的。实验表明，从大脑皮质、小脑皮质以及可能从纹状体后行的冲动都能加强网状结构对牵张反射的抑制作用。

与上述抑制效应相反，电刺激脑干网状结构的背外侧部（参见图 3-26），则使正在进行中的四肢牵张反射大大加强。此区域较大，从延髓向脑桥和中脑延伸，并达到间脑的腹侧。这一脑干部位及其后行通路叫作脑干网状结构后行易化系统（即加强系统）。

除网状结构外，延髓的前庭核也有后行路径到达脊髓，也能加强伸肌的牵张反射。

由此可见，在正常机体内，脑干对脊髓躯体运动神经元的后行作用包括易化和抑制两方面，而且经常保持着动态平衡，从而使全身骨骼肌的紧张性收缩保持适当的强度，躯体运动也得以正常进行。当病变造成这两个系统之间的关系失调时，将出现肌肉紧张亢进或减弱。

2. 去大脑僵直（decerebrate rigidity）

生理学为了分析脑各部位在协调躯体运动及内脏活动中的作用，常常用分段切除脑的方法来观察其效应。如果将动物麻醉并暴露脑干，在中脑前、后丘之间切断（图 3-27），造成所谓的去大脑动物，使脊髓仅与延髓、脑桥相联系，动物则出现全身肌紧张（特别是伸肌）明显加强，表现为四肢僵直、头向后仰、尾巴翘起、躯体呈角弓反张状态，这种现象叫作去大脑僵直（图 3-28）。

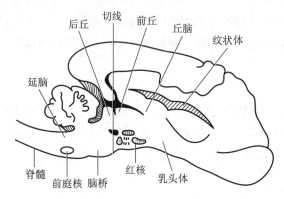

图 3-27 切断脑干引起去大脑僵直的平面图

图 3-28 兔的去大脑僵直

去大脑僵直的特征是：全身所有抗重力的肌肉群都发生过强的收缩。目前认为这种现象发生的机制是：一方面，网状结构的后行抑制系统由于失去了大脑皮质和尾状核后行抑制性冲动的控制，其抑制作用相对减弱；另一方面，网状结构的易化系统和前庭核的活动又有所加强；两方面效应相结合，四肢伸肌及所有抗重力肌肉群的牵张反射便处于绝对的优势。

3. 去大脑僵直的类型

从产生的机制分析，去大脑僵直有两种类型，一种是由于高位中枢的后行性作用，直接或间接通过脊髓中间神经元提高 α 运动神经元的活动，从而导致肌紧张加强而出现僵直，这称为 α 僵直。另一种是由于高位中枢的后行性作用，首先提高脊髓 γ 运动神经元的活动，使肌梭的敏感性提高而传入冲动增多，转而使脊髓 α 运动神经元的活动提高，导致肌紧张加强而出现僵直，这称为 γ 僵直。由前庭核后传的作用主要是直接或间接促使 α 运动神经元活动加强，导致 α 僵直；由网状结构易化系统后传的作用主要使 γ 运动神经元活动提高，转而发生肌紧张加强，出现 γ 僵直。经典的去大脑僵直主要属于 γ 僵直，因为在消除肌梭传入冲动对中枢的作用后，僵直现象可以消失。

（二）脑干对姿势反射的调节

中枢神经系统通过对骨骼肌的肌紧张或相应运动的调节，以维持动物在空间的姿势，这种反射活动总称为姿势反射（postural reflex）。前面叙述的牵张反射和对侧伸肌反射是最简单的姿势反射。此外，还有比较复杂的姿势反射，如状态反射、翻正反射、直线和旋转加速度反射等。

1. 状态反射

当动物头部在空间的位置改变或头部与躯干的相对位置改变时，反射性地改变躯体肌肉的紧张性，从而形成各种形式的状态，叫做状态反射（attitudinal reflex）。状态反射包括迷路紧张反射和颈紧张反射。迷路紧张反射是内耳迷路的椭圆囊和球囊的传入冲动对躯体伸肌紧张性的反射性调节，其反射中枢主要是前庭神经核。对于去大脑动物，当动物取仰卧位时，伸肌紧张性最高，而取俯卧位时伸肌紧张性降低。这是因头部位置不同，由于重力对耳石膜的作用，使囊斑上各毛细胞顶部以不同方向排列的纤毛受到的刺激不同，因而对内耳迷路的刺激不同所致。颈紧张反射是颈部扭曲时，颈部脊髓关节韧带和肌肉本体感受器的传入冲动对四肢肌肉紧张性的反射性调节，其反射中枢位于颈部脊髓。如果将去大脑动物（如猫）的头部向腹侧屈曲，其前肢将反射地被抑制呈屈曲状态，而后肢的伸肌反射反而加强。这种姿势恰似猫站在架上俯视下面的状态；相反，如果将猫头部向背侧屈曲时，其前肢伸肌反射增强，而后肢的伸肌被抑制，恰似猫在架子下面，头上仰准备上跳时的动作。当猫头偏向一侧时，偏向侧前后肢伸肌反射性增强，偏离侧前后肢屈曲（图 3-29）。

图 3-29 状态反射示意图
A. 头俯下时；B. 头上仰时；C. 头弯向右侧时；D. 头弯向左侧时

可见，改变去大脑动物的头部位置时，四肢的肌紧张发生不同程度的改变，形成各种姿势。

头部位置的改变之所以能引起姿势改变是通过反射实现的。由于动物改变头部在空间的位置时，既刺激了颈部肌肉内的肌梭，又刺激了内耳迷路的前庭器官，两方面的感受冲动经延髓中枢的分析综合，共同影响了脊髓的运动神经元，引起四肢肌肉的紧张性改变，从而形成各种姿势，保持了躯体平衡。这两方面的传入冲动只要有一方面存在，就能引起状态反射。在正常情况下，马在上坡时头向下俯，引起前肢伸肌紧张性减弱，后肢伸肌紧张性加强；下坡时，前肢伸肌紧张性加强，后肢伸肌紧张性减弱，就是这种状态反射的结果。

2. 翻正反射

动物摔倒时，自行翻转起立，恢复正常站立姿势，叫作翻正反射（righting reflex）。这种反射比状态反射复杂。如将猫四脚朝天，从空中坠下时，首先是头颈扭转，然后前肢和躯干紧接着也扭转过来，最后后肢也扭转过来，当坠到地面时，先由四肢着地（图 3-30）。这个翻正反射过程包括一系列反射活动，其感受冲动先后来自内耳迷路、颈部肌肉和躯干肌肉等本体感受器以及视觉感受器，所有这些感受器的冲动传到脑干，在中脑进行分析综合，从而调节躯干和四肢的肌肉活动，使姿势恢复正常。

三、基底神经节对躯体运动的调节

基底神经节（basal ganglia）主要包括纹状体、丘脑底核和黑质；纹状体又包括尾核、壳核和苍白球。尾核和壳核在发生上较新，称为新纹状体；苍白球可分为内侧和外侧两部分，在发生上较古老，称为旧纹状体。黑质可分为致密部和网状部两部分。从机能上看，基底神经节同丘脑底的罗氏核、中脑的红核及黑质紧密地联系在一起。此外，基底神经节还同丘脑的一部分发生联系。

基底神经节的主要功能是通过直接（通过核、网状结构等）或间接（通过回路影响大脑皮质）的调节运动，来抑制肌紧张。基底神经节主要在运动的准备和发起阶段起调节作用。实验表明，基底神经节的环形通路对于及时停止或中断皮质发动的骨骼肌运动是重要的。如果损害这些环形通路，则大脑皮质所发动的运动就无法中断或停止。如马脑炎后期，若累及纹状体，则病马倒地后会出现持续不自主的四肢前后划动症状。

四、小脑对躯体运动的调节

（一）小脑的结构概述

根据进化的先后和机能差异，小脑可分为三个主要部分（图3-31）：古小脑、旧小脑和新小脑。各部分又可细分为若干小部分。小脑是伴随着动物躯体运动的进化而发展起来的脑部，它是一个调节中枢，而不是一个直接指挥肌肉活动的运动中枢。

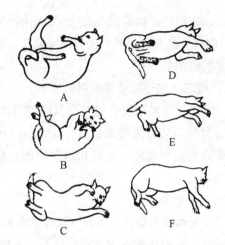

图3-30 翻转猫从空中下坠过程中的翻正动作
A. 背部向下开始下坠；B. 头部先转，前肢屈曲，后肢伸直；C.D.E. 继续旋转，前肢先伸展，后肢逐渐接近旋转轴；F. 旋转完成，四肢先着地

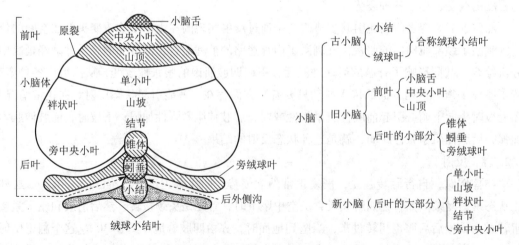

图3-31 灵长类小脑平面示意图

（二）小脑的功能

1. 古小脑与身体平衡有关

动物切除绒球小结叶后，其四肢活动仍正常，却坐不稳，也不能平衡地站立，陷于平衡失调状态。由于绒球小结叶是从前庭核发展起来的，前庭核是维持躯体直立和平衡的重要结构，并且前庭核又接受来自内耳迷路前庭器官的传入冲动，所以破坏绒球小结叶后，就阻碍了前庭核的冲动进入小脑，而且小脑也控制不了前庭核，最终导致平衡失调。

2. 旧小脑与肌紧张调节有关

如以电刺激一侧小脑前叶，即能抑制同侧伸肌的紧张性；单独切除动物的小脑前叶，会引起肌肉紧张亢进现象。因此，前叶有抑制肌紧张的作用，它可能是通过网状结构抑制区，转而影响脊髓运动神经元来实现的。

小脑前叶对肌紧张的调节除了抑制作用外，还有易化作用。如刺激猴小脑前叶两侧部位，发现有加强肌紧张的作用。其作用可能是通过网状结构易化区，转而影响脊髓运动神经元而实现的。

3. 新小脑对肌张力及随意运动的调节

（1）对肌张力的调节　灵长类动物新小脑特别发达，对肌肉力量维持起着重要的作用。新小脑损伤后，常出现同侧肢体的肌肉张力减退和无力现象。

（2）对随意运动的调节　新小脑的主要功能是对随意运动的协调。当小脑半球损伤后，除上述的肌肉无力外，另一个突出的表现是随意运动失调。如随意动作的速度、范围、强度和方向，都不能很好地控制。

五、大脑皮质对躯体运动的调节

大脑皮质是中枢神经系统控制和调节骨骼肌活动的最高中枢，它是通过锥体系统和锥体外系统来实现的。

（一）大脑皮质运动区

大脑皮质的某些区域与骨骼肌运动有着密切关系（图 3-32）。如刺激哺乳动物大脑皮质十字沟周围的皮质部分，可引起躯体的广泛部位肌肉收缩，这个部位叫作运动区。运动区对骨骼肌运动的支配有如下特点：①一侧皮质支配对侧躯体的骨骼肌，两侧呈交叉支配的关系，但对头面部，除下部面肌和舌肌主要受对侧支配外，其余部分均为双侧性支配。②具有精细的定位功能，即对一定部位皮质的刺激，引起一定肌肉的收缩。而这种功能定位的安排，总的来说呈倒置的支配关系，即支配后肢肌肉的定位区靠近中央，支配前肢和头部肌肉的定位区在外侧。③支配不同部位肌肉的运动区，可占有大小不同的定位区，运动较精细而复杂的肌群（如头部），占有较广泛的定位区，而运动较简单而粗糙的肌群（如躯干、四肢）只有较小的定位区。但这种运动区的功能定位并不是绝对的，当某一区域损伤后，其他区域可部分地代偿受损区域的功能。

（二）锥体系统

锥体系统（pyramidal system）是指由大脑皮质发出并经延髓锥体而后行达脊髓的传导束，包括皮质脊髓束和皮质脑干束。皮质脑干束虽不通过锥体，但它在功能上与皮质脊髓束相同，故也包括在锥体系统的概念中（图 3-33）。

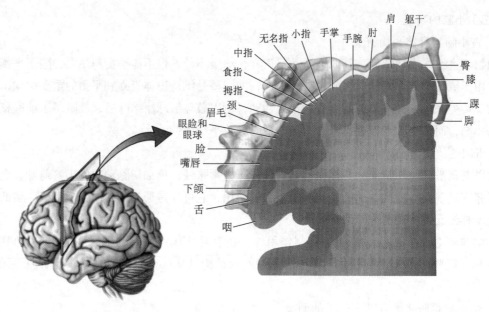

无名指　小指　手掌　手腕　肘　肩　躯干
中指
食指
拇指
颈
眉毛
眼睑和
眼球
脸
嘴唇
下颌
舌
咽
臀
膝
踝
脚

图 3-32　人类大脑皮质运动区

锥体系统是大脑皮质后行控制躯体运动的直接通路。皮质脊髓束的大部分纤维（80%）在延髓锥体穿到对侧而后行，其余部分则后行到脊髓后才穿到对侧，这两部分都与脊髓的腹角运动神经元接触。皮质脑干束的纤维到达脑干，分别与支配头面部肌肉的运动神经元相接触。过去认为锥体系统后行途径只包括两级运动神经元，一级在皮质，一级在脊髓或脑干。现在已证明：这种上、下位神经元的直接联系与动物在进化过程中技巧性活动的发展有关，大多数动物（除灵长类外）没有这种直接的单突触联系。锥体系统的后传冲动既可兴奋 α 运动神经元，使肌肉发生随意运动，又可通过 γ 环路兴奋 α 运动神经元，来调整肌梭的敏感性以配合运动。通过两者的协同活动来控制肌肉的收缩，完成精细的动作。

此外，锥体系统后行纤维与脊髓中间神经元亦有突触联系，可改变脊髓拮抗肌运动神经元之间的对抗平衡，使躯体运动具有更合适的强度、更好的协调性。

（三）锥体外系统

皮质下某些核团（如尾核、壳核、苍白球、黑质、红核等）由后行通路控制脊髓运动神经元的活动，其通路在延髓锥体之外，故叫锥体外系统（extrapyramidal system）（图 3-33）。动物进化中，锥体外系统的发生比锥体系统为早，其在皮质上的代表区更加广泛。

锥体外系统的机能主要是协调全身各肌肉群的运动，保持正常姿势。由于锥体外系统后行路径中多次更换神经元，因此不像锥体系统那样指挥肢端的精细运动。

总之，锥体外系统的皮质起源比较广泛，它的后行

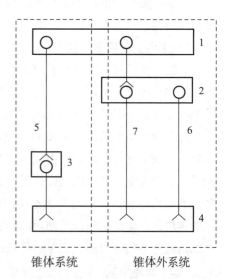

锥体系统　　锥体外系统

图 3-33　锥体系统和锥体外系统示意图
1. 大脑皮层；2. 皮层下核团；3. 延髓锥体；4. 脊髓；5. 锥体束；6. 锥体外系；7. 皮层起源的锥体外系

通路不通过延髓锥体，不直接到达脊髓或脑神经的运动核。它对脊髓反射是双侧性的，主要作用是调节肌紧张，协调各部肌群的运动。当锥体外系损伤后，各部分的肌紧张不能协调一致，以致随意运动缓慢并出现异常动作。

锥体系统和锥体外系统都是大脑皮质调节骨骼肌活动的后行途径。前者是调节单个肌肉的精细动作，后者是协调肌群的动作。正常情况下，大脑皮质发出的运动信息通过这两个系统分别后传，使躯体运动协调而准确。家畜的锥体系统不发达，锥体外系统较发达。

第五节　神经系统对内脏活动的调节

神经系统对内脏活动的调节同它对躯体运动的调节相似，都是以反射方式进行的，但二者又有区别。躯体活动往往是在大脑皮层控制下的随意性活动，而内脏活动具有很强的自主性，受自主神经系统（又称内脏神经系统，植物性神经系统）的非意识性的支配，以致在相当长的一段时间内，人们误认为大脑皮质不参与内脏活动的调节。内脏反射弧的传出途径总是包括两个相连接的传出神经元，而且多数内脏效应器常同时接受双重神经支配。内脏的活动通过脏器内局部神经调节网络、低级中枢、皮层下中枢以及大脑皮层（以边缘皮层为主）实现神经反射性调节。

内脏活动的调节是通过自主神经来实现的。自主神经系统包括传入神经、传出神经和神经中枢三部分。按一般惯例，自主神经主要是指支配内脏器官的传出神经，包括交感神经和副交感神经。

一、交感神经和副交感神经的特征

支配内脏器官的交感神经和副交感神经与支配骨骼肌的躯体运动神经相比，具有以下结构（图 3-34）和生理上的特征：

（1）交感神经起自脊髓胸腰段（从胸部第 1 至腰部第 2 或第 3 节段）侧角，经相应的腹根传出，通过白交通支进入交感神经节。副交感神经的起源比较分散，其中一部分起自脑干有关的副交感神经核（动眼神经中的副交感神经纤维起自中脑缩瞳核；面神经和舌咽神经中的副交感神经纤维分别起自延髓上唾液核和下唾液核；迷走神经中的副交感神经纤维起自延髓迷走背核和疑核），另一部分起自脊髓荐部，相当于侧角的部位。

（2）自主神经的纤维离开中枢神经系统后，不直接到达所支配的器官，先终止于神经节并换神经元，再发出轴突到达器官。因此，中枢的兴奋通过自主神经传到效应器必须经过两个神经元，即由中枢发出到神经节的纤维，称为节前纤维（preganglionic fiber）；由神经节到效应器的纤维，称为节后纤维（postganglionic fiber）。交感神经节离效应器较远，其节前纤维短，节后纤维长。交感神经一条节前纤维往往和交感神经节内的几十个节后神经元发生突触联系，所以交感神经兴奋反应比较弥散。副交感神经节都位于所支配器官的附近或内部，其节前纤维较长，节后纤维短，副交感神经一条节前纤维常与副交感神经节内 1~2 个节后神经元发生突触联系，所以副交感神经兴奋，影响的范围比较局限。

（3）当刺激交感神经节前纤维时，效应器发生反应的潜伏期长，刺激停止后，它的作用可持

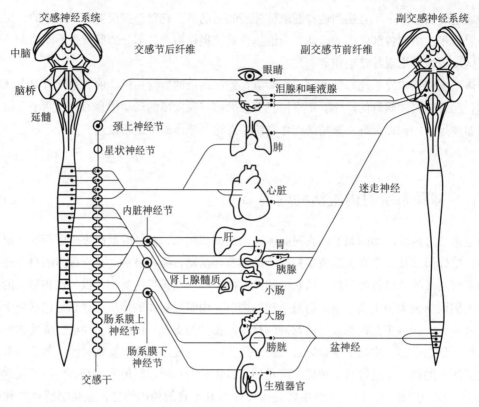

图3-34 自主神经系统结构模式图

续几秒或几分钟；刺激副交感神经节前纤维引起效应器活动时，其潜伏期短，刺激停止后，作用持续时间也短。

利用荧光组织化学技术研究发现，在哺乳类动物中，交感神经节后神经元发出的纤维并不都是支配效应器细胞的。如在心脏和膀胱中，少量交感神经节后神经元的纤维支配器官壁内的神经节细胞；在胃和小肠中，多数交感神经节后神经元的纤维支配器官壁内的神经节细胞。由此看来，交感神经和副交感神经的相互作用可以发生在器官壁内神经节细胞的水平上，而不一定发生在效应器细胞的水平上。

二、交感神经和副交感神经的功能

自主神经系统的功能在于调节心肌、平滑肌和腺体（消化腺、小汗腺和部分内分泌腺）的活动。这些组织器官一般都接受交感和副交感神经的双重支配，只有少数器官例外，如皮肤和肌肉内的血管、小汗腺、竖毛肌和肾上腺髓质就只有交感神经支配（表3-3）。

从表3-3可见，在具有双重神经支配的器官中，它们对同一器官的作用往往具有相互拮抗的性质。例如，对于心脏，迷走神经具有抑制作用，而交感神经则具有兴奋作用；对胃肠活动，迷走神经具有兴奋作用，而交感神经则具有抑制作用。这两种神经从正、反两方面调节器官的活动，使器官的活动水平适应机体的需要。但是在某些效应器上，交感神经和副交感神经的作用是具有协同性质的。例如，对唾液腺，这两种神经兴奋都具有促进分泌的作用，仅在质和量上有差

表 3-3　自主神经的生理作用

器官	交感神经	副交感神经
循环系统	心率加快、收缩加强	心率减慢、收缩减弱
	腹腔内脏血管、皮肤血管、唾液腺血管等收缩，肌肉血管可收缩（肾上腺素受体）或舒张（胆碱受体）	部分血管（软脑膜动脉及外生殖器血管等）舒张
呼吸系统	支气管平滑肌舒张	支气管平滑肌收缩、黏液腺分泌
消化系统	抑制胃运动、促进括约肌收缩	增强胃运动，促进消化腺分泌，使括约肌舒张
	分泌少量黏稠唾液，含酶多，促进肝糖原分解	促进肝糖原合成
泌尿系统	膀胱平滑肌舒张、括约肌收缩	膀胱平滑肌收缩、括约肌舒张
眼	瞳孔散大（扩瞳肌收缩）	瞳孔缩小（缩瞳肌收缩）
皮肤	竖毛肌收缩、汗腺分泌	
肾上腺髓质	促进分泌	

别。交感神经兴奋所分泌的唾液酶多而水分少，较黏稠；副交感神经兴奋所分泌的唾液酶少而水分多，较稀薄。

自主神经对器官的支配，一般具有持久的紧张性作用。例如，切断支配心脏的迷走神经时，心率加快，这表明迷走神经经常有紧张性冲动传出来，对心脏发生持续的抑制作用；又如切断心交感神经时，则心率减慢，这表明心交感神经的活动也具有紧张性。自主神经的这种紧张性是由于它的中枢在多方面因素的作用下，经常发出紧张性的传出冲动所致。

自主神经的外周性作用与效应器本身的机能状态有关。例如，胃肠如果原来处于收缩状态，则刺激迷走神经可引起舒张，如原来处于舒张状态，则刺激迷走神经却引起收缩；又如刺激交感神经可导致动物无孕子宫的运动受到抑制，而对有孕子宫则可加强运动。这些说明自主神经的作用随着支配器官本身的机能状态，可以互相转化。

交感神经系统（sympathetic nervous system）的活动一般较广泛，往往不是波及个别神经纤维及其所支配的效应器，而常以整个系统来参与反应。例如，在动物剧烈运动、窒息、失血或寒冷等情况下，由于反射性地兴奋交感神经系统，机体出现心率加快、收缩加强，皮肤和腹腔内脏血管收缩、增加心输出量、血压升高、血液循环加快；支气管舒张、增加通气量；肾上腺素分泌增加，肝糖原分解加速，血糖升高等现象。这些都说明交感神经系统在环境急剧变化的情况下，动员机体许多器官的潜在力量，应付环境的剧变，使机体处于紧急动员状态。但交感神经系统活动的广泛性并不是毫无选择的，它在发生反射性反应时各部位的交感神经活动仍是有差别的。例如失血开始后的几分钟内，交感神经的活动增强，主要表现为心脏活动的增强和腹腔脏器血管收缩，而其他反应却不明显。又如温度升高时，主要表现在皮肤血管舒张（交感神经活动减弱），皮肤血流量增加，小汗腺分泌汗液（交感神经活动增加）以增加散热。副交感神经系统（parasympathetic nervous system）的活动，就其整体来说，其主要机能在于休整、促进消化、保存能量以及增加排泄和生殖功能等方面。例如，动物安静时，心脏活动抑制，消化道功能增强，促进营养物质吸收和能量补充，这些都是副交感神经系统积蓄能量和保护机体的例子。

由于交感神经系统活动加强时常伴随肾上腺素分泌增多，因此，往往将这一活动系统叫作"交感－肾上腺"系统。又由于迷走神经活动加强时，常伴随胰岛素分泌增加，因此又将这一活动系统叫作"迷走－胰岛素"系统。在应激情况下，不但交感－肾上腺系统发生广泛兴奋，迷走－胰岛素系统也广泛兴奋，但前者较后者作用强。所以，后者效应被掩盖，而不易察觉。

三、内脏活动的中枢性调节

在中枢神经系统不同部位，如脊髓、脑干、下丘脑和大脑边缘叶都存在着调节内脏活动的中枢，但是，它们对内脏活动的调节能力却大不相同。

（一）脊髓

交感神经和部分副交感神经起源于脊髓灰质的侧角内。因此，脊髓是调节内脏活动的最基本中枢，通过它可以完成简单的内脏反射活动，例如排粪、排尿、血管舒缩以及出汗和竖毛等活动。但是这种反射调节功能是初级的，不能更好地适应生理机能的需要，正常时脊髓受高级中枢的调制（modulation）。

（二）脑干

部分副交感神经由脑干发出，支配头部的腺体、心脏、支气管、食管、胃肠道等。同时在延髓中还有许多重要的调节内脏活动的基本中枢，如调节呼吸运动的呼吸中枢，调节心血管活动的心血管运动中枢，调节消化道运动和消化腺活动的中枢等，可完成比较复杂的内脏反射活动。延髓一旦受到损伤，可导致各种生理活动失调，严重时可引起呼吸或心搏停止，因此延髓被称为"生命中枢"所在地。此外，中脑是调节瞳孔反射的中枢。

（三）下丘脑

下丘脑是大脑皮质下调节内脏活动的较高级中枢，它能够进行细微和复杂的整合作用，使内脏活动和其他生理活动相联系，以调节体温、水平衡、摄食等主要生理过程。

1. 体温调节

下丘脑是体温调节的主要中枢。当体内、外温度发生变化时，可通过体温中枢对产热或散热机能进行调节，使体温恢复正常，保持相对稳定状态。

2. 水平衡调节

下丘脑的视上核和室旁核是水平衡调节中枢。它调节水平衡包括两方面：一是控制抗利尿激素的合成和分泌，另一是控制饮水。如血浆渗透压异常升高时，可引起垂体后叶释放抗利尿激素进入血液，随血液循环到达肾，促进远曲小管和集合管对水分的重吸收，同时产生渴感，驱使动物大量饮水，共同调节水平衡。

3. 摄食行为调节

下丘脑存在有摄食中枢（feeding center）和饱中枢（satiety center）。如果破坏摄食中枢，动物拒绝摄食；破坏饱中枢，动物食欲大增，逐渐肥胖。实验证明，血糖水平的高低可能调节摄食中枢和饱中枢的活动，这主要取决于神经元对葡萄糖的利用程度。

4. 内分泌腺活动的调节

下丘脑有许多神经元具有分泌功能，可分泌多种激素，进入血液，并通过垂体门脉循环到腺垂体，促进或抑制腺垂体各种激素的合成和分泌，进而调节其他内分泌腺的活动。

5. 生物节律

机体内的各种活动常按一定的时间顺序发生变化，这种变化的节律称为生物节律（biorhythm）。机体许多生理功能都有日周期节律，例如血细胞数、体温、促肾上腺皮质激素分泌等。下丘脑的视交叉上核是生物节律的控制中心，在小鼠中观察到视交叉上核神经元的代谢强度和放电活动都表现明确的日周期节律。在胚胎期，当视交叉上核与周围组织还未建立联系时，其代谢和放电活动的日周期节律就已存在。破坏小鼠的视交叉上核，可使原有的日周期节律性活动（如饮水、排尿）的日周期丧失。视交叉上核可通过视网膜–视交叉上核束与视觉感受装置发生联系，因此外环境的昼夜光照变化可影响视交叉上核的活动，从而使体内日周期节律与外环境的昼夜节律同步起来。

（四）大脑边缘系统

大脑半球内侧面皮质与脑干连接部和胼胝体旁的环周结构，叫作"边缘叶"（图3-35）。它与大脑半球外侧面皮质相比，这些结构属于进化上比较古老的皮质，故又叫作旧皮质，边缘叶包括扣带回、胼胝体回、海马沟与海马回等。

由于边缘叶在结构上和大脑皮质的岛叶、颞极、眶回等，以及杏仁核、隔区、下丘脑、丘脑前核等密切相关。于是人们常把边缘叶连同这些结构统称为边缘系统（limbic system）。

大脑边缘系统是内脏活动的重要调节中枢，而且还与情绪、记忆功能有关。用电刺激边缘系统不同部位可引起很复杂的内脏活动反应。如可表现为血压升高或降低；呼吸加快或抑制；胃肠运动加强或减弱；瞳孔扩大或缩小等。这说明边缘系统是许多初级中枢活动的高级调节者，它对各低级中枢的活动起着调整作用（促进或抑制）。因而它的活动反应很复杂。

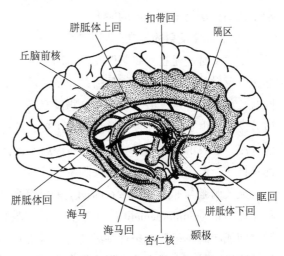

图 3-35　大脑内侧面示意图

第六节　脑的高级神经活动

大脑皮质是中枢神经系统的最高级部位，它参与语言、思维、学习、记忆等复杂的整合功能，这些功能统称为脑的高级神经活动，而这些功能的形成与条件反射有着密切的关系。

一、条件反射

前面多次述及，反射活动是中枢神经系统的基本活动形式。巴甫洛夫把反射活动分为非条件反射（unconditioned reflex）和条件反射（conditioned reflex）。

（一）非条件反射和条件反射

非条件反射是动物在种族进化过程中，适应变化的内、外环境通过遗传而获得的先天性反射，是动物生下来就有的。这种反射有固定的反射途径，反射比较恒定，不易受外界环境影响而发生改变，只要有一定强度的相应刺激，就会出现规律性的特定反应，其反射中枢大多数在皮质下部位。例如，饲料进入动物口腔，就会引起唾液分泌；机械刺激角膜就会引起眨眼等，都属于非条件反射。非条件反射的数量有限，只能保证动物的各种基本生命活动的正常进行，很难适应复杂的环境变化。

条件反射是动物在出生后的生活过程中，适应于个体所处的生活环境而逐渐建立起来的反射，它没有固定的反射途径，容易受环境影响而发生改变或消失。因此，在一定的条件下，条件反射可以建立，也可以消失，条件反射的建立，需要有大脑皮质的参与，是比较复杂的神经活动，提高了动物适应环境的能力。

（二）条件反射的建立

条件反射是建立在非条件反射基础上的，以猪摄食为例，食物进入口腔引起唾液分泌，这是非条件反射。在这里，食物是引起非条件反射的刺激物，叫作非条件刺激。如果食物入口之前或同时，都响以铃声，最初铃声和食物没有联系，只是作为一个无关的刺激出现，铃声并不引起唾液分泌。但由于铃声和食物总是同时出现，经过反复多次结合之后，只给铃声刺激也可以引起唾液分泌，形成了条件反射。这时的铃声就不再是吃食的无关刺激了，而成为食物到来的信号。因此，把已经形成条件反射的无关刺激（铃声）叫作信号。可见，形成条件反射的基本条件为：第一，无关刺激与非条件刺激在时间上的反复多次结合。这个结合过程叫作强化（reinforcement）。第二，无关刺激必须出现在非条件刺激之前或同时。第三，条件刺激的生理程度比非条件刺激要弱。例如动物饥饿时，由于饥饿加强了摄食中枢的兴奋性，食物刺激的生理强度就大大提高，从而容易形成条件食物反射。

©巴甫洛夫与狗

（三）条件反射的形成和消退

1. 条件反射的形成

条件反射是在非条件反射的基础上形成的。由此可以设想，在条件反射形成之后，条件刺激神经通路与非条件反射的反射弧之间必定发生了一种新的暂时联系。

关于暂时联系的接通，目前尚有争论。曾经认为哺乳动物条件反射的暂时联系是发生在大脑皮质的有关中枢之间。以上述铃声形成条件反射（唾液分泌）来分析，条件刺激（铃声）作用时，使内耳感受器产生兴奋，沿传入神经（听神经）经多次换元传到大脑皮质，使皮质听觉中枢形成一个兴奋灶。与此同时，非条件刺激也在皮质的唾液分泌中枢形成另一个兴奋灶。这两个兴奋灶之间虽有结构上的神经联系，但在条件反射形成之前没有功能上的联系，只有在条件刺激与非条件刺激多次结合强化之后，由于兴奋的扩散，这两个兴奋灶之间在功能上逐渐接通，即建立了暂时联系（图3-36）。

关于暂时联系的接通机制，巴甫洛夫认为，非条件刺激（食物）的皮质代表区的兴奋较强，可以吸引条件刺激（如声音）的皮质代表区的兴奋，从而使两个兴奋区的神经联系接通。其他学者认为，不是强的兴奋吸引弱的兴奋，而是强的兴奋沿皮质扩散开来，与弱的兴奋相遇。后来，

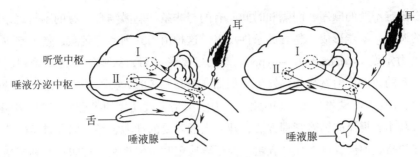

图 3-36　条件反射形成示意图

又有学者提出假说，认为接通机制是由于信号和非条件刺激的反复同时出现，引起两种刺激的皮质代表区兴奋性提高，使活化的神经元数量增加。在形成条件反射之前，多数神经元仅为某种特定模式的刺激所活化，而形成条件反射之后则可以为另一些模式的刺激所激活，从而变为多模式的神经元，这就是暂时联系形成的功能基础。总之，暂时联系的接通机制问题还有待更深入地研究。

2. 条件反射的消退

已形成的条件反射，如果在给予条件刺激时，再不伴有非条件刺激强化，久而久之，原来的条件反射逐渐减弱，甚至不再出现，这称为条件反射的消退。例如，铃声与食物多次结合形成的条件反射，如果反复单独应用铃声而不给食物（即不强化），则铃声引起的唾液分泌也就逐渐减少，最后不分泌，这就是说，原来引起唾液分泌的条件刺激（铃声）已失去信号的意义，其所形成的条件反射也就完全消退了。

除未给予强化外，还有一些情况可使条件反射暂时消退。例如，一个条件反射正在进行时，突然出现一个新的强的刺激，就会抑制这个条件反射。以马装蹄不保定为例，正在装蹄过程中，突然出现新的音响或生人时，马就惊恐不安，屈肢条件反射即被抑制。此外，条件刺激太强或作用时间过久，也会抑制正在进行的条件反射。如装蹄时，锤敲打太重或时间过久，马不再自动屈肢就是这个道理。

总之，为了建立条件反射，使用的条件刺激要固定、强度要适宜，而且要经常用非条件刺激来强化和巩固，否则已经建立的条件反射也会受到抑制而逐渐消失。

（四）条件反射的生理学意义

机体是在复杂多变的环境中生活，如果只有非条件反射而不建立条件反射，就无法在多变的环境中生存。条件反射的建立，极大地扩大了机体的反射活动范围，增加了动物活动的预见性和灵活性，从而更好地适应环境变化。例如，一些弱小动物当听到猛兽的叫声或闻到特殊气味时，就开始逃避，避免遭受伤害。在动物个体的一生中，纯粹的非条件反射，只有在出生后较短时间内可以看到，以后由于条件反射不断建立，条件反射和非条件反射越来越不可分割地结合起来。因此，个体对内、外环境的反射性反应，都是条件反射和非条件反射并存的复杂反射活动。随着环境变化，动物不断地形成新的条件反射，消退不适合生存的旧条件反射。从进化的意义上说，越是高等动物，形成条件反射的能力越强，对环境的适应性也越强。

二、动力定型

在役畜调教过程中，若给予一系列的刺激，就可以建立一整套的条件反射，也就是利用各种不同的信号以固定不变的顺序、间隔和时间，有的与非条件刺激结合，有的不与之结合，经过长期耐心细致的调教，就能形成一整套的条件反射。这种由一系列条件刺激，使大脑皮质的活动定型化，叫作动力定型（dynamic stereotype）。动力定型形成后，只要给予这一系列刺激中的第一个刺激，这一套的条件反射就能相继发生。例如，辕马套车时，只要能安静地套上套包，一吆喝"捎"辕马就自动地往车辕里"捎"。因此，动力定型是调教动物的生理学基础。根据这个原理，其他家畜也可利用有规律的饲养管理方法，建立人们需要的动力定型，以促进畜牧业生产。如使乳牛养成良好的挤乳习惯，可增加产乳量；使猪养成定时定位排粪、排尿，有利于猪舍清洁；驯服野生动物（如梅花鹿等）成为家养动物。一般所说的"习惯成自然"和"熟能生巧"也是动力定型的结果。

由于动力定型的形成，使大脑皮质细胞只需消耗较少的能量，就可完成复杂的工作。如果环境改变，就需改变旧的定型以建立新的定型，必须消耗更多的能量，才能完成。例如，对家畜定质、定量和定时喂饲，由于日久建立起了巩固的动力定型，可使消化系统的活动更好地进行。如果骤然改变饲喂制度，使原来的动力定型破坏，就可能引起消化机能的障碍。

三、神经活动的类型

畜牧兽医实践中常常看到，家畜在形成条件反射的速度、强度、精细度和稳定性，对疾病的抵抗力，对药物的敏感性和耐受性以及生产性能等方面，都存在着明显的个体差异。这些个体差异，一般是由于大脑皮质的调节和整合活动存在着个体差异所致，生理学把这种特点叫作神经活动的类型，一般简称神经型。

（一）家畜的基本神经型

根据大脑皮质活动的特点，可将家畜的神经型分为兴奋型、活泼型、安静型和抑制型4种基本类型。它们之间还有许多介于两者之间的过渡类型。

1. 兴奋型

其特点是兴奋和抑制都很强，但比较起来，兴奋更占优势。这类动物的表现是急躁、暴烈、不受约束和带有攻击性，它们能迅速地建立比较巩固的条件反射，但条件反射的精细度很差，即对类似刺激辨别能力很弱。

2. 活泼型

其特点是兴奋和抑制都强，且均衡发展，互相转化比较容易且迅速。这类动物表现为活泼好动，对周围发生的微小变化能迅速发生反应。它们形成条件反射很快，能精细地辨别相似的刺激，能适应环境的复杂变化，是生理上最好的神经型。

3. 安静型

其特点是兴奋和抑制都强，发展也比较平衡，但互相转化比较困难而缓慢。这类动物表现为安静、细致、温驯和有节制，对周围变化反应冷淡。它们能很好地建立精细的条件反射，但形成的速度较慢。

4. 抑制型

其特点是兴奋和抑制都很弱。一般更容易表现抑制。这类动物胆怯而不好动，易于疲劳，常常畏缩不前和带有防御性，它们一般不易形成条件反射，形成后也不巩固。它们不能适应变化复杂的环境，也难以胜任比较强和持久的活动。

（二）神经型的形成

家畜的神经型既取决于神经系统的遗传特性，又取决于个体后天的生存条件。神经系统的遗传特性实际上就是形成条件反射的可能性，它包括形成的速度、强度和稳定性等方面的个体差异。至于真正形成条件反射或形成什么样的条件反射，必须要在后天的环境影响下才能完成，所以家畜的神经型是皮质功能的遗传性与周围环境影响相结合的产物。

实践证明，家畜的神经型一般都在幼年形成，这是因为幼年期的神经系统遗传特性还保持较大的可变性，易受环境因素的影响而改变。随着年龄的增长，这种可变性逐渐减小，环境因素就越来越不易使之改变，例如，犊牛的神经型在 6～8 月龄就已基本形成，到一周岁就已相当稳定。因此在实践中要从幼畜的遗传特性出发，及早进行定向培养，使它们形成有利于生产的神经型。对那些具有兴奋型遗传素质的幼畜，宜在安静环境中进行适当培养，而那些具有抑制型遗传素质的幼畜，可在多变的环境中进行培育，均可使之向好的神经型方向发展。

（三）神经型的实践意义

畜牧业生产实践证明，活泼型的个体生产性能最高，安静型次之，兴奋型较差，抑制型最差。以马和耕牛来说，活泼型的使役能力高、挽力大、速度快，能迅速适应使役条件的变化，稍驱赶就加快运动；安静型的使役能力好，挽力也大，但动作缓慢，常常需要驱赶；兴奋型在使役强度不大时表现良好，使役强度增大时，则表现能力不定，对驱赶表现反抗；抑制型的使役能力很差，挽力小、速度慢、不耐久，对驱赶反应迟钝。以上表明畜体的神经型与生产性能之间有密切关系。因此，结合神经型的遗传素质进行定向培育，对提高生产性能意义重大。

以猪为例，安静型的个体容易肥育，而兴奋型的个体则难以肥育。在饲养管理中，常可发现有的进食快，有的进食慢，有的吃后即睡，有的吃后到处走动，以致惊扰其他个体。如能结合神经型的特点进行合理分群饲养，可提高肥育效果。

总之，神经型的理论，对畜牧业生产的发展，具有重要的实践意义，有待人们在实际工作中研究利用。

在兽医临床实践中发现，抑制型的个体对致病因素的抵抗力差，发病率高，病程长，临床症状比较重，对药物的耐受剂量一般较低，治疗效果差，痊愈和康复都很缓慢，活泼型和安静型的个体与抑制型恰好相反；兴奋型的个体对疾病的抵抗力和恢复能力均比抑制型好，但不如活泼型和安静型。可见，家畜的神经型在兽医实践中也具有重要意义。

第七节　神经免疫调节

神经免疫调节（neuroimmunomodulation）是从分子水平、细胞水平、器官水平以及整体水平研究神经系统、内分泌系统和免疫系统在结构和功能上的联系。越来越多的资料表明，神经系统、内分泌系统和免疫系统之间存在双向性信息传递和相互作用，而且它们之间的相互作用对机体在不同条件下稳态的维持起着决定性的作用。

一、神经和内分泌系统对免疫功能的调节作用

神经系统可以通过两条途径来影响免疫功能，一条是通过神经释放递质来发挥作用，另一条是通过改变内分泌的活动间接影响免疫功能。

（一）免疫细胞上的神经递质受体及内分泌激素受体

目前已经证明免疫细胞上有多种神经递质受体和内分泌激素受体。它们包括类固醇受体、儿茶酚胺受体、组胺受体、阿片受体、胰岛素受体、胰高血糖素受体、血管活性肠肽受体、促甲状腺激素释放激素受体、生长激素受体、催乳素受体、生长抑素受体、P物质受体、升压素受体、缩胆囊素受体、降钙素受体等。绝大多数神经递质受体和内分泌激素受体都可以在免疫细胞上找到。

免疫细胞上的这些受体是神经和内分泌系统作用于免疫细胞的物质基础。

（二）神经内分泌激素的免疫调节作用

神经内分泌系统产生的神经肽、激素和递质可通过免疫细胞表面相应的受体调节免疫功能。如表3-4所示。

表3-4　神经肽、激素和神经递质对免疫的调控

名称	作用	效应
糖皮质激素	–	抑制单核-巨噬细胞的抗原递呈，抑制淋巴细胞的免疫应答，抑制细胞因子（IL-1、IL-2、IFN-γ）产生，抑制自然杀伤细胞活性，减少中性粒细胞在炎症区域积聚，大剂量则溶解淋巴细胞
促肾上腺皮质激素	+/–	降低抗体生成，抑制T细胞产生IFN-γ及巨噬细胞活化，促进自然杀伤细胞的功能
促肾上腺皮质激素释放激素	–	抑制自然杀伤细胞的功能，阻断IL-2诱导的细胞增殖
生长激素	+	促进巨噬细胞活化，使T辅助细胞增殖并产生IL-2，增加抗体合成，增加自然杀伤细胞和细胞毒性T细胞的活性
甲状腺素	+	促进T细胞活化
催乳素	+	促进巨噬细胞活化，促进T辅助细胞产生IL-2
升压素	+	促进T细胞活化
缩宫素	+	促进T细胞活化
褪黑激素	+	促进抗体合成，逆转应激的免疫抑制，中和糖皮质激素的免疫抑制作用
雌二醇	+/–	抑制外周免疫细胞的增殖反应以及IL-2的产生，增强中枢免疫细胞（胸腺细胞）的功能
P物质	+	刺激细胞因子（IL-1、IL-6、TNF）生成，增强抗体生成，增强淋巴细胞增殖
血管活性肠肽	–	抑制抗体生成及淋巴细胞增殖，抑制细胞因子生成
多巴胺	–	减弱免疫反应，减少抗体生成
5-羟色胺	–	减少抗体生成
儿茶酚胺	–	抑制淋巴细胞增殖
乙酰胆碱	+	增加淋巴细胞和巨噬细胞的数量

－：抑制免疫；＋：增强免疫。

此外，许多研究表明，阿片肽在免疫功能的调节中起着重要的作用。中枢神经系统内的阿片受体主要有 μ、δ 和 κ 受体，它们与内啡肽、脑啡肽和强啡肽没有严格的对应关系。相对而言，β- 内啡肽与 μ 和 δ 受体有很高的亲和力，脑啡肽与 δ 受体的亲和力高于其他受体，这两者对 κ 受体的亲和力都比较弱，强啡肽与 κ 受体的亲和力高于 μ 和 δ 受体，从而使阿片肽对免疫功能的调节作用显得比较复杂。阿片肽对淋巴细胞转化、T 淋巴细胞增殖分化、自然杀伤细胞活性、巨噬细胞功能及细胞因子产生等都有调节作用，可以表现为增强免疫或抑制免疫。这种矛盾的结果可能是由于用离体或整体实验模型的不同，或者应用浓度不同所致，有的目前还难以解释。阿片肽的发现人之一，约翰 - 休斯（J. Hughes）认为，阿片肽的主要功能是机体在应激条件下，在更高的水平上作复杂的调节，以使机体保持稳态。

（三）自主神经系统对免疫功能的调节

动物的淋巴器官都由交感神经和副交感神经（主要是迷走神经）支配。支配胸腺、骨髓和脾的交感神经节后纤维与血管伴行，进入胸腺、骨髓、脾和外周淋巴结（肠、颈和胸淋巴结）形成神经末梢，与免疫器官直接接触。胸腺和骨髓是免疫细胞发生、发育的主要场所，被称为"初级或中枢淋巴器官"。此外，交感神经释放的去甲肾上腺素也可以直接扩散至免疫细胞，调节免疫细胞的功能。

（四）应激对免疫功能的调节

下丘脑是应激时神经内分泌反应的整合中枢，各种躯体应激（如创伤）、心理性应激（如忧郁、焦虑）对免疫的调节主要通过下丘脑 - 垂体 - 肾上腺轴（hypothalamic-pituitary-adrenal axis，HPA）或交感 - 肾上腺髓质释放的激素调控免疫系统，还有一些产生部位尚不清楚的免疫抑制因子参与。应激时免疫功能可以表现为免疫抑制或免疫增强。

1. 免疫抑制

许多报道表明，损伤性应激可使机体血液中出现一类免疫抑制因子。应激所致免疫功能下降的原因有：①应激使下丘脑分泌促肾上腺皮质激素释放激素，刺激淋巴细胞产生促肾上腺皮质激素（ACTH），以及激活 HPA 轴分泌 ACTH、糖皮质激素抑制免疫功能。②垂体分泌 β- 内啡肽增加，β- 内啡肽与 ACTH 来自同一前体阿黑素。③交感 - 肾上腺髓质功能的激活，儿茶酚胺释放增加，使吞噬细胞的趋化和吞噬功能抑制，外周血淋巴细胞的增殖能力下降，抗体生成减少。④手术后机体免疫功能抑制的主要原因是细胞因子 IL-2 合成下降，IL-2 的生成与手术损伤的严重性呈负相关。⑤免疫抑制因子的产生。损伤性应激（如严重创伤、大手术、休克）动物血中可以出现一类肽类或蛋白质性质的免疫抑制因子，在体外可以明显抑制正常淋巴细胞的转化。

2. 免疫增强

应激时也可以表现为免疫功能增强。应激时免疫功能的增强可能与一些垂体激素（除 ACTH 外）的释放增多有关。①催乳素在应激时释放增加，通过外周血淋巴细胞和单核细胞表面的催乳素受体增强免疫功能，主要是增强体液免疫。②生长激素释放增加。实验证明，生长激素可使切除垂体动物的自然杀伤细胞活性降低到一定程度，逆转因应激或使用外源性糖皮质激素后体液免疫和细胞免疫功能的抑制。

（五）条件性免疫反应

条件性免疫反应（conditioned immune response）是指根据巴甫洛夫经典条件反射模式，将某一中性刺激（或称条件刺激）与一些能够引起机体免疫反应的刺激（又称非条件刺激）相结合，经过反复强化后，单独给予中性刺激仍然出现近似于或大于单独非条件刺激的免疫效应，或者将中性刺激与减量的非条件刺激结合后也能达到等于或优于非条件刺激全量的免疫效应。条件性免疫反应这一现象最初是在临床病例中发现的。1896 年，麦肯锡（Mackenzie）医生曾在《美国医学科学杂志》上报道，对玫瑰花粉过敏的哮喘病人，见到人造塑料玫瑰花时也出现哮喘。条件性免疫反应分为两类：条件性免疫增强反应和条件性免疫抑制反应，这主要取决于非条件刺激的性质，例如用增强自然杀伤细胞活性的多聚肌苷酸 – 胞苷酸作为非条件刺激可以建立条件性免疫增强反应；用免疫抑制剂环磷酰胺作为非条件刺激，则可建立条件性免疫抑制反应。接受条件刺激的为味觉、嗅觉、视觉、听觉及触觉感受器。

二、免疫系统对神经和内分泌系统的调节作用

免疫系统可以通过多种途径影响和调节神经及内分泌系统。免疫系统可以通过其产生的细胞因子以及其他的调节物质作用于神经和内分泌系统，还可以通过由免疫细胞分泌的激素作用于神经和内分泌系统，以及全身各器官和系统。

（一）免疫细胞产生的神经肽和激素

免疫细胞在促有丝分裂原和超抗原的诱导下可以产生神经肽或激素。最先发现的是淋巴细胞和巨噬细胞可以产生 ACTH 和 β– 内啡肽，其氨基酸序列与垂体分泌细胞中的 ACTH、β– 内啡肽完全相同。以后又证明免疫细胞分泌的其他肽类，如生长激素的氨基酸序列与内分泌系统分泌的也相同。同时，下丘脑释放的肽类激素，如生长激素释放激素、促甲状腺激素释放激素、促肾上腺皮质激素释放激素、精氨酸血管升压素等也能刺激免疫细胞合成和分泌肽类激素，如生长激素释放激素能促进 T 淋巴细胞、B 淋巴细胞合成生长激素，而生长抑素可阻断这种作用。免疫细胞产生的神经肽和激素，至今已鉴定出有 20 余种，见表 3–5。

表 3–5　免疫系统产生的神经肽和激素

细胞来源	肽类或蛋白质
T 淋巴细胞	促肾上腺皮质激素、促甲状腺激素、生长激素、催乳素、绒毛膜促性腺激素、内啡肽、甲硫脑啡肽、甲状旁腺相关蛋白、胰岛素样生长因子 –1
B 淋巴细胞	促肾上腺皮质激素、内啡肽、生长激素、胰岛素样生长因子 –1
巨噬细胞	促肾上腺皮质激素、内啡肽、生长激素、P 物质、胰岛素样生长因子 –1
脾细胞	黄体生成素、卵泡刺激素、促肾上腺皮质激素释放激素
肥大细胞及中性粒细胞	血管活性肠肽、生长激素释放抑制激素
巨核细胞	神经肽 Y
胸腺细胞	β– 内啡肽、甲硫脑啡肽、血管活性肠肽、生长激素、催乳素、黄体生成素、生长激素释放抑制激素、促黄体生成激素释放激素
胸腺上皮细胞	ACTH、β– 内啡肽、生长激素、卵泡刺激素、黄体生成素、促甲状腺激素、生长激素释放抑制激素、缩宫素、血管升压素

（二）细胞因子对神经内分泌系统的调节

免疫细胞产生的细胞因子不仅对免疫细胞的功能具有调节作用，它们还可能是神经内分泌系统中的调节物质。研究表明，神经系统内部就具有合成和分泌免疫活性物质（细胞因子）、补体及其相应受体的能力，并以自分泌和旁分泌的形式调节神经系统和免疫系统的功能。

1. 神经内分泌系统产生的细胞因子及其受体

细胞因子（cytokine）是一类具有激素样作用的低分子量（4000~6000）的多肽和糖蛋白。在炎症和免疫应答的过程中由免疫细胞所产生。细胞因子（主要是白介素）也可以由大脑血管内皮细胞、神经元、胶质细胞和内分泌细胞产生。应用免疫组化方法可以显示，视前区、下丘脑、脑室周围区以及视交叉后区都有 IL-1β 免疫阳性反应的胞体存在。另外，大脑皮质、视前区、海马、下丘脑、弓状核和室周区也有明显的免疫阳性反应的纤维，用原位杂交检测海马、下丘脑、小脑等部位也有 IL-1β mRNA 的表达，垂体促甲状腺激素细胞也能产生 IL-1。这些研究工作有力地证实中枢神经系统具有 IL-1 生物合成的功能。用分子杂交和逆转录 PCR 技术证实，星形胶质细胞经脂多糖（lipopolysaccharide，LPS）诱导后，都有 IL-1、IL-6、TNF-α、IFN-α 和巨噬细胞集落刺激因子的 mRNA 表达。

运用分子杂交技术和 PCR 定量法发现，星形胶质细胞还可产生补体系统，产生的补体系统分子有 C1q、C1r、C1s、C2、C3、C4、C5、C6、C7、C8、C9、B 因子及 D 因子等。由此可见，脑内也存在比较完整的补体系统的分子。

此外，运用放射自显影研究证实，在海马束状回、脉络膜丛、脑膜和垂体前叶均有高密度的 IL-1 受体（IL-1R）。IL-1R 分布在神经元、神经胶质和内分泌细胞上。脑内的 IL-1R 与免疫细胞上的 IL-1R 具有相似的与配体结合的能力，因此它可以是免疫细胞分泌的 IL-1 或脑源性 IL-1 的作用位点。神经元和内分泌细胞上也有 IL-2、IL-3、IL-6 受体的表达。细胞因子可以通过自分泌或旁分泌作用于相应的受体，既调节免疫功能，又调节神经系统和内分泌系统的功能。

2. 细胞因子对神经内分泌系统功能的调节

细胞因子对神经内分泌系统功能的调节主要有以下几个方面：①促进神经元和神经胶质细胞的生长和存活，如 IL-1、IL-3、IL-6、TNF、IFN-α、IFN-β 等。②致发热作用，如 IL-1、IL-6 和 TNF 都是内源性致热原。③影响睡眠，如 IL-1、IL-2、IFN-α。IL-1 能延长慢波睡眠时间。④影响摄食，如在急性感染或炎症时，随着 IL-1 水平升高可以出现发热、嗜睡和厌食。⑤对运动或行为的影响，将微量 IL-2 注射到大鼠的不同脑区，能够引起行动迟钝，最敏感的脑区是蓝斑，蓝斑也是调节觉醒 – 睡眠的核团。将 IL-2 注入海马和下丘脑腹内侧核可引起"侵略"行为，注射到尾核、黑质引起不对称运动。⑥镇痛效应，如 IL-2、IFN-α 等。IL-2 提高痛阈的作用可被纳洛酮阻断。⑦影响神经元的电活动。外源性给予 IL-2 可以抑制海马突触的长时程增强，抑制长时程增强的还有 IL-1、IFN-α、IFN-β、TNF-α。⑧影响中枢递质的释放，如 IL-2 可抑制海马内乙酰胆碱释放。

此外，实验观察到动物体内激素的水平可因抗原的刺激而发生改变，而且这种变化的峰值与对特定抗原产生免疫应答过程相平行，说明细胞因子能作用于神经内分泌系统。

三、神经和内分泌与免疫系统之间相互作用的途径

上述的一些介导物质是神经内分泌系统和免疫系统传递信息的媒体，布洛拉克（Blolack）等将其称为"共用的生化语言"。由于免疫系统不仅是机体的一个防卫系统，还是机体的另一重要的感受和调节系统。又由于免疫细胞可随血液循环在全身各处移动，因此有人提出免疫系统可以起"游动脑"的作用。神经系统可以感受精神和躯体的刺激，免疫系统可感受肿瘤、病毒、毒素等的刺激。因此，神经内分泌系统和免疫系统在体内成为机体的两大感受和调节系统，即两个"脑"，它们通过一些共同的物质或称为共同的生化语言（神经肽、激素和细胞因子）交换信息，相互作用，使机体在生理和病理条件下保持稳态（图 3-37）。

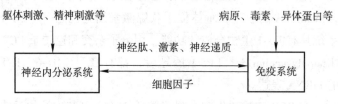

图 3-37　神经内分泌系统和免疫系统之间的相互作用

小　结

神经系统主要由神经元（又称神经细胞）和神经胶质细胞两大类细胞组成。神经元的主要功能是传递和处理神经信息。神经胶质细胞不能产生动作电位，它主要发挥支架、绝缘、屏障和营养等作用。突触是神经元之间联系的基本方式，化学突触传递是神经系统内信息传递的主要方式，是一种以释放化学递质为中介的突触传递，是一种"电－化学－电"的变化过程。突触前末梢释放兴奋性或抑制性递质引起突触后膜产生兴奋性突触后电位或抑制性突触后电位，使突触后膜去极化或超极化。递质是由神经末梢释放并作用于效应细胞的传递物质，它可分为中枢神经递质和外周神经递质两类，递质必须与受体结合才能发挥作用，受体不仅存在于突触后膜，也存在于突触前膜。中枢神经系统调节机体活动的基本方式是反射，兴奋后反射中枢部分的扩布有时间和空间特征；抑制是兴奋的反面，两者的相互协调、相互制约是神经系统正常活动的基础。中枢抑制包括突触后抑制和突触前抑制。前者包括传入侧支抑制和回返性抑制。感觉信息传入包括特异传入和非特异传入两种系统，特异性投射系统的功能是引起特定的感觉，并激发大脑皮质产生传出神经冲动；非特异性投射系统的功能是维持大脑皮质的兴奋性，但不引起特定感觉。有神经支配的骨骼肌，受到外力牵拉使其伸长时，能引起受牵拉的肌肉（梭外肌）收缩的反射称为牵张反射。牵张反射一般分为腱反射和肌紧张两种类型。大脑皮质对运动的调节是通过锥体系统和锥体外系统实现的，锥体系统是指由皮质发出经延髓锥体到对侧脊髓前角的皮质脊髓束以及到达脑运动神经核的皮质脑干束，调节精细动作；锥体外系统是指除锥体系统以外的一切管理运动的下行传导束，主要是调节肌紧张及协调随意运动。内脏活动受交感与副交感神经系统的双重控制，两者既对立又统一，相互配合，共同协调内脏活动。下丘脑是调节内脏活动的较高级中枢，边缘系统是调节内脏活动的高级中枢。高等动物具有发达的大脑皮质，因此可以形成条件反射这

种高级神经活动，从而极大地提高了动物机体适应外界环境变化的能力。

思考题

1. 何谓神经元的轴浆运输，有哪些证据证实其存在，其分类和生理意义如何？

2. 何谓神经的营养性作用，有哪些方面的表现，其可能机制如何？

3. 神经胶质细胞具有哪些生理特征和功能？

4. 试举例说明突触后神经元由突触传递而发生兴奋时的电活动改变及其机制。

5. 试述突触的抑制和易化的类型和产生机制。

6. 试比较神经纤维传导兴奋和突触兴奋传递的特征。

7. 何谓神经递质，作为一个神经递质，应符合或基本符合哪些条件？

8. 何谓非突触性化学传递，与经典的突触传递相比具有哪些特点？

9. 何谓电突触传递，与经典的突触传递相比具有哪些差别？

10. 何谓递质共存？试举例说明其生理意义。

11. 周围神经系统中有哪些属于胆碱能纤维，哪些属于肾上腺素能纤维？

12. 外周胆碱受体和肾上腺素受体有哪些类型和亚型，激活后可产生哪些效应？

13. 试比较特异性投射系统和非特异性投射系统的特征和功能。

14. 何谓牵涉痛，试举例说明其产生的可能机制。

15. 试述牵张反射的类型及特征。

16. 何谓脊休克，其主要表现是什么，脊休克的产生和恢复说明了什么？

17. 在动物中脑上、下丘之间横断脑干，将会出现什么现象，为什么？

18. 当基底神经节受损时可出现哪些症状，试分析其产生机制。

19. 试述小脑的功能。

20. 试述交感和副交感神经系统的特征和功能。

21. 试述比较条件反射与非条件反射的区别。

22. 在宠物犬训育过程中，经常性给予食物奖励的训育效果要优于躯体惩罚性的训育效果，请从条件反射形成的机制上予以解释。

23. 动物误食有机磷农药残留的植物后，会出现流汗、流泪、气道分泌物增多、腹泻、大小便失禁等症状，请从神经中枢、突触传递、效应器等角度予以解释。

第四章

血液生理

　　血液是存在于心血管系统内的一种流体组织，由液体成分的血浆和悬浮于其中的有形成分——血细胞组成。它们在心血管系统内循环流动，从而沟通机体内部与环境之间的相互联系。血液有许多生理功能，如运输 O_2、CO_2 和营养物质等，调节酸碱平衡，防御和保护功能等，这些功能的完成依赖的物质基础是什么？当小血管受到损伤时，一定时间内出血会自行停止，其机制是什么？血液成分或性质发生特征性改变时，在临床诊断上又有何意义？通过本章的学习，你将找到答案。

◎中国现代血库的创始人——易见龙

第一节　血液的组成与特性

一、血液的组成

　　血液（blood）由血浆和血细胞组成。血浆（plasma）为淡黄色半透明的黏稠液体，血细胞（blood cell）包括红细胞、白细胞和血小板。血液的组成及主要成分所占容积百分比如下：

血液（全血）
- 血浆（50%～60%）
  - 水（90%～92%）
  - 晶体物质（2%～3%）
  - 血浆蛋白（5%～8%）
    - 白蛋白
    - 球蛋白
    - 纤维蛋白原
- 血细胞（40%～50%）
  - 红细胞
  - 白细胞
  - 血小板

　　将经过抗凝处理的血液置于比容管中，经 3000 r/min 的转速离心 30 min，血细胞因比重较大而下沉并被压紧，可见血液分为 3 层：上层淡黄色的液体为血浆，底层为暗红色的红细胞，在红细胞层表面有一薄层灰白色的白细胞和血小板。压紧的血细胞容积占全血容积的百分比，称为血细胞比容（hematocrit）。在血细胞中，由于白细胞和血小板所占容积微小，可忽略不计，通常把血细胞比容称为红细胞比容，或称为红细胞压积（packed cell volume，PCV）。常见动物的血细胞比容值见表 4-1。当血浆量、红细胞数量或体积发生变化时，都可使血细胞比容发生变化。因此测定血细胞比容有助于诊断多种疾病，如机体脱水、贫血和红细胞增多症等。

二、血量

血量（blood volume）是指动物体内血液的总量。一般说来，成年动物的血量为体重的 5% ~ 9%，或相当于每千克体重 50 ~ 90 mL。血量因动物的种类、品种等不同而不同。如马的血量为体重的 8% ~ 9%，牛、羊和猫的为 6% ~ 7%，猪和犬的为 5% ~ 6%。同种间亦因性别、年龄和所处的生态环境等不同而有一定差异。如健壮的动物比瘦弱的动物血量多；雄性动物一般比雌性动物的血量多，但雌性动物在妊娠期特别在妊娠末期血量显著增多，可以超过雄性动物的血量；幼年动物的血量可达体重的 10% 以上。

表 4-1　常见动物血细胞比容（%）

动物种类	血细胞比容	动物种类	血细胞比容
马	35（24 ~ 45）	猪	42（32 ~ 50）
牛	35（24 ~ 46）	兔	41.5（33 ~ 50）
绵羊	38（27 ~ 45）	犬	45（37 ~ 55）
山羊	28（22 ~ 38）	猫	37（24 ~ 45）

在动物静息时，全身大部分血量是在心血管系统中不停流动，这部分血量叫作循环血量；另有小部分血量分布在肝、肺、脾、腹腔静脉、皮下静脉丛和皮肤等处，这些流动缓慢的血量，称为储备血量。当机体剧烈运动、情绪激动或失血等情况下，储备血量可被动员，释放出来补充循环血量的相对不足，以适应机体的需要。

正常情况下，在神经、体液的调节下，体内血量保持相对恒定。血量的稳态是维持正常血压和各组织、器官正常血液供应的必要条件。如果血量不足，不能保证各组织细胞在单位时间内对 O_2 和营养物质的需求，代谢产物也不能及时排出。然而血量过多，则有可能增加心脏的负荷，甚至导致心力衰竭。

失血是引起血量减少的主要原因。失血对机体造成的危害程度，通常与失血速度和失血量有关。快速失血较缓慢失血对机体危害大。健康动物一次失血不超过总血量的 10%，一般不会严重影响正常生理功能。因为这种失血所损失的水分和无机盐，可在 1 ~ 2 h 内就可从组织液得到补充；所损失的血浆蛋白，可由肝加速合成而在 1 ~ 2 d 内就可以得到恢复；所损失的血细胞可由储备血液的释放而得到暂时补充，并由造血器官生成血细胞来逐渐恢复。若一次急性失血超过总血量的 20%，就会引起某些正常生理功能的障碍，特别是中枢神经系统高级部位的功能障碍；若一次急性失血超过总血量的 30%，将引起中枢神经系统功能的严重障碍，如不迅速输血抢救，则会危及生命。

三、血液的理化特性

（一）颜色、气味和比重

血液呈不透明的红色，是因为红细胞内含有血红蛋白（hemoglobin，Hb）。血液的颜色还与红细胞内血红蛋白的含氧量有关。动脉血中，血红蛋白含氧量高，血液呈鲜红色，而静脉血中血红蛋白含氧量较低，血液呈暗红色。当机体缺氧时，常可使血液的颜色变暗，使皮肤和黏膜呈现"发绀"现象。

血液中因含有 NaCl 而稍带咸味，因含挥发性脂肪酸而具有特殊的血腥味，肉食动物较其他动物血液的血腥味更浓一些。

动物全血的比重一般在 1.040～1.075 的范围内变动，其中红细胞比重最大，白细胞和血小板次之，血浆的比重最小，在 1.024～1.031。全血比重的大小取决于所含的红细胞数量和血浆蛋白的浓度。血液中红细胞数愈多则血液比重愈大，血浆蛋白含量愈多则血浆比重愈大。常见动物的血液比重见表 4-2。

表 4-2 常见动物的血液比重

动物种类	牛	猪	绵羊	山羊	马	鸡
血液比重	1.046～1.061	1.035～1.055	1.041～1.061	1.035～1.051	1.046～1.059	1.045～1.060

（二）黏滞性

液体流动时，由于内部分子之间相互摩擦而产生阻力，导致流动缓慢和黏着的特性，称为黏滞性（viscosity）。通常是在体外测定血液或血浆与水相比的相对黏滞性，这时全血的相对黏滞性为 4～5，其大小主要取决于所含的红细胞数量和血浆蛋白质浓度；血浆的相对黏滞性为 1.5～2.5，其大小主要取决于血浆蛋白质的浓度。

血液黏滞性是形成血压的主要因素之一，并能影响血液的流速。黏滞性增高，血管内血流阻力增大，血流速度减慢，血压升高。黏滞性降低，血流阻力减小，流速加快，血压降低。因此贫血时，血液的黏滞性降低，可导致低血压。

（三）血浆渗透压

渗透压（osmotic pressure）是指促使纯水或低浓度溶液中的水分子通过半透膜从低浓度向高浓度溶液中渗透的力量。渗透压的高低取决于溶液中溶质颗粒的数量，而与溶质的种类和颗粒的大小无关。哺乳动物血浆渗透压（plasma osmotic pressure）约为 770 kPa（约 5775 mmHg），它包括血浆晶体渗透压和胶体渗透压两部分。

血浆晶体渗透压（crystal osmotic pressure）主要由溶解于血浆中的无机盐（主要是 NaCl），还有非电解质的小分子有机物（如葡萄糖和尿素）等晶体物质颗粒所形成，约占血浆渗透压的 99.5%。由于晶体物质颗粒绝大部分不易透过细胞膜，所以晶体渗透压对于保持细胞内外的水平衡极为重要。例如，当血浆晶体渗透压增高，则红细胞中水分渗出增多，致使细胞皱缩，正常的形态和功能不能保持。当血浆晶体渗透压降低时，渗入红细胞内的水分增多，而使红细胞膨胀成球形，直至细胞膜破裂，血红蛋白逸出。红细胞内血红蛋白逸出并进入血浆的现象，称为红细胞溶解，简称溶血（hemolysis）。

血浆胶体渗透压（colloid osmotic pressure）主要由血浆中的蛋白质，尤其是分子小、数量多的白蛋白等胶体物质颗粒所形成，约占血浆渗透压的 0.5%。血浆胶体渗透压虽小，但对血管内外的水平衡却起着重要的调控作用。这是因为血浆中的晶体物质可以自由通过毛细血管壁，因而使血浆和组织液的晶体渗透压基本相等。然而胶体物质的分子大，正常情况下不易透过毛细血管进入组织间隙，所以毛细血管内的胶体渗透压始终高出组织液许多倍。如此，它就有限制血浆水分向血管外渗出的作用，从而维持血量和组织液的稳态。例如，营养不良、肝病或肾病时，由于血浆蛋白的合成不足或丢失过多，均可导致血浆胶体渗透压降低，水分从血管渗透到组织间隙增多，使组织液生成增多，导致水肿。反之，如果血浆蛋白浓度升高，如严重的腹泻、呕吐、烧伤等，造成大量水分丢失，使血浆的胶体渗透压相对升高，细胞间液的水移向血浆以维持血容量，最终引起脱水。

机体细胞质的渗透压与血浆的渗透压相等，渗透压与细胞质和血浆的渗透压相等的溶液，叫做等渗溶液。154 mmol/L（0.9%）NaCl 溶液和 278 mmol/L（5%）葡萄糖溶液的渗透压与血浆渗透压大致相等，故把 0.9% NaCl 溶液称为等渗溶液，或称为生理盐水。渗透压高于或低于血浆渗透压的溶液分别称为高渗溶液或低渗溶液。血细胞在等渗溶液中与在血浆中一样能保持正常的形态结构，维持正常的功能。应该指出的是，不同物质的等渗溶液不一定都能使红细胞的体积和形态保持正常，能使悬浮于其中的红细胞保持正常体积和形状的等渗溶液，称为等张溶液。所谓"张力"实际是指溶液中不能自由透过细胞膜的溶质颗粒所形成的渗透压。例如 NaCl 不能自由透过细胞膜，所以 0.9% NaCl 溶液既是等渗溶液，也是等张溶液；如 316.4 mmol/L（1.9%）的尿素溶液虽然与血浆等渗，但因尿素能自由通过细胞膜，使水分子随之渗入细胞，所以红细胞置入其中后立即溶血，所以不是等张溶液。

（四）酸碱度

哺乳动物血浆的 pH 一般维持在 7.30 ~ 7.50，呈弱碱性。各种动物的血浆 pH 种间差别较小，如马为 7.40，牛为 7.50，绵羊为 7.49，猪为 7.47，犬为 7.40，猫为 7.50，鸡为 7.54。静脉血内含碳酸较多，因而 pH 比动脉血的稍低，但变化幅度一般不超过 0.05，否则动物会出现明显的酸中毒或碱中毒症状。

机体生命活动所能耐受的 pH 极限为 7.00 ~ 7.80，如果超过这个限度，将会引起机体酸中毒或碱中毒，使机体组织细胞丧失正常的兴奋性，并损伤代谢活动所需的酶类，直至危及动物的生命。可见，血浆 pH 保持相对恒定是维持组织细胞进行生命活动的重要条件。在正常情况下，机体组织器官在代谢过程中不断地产生一些酸性物质和碱性物质，进入血液，使血浆的 pH 有所变动，但是血浆 pH 却始终保持相对恒定，这就有赖于机体完善的调节机制。

1. 血液的缓冲物质

缓冲物质是以缓冲对的形式存在，每一缓冲对都是由一弱酸和该弱酸与强碱所形成的盐匹配而成。血浆中的缓冲对有 $NaHCO_3/H_2CO_3$，蛋白质钠盐 / 蛋白质，Na_2HPO_4/NaH_2PO_4 等；红细胞内的缓冲对有 KHb/HHb，$KHbO_2/HHbO_2$ 等，此外，还有 $KHCO_3/H_2CO_3$，K_2HPO_4/KH_2PO_4 等。

血浆中最主要的缓冲对为 $NaHCO_3/H_2CO_3$，对维持血液 pH 的相对恒定起着非常重要的作用。当组织酸性代谢产物（如乳酸）大量进入血液时，$NaHCO_3$ 即与之起作用，生成酸性较弱的碳酸和中性乳酸盐，于是酸度降低；当过多的碱性物质进入血液时，H_2CO_3 即与之起作用，生成弱酸盐，于是碱度降低。通常 $NaHCO_3/H_2CO_3$ 比值保持在 20：1 时，血液 pH 的相对恒定就能基本保证。所以，生理学中常把血浆中的 $NaHCO_3$ 的含量称为碱储备（alkaline reserve）。

2. 机体其他器官的调节作用

动物通过肺的呼吸作用不断排出 CO_2，可调节血浆中 H_2CO_3 的浓度。肾在尿液的生成过程中，既可以将 H^+ 分泌到尿液中，又可重吸收原尿中的 $NaHCO_3$，从而对血液的 pH 产生重要的调节作用。当呼吸衰竭时，CO_2 在血液中蓄积过多，或由于肾病导致的 H^+ 分泌障碍，均可使机体出现酸中毒。

第二节　血浆

一、血浆化学成分及其作用

血浆是血液的液体成分，是机体内环境的重要组成部分。血浆含有 90% ~ 92% 的水，在 8% ~ 10% 的溶质中主要是血浆蛋白，其余是各种无机盐和小分子有机物。血浆的各种化学成分常在一定范围内不断地变动，其中以葡萄糖、蛋白质、脂肪和激素等的浓度最易受营养状况和机体活动情况的影响，而无机盐浓度的变动范围较小。血浆的理化特性相对恒定是内环境稳态的首要表现。几种成年家畜血液中部分组成成分的含量见表 4–3。

表 4–3　成年家畜血液中部分组成成分的含量

动物种类	全血 / (mmol · L^{-1})			血清 / (mmol · L^{-1})				血清蛋白 / (g · L^{-1})		
	葡萄糖	非蛋白氮	尿素氮	总胆固醇	钙	无机磷	氯	总蛋白	白蛋白	球蛋白
牛	2.8 ~ 4.8	14.3 ~ 28.6	3.6 ~ 7.1	1.9 ~ 3.9	2.3 ~ 3.8	0.43 ~ 1.06	95 ~ 110	65.0	32.5	32.5
马	2.0 ~ 3.5	14.3 ~ 28.6	2.1 ~ 9.6	1.3 ~ 6.0	2.3 ~ 3.0	0.67 ~ 1.73	80 ~ 110	76.0	36.3	39.7
绵羊	1.5 ~ 2.5	14.3 ~ 27.1	2.9 ~ 7.1	2.6 ~ 3.9	2.3 ~ 3.0	0.67 ~ 1.73	95 ~ 110	53.8	30.7	23.1
山羊	2.3 ~ 4.5	21.4 ~ 31.4	4.0 ~ 10.0	1.4 ~ 5.2	2.3 ~ 3.0	0.67 ~ 1.73	100 ~ 125	66.7	39.6	27.1
猪	4.0 ~ 6.0	14.3 ~ 32.1	2.9 ~ 8.6	2.6 ~ 6.5	2.3 ~ 3.8	1.06 ~ 1.73	95 ~ 110	63.0	20.3	32.7
犬	4.0 ~ 6.0	12.1 ~ 27.1	3.6 ~ 7.1	3.2 ~ 6.4	2.3 ~ 2.8	0.43 ~ 0.86	105 ~ 120	62.0	35.7	26.3

（一）血浆蛋白质

血浆蛋白质是血浆各种蛋白质的总称，用盐析法可将血浆蛋白分为白蛋白（清蛋白，albumin）、球蛋白（globulin）和纤维蛋白原（fibrinogen）三类。

1. 血浆白蛋白

白蛋白是血浆蛋白中分子量较小、数量最多的一种，主要由肝合成。其主要生理作用包括三个方面。一是组织修补和组织生长的材料。白蛋白可视为机体内蛋白质的主要储存库，它可转化为组织蛋白，供组织生长和损伤组织的修复。二是决定血浆胶体渗透压的主要成分，正常时，约 75% 的血浆胶体渗透压由白蛋白形成，对于血管内外水平衡有重要作用。三是能与游离脂肪酸这样的脂质、胆固醇激素结合，有利于这些物质的有效运输。

2. 血浆球蛋白

血浆球蛋白可分为 α、β、γ 三类，其中 α 和 β 球蛋白由肝产生，γ 球蛋白则来自淋巴结、脾和骨髓网状内皮系统。γ 球蛋白几乎全都是免疫抗体，故称之为免疫球蛋白，包括 IgM、IgG、

IgA、IgD 和 IgE 五种，以 IgG 含量最高。除灵长类和啮齿类外，大多数新生动物的血浆中几乎都不存在 γ 球蛋白，只能依靠吮吸初乳来获得被动免疫。

补体（complement，C）是广泛参与机体免疫反应的一组蛋白质，现已发现的补体蛋白分别以 C_1、C_2、C_3、C_4、C_5、C_6、C_7、C_8、C_9 来表示，其中 C_3 和 C_4 就为 β 球蛋白。

此外，球蛋白能与多种脂质、脂溶性维生素、甲状腺激素结合，充当其运输工具。

3. 纤维蛋白原

纤维蛋白原由肝产生，参与血液凝固反应。在凝血酶等的催化下最终转变为纤维蛋白细丝，网罗红细胞，形成血凝块，起到止血和凝血作用。

（二）晶体物质

1. 无机盐

无机盐约占血浆总量的 0.9%，大部分呈离子状态，少数以分子状态或与蛋白质结合的形式存在。血浆中的阳离子以 Na^+ 为主，还有少量 K^+、Ca^{2+}、Mg^{2+} 等；阴离子主要是 Cl^-，此外还有 HCO_3^-、HPO_4^{2-}、SO_4^{2-} 等。这些无机离子在维持血浆晶体渗透压、血浆的酸碱平衡以及为生命活动正常进行提供适宜的离子环境等方面起重要作用。

2. 血浆中的其他有机物质

血浆中的非蛋白质含氮化合物主要是蛋白质代谢的中间产物或终产物，包括尿素、尿酸、肌酸、肌酐、氨基酸、胆红素和氨等，其中尿素、尿酸、肌酸、肌酐等蛋白质代谢终产物均由肾排泄。血浆中不含氮的有机物有葡萄糖、甘油三酯、磷脂、胆固醇和游离脂肪酸等，与糖代谢和脂类代谢相关。血浆中还有一些生物活性物质，主要包括酶类、激素和维生素，其中酶类来源于组织或血细胞，因此临床测定酶的活性可以反映相应组织、器官的机能状态，有助于诊断。

二、血浆的主要功能

（一）运输功能

运输是血浆的基本功能，血浆能将机体代谢所需要的各种营养物质（如葡萄糖和无机盐等）运送到全身各组织和细胞，同时将组织细胞的代谢产物（如尿酸、尿素、肌酐等）运送至排泄器官（如肝、肾、肠道及皮肤等）并排出体外，以保证新陈代谢正常进行。

（二）维持内环境稳态

由于血液不断循环及其与各部分体液之间广泛沟通，使血浆在维持机体内环境稳态中发挥着重要作用，它对体内酸碱平衡、水和电解质平衡以及体温的恒定等都起决定性的作用。如血浆的多个缓冲对，使血液酸碱度保持相对恒定，这是机体代谢和各种酶活动所必需的条件之一；血浆内所含水量和各种矿物质的量都是相对恒定的，胶体渗透压可调节体液平衡；血浆中含有大量水分，水的比热大，可大量吸收机体产生的热量，并通过血液循环将深部的热量运送到体表散发，可维持体温的相对恒定。

（三）保护和防御功能

血浆中含有的多种免疫活性物质，参与机体的免疫反应，具有防御功能；血浆中的凝血因子能使受伤的小血管封闭，并使血液凝固而防止出血，具有保护功能。

（四）参与体液调节

机体内分泌系统分泌的激素进入血液，依靠血浆输送到达相应的靶器官或组织，调节其活动，从而发挥一定的生理作用，可见血液是体液调节的联系媒介。此外，酶和维生素等物质也是通过血液运输来行使其对代谢的调节作用。

第三节 红细胞

一、红细胞的形态和数量

红细胞（erythrocyte，或 red blood cell，RBC）是血液中数量最多的一种血细胞，其数量以 10^{12} 个 $\cdot$ L^{-1} 为单位表示。常见动物红细胞数量如表 4-4 所示。

表 4-4 常见动物红细胞数量

动物	红细胞数 / ($\times 10^{12}$ 个 $\cdot$ L^{-1})	动物	红细胞数 / ($\times 10^{12}$ 个 $\cdot$ L^{-1})
牛	7.0（5.0~10.0）	山羊	13.0（8.0~18.0）
猪	6.5（5.0~8.0）	犬	6.8（5.0~8.0）
马	7.5（5.0~10.0）	猫	7.5（5.0~10.0）
绵羊	12.0（8.0~16.0）	小鼠	9.3（7.7~12.5）

红细胞的数量因动物的种类、品种、性别、年龄、生理状态和生活环境不同而有所差异。一般生活在高海拔地区的动物红细胞数量高于低海拔地区动物的，幼年动物的红细胞高于成年动物的，雄性动物的红细胞数量高于雌性动物的，营养状况良好的动物的红细胞数量高于营养不良动物的。

哺乳动物的红细胞大多没有细胞核，中间下凹，边缘较厚，呈双凹圆盘状。这种细胞的表面积与体积之比较球形时为大，因而气体可通过的面积也较大，由细胞中心到大部分表面的距离较短，因此气体进出红细胞的扩散距离也较短。

二、红细胞的生理特性

（一）红细胞的可塑变形性

红细胞经常要挤过口径比它小的毛细血管和血窦孔隙，这时红细胞发生变形，呈子弹或降落伞状，然后又恢复原形，这种变形称为可塑变形性（plastic deformation）。影响红细胞变形能力的因素包括：①红细胞表面积 / 体积的比值越大，变形能力越强。一般说来，正常红细胞静息时的形态为双凹圆盘形，是表面积 / 体积的比值适宜的标志。②红细胞膜的流动性、弹性与可塑变形性能力成正比。膜内胆固醇 / 磷脂的比值，磷脂中饱和脂肪酸与不饱和脂肪酸的比值均影响膜的流动性。③红细胞内黏度与可塑变形性能力成反比。红细胞内黏度主要取决于细胞内血红蛋白含量和空间构型，血红蛋白变形或浓度增高使红细胞内黏度升高。此外，胞浆中 Ca^{2+} 浓度升高可导致细胞浆由溶胶变为凝胶，细胞内黏度增高。当红细胞的可塑变形性能力降低时，细胞挤过小口径的毛细血管时就容易发生"破裂"。

（二）红细胞的渗透脆性

红细胞膜是半透膜，水能自由通过。将红细胞置于高渗溶液中，红细胞将因水的渗出而皱缩，而置于低渗溶液中，水将进入红细胞使红细胞膨胀成球形甚至破裂并释放出血红蛋白，这一种现象称为溶血（hemolysis）。红细胞在低渗溶液中发生膨胀、破裂和溶血的特性，称为渗透脆性（osmotic fragility）。渗透脆性反映了红细胞对低渗盐溶液的抵抗力，渗透脆性越大，对低渗盐溶液的抵抗力越小。衰老的红细胞渗透脆性大，初成熟的红细胞渗透脆性小。临床上常常通过测定红细胞的渗透脆性来了解红细胞的生理状态，作为某些疾病诊断的辅助方法。

家畜的红细胞一般在 120~103 mmol/L（0.70%~0.60%）的 NaCl 溶液中开始溶血，这样的浓度值就是最小抵抗力的指标；在 60~51 mmol/L（0.35%~0.30%）的 NaCl 溶液中则发生完全溶血，这样的浓度值就是最大抵抗力的指标。几种常见动物红细胞的最小和最大抵抗力如表 4-5 所示。

表 4-5　几种常见动物红细胞的最小和最大抵抗力（NaCl%）

	马	牛	绵羊	山羊	猪	鸡
最小抵抗力	0.59	0.59	0.60	0.62	0.74	0.40
最大抵抗力	0.39	0.42	0.45	0.48	0.45	0.32

（三）红细胞的悬浮稳定性

红细胞在血浆中保持悬浮状态而不易下沉的特性，称为悬浮稳定性（suspension stability）。将盛有抗凝血的血沉管垂直静置，可见红细胞因比重较大而逐渐下沉。但正常时红细胞下沉缓慢，表明红细胞能相对稳定地悬浮于血浆中。通常以红细胞单位时间内下沉的距离来表示红细胞的沉降速度，称为红细胞沉降率（erythrocyte sedimentation rate，ESR），简称血沉。沉降率愈快，表示红细胞的悬浮稳定性愈小。

红细胞的沉降率随动物种类的不同而不同。马的血沉最快，牛和羊的最慢。血沉除了如妊娠期这样的生理性增快外，多为病理性增快。如全身性炎症、肿瘤、结核病进行期、马传染性贫血等，故测定血沉有一定的临床诊断价值。常见动物的血沉见表 4-6。

表 4-6　常见动物的血沉

动物种类	血沉平均值 /mm			
	15 min	30 min	45 min	60 min
马	31.0	49.0	53.0	55.0
牛	0.1	0.25	0.4	0.58
绵羊	0.2	0.4	0.6	0.8
山羊	0	0.1	0.3	0.5
猪	3.0	8.0	20.0	30.0
犬	0.2	0.9	1.7	2.5
兔	0	0.3	0.9	1.5

血沉快慢的关键，在于红细胞是否容易发生叠连（rouleaux formation）。所谓叠连，是指红细胞彼此重叠在一起成钱串状。叠连起来的红细胞与血浆接触的总表面积减小，而单位面积的重量增大，于是血沉加快。因此，凡是影响红细胞叠连的因素，都能影响血沉的快慢。

影响红细胞叠连的主要因素在于血浆中的成分。已知血浆中的球蛋白，特别是纤维蛋白原与胆固醇增多时，红细胞叠连增快，血沉加速。血浆中白蛋白与卵磷脂增多时，则起延缓叠连的作用。

研究认为，血浆中的球蛋白和纤维蛋白原都带正电荷，红细胞则带负电荷，由于异电性相吸，从而降低了红细胞表面的电荷量，致使红细胞间的相斥力减弱，叠连增快，故而血沉加速。白蛋白与红细胞一样，都带负电荷，基于同电性相斥，使叠连不易发生，血沉减慢。

三、红细胞的功能

（一）气体运输功能

红细胞运输 O_2 的功能主要依靠红细胞内的血红蛋白（hemoglobin，Hb）。Hb 由珠蛋白和亚铁血红素构成，是一种含铁的特殊蛋白质。

Hb 除了运载 O_2 以外，还可以与 CO、氰离子等结合，结合的方式也与 O_2 完全一样，所不同的只是结合的牢固程度，Hb 与 CO 的亲和力比对 O_2 的亲和力大 200 余倍，所以 CO 一旦和 Hb 结合就很难离开，因而丧失运输 O_2 的能力，可危及生命，这就是煤气中毒的原理。遇到这种情况可以使用其他与这些物质结合能力更强的物质来解毒，比如 CO 中毒可以用静脉注射亚甲基蓝的方法来救治。

Hb 的含量以每升血液中含有的质量（g）表示（表 4-7），测定 Hb 含量也是临床上诊断疾病时做血液检验的常用项目。

表 4-7　常见动物血液中血红蛋白的含量

动物种类	血红蛋白量 / (g·L^{-1})	动物种类	血红蛋白量 / (g·L^{-1})
马	115（80～140）	山羊	110（80～140）
牛	110（80～150）	兔	117（80～150）
猪	130（100～160）	犬	150（120～180）
绵羊	120（80～160）	猫	120（80～150）

红细胞运输 CO_2 的功能主要依靠红细胞内丰富的碳酸酐酶催化 CO_2 和 H_2O 生成 H_2CO_3 后解离的 HCO_3^- 来完成，约占 CO_2 运输总量的 88%；还有 7% 的 CO_2 与 Hb 结合，以氨基甲酰血红蛋白的形式运输。

（二）酸碱缓冲功能

Hb 和氧合血红蛋白（oxyhemoglobin，HbO_2）均为弱酸性物质，它们一部分以酸分子的形式存在，一部分与红细胞内的 K^+ 构成血红蛋白的钾盐，从而构成了 KHb/HHb 以及 $KHbO_2$/$HHbO_2$ 缓冲对，共同参与血液酸碱平衡的调节作用。

（三）免疫功能

早在 1930 年 Duck 就发现人类红细胞有黏附能力。1953 年 Nelson 首次提出红细胞具有免疫黏附功能。1981 年美国 Siegel 在前人研究的基础上提出了"红细胞免疫系统（red cell immune system，RCIS）"的概念，更新了人们对红细胞功能的认识，促进了红细胞免疫研究工作的迅速发展。

红细胞表面还具有 I 型补体的受体（CR1），可以与循环免疫复合物（circulating immune complex，CIC）结合，从而介导巨噬细胞对 CIC 的吞噬，防止 CIC 沉积于组织内而引起免疫性疾病，因而具有免疫防御的重要作用。虽然红细胞膜表面 CR1 密度仅为白细胞的 1/20～1/60，但血液循环中红细胞的数量却是白细胞数量的 1000 多倍。血液循环中 95% 以上的 CR1 存在于红细胞表面，所以红细胞清除 CIC 的能力为白细胞的 500～1000 倍。同时红细胞还可包围经免疫系统处理过的癌细胞，将其迅速运至肝和脾销毁，阻滞癌细胞在血液中转移。

红细胞膜上存在许多与免疫有关的物质，除具有识别、黏附、处理抗原和清除循环免疫复合物的能力外，红细胞还可促进 T 淋巴细胞增殖，使细胞因子如 γ- 干扰素释放量增加，扩大 B 淋巴细胞特异性抗体应答能力，所以红细胞具有对白细胞系统的免疫调节机制，两大系统相互合作，共同维护机体正常的免疫状态。

四、红细胞的生成与破坏

红细胞存活的时间因动物种类不同而有很大差异。例如，马的红细胞平均寿命为 140～150 d，牛为 135～162 d，猪为 75～97 d，鸡为 28～35 d，鸭为 42 d。正常动物的红细胞数量之所以在一定范围内波动，是红细胞生成与破坏之间保持动态平衡的结果，每分钟有成千上万衰老的红细胞死亡，同时又有相当数量的红细胞生成并进入血液循环。

（一）红细胞的生成

在个体发育过程中，造血器官有一个变迁的程序。在胚胎发育的早期，是在卵黄囊造血；胚胎进一步发育，造血干细胞则开始迁移到肝、脾造血；胚胎发育到中晚期，则肝、脾的造血活动逐渐减少，骨髓开始造血逐渐增强，到出生时几乎完全依靠红骨髓造血。进入成年以后，由于骨髓腔的增长速度已超过了造血组织增长的速度，脂肪细胞逐步填充多余的骨髓腔，只有脊椎骨、肋骨、胸骨、颅骨和长骨近骨骺端处才有造血骨髓。红骨髓内红细胞系统的定向干细胞在促红细胞生成素的作用下，分裂、增殖，生成网织红细胞，网织红细胞进一步发育成为成熟的红细胞。红细胞的生成要求骨髓造血功能的正常，若骨髓造血功能出现障碍时，红细胞与血红蛋白含量减少，白细胞和血小板也减少，出现再生障碍性贫血。红细胞的生成还需要有足够的造血原料以及促进红细胞分化、成熟的物质。

1. 红细胞生成的主要原料

合成血红蛋白必须有铁作为原料，每毫升红细胞需要 1 mg 铁，每天需要用于红细胞生成的铁只需从食物中吸收约 5%，其余 95% 均来自机体铁的再利用。机体储存的铁主要来自破坏了的红细胞。衰老的红细胞被巨噬细胞吞噬后，血红蛋白被消化而释出血红素中的 Fe^{2+}。这样释出的铁即与铁蛋白结合，此时的铁为 Fe^{3+}，聚集成铁黄素颗粒而沉淀于巨噬细胞内。血浆中有一种运铁蛋白，可以来往运行于巨噬细胞与幼红细胞之间，以运送铁。储存于铁蛋白中的 Fe^{3+}，先

还原成 Fe^{2+}，再脱离铁蛋白，而后与运铁蛋白结合。每分子运铁蛋白可以运送 2 个 Fe^{2+}，运送到幼红细胞后，又可反复做第二次运输。由于慢性出血等原因，体内储存的铁减少，或造血功能增强而供铁不够，均可引起小细胞性贫血（营养不良性贫血），这主要是合成血红蛋白不足造成的。

此外，红细胞生成还需要氨基酸和蛋白质、维生素 B_6、B_2、C、E 以及微量元素铜、锰、钴和锌等。

2. 影响红细胞发育成熟的因素

在幼红细胞的发育成熟过程中，细胞核的存在对于细胞分裂和合成血红蛋白有着重要的作用。在这些阶段，合成细胞核的主要构成物质——DNA 必须有维生素 B_{12} 和叶酸作为辅酶。

叶酸在体内需转化成四氢叶酸后才能参与 DNA 的合成。叶酸的转化需要维生素 B_{12} 的参与。饲料中的维生素 B_{12} 需和胃黏膜壁细胞分泌的一种糖蛋白（内因子）结合成复合物才能被吸收。若叶酸或维生素 B_{12} 缺乏，红细胞 DNA 合成障碍，红细胞分裂增殖速度减慢，使红细胞停止在初始状态而不能成熟，就会形成巨幼红细胞性贫血。

3. 红细胞生成的调节

红细胞的数量能保持相对恒定，主要依赖于促红细胞生成素（erythropoietin，EPO）的调节。

EPO 是一种热稳定（80℃）的糖蛋白，主要由肾组织产生。贫血、低氧分压、局部缺血均可引起合成 EPO 的细胞内一系列酶的激活，血浆中的 EPO 的浓度增加，从而刺激骨髓造血功能增强，促进红系定向祖细胞加速分化为前体细胞，又加速这些细胞的增殖，结果使骨髓中能合成血红蛋白的幼红细胞数增加，网织红细胞加速从骨髓释放。另一方面，当红细胞生成增多后，通过负反馈机制抑制 EPO 的产生，从而使红细胞数量保持相对恒定（图 4-1）。

雄激素可作用于肾或肾外组织产生 EPO，促进红细胞的生成。雄激素也可直接刺激骨髓造血，促进红细胞的血红蛋白的生成。而雌激素可降低红系祖细胞对 EPO 的反应，抑制红细胞的生成。此外，甲状腺激素、生长激素等也促进红细胞的生成。

（二）红细胞的破坏

机体对衰老和有缺陷的红细胞具有清除能力，破坏和清除红细胞的主要部位是肝和脾。当红细胞流经脾时，由于衰老的红细胞变形能力减退，脆性增加，难以通过微小的孔隙，容易被滞留在脾内而被巨噬细胞吞噬。相比之下，肝对红细胞的微小变化的识别能力较差，所以只对畸变较明显的红细胞才有清除作用。大约90%的衰老红细胞被巨噬细胞吞噬，称为红细胞的血管外破坏。巨噬细胞吞噬红细胞后，将血红蛋白消化，释放出铁、氨基酸和胆红素，其中铁和氨基酸可以被重新利用，而胆红素则由肝排入胆汁中，最后排

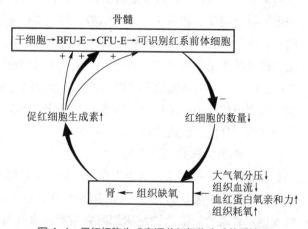

图 4-1　促红细胞生成素调节红细胞生成的反馈环
BFU-E：爆式红系集落形成单位；CFU-E：红系集落形成单位
+ 表示促进；- 表示抑制

出体外。此外，还有约 10% 的衰老红细胞在血管中因受机械冲击而破损，称为红细胞的血管内破坏。

第四节 白细胞

一、白细胞的形态与数量

（一）白细胞的形态

白细胞（leukocyte，或 white blood cell，WBC）呈球形，有细胞核，体积比红细胞大，直径为 7~20 μm。根据其形态、功能和来源部位可以分为三大类：粒细胞（granulocyte）、单核细胞（monocyte）和淋巴细胞（lymphocyte）。粒细胞中含有特殊染色颗粒，用瑞氏染料染色可分辨出三种颗粒白细胞即中性粒细胞（neutrophil）、嗜酸性粒细胞（eosinophil）和嗜碱性粒细胞（basophil）。

（二）白细胞的数量

白细胞的数量通常以 10^9 个·L^{-1} 为单位表示。在不同生理状态下，白细胞数目波动较大。例如，运动、寒冷、消化期、妊娠及分娩期等，白细胞数目均增加。此外，在机体失血、剧痛、炎症等病理状态下，白细胞也增多。几种成年家畜的白细胞数目及各类白细胞所占百分比见表 4-8 所示。

表 4-8 成年家畜白细胞数及各类白细胞的百分比

动物种类	白细胞总数 / (×10^9 个·L^{-1})	各类白细胞所占百分比 /%					
		嗜碱性粒细胞	嗜酸性粒细胞	中性粒细胞		淋巴细胞	单核细胞
				杆形核	分叶核		
马	8.77	0.5	4.5	4.5	53.0	34.5	3.5
牛	7.62	0.5	4.0	3.5	33.0	57.0	2.0
绵羊	8.25	0.5	5.0	2.0	32.5	59.0	2.0
山羊	9.70	0.1	6.0	1.0	34.0	57.5	1.5
猪	14.66	0.5	0.5	6.0	31.5	55.5	3.5
骆驼	24.00	0.5	8.0	7.0	47.5	35.0	1.5
犬	11.50	1.0	6.0	3.0	60.0	25.0	5.0
猫	12.50	0.5	5.0	0.5	59.0	32.0	3.0

中性粒细胞的细胞核，可由完整的一个杆形核分为 2~5 叶的分叶核。若杆形核细胞的百分比增大，称"核左移"，表示新生的中性粒细胞增多。可见于急性细菌性患畜或体内有炎症病灶的患畜，同时也是白细胞生成旺盛，机体抵抗力增强的征兆。若 4~5 叶的分叶核细胞的百分比增大，称"核右移"，是衰老白细胞增多，机体抵抗力减弱和造血功能减退的征兆。

二、白细胞的生理特性与功能

在全部白细胞中，有 50% 以上存在于血管外的细胞间隙内，有 30% 以上储存在骨髓内，其余的在血管中流动。这些白细胞依赖血液的运输，从它们生成的器官，即骨髓和淋巴组织，到达发挥作用的部位。

（一）白细胞的生理特性

白细胞具有变形、渗出、趋化和吞噬等生理特性，以执行其防御功能。除淋巴细胞外，所有的白细胞都能伸出伪足做变形运动，凭借这种运动，白细胞得以穿过血管壁，这一过程称作白细胞渗出（diapedesis）（图 4-2）。渗出到血管外的白细胞也可借助变形运动在组织内游走。在某些化学物质的吸引下，白细胞可迁移到炎症区发挥生理作用。白细胞朝向某些化学物质发生运动的特性，称为趋化性（chemotaxis）。能吸引白细胞发生定向运动的化学物质，称为趋化因子（chemokine）。细菌毒素、细胞的降解产物以及抗原-抗体复合物等都具有趋化活性。白细胞可按照这些物质的浓度梯度游走到炎症部位。白细胞吞入并杀伤降解病原物及组织碎片的过程称为吞噬（phagocytosis）。具有吞噬能力的白细胞称为吞噬细胞（phagocyte）。因此，尽管白细胞是血液中的一类细胞成分，但它们功能的发挥，更多地体现在循环管道外的器官组织中。白细胞还可以分泌白细胞介素、干扰素、肿瘤坏死因子、集落刺激因子等多种细胞因子，通过自分泌、旁分泌等作用参与对炎症和免疫反应的调控。

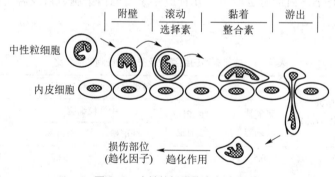

图 4-2   中性粒细胞的渗出过程

（二）白细胞的生理功能

白细胞的主要功能是消灭侵入机体的外来异物，即免疫功能。依据免疫功能的特点，可将白细胞分为吞噬细胞和免疫细胞两大类。吞噬细胞主要指中性粒细胞和单核细胞，免疫细胞主要指淋巴细胞。吞噬细胞主要通过吞噬作用来消灭异物，不具有针对某一异物的特异性，故称为非特异性免疫。免疫细胞消灭异物的主要方式是产生抗体和局部细胞反应，都具有针对性很强的特异性，所以称为特异性免疫。

1. 中性粒细胞

在脊椎动物的血液中中性粒细胞最多。由于细胞核形态特殊，这些细胞又称为多形核白细胞。中性粒细胞在血管内停留的时间平均只有 6~8 h，它们能很快穿过血管壁进入组织发挥作用，而且进入组织后不再返回血液。

中性粒细胞具有活跃的变形能力、高度的趋化性和很强的吞噬及消化细菌的能力，是吞噬外来微生物和异物的主要细胞，在血液的非特异性免疫系统中起着十分重要的作用，它处于机体抵御微生物病原体，特别是化脓性细菌入侵的第一线。当组织发生炎症时，中性粒细胞被趋化到炎症部位吞噬细菌。由于中性粒细胞内含有大量溶酶体酶，能将吞入细胞内的细菌和组织碎片分解；当中性粒细胞本身解体时，释出各种溶酶体酶，能溶解周围组织而形成脓肿。

中性粒细胞的细胞膜能释放出一种不饱和脂肪酸——花生四烯酸。在酶的作用下，花生四烯酸进一步生成一组旁分泌激素物质，如血栓素和前列腺素等，这类物质对调节血管口径和通透性有明显的作用，还能引起炎症反应和疼痛，并影响血液凝固。

2. 嗜碱性粒细胞

血液中嗜碱性粒细胞含量较少，其平均循环时间约 12 h。这类粒细胞的胞质中有较大的碱性染色很深的颗粒，颗粒内含有肝素（heparin）和组胺（histamine）等。在致敏物质作用下，嗜碱性粒细胞释放组胺、过敏性慢反应物质、肝素、嗜酸性粒细胞趋化因子 A（eotaxin A）等活性物质，从而引起过敏反应（如哮喘、荨麻疹等）。

组胺能使局部炎症区域的小血管扩张，毛细血管和微静脉的通透性增加，有利于其他白细胞的游走和吞噬活动；过敏性慢反应物质能增加毛细血管通透性，加强消化道平滑肌和呼吸道平滑肌收缩；肝素有抗凝血作用；嗜酸性粒细胞趋化因子 A 能把嗜酸性粒细胞吸引过来，聚集于局部以限制嗜碱性粒细胞在过敏反应中的作用。

3. 嗜酸性粒细胞

嗜酸性粒细胞的胞质中含有较大的、椭圆形的嗜酸性颗粒，其中含有过氧化物酶和碱性蛋白质，但缺乏溶菌酶，所以能进行吞噬，却没有杀菌能力。嗜酸性粒细胞在体内的作用是缓解过敏反应和限制炎症过程，以及参与对蠕虫的免疫反应。所以，在有寄生虫感染、过敏反应等情况时，常伴有嗜酸性粒细胞增多。

4. 单核 – 巨噬细胞

单核细胞胞体较大，胞质内没有颗粒，能分裂增殖，能做变形运动，但吞噬能力很弱。单核细胞在血流中停留 2～4 d 后，随即进入肝、脾、肺、淋巴结和腹膜腔等部位，转变成巨噬细胞（macrophage）。巨噬细胞的特点是体积增大，溶酶体和溶菌酶增多，吞噬能力大为增强，唯增殖能力丧失。因此将二者合称为单核 – 巨噬系统，是机体内一个庞大的防御系统。

在免疫反应的初期阶段，单核细胞能把它所带的抗原物质一部分递呈给淋巴细胞，从而使淋巴细胞在免疫中发挥作用。

5. 淋巴细胞

淋巴细胞是免疫细胞中的一大类，在免疫应答过程中起着核心作用，是构成机体防御系统的又一重要组成部分。根据淋巴细胞的发育过程、表面标志和功能的不同，可将淋巴细胞分成 T 淋巴细胞（T 细胞）、B 淋巴细胞（B 细胞）和自然杀伤（natural killer, NK）细胞三大类。T 细胞主要与细胞免疫有关，B 细胞主要与体液免疫有关，而 NK 细胞则是机体天然免疫的重要执行者。

三、白细胞的生成与破坏

（一）白细胞的生成

白细胞与红细胞一样，也起源于红骨髓中的造血干细胞，经过定向祖细胞、可被识别的前体细胞等阶段，成为具有多种细胞功能的成熟白细胞。机体内有一类体液调节因子对白细胞的分化和增殖进行调节，这一类因子在造血细胞的体外培养过程中能刺激细胞形成集落，因此被称为集落刺激因子（colony-stimulating factor，CSF）。目前认为，白细胞的生成至少与三种 CSF 有关，包括粒细胞－巨噬细胞集落刺激因子（granulocyte-macrophage colony-stimulating factor，GM-CSF）、粒细胞集落刺激因子（granulocyte colony-stimulating factor，G-CSF）、巨噬细胞集落刺激因子（macrophage colony-stimulating factor，M-CSF）等。这三种 CSF 都属于糖蛋白，可以由活化的淋巴细胞、巨噬细胞、内皮细胞或间质细胞产生和释放，能作用于白细胞生成的不同阶段，促进各种白细胞的生成。除此以外，乳铁蛋白和转化因子 β 等能抑制白细胞的生成，与 CSF 等共同调节正常的白细胞生成过程，使粒细胞的数量能维持在一个稳定的水平，并且在炎症时具有应激增生的巨大潜能。

（二）白细胞的破坏

不同白细胞的寿命不同。白细胞主要是在组织中发挥作用，在血液中停留的时间较短，循环血液只是将白细胞从骨髓和淋巴组织运送到机体需要的部位。一般来说，中性粒细胞在循环血液中停留 8 h 左右即进入组织，4~5 d 后衰老死亡或经消化道排出。正常情况下老化的中性粒细胞死亡的典型方式是凋亡（apoptosis）。白细胞凋亡后由巨噬细胞清除。在急性细菌感染引起炎症的部位，中性粒细胞在吞噬过量细菌后，因释放溶酶体酶而发生自溶，与破坏的细菌和组织碎片共同形成脓液。单核细胞在血液中停留 2~3 d 后进入组织，并发育成巨噬细胞，在组织中可生存约 3 个月。淋巴细胞一般存活时间也比较短，只有几天或几周，但其中具有记忆能力的淋巴细胞寿命可长达数年甚至终生。

第五节　血小板

一、血小板的形态与数量

哺乳动物的血小板（platelet）呈双面凸圆盘形、卵圆形、杆形或不规则形，无细胞核，体积仅相当于红细胞的 1/4~1/3。非哺乳类动物的凝血细胞（thrombocyte）相当于血小板，有纺锤形核。常见成年动物血小板数量见表 4-9。

血小板虽无细胞核，但有细胞器，此外，细胞质中还散在分布着各种颗粒成分和致密体，其中储存有吞噬颗粒、5-羟色胺（5-hydroxytryptamine，5-HT）、ADP 和 ATP 等。血小板一旦与创伤面或玻璃等非血管内膜表面接触，即迅速扩展，颗粒向中央集中，并伸出多个伪足，变成树突形血小板，大部分颗粒随即释放，血小板之间融合，成为黏性变形血小板。

表 4-9 常见成年动物血小板数量

动物	血小板数 / ($\times 10^9$ 个 · L^{-1})	动物	血小板数 / ($\times 10^9$ 个 · L^{-1})	动物	血小板数 / ($\times 10^9$ 个 · L^{-1})
马	200 ~ 900	绵羊	170 ~ 980	犬	199 ~ 577
牛	260 ~ 710	山羊	310 ~ 1020	猫	100 ~ 760
猪	130 ~ 450	兔	125 ~ 250	骆驼	367 ~ 790

二、血小板的生理特性

血小板的生理特性主要有黏附、聚集、释放、吸附和收缩等，这些特性与血小板的止血功能和加速凝血的功能密切相关。

（一）黏附

血小板能黏着于非血小板的表面，称为血小板黏附（platelet adhesion）。血小板不能黏附于正常内皮细胞的表面，当血管内皮细胞受损时，内皮下胶原暴露出来，血小板能黏附在胶原纤维上。这个过程需要血小板膜上的糖蛋白、内皮下胶原纤维及血浆中的抗血管性血友病因子的参与。血管受损后，内皮下胶原暴露，抗血管性血友病因子首先与胶原蛋白结合，引起抗血管性血友病因子变构，然后血小板膜上的糖蛋白与变构的抗血管性血友病因子结合，从而使血小板黏附在胶原纤维上。

（二）聚集

血小板聚集（platelet aggregation）是指血小板之间的相互黏着。血小板聚集需要纤维蛋白原、Ca^{2+} 和血小板膜上的糖蛋白参与。血小板被激活后，膜表面的糖蛋白发生变构，纤维蛋白原受体暴露出来，在 Ca^{2+} 的作用下与纤维蛋白原结合，从而使相邻的血小板连接起来，聚集成团。血小板的聚集包括两个时相，第一时相血小板迅速聚集，同时迅速解聚，是可逆性的，通常是由低浓度的致聚剂诱导；第二时相血小板聚集缓慢，但不能解聚，是不可逆的，与血小板活化后 ADP 和血栓素 A_2（thromboxane A_2，TXA_2）的释放有关。有多种生理性和病理性因素能激活血小板使其发生聚集，生理性的有 ADP、肾上腺素、5-HT、组胺、胶原、凝血酶、TXA_2 等；病理性的有细菌、病毒、抗原-抗体复合物、药物等。而前列环素（prostacyclin，PGI_2）和一氧化氮（nitric oxide，NO）能抑制血小板的聚集并舒张血管。正常情况下血管内皮产生的 PGI_2 和血小板生成的 TXA_2 之间保持动态平衡，使血小板不发生聚集。当血管内皮受损，局部 PGI_2 生成减少，有利于血小板的聚集。

（三）释放

血小板内有致密体、α-颗粒和溶酶体。致密体内主要含有 ADP、ATP、5-HT 和 Ca^{2+}。α-颗粒中主要有 β-血小板巨球蛋白、血小板因子 4（platelet factor 4，PF_4）、抗血管性血友病因子、纤维蛋白原、凝血因子 V、凝血酶敏感蛋白和血小板源生长因子（platelet-derived growth factor，PDGF）等。血小板受刺激后，将储存在致密体、α-颗粒和溶酶体内的物质排出的现象，称为血小板释放（platelet release）。此外，血小板被激活后，还能立即合成并释放 TXA_2 等颗粒外物质。许多由血小板释放的物质可以进一步促进血小板的活化、聚集，加速止血过程。如，血小板释放的 TXA_2 具有强烈的聚集血小板和缩血管作用。

（四）吸附

血小板表面可吸附血浆中多种凝血因子（如凝血因子 I、V、XI、XII）。如果血管内皮破损，随着血小板黏附和聚集于破损的局部，并吸附血液中的凝血因子，可使局部凝血因子浓度升高，有利于血液凝固和生理性止血。血小板还能从血浆中主动吸收 5-HT、儿茶酚胺等，储存于致密颗粒中。

（五）收缩

血小板内含有血小板收缩蛋白，使血小板具有收缩性，可促使凝血块紧缩，止血栓硬化，加强止血效果。血小板活化后，胞质内 Ca^{2+} 浓度增高，可引起血小板的收缩反应。血凝块中的血小板发生收缩时，可使血块回缩变硬。若血小板数量减少或功能减退，可使血块回缩不良。临床上可根据体外血块回缩的情况大致估计血小板的数量或功能是否正常。

三、血小板的功能

（一）维持血管内皮细胞的完整性

毛细血管内皮细胞脱落形成的间隙，能迅速由血小板填补修复，修复过程开始于血小板在血管壁上黏附，随即插入内皮细胞之间，最后逐渐融合于内皮细胞的细胞质中，从而维持毛细血管壁的完整性和内皮细胞的正常通透性。同时，血小板能释放血小板源性生长因子，可促进内皮细胞、血管平滑肌细胞和成纤维细胞的增殖，有利于损伤血管壁的修复。当血小板减少时，血管脆性增加，易造成出血。

（二）参与生理性止血

小血管损伤后，暴露出内皮下的胶原纤维，立即引起血小板的黏附与聚集，同时释放5-HT、儿茶酚胺和 ADP 等活性物质，引起局部血管反应和继发性的黏附和聚集，形成较大的血小板止血栓，同时，血浆中凝血系统激活，发生凝血反应，形成血块，随后由血小板收缩蛋白的收缩，使血块紧缩，形成坚实的止血栓，更有效地实现生理性止血。

（三）参与凝血

激活的血小板为凝血因子提供磷脂表面，参与内、外源性凝血途径中凝血因子 X 和凝血酶原的激活。据估计，血小板提供的磷脂表面可使凝血酶原的激活加速 20000 倍。血小板因子 II（platelet factor 2，PF_2）能促进纤维蛋白原转变为纤维蛋白单体，血小板因子 IV（PF_4）有抗肝素作用，从而有利于凝血酶生成和加速凝血。

（四）参与纤维蛋白溶解

血小板对纤维蛋白溶解起抑制和促进两方面的作用。在血栓形成早期，血小板释放抗纤溶酶因子，抑制纤溶酶的作用，使纤维蛋白不发生溶解，促进止血。在血栓形成的晚期，随着血小板解体和释放反应增加，一方面释放纤溶酶原激活物，促使纤溶酶原转变为纤溶酶，直接参与纤维蛋白溶解；另一方面，由释放的 5-HT、组胺、儿茶酚胺等物质，刺激血管壁释放纤溶酶原激活物，间接促进纤维蛋白溶解，使血栓溶解，防止血管阻塞，保证循环血流的畅通。

四、血小板的生成和破坏

（一）血小板的生成

血小板是由骨髓造血组织中的巨核细胞产生。多功能造血干细胞在造血组织中经过定向分化形成原始巨核细胞，并经过幼巨核细胞，而发育为成熟巨核细胞。成熟的巨核细胞膜表面形成许多凹陷，伸入胞质之中，相邻的凹陷细胞膜在凹陷深部相互融合，使巨核细胞部分胞质与母体分开，最后这些被细胞膜包围的与巨核细胞胞质分离开的成分脱离巨核细胞，经过骨髓造血组织中的血窦进入血液循环成为血小板。新生成的血小板先通过脾，约有 1/3 在此储存，储存的血小板可与进入循环血中的血小板自由交换，以维持血中的正常量。

（二）血小板的生成的调节

巨核细胞增殖与分化至少受两种调节因子分别对两个分化阶段进行调节。这两种调节因子分别是巨核系集落刺激因子和血小板生成素（thrombopoietin，TPO）。

巨核系集落刺激因子是主要作用于祖细胞阶段的调节因子，它的作用是调节巨核系祖细胞的增殖。骨髓中巨核细胞总数减少时促使该调节因子的生成增加。

TPO 是一种糖蛋白，主要由肝实质细胞产生，肾也可少量产生。当血流中血小板减少时，TPO 在血液中的浓度即增加，刺激造血干细胞向巨核系祖细胞分化，并特异地促进巨核祖细胞增殖、分化，以及巨核细胞的成熟与释放血小板。TPO 是体内血小板生成调节最重要的生理性调节因子。

（三）血小板的破坏

血小板生存时间很短，血小板进入血液后，其寿命为 7 ~ 14 d，但只在最初 2 ~ 3 d 内具有正常的生理功能。血小板的破坏随血小板的日龄增高而增多，衰老的血小板绝大部分在脾、肝、肺和骨髓内被网状内皮细胞所吞噬破坏。此外，在生理性止血活动中，血小板聚集后，其本身将解体并释放出全部活性物质，表明血小板除衰老破坏外，还可在发挥其生理功能时被消耗。

第六节　生理性止血

小血管损伤出血，正常动物仅数分钟后出血就会自行停止，这种情况称为生理性止血（hemostasis）。生理性止血是机体重要的保护机制之一。

一、生理性止血过程

生理性止血过程（见图 4-3）主要包括血管收缩、血小板止血栓形成和血液凝固三个过程。

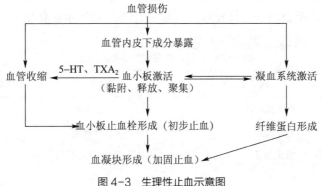

图 4-3　生理性止血示意图

5-HT：5- 羟色胺；TXA$_2$：血栓素 A$_2$

（一）血管收缩

生理性止血首先表现为受损血管局部及附近的小血管收缩，使局部血流减少。若血管破损不大，局部血管收缩可使血管破口封闭，制止出血。引起血管收缩的原因有三点：损伤性刺激通过神经反射使血管收缩；血管壁的损伤引起局部血管平滑肌收缩；黏附于损伤处的血小板释放 5-HT、TXA_2 等物质能引起血管收缩。

（二）血小板止血栓形成

血管损伤后，由于内皮下胶原暴露，在一两秒内即有少量血小板附着于内皮下的胶原上，这是形成止血栓的第一步。在各种致聚剂（包括局部受损细胞释放的 ADP、局部凝血过程中生成的凝血酶、暴露的皮下胶原及其活化的血小板释放出的 ADP 和 TXA_2 等）的作用下，血小板发生不可逆聚集，使血液中的血小板不断地聚集、黏着在已粘附并固定于内皮下胶原的血小板上，形成血小板止血栓，从而堵塞伤口，达到初步止血。

（三）血液凝固

受损的血管在启动血小板止血功能的同时，还启动了凝血系统，在受损局部迅速发生血液凝固，使血浆中可溶性的纤维蛋白原转变成不溶性的纤维蛋白，并交织成网，以加固止血栓。

二、血液凝固

血液凝固（blood coagulation）是指在某些条件下（如血液流出血管，或血管内皮损伤），血液由流动的溶胶状态变成不能流动的凝胶状态的过程。血液凝固后 1~2 h，血凝块发生回缩，并释出淡黄色的液体，称为血清（serum）。血清与血浆的区别在于前者缺乏纤维蛋白原和少量参与血液凝固的其他血浆蛋白质，但又增添了少量血液凝固时由血小板释放出来的物质。血液凝固参与止血，因而是机体一种保护性机能。

（一）凝血因子

凝血因子（coagulation factor，或 clotting factor）是血浆与组织中直接参与血液凝固的物质的统称，目前已知的主要有 14 种（表 4-10），其中 12 种按国际命名法依发现的先后顺序用罗马数字进行编号，即凝血因子 I~XIII，简称 F I~FXIII。其中 FVI 后来被发现实际上是活化的 FV（即 FVa），便不再被视为一个独立的凝血因子。此外还有前激肽释放酶、高分子量激肽原等。在这些凝血因子中，除 FIV 是 Ca^{2+} 外，其他的都是蛋白质，正常情况下都是以无活性的酶原形式存在，必须通过其他酶的有限水解而暴露或形成活性中心后才具有酶的活性，这一过程称为凝血因子的激活。习惯上以凝血因子的代号右下角加一个"a"以表示活化型（activated）。

表 4-10 按国际命名法编号的凝血因子

凝血因子	同义名	合成部位	合成时是否需要维生素 K
F I	纤维蛋白原	肝细胞	否
F II	凝血酶原	肝细胞	是
F III	组织因子	各种组织	否
F IV	Ca^{2+}	—	—

续表

凝血因子	同义名	合成部位	合成时是否需要维生素 K
FV	前加速素	内皮细胞和血小板	否
FⅦ	前转变素	肝细胞	是
FⅧ	抗血友病因子	肝细胞	否
FⅨ	血浆凝血激酶	肝细胞	是
FⅩ	Stuart-Prower 因子	肝细胞	是
FⅪ	血浆凝血激酶前质	肝细胞	否
FⅫ	接触因子	肝细胞	否
FⅩⅢ	纤维蛋白稳定因子	肝细胞	否
—	高分子量激肽原	肝细胞	否
—	前激肽释放酶	肝细胞	否

（二）凝血过程

血液凝固过程是由凝血因子按一定顺序相继激活而生成凝血酶，凝血酶再使纤维蛋白原变为纤维蛋白的过程。凝血酶原的激活是在凝血酶原酶复合物（prothrombin complex）[也称凝血酶原激活复合物（prothrombin activator）]的作用下进行的。凝血过程大体上可分为三个阶段：第一阶段是 FⅩ 被激活成 FⅩa，并形成凝血酶原酶复合物；第二阶段是凝血酶原（prothrombin）激活成凝血酶（thrombin）；第三阶段是纤维蛋白原（fibrinogen）转变成纤维蛋白（fibrin）。凝血过程可概括为如图 4-4 所示。

1. 凝血酶原酶复合物形成阶段

凝血酶原酶复合物可以通过两种途径生成。一条途径是内源性激活途径（intrinsic pathway），是指参与凝血的因子全部来自血液，通常因血液与血管内膜损伤处暴露的胶原纤维接触或血液接触了带负电荷的异物表面（如玻璃、白陶土、硫酸酯等）而被启动的凝血过程；另一条途径是外源性激活途径（extrinsic pathway），是指由来自血液之外的组织因子与血液接触而启动的凝血过程。

（1）内源性激活途径　内源性激活途径一般从 FⅫ 的激活开始。当血管内膜下组织，特别是胶原纤维或带负电荷的异物表面与 FⅫ 接触，可使 FⅫ 激活成 FⅫa。FⅫa 可激活前激肽释放酶（prekallikrein，PK）使之成为激肽释放酶；后者反过来又能激活 FⅫ，这是一种正反馈，可使 FⅫa 大量生成。FⅫa 又激活 FⅪ 成为 FⅪa。由 FⅫ 激活到 FⅪa 形成为止的步骤，称为表面激活。表面激活过程还需有高分子量激肽原（high molecular weight kininogen，HMWK）参与。HMWK 既能与异物表面结合，又能与 FⅪ 及 PK 结合，从而将 FⅪ 及前激肽释放酶带到异物表面，作为辅助因子大大加速 FⅫ、FⅪ 和前激肽释放酶的激活过程。

表面激活所形成的 FⅪa 再激活 FⅨ 生成 FⅨa，这一步需要有 Ca^{2+} 存在。FⅨa 与 FⅧ和血小板因子Ⅲ（PF_3）及 Ca^{2+} 组成复合物，即可激活 FⅩ 生成 FⅩa。PF_3 的作用主要是提供一个磷脂的吸附表面。FⅨa 和 FⅩ 分别通过 Ca^{2+} 而同时连接于这个磷脂表面，这样，FⅨa 即可使 FⅩ 发

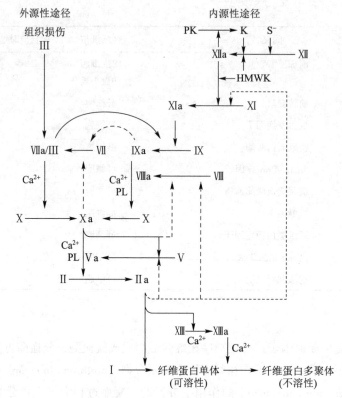

图 4-4   血液凝固示意图

PL: 磷脂；PK: 前激肽释放酶；K: 激肽释放酶；HMWK: 高分子量激肽原；

S⁻: 带负电荷异物表面；罗马数字表示相应凝血因子

生有限水解而激活成为 FXa。但这一激活过程进行很缓慢，除非是有 FVIII 参与。FVIII 本身不是蛋白酶，不能激活 FX，但能使 FIXa 激活 FX 的作用加快 20 万倍，所以 F VIII 虽是一种辅助因子，但是十分重要。遗传性缺乏 FVIII 将发生甲型血友病（hemophilia A），这时凝血过程非常慢，甚至微小的创伤也出血不止。先天性缺乏 FIX 或 FXI 时，内源性途径激活因子 X 的反应受阻，血液也就不易凝固，这种凝血缺陷分别称为乙型（hemophilia B）或丙型血友病（hemophilia C）。

（2）外源性激活途径   外源性激活途径是由来自血液之外的组织因子（tissue factor，TF）与血液接触而启动的凝血过程。TF 为一种跨膜糖蛋白质，广泛存在于大多数非血管细胞表面及血管外膜层。当血管损伤时，TF 进入血管内，激活 FVII，TF 与 FVIIa 结合形成 FVIIa-TF 复合物，在磷脂和 Ca^{2+} 存在的情况下，FVIIa 有两方面作用：① FVIIa-TF 复合物激活 FX 生成 FXa。在此过程中，TF 实际上既是凝血因子 FVII 和 FVIIa 的膜受体，又是 FVIIa 的辅助因子，它能使 FVIIa 催化激活 FX 的效力增加 1000 倍。生成的 FXa 反过来又能激活 FVII，进而激活更多的 FX，形成外源性激活途径的正反馈效应。在 Ca^{2+} 参与下，FVIIa-TF 复合物能使 FVII 自我活化，生成足量的 FVIIa。FVIIa-TF 复合物 "锚定" 在细胞膜上，有利于使凝血过程局限在受损部位。② FVIIa-TF 复合物激活 FIX，生成 FIXa，使外源性激活途径与内源性激活途径相互联系在一起。

FXa 形成后并与 FVa、Ca^{2+}、PF₃ 及其提供的磷脂表面上形成的四物共存的复合物，便是凝血酶原酶复合物。以该复合物的形成为标志，即告第一阶段反应的完成。

2. 凝血酶原转变为凝血酶阶段

经过上述两条途径生成 FXa 后，其共同途径是 FXa 与 FVa、PF_3 和 Ca^{2+} 形成凝血酶原酶复合物，激活凝血酶原（FⅡ）生成凝血酶（FⅡa）。在凝血酶原酶复合物中的 PF_3 提供磷脂表面，FXa 和凝血酶原通过 Ca^{2+} 而同时连接于磷脂表面，FXa 催化凝血酶原进行有限水解，成为凝血酶。FV 也是辅助因子，它本身不是蛋白酶，不能催化凝血酶原的有限水解，但可使 FXa 的作用增快几十倍。

凝血酶具有多种功能：使纤维蛋白原转变为纤维蛋白单体；激活 FⅩⅢ，生成 FⅩⅢa，在钙离子的作用下，FⅩⅢa 使纤维蛋白单体相互聚合，形成不溶于水的交联纤维蛋白多聚体凝块；激活 FV、FⅧ和 FⅪ，形成凝血过程中的正反馈机制；使血小板活化，为因子 X 复合物的形成提供有效的磷脂表面，也可加速凝血。

FX 与凝血酶原的激活，都是在 PF_3 提供的磷脂表面上进行的，可以将这两个步骤总称为磷脂表面阶段。

3. 纤维蛋白原转变为纤维蛋白阶段

凝血酶催化纤维蛋白原分解，使纤维蛋白原转变成纤维蛋白单体，然后互相连接。同时凝血酶也激活 FⅩⅢ成为 FⅩⅢa。在 FⅩⅢa 的作用下，纤维蛋白单体形成牢固的纤维蛋白多聚体，即不溶于水的血纤维，这一阶段也称血纤维形成阶段。

由于凝血是一系列凝血因子相继酶解、激活的过程，每步酶促反应均有放大效应，也即有少量被激活的凝血因子可使大量下游凝血因子激活，逐级连接下去，整个凝血过程呈现出强烈的放大效应。例如 FⅨa 可通过凝血过程最终产生上亿分子的纤维蛋白。整个凝血过程实质上是由一系列凝血因子参与的瀑布式酶促反应的级联放大。这即血液凝固的"瀑布"学说。但在更新了的"瀑布"学说中，不再把凝血机制生硬地分为内源性和外源性两个系统，因为两条途径中的某些凝血因子可以相互激活，故二者间相互密切联系，并不各自完全独立。

正常血浆中存在微量的 FⅦa，在生理性凝血过程中，首先是 TF 与 FⅦa 结合形成复合物，激活 FX 生成 FXa，启动凝血反应，进而生成最初的凝血酶。但这部分凝血酶由于数量少，不足以实现凝血，但能激活 FV、FⅧ、FⅪ和血小板。FⅦa-TF 复合物的另一效应是激活 FⅨ，生成 FⅨa，在激活了的 FV、FⅧ、血小板和 Ca^{2+} 的存在下，形成大量的内源性途径因子 X 酶复合物，从而激活足量的 FXa 和凝血酶，完成纤维蛋白的形成过程。因此，TF 是生理性凝血反应的启动物，而内源性途径对凝血反应开始后的放大和维持起非常重要的作用。

三、抗凝血系统与纤维蛋白溶解

在正常情况下，循环流动的血液不会在血管中凝固，其原因一是由于血管内皮完整、血管内壁光滑，不易激活有关凝血因子；二是，即使血浆中有少量凝血因子成了活化型，也将被稀释，不足以引起凝血反应，并由肝清除或被吞噬细胞吞噬；三是由于血液中含有抗凝物质和纤维蛋白溶解物质。

（一）抗凝系统的作用

体内的抗凝系统（anticoagulative system）包括细胞抗凝系统和体液抗凝系统。细胞抗凝系统是指网状内皮系统对已激活的凝血因子、组织因子、凝血酶原酶复合物和可溶性纤维蛋白单体的吞噬；体液抗凝系统包括丝氨酸蛋白酶抑制物、蛋白质 C 系统、组织因子途径抑制物和肝素。现主要介绍体液抗凝系统。

1. 肝素

肝素是一种酸性黏多糖，主要由肥大细胞和嗜碱性粒细胞产生，存在于大多数组织中，在肝、肺、心和肌组织中更为丰富。

肝素在体内和体外都具有抗凝作用。肝素抗凝的主要机制在于它能结合血浆中的一些抗凝蛋白，如抗凝血酶Ⅲ和肝素辅助因子Ⅱ（heparin cofactor Ⅱ）等，使这些抗凝蛋白的活性大为增强。当肝素与抗凝血酶Ⅲ的某一个赖氨酸残基结合，则抗凝血酶Ⅲ与凝血酶的亲和力增强，使两者结合得更快、更稳定，使凝血酶立即失活。当肝素与肝素辅助因子Ⅱ结合后，被激活的肝素辅助因子Ⅱ特异性地与凝血酶结合成复合物，从而使凝血酶失活，在肝素的激活作用下，肝素辅助因子灭活凝血酶的速度可加快约 1000 倍，对 FXⅡa、FXⅠa、FⅨa、FXa 抑制作用也大大加强。肝素还可以刺激血管内皮细胞，使之释放凝血抑制物和纤溶酶原激活物，从而增强对凝血的抑制和纤维蛋白的溶解。此外，肝素能激活血浆中的脂酶，加速血浆中乳糜微粒的清除，从而减轻脂蛋白对血管内皮的损伤，有助于防止与血脂有关的血栓形成。

2. 丝氨酸蛋白酶抑制物

血浆中存在的丝氨酸蛋白酶抑制物主要包括抗凝血酶Ⅲ、C_1 抑制物、α_1- 抗胰蛋白酶、α_2-抗胰蛋白酶、α_2- 巨球蛋白、肝素辅助因子Ⅱ等。其中抗凝血酶Ⅲ是最为重要的一种。

抗凝血酶Ⅲ是一种脂蛋白，由肝细胞和血管内皮细胞分泌，它通过本身分子中精氨酸残基与FⅦa、FⅨa、FXa、FXⅠa 和 FXⅡa 和凝血酶的活性部位的丝氨酸残基结合，从而使这些凝血因子灭活，达到抗凝作用，是一种抗丝氨酸蛋白酶。正常情况下，抗凝血酶Ⅲ的直接抗凝作用缓慢而且很微弱，不能有效地抑制血液凝固，但它与肝素结合后抗凝作用可增加约 2000 倍。

3. 蛋白质 C 系统

蛋白质 C 系统主要包括蛋白质 C（protein C，PC）、凝血酶调节蛋白、蛋白酶 S 和蛋白质 C 的抑制物。蛋白质 C 是由肝合成的维生素 K 依赖因子，以酶原形式存在于血浆中，在凝血酶的作用下裂解而获得生物活性。激活的蛋白质 C 具有如下作用：①在磷脂和 Ca^{2+} 存在条件下，灭活 FⅤa、FⅧa。②阻碍 FXa 与血小板上的磷脂结合，削弱 FXa 对凝血酶原的激活作用；③刺激纤溶酶原激活物的释放，增强纤溶酶的活性，从而促进纤维蛋白溶解。

4. 组织因子途径抑制物

组织因子途径抑制物（tissue factor pathway inhibitor，TFPI）主要来自小血管内皮细胞，是体内主要的生理性抗凝物质。TFPI 对内源性凝血途径的抑制分两步进行：第一步是先与 FXa 结合，直接抑制 FXa 的催化活性，并使 TFPI 变构；第二步是在 Ca^{2+} 存在条件下，TFPI-FXa 复合物进一步与 FⅦa-TF 结合，形成 FXa-TFPI-FⅦa-TF 四聚体，从而灭活 FⅦa-TF 复合物，发挥以负反馈抑制外源性凝血途径的作用。

（二）纤维蛋白溶解

正常情况下，组织损伤后形成的止血栓在完成止血使命后逐步溶解，从而保证血管内血流畅通，并有利于受损组织的再生和修复。血液凝固过程中形成的纤维蛋白被分解、液化的过程，称为纤维蛋白溶解，简称纤溶（fibrinolysis）。参与纤溶的物质有：纤维蛋白溶解酶原（纤溶酶原，

plasminogen)、纤维蛋白溶解酶（纤溶酶，plasmin）、纤溶酶原激活物和纤溶酶原抑制物，总称纤维蛋白溶解系统，简称纤溶系统。纤溶的基本过程可分两个阶段，即纤溶酶原的激活与纤维蛋白及纤维蛋白原的降解（图4-5）。

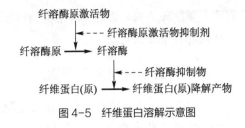

图4-5 纤维蛋白溶解示意图

若纤溶系统活动亢进，可因止血栓的提前溶解而有重新出血倾向；如果纤溶系统活动低下，则不利于血管的再通，可加重血栓栓塞。因此，正常情况下，血管表面经常有低水平的纤溶活动和低水平的凝血过程，凝血与纤溶是对立统一的两个系统，既有效地防止了失血，又保持了血管内血流畅通。当它们之间的平衡遭到破坏，就会导致纤维蛋白形成过多或不足，引起血栓形成或出血性疾病。

1. 纤溶酶原的激活

纤溶酶原是纤溶酶的无活性前体，只有在被纤溶酶原激活物转化为纤溶酶后，才具有降解纤维蛋白的作用。纤溶酶原的激活也是有限水解的过程，在激活物的作用下，脱下一段肽链成为纤溶酶。

纤溶酶原激活物分布广而种类多，主要有三类：第一类为血管激活物，在小血管内皮细胞中合成后释放于血中，以维持血浆内激活物浓度处于基本水平。血管内出现血纤维凝块，可使内皮细胞释放大量激活物，所释放的激活物大都吸附于血纤维凝块上，进入血流的很少。肌肉运动、静脉阻断、儿茶酚胺与组胺等也可使血管内皮细胞合成和释放的激活物增多。第二类为组织激活物，存在于很多组织中，主要是在组织修复、伤口愈合等情况下，在血管外促进纤溶。肾合成与分泌的尿激酶就属于这一类激活物，活性很强，有助于防止肾小管中纤维蛋白沉着。第三类为内源性凝血系统的有关凝血因子，如 FXIa、激肽释放酶。由前两类激活物使纤溶酶原转变为纤溶酶的途径被称为外源性激活途径，而凝血相关因子激活纤溶酶原为纤溶酶的途径称为内源性激活途径。

2. 纤维蛋白与纤维蛋白原的降解

纤溶酶是血浆中活性最强的蛋白酶，但特异性较小，除能水解纤维蛋白原或纤维蛋白外，还能水解凝血酶、FV、FVIII、FXII等凝血因子。纤溶酶能促使血小板聚集和释放 5-HT、ADP 等，以及激活血浆中的补体系统。纤溶酶水解纤维蛋白原或纤维蛋白肽链上的赖氨酸－精氨酸键，使整个纤维蛋白原或纤维蛋白分割成很多可溶的小肽，总称为纤维蛋白降解产物。纤维蛋白降解产物一般不能再发生凝固，相反，其中一部分还有抗凝血的作用。而凝血酶对纤维蛋白原的作用不同，凝血酶只是使纤维蛋白原从其中两对肽链的 N 端各脱下 1 个小肽，使纤维蛋白原转变成纤维蛋白。

3. 纤溶抑制物及其作用

动物体内还存在许多物质能抑制纤溶系统的活性，主要有纤溶酶原激活物的抑制物 -1（plasminogen activator inhibitor type-1，PAI-1）和 α_2- 抗纤溶酶（α_2-AP），二者分别在纤溶酶原的激活水平和纤溶酶水平抑制纤溶系统的活性，防止血块过早溶解和避免出现全身性纤溶。

上述纤溶抑制物多数是丝氨酸蛋白酶抑制物，特异性不高，除能抑制纤溶酶外，还可抑制凝血酶、激肽释放酶。因此，纤溶抑制物既能抑制纤溶，又能抑制凝血，这对于凝血和纤溶局限在创伤局部有重要意义。

四、促进和延缓血液凝固

在实际工作中，还会采取措施促进凝血过程以减少出血、提取血清等，或防止凝血过程以避免血栓生成、获取血浆等。根据对血液凝固机制的认识，可以采取一些措施以加速或延缓血液凝固。

（一）促凝的常用方法

1. 升温

升温可提高酶的活性，使凝血过程加速。手术中应用温热生理盐水纱布压迫术部，能加快凝血与止血。

2. 接触粗糙面

机体受创伤出血时，使血液与粗糙面接触，这样既可促进凝血因子XII的激活，又可促进血小板聚集、解体并释放凝血因子，加速凝血反应的进程。提高创口部位的温度可以加快酶促反应的速度，也能加速血凝。所以，临床上用棉花球、明胶海绵、温热生理盐水浸渍的纱布按压创口，可收到良好的止血效果。

3. 使用维生素 K

凝血酶原和凝血因子VII、IX、X等的合成过程需要维生素 K 的参与，有加速凝血和止血的间接作用。缺乏维生素 K，可以引起凝血障碍，故对于许多出血性疾病可以通过补充维生素 K 起到治疗效果。

（二）体外延缓或阻止血液凝固的常用方法

1. 降低温度

凝血过程是一系列酶促反应，降低温度可使凝血过程中酶促反应减慢，使血凝延缓。如将盛血容器置入低温环境中，参与凝血过程的酶的活性下降，因此可延缓血液凝固。

2. 接触光滑的表面

光滑的表面，也称不湿表面，可因减少血小板的聚集和解体以及使 F XII 的活化延迟等原因，减弱对凝血过程的触发，因而延缓血液凝固。例如，将血液盛放在内表面涂有硅胶或石蜡的容器内，即可延缓血凝。

3. 移钙法

由于血液凝固的多个环节中都需要 Ca^{2+} 的参加，若除去血浆中的 Ca^{2+} 就可以达到抗凝的目的。例如，血液中加入适量的柠檬酸钠，它能与 Ca^{2+} 结合成柠檬酸钠钙，是一种不易电离的可溶性络合物。血液中加入适量的草酸胺之类的草酸盐，可与 Ca^{2+} 结合成不溶性的草酸钙。也可以用乙二胺四乙酸（EDTA）来螯合钙。这些都是制备抗凝血的常用方法。

4. 肝素

在有抗凝血酶III存在时，肝素对凝血过程各阶段都有抑制作用。无论在体内或体外，它都是很强的抗凝剂（anticoagulant），并具有用量少，对血液影响小，保存性好等优点。

5. 去除纤维蛋白

除去血液中的纤维蛋白的方法是使用一束细木条不断搅拌流入容器中的血液，或者在容器内放置玻璃球加以摇晃，由于血小板迅速破裂等原因，加速了纤维蛋白的形成，并使形成的纤维蛋白附着在木条或玻璃球上，如此制备的脱纤血，将永不凝固。由于此方法不能保全血细胞，在临床血液检验不适用。

6. 双香豆素

双香豆素可延缓凝血，是因为双香豆素在肝内竞争性抑制维生素 K 的作用，阻碍凝血因子Ⅱ、Ⅶ、Ⅸ、Ⅹ在肝内的合成。如青贮的草木樨或干草发生腐霉时，由于所含香豆素转变成双香豆素，若牛、羊过多食入此种饲料，可发生双香豆素中毒，常可导致皮下和肌肉中广泛血肿，以及胸、腹腔内的出血。

第七节　血型

20 世纪初，Ehrlich 和 Morgenroth（1900 年）首先指出山羊红细胞上有抗原存在，并认为这些抗原有个体间差异。与此同时，1901 年奥地利医生 Landsteiner 发现了人类第一个血型系统，即 ABO 血型和相应的抗 A 和抗 B 两种天然抗体，从此为人类揭开了血型的奥秘，使输血成为安全度较大的临床治疗手段。

◎血型之父——卡尔·兰德斯坦纳（Landsteiner）

一、有关血型的几个概念

（一）血型

血型（blood type）是以血液抗原形式表现出来的一种遗传性状，通常指红细胞膜上特异性抗原的类型。狭义地讲，血型专指红细胞抗原在个体间的差异。如人的 A 型、B 型、O 型、AB 型和 Rh 阳性或阴性型，牛和猪的 A、B、C 系等血型。

（二）血型系统与血型因子

血型系统是根据红细胞膜上同种异型（或表型）抗原关系进行分类的组合。血型抗原是指由遗传决定的、具有抗原特性的特殊结构。一种血型抗原可能有一种以上的抗原特异性，引起几种不同的抗体产生。在血型上，引起不同抗体产生并能与之发生反应的抗原成分统称为血型因子，又称为抗原因子。血型因子通常用正体的大写英文字母或在大写英文字母后标一小写字母来表示。

（三）基因型与表型

基因型即基因的组合，它是决定个体特性的基因型式。表型是与基因型相对应的实际表现出来的性状。血型即是与基因型相对应的实际表现出来的性状，由基因型决定。

二、人类的红细胞血型

至 2022 年，被国际输血协会认可的人红细胞血型系统共 43 个。例如 ABO、Rh、P、MNSs

等血型系统。在临床实践中有重要意义的是 ABO 和 Rh 两种血型系统，它广泛存在于绝大多数人群中。

（一）ABO 血型系统

人类的红细胞表面有两种不同的凝集原，分别为 A 凝集原（A 抗原）和 B 凝集原（B 抗原）。血清中含有两种与其相对应的凝集素，分别称为 α 凝集素（抗 A）和 β 凝集素（抗 B），都是天然存在的。ABO 血型系统根据红细胞表面凝集原的不同，将人血液分为以下 4 型（表4-11）。

表 4-11 ABO 血型系统中的凝集原和凝集素

血型（表型）	基因型	凝集原	凝集素
A 型	AA AO OA	A	抗 B
B 型	BB BO OB	B	抗 A
AB 型	AB BA	A、B	无
O 型	OO	无	抗 A、抗 B

凡红细胞膜上只含 A 抗原者为 A 型；红细胞膜上只含 B 抗原的，称为 B 型；若 A 与 B 两种抗原都含有的称为 AB 型；这两种抗原都没有的，则称为 O 型。不同血型的人的血清中含不同的凝集素，即不含有对抗其自身红细胞凝集原的凝集素。在 A 型人的血清中，只含有抗 B 凝集素；B 型人的血清中，只含有抗 A 凝集素；AB 型人的血清中没有抗 A 和抗 B 的凝集素；而 O 型血人的血清中则含有抗 A 和抗 B 两种凝集素。正确鉴定血型是保证输血安全的基础。ABO 血型的鉴定是利用抗原和抗体发生特异性结合的原理，将待测红细胞分别与抗 B 血清、抗 A 血清和抗 A-抗 B 血清混合，在适宜条件下观察有无凝集现象，依据交叉配血试验即可确定血型。

（二）Rh 血型系统

1940 年 Landsteiner 和 Wiener 等把恒河猴的红细胞重复注入家兔体内，使家兔的血清中产生抗恒河猴红细胞的抗体（凝集素）。再用含这种抗体的血清与人的红细胞混合，发生血清凝集反应者称为 Rh 阳性血型，表明其红细胞上具有与恒河猴同样的抗原；若人的红细胞不被这种血清凝集，称为 Rh 阴性血型。这一血型系统称为 Rh 血型系统。

前述的 ABO 血型系统中，从出生几个月之后在人血清中一直存在着 ABO 系统的凝集素，即天然抗体。但在人血清中不存在抗 Rh 的天然抗体，只有当 Rh 阴性的人在接受 Rh 阳性的血液后，通过体液免疫才产生出抗 Rh 的抗体。

Rh 血型在实践中的意义：其一，当 Rh 阴性受血者接受 Rh 阳性血液后，其血清中就产生了抗 Rh 抗体，当时并不发生凝集反应；但当再次接受 Rh 阳性血液的输入时，就将发生凝集反应，引起严重后果。其二，Rh 阴性母体怀 Rh 阳性胎儿，胎儿的 Rh 抗原可随胎盘脱落和血管破裂而进入母体，使母体产生抗 Rh 抗体。当母体再次怀孕时，抗 Rh 抗体可通过胎盘进入胎儿血内，使 Rh 阳性胎儿的红细胞发生凝集，造成死胎、流产或新生儿严重的先天性溶血与黄疸。

（三）输血原则

输血（transfusion）是一种重要的治疗方法，它不但对于急性失血有良好的治疗作用，对休克、恶性贫血、中毒和某些传染病都有良好的效果。但是，不恰当的输血，可造成红细胞凝集，阻塞微血管，继而发生红细胞破裂等一系列的输血反应，严重者可引起休克，甚至危及生命。为了确保输血安全，提高输血效果，必须严格遵守输血的基本原则。

在准备输血时，首先必须鉴定血型，保证供血者与受血者的 ABO 血型相合，因为这一系统的不相容输血常引起严重的反应。对于生育年龄的妇女和需要反复输血的病人，还须使供血者与受血者的 Rh 血型相合，以避免受血者在被致敏后产生抗 Rh 的抗体。

即使在 ABO 系统血型相同的人之间进行输血，也须进行交叉配血试验（corss-match test），即把供血者的红细胞与受血者的血清进行配合试验，称为交叉配血主侧；把受血者的红细胞与供血者的血清作配合试验，称为交叉配血次侧。如果交叉配血试验的两侧都没有凝集反应，即为配血相合，可以进行输血；如果主侧有凝集反应，则为配血不合，不能输血；如果主侧不起凝集反应，而次侧有凝集反应，只能在应急情况下输血，输血时不宜太快太多，并密切观察，如发生输血反应，应立即停止输血。

在紧急而又无同型血的情况下，可以给其他血型的人输入 O 型血，但应注意控制输注的血量和速度，因为，虽然 O 型的红细胞上没有 A 和 B 凝集原，不会被受血者的血浆凝集，但其血浆中的抗 A 和抗 B 凝集素能与其他血型受血者的红细胞发生凝集反应。当输入的血量较大，供血者血浆中的凝集素未被受血者的血浆足够稀释时，受血者的红细胞会被广泛凝集。以往曾经把 O 型的人称为 "万能供血者"，认为他们的血液可以输给其他血型的人，把 AB 型的人称为 "万能受血者"，认为 AB 型的人可以接受其他血型供血者的血，都是不可取的。

随着医学和科学技术的进步，输血疗法已经从原来的单纯输全血，发展为成分输血（blood components transfusion）。成分输血，就是把人血中的各种有效成分，如红细胞、粒细胞、血小板和血浆分别制备成高纯度或高浓度的制品再输入。这样既能提高疗效，减少不良反应，又能节约血源。

三、家畜的血型及应用

（一）家畜的血型

20 世纪 30 年代初至 50 年代末，人类已经完成了多种畜禽血型的分类。动物的血型有狭义和广义之分。广义的血型是指血液各成分（包括红细胞、白细胞、血小板乃至某些血浆蛋白）的抗原在个体间出现的差异。采用凝胶电泳的方法，按血清或血浆中所含蛋白质成分划分血型：血清蛋白型（Alb 型）、后清蛋白型（Pa 型）、前清蛋白型（Pr 型）、转铁蛋白型（Tf 型）、结合珠蛋白型（Hp 型）、血浆铜蓝蛋白型（Cp 型）、血清碱性磷酸酶型（Ap 型）和血细胞碳酸酐酶型（CA 型）、血清淀粉酶型（Am 型）。也有人按血清中各种酶的同工酶电泳图谱进行血型分类。

狭义的血型即根据红细胞上抗原差异对血液加以分类的血细胞抗原型。对动物血液的研究，发现动物的血型也很复杂。例如，犬的血型有 5 种，猫的血型有 6 种，绵羊的血型为 9 种，马的血型为 9～10 种，猪的血型有 15 种，牛的血型达 40 种以上。

（二）血型的应用

血型除在输血时有重要意义外，在畜牧和兽医实践中均有广泛应用。

1. 血统登记和亲子鉴定

血型的遗传相当稳定，并按遗传基本规律产生分离现象，在出生后就能客观检查，所以不论人和家畜的血型都可以作为鉴别亲子关系的一种手段。因此，通过血型鉴定就可大致肯定或完全否定亲子关系，减少繁殖选配工作中的误差。在繁殖配种工作中，通过血型登记，记载能稳定遗传给后代的血型，把祖先和后代的登记联系起来即可建立准确的系谱资料，防止血统紊乱，保证育种工作的可靠性。

2. 孪生母牛不孕的诊断

牛为单胎动物，偶尔可怀双胎。当牛怀异性双胎时，两胎儿间可能会发生血管吻合（发生率约有12%）。在发生血管吻合的情况下，一方面雄性胎儿性腺产生的雄性激素可作用于尚未分化的雌性胎儿性腺，影响雌性胎儿性腺的分化，使产出的母犊日后缺乏生殖能力。另一方面，由于胎儿发生血管吻合，一个胎儿的造血器官中的红细胞可以进入另一个胎儿体内，使其具有两种红细胞，这种现象称为红细胞嵌合。对红细胞嵌合的个体进行血型实验时，常发生溶血反应，而没有红细胞嵌合的个体，则不发生溶血反应。因此，为避免盲目培养，应尽早诊断，根据血型试验结果判断是否发生血管吻合，以此推断异性双胎中母犊长大后的生育能力。

3. 血型与动物疾病

母子血型不合时，胎儿的血型抗原物质进入母体后，刺激母体产生血型抗体。由于胎盘屏障的存在，这种抗体并不能作用于胎儿，所以这类母畜可产下健康仔畜，但分娩后血型抗体可通过初乳转移给仔畜，使仔畜的红细胞破坏、溶血，严重时还会发生仔畜溶血死亡。在马、驴、牛和猪都发现母畜与胎儿血型不合导致的新生幼畜溶血病，特别是在母马和公驴杂交中，新生骡驹的溶血病发病率高达30%，因此，应及时应用血型鉴定原理进行初乳与仔畜红细胞的凝集反应试验，若为阳性反应，应将母子隔离并禁吃初乳。

有研究表明，鸡 B 血型系统中的某些因子与白血病、马立克氏病、白痢等疾病密切相关。

4. 血型与品种或品系间亲缘程度分析

当进行杂交育种或杂种优势利用时，品种或品系间的血型因子的相似程度或差异大小，显示出二者在遗传基础上差异的程度，可以预计杂种优势的大小。

小 结

血液由血浆与血细胞组成，血液量是体重的 5%～9%。血液的主要功能有：运输营养物质、清除废物、免疫、止血及传递激素信息等。血细胞包括红细胞、白细胞和血小板；血浆渗透压包括晶体渗透压和胶体渗透压，二者分别对维持细胞内外和血管内外的水平衡起着重要作用；红细胞的主要功能是输送 O_2 和 CO_2。红细胞在骨髓产生，其总数基本上是稳定的，这有赖于在肾内生成的促红细胞生成素的调节作用。红细胞具有悬浮稳定性、渗透脆性和可塑变形性等特性。白细胞主要有吞噬与免疫功能。血小板具有黏附、聚集与释放等特性，在生理性止血中起重要作用。血液中有多种凝血因子，通过内、外源性凝血途径引起血液凝固。纤维蛋白溶解可避免纤维蛋白在血管内堆积。血凝系统与纤溶系统处于动态平衡，以保证正常的血液循环；血型是根据红细胞表面所含的凝集原不同区分的，人类红细胞血型系统中重要的有 ABO 血型系统和 Rh 血型系统。

思考题

1. 血液在内环境稳态的维持中如何起作用?

2. 何谓血清? 简述血浆和血清的区别。

3. 分析血浆晶体渗透压和血浆胶体渗透压各有什么作用。

4. 试述临床上给患畜大量输液时采用等张溶液的原因。

5. 血小板在生理性止血过程中起何作用?

6. 简述血液凝固的基本过程,并指出内源性凝血途径与外源性凝血途径的主要区别。

7. 在正常情况下,血管内流动的血液为什么不凝固?

8. 血液有哪些生理功能?

9. 从血液的理化性质和功能考虑,维持离体器官活动需要哪些条件?

10. 为什么用温热生理盐水浸泡纱布按压伤口可促进止血?

11. 根据血液凝固的过程,说明加速和延缓血液凝固的措施有哪些。

12. 试述凝血系统、抗凝系统和纤溶系统之间的关系。

13. 一只仔猪出生后 8~10 d 出现以下临床症状:精神沉郁、食欲减退、皮肤及可视黏膜苍白、呼吸加快、心搏加快、吮乳能力下降、被毛逆立、体温不高。对其进行血液学检查,发现其血红蛋白含量下降。兽医用铁制剂对其治疗效果明显,身体情况明显改善。请分析该仔猪患有什么疾病。

第五章

血液循环

◎知识导图
◎学习基础
◎学习要点

    循环系统的基本功能是推动血液在心血管系统中流动，运输营养物质和 O_2 到组织细胞，并带走代谢产物等，其原动力是心脏连续不断的节律性收缩。心肌细胞基于电活动的自动节律性、传导性、兴奋性及收缩性确保了心脏泵血功能的完成。血液流经动脉、毛细血管和静脉，其血压、血流阻力、速度和血流量都有所不同。微循环处的物质交换是血液循环的根本目的。机体通过神经调节、体液调节和自身调节，主要通过改变心脏泵血和血管舒缩以适应各器官不同情况下的新陈代谢需要；并与呼吸、消化、泌尿等各系统相协调，使机体适应内外环境的变化。心脏为什么会自动地不停地跳动？动脉血压的影响因素有哪些？微循环处怎样进行物质交换？压强很低的静脉血如何返回心脏？心血管活动受到哪些方面的调节？本章一一道来。

    循环系统包括心血管系统、淋巴系统等。心血管系统由心脏、血管及其中流淌的血液组成。血液在心脏和血管内按一定方向循环流动称为血液循环（blood circulation）。通过血液循环完成物质运输、体液调节、内环境稳态和防御保护等机能。血液循环包括体循环（systemic circulation）和肺循环（pulmonary circulation）两部分，二者是串联关系。心脏及与其相连的大血管是血液循环的中心，其他血管称为血液循环的外周。因此有中心静脉压、外周阻力和血管的向心端、离心端等说法。

    本章分为心脏生理、血管生理、心血管活动的调节和器官循环 4 节分别介绍。

第一节　心脏的生理活动

    心脏由左、右两个心泵组成，是血液循环的原动力所在。心室收缩可将血液泵入主动脉和肺动脉。心脏中的瓣膜引导血液由心房到心室再到动脉方向流动。心脏的正常起搏点产生的节律性兴奋沿心脏内特殊的传导系统传导至心脏各部分的心肌细胞，通过兴奋 – 收缩偶联机制，触发心房和心室有序的节律性收缩和舒张。

一、心动周期及心率

（一）心动周期

心脏每收缩、舒张一次称为一个心动周期（cardiac cycle）。其时程的长短与心率成反比。

一个心动周期中，两心房首先同时收缩，继而心房舒张，心房开始舒张时，两心室几乎立即同时收缩，随后进入舒张期，这时心房也处于舒张期，所以这一时期称为间歇期，或全心舒张期（共同舒张期）。左、右两侧心房或两侧心室的活动几乎是同步的。

以猪为例，成年猪在安静状态下平均心率为 75 次·min^{-1} 时，则每个心动周期持续 0.8 s。其中心房收缩期约 0.1 s，心房舒张期约 0.7 s，心室收缩期约 0.3 s，心室舒张期约 0.5 s，心房和心室共同舒张期约 0.4 s，占心动周期时间的 1/2（图 5-1）。而且在每一心动周期中，心房和心室的舒张时间都长于收缩时间。所以，心肌在每次收缩后有足够的时间补充养分和排除代谢产物，用以保证心脏休息和血液充盈心脏，这是心肌能够不断活动而不疲劳的根本原因。由于在心动周期中心室收缩时间长，收缩力也大，它的收缩和舒张是推动血液循环的主要因素，故常以心室的舒缩活动作为心脏活动的标志，把心室的收缩期，称为心缩期，心室的舒张期称为心舒期。

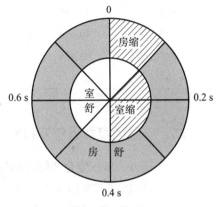

图 5-1　心动周期

（二）心率

每分钟内心脏搏动的次数称为心率（heart rate，HR），或单位时间的心动周期数。心率的快慢直接影响到每个心动周期持续的时间；当心率加快时，心动周期缩短，收缩期和舒张期均相应缩短，但舒张期缩短的比例大，这样就不利于心脏的休息以及血液充盈心室（表 5-1）。坚持锻炼的人、调教有素的动物平时心率较慢，强烈运动时心率增加的幅度也低于缺乏训练的人或动物。

表 5-1　不同心率情况下心室收缩期与舒张期持续时间

心率 /（次·min^{-1}）	收缩期时间 /s	舒张期时间 /s
75	0.35	0.45
90	0.32	0.34
120	0.28	0.22
150	0.23	0.17
200	0.16	0.14

一般情况下，各种动物的心率都稳定在各自的生理范围之内（表 5-2）。同时心率可因动物的种类、年龄、性别和生理状况的不同而有差异。一般来说，个体小的动物其心率比个体大的大。例如，大象心率为 28 次·min^{-1}，而家鼠心率可达 600 次·min^{-1}。幼龄动物的心率比成年动

物的大；雄性动物的心率比雌性动物的略小；同一个体在安静或睡眠时心率小，在活动或应激时心率大。总的来说，代谢越旺盛，心率越大；代谢越低，心率越小。经过充分训练的动物心率较小。

表5-2 不同动物的心率

动物	心率（次·min⁻¹）	动物	心率（次·min⁻¹）	动物	心率（次·min⁻¹）
人	$60 \sim 100$	猪	$60 \sim 80$	鸭	$160 \sim 250$
马	$30 \sim 45$	绵羊	$70 \sim 110$	鸽	$141 \sim 244$
驴	$60 \sim 80$	山羊	$60 \sim 80$	豚鼠	$260 \sim 400$
骆驼	$30 \sim 50$	狗	$70 \sim 120$	大白鼠	$328 \sim 600$
黄牛	$40 \sim 70$	猫	$110 \sim 240$	小白鼠	$300 \sim 500$
乳牛	$60 \sim 80$	家兔	$120 \sim 150$	猴	$60 \sim 250$
牦牛	$35 \sim 70$	鸡	$250 \sim 300$	蛙	$36 \sim 70$

二、心脏的泵血过程及机制

（一）压力、容积变化与瓣膜的活动

心脏之所以能不断地把来自低压的静脉血液泵入高压的动脉，推动血液沿着一定的方向循环，主要是依靠心脏的泵血功能。心房和心室有次序地舒缩，造成心室和心房以及动脉之间的压力差，形成推动血液流动的动力，同时通过心脏内4套瓣膜的启闭控制血流的方向协同完成泵血。现以左心室为例，来讨论心脏的泵血过程及机理（图5-2）。

1. 心房收缩期

心房收缩前，心脏处于全心舒张状态，心房、心室内压力很低，接近于大气压。静脉压高于房内压，心房压略高于心室压，房室瓣处于开放状态，血液不断地从静脉流入心房，再经心房流入心室，使心室充盈。此时，心室内压远远低于主动脉内压，故半月瓣是关闭的。回流入心室的血液，大约75%是由大静脉经心房直接流入心室的。

心房开始收缩，作为一个心动周期的开始，心房内压力升高，此时房室瓣处于开放状态，心房将其内的血液进一步挤入心室，因而心房容积缩小。心房收缩期间泵入心室的血量约占每个心动周期中心室总回流量的25%。心房收缩结束后即舒张，房内压回降，随后心室开始收缩。

2. 心室收缩期

包括等容收缩期和射血期。

（1）等容收缩期 由于心室肌发达，收缩力强大，故心室开始收缩时，室内压突然增加，当大于房内压时，向心房的血流导致房室瓣关闭，但此时心室内压尚低于主动脉内压，不足以打开半月瓣。在半月瓣开放前，由于房室瓣和半月瓣均处于关闭状态，心室肌虽然收缩，但并不射血，心室内血液容积不变，故称为等容收缩期（isovolumic contraction period）。此期肌张力及室内压增高极快。等容收缩期的时程长短与心肌收缩能力及后负荷（即主动脉内压力）有关，后负荷增大或心肌收缩能力减弱，则等容收缩期延长。

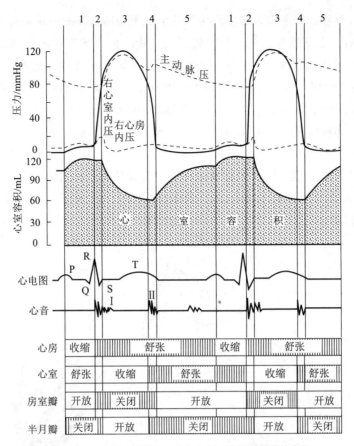

图 5-2 一个心动周期中，右心内压、容积和瓣膜的变化

1. 心房收缩期；2. 等容收缩期；3. 射血期；4. 等容舒张期；5. 充盈期

（2）射血期 当左心室收缩使室内压升高超过主动脉压时，血流冲开半月瓣，血液被迅速射入主动脉内，心室容积迅速缩小；室内压可因心室肌继续收缩而继续升高，直至最高值，这段时间称为快速射血期（period of rapid ejection）。快速射血期约占整个收缩期的 1/3 左右，在此期间心室射出的血量约占整个收缩期射出血量的 70%。

之后，随着心室内血液的减少，以及心室肌收缩力的减弱，射血的速度逐渐减慢，室内压开始下降，这一时期称为减慢射血期（period of reduced ejection）。在这一时期内，室内压已略低于主动脉压，但心室内血液因受到心室肌收缩的作用而具有较高的动能，故能依其惯性作用逆着压力梯度继续射入主动脉内，心室容积继续缩小。这一时期射出的血液约占整个心室射血期射出血量的 30%，但所需时间则约占整个收缩期的 2/3 左右。

3. 心室舒张期

（1）等容舒张期 收缩期结束后，射血中止，心室开始舒张，心室内压迅速下降，半月瓣随之关闭；但此时心室内压仍然高于心房内压，因此，房室瓣仍处于关闭状态。由于此时半月瓣和房室瓣均处于关闭状态，心室内血液容积没有变化，故称为等容舒张期（isovolumic relaxation period）。在该期内，由于心室肌舒张，室内压急剧下降。

（2）充盈期 等容舒张期末，心室内压降低至低于心房内压时，房室瓣开放，心室迅速充盈；房室瓣开放后，心室继续舒张，使室内压进一步降低，甚至造成负压，这时心房和大静脉内的血液因心室抽吸而快速流入心室，心室容积迅速增大，称为快速充盈期（period of rapid filling）。快速充盈期时程较短，约占整个舒张期的1/3，但充盈量约占总充盈量的2/3。

随着心室内血液的充盈，心室与心房、大静脉之间的压力差减小，致使血液流入心室的速度减慢，这段时期称为减慢充盈期（period of reduced filling）。其后与下一个心动周期的心房收缩期相衔接（图5-3）。

左、右心室的泵血过程相同，但肺动脉压是主动脉压的1/6，因此在一个心动周期中，右心室内压变化的幅度（射血时达3.2 kPa，约24 mmHg）比左心室（射血时达17.33 kPa，约130 mmHg）要小得多。

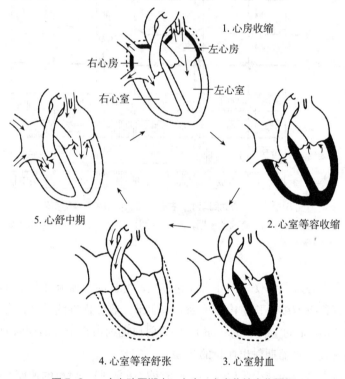

图5-3 一个心动周期中，心房、心室收缩变化图解

（二）心脏泵血功能的评价

心脏在血液循环中所起的作用就是泵出足够的血液以适应机体新陈代谢的需要，心脏射出血液量的多少是衡量心脏泵血功能的基本指标。

1. 每搏输出量和射血分数

一侧心室每次搏动射入动脉的血量称为每搏输出量（stroke volume）简称搏出量。在通常情况下，从左、右心室分别射入主动脉、肺动脉中的血量是相等的，这是体循环与肺循环保持协调的必要条件。因此每搏输出量，可用任一心室射入动脉的血量来表示，不过，通常是指左心室射入主动脉的血量。

心室舒张末期，心室内的血液充盈量称为心室舒张末期容积（end-diastolic volume，EDV）。在收缩期末，心室内仍剩余的一部分血液，称为收缩末期容积（end-systolic volume）。生理学上将每搏输出量占心室舒张末期容积的百分比称为射血分数（ejection fraction），它是衡量心脏射血能力的重要指标。一般静息状态下，射血分数为 55% ~ 65%，经过锻炼和调教的动物，其心脏射血分数相对较大，反映心脏射血能力强。反之，则反映心脏射血能力弱。

2. 每分输出量与心指数

（1）每分输出量 一侧心室每分钟射入动脉的血液总量称为每分输出量（minute volume），一般所说的心输出量（cardiac output）都是指每分输出量，心输出量 = 每搏输出量 × 心率。每分输出量随着机体活动和代谢情况而变化，在运动、情绪激动、怀孕等情况下，心输出量增高。

心输出量取决于心率及每搏输出量，因此，心率的改变以及能影响每搏输出量的因素都可以引起心输出量的改变，影响心输出量的主要因素如下：

① 心肌前负荷 心肌在收缩前所遇到的负荷，称为心肌的前负荷（preload），可用心室舒张期末血液的充盈程度（容积）来表示。它反映了心室肌在收缩前的初长度（initial length）。前负荷决定于静脉的回流量。当静脉回流在一定范围内增多，则心舒末期充盈量增大，左心室舒张末期压力（前负荷）增高。当心舒末期充盈量使心室舒张末期压力达最适前负荷时，心肌将以最适初长度表现为最大的收缩力。若心肌初长度超过最适极限，心肌收缩力反而下降，结果心输出量明显低于回心血量，即表现为心力衰竭。

② 心肌后负荷 心肌后负荷是指心室肌收缩时承受的负荷，也即心室收缩面临动脉压的阻力大小。在心率、心肌初长度和收缩力不变的情况下，如果动脉压增高，等容收缩期室内压峰值必然也增高，从而使等容收缩期延长而射血期缩短，同时，射血期心室肌纤维缩短的程度和速度均减小，射血速度减慢，搏出量因此减少。

③ 心肌收缩能力 心肌前负荷和心肌后负荷是影响心脏泵血的外在因素，而肌肉本身的功能状态也是决定肌肉收缩效果的重要因素。心肌不依赖于前、后负荷而改变其力学活动的内在特性，称为心肌收缩能力。这种通过改变心肌收缩能力的心脏泵血功能的调节称为等长自身调节。心肌收缩能力受多种因素影响，凡能影响心肌细胞兴奋–收缩偶联过程的各个因素都可影响收缩能力，其中，活化的横桥数目和肌球蛋白头部横桥 ATP 酶的活性是影响心肌收缩能力的主要环节。心肌收缩力减弱，每搏搏出量减少，引起心输出量减少；心肌收缩力增强，每搏输出量增加，引起心输出量增加。

④ 心率 在一定范围内，心率的增加能使心输出量随之增加。但心率过快就会使心动周期的时间缩短，特别是舒张期的时间缩短。这样就会造成心室在还没有被血液完全充盈的情况下进行收缩，以致每搏输出量减少。若心率过慢，由于回心血量大都是在心室快速充盈期进入心室的，在间歇期又使心室进一步充盈，心率变慢时，会使心舒期延长，并不能提高相应的充盈量，结果反而会因射血次数减少而使心输出量下降。

（2）心指数 心输出量是以个体为单位计算的。个体大小不同的动物，新陈代谢总量不同，如果用心输出量的绝对值作指标，进行不同个体间心功能的比较是不全面的。研究发现，动物安静时的心输出量与体表面积成正比，将每平方米体表面积每分钟的心输出量定义为心指数（cardiac index）或静息心指数。用心指数来分析和评价个体大小不同动物心脏功能比较合理。

3. 心力储备

正常时，心输出量总是和动物代谢水平相适应的。机体各器官活动加强时，为了适应代谢增强的需要，心输出量就增多。心脏这种能够通过增加心输出量来适应机体需要的能力叫心力储备（cardiac reserve）。其中，通过适当提高心率途径实现的，称心率储备；通过提高每搏输出量途径实现的，称搏出量储备。如果心力储备发挥到最大限度后仍不能适应机体需要，就发生心力衰竭。锻炼和调教能促进心肌发达和改善神经系统对心脏功能的调节能力，因而能有效地提高心力储备。心力储备强大的心脏，最大心输出量可以比静息时的心输出量几乎提高 10 倍。而心力储备很小的心脏，在进行中等强度活动时，就会出现心力衰竭症状。

（三）心音

心音（heart sound）是心脏泵血过程中，由于心肌收缩、瓣膜启闭、血流加速和减速对心血管壁的加压和减压作用，以及形成的涡流等因素引起的机械振动而产生的声音。若用听诊器在动物胸壁一定区域内听诊，在一个心动周期内一般可听到两个心音。偶尔还可听到第三个心音。在用换能器将这些机械振动转换成电流信号记录下来的心音图（phonocardiogram，PCG）上，有时可观察到第四心音。这 4 种心音分别是由不同部位产生的振动所引起的。因此，临床中根据这 4 种心音产生的强弱、持续时间的长短来评价心脏的功能状态。

第一心音发生于心缩期，它标志着心室收缩开始。第一心音持续时间长、音调低，属浊音，在心尖搏动处听得最清楚。主要是由于心室收缩开始时，房室瓣突然关闭所引起的振动而形成；其次为心室肌收缩的振动及半月瓣突然开放时血液射入动脉引起的振动形成。第一心音的变化主要反映心肌收缩力量和房室瓣的机能状态，心室收缩力愈强，第一心音也愈强。

第二心音发生于心舒期，它标志着心室舒张开始。第二心音持续时间较短，音调较高。它是由于主动脉瓣和肺动脉瓣迅速关闭，血流冲击大动脉根部及心室内壁振动而形成的。第二心音主要反映动脉血压的高低以及半月瓣的功能状态。

第三心音发生在第二心音之后，持续时间短，音弱，在马、骡、狗等动物中可听到，其他动物中不易听到。第三心音主要是由于心室舒张后，心房中的血液快速充盈心室，引起心室壁的振动而产生的。

第四心音又称心房音，发生在第一心音之前，并与之相连续。由心房收缩所引起的心室快速充盈所形成，是一种低频率和低振幅的振动音。第四心音一般不能听到，但能在心音图上找到。

听取心音对于诊查瓣膜功能有重要的临床意义。第一心音可反映房室瓣的功能，第二心音可反映半月瓣的功能。瓣膜关闭不全或狭窄时，均可使血液产生涡流而发生杂音，从杂音产生的时间及杂音的性质和强度可判断瓣膜功能损伤的情况和程度。听取心音还可判断心率和心律是否正常。

三、心脏的电生理学

心肌细胞根据其组织学特点、生理特性及功能的不同，可分为两大类：一类是普通的心肌细胞，包括心房肌和心室肌细胞，它们含有丰富的肌原纤维，具有收缩性，执行收缩功能，所以又称为工作细胞（working cell）。

工作细胞能够接受外来刺激产生兴奋并传导兴奋，具有兴奋性和传导性，但不能自动产生节律性兴奋，即不具有自律性，所以也称为非自律细胞。另一类是组成心脏特殊传导系统的细胞，包括窦房结、房室交界（又称房室结区，包括房结区、结区和结希区）、房室束及其分支和浦肯野纤维网。这类心肌细胞不仅具有兴奋性和传导性，而且还具有自律性，故称为自律细胞（autorhythmic cell）。自律细胞胞浆中的肌原纤维含量很少，甚至缺乏，基本上不具有收缩性。它们是心脏内产生和传播兴奋的细胞，起着控制心脏节律活动的作用。

心肌细胞与肌肉、神经细胞一样在细胞膜两侧存在着电位差，即膜电位，包括未兴奋状态下的静息电位和兴奋状态下的动作电位。心肌细胞所具有的这种膜电位及其所发生的规律性的变化，称作心肌细胞的生物电现象，它与心肌细胞的生理功能关系极为密切。与骨骼肌相比，心肌细胞的膜电位在波形和形成机制上要复杂得多。不仅如此，不同类型心肌细胞膜电位的幅度和持续时间也各不相同，波形和形成的离子基础也有一定差别。而且，不同动物的同类心肌细胞，动作电位的波形及形成的离子基础也存在明显的种属差异。

（一）普通心肌细胞的膜电位及其形成原理

以心室肌细胞为例进行说明。

1. 静息电位

心室肌细胞在静息状态下，细胞膜内外的电位差称为心室肌细胞的静息电位。正常心室肌细胞的静息电位约为 -90 mV。其产生原理和神经、骨骼肌细胞相同，主要是 K^+ 外流所达到的平衡电位。

2. 动作电位

心室肌细胞兴奋时，膜电位表现为动作电位。心室肌动作电位的产生与骨骼肌相似，都由离子跨膜运动所产生，但由于心室肌涉及离子更多，这些离子既有各自特定的离子通道和动力学规律，又有离子流之间的相互影响，故心肌细胞动作电位的产生与形成比骨骼肌复杂得多，其特征是持续时间较长、过程复杂以及动作电位的升支和降支不对称。心室肌细胞的动作电位包括除极和复极两个过程，分为 0、1、2、3 和 4 五个时期（图 5-4）。

（1）去极化过程（0 期） 膜电位由静息状态时的 -90 mV 上升到 +20 mV ~ +30 mV，上升的幅度达 120 mV 左右，此时膜由极化状态转成反极化状态，构成动作电位的上升支。哺乳动物心室肌动作电位的 0 期所占时间很短，仅为 1 ~ 2 ms。

0 期形成的机制和神经细胞、骨骼肌细胞相似，主要由于 Na^+ 的快速内流所致。心肌细胞膜上有两种允许 Na^+ 通过的通道。其一为快钠通道，或称 Na^+ 通道；其二为慢钙通道，或称 Ca^{2+} 通道。快通道与神经纤维上的 Na^+ 通道相似，它的激活迅速，失活也迅速。慢通道的激活和失活均较缓慢，它以允许 Ca^{2+} 缓慢内流为主（所以又叫 Ca^{2+} 通道），同时也允许少量 Na^+ 缓慢内流。根据心肌细胞的电生理特性又可分为快反应细胞和慢反应细胞。快反应细胞：0 期去极快，波幅大，如心房、心室肌细胞和浦肯野细胞；而慢反应细胞：0 期去极慢，波幅小，如 P 细胞和房室交界区细胞。

心室肌细胞膜上的 Na^+ 通道，静息状态下是关闭的。在动作电位的形成过程中，局部电流刺激未兴奋区域，使该区心室肌细胞膜上部分 Na^+ 通道激活开放，少量 Na^+ 内流造成细胞膜部分去极化。当去极化到达阈电位时（约 -70 mV），快通道则全部开放。于是膜外 Na^+ 顺浓度差迅速内流，至达到 Na^+ 平衡电位，形成动作电位的上升支。慢通道开放较快通道晚，所以，在 0 期形成

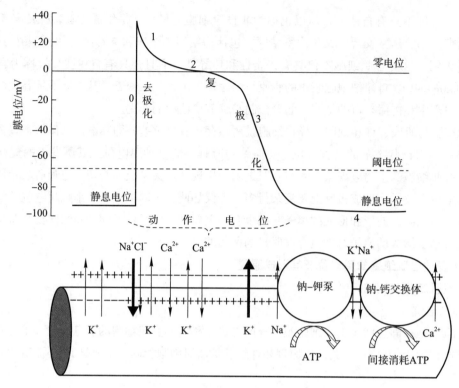

图 5-4   心室肌细胞的膜电位和主要离子活动示意图

中不起什么作用。以快钠通道为 0 期去极的心肌细胞，如心房肌、心室肌及浦肯野细胞，称快反应细胞，所形成的动作电位称快反应动作电位。快钠通道可被河鲀毒素阻断。

（2）复极过程   当心室肌细胞去极化达到峰值后，就开始复极化。心室肌细胞的复极过程远比神经和骨骼肌细胞慢，包括四个阶段：

1 期（快速复极初期）   在复极初期，膜电位由 +30 mV 迅速下降到 0 mV 左右，历时约 10 ms。0 期和 1 期的快速膜电位变化，常合称为锋电位。1 期主要是 K^+ 外流引起的。K^+ 通道可被四乙胺和 4– 氨基吡啶等所阻断。

2 期（平台期）   此期膜电位下降很缓慢，往往停滞于接近零的等电位状态，形成平台。形成平台期主要是由于 Ca^{2+} 通过慢通道（0 期膜电位的去极化，除了导致快钠通道的开放和以后的关闭外，也激活了膜上的钙通道。钙通道的激活过程较钠通道慢，因此要等 0 期后才表现为持续开放）持续缓慢内流的同时，少量 K^+ 通过慢钾通道外流彼此相抗衡的结果。2 期是心室肌细胞区别于神经或骨骼肌细胞动作电位的主要特征。此期约占 100～150 ms，是心室肌动作电位持续较长的主要原因，与心肌的兴奋 – 收缩偶联、心室肌不应期长、不会产生强直收缩等特性密切相关。

3 期（快速复极末期）   此期复极过程加速，膜电位由 0 mV 左右较快地下降到 –90 mV，占时为 100～150 ms。2 期和 3 期之间没有明显界限。此期形成的原因是 Ca^{2+} 通道关闭失活，Ca^{2+} 内流停止，而膜对 K^+ 的通透性继续增高，K^+ 依其膜内高于膜外的浓度梯度快速外流，使膜电位很快恢复到静息电位水平。

4期（恢复期）动作电位复极化完毕之后的时期。在心室肌细胞或其他非自律细胞，4期膜电位稳定于静息电位水平，故4期又称为静息期。在此期内离子的跨膜主动转运增强，通过钠－钾泵的作用将动作电位形成过程中进入细胞内的Na^+运出，并摄回外流的K^+，以恢复细胞内外离子静息时的正常浓度差。至于2期进入细胞内的Ca^{2+}则是通过Na^+–Ca^{2+}交换移出细胞外的。交换时每摄入3个Na^+移出1个Ca^{2+}。Ca^{2+}的主动转运是由钠－钾泵间接提供能量。

心房肌细胞的膜电位及其形成机理与心室肌细胞大致相同，但心房肌不形成明显的平台期，其动作电位1期与2期分界不清，动作电位持续时间较短，仅150 ms左右（图5-5A）。

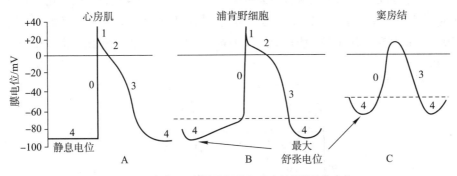

图5-5　心房肌、浦肯野细胞和窦房结细胞动作电位

（二）自律细胞的膜电位及形成机制

心肌自律细胞的膜电位与非自律细胞（心房肌细胞、心室肌细胞）有一个明显的不同点是动作电位在3期复极末到达最大复极电位（曾称最大舒张电位）后，4期的膜电位并不稳定于这一水平，而是开始自动除极，除极达到阈电位后，自动引起下一个动作电位的产生。心肌自律细胞的4期自动去极化，是心肌自律细胞能自动产生兴奋的原因。不同类型的自律细胞，4期除极的速度不同，引起4期自动除极的离子流基础也不同（图5-5B、C）。下面介绍快反应自律细胞（浦肯野细胞）和慢反应自律细胞（窦房结细胞）动作电位形成的机制。

1. 浦肯野细胞的动作电位及其形成机制

浦肯野细胞兴奋时产生快反应动作电位，其形状与心肌工作细胞相似，也分为0、1、2、3、4五个时期，0-3期产生机制也与心肌工作细胞相似，不同的是浦肯野细胞动作电位0期去极化速率较心室肌细胞快，可达$200 \sim 800 \text{ V} \cdot \text{s}^{-1}$，1期较心室肌更加明显，在1期和2期之间形成一个明显的切迹，3期复极化末期达到的最大复极电位较心室肌细胞静息电位负值更大，这是因为膜上K^+通道密度较大，膜对K^+的通透性较大所致。4期的膜电位不稳定，这是与心室肌细胞动作电位最明显的不同之处。此外。在所有的心肌细胞中。浦肯野细胞动作电位的时程最长。

浦肯野细胞4期自动去极化离子基础是随时间递增的内向电流（Na^+）和递减的外向电流（K^+）所致。这里的Na^+通道不同于Na^+快通道（两者激活的电压水平不同），标志符号为If，是一种被膜的超极化激活的非特异性内向离子流。当膜电位达–100 mV时，If通道被充分激活。在动作电位复极化至–50 mV左右，K^+通道开始关闭，K^+电流开始减弱。同时，If通道开始激活开放，允许Na^+通过，由此构成起搏内向电流。由于If在浦肯野细胞密度低，激活开放的速度较慢，因此浦肯野细胞4期自动去极化的速度较慢（$0.02 \text{ V} \cdot \text{s}^{-1}$），也正基于此原因，在正常窦性节律下，浦肯野细胞的自律性并不会表现出来。

2. 窦房结细胞的动作电位及其形成机制

窦房结细胞是一种自律细胞，它在没有外来刺激的情况下，也会自动去极化。因此，其膜电位的变化，尤其在动作电位的产生过程中，有别于其他心肌细胞。窦房结细胞的动作电位只表现为 0、3、4 三个时期（图 5-6）。0 期去极化过程占时较长，约 7 ms，其超射部分较小，为 10~15 mV。3 期为复极化过程。复极完毕后所达到的最大膜电位值，称为最大复极电位（maximum repolarization potential），约为 –70 mV。它小于心室肌细胞的静息电位，相当于后者的阈电位水平，这是窦房结细胞能自动去极化的条件之一。当 4 期自动去极化达到阈电位（约 –45 mV）时，即暴发较快速的去极化过程，构成动作电位 0 期。如此周而复始地进行，使窦房结细胞在没有外来刺激的条件下，能自动地发生兴奋。有人将 4 期自动缓慢去极化所产生的电位叫作起步电位。

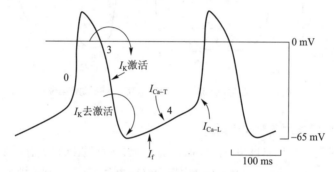

图 5-6　窦房结 P 细胞舒张去极化和动作电位发生原理示意图

窦房结细胞的直径很小，进行电生理研究有一定困难。直到 20 世纪 70 年代中期，才开始在窦房结小标本上采用电压钳技术对其跨膜离子流进行了定量研究。窦房结 P 细胞的 4 期自动去极化由外向电流 I_K 的衰减和内向电流 I_f、I_{Ca-T} 的增加而引起。

在自律性心肌细胞中，窦房结 P 细胞的舒张期自动去极化速率最大，自律性最高，使窦房结 P 细胞成为心脏的主导起搏点。P 细胞具有较高的自律性，是有其形态学和电生理学基础的。首先，P 细胞的体积比较小，细胞膜电容仅为 40 μF 左右；其次，由于其细胞膜上缺乏 I_{Kf} 通道，P 细胞的细胞膜电阻很高，约为心房肌细胞的 6 倍，因此只要微小的离子流就可以引起 P 细胞膜电位的舒张去极化。据估算，只要 2~5 pA 的净内向电流就足够引起舒张去极化。而在 P 细胞的舒张去极化膜电位水平（–60~–40 mV）存在着许多内向电流和外向电流，其中任何一种电流的改变，都足以改变其自律活动。由此可以理解为什么窦房结 P 细胞的自律性最高，同时也不难理解为什么至今对于哪一种离子流是 P 细胞最主要的起搏离子流仍存在争议。以下选择几种最主要的离子流进行介绍。

（1）I_K 离子流的去激活衰减　P 细胞的 I_K 通道在动作电位去极化过程中激活，缓慢开放，细胞内的 K^+ 循之外流，形成外向电流，引起动作电位的复极化。当复极化达到 –50 mV 时，I_K 通道去激活关闭，I_K 外流逐步衰减。这一去激活衰减过程发生在 P 细胞的最大复极电位水平，这时 I_K 离子流（外向电流）还相当大，因此其衰减造成内向电流相对增加的作用也相当大。I_K 通道的去激活关闭所引起的外向电流衰减被认为是 P 细胞舒张去极化最重要的离子流基础。

上述设想得到了实验的证实。P 细胞的 I_K 离子流，其主要成分是快速延迟整流钾流 I_{Kr}。用 I_{Kr} 通道选择性阻滞剂 E-4031 处理窦房结标本，阻滞剂浓度仅为 $0.1\ \mu mol \cdot L^{-1}$，就可使窦房结中央部位（主导起搏区）的自律活动停止，周边部位自律活动也大大减慢；用 $1\ \mu mol \cdot L^{-1}$ 的 E-4031 可以使 I_{Kr} 几乎全部抑制，窦房结的起搏活动完全停止。包括窦房结的周边和中央部位，这时 I_{Ca-T} 和 I_f 几乎不受影响。这些实验支持 I_K 去激活衰减是窦房结 P 细胞的主要起搏离子流的假设。据估计，在 P 细胞舒张去极化过程中，I_{Kr} 提供 20～30 pA 的电流。

（2）I_f 离子流（funny current. I_f，奇特离子流）的激活　关于 I_f 离子流在窦房结 P 细胞舒张去极化的发生原理中的重要性，争议最大。已知 I_f 通道的编码基因在 P 细胞表达最高，因此有人认为 I_f 离子流不仅是浦肯野细胞的主要起搏离子流，也是窦房结 P 细胞的主要起搏离子流。但是大多数学者认为，P 细胞的最大复极电位仅为 -60 mV，而浦肯野细胞的最大复极电位达 -90 mV，从 I_f 通道的电压依赖性（因过度极化而激活）来看，P 细胞的 I_f 离子流幅值远小于浦肯野细胞，这不能解释 P 细胞的自律性远高于浦肯野细胞的这一基本事实。用铯（Cs）阻断 I_f 离子流后，窦房结周边部位的起搏率显著减慢而中央部位的起搏活动不受影响。这说明窦房结不同部位的起搏活动存在着不均一性，在窦房结周边部位自律性较低的 P 细胞，I_f 离子流在起搏活动的发生中相对重要，而在窦房结中央部位的 P 细胞，I_f 离子流在舒张去极化的发生中不重要。据估算，I_f 可提供 0.4～7 pA 的内向电流。

（3）I_{Ca} 离子流　窦房结 P 细胞的细胞膜上有两类钙通道：一类是 L 型钙通道，经此通道流入的 L 型钙流 I_{Ca-L}，电流相对较大，持续时间较长，Ca^{2+} 的内流引起 P 细胞动作电位的去极化；另一类是 T 型钙通道，经此通道流入细胞的是 T 型钙流 I_{Ca-T}，其电流相对微弱而短暂，故名 T 型。I_{Ca-T} 通道的激活电位水平负值较高，约为 -50 mV，通道激活后很快失活，所以 I_{Ca-T} 为时短暂。I_{Ca-T} 通道不仅激活电位水平和通道开闭的动力学和 I_{Ca-L} 通道不同，而且激动剂和阻滞剂也不同。交感神经递质去甲肾上腺素能显著增强 I_{Ca-L}，但对 I_{Ca-T} 无作用；二氢吡啶类和 Mn^{2+} 能阻断 I_{Ca-L} 通道而不能阻断 I_{Ca-T} 通道；I_{Ca-T} 通道可以被 Ni^{2+} 和 miberfradil 所阻断。实验中阻断 I_{Ca-T} 通道可以使 P 细胞舒张去极化的后 2/3 部分变慢，人体实验观察也发现，口服 miberfradil 可使窦房结起搏功能受抑制，提示 I_{Ca-T} 确实参与窦房结的起搏活动。

一般认为，在 P 细胞动作电位复极到最大复极电位后，由于 I_K 的去激活衰减和 I_f 的激活内流，引起舒张去极化，当去极化达到 -50 mV 左右时，I_{Ca-T} 的激活内流进一步加速舒张去极化，达到 I_{Ca-L} 通道的阈电位时，I_{Ca-L} 通道激活，I_{Ca-L} 的内流引起一个新的自律性动作电位。

必须指出，参与窦房结 P 细胞起搏活动的远不止上述这些离子流。目前已知的还有背景电流（background current，包括钠流和钾流）、持续性内向电流（sustained inward current，I_{ST}，一种对钙通道阻滞剂敏感的钠流）、由肌质网释放 Ca^{2+} 引起的钠-钙交换流（$I_{Na/Ca}$）以及 I_{Ca-L} 的亚型 D 型 I_{Ca-L}（一般的 I_{Ca-L} 为 C 型等）。但这些离子流在窦房结 P 细胞起搏原理中的重要性还有待进一步明确。

四、心肌的生理特性

心肌的生理特性包括自动节律性、兴奋性、传导性和收缩性。其中自律性、兴奋性和传导性是在心肌细胞膜电位的基础上产生的，故三者又称电生理特性，它们与心脏内兴奋的产生和传播密切相关。收缩性是指心肌细胞能够在肌膜动作电位的触发下产生收缩反应的特性，它是以收缩蛋白之间的生物化学和生物物理反应为基础的，是心肌的一种机械特性。

（一）自动节律性

心肌在没有外来刺激的情况下，能自动发生节律性兴奋的能力或特性，称为自动节律性，简称自律性（autorhythmicity）。具有自律性的组织或细胞，叫作自律组织或自律细胞。高等动物心脏的自律性组织存在于心肌特殊传导系统中，包括窦房结（蛙类为静脉窦）、房室交界、房室束及浦肯野氏纤维等。这些组织的自律性高低不一。以猪为例，窦房结每分钟兴奋 70～80 次，房室交界每分钟 40～60 次，房室束为每分钟 20～40 次，浦肯野纤维每分钟不足 20 次。可见，窦房结的自律性最高，整个心脏窦房结最早自动产生兴奋并向外扩布，依次激动心房肌、房室交界、心室内的传导组织和心室肌，从而引起整个心脏的兴奋和收缩。所以，心脏内兴奋起源于窦房结，窦房结为心脏的正常起搏点（normal pacemaker）。当窦房结自律性增高时，心跳就加快；反之，当窦房结自律性下降时，心跳就减慢。临床上把以窦房结为起搏点的心脏活动节律称为窦性心律（sinus rhythm）。心脏内其他自律组织的自律性较低，通常处于窦房结控制之下，其本身的自律性表现不出来，只起传导兴奋的作用，所以称为潜在起搏点（latent pacemaker）。在异常情况下，比如窦房结功能下降，或窦房结冲动下传受阻时，潜在起搏点中自律性最高的部位便可取而代之，表现出自己的自律性，来维持心脏的兴奋和搏动，使心脏免于停搏。这时，潜在起搏点就成为异位起搏点（窦房结以外的起搏点）。临床上将由异位起搏点引起的心脏活动节律称为异位心律（ectopic rhythm）。

窦房结通过下述两种方式对潜在起搏点实现控制：

（1）抢先占领（capture）　窦房结的自律性高于其他潜在起搏点。在潜在起搏点 4 期自动除极尚未达阈电位时，就已受到由窦房结发出并传播而来的兴奋的激动作用而产生动作电位，其自身的自动兴奋就不可能出现。显然，"抢先占领"是窦房结起主宰作用的原因。

（2）超速驱动压抑（overdrive suppression）　如果窦房结的起搏活动突然停止，潜在起搏点并不能立即发挥作用，以代替窦房结重建心脏的节律活动。而是先出现一段时间的停搏，然后才"复苏"过来，这时，自律性最高的潜在起搏点通常会接管窦房结的起搏功能。这种现象叫作"超速驱动压抑"。此现象发生的原因是由于在自律性较高的窦房结的节律性兴奋驱动下，潜在起搏点"被动"兴奋的频率远超过它们本身的自动兴奋的频率。潜在起搏点长时间超速驱动的结果，发生其本身自律活动被压抑的效应；一旦窦房结的驱动作用中断，心室潜在起搏点需要经过一定时间才能从被压抑的状态恢复过来，表现出本身的自动兴奋节律。超速驱动压抑的程度与两个起搏点自律性的差别呈平行关系，频率差别愈大，压抑效应愈强，超速驱动作用中断后，停搏的时间也愈长。超速驱动抑制的机理目前尚不清楚。有人认为，在高频超速驱动下，Na^+ 泵活动加强，泵出细胞膜外的 Na^+ 超过泵入膜内的 K^+ 量。结果出现超极化状态。因此，驱动停止后，需要较长的自动去极化时间，才能达到阈电位水平，暴发动作电位。

自律细胞自动节律性的高低受下列因素影响：

（1）4 期自动去极化速度　4 期自动去极化的速度加快，则从最大复极电位达到阈电位而发生兴奋的时间缩短，单位时间内暴发兴奋的次数多，自律性升高。肾上腺素可促进窦房结细

胞 Na^+ 通道和 Ca^{2+} 通道的开放，使 Na^+、Ca^{2+} 内流速度加快，4 期自动去极化速度和自律性增高（图 5-7A）。

（2）最大复极电位水平　如果因某种原因最大复极电位绝对值减小，则与阈电位的差距就小，去极化时达到阈电位的时间缩短，自律性升高（图 5-7B）。

（3）阈电位水平　阈电位若下移，则最大复极电位与阈电位的差距缩小，产生自动兴奋所需的时间也随之缩短，自律性升高。在生理情况下，阈电位比较稳定，不是影响自律性的主要因素（图 5-7C）。

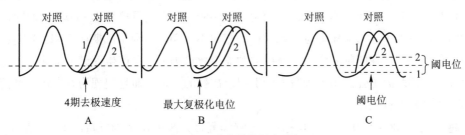

图 5-7　自律性的影响因素

（二）兴奋性

所有心肌细胞都具有兴奋性，即具有在受到刺激时产生动作电位的能力。其兴奋性的高低可用阈值（刺激阈）来衡量。阈值与心肌细胞的兴奋性呈反比，阈值大表示兴奋性低，阈值小表示兴奋性高。现以心室肌为例说明心肌兴奋性的周期性变化。

1. 心肌细胞兴奋性变化时期

心肌细胞每产生一次兴奋，其膜电位将发生一系列有规律的变化，兴奋性也随之发生相应的周期性改变。心肌细胞兴奋性的周期性变化与神经细胞不同，有其自身的特点，影响着心肌细胞对重复刺激的反应能力，对心肌的收缩反应和兴奋的产生及传导过程具有重要作用。心室肌细胞一次兴奋过程中，其兴奋性的变化可分以下几个时期（图 5-8）。

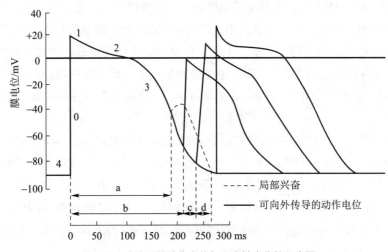

图 5-8　心室肌的动作电位与兴奋性变化的示意图

a. 绝对不应期；b. 有效不应期；c. 相对不应期；d. 超常期

（1）有效不应期　包括绝对不应期（0期~3期-55 mV）和局部反应期（-55~-60 mV）。心肌细胞发生一次兴奋后，由动作电位的去极相开始到复极3期膜电位达到约-55 mV这一段时期内，如果再受到第二个刺激，则不论刺激强度多大，都不发生反应，称为绝对不应期；膜电位由-55 mV恢复到约-60 mV这一段时间内，如果给予的刺激有足够的强度，肌膜可发生局部的部分去极化，但并不能引起可扩布的兴奋（动作电位），称为局部反应期（local response period）。心肌细胞一次兴奋过程中，由0期开始到3期膜电位恢复到-60 mV，这一阶段不能再产生动作电位，此时期称为有效不应期（effective refractory period）。其原因是这段时间内膜电位绝对值太低，Na^+通道完全失活，或刚刚开始复活，但还远没有恢复到可以被激活的备用状态的缘故。

（2）相对不应期　-60~-80 mV，即膜电位由-60 mV继续复极化至-80 mV期间，若给予阈上刺激则可产生可传播的动作电位，此期称为相对不应期。原因是此期已有相当数量的Na^+通道复活到静息状态，但在阈刺激作用下复活的钠通道数量仍不足以产生使膜去极化达阈电位的内向电流，故须比阈刺激更强的阈上刺激方能引起一次新的兴奋。而且表现为0期幅度和速度均较正常为小，传导速度也较慢。

（3）超常期　-80~-90 mV，即心肌细胞继续复极，膜电位由-80 mV继续恢复至-90 mV的极短时间内，Na^+通道已恢复到可以再激活的状态，亦即兴奋性已基本恢复，而且此时的膜电位比正常电位更接近阈电位，因此以稍低于阈刺激的阈下刺激就足以使心肌兴奋，表明此期的兴奋性超过正常，故名超常期。

随着膜通道经历上述变化直至恢复静息时的备用状态，心肌的兴奋性也恢复正常，从而为后续的动作电位做好准备。

2. 影响心肌细胞兴奋性的因素

心肌细胞兴奋性的产生包括细胞膜的去极化达到阈电位水平，以及0期去极化离子通道的激活两个环节，任何能够影响这两个环节的因素都将影响心肌细胞的兴奋性。

（1）静息电位水平或最大复极电位水平　若阈电位水平不变，静息电位或最大复极电位绝对值增大时，距离阈电位的差距就加大，故细胞的兴奋性降低。例如，乙酰胆碱的作用下，膜对K^+的通透性增加，K^+外流增多，引起膜的超极化，兴奋性降低；反之，静息电位绝对值减小时，距阈电位的差距缩小，所需的刺激阈值减小，兴奋性增强。但当静息电位绝对值显著减小时，则可由于部分Na^+通道失活而使阈电位水平上移，结果兴奋性反而降低。例如，血中K^+轻度增高时，心肌细胞内外K^+浓度梯度减小，静息电位绝对值减小，距阈电位接近，兴奋性增高；当血中K^+显著增高时，静息电位绝对值过度减小导致部分Na^+通道失活，阈电位水平上移，心肌细胞兴奋性降低。

（2）阈电位水平　阈电位实际上是电压依赖性的钠离子通道激活的膜电位水平。若静息电位或最大复极电位水平不变，而阈电位水平上移，则阈电位与静息电位或最大复极电位之间的差距增大，引起兴奋所需的刺激阈值增大，兴奋性降低。反之，阈电位水平下移则兴奋性升高。如因Ca^{2+}对心肌细胞Na^+内流具有竞争抑制作用，当低血钙时，对Na^+内流的抑制作用减弱，使阈电位下移，可使心肌细胞兴奋性升高，而奎尼宁因抑制Na^+内流而使阈电位水平上移，心肌细胞的兴奋性下降。

（3）Na^+通道的性状　快反应细胞兴奋产生时，都是以Na^+通道激活作为前提。事实上，Na^+

通道并不是始终处于这种可被激活的状态，它可表现为静息、激活和失活 3 种功能状态。Na^+ 通道处于其中哪一种状态，取决于当时的膜电位以及有关的时间进程。这就是说，Na^+ 通道的活动有电压依从性和时间依从性。当膜电位处于正常静息电位水平（ -90 mV ）时，Na^+ 通道处于静息状态。这种状态下，Na^+ 通道具有双重特性，一方面，Na^+ 通道是关闭的；另一方面，当膜电位由静息水平去极化到阈电位水平（膜内 -70 mV ）时，就可以被激活，Na^+ 通道迅速开放，Na^+ 因而得以快速跨膜内流，随后迅速失活而关闭，处于失活状态的 Na^+ 通道不能马上激活而开放，须待复极化达到 -60 mV 或更低时才能复活，且复活需要一定的时间，待电位恢复至静息电位水平时，才可恢复至静息状态。这也是在有效不应期刺激不能产生兴奋的原因。对于慢反应细胞，兴奋性取决于 L 型 Ca^{2+} 通道的功能状态，但 Ca^{2+} 通道的激活、失活及复活均较慢，其有效不应期也较长，可持续到完全复极化后。Ca^{2+} 通道或 Na^+ 通道是否处于静息状态是心肌细胞是否具有兴奋性的前提，且受药物影响，使之激活或失活，这也是一些抗心律失常药物发挥作用的基础。

（三）传导性

传导性（conductivity）是指心肌细胞兴奋时所产生的动作电位沿着心肌细胞膜向外扩布的特性。心肌细胞兴奋传导的原理与神经和骨骼肌细胞的兴奋传导基本相同，即通过局部电流不断地向外扩布，但心肌细胞之间的闰盘是低电阻的缝隙连接，允许局部电流通过，所以心肌局部电流不仅在心肌的单一细胞内传导，而且能在细胞与细胞之间传递，使心房、心室各为功能上的合胞体而表现为左、右心房或心室的同步兴奋和收缩。动作电位沿细胞膜传播的速度可作为衡量传导性的指标。

心脏的特殊传导系统和普通心肌细胞都有传导性，正常心脏内兴奋传导的途径见图 5-9。

心脏各部位的心肌细胞的传导性各不相同，故兴奋在不同部位的传导速度也不相同，具有快 - 慢 - 快的特点。心房肌的传导速度约为 0.4 m·s^{-1}，它可将窦房结发出的兴奋迅速传遍整个左心房和右心房，使左、右心房同步收缩，同时，通过右心房的优势传导通路以 1.7 m·s^{-1} 的速度将窦房结的兴奋较快地传到房室交界。房室交界是兴奋由心房传到心室的唯一通道，此处，兴奋传导的速度最慢，仅为 0.02 ~ 0.05 m·s^{-1}，所以兴奋通过房室交界所需时间较长，约需 0.10 s，这一现象称为房室延搁（atrioventricular delay）。房室延搁具有重要的生理意义，它使心房和心室不会同时兴奋，心房兴奋收缩时，心室仍处于舒张状态，保证心房和心室按先后顺序收缩，以及心房有足够的时间使心室进一步充盈血液。兴奋通过房室交界后，沿心室内传导

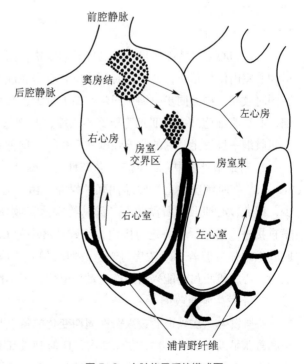

图 5-9 心脏传导系统模式图

系统——房室束（希氏束）及其分支、浦肯野纤维网迅速传播到左右心室肌，浦肯野纤维的传导速度最快，可达 $4\ m\cdot s^{-1}$，使兴奋几乎同时传到所有的心室肌，从而使整个心室肌几乎同时发生收缩即同步收缩，同步收缩力量大，泵血效果好。

从以上可以看出，心脏内兴奋传播途径的特点和传导速度的不一致性，对于保证心脏各部分有次序地、协调地进行收缩活动，具有十分重要的意义。

由于兴奋传导是通过局部电流而实现的，故心肌细胞的直径是决定传导性的主要解剖因素。细胞直径与细胞内电阻呈反变关系，直径小的细胞内电阻大，产生的局部电流小于粗大的细胞，兴奋传导速度也较粗大的细胞缓慢。在机体生存过程中，心肌细胞直径不会突然发生明显的变化，因此它只是决定传导性的一个比较固定的因素。细胞间的缝隙连接数量也是影响心肌传导速度的重要因素，在窦房结或房室交界处，细胞间缝隙连接数量少，所以传导速度慢。心肌的传导性还受 0 期除极的速度、幅度，邻近未兴奋部位的兴奋性的影响。

（1）0 期除极的速度和幅度   0 期除极速度越快，局部电流形成就越快，兴奋传导速度就越快。去极化幅度越大，与邻近未兴奋部位之间的膜电位差就越大，形成的局部电流就越大，兴奋传导速度就越快。反之，兴奋传导减慢。

（2）邻近未兴奋部位的兴奋性   邻近未兴奋部位兴奋性高，传导速度就快；反之，传导速度就慢。如果邻近部位正好处在有效不应期内，那么兴奋就不能传导；如果处于相对不应期内，则兴奋传导速度减慢。

（四）收缩性

心肌细胞和骨骼肌细胞的收缩过程基本相同，在受到刺激发生兴奋时，首先在细胞膜上爆发动作电位，然后通过兴奋－收缩偶联，引起粗、细肌丝的滑行，引起整个细胞收缩。心肌的收缩性有以下特点：

1. 同步收缩

心房和心室内特殊传导组织的传导速度快，而心肌细胞之间的闰盘电阻又低，因此兴奋在心房和心室内传导很快，几乎同时到达所有心房肌或心室肌细胞，从而引起所有心房肌或心室肌细胞同时收缩，称为同步收缩。同步收缩力量大，泵血效果好，有利于心脏射血。由于存在同步收缩，心房肌细胞或心室肌细胞要么不收缩，要么整个心房或整个心室内的所有肌细胞一起收缩，心肌收缩一旦发生，它的收缩强度几乎相等，这种收缩称为"全或无收缩"。

2. 对细胞外液中 Ca^{2+} 浓度的依赖性

Ca^{2+} 是肌细胞兴奋－收缩偶联的媒介。由于心肌细胞肌质网的终末池很不发达，储 Ca^{2+} 量少，因此，心肌收缩所需的 Ca^{2+} 除从终末池释放外，还需细胞外液的 Ca^{2+} 通过肌细胞膜和横管膜直接进入肌浆。在一定范围内，细胞外液中的 Ca^{2+} 浓度升高，兴奋时内流的 Ca^{2+} 量增多，心肌收缩增强，但若 Ca^{2+} 浓度过高，心肌会停止于收缩状态——钙僵。当细胞外液中 Ca^{2+} 浓度很低时，心肌肌膜虽仍能兴奋并产生动作电位，但不能引起收缩，称为兴奋——收缩脱偶联。

3. 不发生强直收缩

心肌发生一次兴奋后，兴奋性周期变化的特点是有效不应期特别长，相当于心肌的整个收缩期和舒张早期（图 5-10）。在此期内，任何刺激都不能使心肌组织兴奋而发生收缩。所以，每次收缩后必有舒张，使心脏始终保持收缩与舒张相互交替的节律性活动，不会产生类似于骨骼肌的

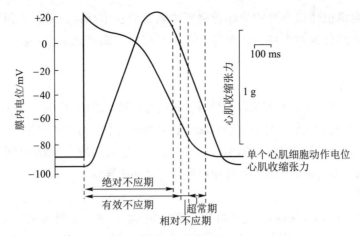

图 5-10　心室肌动作电位期间兴奋性的变化与收缩的关系

强直收缩。

4. 期前收缩与代偿间歇

正常情况下，心脏是按窦房结产生的兴奋节律进行活动的。窦房结发出的兴奋总是在心肌前一次兴奋的不应期结束之后，才传导到心房和心室。因此，心房和心室都能按照窦房结节律进行收缩和舒张的交替活动。但在某些实验或病理情况下，如果在心室肌有效不应期之后到下一次窦房结兴奋传来之前，受到一次来自窦房结之外的刺激，则可引起一次比正常窦性节律提前发生的额外兴奋，即期前兴奋（premature excitation），并导致心室肌收缩。由于这一收缩发生在窦房结兴奋所引起的正常收缩之前，故称为期前收缩（premature systole）或额外收缩，也称早搏（premature beat）。由于期前兴奋也有自己的有效不应期，使紧接在期前收缩后的窦房结的兴奋传到心室时，正好落在期前兴奋的有效不应期内，因而不能引起心室兴奋和收缩。必须等到下次窦房结的兴奋传来，才能发生收缩。所以在一次期前收缩之后，往往有一段较长的心脏舒张期，称为代偿间歇（compensatory pause）。

（五）心电图

在每个心动周期中，由窦房结产生的兴奋，依次传向心房和心室，心脏兴奋的产生和传播时所伴随的生物电变化，可通过周围组织传导到全身，使身体各部位在每一心动周期中都发生有规律的电变化。用引导电极放置在肢体或躯体的一定部位记录到的心电变化的波形，称为心电图（electrocardiogram，ECG）。心电图反映心脏兴奋的产生、传导和恢复过程中的生物电变化（图 5-11），它发生于心脏机械收缩之前，与心脏的机械舒缩活动无直接关系。

动物体内含有大量体液和电解质，是具有长、宽、厚三度空间的容积导体。心脏在兴奋过程中

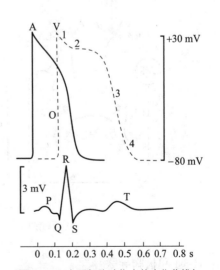

图 5-11　心肌细胞动作电位变化曲线与常规心电图的比较

A: 心房肌细胞电变化; V: 心室肌细胞电变化

产生的电变化，可沿机体这个容积导体传播到体表面的各个部位。所以，用两条导线连接引导电极，放在体表的任何两个部位，再与心电图机相接，都可记录出心脏周期性变化的电位图形。

1. 心电图的导联

记录心电图时，电极安置的方法称为导联。根据容积导电的规律，在机体任何两点间都可以记录出心电图，因此就有无数个导联。但在临床心电图记录中，为了便于对不同患畜或同一患畜不同时期的心电图进行比较和诊断，对电极的安放部位和电极与放大器的联接形式都做了严格的规定。目前常用的导联有标准导联、加压单极肢体导联和胸导联。

（1）标准导联

又称双极导联（bipolar lead），记录两个不同肢体的电位差。电极连接方法包括：第一导联（简称Ⅰ），右前肢肘关节内侧（-），左前肢肘关节内侧（+）；第二导联（简称Ⅱ），右前肢肘关节内侧（-），左后肢膝关节内侧（+）；第三导联（简称Ⅲ），左前肢肘关节内侧（-），左后肢膝关节内侧（+），右后肢接地（⊥）。

上述导联的两个电极都是有效电极，所记录到的是这两个接点之间的电位差。这种导联也称为双极肢体导联。

（2）加压单极肢体导联

把测量电极置于左前肢、右前肢肘关节内侧或左右膝关节内侧中任何一个肢体上，其余两个肢体的引导电极联接在一起作零电极，这样测得的心电图只反映测量电极所在部位的电位变化情况。由于其测得的心电图振幅可比标准导联测得的提高1.5倍，故称为加压单极肢体导联，通常用加压单极右前肢导联（aVL）、加压单极左前肢导联（aVR）和加压单极左后肢导联（aVF）代表（图5-12）。

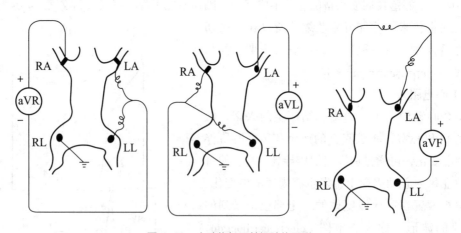

图5-12 小动物加压单极肢体导联

RA 为右前肢；RL 为右后肢；LA 为左前肢；LL 为左后肢

（3）单极胸导联

把左前肢、右前肢和左后肢的电极联在一起作零电极，测量电极置于胸壁的不同部位，分别构成各种单极胸导联。各种动物心脏的位置不尽相同，电极安放的位置也各有区别。

2. 心电图各波和间期的形态及其意义

不同的导联记录出来的波形虽然各有特点，但基本上都包括一个 P 波，一个 QRS 波群和一个 T 波，有时在 T 波后还会出现 1 个小的 U 波（图 5-13）。分析心电图时，主要是看各波波幅高低，历时长短以及波形的变化和方向。

P 波　由左、右两心房兴奋除极时产生的电变化形成，其波形小而圆钝。P 波的上升部分表示右心房开始兴奋，其下降部分表示兴奋从右心房传播到左心房。P 波的宽度反映去极化在整个心房传播所需的时间。P 波电压过高是心房肥大的表现，历时过长是心房肥大或房内传导阻滞的表现。

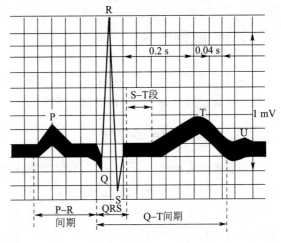

图 5-13　正常哺乳动物心电图

QRS 波群　是左右心室除极时产生的电位变化。心室除极化过程较为复杂，所以构成一个综合波群。其中，第一个是向下的 Q 波，第二个是高而尖峭的向上的 R 波，第三个是一个向下的 S 波。QRS 波群的时间代表全部心室肌除极过程所需要的时间，它的起点标志心室已有一部分开始兴奋，终点表示左、右两心室已全部兴奋。QRS 波群时限延长，反映心室内传导阻滞，QRS 波群各波的电压如超过正常范围，多是心室肥大的表现。

T 波　是继 QRS 波群之后的一个波幅较低而持续时间较长的波，它反映心室兴奋后的复极化过程。T 波与 QRS 综合波的方向在正常情况下是相同的，表明心室最后去极化的区域首先复极。

U 波　心电图中有时在 T 波之后可见一个小的偏转，称为 U 波。其发生机制不详。有人认为是由心室肌细胞动作电位的负后电位形成的，它相当于超常期。也有人认为是浦肯野氏纤维在复极化时形成的。U 波升高常见于低血钾及心室肥厚。

P-R 间期　是指从 P 波的起点到 QRS 波起点之间的时程，故又称 P-Q 间期。代表去极化从窦房结产生经过房室交界区、房室束、束支和浦肯野纤维网到达心室肌所需要的时间。由于兴奋经过房室之间的传导组织所产生的电压极小，故 P-Q 间期中 P 波后的一段是在等电位线上。P-Q 间期延长是房室传导阻滞或心房内传导阻滞的表现。

Q-T 间期　是指从 QRS 波群的起点到 T 波终点的时间，代表心室肌除极与复极全过程所需的时间。其长短与心率有密切关系，心率越快，此间期越短。

S-T 段　自 QRS 波群的终点至 T 波起点的区间称为 S-T 段。S-T 段表示两心室已全部去极化后，心室各部之间没有电位差存在，故处在等电位线上。若某一部位的心室肌因缺血、缺氧或出现病理变化时，该部位的电位与正常部位的电位之间会出现电位差，使 S-T 段偏离等电位线，例如，急性心肌梗死、急性心包炎等使 S-T 段上移；心肌供血不足、心肌炎等使 S-T 段下移。S-T 段的时间随心率而异，通常心率越快，S-T 段越短。

第二节　血管生理

血管在推动血流、调节器官血流量和生成组织液，淋巴液等方面起着重要作用。发挥输送、分配、贮存血液、调节血液的功能，参与机体与环境之间的物质交换过程。

一、各类血管的功能特点

血管系统由动脉、毛细血管和静脉串联而构成，体循环和肺循环之间也呈串联关系。而体循环中各组织器官的血管环路呈并联关系。这种结构可以保证体循环有较大幅度波动时局部血流量相对稳定，各类血管因在整个血管系统中所处的部位和结构不同，其功能也具有不同的特点。从生理功能上可将血管分为以下几类，其相关特征见图5-14。

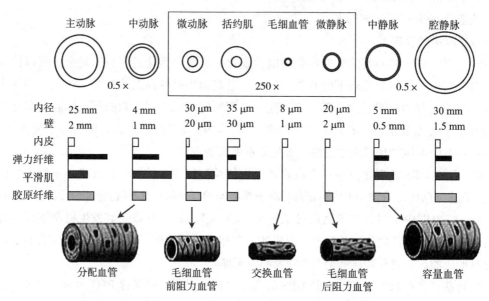

图5-14　主要血管的管径、管壁厚度和管壁4种基本组织的比例示意图

1. 弹性储器血管

弹性储器血管（windkessel vessel）是指主动脉和肺动脉主干及其发出的最大分支。这些血管的管壁坚厚，富含弹性纤维，有明显的可扩张性和弹性。左心室射血时，主动脉压升高，一方面推动动脉内的血液向前流动，另一方面使主动脉扩张，容积增大。因此，左心室射出的血液在射血期内仅有一部分进入外周动脉，另一部分则被储存在大动脉内。心室舒张时，主动脉瓣关闭，被扩张的大动脉管壁发生弹性回缩，将在射血期多容纳的那部分血液继续向外周动脉推动。大动脉的这种功能称为弹性贮器作用，可以使心脏间断的射血成为血管系统中连续的血流，并能减小每个心动周期中血压的波动幅度。

2. 分配血管

从弹性贮器血管到分支为小动脉前的动脉管道，其管壁主要由平滑肌组成，故收缩性较强。

其功能是将血液输送至各器官组织，故称为分配血管（distribution vessel）。

3. 毛细血管前阻力血管

指小动脉和微动脉。此类血管管径小，管壁富含平滑肌，对血流的阻力大，称为毛细血管前阻力血管（precapillary resistance vessel）。小动脉和微动脉管壁富含平滑肌，收缩性好。在神经和体液因素的调节下，通过对血管壁平滑肌舒缩活动的调节，可明显改变血管的口径，从而改变血流的阻力，影响血压和控制微循环的血流量。

4. 毛细血管前括约肌

在真毛细血管的起始部常有平滑肌环绕，称为毛细血管前括约肌（precapillary sphincter）。它的收缩和舒张可控制其后的毛细血管的关闭和开放，因此可决定某一时间内毛细血管开放的数量。

5. 交换血管

真毛细血管数量极多，口径很细，平均只有几微米，恰好能使红细胞排成单行通过，但其总横断面积最大，因此，血流速度极慢。它的管壁薄，只有一层内皮细胞和一薄层基膜，因此通透性好，是血液与组织进行物质交换的部位，故毛细血管又称交换血管（exchange vessel），或真毛细血管（true capillary）。

6. 毛细血管后阻力血管

微静脉因管径小，对血流也产生一定的阻力，故称为毛细血管后阻力血管（postcapillary resistance vessels）。它们的舒缩可影响毛细血管前、后阻力的比值，从而改变毛细血管压和体液在血管内和组织间隙内的分配。

7. 容量血管

静脉血管与相邻的动脉血管相比，其口径较粗而管壁较薄，因而容量较大，而且可扩张性较大，即较小的压力变化就可使容积发生较大的变化。在安静状态下，循环系统有60%～70%的血液在静脉系统中。因此，静脉在血管系统中起着血液储存库的作用，被称为容量血管（capacitance vessel）。

8. 短路血管

短路血管（shunt vessel）是指一些血管床中直接联系小动脉和小静脉的血管。它们可使小动脉内的血液不经过毛细血管而直接流入小静脉。其功能与体温调节有关，在手指、足趾、耳郭等处的皮肤中有许多短路血管存在。

二、血流动力学

血液在心血管系统中流动的力学称为血流动力学（hemodynamics），是流体力学的一个分支，研究血流量、血流阻力、血压及其相互关系的科学。由于血液成分和血管结构的复杂性，血流动力学有一般流体力学的共性，又具备自身特点。

（一）血流量和血流速度

单位时间内流过血管某一截面的血量称为血流量（blood flow），或容积速度。常用 $mL \cdot min^{-1}$ 或 L/min 来表示。血流量（Q）的大小主要取决于两个因素，即血管两端的血压差（ΔP）和血管对血流的阻力（R）。三者的关系是：$Q = \Delta P/R$，即血流量与血管两端的压力差成正比，与血流阻力成反比。

血流速度是指血液中某一质点在单位时间内所移动的距离。按流体力学规律，在封闭的管道系统中，各个横断面的流量都是相等的。各类血管中血液的流速与这类血管的总横截面积成反比，血管的总横截面积以毛细血管最大，静脉次之，动脉尤其是主动脉最小，所以血流速度在主动脉中最快，在毛细血管中最慢（图 5-15）。

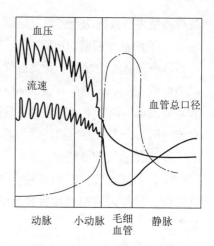

图 5-15　各段血管血压、血流速度和血管总横断面积的关系示意图

（二）血流阻力

血液在血管内流动时所遇到的阻力，称为血流阻力（resistance to blood flower）。血流阻力的产生，是由于血液流动时血液内部以及血液与血管壁之间发生摩擦。其消耗的能量一般表现为热能。这部分热能不可能再转换成血液的势能或动能，故血液在血管内流动时压力逐渐降低。血液阻力和血管长度（L）及血液黏滞度（η，blood viscosity，简称血黏度）成正比，而和血管半径的 4 次方成反比，它们之间的关系可用公式表示：

$$R = 8\eta L/\pi r^4$$

由于血管长度很少变化，因此血流阻力主要由血管口径和血液黏滞度决定。在生理状态下，血管半径是影响血流阻力的主要因素。当阻力血管半径增大一倍或缩小一半时，血流阻力将减小为原来的 1/16 或增大为原来的 16 倍，血流量将明显增多或减少。如果半径很小血管的血液流速变慢，红细胞有发生聚集的趋势，此时血液黏滞度将明显提高，进一步使血流阻力增高。血液黏滞度主要取决于血液中的红细胞数，红细胞比容愈大，血液黏滞度就愈高。对于一个器官来说，如果血液黏滞度不变，则器官的血流量主要取决于该器官的阻力血管的口径。临床上可通过血液稀释疗法，使血液黏滞度降低，达到改善血流状态的目的。

（三）血压

血压（blood pressure）是指血管内流动的血液对单位面积血管壁的侧压力，即压强。压强的国际标准计量单位是帕（Pa）或千帕（kPa），习惯上以毫米汞柱（mmHg）为单位，1 mmHg = 0.133 33 kPa。形成血压的基本条件是血管内有血液充盈、心脏射血和大动脉管壁弹性以及血管外周阻力。

1. 血液充盈

形成血压的前提是有足够的血量。循环系统中血液充盈的程度可用循环系统平均充盈压（mean circulatory filling pressure）来表示。在心脏停搏、血液停止流动时，循环系统各处的压强相等，这时的压强称为循环系统平均充盈压，它反映了血量和循环系统容量之间的相对关系。血量增多或血管容量缩小，循环系统平均充盈压增高；反之降低。用巴比妥麻醉的犬，循环系统平均充盈压约为 7 mmHg。

2. 心脏射血和大动脉管壁弹性

心脏射血时，心室肌收缩所释放的能量可分为两部分，一部分用于推动血液流动，是血液的动能；另一部分形成对血管壁的侧压，并使血管壁扩张，这部分是势能，即压强能。大约有 2/3

每搏输出量的血液由于外周阻力的存在不能迅速流走，形成对血管壁的侧压。在心舒期，大动脉发生弹性回缩，又将一部分势能转变为推动血液的动能，使血液在血管中继续向前流动。由于心脏射血是间断性的，因此在心动周期中动脉血压发生周期性的变化（图 5-16）。

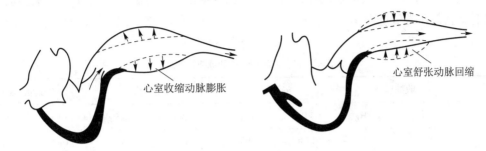

图 5-16 主动脉管壁弹性作用示意图

大动脉管壁弹性在缓冲收缩压和维持舒张压方面起重要作用。大动脉能以弹性扩张的形式将心室收缩释放的能量储存一部分，在心室舒张时再以弹性回缩形式将这部分能量释放出来，使血液在心舒期仍可保持流动和对血管壁的侧压。在体循环中，主动脉处血压最高，随着动脉分支变细，血流为克服血管阻力消耗的能量相应变大，血压逐渐降低。在颈静脉接近胸腔处，血压接近于零，即与大气压相等。血管系统产生的这种压力梯度具有极为重要的生理意义。如果血管各部位所受的压力相等，则血液就不能流动。正是由于存在这种压力梯度，血液才得以从心脏射出，经动脉、毛细血管和静脉再回流至心脏。由此可见，心血管各部位的压力梯度是血液循环流动的重要条件。

3. 血管外周阻力

外周阻力是形成血压的重要因素。如果只有心室肌收缩而没有外周阻力，则心室收缩所释放的能量将全部用于推动血液流至外周，而不能产生侧压力。由此可见，除了心血管系统内有血液充盈的前提条件外，动脉血压的形成是心室射血和外周阻力两者相互作用的结果。

三、动脉血压和动脉脉搏

心脏将动脉血液输送到全身各处，管壁的收缩和舒张可以调节心输出量及血液在全身的分布，以适应机体的需要。通常所说的血压和脉搏，就是指体循环系统中的动脉血压和动脉脉搏。

（一）动脉血压

1. 动脉血压的正常值及其周期性变动

动脉血压（arterial blood pressure）是动脉血管内血液对动脉管壁的压强。由于心脏射血是间断性的，动脉血压在心动周期中发生周期性的改变。在心室收缩中期，动脉血压达到最高值，称为收缩压（systolic pressure）；在心室舒张末期，动脉血压达到最低值，称为舒张压（diastolic pressure）。收缩压与舒张压的差值，称为脉搏压（pulse pressure，简称脉压）。一个心动周期中每一瞬间动脉血压的平均值，称为平均动脉压（mean arterial pressure，MAP）。

$$平均压 \approx 1/3\ 收缩压 + 2/3\ 舒张压$$
$$或 \quad 平均压 \approx 舒张压 + 1/3\ 脉搏压$$

收缩压主要反映心收缩力；舒张压主要反映外周阻力，呈正相关；脉压主要反映动脉血管的弹性，二者呈负相关。

不同种属的动物，其血压也随年龄、性别及生理状况的变化而变化。用手沿着躯体和腿连接处的大腿内侧触摸腹股沟处的股动脉，可以探测到脉搏跳动，计数脉搏次数。脉搏应有力而均匀，各种动物血压常值见表5-3。

表5-3 各种成年动物颈动脉或股动脉血压

动物	收缩压		舒张压		脉搏压		平均动脉血压	
	kPa	mmHg	kPa	mmHg	kPa	mmHg	kPa	mmHg
马	17.3	130	12.6	95	4.7	35	14.3	107
牛	18.7	140	12.6	95	6	45	14.7	110
猪	18.7	140	10.6	80	8	60	13.3	100
绵羊	18.7	140	12	90	6.7	50	14.3	107
鸡	23.3	175	19.3	145	4	30	20.7	155
火鸡	33.3	250	22.6	170	10.6	80	25.7	193
兔	16	120	10.6	80	5.3	40	12.4	93
长颈鹿	34.6	260	21.3	160	13.2	99	25.7	193
猫	18.7	140	12	90	6.7	50	14.3	107
犬	16	120	9.3	70	6.7	50	11.6	87
大鼠	14.6	110	9.3	70	5.3	40	11.1	83
小鼠	14.8	111	10.6	80	4.2	32	12.0	90
豚鼠	13.3	100	8	60	5.3	40	9.7	73

注：本表根据 Reece 等（2015）更新部分数据。

血压的测量方法有直接测量和间接测量两种。在急性生理实验中多用直接测量法，即将导管一端插入实验动物动脉管，另一端与带有U形管的水银检压计相连，通过观察U形管两侧水银柱高度差值，便可直接读出血压数值。但此法只能测出平均血压的近似值，不能精确反映心动周期中血压的瞬间变动值。临床上比较准确测定动物血压的方法是用袖带血压计和超声多普勒监测血流信号的方法进行测量，小动物（犬、猫、兔等）一般测前肢的正中动脉，大动物（马、牛等）一般测尾动脉。在测量中需要注意的是袖带的宽窄直接影响测定结果，要按动物的千克体重选择宽窄相对应的袖带。检查各种动物脉搏波的部位：牛在尾中动脉、颌外动脉、腋动脉或隐动脉；马在颌外动脉、尾中动脉或面横动脉；猪在桡动脉或股动脉；猫和犬在股动脉或胫前动脉。

2. 影响动脉血压的因素

血压的大小取决于心输出量和外周阻力二者的相互作用，前者取决于每搏输出量和心率，后者取决于小动脉口径和血液黏滞性。此外，大动脉管壁的弹性、循环血量和血管系统容量之间的相互关系等因素的改变，都能影响血压。

（1）每搏输出量　每搏输出量的变化主要影响收缩压，当每搏输出量增加时，射入主动脉的血量增多，收缩压升高。由于收缩压升高，血流速度加快，大动脉内增多的血量仍可在心舒期流至外周。在外周阻力和心率变化不大的情况下，舒张末期大动脉内存留的血液不会显著增加，因而大动脉壁弹性扩张的程度也不会显著增大，因而舒张压升高不多，但脉压增大。反之，心缩力弱使每搏输出量减少时，则主要使收缩压下降，脉压减小。

（2）心率　心率的变化主要影响舒张压，如果心率加快，而每搏输出量和外周阻力都不变，则由于心舒期缩短，在心舒期内流至外周的血液就减少，故心舒期末主动脉内存留的血量增多，舒张压明显升高。由于动脉血压升高可使血流速度加快，因此在心缩期内可有较多的血液流至外周，而且收缩期时限变化不大，加之射血量未增加，故收缩期大动脉充盈血量变化不大，因而收缩压变化不大，收缩压的升高不如舒张压的升高显著，脉压比心率增加前减小。相反，心率减慢时，舒张压降低的幅度超过收缩压，脉压增大。

（3）外周阻力　外周阻力的变化主要影响舒张压。如果心输出量不变而外周阻力加大，则心舒期血液向外周流动的速度减慢，心舒期末存留在主动脉中的血量增多，舒张压升高。在心缩期，由于动脉血压升高使血流速度加快，因此，收缩压升高不如舒张压升高明显，脉压也相对减小。反之，当外周阻力减小时，舒张压明显降低。

（4）大动脉管壁的弹性　大动脉管壁的弹性具有缓冲收缩压和维持舒张压的作用，也就是有降低脉压的作用。大动脉管壁的弹性在一般情况下短时间内不会发生明显的变化，但到老年，大动脉管壁由于胶原纤维的增生而导致弹性下降，心缩期大动脉不能充分扩张，导致收缩压明显升高；心舒期大动脉又无回缩余地，导致舒张压下降，因而脉压增大。

（5）循环血量和血管系统容量的比例　循环血量减少或容量血管扩张，都会使循环系统平均充盈压下降，动脉血压降低。机体在正常情况下，循环血量和血管容量是相适应的，血管系统的充盈程度变化不大。但在失血时，循环血量减少，此时如果血管系统容量改变不大，则体循环平均压必然降低，从而使动脉血压降低。

上述影响动脉血压的各种因素，为了便于分析，都是在假设其他因素不变的条件下，探讨某一因素变化时对动脉血压的影响。实际上，在完整机体内，动脉血压的变化往往是各种影响因素综合作用的结果。

（二）动脉脉搏

在每个心动周期中，随着心脏周期性地收缩与舒张，动脉内的压力发生周期性的波动，主动脉壁相应地发生扩张与回缩的弹性搏动，且这种搏动可以弹性压力波的形式沿着动脉管壁传播，直至动脉末梢。动脉管壁的这种搏动，称为动脉脉搏（arterial pulse）。

动脉脉搏波可以沿着动脉管壁向外周血管传播，它是一种能量的传播，传播的速度远远超过血流的速度。动脉脉搏波的传播速度主要取决于血管壁的弹性，一般说来，动脉管壁的弹性越大，脉搏波的传播速度就越慢。

动脉脉搏不但能够直接反映心率和心动周期的节律，而且通过脉搏的速度、幅度、硬度、频率等特性能够在一定程度上反映整个循环系统的功能状态。所以，检查动脉脉搏有很重要的临床意义。

四、静脉血压与静脉回流

静脉在功能上不仅仅是作为血液回流入心脏的通道，由于静脉系统容量很大，且静脉血管容易扩张，故可起到血液储存库的作用；静脉血管的舒缩可以有效地调节回心血量和心输出量，使循环功能能够适应机体在各种生理状态下的需要。

（一）静脉血压

静脉血压（venous pressure）是指静脉内血液对单位面积血管壁产生的侧压力。当循环血液流过毛细血管之后，其能量已大部分用于克服外周阻力而被消耗，因此到达微静脉部位的血流对管壁产生的侧压力已经很小，血压下降至 15～20 mmHg。右心房作为体循环的终点，血压最低，接近于零。通常把右心房或胸腔内大静脉的血压称为中心静脉压（central venous pressure，CVP），而把各器官静脉的血压称为外周静脉压（peripheral venous pressure，PVP）。

中心静脉压的高低取决于心脏射血能力和静脉回心血量之间的相互关系。如果心脏机能良好，能及时将回心的血液射入动脉，则中心静脉压较低；反之，致使中心静脉压升高。另一方面，如果回心血量增加或静脉回流速度加快，会使胸腔大静脉和右心房血液充盈量增加，中心静脉压升高。因此，在血量增加，全身静脉收缩，或因微动脉舒张而使外周静脉压升高等情况下，中心静脉压都可能升高。可见，中心静脉压是反映心血管功能的又一指标。测量中心静脉压，分析其变化，有重要临床意义。中心静脉压过低，常表示血量不足或静脉回流受阻。在治疗休克时，可通过观察中心静脉压的变化来指导输液。如果中心静脉低于正常值下限或有下降趋势时，提示循环血量不足，可增加输液量；如果中心静脉压高于正常值上限或有上升趋势时，提示输液过快或心脏射血功能不全，应减慢输液速度和适当使用增强心脏收缩力的药物。

（二）静脉回流及影响因素

单位时间内由静脉回流到心房的血量，称为静脉回心血量（venous return，又称静脉回流量），它等于心输出量。促进静脉血回流的基本动力是外周静脉压与中心静脉压的差值，影响这一压力差的因素主要有体循环平均充盈压、心室收缩力、体位改变、骨骼肌的挤压作用和呼吸运动等。

（1）体循环平均充盈压　平均充盈压升高回心血量增多。当循环血量增加或静脉收缩时，体循环平均充盈压升高，回心血量增多。反之，当循环血量减少或静脉舒张时，体循环平均充盈压降低，回心血量减少。

（2）心室收缩力　心肌收缩力较强，射血分数较高，心缩末期容积较小，心舒期室内压较低，对静脉血抽吸力量较大，有助于静脉血回流。反之，当心力衰竭时，射血能力下降，心舒期室内压增高，阻碍静脉血回流。

（3）体位改变　动物处于卧位时，由于全身各部与心脏大致处于同一水平，靠静脉系统中各段的血压差就可以推动血液回到心脏。动物由卧位转为站立时，由于受地球重力场的影响，心脏以下部分的静脉充盈扩张，容量增加，使回心血量减少。

（4）骨骼肌的挤压作用　动物在运动时，静脉回心血量多。血管多位于肌沟中，骨骼肌收缩，可挤压肌沟中的静脉，加速静脉血的流动。由于静脉中存在大量瓣膜，静脉瓣只向心脏的方向开启，使静脉的血液只能向心脏的方向流动。因此，骨骼肌和静脉瓣对静脉回流起着"泵"的作用，称为"肌肉泵"。肌肉舒张时由于静脉瓣关闭，血液不会因重力作用返回外周，反而因肌肉舒张时静脉内压力下降，而有利于毛细血管血液流入静脉。但如果动物长久站立不动，会使回心血量减少，还会导致下肢水肿。

（5）呼吸运动　吸气时，胸腔容积加大，胸膜腔负压增大，使胸腔内的大静脉和右心房更加扩张，从而利于外周静脉血液回流至右心房；呼气时，胸膜腔负压减小，则静脉回心血量相应减少。因此，呼吸运动对静脉回流也起着"泵"的作用，称为"呼吸泵"。

（三）静脉脉搏

心动周期中动脉脉搏的波动传至毛细血管时已完全消失，故外周静脉无搏动。但右心房缩舒活动时产生的压力变化，可逆向传到近心脏的大静脉，从而出现静脉搏动，称静脉脉搏。马、牛等大家畜颈静脉的近心端，可以触摸到静脉脉搏，其传播方向与动脉脉搏相反。这种静脉搏动若用仪器记录，可得到静脉脉搏图。但静脉脉搏图往往较为复杂，不易分析辨认。由于静脉脉搏实际上反映了右心房在心动周期中的内压变化，以前常将它作为诊断心脏疾病的依据，但在心电图技术普遍应用的今天，它在临床检查中已很少使用。

五、微循环

微循环（microcirculation）是指微动脉和微静脉之间的血液循环。微循环是心血管系统与组织细胞直接接触并进行物质交换的场所。

◎中国的微循环奠基者——修瑞娟

（一）微循环的组成及血流通路

微循环的结构在不同的组织器官中会有一定的差异。典型的微循环结构是由微动脉、后微动脉、毛细血管前括约肌、真毛细血管、通血毛细血管、动静脉吻合支和微静脉7个部分组成的。

微循环有3条途径，即直捷通路、迂回通路和动-静脉短路（图5-17）。

1. 直捷通路

直捷通路（thoroughfare channel）是指血液从微动脉经后微动脉和通血毛细血管进入微静脉的通路。通血毛细血管是由后微动脉直接延伸成的毛细血管。与真毛细血管比较，该毛细血管的管径较粗，血压较高，血流较快且经常处于开放状态，很少与组织液进行物质交换。直捷通路在骨骼肌的微循环中较多见，其主要作用是使一部分血液迅速通过微循环而进入静脉，不致使血液过多地滞留于真毛细血管网内保证静脉回心血量。

2. 迂回通路

血液从微动脉经后微动脉和由真毛细血管构成的毛细血管网到微静脉，这一条通路称为迂回通路。真毛细血管穿行于细胞间隙中，与体内任何一个细胞的距离不超过25～50 μm，互相交通而构成真毛细管网，血流缓慢，又因为真毛细血管管壁为单层扁平状内皮细胞和基膜所构成，通透性大，是血液和组织细胞进行物质交换的主要部位，故此通路又称营养通路。安静状态下骨骼肌在同一时间点上只有20%～35%的真毛细血管开放，其余的因后微动脉壁平滑肌和毛细血管前括约肌收缩而无血液流过，待代谢产物堆积时再开放。大部分血液则由直捷通路回心。如果因某些原因造成真毛细血管大量开放（如中毒性休克出现血管平滑肌麻痹）时，则由于大量血液滞留在微循环，将会导致循环血量减少，动脉血压下降。

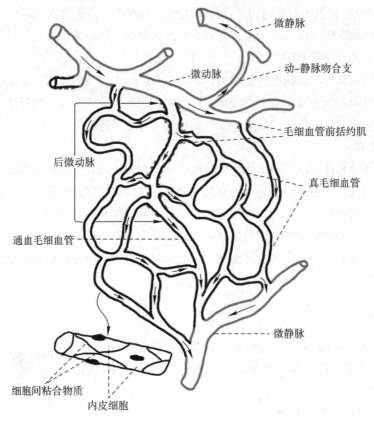

图 5-17　微循环模式图

3. 动 - 静脉短路

血液从微动脉经动 - 静脉吻合支直接流到微静脉，这条通路叫作动 - 静脉短路（arteriovenous shunt）。这条通路的血管壁较厚，血流迅速，故血液流经这一通路时基本上不进行物质交换。动 - 静脉短路多见于皮肤和肢端等处的微循环中。当温度升高时，动 - 静脉短路开放，皮肤血流量增加，有利于散热；当温度下降时，动 - 静脉短路关闭，皮肤血流量减少，有利于保存热量。因此，皮肤微循环中的动 - 静脉短路在体温调节中有重要作用。在某些病理状态下，例如感染性和中毒性休克时，动 - 静脉短路大量开放，以缩短循环途径，降低外周阻力，使血液迅速回流入心脏。但因血液不经过真毛细血管网，导致组织细胞不能与血液进行物质交换，致使组织缺血、缺氧加重，反而对机体不利。

（二）毛细血管血压

毛细血管处血压很低。据测定，体循环的近动脉端毛细血管血压为 30～40 mmHg，近静脉端为 10～15 mmHg。毛细血管动、静脉两端的压力梯度，按单位长度计算远高于其他血管（小动脉除外），这不仅对毛细血管血流起决定作用，而且也是保证物质交换的重要因素。

毛细血管血压（capillary pressure）的大小取决于毛细血管前阻力与后阻力之比。微动脉是微循环的阻力血管，这些血管收缩时，可增加微循环血流的阻力，减少血流量。此外，毛细血管前括约肌的收缩活动可减少真毛细血管的开放数以及流经其中的血流量。由于上述两种阻力产生的部位位于毛细血管之前，故其对血液的阻力通常被称为毛细血管前阻力。而微静脉、小静脉的收缩可影响经毛细血管流入静脉的血量，这种来自微小静脉的阻力，由于其产生在毛细血管之后，故被称为毛细血管后阻力。毛细血管前、后阻力之比通常约为 5∶1，要是前阻力增大，后阻力减小，毛细血管血压降低；反之，则毛细血管血压升高。

不同组织中的毛细血管血压是不相同的，例如肾小球毛细血管血压平均可达 60~70 mmHg，这是肾小球的滤过作用所必需的；肺毛细血管血压平均只有 7 mmHg，这是防止血浆渗出，保证气体交换所必需的。

（三）毛细血管的通透性

毛细血管壁由单层内皮细胞构成，外面有基膜包围，总的厚度约 0.5 μm，在细胞核的部分稍厚。内皮细胞之间相互连接处存在着细微的裂隙，成为沟通毛细血管内外的孔道（图 5-18）。各种组织中毛细血管壁的通透性是不同的。例如，肝、脾和骨髓等处的毛细血管壁的裂隙较大，为不连续或窦性毛细血管，能够让整个细胞、大分子和颗粒物质通过其管壁。分布于皮肤、脂肪、肌肉组织、胎盘、肺及中枢神经系统等处的毛细血管，其内皮和基膜较完整，细胞之间为紧密连接，为连续性毛细血管，水和脂溶性分子可直接通过内皮细胞，许多离子和非脂溶性小分子则必须由特异的载体转运。分布于肾、胃肠黏膜、胰腺、唾液腺、肠绒毛、胆囊、脉络丛等处的毛细血管，其内皮较薄，并有许多窗孔，为窗性毛细血管，不仅可让液体经黏合质间隙弥散，而且可通过窗孔大量转运。毛细血管的通透性可在一些因素的影响下发生改变。例如侵入体内的一些细菌毒素、昆虫毒和蛇毒等，可使毛细血管壁的孔隙增大，通透性增加；维生素 C 缺乏可引起内皮细胞间黏合质缺乏，毛细血管的通透性增加。

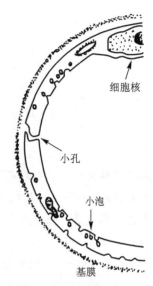

图 5-18 毛细血管壁亚显微结构示意图

六、组织液与淋巴回流

存在于血管外细胞间隙的体液称为组织液。组织液浸浴着机体的每一个细胞，是血液与组织细胞之间进行物质交换的媒介。组织液约占体重的 15%，其中绝大部分呈胶冻状，不能自由流动，只有约 1% 为可流动液体，因而不受重力影响和不能被注射器针头抽出。凝胶的基质主要是胶原纤维和透明质酸细丝，它不妨碍水和溶质的弥散。组织液中各种离子成分与血浆相同，因而二者的晶体渗透压相等。组织液中也存在各种血浆蛋白质，但其浓度明显低于血浆，因而组织液胶体渗透压在正常状态下小于血浆胶体渗透压。因组织液流动性很小，所以组织液对其周围组织，包括毛细血管外侧壁的压力称为静水压。

（一）组织液的生成与回流

在毛细血管，血浆中的水和营养物质透过毛细血管壁进入组织间隙的过程称为组织液的生成；组织液中的水和代谢产物回到毛细血管内的过程称为组织液的回流。组织液是血浆滤过毛细血管壁而形成的（图 5-19）。

液体通过毛细血管壁的滤过和重吸收取决于四个因素：即毛细血管血压、组织液静水压、

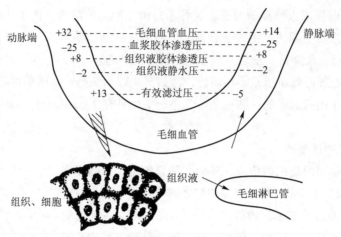

图 5-19　组织液生成与回流示意图
＋代表使液体滤出毛细血管的力量；－代表使液体回流毛细血管的力量
单位：mmHg

血浆胶体渗透压和组织液胶体渗透压。其中毛细血管血压和组织液胶体渗透压是促使液体由毛细血管内向血管外滤过的力量，而组织液的静水压和血浆胶体渗透压是将液体从血管外回流毛细血管内的力量。滤过的力量和重吸收的力量之差，称为有效滤过压（effective filtration pressure，EFP）。即：

有效滤过压 =（毛细血管血压 + 组织液胶体渗透压）-（血浆胶体渗透压 + 组织液静水压）

在毛细血管的动脉端，由于毛细血管血压较高，故有效滤过压为正值，组织液生成；在毛细血管的静脉端，由于毛细血管血压较低，故有效滤过压为负值，组织液回流入血液（占组织液生成量的90%，另10%组织液通过淋巴系统回流入血液）。从动脉端到静脉端，毛细血管血压的降低是逐渐移行的，所以，有效滤过压从正压到负压也是逐渐移行滤出和回流保持动态平衡不断进行，不仅维持着体内水的平衡，而且影响着组织代谢过程。

（二）影响组织液生成与回流的因素

如果组织液生成与回流的动态平衡遭到破坏，某些原因使组织液生成过多，或组织液回流障碍，即破坏了动态平衡，都将导致组织间隙中有过多液体积存而形成水肿。凡能使有效滤过压发生改变的因素，都会影响组织液的生成与回流。主要有如下 4 个方面的因素：

1. 有效流体静压

有效流体静压指毛细血管血压与组织液静水压的差值，是促进组织液生成的主要因素。肌肉运动、炎症时毛细血管血压升高，组织液生成增加；全身或局部的静脉压升高可导致有效流体静压降低，组织液的生成减少。在一些病理状态下，如肉鸡腹水综合征，由于右心衰竭引起静脉回流受阻，可使有效流体静压异常升高，组织液异常增多，导致腹水和水肿。

2. 有效胶体渗透压

有效胶体渗透压指血浆胶体渗透压与组织液胶体渗透压的差值，是抑制组织液生成的主要因素。血浆蛋白生成减少（如慢性、消耗性疾病），或蛋白质排出过多（如肾病）等，导致有效胶体渗透压降低，组织液的生成增加，甚至发生水肿。

3. 毛细血管通透性

毛细血管通透性增大时（如烧伤、过敏反应等），局部组织释放组胺等物质，血浆蛋白可进入组织液，使血浆胶体渗透压下降，而组织液胶体渗透压升高，组织液生成增多，形成组织水肿。

4. 淋巴回流

由于一部分组织液需经淋巴系统回到血液，当淋巴回流受阻（如丝虫病、肿瘤压迫、淋巴癌、象皮腿等）时，可导致局部水肿。

（三）淋巴循环

淋巴系统是组织液向血液回流的重要辅助系统。毛细淋巴管在组织间隙吻合成网，并逐渐汇合成较大的淋巴管，最后由右淋巴导管和胸导管汇入前腔静脉。

1. 淋巴液的生成和回流

淋巴液（lymph fluid）来自组织液。血浆滤过生成的组织液仅90%被重吸收，其余进入毛细淋巴管形成淋巴液。淋巴液为淡黄色透明液体，与血浆相似。它的特点是：凝固很慢，淋巴细胞含量较高。

毛细淋巴管的起始端为单层内皮细胞构成的袋状盲管，无基膜和管周细胞，通透性极高。相邻的内皮细胞边缘相互覆盖呈覆瓦状，只能单向回流。内皮细胞间的缝隙较大，有利于组织液和其中的大分子蛋白质、脂肪滴、红细胞，甚至细菌等进入毛细淋巴管，形成淋巴液（图5-20）。淋巴液的压力差是组织液进入淋巴管的动力，组织液压力升高有助于加快淋巴液的生成。毛细淋巴管汇合成集合淋巴管。管壁有平滑肌，可收缩。淋巴管内也有瓣膜，使淋巴液不会倒流。推动淋巴液的流动。淋巴管周围组织的活动，如动脉搏动、肌肉收缩等都能增加淋巴液的回流。

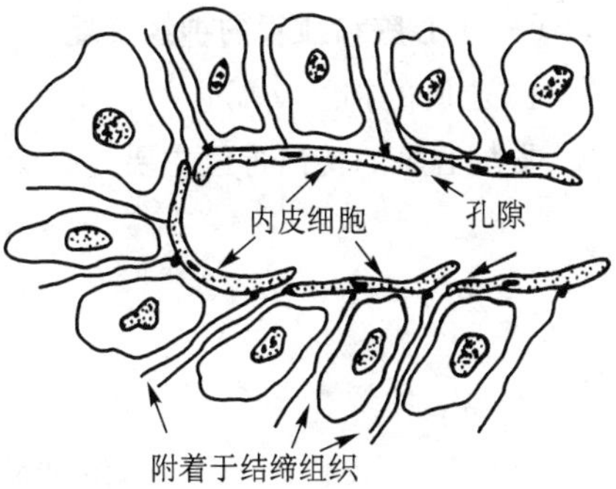

图5-20　毛细淋巴管盲端模式图

2. 淋巴回流的生理意义

（1）调节体液平衡　淋巴回流（lymphatic return）虽然缓慢，但在组织液生成与回流的平衡上起着重要的作用。一天中回流的淋巴液量大致相当于全身血浆总量。如果淋巴管受阻，淋巴液积滞于局部，可导致组织液增多，循环血量减少。

（2）回收组织液中的蛋白质　淋巴液回流是组织液中蛋白质回收入血的唯一途径，从毛细血管动脉端滤出的血浆蛋白（白蛋白）以及组织细胞分泌或排出的蛋白质分子只能经淋巴管运走。如果这一途径被阻断，势必使这些蛋白质聚积在组织间隙中，使组织液的胶体渗透压上升，引起水肿。

（3）吸收和运输脂类物质　经小肠黏膜吸收的脂肪，80%～90%不能进入毛细血管，而是进入小肠绒毛的毛细淋巴管（称为中央乳糜管）而回流入血，所以小肠的淋巴液呈乳糜状。

（4）免疫防御作用　淋巴液在流入血液的途中经过许多淋巴结。淋巴结内有许多巨噬细胞能清除淋巴液中的红细胞、细菌及其他微粒，减少感染扩散的危险。此外，淋巴结还产生淋巴细胞和浆细胞，参与免疫和防御屏障作用。

第三节　心血管活动的调节

心血管活动调节的基本生理意义是维持动脉血压相对稳定，保证各器官组织的血液供应。动物在不同的生理状态下，各组织器官的代谢水平不同，对血流量的需求也不同。心血管的活动不但要满足各器官组织新陈代谢活动的需要，而且还要随着机体活动的变化，对各器官组织之间的血液供应进行调配，以满足各器官组织新陈代谢活动变化的需要，维持内环境的相对稳定和使机体适应于外环境的各种变化。心血管活动的调节主要是通过神经调节和体液调节两种方式实现的。

一、心血管活动的神经调节

心肌和血管平滑肌接受自主神经支配。机体对心血管活动的神经调节是通过各种心血管反射实现的。

（一）心脏和血管的神经支配

1. 心脏的神经支配

支配心脏的传出神经主要为心交感神经和心迷走神经（副交感神经）（图 5-21）。

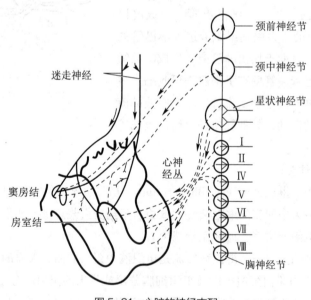

图 5-21　心脏的神经支配

（1）心交感神经及其作用　心交感神经节后神经元发出的节后纤维组成心脏神经丛，进入心脏，支配窦房结、房室交界、房室束、心房肌和心室肌等心肌细胞。心交感节后神经元末梢释放的递质为去甲肾上腺素，与心肌细胞膜上相应的肾上腺素 β_1 受体结合。从而激活腺苷酸环化酶，使细胞内 cAMP 的浓度升高，继而激活蛋白激酶和细胞内蛋白质的磷酸化过程，使心肌膜上的钙通道激活。其结果是：心率加快（正性变时作用）、房室传导时间缩短（正性变传导作用）、使心收缩力增强（正性变力作用）。动物实验表明，在安静状态下，心交感神经有一定程度的紧张性活动（即持续发放低频冲动）。

（2）心迷走神经及其作用　心迷走神经节前纤维和心交感神经一起组成心脏神经丛并与之伴行进入心脏，节后神经元支配窦房结、心房肌、房室交界、房室束及其分支。心室肌也有少量心迷走神经分布，但纤维数量比心房肌少得多。心迷走神经节后纤维末梢释放的递质是乙酰胆碱，与心肌细胞膜上的胆碱能受体（M 型受体）结合后，通过 cAMP 减少的作用，使心肌细胞膜对 K^+ 的通透性升高，促进 K^+ 外流。其结果是：心肌细胞的兴奋性降低（负性变兴奋作用）和心率变慢（负性变时作用）、使心收缩力减弱（负性变力作用）、传导速度减慢（负性变传导作用）。

心房受肾上腺素能和胆碱能神经纤维的广泛支配，传入神经和胆碱能神经节细胞主要存在于心脏的背侧面。窦房结（sinoatrial node）和房室结（atrioventricular node）同样有丰富的神经支配。窦房结主要受来自身体右侧神经纤维的支配，而房室结则受双侧调控。除希氏束外，心房的神经支配较心室更多，大多数动物只有部分胆碱能神经的支配，主要沿冠状动脉分布。

综上所述，可见心交感神经和心迷走神经对心脏活动的支配效应是相拮抗的。但是，在整体生命活动中，二者的效应既相拮抗又协调统一，具有高度的适应性。动物实验表明，如果剪断两侧的心交感神经，心跳活动会减慢减弱；剪断两侧的心迷走神经，就会出现心跳加强加快。这说明正常时，心交感神经和心迷走神经经常不断发放一定频率的冲动到心脏，控制其活动，这种微弱而持久的生理活动分别叫作心交感紧张（cardiac sympathetic tone）和心迷走紧张（cardiac vagal tone）。二者的紧张性常可随着机体生理状态的不同而改变，如动物在相对安静状态下，心迷走紧张占优势，心脏活动减慢减弱；当躯体运动加强时，心交感紧张占主导地位，心脏活动加强加快。以上所发生的适应性变化，主要取决于各级相关中枢之间的高度整合作用。

（3）支配心脏的肽能神经元　实验证明，心脏中存在多种肽类神经纤维，它们释放的递质有神经肽 Y、血管活性肠肽、降钙素基因相关肽、阿片肽等。一些肽类递质可与其他递质，如单胺类和乙酰胆碱，共存于同一神经元内，并共同释放。这些肽类递质可能参与心肌和冠状血管活动的调节，如血管活性肠肽有增加心脏收缩力和舒张冠状血管的作用。

2. 血管的神经支配

血管平滑肌的收缩和舒张活动，称为血管运动。绝大多数血管平滑肌都受自主神经支配，支配血管平滑肌的神经纤维，称为血管运动神经纤维。根据不同的神经支配效应，将血管运动神经纤维分为缩血管神经纤维和舒血管神经纤维两大类。

（1）缩血管神经纤维　缩血管神经纤维都是交感神经纤维，故一般称为交感缩血管神经纤维。其节前神经元位于脊髓胸段和 1 ~ 3 腰段灰质外侧柱内，节前纤维在椎旁神经节和椎下神经节内，与节后神经元发生突触联系。椎旁神经节发出的节后纤维支配躯干和四肢的血管；椎前神经节发出的节后纤维支配内脏器官的血管。节前纤维兴奋时，末梢释放乙酰胆碱，与节后神经元膜上的 N 型胆碱受体结合，引起节后神经元兴奋，节后纤维末梢释放去甲肾上腺素，作用于血管平滑肌上的 α 肾上腺素能受体和 β_2 肾上腺素能受体。去甲肾上腺素与 α 受体结合，引起血管平滑肌收缩；与 β_2 受体结合导致血管平滑肌舒张。由于去甲肾上腺素与 α 受体的结合能力比与 β_2 受体的结合能力强，故交感缩血管神经纤维兴奋时，主要引起缩血管效应，提高外周阻力而升高血压。在安静状态下，交感缩血管神经也有一定程度的紧张性活动（每秒 1 ~ 3 次的低频冲动），称为交感缩血管紧张，使血管平滑肌维持相应的收缩，有利于保持一定的外周阻力。

体内几乎所有的血管（除毛细血管外）都有交感缩血管神经纤维分布，但不同部位的血管中缩血管纤维分布的密度不同。以皮肤血管中交感缩血管神经纤维分布的密度最大，骨骼肌和内脏的血管次之，冠状血管和脑血管中分布最少。在同一器官中，动脉中缩血管纤维的密度高于静脉，微动脉中密度最高，但毛细血管前括约肌中神经纤维分布很少。机体内多数血管只受交感缩血管神经纤维的单一支配。

（2）舒血管神经纤维　体内有一部分血管除接受交感缩血管神经纤维支配外，还接受舒血管神经纤维的支配。舒血管神经纤维主要有下述几种：

①　交感舒血管神经纤维　有些动物如犬、猫、山羊和绵羊等，支配骨骼肌微动脉的交感神经中除有缩血管纤维外，还有舒血管纤维。交感舒血管纤维末梢释放的递质为乙酰胆碱。交感舒血管纤维在平时并无紧张性活动，故对外周阻力无大影响。只有在动物处于情绪激动状态和发生防御反应时才发放冲动，引起骨骼肌血管舒张，加之此时内脏等处血管收缩，结果使骨骼肌的血液供应显著增加。

②　副交感舒血管神经纤维　它走行于相应的脑神经和盆神经中，兴奋时释放的递质是ACh，与血管平滑肌上相应的 M 型胆碱能受体结合，引起血管舒张。副交感舒血管纤维的活动主要对所支配的器官组织的局部血流起调节作用，对循环系统总外周阻力的影响很小。

③　脊髓背根舒血管神经纤维　皮肤伤害性感觉传入纤维在外周末梢的分支。当皮肤受到伤害性刺激时，感觉冲动一方面沿传入纤维向中枢传导，另一方面可在末梢分叉处沿分支到达受刺激部位邻近的微动脉，使微动脉舒张，局部皮肤出现红晕。这种仅通过轴突外周部位完成的反应，称为轴突反射（axon reflex）。这种神经纤维也称背根舒血管神经纤维，其释放的递质还不很清楚，有人认为是 P 物质，也有人认为是组胺或 ATP。轴突反射的作用，主要有助于局部受损伤组织的防御和修补。

④　血管活性肠肽神经元　有些自主神经元内有血管活性肠肽和乙酰胆碱共存，例如支配汗腺的交感神经元和支配颌下腺的副交感神经元等。这些神经元兴奋时，其末梢一方面释放乙酰胆碱，引起腺细胞分泌；另一方面释放血管活性肠肽，引起舒血管效应，使局部组织血流增加，在机能上起着协同作用。

（二）心血管中枢

在生理学中，将与控制心血管活动有关的神经元集中的部位称为心血管中枢（cardiovascular center），是指分布在从脊髓到大脑皮层各个水平上的系列神经元及其间的复杂联系。它们的活动使整个心血管系统的活动协调一致，并与整个机体的活动相适应。

1. 延髓心血管中枢

19 世纪 70 年代 Dittmar 通过连续横断猫脑干实验证实，只要保留延髓及其以下中枢部分的完整，就可以维持心血管正常的紧张性活动，动脉血压无明显变化，并完成一定的心血管反射活动（如刺激坐骨神经引起的升血压反射）。当继续向下横断至延髓部时，血压下降至 40 mmHg，说明心血管活动的基本中枢位于延髓。

一般认为，延髓心血管中枢至少可包括以下四个部位的神经元（图 5-22）：

（1）缩血管区　延髓心血管神经元中，引起交感缩血管神经正常紧张性活动的神经元胞体，

位于延髓头部的腹外侧部，它们的轴突下行到脊髓中间
外侧柱引起缩血管效应。心交感紧张也起源于此区神经元。

（2）舒血管区　位于延髓尾端腹外侧部，通过抑制
缩血管区神经元的活动，导致交感缩血管紧张降低，引
起血管舒张。

（3）传入神经接替站　位于孤束核，接受舌咽神经
从颈动脉窦以及迷走神经从主动脉弓、心脏感受器传来
的冲动，上传并影响前面两个中枢区域。

（4）心抑制区　指心迷走神经元的胞体，位于迷走
神经背核和疑核，是迷走神经紧张性活动的起源部。

这些区域受到传入冲动和所处环境的影响，存在紧
张性活动，表现为心迷走神经纤维和交感神经纤维持续
的低频放电活动。

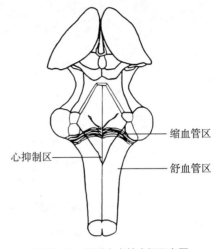

图 5-22　延髓心血管中枢示意图

2. 延髓以上的心血管中枢

延髓心血管中枢完好可以完成比较简单、基本的心血管活动的调节，要实现复杂的整合作
用，使得循环机能与机体其他机能相互协调则有赖于高位心血管中枢的参与。

（1）下丘脑　在体温调节、摄食、水平衡以及发怒、恐惧等情绪反应的整合中起着重要作
用，都包含有相应的心血管活动变化。

（2）大脑　大脑的一些部位，特别是边缘系统的结构，如颞极、额叶的眶面、扣带回的前
部、杏仁、隔、海马等，能影响下丘脑和脑干其他部位的心血管神经元的活动。新皮层运动区兴
奋时支配骨骼肌收缩的同时，也能引起该骨骼肌血管舒张。

（3）小脑　刺激小脑顶核可引起血压升高，心率加快。该效应可能与姿势和体位改变时伴随
的心血管活动变化有关。

（三）心血管反射

心血管反射一般都能很快完成，其生理意义在于使循环功能适应机体状态和环境变化。其中
最重要的是颈动脉窦和主动脉弓压力感受性反射。

1. 颈动脉窦和主动脉弓压力感受性反射

（1）反射弧组成和压力感受性反射　颈动脉窦的传入神经为窦神经，随舌咽神经进入延髓。
主动脉弓的传入神经随迷走神经进入延髓（图 5-23）。但兔的主动脉弓传入神经在颈部自成一
束，称为主动脉神经或降压神经，在颅底并入迷走神经干。当动脉血压升高时，血管壁扩张，刺
激颈动脉窦和主动脉弓压力感受器，使其发放冲动的频率增加，经窦神经和主动脉神经进入延
髓，在孤束核交换神经元。孤束核神经元兴奋，其轴突一方面投射到迷走疑核或背核，兴奋心迷
走中枢；另一方面投射到延髓腹外侧部，抑制心交感中枢和交感缩血管中枢。近年来，通过实验
证实，窦神经和孤束核还可以将动脉管壁被扩张的冲动上传到下丘脑前背侧部，该部有抑制交感
和兴奋迷走神经的作用。于是出现心脏活动减慢减弱，心输出量减少，小动脉血管舒张，外周阻
力下降，使血压降低到接近于原来的正常水平。血压突然降低时，压力感受器发放冲动的频率减
少，使心迷走中枢抑制，心交感中枢和交感缩血管中枢兴奋，导致血压回升到原先的正常水平。

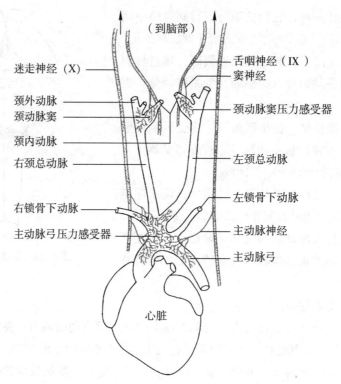

到脑部

迷走神经（X）
颈外动脉
颈动脉窦
颈内动脉
右颈总动脉
右锁骨下动脉
主动脉弓压力感受器

舌咽神经（IX）
窦神经
颈动脉窦压力感受器
左颈总动脉
左锁骨下动脉
主动脉神经
主动脉弓

心脏

图 5-23　颈动脉窦和主动脉弓压力感受性反射弧示意图（引自 Cunningham，2013）

但是，应该指出，在一般安静状态下，动物的动脉血压值就已高于压力感受器的感受阈值。所以，由颈动脉窦和主动脉弓压力感受器发放冲动，引起血压降低的反射活动，不仅发生在血压升高时，而且经常存在。这也是心迷走神经经常有冲动（迷走紧张）的原因。据此，常把这种压力感受器反射（baroreceptor reflex）称为降压反射（depressor reflex）。

动物实验中，隔离出颈动脉窦区，人工灌注改变窦内压，会引起动脉血压的显著变化。压力感受器反射在中间部分较陡，向两端渐趋平坦。即在正常平均压力水平 97 mmHg 左右最为敏感，纠正偏离能力最强。在慢性高血压患者或动物中，该压力感受器反射功能曲线会发生右移。这种现象称为压力感受器反射重调定（baroreceptor reflex resetting）。在实验动物和临床上，重调定会很快发生，也会很快恢复。

（2）压力感受器反射的特点和生理意义　颈动脉窦和主动脉弓压力感受器反射属于负反馈机制，能经常地、自动地纠正血压的偏差，避免动脉血压发生过分的波动。通过试验观察到，犬正常情况下 24 h 内平均动脉压为 97.5 mmHg，上下波动为 10~15 mmHg；切除双侧传入神经后，24 h 内平均动脉压不变，仍为 97.5 mmHg，但是波动幅度增大到 48.8 mmHg。因此将窦神经和主动脉神经称为缓冲神经。

压力感受器反射的感受器为牵张感受器，并且只感受迅速变化，对波动性压力敏感，而对缓慢变化容易适应。感受器灵敏范围为 60~180 mmHg，当动脉血压超出此范围时，机体只能通过其他方式调节血压，如化学感受性反射。

2. 颈动脉体和主动脉体化学感受性反射

在颈总动脉分叉处和主动脉弓区域，存在一些特殊的感受装置，可感受动脉血中氧分压下降（缺氧）、CO_2 分压上升与 H^+ 浓度过高等化学成分的变化，因此这些感受装置被称为颈动脉体和主动脉体化学感受器（chemoreceptor）。这些化学感受器受到刺激后，其感觉信号分别由颈动脉窦神经和迷走神经传入延髓孤束核，然后使延髓内呼吸神经元和心血管活动神经元的活动发生改变。化学感受性反射对心血管活动的直接作用（排除呼吸、儿茶酚胺和缺氧等因素的影响）会引起心率减慢、心输出量减少；冠状动脉舒张；腹腔脏器、肾和骨骼肌血管收缩。但化学感受性反射可通过引起呼吸加深加快，反射性引起心率加快，以及通过增加肾上腺髓质分泌儿茶酚胺，引起血管收缩，增加外周阻力而使血压升高。缺氧也可直接刺激血管收缩。综合上述可知，在整体条件下，化学感受性反射对心血管活动总的效应是心率加快，腹腔内脏和肾的血流量减少、心输出量及心脑血流量增加。化学感受性反射在平时对心血管活动并不起明显的调节作用，只是在缺氧、血压过低和酸中毒等情况下才发挥作用，故对正常状态下的血压稳定没有明显调节作用。

3. 心肺感受器引起的心血管反射

在心房、心室和肺循环大血管壁存在许多感受机械牵张和感受血中某种化学物质的感受器，统称为心肺感受器（cardiopulmonary receptor）。前者的功能类似动脉压力感受器，在心房、心室和肺循环大血管压力升高或心容量增大时，使上述部位受到牵张刺激而发生兴奋，产生动脉血压下降或肾排水、排 Na^+ 增多以及抑制肾素和抗利尿激素释放的效应。在生理情况下，心房壁的牵张主要是由血容量增多而引起的，因此心房壁的牵张感受器也称为容量感受器（volume receptor）。后者对因心肌缺血、心脏负荷增加和全身缺氧而释放的前列腺素、缓激肽敏感，产生与前者相似的效应。心肺感受器引起的反射在对血量及体液的量和成分的调节中有重要的生理意义。

4. 躯体感受器和其他内脏感受器引起的心血管反射

刺激躯体传入神经时可以引起各种心血管反射。反射的效应取决于感受器的性质、刺激的强度和频率等。用中低等强度的低频电脉冲刺激骨骼肌传入神经，常可引起降血压效应；而用高强度高频率电刺激皮肤传入神经，则常引起升血压效应。在平时，肌肉活动，皮肤冷、热刺激以及各种伤害性刺激都能引起心血管反射活动。扩张肺、胃、肠、膀胱等空腔器官常可引起心率减慢和外周血管舒张等效应。这些内脏感受器的传入神经纤维行走于迷走神经或交感神经内。

当脑血流量减少时，心血管中枢的神经元可对脑缺血发生反应，引起交感缩血管紧张显著加强，外周血管高度收缩，动脉血压升高，称为脑缺血反应。

（四）心血管反射的中枢整合形式

在过去较长时期中，生理学的一个概念是认为整个交感神经系统或者一起兴奋，或者一起抑制。但后来认识到，不同部分的交感神经、副交感神经的活动都是有区别的。具体地说，对于某种特定的刺激，不同部分的交感神经的反应方式和程度是不同的，即表现为一定整合形式的反应，使各器官之间的血流分配能适应机体当时功能活动的需要。例如当动物的安全受到威胁而处于警觉、戒备状态时，可出现一系列复杂的行为和心血管反应，称为防御反应。猫的防御反应表现为瞳孔扩大、竖毛、耳郭平展、弓背、伸爪、呼吸加深、怒叫，最后发展为搏斗或逃跑；伴随防御反应的心血管整合形式，最具特征性的是运动的骨骼肌血管舒张、不运动的骨骼肌血管收缩。

二、心血管活动的体液调节

心血管活动的体液调节是指血液和组织液中的某些化学物质，对心血管活动所产生的调节作用。这些体液因素中，有些是通过血液携带的，可广泛作用于心血管系统；有些则在组织中形成，主要作用于局部的血管，对局部组织的血流起调节作用。

（一）全身性体液调节

1. 肾上腺素和去甲肾上腺素

循环血液中的肾上腺素和去甲肾上腺素主要来自于肾上腺髓质和节后肾上腺素能神经末梢的分泌。肾上腺素能神经末梢释放的递质去甲肾上腺素也有一小部分进入血液循环。两者在化学结构上都属于儿茶酚胺类物质。肾上腺髓质释放的儿茶酚胺中，肾上腺素约占 80%，去甲肾上腺素约占 20%。二者对心血管活动的作用并不完全相同，这是因为它们和靶细胞上不同的肾上腺素能受体的结合能力不同所致。

肾上腺素对 α、β 两类肾上腺素能受体均有较强的结合能力。在心脏，肾上腺素与 β_1 受体结合，使心率加快、传导速度加快和心缩力增强，导致心输出量增多。在血管，肾上腺素的作用取决于血管平滑肌上 α 和 β 肾上腺素能受体分布的情况。例如，皮肤、肾、胃肠等内脏的血管平滑肌中，α 受体占优势，肾上腺素引起缩血管效应；而骨骼肌和肝内的血管则以 β 受体占优势，肾上腺素引起舒血管效应，所以对外周阻力影响不大。只有在大剂量时，对血管的收缩效应增大，外周阻力才有所增加。综上所述可见，肾上腺素主要表现为对心脏的兴奋性作用，所以临床上常用为强心药。

去甲肾上腺素与 α 受体结合能力强于与 β 受体结合的能力。因血管平滑肌受体以 α 受体为主，故去甲肾上腺素可使全身各器官血管广泛收缩，增加外周阻力，使动脉血压升高。去甲肾上腺素与心肌细胞的 β_1 受体结合，使心脏活动加强加快。但是，在整体情况下，此作用往往被去甲肾上腺素引起血压明显升高而继发的降压反射所掩盖。因此，去甲肾上腺素在临床上常用作升压药。

2. 肾素 – 血管紧张素 – 醛固酮系统

机体内维持正常血压的重要神经体液调节机制之一就是肾素 – 血管紧张素 – 醛固酮系统，该系统与高血压和充血性心力衰竭等许多临床症状密切相关。

肾素是一种蛋白水解酶，多种组织器官均能合成储存和释放肾素，肾素进入血液后，可将血浆中的血管紧张素原水解，产生血管紧张素 I（10 肽），后者主要在肺部由血管紧张素转换酶转变成血管紧张素 II（8 肽）。血管紧张素 II 在血浆和组织中血管紧张素酶的作用下，再失去一个氨基酸残基，成为血管紧张素 III（7 肽）。

血管紧张素 I 半衰期短，作用不明显，血管紧张素 II 具有很强的活性，是已知最强的缩血管活性物质之一，可直接使阻力血管平滑肌收缩，增加外周阻力；并可促进肾上腺皮质球状带细胞分泌醛固酮，增加肾对 Na^+ 重吸收和抗利尿，导致循环血量增加；还可兴奋交感中枢进而促进肾上腺髓质合成与分泌儿茶酚胺，引起阻力血管收缩。上述诸作用的综合效应是升高血压。血管紧张素 III 的缩血管作用比血管紧张素 II 弱，但它刺激肾上腺皮质球状带细胞分泌醛固酮的作用，却比血管紧张素 II 强。

各种原因引起肾入球小动脉血压下降、肾血流量减少、流经致密斑小管液中的 Na^+ 量下降，交感神经兴奋和血中儿茶酚胺浓度升高等，都会增加肾素的分泌。根据上述肾素和血管紧张素的密切关系，故称为肾素－血管紧张素系统。实验证明，每当肾素－血管紧张素在血液中的浓度增加时，醛固酮在血液中的浓度也伴随增加；反之，醛固酮在血液中的浓度也相应减少。因此，通常把肾素－血管紧张系统和醛固酮看成为一个统一的功能系统，并称之为肾素－血管紧张素－醛固酮系统（图 5-24）。该系统的升血压作用显著，并与机体内一些降血压物质如激肽、前列腺素等相互作用，对机体动脉血压的相对稳定起着重要作用。

3. 血管升压素

血管升压素又称为抗利尿激素，在生理情况下，主要是促进远曲小管和集合管上皮细胞对水的重吸收，起抗利尿作用。只有当禁水、失血等导致血压下降，血中血管升压素浓度显著升高（1000 倍）时，才表现出缩血管、增大外周阻力而升高血压的效应（详见第九章内分泌）。

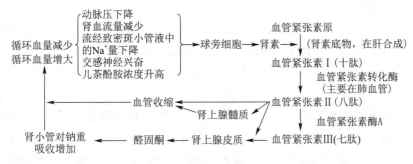

图 5-24 肾素－血管紧张素－醛固酮系统及其作用示意图

（二）局部性体液调节

1. 内皮细胞释放的活性物质

血管内皮细胞数量庞大，血液流动的切向力等物理因素会促进前列环素（prostacyclin，也称前列腺素 I_2，PGI_2）、一氧化氮（nitric oxide，NO）等舒血管物质和内皮素（endothelin，ET）等缩血管物质的释放。因此内皮细胞应被看作是一个大的、重要的内分泌器官。

最重要的舒血管物质是 1980 年命名的内皮源性舒血管因子（endothelium-derived relaxing factor，EDRF），其化学结构尚未完全弄清，目前推测主要是 NO。NO 是在一氧化氮合成酶催化下由精氨酸生成。乙酰胆碱、缓激肽和血流切向力增加内皮细胞中的 Ca^{2+} 浓度，促进 NO 的合成与释放。NO 扩散入邻近的平滑肌细胞，激活鸟苷酸环化酶，cGMP 浓度升高，游离 Ca^{2+} 浓度下降，故血管平滑肌舒张。NO 在体内可参与对动脉血压的实时调节。血红蛋白是内皮舒张因子的最强的抑制因子，能与内皮舒张因子结合并破坏它。

血管内皮细胞还能释放一些缩血管物质，称为内皮源性缩血管因子（endothelium-derived vasoconstrictor factor，EDCF）。其中，1988 年发现的内皮素是已知最强的缩血管物质之一。内皮素包括三种 21 肽，由不同的基因编码。在组织和血管损伤时，内皮素的释放量明显增加，能有效地减少血液流失。

PGI_2 可由内皮细胞内的花生四烯酸经前列环素合成酶催化合成，血管内的波动性血流对内皮产生的切应力可使内皮释放 PGI_2，引起血管舒张。EDHF 可通过促进钙依赖的 K^+ 通道开放，引起血管平滑肌细胞发生超级化，从而使血管舒张。

2. 激肽释放酶 – 激肽系统

激肽释放酶是体内的一类蛋白酶，可分为存在于血浆中无活性的血浆激肽释放酶原和存在于肾、唾液腺、胰腺等器官组织内的腺体激肽释放酶或称组织激肽释放酶。激肽原是存在于血浆中的一些蛋白质，分为高分子量激肽原和低分子量激肽原。在血浆中，被Ⅻa激活的血浆激肽释放酶水解高分子量激肽原产生九肽的缓激肽（bradykinin）。在肾、唾液腺、胰腺、汗腺以及胃肠黏膜等组织内，腺体激肽释放酶或称组织激肽释放酶水解血浆中的低分子量激肽原产生十肽的胰激肽（kallidin），也称赖氨酰缓激肽。后者在氨基肽酶作用下失去赖氨酸，成为缓激肽。缓激肽在激肽酶的作用下水解失活。缓激肽和血管舒张素被认为是已知的最强的舒血管物质。这两种激肽（kinin）类物质可使器官局部血管舒张，毛细血管通透性增加，血流量增加；少量进入循环血液中也参与对动脉血压的调节。

3. 心房利尿钠肽

心房利尿钠肽，又称心钠素、心房肽，主要是由心房肌细胞合成。心房利尿钠肽可使血管舒张，外周阻力降低；也可使每搏输出量减少，心率减慢，故心输出量减少。心房利尿钠肽还能分别抑制肾素、血管紧张素Ⅱ、醛固酮和ADH的合成和释放，参与机体水盐平衡调节。

4. 组胺

组胺是由组氨酸在脱羧酶的作用下产生的。许多组织，特别是皮肤、肺、肠黏膜的肥大细胞中含有大量的组胺。当组织受到损伤或发生炎症和过敏反应时，都可释放组胺。组胺有强烈的舒血管作用，并能引起局部毛细血管和微静脉管壁的通透性增大，造成局部组织水肿。

5. 前列腺素

前列腺素（prostaglandin，PG）是一族二十碳不饱和脂肪酸，分子中有一个环戊烷。按分子结构的差别，前列腺素可分为多种类型。其中 $PG_{2\alpha}$ 能引起静脉收缩；PGE_2 具有强烈的舒血管效应。前列环素（PGI_2）是在血管组织中合成的，有强烈的舒血管效应，可对抗血管紧张素Ⅱ和儿茶酚胺的升压作用。

6. 内皮素

内皮素（endothelin，ET）为 21 肽，有强大的缩血管作用，且对机体几乎所有脏器的血管都有收缩作用。内皮素的缩血管效应持久，可能参与血压的长期调节。内皮素的合成和释放主要由内皮细胞感受到的切应力所调控，而切应力则主要与血流相关。

7. 降钙素基因相关肽

降钙素基因相关肽（calcitonin gene-related peptide，CGRP）的受体广泛分布于心肌和血管壁。CGRP 是目前已知最强烈的内源性舒血管物质，对心肌则具有正性变力和变时作用。

8. 肾上腺髓质素

肾上腺髓质素（adrenomedullin，ADM）能使血管舒张，外周阻力降低，具有强而持久的降压作用。在心脏，ADM 可产生正性变力作用。此外，ADM 还可使肾排钠和排水增多。

9. C 型利尿钠肽

C 型利尿钠肽（C-type natriuretic peptide，CNP）能使血管舒张，并具有明显的降低血压和心输出量的作用。

10. 阿片样肽

体内的阿片样肽（opioid peptide）有多种。垂体释放的 β- 内啡肽（β-endorphin）可能主要作用于脑内某些核团，使交感神经活动受到抑制，心迷走活动加强。阿片肽也可作用于外周血管壁的阿片受体，引起血管舒张，血压降低。

三、心血管活动的自身调节

实验证明，在不受外部神经和体液因素的影响下，血压在一定范围内变动时，器官、组织的血流量仍可得到适当的调节。这种调节机制存在于器官组织或血管本身，故称为自身调节。心血管活动的自身调节对保持某些器官的血流量以维持正常功能有重要意义。自身调节可概括为如下两种机制。

（一）肌源性自身调节机制

许多血管平滑肌本身经常保持一定的紧张性收缩，称为肌源性活动。当血管平滑肌被牵张时其肌源性活动加强。因此，当供应某一器官的血管的灌注压突然升高时，血管平滑肌受到牵张刺激，肌源性活动增强，血管口径变小，器官的血流阻力增大，使器官的血流量不致因灌注压升高而增多。当器官血管的灌注压突然降低时，则发生相反的变化，血流量仍保持相对稳定。这种肌源性的自身调节现象，在肾血管表现特别明显，在脑、心、肝、肠系膜和骨骼肌的血管也能看到，但皮肤血管一般没有这种表现。

（二）代谢性自身调节机制

当组织代谢活动增强时，局部组织中氧分压降低，多种代谢产物，如 CO_2、H^+、腺苷、ATP、K^+ 等积聚，从而使局部的微动脉和毛细血管前括约肌舒张，局部血流量增多，故能向组织提供更多的氧，并带走代谢产物。这种代谢性局部舒血管效应有时相当明显，如果同时发生交感缩血管神经活动加强，该局部组织的血管仍舒张。

第四节 器官循环的特点

机体内不同器官的血液循环各有其特点，这种各具特点的血液循环常被称为特殊区域循环或器官循环。器官的血流量一般与该器官的动、静脉之间的血压差成正比，与该器官的血流阻力成反比。

一、冠脉循环

心脏自身的血液循环由冠状血管承担，称为冠脉循环（coronary circulation）。心肌的血液供应来自起始于主动脉瓣之上的左、右冠状动脉。冠状动脉的主干行走于心脏表面，其小分支常垂直于心脏表面穿入心肌中，并在心内膜下层进一步分支成网。这种分支特征使冠状血管在心肌收缩时容易受到挤压。冠脉血流经毛细血管、冠状静脉回流入右心房。吻合冠状动脉之间的侧支较细小，血流量很少，因而当冠脉突然阻塞时，不易很快建立侧支循环，可导致心肌梗死。但如为慢性阻塞，可有较好的侧支代偿。

　　冠脉循环的途径短、阻力小，故血压高，血流快，循环周期只有几秒钟。心肌的毛细血管网分布极为丰富，毛细血管与心肌纤维数量相当；在每平方毫米的心肌横截面上就有 2500~3000 根毛细血管（相应的骨骼肌中密度为 300~400 根）。这种特点使心肌和冠脉血流之间的物质交换可迅速完成。猪心脏约 730 g（约占体重的 0.6%），安静时，血流量约 225 ml·min^{-1}，占心输出量的 5%。当机体活动增强，冠脉达到最大舒张状态时，组织供血可达安静时的 4~5 倍。

　　动脉舒张压（受外周阻力决定）的高低和心舒期的长短（由心率决定，心舒促灌）是影响冠脉血流量的重要因素。对冠脉血流量进行调节的各种因素中，最重要的是心肌本身的代谢水平。心脏收缩能量来源几乎唯一地靠有氧代谢，耗氧量大，为 7~9 ml/（100 g·min）。心肌细胞摄氧能力强，动脉血中 65%~75% 氧气被利用，远高于其他器官组织（25%~30%），但从另一个侧面看即摄氧潜力较小。只有靠增大血流量满足其代谢增强的需要。事实上，代谢增强，引起腺苷增多（几秒钟内被破坏），可使冠脉舒张。神经调节和激素调节作用较次要。

二、脑循环

　　脑循环（cerebral circulation）的特点是血流量大且变化小，耗氧量多，许多物质不易进入脑组织。脑部重量占体重的 2%，血流量却占心输出量的 15%［50~60 ml/（100 g·min）］；同时耗氧量大，占全身 20%［3~3.5 ml/（100 g·min）］。缺氧耐受极限只有 4~6 min，继续缺氧将导致部分脑组织不可逆转性坏死。脑部组织呼吸商 1.00，表明能量均由葡萄糖供应，消耗量为 50 mg/min。颅腔容积不允许有较大变动。平均动脉压在 60~140 mmHg 变化时，脑部血流量能够通过自身调节维持恒定。平均动脉压低于 60 mmHg 时，脑血流量明显减少，引起脑功能障碍；平均动脉压高于 140 mmHg 时，脑血流量显著增加，容易导致脑水肿。CO_2 分压升高和低氧对脑血管以舒张效应为主。当过度通气呼出 CO_2 过多时，脑血管收缩血流量减少，可引起头晕等症状。其神经调节作用不明显。

　　脑脊液存在于脑室系统、脑周围的脑池和蛛网膜下腔内，由脉络丛分泌，可看作是脑和脊髓的组织液和淋巴液。成年人的脑脊液总量约 150 ml，每天生成 800 ml，可见脑脊液更新率较高，存在生成和吸收入血的循环过程。脑脊液的主要功能是在脑、脊髓和颅腔、椎管之间起缓冲作用，有保护性意义；此外还作为脑与血液之间进行物质交换的中介。血液和脑脊液之间存在物质转运的限制，仿佛某种特殊的屏障，称为血-脑脊液屏障（blood-cerebrospinal fluid barrier）。血-脑脊液屏障的物质基础是脉络丛细胞间的紧密连接和脉络丛细胞中运输各种物质的特殊载体系统。类似的，血液与脑组织之间也存在血-脑屏障（blood-brain barrier，BBB），允许葡萄糖、水和 O_2、CO_2 等脂溶性物质透入脑组织中，而延缓或阻挡另一些如青霉素、胆盐、K^+、HCO_3^- 和非脂溶性物质透入脑组织。毛细血管紧密连接内皮、基膜和星状胶质细胞的血管周足等结构可能是血-脑屏障的形态学基础。血-脑屏障和血-脑脊液屏障的存在，对于保持神经元周围稳定的化学环境和防止血液中有害物质侵入脑内、扰乱脑内神经元的正常功能活动具有重要的生理意义。

三、肺循环

　　肺的血液供应有两条，呼吸性小支气管以上的呼吸道由体循环的支气管动脉供血，是支气管和肺的营养血管；呼吸性小支气管以下由肺循环供血，主司气体交换功能。二者之间末梢有吻合支沟通，可有 1%～2% 静脉血从体循环进入肺静脉、左心房，掺入主动脉血。

肺循环的生理特点是血流阻力小、血压低；血容量大且变动幅度大，组织液生成的有效滤过压低。肺动脉及其分支较粗短，管壁较主动脉及其分支薄（只相当于主动脉管壁的 1/3），可扩张性大，肺循环的全部血管都在胸腔内，处于负压环境，因此阻力小、血压水平低。心脏收缩时，肺动脉压与右心室一致，为 22 mmHg；舒张时，肺动脉压 8 mmHg，右心室压 0～1 mmHg。肺毛细血管血压平均为 7 mmHg，血浆胶体渗透压为 22 mmHg，组织液生成的有效滤过压较低，仅约 1 mmHg，因此肺组织比较"干燥"。

通常情况下，哺乳动物肺的血容量占全身血量的 9%～12%，人肺的血容量一般为 450～600 mL，用力呼气时只有 200 mL，深吸气时可达 1000 mL。吸气开始动脉血压下降，吸气的后半期降到最低，然后回升，呼气相后半期达最高点再下降。肺循环可以作为储血库，机体失血时，可转至体循环。

肺循环血容量的调节：肺泡气 O_2 分压降低、CO_2 分压升高时，会引起肺部局部微动脉收缩。而通气好、O_2 分压高的肺泡血流量增加，提高肺换气效率。如在高海拔地区，可引起肺循环微动脉广泛收缩，肺血流阻力加大，肺动脉压明显升高，常引发肺动脉高压甚至右心肥厚。刺激交感神经，直接作用是引起肺部血管收缩、血流阻力增大，但在整体情况下，体循环血管收缩，将使肺循环血量增大；刺激迷走神经，或给予乙酰胆碱，都能使肺部血管舒张。给予肾上腺素、去甲肾上腺素、Ang II、TXA_2、$PGF_{2\alpha}$ 等能使肺循环微动脉收缩，而组胺、5-羟色胺等则使微静脉收缩；而前列环素、ACh 等可引起肺血管舒张。

四、肝循环

肝的血液来源主要是肝动脉（hepatic artery）和门静脉（portal vein），二者供血量比例约为 3∶7。肝动脉是肝组织和胆道组织的营养血管，供应肝 O_2。门静脉是肝组织的机能血管，它的血液主要来自胃肠道，少量来自脾和胰。肝动脉和门静脉入肝内，反复分支分布于每个肝小叶的窦状隙（sinusoid）中混合。血窦中血液汇合于中央静脉，再由肝静脉入后腔静脉。

肝血窦管壁内皮细胞间的空隙大，通透性高。在动物消化吸收时，大量营养物质进入门静脉，并在血窦中弥散入肝细胞进行代谢和贮藏。非消化期间，肝细胞又把葡萄糖、氨基酸弥散入血窦，参加体循环。

肝和腹腔器官中的大静脉容积较大，可容纳大量血液，最多可储存动物总血量的 1/3。剧烈运动等情况下，交感神经兴奋和肾上腺素可使肝的动脉血管收缩，肝静脉的平滑肌舒张，使流出血量增多弥补全身血量的不足，发挥动力性贮血库的作用。

 小 结

心脏是血液循环的中心，心脏的节律性跳动为推动血液流动、形成血压提供原动力。心脏特殊传导系统的各类细胞均具有自动节律性，能够不依赖于外来刺激自动去极化并暴发动作电位。正常情况下哺乳动物的窦房结 P 细胞自律性最高，它产生的冲动传导到房室交界（存在房室延

搁）、房室束及其分支、浦肯野纤维以及心肌细胞间闰盘结构等，支配整个心脏的节律性活动。由于心肌工作细胞动作电位具有平台期，决定了其兴奋后有效不应期特别长，在时间上涵盖了心肌细胞的整个收缩期和舒张期之初，因此心脏不会发生类似于骨骼肌一样的强直收缩。收缩、舒张的交替进行有利于心脏本身的血液供应、恢复做功能力以及血液回心。在心动周期中舒张期一般较长，有利于心脏持久地工作。在体表一定部位可以描记到心电图、听到心音，它们是心脏周期性兴奋、射血过程的外部表现，对掌握心脏功能状态具有一定的参考价值。反映心脏泵血功能的指标包括搏出量、心输出量、射血分数、心指数等。这些指标各有特点，其中心输出量是较全面且常用的指标。

血管生理部分主要围绕动脉血压展开。血液充盈是血压形成的基础，心脏泵血提供动力，外周阻力是必要条件。可以通过收缩压、舒张压、脉压和平均动脉压等几个指标来反映血压情况。心肌收缩力增强主要引起收缩压升高，外周阻力增大主要引起舒张压升高，当发生动脉管壁硬化时脉压增大。影响动脉血压的因素是多方面的，机体主要通过改变心脏活动和血管平滑肌的紧张度来调节血压。微循环是实现血液与组织液间物质交换的场所。其包含的动－静脉短路、直捷通路和营养通路三类路径各有特点，发挥不同的生理功能。其中营养通路完成物质交换功能，主要通过扩散、滤过和吞饮方式实现。组织液生成与回流的动力是有效滤过压，结构基础是毛细血管的通透性。生成的组织液约 10% 是借助于淋巴循环回收的。静脉系统血压差是静脉血回流的基础，心脏舒张的抽吸作用是促进静脉血回心的最重要因素，此外肌肉泵、呼吸泵、重力等也对其构成影响。

心血管活动受到神经调节和体液调节，心脏泵血和脑、肾等器官血流量还具有自身调节能力。神经调节的基本中枢位于延脑，包括交感缩血管区、舒血管区和心抑制区等。在安静状态下，心血管中枢的紧张性活动主要通过心迷走紧张维持心脏活动处于一定的压抑状态，同时控制血管平滑肌的紧张性收缩。颈动脉窦和主动脉弓压力感受器能监控动脉血压的突然变化，并以负反馈的方式维持血压相对稳定。肾素－血管紧张素－醛固酮系统、肾上腺髓质激素等是调节心血管功能的主要体液性因素。血压的长期性调节与肾－体液机制有关。通过调节，使血液循环机能更好地满足机体维持稳态和适应外界环境变化的需要。

 思考题

1. 简述心动周期中心脏所伴随的各种变化及相互联系。
2. 心音有几个？各自是如何形成的？
3. 心肌有哪些生理特性，与心脏机能有何联系？
4. 心电图各波及各间期的含义是什么？（以标准Ⅱ导联为例）
5. 简述各类血管的结构与机能特征。
6. 分析影响动脉血压及静脉回流的因素。
7. 试述组织液生成与回流的过程及影响因素。
8. 淋巴循环的过程与生理意义。
9. 以心率为例阐述外来神经对心脏活动的调节机制。

10. 给正常家兔耳缘静脉注射少量肾上腺素，兔动脉血压会发生什么变化？是如何实现的？

11. 简述心、脑、肺、肝循环主要特点及其与各自功能的关系。

12. 奶牛的下肢受伤后发炎，通过颈静脉注射药物进行治疗。试说出药物到达伤口炎症处所经过的循环路径。

第六章

呼吸生理

◎知识导图
◎学习基础
◎学习要点

呼吸是指机体与外界环境之间的气体交换，是维持生命活动的基本生理过程之一，一旦呼吸停止，生命也将终止。那么，呼吸运动是如何进行的？呼吸运动为什么能引起肺通气？气体在肺泡气与血液、血液与组织液之间是如何进行交换的？其原理是什么？进入血液中的气体是以何种形式存在的，又是如何在血液中运输的？当内外环境发生变化时，呼吸运动会发生什么样的变化，其机制如何？对于维持生命活动有何意义？本章将回答这些问题。

机体与外界环境之间的气体交换过程称为呼吸（respiration）。有机体在新陈代谢过程中，需要不断消耗 O_2 并产生 CO_2。动物体内 O_2 的储存量仅够若干分钟的消耗，而产生的 CO_2 积累过多将破坏机体酸碱平衡。为满足机体的需要，机体通过呼吸从外界环境摄取新陈代谢所需要的 O_2，排出代谢产生的 CO_2 及其他（易挥发性的）代谢产物。因此，呼吸是维持机体生命活动所必需的基本生理过程之一。一旦呼吸停止，生命也将结束。

在高等动物，呼吸过程包括以下三个相互衔接且同时进行的环节（图 6-1）：①外呼吸（external respiration）或肺呼吸，包括肺通气（是指肺与外界环境之间的气体交换过程）和肺换气（是指肺泡与肺泡壁毛细血管血液之间的气体交换过程）；②气体运输，是指机体通过血

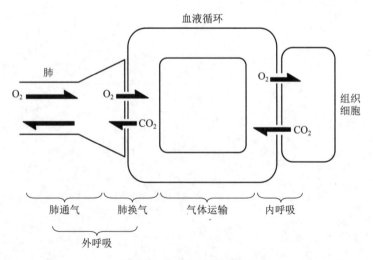

图 6-1 呼吸全过程示意图

液循环将肺摄取的 O_2 运送到组织细胞，又把组织细胞产生的 CO_2 运送到肺的过程；③内呼吸（internal respiration）或称组织呼吸，是指组织毛细血管血液通过组织液与组织细胞间的气体交换过程，以及组织细胞消耗 O_2 和产生 CO_2 的过程。肺通气是整个呼吸过程的基础，肺通气的动力来源于呼吸运动。因此，狭义的呼吸通常指呼吸运动。此外，呼吸过程不仅需要呼吸系统参与，还需要血液和血液循环系统的配合才能完成。

第一节　肺通气

肺通气（pulmonary ventilation）是指肺与外界环境之间的气体交换过程。实现肺通气的器官包括呼吸道、肺泡和胸廓等。呼吸道是肺通气时气体进出肺的通道，同时还具有加温、加湿、过滤和清洁吸入气体以及防御反射（咳嗽反射和喷嚏反射）等保护作用。肺泡是肺换气的主要场所。呼吸肌收缩与舒张引起的胸廓节律性运动是实现肺通气的原动力。除呼吸功能外，肺还有其他功能即肺的非呼吸功能（见本章第五节）。

一、肺通气的结构基础及功能

实现肺通气的结构包括呼吸道、肺泡和呼吸肌等。

（一）呼吸道

呼吸道是气体进出肺的通道，简称气道。随着呼吸道的不断分支，气道数目增多，口径减小，总横断面积增大，管壁变薄。位于胸腔外的鼻、咽、气管称为上呼吸道；位于胸腔内的气管、支气管及其在肺内的分支称为下呼吸道。呼吸道有骨或软骨作支架，以保证管腔的畅通。上呼吸道黏膜尤其是鼻咽部含有丰富的毛细血管网和黏液腺，能分泌黏液，对吸入的空气有加温和加湿作用。下呼吸道黏膜由纤毛上皮构成，纤毛可作定向摆动，黏膜内含有黏液腺并分泌黏液，可将吸入空气中的尘埃、微生物等黏着在纤毛顶端，借其摆动移至咽部排出体外，从而保证洁净的气体入肺。因此呼吸道也有清洁和滤过空气的作用。

下呼吸道，尤其是细支气管有极丰富的平滑肌，收缩时呼吸道口径变细，通气阻力增大；舒张时，呼吸道口径变粗，通气阻力减小。呼吸道平滑肌受迷走神经和交感神经支配。迷走神经兴奋，其末梢释放乙酰胆碱，与气管平滑肌细胞膜上的 M 受体结合，引起平滑肌收缩。交感神经兴奋，其末梢释放去甲肾上腺素，与 β_2 受体结合，引起平滑肌舒张。体液中的组胺、5- 羟色胺和缓激肽均可引起呼吸道平滑肌收缩。通过神经与体液因素的调节，调整下呼吸道平滑肌的收缩或舒张，来改变呼吸道的气流阻力。

呼吸道与外界直接相通，易受病原微生物的侵袭而发炎。呼吸道黏膜对刺激非常敏感，喉、气管、支气管黏膜一旦受到刺激常引起咳嗽反射，鼻黏膜受刺激引起喷嚏反射。

（二）肺泡

肺是一对含有丰富弹性组织的气囊，通过呼吸道与外界相通。气管经多次分支，其数量越来越多，口径越来越细，管壁越来越薄，最后分支的呼吸性细支气管，再分支为肺泡管。肺泡管与肺泡囊相接。呼吸性细支气管、肺泡管、肺泡囊和肺泡四个部分构成一个呼吸单位（图 6-2）。

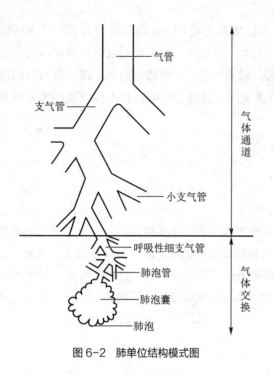

图 6-2   肺单位结构模式图

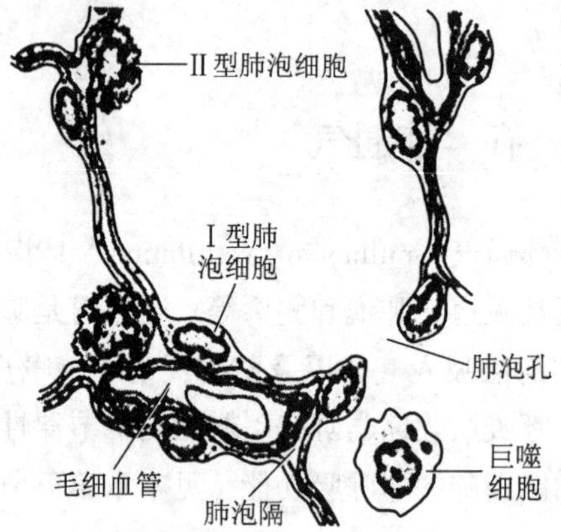

图 6-3   肺泡壁上皮细胞

呼吸单位的每个部分都能进行气体交换，其中以肺泡为主。肺泡壁上皮细胞可以分为 2 种，大多数为扁平上皮细胞（I 型肺泡细胞），少数为较大的分泌上皮细胞（II 型肺泡细胞）。I 型肺泡细胞呈鳞状，相互连接成薄膜状，覆盖大部分肺泡表面，完成气体交换功能。II 型肺泡细胞呈圆形或立方形，分散存在于 I 型肺泡细胞之间，能合成和分泌肺泡表面活性物质（图 6-3）。肺泡与肺泡之间的组织结构称为肺泡隔，隔内有丰富的毛细血管网、弹力纤维及少量的胶原纤维等，使肺具有一定的弹性。

在肺泡腔与肺毛细血管血液之间，含有多层组织结构，是肺泡气体与肺毛细血管血液之间进行气体交换所需通过的组织结构，称为呼吸膜（respiratory membrane）。在电子显微镜下，呼吸膜由 6 层结构组成（图 6-4）：含肺泡表面活性物质的极薄的液体层、肺泡上皮细胞层、肺泡上皮基底膜层、肺泡上皮和毛细血管膜之间的间隙（基质层）、毛细血管的基膜层、毛细血管内皮细胞层。虽然呼吸膜有 6 层结构，却很薄，平均总厚度约为 0.6 μm，有的部位只有 0.2 μm，通透性大，气体容易扩散通过。

（三）呼吸肌

参与呼吸运动的肌肉称为呼吸肌，其中使胸廓扩张产生吸气动作的肌肉为吸气肌，主要有肋间外肌和膈肌；使胸廓缩小产生呼气动作的肌肉为呼气肌，主要有肋间内肌和腹壁肌。此外，还有一些辅助呼吸肌，如斜角肌、胸锁乳突肌和胸背部其他肌肉等，这些肌肉只有

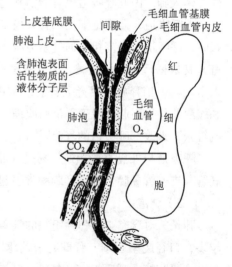

图 6-4   呼吸膜结构示意图

在用力呼吸时，才参与呼吸运动。

二、肺通气原理

气体进出肺取决于两方面因素的相互作用：一是推动气体流动的动力；二是阻止其流动的阻力。只有动力克服阻力，建立肺泡与外界环境之间的压力差，才能实现肺通气。

（一）肺通气的动力

大气和肺泡气之间的压力差是气体进出肺的直接动力。肺回缩时，肺容积减小，肺内压大于大气压，肺内气体排出体外，造成呼气（expiration）；肺扩张时，肺容积增大，肺内压低于大气压，空气进入肺内，造成吸气（inspiration）。但是肺本身没有主动扩张和缩小的能力，肺的扩张和缩小是由胸廓的扩大和缩小被动引起的，而胸廓的扩大和缩小又是由呼吸肌的收缩和舒张所引起。因此，呼吸肌的舒缩活动所引起的节律性呼吸运动是肺通气的原动力。

1. 呼吸运动

呼吸肌的收缩与舒张引起胸廓节律性地扩大和缩小，称为呼吸运动（respiratory movement）。呼吸运动可分为平静呼吸和用力呼吸，安静状态下平和均匀的呼吸称为平静呼吸（eupnea），而家畜运动时用力而加深的呼吸称为用力呼吸（forced breathing）或深呼吸（deep breathing）。呼吸运动包括吸气运动（inspiratory movement）和呼气运动（expiratory movement）。

（1）吸气运动　哺乳动物只有在吸气肌收缩时，才会发生吸气运动，所以吸气总是主动过程。平静呼吸时，吸气运动主要由膈肌和肋间外肌相互配合收缩完成。吸气时，肋间外肌收缩，肋骨向前向外移动，同时胸骨向下向前移动，胸廓的左右径和上下径增大；膈肌收缩时，膈向后移动，膈肌的隆起中心向后退缩，使胸廓前后径增大，胸腔容积扩大，肺也被动牵引而扩张，肺容积增大，肺内压下降而低于大气压，空气经呼吸道进入肺内，引起吸气（图6-5A）。膈肌的舒缩在肺通气中起重要的作用，因为胸廓呈圆锥形，其横截面积在后部明显加大，只要膈稍稍后移就可使胸腔容积大大增加。随着空气的进入，肺内压又逐渐上升，当升至与大气压相等时，吸气停止。

（2）呼气运动　平静呼吸时，呼气过程没有呼气肌的收缩，是被动的过程。当吸气运动停止后，肋间外肌和膈肌由收缩转为舒张，膈被腹腔脏器压迫回原位，肋骨依靠软骨端和韧带的弹性

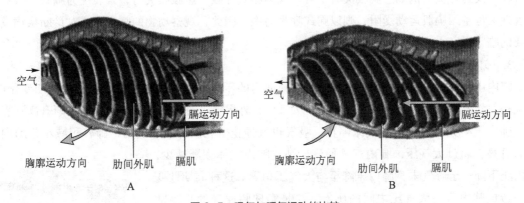

图6-5　吸气与呼气运动的比较
A. 吸气；B. 呼气

恢复到原位，这样胸腔的前后、上下及左右径都缩小，胸腔容积减小，肺失去牵引力由自身的弹性和表面张力而回缩，肺容积减小，肺内压升高，高于大气压时，肺内气体排出体外，引起呼气（图6-5B）。随着气体的排出，肺内压又逐渐下降，当降至与大气压相等时，呼气停止。

因此，哺乳动物在平静呼吸时，吸气是主动的，而呼气是被动的。当机体活动加剧、吸入气中CO_2的含量增加或O_2含量减少时，呼吸加深、加快，呈深呼吸或用力呼吸。此时，在吸气过程中不仅吸气肌收缩增强，辅助吸气肌也参与收缩；在呼气过程中呼气肌主动收缩，使胸廓进一步缩小，使呼气过程变为主动过程。

2. 呼吸频率及呼吸类型

一分钟内呼或吸的次数为呼吸频率（respiratory frequency）。各种动物的呼吸频率，随个体大小、年龄、机体状态而有所差异。一般与机体的代谢强度相关，代谢活动强，呼吸频率快。各种成年动物的呼吸频率见表6-1。

表6-1　成年动物的呼吸频率

种类	呼吸频率 / （次·min^{-1}）	种类	呼吸频率 / （次·min^{-1}）
马	8 ~ 16	猪	10 ~ 20
骡	8 ~ 16	骆驼	5 ~ 12
驴	8 ~ 16	犬	10 ~ 30
牛	10 ~ 30	兔	10 ~ 15
羊	12 ~ 30	鸡	15 ~ 30
猫	10 ~ 25	鸭	16 ~ 28

根据在呼吸过程中，呼吸肌活动的强度和胸腹部起伏变化的程度将呼吸分为三种呼吸型式（breathing pattern）：如果吸气时以肋间外肌收缩为主，胸壁起伏明显，为胸式呼吸（thoracic breathing）；吸气时以膈肌收缩为主，腹部起伏明显，为腹式呼吸（abdominal breathing）；吸气时肋间外肌与膈肌都参与呼吸活动，胸壁和腹壁的运动都比较明显，为胸腹式呼吸（混合式呼吸）（combined breathing）。正常情况下，家畜（除犬外）均为胸腹式呼吸。只有患病时，才表现有某一种单一式的呼吸。例如患胸膜炎时，常表现为腹式呼吸；患腹膜炎时，常表现为胸式呼吸；妊娠晚期的母畜因膈肌运动受阻，则以胸式呼吸为主。因此，观察动物的呼吸方式对诊断疾病具有重要的临床意义。

3. 肺内压

肺内压（intrapulmonary pressure）是指肺泡内的压力。呼吸过程中，肺内压是周期变化的。吸气初，肺容积增大，肺内压下降，低于大气压，外界空气进入肺泡，肺内压也逐渐升高；吸气末，肺内压与大气压相等，气流停止，吸气也就停止。相反，在呼气初，肺容积减小，肺内压暂时升高，超过大气压，肺内气体便流出肺，肺内气体逐渐减少，肺内压下降；至呼气末，肺内压降至与大气压相等。这种周期性变化，造成肺内压与大气压之间的压差，这是实现肺通气的直接动力。根据这一原理，自然呼吸停止时，可以用人为的方法改变肺内

◎中医学的心肺复苏

压，建立肺内压和大气压间的压力差，维持肺通气，这就是人工呼吸（artificial respiration）。

呼吸过程中肺内压变化的程度，视呼吸的缓急、深浅和呼吸道是否通畅而定。呼吸变浅慢、呼吸道通畅，则肺内压变化较小；呼吸变深快、呼吸道不通畅，则肺内压变化较大。如平静呼吸时，呼吸运动和缓，呼吸道畅通，肺容积的变化较小，肺内压变化不大，吸气时，肺内压较大气压低 0.133 ~ 0.266 kPa（1 ~ 2 mmHg），呼气时肺内压较大气压高 0.133 ~ 0.266 kPa。用力呼吸时，或呼吸道不通畅时，肺内压变动的幅度将增大。

4. 胸膜腔内压

在呼吸运动过程中，肺能随胸廓的运动而运动，是因为在肺和胸廓之间存在密闭的潜在胸膜腔（pleural cavity）和肺本身可扩张的缘故。胸膜有两层，即紧贴于肺表面的脏层和紧贴于胸廓内壁的壁层。两层胸膜形成一个密闭的、潜在的腔隙，为胸膜腔。胸膜腔内只有少量的浆液，没有气体。胸膜腔内的浆液一方面起润滑作用，减小两层膜之间的摩擦力，两层胸膜可互相滑动。另一方面由于浆液分子的内聚力使两层胸膜黏附在一起，不易分开，所以肺就可随着胸廓的运动而运动。因此，胸膜腔的密闭性和两层胸膜间浆液分子的内聚力有重要生理意义。如果胸膜破裂，使胸膜腔与大气相通，空气就会立即进入胸膜腔，形成气胸（pneumothorax），造成两层胸膜彼此分开，肺将因自身的回缩力而塌陷，肺便失去了通气机能。这时，尽管呼吸运动仍在进行，肺却失去或减小随胸廓运动而张缩的能力，肺通气无法进行，同时对血液循环和淋巴循环也有影响，必须紧急处理，否则危及生命。

胸膜腔内的压力称为胸膜腔内压（intrapleural pressure），简称胸内压。胸膜腔内压可用两种方法测定。一种是直接法，即将连着检压计的注射针头斜刺入动物的胸膜腔内，检压计的液面即可直接指示出胸膜腔内的压力（图6-6）。另一种是间接法，即将带有薄壁气囊的导管送入食管胸段，由测量呼吸过程中食管内压的变化来间接反映胸膜腔内压的变化。食管壁薄而软，在呼吸过程中食管胸段内压与胸膜腔内的压力变化值基本一致，所以食管内压力的变化可以间接反映胸膜腔内压的变化。测定结果表明胸膜腔内压通常比大气压低。依大气压作为生理零值计，则称低

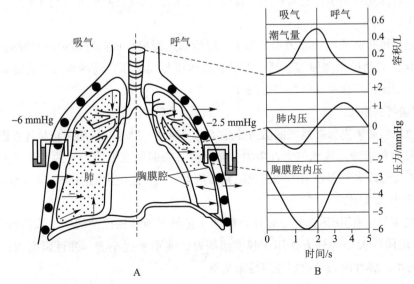

图6-6 胸膜腔内压直接测量示意图（A）和呼吸时肺内压、胸膜腔内压及呼吸气容积的变化过程（B）

于大气压为负压。在平静呼吸时，胸膜腔内负压值随着呼气与吸气而变化着，吸气时负值增大，呼气时负值减小。

胸膜腔内负压是如何形成的？胸膜腔内压实际上是通过胸膜腔脏层作用于胸膜腔间接形成的。胸膜腔壁层的外表面有坚厚的胸廓组织支持，作用于胸壁上的大气压力不会影响胸膜腔。而胸膜腔脏层却受到两种相反力量的影响：一是肺内压，吸气末与呼气末与大气压相等，即大气所加的压力，为 101.08 kPa（760 mmHg），使肺泡扩张，并通过肺泡壁的传递作用于胸膜脏层；二是肺的回缩力，肺为弹性组织，且始终处于一定的扩张状态，所以具有弹性回缩力，它与表面张力共同构成肺的回缩力，使肺泡缩小。因此，胸膜腔内的压力是上述两种方向相反的力的代数和，即：

$$胸膜腔内压 = 肺内压 - 肺回缩力$$

在吸气之末和呼气之末，肺内压等于大气压，因此：

$$胸膜腔内压 = 大气压 - 肺回缩力$$

如果把大气压值作为生理零位标准，则：

$$胸膜腔内压 = - 肺回缩力$$

由此可见，胸膜腔内负压是由肺的回缩力造成的。在一定限度内，肺越扩张，肺的回缩力就越大，胸膜腔内负压的绝对值也越大。吸气时肺扩张，回缩力增大，负压也增大；呼气时相反，负压减小。如马在平静呼吸时，吸气末胸膜腔内负压值为 −2.133 kPa（−16 mmHg），呼气末为 −0.79 kPa（−6 mmHg）。再如兔在平静吸气末胸膜腔内负压约为 −0.6 kPa（−4.5 mmHg），平静呼气末约为 −0.333 kPa（−2.5 mmHg）。

胸膜腔内负压具有重要的生理意义。首先，胸内负压是肺扩张的重要条件，由于胸膜腔与大气隔绝，处于密闭状态，因而对肺有牵拉作用，使肺和小气道维持扩张状态，不致因回缩力而使肺塌陷，从而能持续地与周围血液进行气体交换。其次，胸膜腔内负压对胸腔内的其他器官有明显的影响。如吸气时，胸膜腔内压降得更低，引起腔静脉和胸导管扩张，促进静脉血和淋巴回流。胸膜腔内负压还可使胸部食管扩张，食管内压下降，因此在呕吐和反刍逆呕时，均表现出强烈的吸气动作。

综上所述，可将肺通气的动力概括如下：呼吸肌的舒缩形成的呼吸运动是肺通气的原动力。呼吸运动引起肺被动扩张和回缩，其所形成的肺内压与大气压之间的压力差是肺通气的直接动力；胸膜腔内负压是实现肺通气的必要条件。

（二）肺通气的阻力

肺通气的动力必须克服肺通气的阻力才能实现肺通气。肺通气的阻力包括弹性阻力和非弹性阻力。弹性阻力包括肺与胸廓的弹性阻力，是平静呼吸时的主要阻力，约占总阻力的70%；非弹性阻力包括气道阻力、惯性阻力和组织的黏滞阻力，约占总阻力的30%，以气道阻力为主。

1. 弹性阻力和顺应性

弹性组织在外力作用下发生变形时，有对抗变形和弹性回位的倾向，称弹性阻力（elastic resistance）。用同样大小的外力作用于弹性组织时，变形程度小者，弹性阻力大；变形程度大者，弹性阻力小。弹性阻力一般用顺应性来衡量。

顺应性（compliance）是指在外力作用下，弹性组织的可扩展性。容易扩展者，顺应性大，弹性阻力小；反之，则顺应性小，弹性阻力大。顺应性（C）与弹性阻力（R）成反比关系，即：

$$C = \frac{1}{R}$$

顺应性的大小，通常用单位压力变化所引起的容积变化来衡量，即：

$$顺应性（C）= \frac{容积变化（\Delta V）}{压力变化（\Delta P）}（\text{L·cmH}_2\text{O}^{-1}）$$

因为肺和胸廓都是弹性组织，故顺应性包括肺的顺应性和胸廓的顺应性。前者测定时，ΔP是指跨肺压的改变，即肺内压与胸膜腔内压之差的变化，ΔV指跨肺压改变下的肺容量变化；后者测定时，ΔP是指跨壁压，即胸膜腔内压与大气压之差的改变。

（1）肺的弹性阻力　肺的弹性阻力来自肺组织本身的弹性回缩力和肺泡表面张力（alveolar surface tension）。

肺组织的弹性回缩力主要来自肺自身的弹力纤维和胶原纤维等组织。正常时这些纤维始终处于被动牵拉状态，从而始终使肺保持进一步缩小的趋势，即使在深呼气末肺容积很小时，回缩力仍然不会消失。当肺扩张时，这些纤维被牵拉所产生的弹性回缩力，其方向总是与肺扩张方向相反，因而是吸气的阻力、呼气的动力。肺扩张越大，对纤维的牵拉程度也越大，回缩力也越大，弹性阻力也越大，反之则小。

肺泡表面张力是由于分布于肺泡内侧表面的液体分子相互吸引，在液－气界面产生的表面张力，作用于肺泡壁，驱使肺泡回缩，是肺弹性阻力的另一个重要组成部分。在正常情况下，肺泡上皮内表面分布有极薄的液体层，它与肺泡气体形成气－液界面。由于界面液体分子间的吸收力大于液、气分子间的吸引力，因而产生表面张力，使液体表面有收缩倾向，肺泡趋向回缩。扩张充气的肺比扩张充生理盐水的肺所需的跨肺压力大得多，前者约为后者的3倍（图6-7）。这是因为充气时，在肺泡内表面的液体和肺泡气之间存在液－气界面，从而产生表面张力。球形液－气界面的表面张力方向是向中心的，倾向于使肺泡缩小，产生弹性阻力。而灌注生理盐水时，没有液－气界面，因此不存在表面张力作用，仅肺组织的弹性回缩所产生的阻力作用。

由此可见，肺组织的弹性阻力仅约占肺总弹性阻力的1/3，而表面张力约占2/3。因此，表面张力对肺的张缩有重要的作用。

据Laplace定律，液泡内由表面张力所形成的回缩力（P）与液体表面张力（T）成正比，与液泡的半径（r）成反比，即：

$$P = \frac{2T}{r}$$

两个连通的大、小液泡，若表面张力相等，则大液泡回缩力小，而小液泡回缩力大，导致小液泡内的气体不断压入大液泡内，从而使小液泡萎陷（图6-8）。肺内有大量的不同大小的肺泡，并通过肺

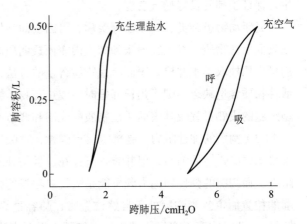

图6-7　充气和充生理盐水时肺的顺应性曲线
（$1\text{ cmH}_2\text{O} = 0.098\text{ kPa}$）

泡管互相连通。但正常情况下，这些大小不一的肺泡互不影响，均能维持一定的充气状态，不发生上述大肺泡兼并小肺泡的现象。目前认为是肺表面活性物质作用的结果。

肺表面活性物质（pulmonary surfactant）是由肺泡Ⅱ型细胞分泌的一种复杂的脂蛋白混合物，主要成分是二棕榈酰卵磷脂（dipalmitoyl phosphatidyl choline，DPPC）和表面活性物质蛋白（surfactant protein，SP）。DPPC分子的一端是非极性疏水的脂肪酸，不溶于水；另一端是极性的，易溶于水。因此，DPPC分子垂直排列于气-液界面，极性端插入液体层，非极性端伸入肺泡气中，形成单分子层分布在气-液界面上，并随着肺泡的张缩而改变其密度。SP包括SP-A、SP-B、SP-C和SP-D四种，它们在维持DPPC的功能、分泌、清除以及再利用等过程中具有重要作用。肺泡表面活性物质的主要功能是：

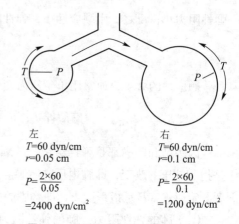

左
$T = 60$ dyn/cm
$r = 0.05$ cm
$P = \dfrac{2 \times 60}{0.05}$
$= 2400$ dyn/cm^2

右
$T = 60$ dyn/cm
$r = 0.1$ cm
$P = \dfrac{2 \times 60}{0.1}$
$= 1200$ dyn/cm^2

图 6-8　相联通的大小不同的液泡内压及气流方向示意图

dyn/cm 为表面张力单位，1 dyn = 10^{-5} N

① 降低肺泡的表面张力　肺泡内表面的液体层与肺泡气形成液-气界面，存在指向肺泡中心的表面张力，驱使肺泡回缩。肺表面活性物质以单分子层覆盖在肺泡液体层的表面，能使肺泡液-气界面的表面张力降至原来的1/8～1/4，能增加肺的顺应性，减少吸气做功，降低吸气阻力。

② 维持肺泡内压的相对稳定　肺表面活性物质降低表面张力的能力与其密度成正比，小肺泡表面活性物质的相对密度大，降低肺泡液-气界面表面张力的作用相对较强；而大肺泡由于表面活性物质相对浓度小，其作用较弱。这样就使大小不一的肺泡具有大致相等的内压力，从而保持容量相对的稳定，使小肺泡不致萎缩，大肺泡不致膨大而胀破。

③ 阻止肺泡积液　肺泡表面张力使肺泡回缩，对肺泡间质产生"抽吸"作用，有促使肺毛细血管内液体进入肺泡而形成水肿的倾向。但是，由于肺表面活性物质的存在，降低了肺泡回缩力，减弱肺泡表面张力对肺毛细血管内液体的吸引作用，阻止组织液渗入肺泡，避免肺水肿的发生，保证了肺的良好换气功能。

成年动物患肺炎、肺血栓等疾病，可因表面活性物质减少而发生肺不张。出生动物也可因缺乏表面活性物质，发生肺不张和肺泡内表面透明质膜形成，造成呼吸窘迫综合征，导致死亡。目前可应用抽取羊水并检查表面活性物质含量的方法，协助诊断发生这种疾病的可能性。如果表面活性物质含量缺乏，则可延长妊娠时间或用药物（糖皮质激素）促进其合成。因此，了解肺泡Ⅱ型细胞的成熟过程及其表面活性物质的代谢和调节有重要的理论和实际意义。

（2）胸廓的弹性阻力　胸廓也具有弹性，呼吸运动过程中也产生弹性阻力。胸廓的弹性阻力来自胸廓的弹性回缩力，但并非一直存在，且与肺的弹性阻力不同，肺的弹性阻力始终是吸气的阻力，而胸廓的弹性回缩力既可能是吸气或呼气的弹性阻力，也可能是吸气或呼气的动力，视胸廓的位置而定。当胸廓处于自然位置时，肺容量约为肺总容量的67%（相当于平静吸气末的肺容量），此时胸廓无变形，其弹性组织既未受到牵张，也未受到挤压，所以胸廓并不表现出弹性回缩力。当肺容量小于肺总量的67%（如平静呼气或深呼气）时，胸廓被牵引向内而缩小，胸廓的弹性回缩力向外，是吸气的动力，呼气的阻力。在平静呼气末，胸廓向外弹开的力量与肺的回缩力方向相反而力量相等，相互抵消，因此，此时呼吸肌处于松弛状态。当肺容量大于肺总量的67%（如深吸气）时，胸廓被牵引向外而扩大，其弹性回缩力向内，成为吸气的弹性阻力，呼气的动力。这种压力与肺容量之间的关系变化曲线，称为压力－容量曲线（图6-9）。它表明肺充盈的容量越大，胸廓和肺对抗肺扩张的阻力越大，用于克服阻力所需的肌肉收缩力也相应增大。

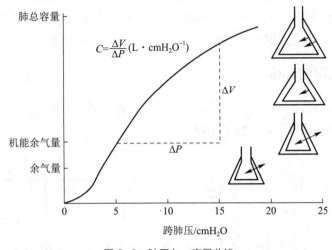

图6-9　肺压力－容量曲线

2. 非弹性阻力

非弹性阻力（inelastic resistance）主要由惯性阻力、黏滞阻力和气道阻力三种力量组成。惯性阻力（inertial resistance）是气流在发动、变速、换向时，因气流和组织的惯性所产生的阻止气体流动的因素。平静呼吸时，呼吸频率低，气体流速慢，惯性阻力小，可忽略不计。黏滞阻力（viscous resistance）来自呼吸时组织相对位移所发生的摩擦。气道阻力（airway resistance）来自气体流经呼吸道时，气体分子之间以及气体分子与气道壁之间的摩擦，这是非弹性阻力的主要组成成分，占80%~90%。非弹性阻力是在气体流动时产生的，并随气流速度加快而增加，故为动态阻力。

气道阻力可用维持单位时间内气体流量所需压力差来表示：

$$气道阻力 = \frac{推动气体流动的压力（大气压 - 肺内压）}{单位时间内气体流量}$$

气道阻力受气流流速、气流形式和呼吸道管径大小的影响。流速快，阻力大；流速慢，阻力小。气流形式有层流和湍流，层流阻力小，湍流阻力大。气流太快和管道不规则，容易发生湍流，如气管内有黏液、渗出物、异物等时，可用排痰、清除异物、减轻黏膜肿胀等方法减少湍流，降低阻力。气道管径大小是影响气道阻力的重要因素。管径小，阻力大（$R \propto 1/r^4$）。

气道管径主要受四方面因素的影响：①气道内外压力差。吸气时，胸膜腔内压下降，气道周围的压力下降，跨壁压增大，气道被动扩张，阻力减小；呼气时则相反，管径缩小，阻力增大。②肺实质对气道壁的牵引。小气道的弹力纤维与肺泡壁的纤维彼此穿插，这些纤维像帐篷的拉线一样对气道壁发挥牵引作用，以保持那些没有软骨支持的细支气管的通畅。③自主神经调节平滑肌的舒缩。交感神经兴奋，气管扩张，阻力减小，呼吸更为畅通；迷走神经兴奋，气管平滑肌收缩，管径缩小，阻力增大。④体液中化学物质影响气管平滑肌的舒缩。血液中的儿茶酚胺使平滑肌舒张，另外，有研究发现气道上皮可合成、释放内皮素，使气道平滑肌收缩。

（三）呼吸功

在一次呼吸过程中呼吸肌为实现肺通气而收缩所做的功称为呼吸功（work of breathing）。呼吸做功用于克服肺和胸廓的弹性阻力和非弹性阻力，通常用一次呼吸过程中的跨壁压变化乘以肺容积变化来表示。平静呼吸时，每次呼吸做的功很小；呼吸加深，潮气量增大时，呼吸做功增加。在病理情况下，弹性阻力或非弹性阻力增大时，呼吸功都可增大。

三、肺通气功能的评价

评价肺通气功能的指标主要有肺容积、肺容量及肺通气量。除余气量和功能余气量外，其他气体量都可以用肺量计直接记录（图 6-10）。

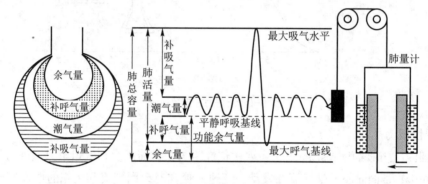

图 6-10　肺容量变化示意图

（一）肺容积

肺容积（pulmonary volume）是指不同状态下肺所能容纳的气体量，随呼吸运动而变化。包括以下 4 种互不重叠的基本肺容积，它们全部相加后等于肺总量。

1. 潮气量

平静呼吸时，每次吸入或呼出的气体量，为潮气量（tidal volume，TV）。马约为 6 L；奶牛躺卧时 3.1 L，站立时 3.8 L；山羊 310 mL；绵羊 260 mL；猪 300～500 mL。运动或使役时潮气量有所增大。

2. 补吸气量

补吸气量（inspiratory reserve volume，IRV）或吸气贮备量指平静吸气末，再尽力吸气，多吸入的气体量。马约为 12 L。

3. 补呼气量

平静呼气末，再尽力呼气，多呼出的气体量为补呼气量（expiratory reserve volume，ERV）或呼气贮备量。马约为 12 L。

4. 余气量

余气量（residual volume，RV）或残气量是指补呼气后肺内残留的气体量。

（二）肺容量

肺容量（pulmonary capacity）是指肺内容纳气体的量，是肺容积中两项或两项以上的联合气体量。肺容量包括以下几种指标：

1. 深吸气量

从平静呼气末做最大吸气时所能吸入的气量为深吸气量（inspiratory capacity，IC），等于潮气量和补吸气量之和，是衡量最大通气潜力的一个重要指标。胸廓、胸膜、肺组织和呼吸肌等的病变，都可使深吸气量减少而降低最大通气潜力。

2. 功能余气量

平静呼气末肺内存留的气量为功能余气量（functional residual capacity，FRC），是余气量和补呼气量之和。功能余气量相当于潮气量的 $4 \sim 5$ 倍。功能余气量的生理意义在于：每次从外界吸入或自肺循环进入肺泡的气体，首先被功能余气量稀释，缓冲了肺泡中 O_2 和 CO_2 分压（P_{O_2} 和 P_{CO_2}）的急剧变化。由于功能余气量的缓冲作用，吸气时，肺内 P_{O_2} 不至于突然升得太高，P_{CO_2} 不至于降得太低；呼气时，肺内 P_{O_2} 则不会降得太低，P_{CO_2} 不至于升得太高。这样，肺泡气和动脉血液中的 P_{O_2} 和 P_{CO_2} 就不会随呼吸而发生大幅度的波动，以利于气体交换。生理条件下，动物每千克体重的功能余气量为 $8 \sim 10$ mL。功能余气量可在一些病理情况下发生改变。例如，患肺气肿时，由于呼出气量减少，功能余气量增多；患肺纤维化时，由于吸入气量减少，则功能余气量亦减少；患支气管哮喘时，由于呼气尚未完成，而吸气却已开始，功能余气量也就增多。

3. 肺活量

用力吸气后再用力呼气，所能呼出的最大气体量称为肺活量（vital capacity，VC）。它是潮气量、补吸气量和补呼气量之和。肺活量有较大的个体差异，与体躯的大小、性别、年龄、体征、呼吸肌强弱等因素有关。

肺活量反映了一次通气时的最大能力，在一定程度上可作为肺通气机能的指标。但由于测定肺活量时不限制呼气的时间，所以不能充分反映肺组织的弹性状态和气道的通畅程度，也就不能充分反映通气功能的状况。因此，有人提出用力肺活量和用力呼气量的概念。

4. 肺总容量

肺所容纳的最大气体量为肺总容量（total lung capacity，TLC），即肺活量与余气量之和。其值因性别、年龄、运动情况和体位不同而异。

（三）肺通气量和肺泡通气量

1. 肺通气量

肺通气量（pulmonary ventilation）即每分通气量（minute ventilation）是指每分钟吸入或呼出的气体总量。

$$肺通气量 = 潮气量 \times 呼吸频率$$

健康动物的潮气量和呼吸频率随着机体代谢水平而变化。代谢水平增高，如运动或使役时，呼吸频率和潮气量都会增大，肺通气量也增大。如马在休息时，肺通气量为 $35 \sim 45$ L，平地步行时为 $80 \sim 150$ L，负重时为 $150 \sim 250$ L，挽拽时为 $300 \sim 450$ L。

尽力做深快呼吸时，每分钟肺能够吸入或呼出的最大气体量，称为肺的最大随意通气量（maximal voluntary ventilation）。健康动物的最大随意通气量可比平静呼吸时的每分通气量大 10

倍多。肺的最大随意通气量反映了肺的最大通气能力，它是比肺活量更能客观地反映肺通气机能的指标之一。其既能反映肺活量的大小，也能反映胸廓和肺组织是否健全以及呼吸道通畅与否等情况。

肺的最大随意通气量与肺通气量之差可表明肺通气量的储备力量，常表示如下：

$$\text{肺通气贮备}（\%）= \frac{\text{肺的最大随意通气量} - \text{肺通气量}}{\text{肺的最大随意通气量}} \times 100\%$$

肺通气贮备量是反映机体呼吸机能的良好指标，并可以此判断通气储备能力。

2. 肺泡通气量

在呼吸过程中，每次吸入的新鲜气体并非全部进入肺泡，其中一部分气体停留在呼吸性细支气管以上部位的呼吸道内，这部分气体不能参与肺泡与血液间的气体交换，因此把这段呼吸道称为解剖无效腔（anatomical dead space）或死腔（dead space）。进入肺泡内的气体，也可能由于血液在肺内分布不均而未能与血液进行气体交换，这部分未能发生气体交换的肺泡容量称肺泡无效腔（alveolar dead space）。肺泡无效腔与解剖无效腔合称为生理无效腔（physiogical dead space）。由于无效腔的存在，每次吸入的新鲜空气，一部分停留在无效腔内，另一部分进入肺泡。可见肺泡通气量（alveolar ventilation）才是真正的有效通气量。肺泡通气量应为每分钟吸入肺并与血液进行气体交换的新鲜空气量，也称有效通气量。肺泡通气量按下式计算：

肺泡通气量 =（潮气量 - 生理无效腔气量）× 呼吸频率

由于健康动物的肺泡无效腔接近于 0，也就是说，生理无效腔几乎与解剖无效腔相等，因此可粗略按照下式计算：

肺泡通气量 =（潮气量 - 解剖无效腔气量）× 呼吸频率

例如，一匹马解剖无效腔为 1.5 L，潮气量为 6 L，呼吸频率为 12 次 · min^{-1}，则每分通气量为 $6 \times 12 = 72$ L，肺泡通气量为（$6 - 1.5$）$\times 12 = 54$ L。潮气量减少或功能余气量增加，均使肺泡气体的更新率降低，不利于肺换气。无效腔气体增大（如支气管扩张）或功能余气量增大（如肺气肿），均使肺泡气体更新效率降低。此外，潮气量和呼吸频率的变化对肺通气量和肺泡通气量的影响不同。若潮气量减半而呼吸频率加倍，或潮气量加倍而呼吸频率减半时，肺通气量保持不变，但肺泡通气量可因无效腔的存在而发生很大变化。若潮气量减半而呼吸频率加倍，则表现为呼吸变浅、变快，肺泡通气量显著减少。若潮气量加倍而呼吸频率减半，则表现为呼吸变深、变慢。从气体交换效果看，浅而快的呼吸是不利的，适当深而慢的呼吸有利于气体交换，可以增加肺泡通气量（表 6-2），但同时也会增加呼吸做功。

表 6-2   每分通气量与肺泡通气量的比较

呼吸频率 A / （次 · min^{-1}）	潮气量 B /L	无效腔 C /L	每分通气量 A×B / （L · min^{-1}）	肺泡通气量（B-C）×A / （L · min^{-1}）
12	6	1.5	72	54
6	12	1.5	72	72
24	3	1.5	72	36

第二节　肺换气和组织换气

在呼吸过程中气体交换发生在两个部位：一是肺泡与其周围毛细血管之间的气体交换，称肺换气；另一是组织与血液之间的气体交换，称组织换气。血液循环通过对气体的运输将肺泡气体交换和组织气体交换联系起来（图 6-11）。

一、气体交换的机制

（一）气体的扩散

根据物理学原理，各种气体分子无论是处于气体状态，还是溶解于液体中，不同区域气体分子压力不等时，通过分子运动，气体分子总是从压力高处向压力低处净移动，直至各处压力相等，这一过程称为扩散（diffusion）。肺换气和组织换气就是以扩散方式进行的。单位时间内气体扩散的容积为气体扩散速率（diffusion rate），它受下列因素的影响：

1. 气体的分压差

在混合气体中，每种气体分子运动所产生的压力称为该气体的分压（partial pressure，P）。气体分压不受混合气体中的其他气体或其分压的影响。

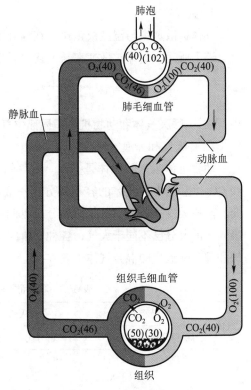

图 6-11　气体交换示意图
括号内的数值为气体分压（单位：mmHg）

在温度恒定时，每一气体的分压取决于它自身的浓度和气体总压力。混合气的总压力等于各气体分压之和。气体分压可按下式计算：

$$气体分压 = 总压力 \times 该气体的容积百分比$$

两个区域之间的分压差是气体扩散的动力，分压差大，扩散快，扩散速率大；反之，分压差小则扩散速率小。

2. 气体的分子量和溶解度

质量轻的气体扩散较快。在相同条件下，气体扩散速率和气体分子量的平方根成反比。如果扩散发生于气相和液相之间，则扩散速率还与气体在溶液中的溶解度成正比。溶解度是单位分压下溶解于单位容积溶液中的气体量。一般以 101.3 kPa，38℃时，100 mL 液体中溶解的气体毫升数来表示。溶解度与分子量的平方根之比称为扩散系数（diffusion coefficient），它取决于气体分子本身的特性。因为 CO_2 在血浆中的溶解度（51.5）比 O_2 的溶解度（2.14）大得多（24：1），而 CO_2 的分子量（44）与 O_2 的分子量（32）的平方根之比为 1.17：1。因此，在同样分压下，CO_2 的扩散速度要比 O_2 快得多，约为 O_2 的 20 倍。肺泡与血液间的 P_{O_2} 为 P_{CO_2} 的 10 倍，如果综合考虑气体的分压差、溶解度和分子量三方面因素，CO_2 的扩散速度约为 O_2 的 2 倍。所以，通常情况下，肺换气不足时往往缺 O_2 显著，而 CO_2 潴留不明显。

3. 扩散面积和距离

气体扩散速率与扩散面积成正比，与扩散距离成反比。

4. 温度

气体扩散速率与温度成正比。在哺乳动物，体温相对恒定，故温度因素可忽略不计。

综上所述，气体扩散速率与上述诸因素的关系如下：

$$气体扩散速度 \propto = \frac{气体分压差 \cdot 溶解度 \cdot 呼吸膜面积}{呼吸膜厚度 \cdot \sqrt{分子量}}$$

（二）呼吸气体和动物机体不同部位气体的分压

1. 呼吸气和肺泡气的成分和分压

动物机体吸入的气体是空气。空气的主要成分为 O_2、CO_2 和 N_2，其中具有生理意义的是 O_2 和 CO_2。空气中各气体的容积百分比一般不因地域不同而异，但分压却因总大气压的变动而改变。高原大气压较低，各气体的分压也低。吸入的空气在呼吸道内被水蒸气饱和，所以呼吸道内吸入气的成分已不同于大气，各种气体成分的分压也发生相应的改变。呼出气是无效腔内的吸入气和部分肺泡气的混合气体（表 6-3）。

表 6-3　海平面各呼吸气体的容积百分比和分压　　　　　　分压单位：kPa（mmHg）

气体	大气		吸入气		呼出气		肺泡气	
	容积百分比	分压	容积百分比	分压	容积百分比	分压	容积百分比	分压
O_2	20.84	21.11 （158.4）	19.67	19.93 （149.5）	15.7	15.91 （119.3）	13.6	13.78 （103.4）
CO_2	0.04	0.04 （0.3）	0.04	0.04 （0.3）	3.6	3.65 （27.4）	5.3	5.37 （40.3）
N_2	78.62	79.65 （597.5）	74.09	75.06 （563.1）	74.5	75.47 （566.2）	74.9	75.88 （569.2）
H_2O	0.5	0.51 （3.8）	6.20	6.28 （47.1）	6.20	6.28 （47.1）	6.20	6.28 （47.1）
合计	100.0	101.31 （760）	100.0	101.31 （760）	100.0	101.31 （760）	100.0	101.31 （760）

注：N_2 在呼吸过程中并无增减，只是因为 O_2 和 CO_2 百分比的改变，使 N_2 的百分比发生相对改变。

2. 血液气体和组织气体的分压（张力）

液体中的气体分压也称为气体的张力（tension），其数值与分压相同（表 6-4）。不同组织中的 P_{O_2} 和 P_{CO_2} 不同，在同一组织中还受组织活动水平的影响，表中反映的仅为安静状态下大致的 P_{O_2} 和 P_{CO_2} 值。

表 6-4　肺泡气、血液和组织中的 P_{O_2} 与 P_{CO_2}　　　　　　单位：kPa（mmHg）

气体	肺泡气	动脉血	静脉血	组织
O_2	13.60（102）	13.33（100）	5.33（40）	4.00（30）
CO_2	5.33（40）	5.33（40）	6.13（46）	6.67（50）

二、气体交换过程

（一）气体在肺内的交换

肺泡壁和肺毛细血管之间的呼吸膜结构允许气体分子自由通过。肺泡内 P_{O_2} 为 13.60 kPa（102 mmHg），P_{CO_2} 为 5.33 kPa（40 mmHg）；肺毛细血管内混合静脉血的 P_{O_2} 为 5.33 kPa（40 mmHg），P_{CO_2} 为 6.13 kPa（46 mmHg）（图 6-11）。气体总是由分压高的一侧透过呼吸膜向分压低的另一侧扩散。因此，肺泡气中的 O_2 透过呼吸膜扩散进入毛细血管内，血液的 P_{O_2} 便逐渐上升，最后接近肺泡的 P_{O_2}；而血中的 CO_2 则透过呼吸膜向相反方向扩散进入肺泡内。

O_2 与 CO_2 的扩散极为迅速，仅需 0.3 s 即可达到平衡。通常情况下，血液流经肺毛细血管的时间约 0.7 s，所以当血液流经肺毛细血管全长约 1/3 时，已基本完成气体交换（图 6-12）。通过肺换气，血液中的 O_2 不断从肺泡中得到补充，并经肺泡将 CO_2 排出，使含 CO_2 多而含 O_2 少的静脉血，变成含 O_2 多而含 CO_2 少的动脉血（表 6-4）。

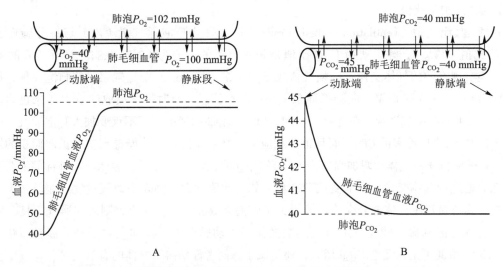

图 6-12　肺毛细血管血液从肺泡摄取 O_2（A）及肺泡排出 CO_2（B）的过程

（二）组织中的气体交换

在组织处，由于细胞的新陈代谢，不断消耗 O_2，产生 CO_2，组织中 P_{O_2} 可低至 4.00 kPa（30 mmHg）以下，P_{CO_2} 可高至 6.67 kPa（50 mmHg）以上，而动脉血中的 P_{O_2} 为 13.33 kPa（100 mmHg），P_{CO_2} 为 5.33 kPa（40 mmHg）。当动脉血流经组织毛细血管时，O_2 便顺分压差由血液向组织液和细胞扩散，而 CO_2 由细胞和组织液向血液扩散（图 6-11），动脉血因失去 O_2 和得到 CO_2 而变成静脉血。组织细胞与血液间的气体交换，使组织不断地从血液获得 O_2，供细胞代谢所需要，同时把代谢产生的 CO_2 由血液运送到肺而呼出。

三、影响气体交换的因素

（一）影响肺内气体交换的因素

1. 影响气体扩散速率的因素

如前所述，气体分压差、气体的分子量和溶解度、扩散面积和扩散距离、温度等因素均可影响气体扩散速率而影响肺内气体的交换。

2. 呼吸膜厚度与面积

肺泡气体通过呼吸膜与血液气体进行交换。气体的扩散速率与呼吸膜面积及通透性成正比，与厚度成反比。呼吸膜越厚，单位时间内交换的气体量就越少。正常情况下，呼吸膜很薄（平均总厚度约为 0.6 μm），有很高的通透性，且红细胞通常能接触到毛细血管壁，O_2 和 CO_2 与呼吸膜的距离很近，不必经过血浆层就可到达红细胞或进入肺泡，扩散距离短，有利于气体交换。但在患病情况下，如肺纤维化、肺水肿等，由于呼吸膜增厚，通透性降低，造成气体扩散速率下降，气体交换量减少。如果是在运动过程中，由于此时血流加速，气体在肺部的交换时间缩短，则呼吸膜的厚度或扩散距离的增大对肺换气的影响会表现得更加明显。

健康动物呼吸膜的有效交换面积与动物的代谢状况有关，安静时，部分肺毛细血管关闭，有效交换面积减小；运动或使役时，肺毛细血管全部开放，有效交换面积增大。肺部疾病时，如肺不张、肺气肿、肺毛细血管闭塞等，呼吸膜面积减少，气体扩散速率也随之降低，肺换气减少。

3. 通气/血流比值

通气/血流比值（ventilation/perfusion ratio）是指每分肺泡通气量（V_A）与每分肺血流量（Q）的比值（V_A/Q）。健康动物 V_A/Q 比值是相对恒定的，约为 4.2/5 = 0.84。只有适宜的 V_A/Q 比值才能实现有效的气体交换。肺换气依赖于两个泵的协调：一个是气泵，使肺泡通气，提供 O_2，排出 CO_2；一个是血泵，向肺循环泵入相应的血流量，及时带走摄取的 O_2，带来机体产生的 CO_2。从机体的调节来看，在耗氧量增加、CO_2 也增加的情况下，不仅要加大肺泡通气量以吸入更多的 O_2 和排出更多的 CO_2，而且也要相应增加肺的血流量，才能提高单位扩散面积的换气效率，以适应机体对气体代谢加强的需要。当 V_A/Q 的比值为 0.84 时，表示流经肺部的混合静脉血能充分地进行气体交换，全部变成动脉血。如果比值增大，则表明通气过度或血流减少，部分肺泡不能与血液中气体充分交换，即增大了肺泡无效腔；比值减小，则表明通气不良，血流过剩，有部分静脉血未能充分进行气体交换而混入动脉血中，犹如发生了动 - 静脉短路一样（图 6-13）。由此可见，无论 V_A/Q 增大，还是减小，两者都妨碍了气体的有效交换。

动物肺内各部位通气量与血流量的分布是不均匀的（图 6-14），因此，各部位的 V_A/Q 的比值并不相同。由于重力等因素的作用，肺上部的通气量和血流量均小于肺中、下部，以血流量的减少更为显著。一般情况下，肺中部的 V_A/Q 值适中，肺换气效率较高；而肺的上部和下部，

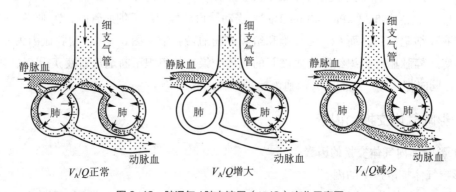

图 6-13　肺通气 / 肺血流量（V_A/Q）变化示意图

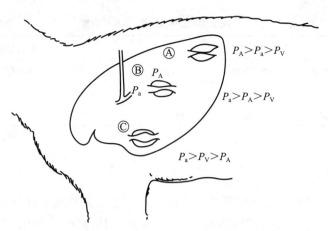

图 6-14 家畜肺不同区域肺泡毛细血管血流量的差异示意图

P_A：肺泡压；P_a：动脉端毛细血管压；P_V：静脉端毛细血管压

圆圈中的 A、B 及 C 代表肺的上、中、下三个区域

V_A/Q 值则偏高或偏低。动物在运动或使役时，随着肺通气量增加，肺的血流量也加大，因而能保持较高的换气效率。

（二）影响组织换气的因素

组织换气的影响因素基本上与肺换气的影响因素类似，但由于组织换气发生于液相（血液、组织液和细胞内液）介质之间，而且扩散膜两侧 O_2 和 CO_2 分压差还受组织细胞代谢水平和组织血流量的影响。当血流量不变时，代谢增强，组织液中的 P_{O_2} 降低，P_{CO_2} 升高。在组织中，由于细胞的有氧代谢而消耗大量的 O_2，同时产生 CO_2，因此组织液中的 P_{CO_2} 可高达 6.66 kPa（50 mmHg）以上，P_{O_2} 可降至 4 kPa（30 mmHg）以下。反之，如果代谢强度不变，血流量加大时，则 P_{O_2} 升高，P_{CO_2} 降低。这些气体分压的变化将直接影响气体扩散速率和组织换气功能。

第三节 气体在血液中的运输

从肺泡扩散入血液的 O_2 必须通过血液循环运送到各组织，从组织扩散入血液的 CO_2 也必须由血液循环运输到肺泡，因此，气体在血液中的运输是实现气体交换的一个重要环节。

一、氧和二氧化碳在血液中存在的形式

O_2 与 CO_2 都以物理溶解和化学结合两种形式存在于血液中，绝大部分呈化学结合形式。O_2 与 CO_2 以物理溶解形式存在的量很少，但却很重要，这是因为物理溶解方式不仅是化学结合方式运输的中间阶段，也是最终实现气体交换的必经步骤。进入血液的气体首先溶解于血浆，提高其分压，然后才进一步成为化学结合状态；气体从血液释放时，也是溶解的先溢出，分压下降，化学结合状态再分离出来补充失去的溶解气体。物理溶解和化学结合两者之间处于动态平衡（表 6-5）。

表6-5　血中 O_2 与 CO_2 的含量　　　　　　单位：mL·(100 mL 血)$^{-1}$

气体	动脉血			混合静脉血		
	化学结合	物理溶解	合计	化学结合	物理溶解	合计
O_2	20.0	0.30	20.3	15.2	0.12	15.32
CO_2	46.4	2.62	49.02	50.0	3.00	53.00

二、氧的运输

血液中的 O_2 以溶解形式运输的甚微，约占 1.5%，主要是与红细胞内的血红蛋白（Hb）结合，以氧合血红蛋白（HbO_2）的形式运输，约占 98.5%。Hb 是红细胞内的色素蛋白，它的分子结构特征为运输 O_2 提供了很好的物质基础。

1分子的 Hb 由 1 个珠蛋白和 4 个血红素（heme，又称亚铁原卟啉）组成。每个血红素又由 4 个吡咯基组成一个环，中心为一个 Fe^{2+}。每个珠蛋白有 4 条链，每条链与 1 个血红素相连接构成 Hb 的单体或亚单位（图 6-15）。Hb 是由 4 个单体构成的四聚体。

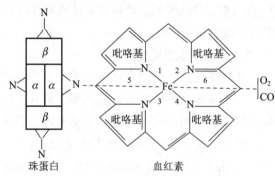

图 6-15　血红蛋白组成示意图

（一）血红蛋白与 O_2 结合的特征

红细胞内的 Hb 是一种结合蛋白，与血液中的 O_2 结合为 HbO_2，成为血液中 O_2 的主要运输形式。Hb 与 O_2 结合有下列重要特征：

（1）反应快、可逆、不需酶催化，受 P_{O_2} 的影响。P_{O_2} 高时（肺部），Hb 与 O_2 结合形成 HbO_2；P_{O_2} 低时（组织），HbO_2 迅速解离，释放 O_2，成为去氧 Hb（HHb），如下式所示：

$$Hb + O_2 \xrightleftharpoons[P_{O_2} \text{低时（组织）}]{P_{O_2} \text{高时（肺部）}} HbO_2$$

（2）Hb 与 O_2 结合，其中铁仍为二价，所以该反应不是氧化（oxidation）而是氧合（oxygenation）。如果 Hb 中血红素的 Fe^{2+} 转变为 Fe^{3+}，Hb 将失去运输 O_2 的机能。

（3）只有在血红素的 Fe^{2+} 和珠蛋白的链相连接的情况下，才具有运输 O_2 机能，单独的血红素不是有效的氧载体。

（4）1分子 Hb 可与 4 分子 O_2 结合。100 mL 血液中 Hb 所能结合的最大氧量称 Hb 氧容量（血氧容量，oxygen capacity）。Hb 实际结合的 O_2 量称为 Hb 的氧含量（血氧含量，oxygen content）。Hb 氧含量与氧容量的百分比为 Hb 氧饱和度（血氧饱和度，oxygen saturation）。用血氧饱和度表示血液中含氧程度更为确切。

$$Hb \text{ 氧饱和度 (\%)} = \frac{Hb \text{ 氧含量}}{Hb \text{ 氧容量}} \times 100\%$$

HbO_2 呈鲜红色，HHb 呈紫蓝色。当血液中 HHb 含量升高到较高水平时，皮肤和黏膜会出现青紫色，这种现象称为发绀，又称紫绀（cyanosis），是缺氧的表现，但也有例外。例如，红细胞增多（如高原性红细胞增多症）时，血液中 HHb 含量升高到较高水平而出现发绀，但机体并不一定缺氧。再如，严重贫血或 CO 中毒时，机体发生缺氧，但并不出现发绀。CO 也能与 Hb 结合，且结合力比 O_2 大 210 倍。CO 与 Hb 结合形成 HbCO 而使 Hb 失去运输 O_2 的能力，造成机体严重缺氧。但由于 HbCO 呈樱桃红色，动物虽缺氧却不出现发绀。

（5）Hb 与 O_2 的结合或解离曲线呈"S"形，与 Hb 的变构效应有关。Hb 有两种构型，HHb 为紧密型，HbO_2 为疏松型。当 Hb 逐渐由紧密型转变为疏松型时，对氧的亲和力逐渐加大，疏松型对 O_2 的亲和力为紧密型的数百倍。也就是说，Hb 的 4 个亚单位，无论在结合 O_2 或释放 O_2 时，彼此间有协同效应，即一个亚单位与 O_2 结合时，由于其变构效应的结果促使其他亚单位与 O_2 结合；反之，当 HbO_2 中的一个亚单位释放 O_2 后，可促使其他亚单位释放 O_2，因此氧离曲线呈"S"形。

（二）氧解离曲线

氧解离曲线（oxygen dissociation curve），也称为血红蛋白氧解离曲线，是表示血液与 Hb 氧饱和度的关系曲线（图 6-16）。该曲线即表示不同 P_{O_2} 下，O_2 与 Hb 的解离情况，同样也反映了不同 P_{O_2} 时 O_2 与 Hb 的结合情况。根据氧解离曲线的 S 形变化趋势和功能意义，可人为将曲线分为三段。

氧解离曲线上段，相当于 P_{O_2} 在 8.0～13.33 kPa（60～100 mmHg）范围内的 Hb 氧饱和度。可以认为是反映 Hb 与 O_2 结合的部位。这段曲线较平坦，Hb 氧饱和度在 90% 以上，表明在这范围内 P_{O_2} 的变化对 Hb 氧饱和度影响不大。在这个范围内，即使 P_{O_2} 有所下降，只要 P_{O_2} 不低于 8.0 kPa（60 mmHg），Hb 氧饱和度仍能保持在 90% 以上，血液仍可携带足够的 O_2，不致发生明显的低氧症。因此说明动物对空气中氧含量降低或呼吸型缺氧有很大的耐受能力。如在高原或患某些呼吸疾病时，只要 P_{O_2} 不低于 8.0 kPa（60 mmHg），血氧饱和度仍能保持在 90% 以上，这时血液的 O_2 足以供应代谢需要，不至于发生缺氧。

氧解离曲线中段较陡，相当于 P_{O_2} 在 5.33～8.0 kPa（40～60 mmHg）之间的 Hb 氧饱和度，是反映 HbO_2 释放 O_2 的部分。安静时混合静脉血 P_{O_2} 为 5.33 kPa（40 mmHg），Hb 氧饱和度约

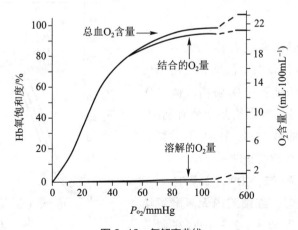

图 6-16　氧解离曲线

血液 pH 7.4，P_{CO_2} 为 40 mmHg，温度 37℃，Hb 浓度为 15 g/100 mL

75%，血氧含量约 14.4 mL/100 mL 血液，亦即每 100 mL 血液流过组织时可释放 5 mL O_2，能满足安静状态下组织的氧需要。血液流经组织时释放出的 O_2 容积占动脉血 O_2 含量的百分数称为 O_2 的利用系数（utilization coefficient of oxygen），安静时约为 25%。

氧解离曲线下段，相当于 P_{O_2} 在 2.0 ~ 5.33 kPa（15 ~ 40 mmHg）（相当于组织部位的 P_{O_2} 波动范围）。这是曲线中最为陡峭的部分，也是反映 HbO_2 与 O_2 解离的部分，即 HbO_2 释放 O_2 的部分。在这段曲线范围内，P_{O_2} 稍有下降，Hb 氧饱和度就会有较大幅度下降，有较多的 O_2 释放出来供组织活动需要。当组织活动加强时，耗氧量剧增，明显下降，甚至可低至 2.0 kPa（15 mmHg），血液流经这样的组织时，HbO_2 进一步解离，氧饱和度可降到 20% 以下，血氧含量只达 4.4 mL/100 mL 血液，亦即每 100 mL 血液释放的 O_2 可达 15 mL 之多，O_2 的利用系数可提高到 75%，是安静时的 3 倍。因此该段氧解离曲线的特点反映出家畜有机体的氧储备。

（三）影响氧解离曲线的因素

Hb 与 O_2 的结合和解离可受多种因素的影响，使氧解离曲线的位置偏移，亦即 Hb 对 O_2 的亲和力发生变化。通常以血氧饱和度为 50% 时的 P_{O_2} 用 p_{50} 表示，作为 Hb 对 O_2 亲和力的指标。正常情况下的 P_{50} 为 3.5 kPa（26.5 mmHg），如果需要更高的 P_{O_2} 才能达到 50% 的血氧饱和度，表示 Hb 对 O_2 的亲和力降低，曲线右移。反之，达 50% 氧饱和度所需的 P_{O_2} 降低，表示 Hb 对 O_2 的亲和力增加，曲线左移。

影响氧解离曲线移位的因素主要有以下几个方面。

1. pH 和 CO_2 浓度的影响

血液中的 pH 越低或 P_{CO_2} 越高，Hb 对 O_2 的亲和力降低，Hb 氧饱和度明显下降，氧解离曲线右移，有利于 Hb 释放 O_2；反之，血液 pH 升高或 P_{CO_2} 降低，Hb 对 O_2 亲和力增加，氧饱和度升高，使曲线左移，有利于 O_2 的结合（图 6-17，图 6-18）。pH 和 P_{CO_2} 对 Hb 与氧亲和力的这种影响称为波尔效应（Bohr effect）。这种影响对于组织供氧具有十分重要的意义，因为当血液流经组织时，CO_2 大量进入血液，使血液 P_{CO_2} 明显升高，同时组织代谢产生的酸与 CO_2 一起进入血液，使血液 pH 大大下降，从而促进了 HbO_2 的解离，释放 O_2，有利于组织对 O_2 的摄取。而当血液流经肺时，由于 CO_2 的排出，P_{CO_2} 下降，则有利于 Hb 与 O_2 结合。

2. 温度的影响

温度增高可使氧解离曲线右移（图 6-17 至图 6-19）。动物运动或使役时，活动部位由于代谢增强而温度升高，有利于 HbO_2 解离，释放 O_2 对于活动组织获得充足的氧供给是十分有利的。反之，当温度下降时曲线左移，HbO_2 不易释放 O_2，因此低温麻醉时要注意防止缺氧。

3. 2,3-二磷酸甘油酸（2,3-DPG）的影响

当血液的 P_{O_2} 降低时，红细胞内无氧酵解增强，致使 2,3-DPG 产生增多。2,3-DPG 在调节 Hb 和 O_2 的亲和力中起重要作用。2,3-DPG 浓度

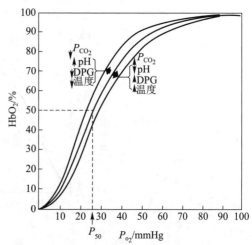

图 6-17　影响氧解离曲线位置的主要因素

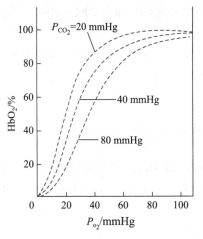

图 6-18　p_{CO_2} 对血液氧解离曲线的影响　　　图 6-19　不同温度下的氧解离曲线

升高，Hb 和 O_2 亲和力下降，氧解离曲线右移；反之 2,3-DPG 浓度降低，Hb 和 O_2 的亲和力则增加，曲线左移（图 6-17）。贫血和缺氧等情况下，可刺激红细胞产生更多的 2,3-DPG。动物由平原地区刚到达高原地带后的最初几天，红细胞中 2,3-DPG 含量即开始明显增多，有利机体对高山缺氧的一种适应性反应。

4. Hb 自身性质的影响

当 Hb 中 Fe^{2+} 氧化成 Fe^{3+} 时，则会失去运输 O_2 的能力。动物采食了含亚硝酸盐的叶菜类饲料后出现缺氧症状，就是因为亚硝酸盐使 Hb 中的 Fe^{2+} 氧化为 Fe^{3+}，而失去了运输 O_2 能力。此外，CO 与 Hb 亲和力比 O_2 大 250 倍，即使 P_{CO} 极低时，CO 就可以从 HbO_2 中取代 O_2，CO 和 Hb 牢固地结合在一起，难以分离，Hb 失去了运氧机能。

三、二氧化碳的运输

CO_2 在血中以溶解形式存在的量仅占 5%，但以化学结合形式存在的量却高达 95%。CO_2 主要以两种结合形式运输：即碳酸氢盐和氨基甲酰血红蛋白，前者约占 88%，后者约占 7%。

血浆中溶解的 CO_2 绝大部分扩散进入红细胞内，红细胞内溶解的 CO_2 极微，可忽略不计，主要是形成碳酸氢盐和氨基甲酰血红蛋白。

（一）氨基甲酰血红蛋白

一部分 CO_2 进入红细胞内，与 Hb 的 -NH₂ 结合，形成氨基甲酰血红蛋白（HbNHCOOH），亦称碳酸血红蛋白（$HbCO_2$）。

$$HbNH_2 + CO_2 \underset{P_{CO_2}\text{低}}{\overset{P_{CO_2}\text{高}}{\rightleftharpoons}} HbNHCOOH$$

这一反应很迅速，无须酶参与。调节这一反应的主要因素是氧合作用。HbO_2 的酸性高，难与 CO_2 直接结合；而 HHb 酸性低，容易与 CO_2 直接结合。O_2 与 Hb 结合可以使 CO_2 释放的现象，称为霍尔丹效应（Haldane effect）。因此，在组织毛细血管内，CO_2 与 HHb 结合形成 HbNHCOOH；血液流经肺部时，Hb 与 O_2 结合，促使 CO_2 释放进入肺泡而排出体外。这种运输 CO_2 方式的效率很高。在平静呼吸时，以 HbNHCOOH 方式存在的 CO_2 仅占静脉血中 CO_2 总量的 7% 左右，但在肺部的 CO_2 总量中，由 HbNHCOOH 释放出的 CO_2 却占 20% ~ 30%。

（二）碳酸氢盐

组织中的 CO_2 扩散进入血液后透过红细胞膜进入红细胞内，由于红细胞内含有较高浓度的碳酸酐酶（carbonic anhydrase，CA），在其作用下，H_2O 和 CO_2 迅速生成 H_2CO_3，并迅速分解成为 H^+ 和 HCO_3^-。即：

$$CO_2 + H_2O \xrightleftharpoons[P_{CO_2}\text{低}]{CA、P_{CO_2}\text{高}} H_2CO_3 \rightleftharpoons H^+ + HCO_3^-$$

在生成 H_2CO_3 的同时，红细胞内的氧合血红蛋白钾盐（$KHbO_2$），由于组织内的 P_{O_2} 低而放出 O_2，生成脱氧血红蛋白钾盐（KHb）。KHb 酸性较弱，它所结合的 K^+ 容易被 H_2CO_3 中的 H^+ 所置换，生成 HHb 和 $KHCO_3$，即：

$$KHbO_2 \xrightarrow{\text{组织} P_{O_2}} KHb + O_2$$
$$KHb + H_2CO_3 \longrightarrow HHb + KHCO_3$$

CO_2 不断进入红细胞，使 HCO_3^- 含量逐渐增多，当超过血浆中 HCO_3^- 的含量时，HCO_3^- 透过红细胞膜扩散进入血浆，并与血浆中的 Na^+ 结合生成 $NaHCO_3$。在 HCO_3^- 扩散入血浆的过程中，又有等量的 Cl^- 从血浆扩散入红细胞，以维持红细胞内外阴阳离子的静电平衡。这种 Cl^- 与 HCO_3^- 的交换现象，称为氯转移（chloride shift）。这样 HCO_3^- 不致在红细胞内蓄积，以利组织中的 CO_2 不断进入血液。生成的 $KHCO_3$（红细胞）和 $NaHCO_3$（血浆中）经血液循环运至肺部。而血浆中的 $NaHCO_3/H_2CO_3$ 是重要的缓冲对，因此 Hb 和 HCO_3^- 在运输 CO_2 过程中，对机体的酸碱平衡起重要的缓冲作用。

当静脉血流经肺泡时，由于肺泡中的 P_{CO_2} 比静脉血低，同时红细胞中的 HHb 大部分与 O_2 结合生成 HbO_2，HbO_2 又与 $KHCO_3$ 作用生成 H_2CO_3。红细胞内的 H_2CO_3 在碳酸酐酶催化下，分解为 CO_2 和 H_2O，CO_2 扩散进入血浆，进而扩散到肺泡气中，经肺呼出体外。这样，红细胞内的 H_2CO_3 逐步降低，于是血浆中的 $NaHCO_3$ 分解，HCO_3^- 进入红细胞内，与此同时红细胞内的 Cl^- 又返回血浆，进行反向的氯转移（图 6-20）。

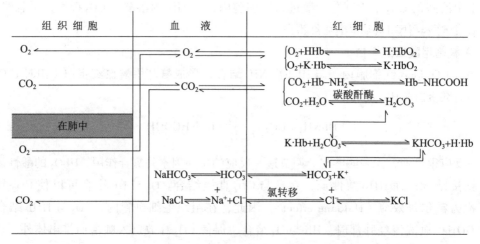

图 6-20　O_2 与 CO_2 在血液中的运输示意图

（三）CO_2 解离曲线

CO_2 解离曲线（carbon dioxide dissociation curve）是表示血液中 CO_2 含量与 P_{CO_2} 关系的曲线（图 6-21）。与氧离曲线不同，血液 CO_2 含量随 P_{CO_2} 上升而增加，几乎呈线性关系而不是 S 形，而且没有饱和点。因此，CO_2 解离曲线的纵坐标不用饱和度而用浓度来表示。在 P_{CO_2} 相同的条件下，动脉血携带的 CO_2 比静脉血少，这是因为动脉血中的 HbO_2 酸性较强，难与 CO_2 直接结合；而静脉血中的 HHb 酸性较弱，易与 CO_2 直接结合的原因。HHb 易与 CO_2 结合生成 $HHbNHCOOH$，也易与 H^+ 结合，使 H_2CO_3 解离过程中产生的 H^+ 被及时移去，有利于反应向左进行，提高了血液运输 CO_2 的量。因此，在组织中由于 HbO_2 释出

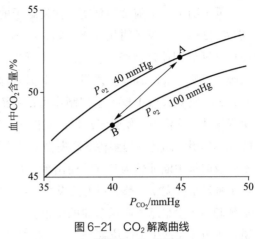

图 6-21　CO_2 解离曲线
A. 静脉血；B. 动脉血

O_2 而成为 HHb，经霍尔丹效应促使血液摄取并结合 CO_2；而在肺部因 Hb 与 O_2 结合成 HbO_2，经霍尔丹效应促使血液中 CO_2 释放并进入肺泡而排出体外。

可见，O_2 和 CO_2 的运输不是孤立进行的，而是相互影响的。CO_2 通过波尔效应影响 O_2 的结合和释放，O_2 又通过霍尔丹效应影响 CO_2 的结合和释放。两者都与 Hb 的理化特性有关。

第四节　呼吸运动的调节

呼吸运动是一种节律性的活动，其深度和频率随机体内、外环境的改变而改变。动物活动增强时，代谢增强，O_2 的消耗与 CO_2 的产生也随之增多，机体则通过神经和体液调节，改变呼吸深度和频率，使肺的通气机能与代谢相适应，以满足机体对 O_2 的需求和 CO_2 的排出。

一、呼吸中枢与呼吸节律的形成

（一）呼吸中枢

呼吸中枢（respiratory center）是指中枢神经系统内产生和调节呼吸运动的神经细胞群。它们分布在大脑皮质、间脑、脑桥、延髓和脊髓等部位，各自起着不同的作用，相互制约和配合，共同调节正常的呼吸运动。

1. 脊髓

脊髓是呼吸运动的初级中枢。脊髓颈、胸段的腹角有支配膈肌、肋间肌和腹肌等呼吸肌的运动神经元。横切脑干的实验表明，如果在哺乳动物的延髓和脊髓之间横切断脊髓（图 6-22D），呼吸就停止。这结果说明节律性呼吸运动不是脊髓产生的，脊髓只是联系上（高）位呼吸中枢和呼吸肌的中继站及整合某些呼吸反射的初级中枢。

2. 低位脑干

低位脑干是指脑桥和延髓。横切脑干的实验表明，在哺乳动物的中脑和脑桥之间进行横切（图 6-22A），呼吸无明显变化。如果在脑桥上、中部之间横切（图 6-22B），呼吸将变慢变深。如再切断双侧迷走神经，吸气便大大延长，仅偶尔被短暂的呼气所中断，这种形式的呼吸称为长吸式呼吸（apneusis）。说明脑桥上部有抑制吸气的中枢结构称为呼吸调整中枢（pneumotaxic center），它对长吸中枢产生抑制作用；脑桥下部为长吸中枢（apneustic center），对吸气活动产生紧张性易化作用，使吸气延长；来自肺部的迷走神经传入冲动也有抑制吸气和促进吸气转化为呼气的作用。因此，当脑桥下部失去来自脑桥上部和迷走神经这两方面的传入作用后，吸气活动不能及时被中断而转为呼气，便出现长吸式呼吸。再在脑桥和延髓之间横切（图 6-22C），无论迷走神经是否完整，都表现为长吸式呼吸消失，呼吸不规则，或平静呼吸，或二者交替出现，揭示延髓为产生最基本呼吸节律的中枢。于是 20 世纪 20 至 50 年代形成了关于三级呼吸中枢的假说：呼吸节律产生于低位脑干，上位脑对节律性呼吸不是必需的；脑桥上部有呼吸调整中枢，中下部有长吸中枢，延髓有呼吸节律基本中枢。后来的研究肯定了早期关于延髓有呼吸节律基本中枢和脑桥上部有呼吸调整中枢的结论，但未能证实脑桥中下部存在着结构上特定的长吸中枢。

20 世纪 70 年代，应用微电极等技术记录神经元的电活动表明，在低位脑干内有的神经元呈节律性放电，并与呼吸周期有关，称为呼吸相关神经元或呼吸神经元。在吸气相放电的是吸气神经元，在呼气相放电的为呼气神经元，在吸气相放电并延续至呼气相的为吸气－呼气神经元，在呼气相放电并延续至吸气相的为呼气－吸气神经元。吸气－呼气神经元和呼气－吸气神经元均为跨时相神经元。

延髓的呼吸神经元主要集中分布在延髓的背侧和腹侧的两组神经核团内，分别称为背侧呼吸组（dorsal respiratory group，DRG）和腹侧呼吸组（ventral respiratory group，VRG）（图 6-22D）。背侧呼吸组呼吸神经元主要集中于孤束核的腹外侧，包括吸气神经元和呼气神经元，其中吸气神经元占优势。大多数吸气神经元的轴突交叉到对侧，下行并支配膈运动神经元。腹侧呼吸组呼吸神经元集中于疑核、后疑核和面神经后核附近的包氏复合体，它们分别下行并支配咽喉的呼吸辅助肌（疑核发出）、肋间外肌和腹肌的运动神经元（后疑核发出）以及膈运动神经元，并对背侧呼吸组内的吸气神经元形成抑制性联系（包氏复合体发出）。

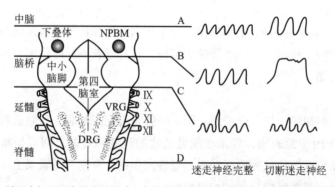

图 6-22　脑干中与呼吸有关的核团（左）和在不同平面切断脑干后呼吸的变化（右）示意图

VRG：腹侧呼吸组；DRG：背侧呼吸组；NPBM：臂旁内侧核

脑桥上部呼吸神经元相对集中于臂旁内侧核（见图 6-22）与相邻的 Kölliker-Fuse（KF）核，合称 PBKF 核群。其中含有一些跨时相神经元，其表现为吸气和呼气相转换期间发放冲动增多。该核群和延髓的呼吸神经元团之间有双向联系，其作用是限制吸气，促使吸气向呼气转换，形成调控呼吸的神经元回路。将猫麻醉后，切断双侧迷走神经，损毁 PBKF 核群，可出现长吸式呼吸，提示脑桥前部抑制吸气的中枢结构主要位于 PBKF 核群，其作用为限制吸气，促使吸气向呼气转换，防止吸气过长过深。

3. 高级呼吸中枢

呼吸运动能精确地适应环境的变化，还必须受脑桥以上部位，如大脑皮层、边缘系统、下丘脑等的影响，尤其是大脑皮质的参与调节。低位脑干对呼吸的调节是不随意的自主呼吸调节系统。而高位脑，如大脑皮层可以随意控制呼吸，在一定范围内可以随意屏气或加强呼吸，更灵活而精确地适应环境的变化。经过训练形成条件反射的马，一进入跑道呼吸活动就开始加强，做好准备。犬在高温环境中，呼吸加强，伸舌喘息，以增加机体散热，是下丘脑的体温调节中枢参与调节的结果。动物情绪激动时，呼吸增强，则是边缘系统中某些部位兴奋的结果。

高位中枢对呼吸的调节有两条途径：一条是经皮质脊髓束和皮质 – 红核 – 脊髓束，直接调节呼吸肌运动神经元的活动；另一条是通过控制脑桥和延髓的基本呼吸中枢的活动，调节呼吸节律。

（二）呼吸节律形成的假说

关于呼吸节律的形成机制，尚未完全阐明，迄今已提出多种学说，目前主要有起搏细胞学说和神经元网络学说。起搏学说认为，延髓内有与窦房结起搏细胞类似具有起搏样活动的呼吸神经元，起呼吸节律发生器的作用，产生呼吸节律。有实验证据显示包氏复合体中就存在这类神经元。神经元网络学说认为，延髓内呼吸神经元通过相互兴奋和抑制形成复杂的神经元网络，在此基础上产生呼吸节律。

平静呼吸时，由于吸气是主动的，有学者提出吸气活动发生器和吸气切断机制模型。该模型认为：

1. 在延髓存在一个中枢吸气活动发生器（central inspiratory activity generator）和吸气切断机制（inspiratory off-switch mechanism）。

2. 在吸气活动发生器作用下，吸气神经元兴奋，其兴奋传向三个方面：①传至脊髓吸气肌运动神经元，引起吸气，肺扩张；②传至脑桥的 PBKF 核并加强其活动；③传至吸气切断机制，使吸气切断机制兴奋。

3. 吸气切断机制则接受来自吸气神经元、PBKF 核群和肺扩张后牵张感受器的冲动。随着吸气相的进行，来自这三方面的冲动逐渐增强，当吸气切断机制兴奋达到阈值时，吸气切断机制兴奋，发出冲动到吸气活动发生器或吸气神经元，以负反馈的形式终止其活动，从而使吸气转为呼气（图 6-23）。切断迷走神经或损毁臂旁

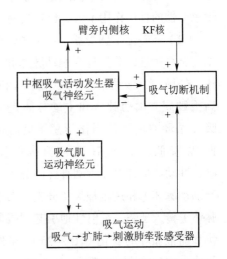

图 6-23　呼吸节律形成机制假说示意图

内侧核或两者同时具备，则吸气切断机制兴奋达到阈值所需时间延长，吸气延长，呼吸变慢。

关于吸气活动发生器和吸气切断机制具体在何处？呼气如何转为吸气？呼吸加深时呼气又是如何转为主动的？这些问题还有待于进一步探讨。

二、呼吸的反射性调节

呼吸节律虽然产生于中枢神经系统，但呼吸运动的频率、深度、吸气时间和呼吸类型等都受到来自呼吸器官自身以及血液循环等其他器官感受器传入冲动的反射性调节，如化学感受性呼吸反射、肺牵张反射、呼吸肌本体感受性反射和防御性呼吸反射。下面讨论几种重要的呼吸反射。

（一）化学感受性反射

调节呼吸的化学因素是指动脉血液或脑脊液中的 O_2、CO_2 和 H^+。当血液或脑脊液中的 CO_2、H^+ 浓度升高，O_2 浓度降低时，刺激化学感受器，引起呼吸中枢活动的改变，从而调节呼吸的频率和深度，增加肺的通气量，排出体内过多的 CO_2、H^+，摄入 O_2，以维持内环境中 CO_2、O_2、H^+ 浓度的相对恒定。

1. 化学感受器

化学感受器（chemoreceptor）是指其适宜刺激为 O_2、CO_2 和 H^+ 等化学物质的感受器。因其所在部位的不同，分为外周化学感受器（peripheral chemoreceptor）和中枢化学感受器（central chemoreceptor）。

（1）中枢化学感受器　中枢化学感受器位于延髓腹外侧浅表部位，左右对称，可以分为头、中、尾三个区（图 6-24）。头端区和尾端区都具有化学感受性，中间区不具有化学感受性，但可将头端区和尾端区的传入冲动投射到呼吸中枢。

中枢化学感受器的生理刺激是脑脊液和局部细胞外液的 H^+。血液中的 CO_2 能迅速通过血 - 脑屏障，扩散进入脑脊液和脑组织内，在碳酸酐酶作用下，与 H_2O 形成 H_2CO_3，然后解离出 H^+ 和 HCO_3^-，使化学感受器周围液体中的 H^+ 浓度升高，从而刺激中枢化学感受器，引起呼吸中枢的兴奋（图 6-24）。可是，脑脊液中碳酸酐酶含量很少，CO_2 与 H_2O 的水合反应很慢，所以对 CO_2 的反应有一定的时间延迟。血液中的 H^+ 不易通过血 - 脑屏障，故血液 pH 的变化对中枢化学感受器的直接作用不大，也较缓慢。

（2）外周化学感受器　位于颈动脉窦与主动脉弓附近，分别称为颈动脉体和主动脉体。外周化学感受器对血液中缺 O_2 和 H^+ 增高很敏感。颈动脉体和主动脉体是调节呼吸和循环的重要外周化学感受器。在动脉血 P_{O_2} 降低、P_{CO_2} 或 H^+ 浓度升高时受到刺激，冲动经窦神经（舌咽神经的分支，分布于颈动脉体）和迷走神经（分支分布于主动脉体）传入延髓，反射性地引起呼吸加深加快和血液循环的变化（图 6-25）。虽然颈动脉体、主动脉体两者都参与呼吸和循环的调

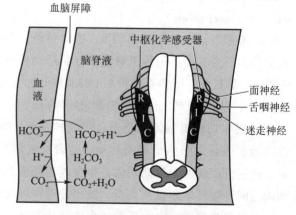

图 6-24　中枢化学感受器
延髓腹侧表面：R（头）；I（中）；C（尾）

节，但是颈动脉体主要参与调节呼吸，而主动脉体在循环调节方面较为重要。

2. CO_2、H^+ 和 O_2 对呼吸的调节

（1）CO_2 对呼吸的调节 P_{CO_2} 是调节呼吸运动的最重要体液因素，一定水平的 P_{CO_2} 对维持呼吸中枢的兴奋性是必需的。动脉血 P_{CO_2} 轻度变化则对呼吸有显著的影响。当吸入气中 CO_2 含量增加时，将使肺泡气 P_{CO_2} 升高，动脉血 P_{CO_2} 也随之升高，呼吸加深加快，肺通气量增加（图 6-26）。如果吸入气 CO_2 含量长期维持较高水平，开始有呼吸增强效应，2～3 d 以后这

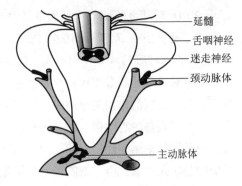

图 6-25 外周化学感受器

种效应就逐渐下降，最后减弱到只有初期效应的 1/8～1/5。若动脉血中 P_{CO_2} 下降，就会减弱对化学感受器的刺激，可使呼吸中枢的兴奋减弱，会出现呼吸运动减弱或暂停。当吸入气中 CO_2 浓度由 0.04% 增加到 4%，则肺通气量就增加一倍；增加到 6%～7% 时，肺通气量达到最大值；增加到 35%～40% 时，CO_2 蓄积，则使呼吸中枢受到抑制、出现呼吸困难、昏迷等中枢征候，甚至引起动物死亡。说明，在一定范围内，动脉血 P_{CO_2} 的升高，可以加强对呼吸的刺激作用，但超过一定限度则有抑制和麻醉效应。

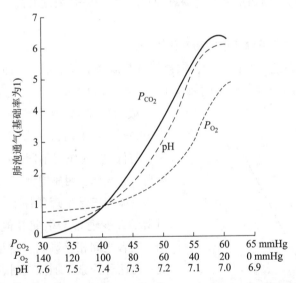

图 6-26 改变动脉血 P_{CO_2}、P_{O_2}、pH 三因素之一而维持另外两个因素正常时的肺泡通气反应

CO_2 对呼吸的影响是经两条途径实现的：一是血液中 CO_2 刺激外周化学感受器，经化学感受性反射，引起呼吸中枢兴奋，导致呼吸加深加快；另一是血液中的 CO_2 透过血-脑屏障进入脑脊液，CO_2 和 H_2O 生成 H_2CO_3，解离出 H^+，刺激延髓的中枢化学感受器，通过一定的神经联系引起呼吸中枢兴奋，呼吸加深加快。其中后一途径是主要的，但中枢化学感受器受到抑制，对 CO_2 的反应降低时，外周化学感受器才起主要作用。另外，当动脉血 P_{CO_2} 突然增高时，因中枢化学感受器的反应较慢，外周化学感受器在引起呼吸加快的反应中起重要作用。

（2）O_2 对呼吸的调节　吸入空气中 P_{O_2} 在一定范围内下降可以引起呼吸增强（图 6-26）。实验证明，动脉血中 P_{O_2} 降到 10.6 kPa（80 mmHg）以下时，呼吸深度和频率都增加。因此，动脉血 P_{O_2} 对正常呼吸的调节作用不大，仅在特殊情况下低氧刺激才有重要意义。

低氧对呼吸的刺激作用完全是通过外周化学感受器实现的。切断动物外周化学感受器的传入神经，急性低氧的作用完全消失。低氧对中枢的直接作用是抑制。但是低氧可以刺激外周化学感受器，从而兴奋呼吸中枢，在一定程度上可以抵消低氧对中枢的直接抑制作用。不过在严重低氧时，当外周化学感受性反射的作用不足以克服低氧对中枢的抑制作用时，终将导致呼吸障碍。在低氧时如吸入纯氧，由于解除了对外周化学感受器的低氧刺激，会引起呼吸暂停，临床上给氧治疗时应予以注意。

（3）H^+ 对呼吸的调节　动脉血中 H^+ 浓度增加，呼吸加深加快，肺通气增加（图 6-26）；H^+ 浓度降低，呼吸受到抑制。H^+ 对呼吸的调节也是通过外周化学感受器和中枢化学感受器实现的。中枢化学感受器对 H^+ 的敏感性较外周化学感受器高，约为外周的 25 倍。但血液中 H^+ 通过血-脑屏障的速度很缓慢，限制了它对中枢化学感受器的作用。所以血中 H^+ 对呼吸的调节主要是通过外周化学感受器实现的。但是血中 H^+ 浓度增高，可引起呼吸加强，排出过多的 CO_2 导致血中 P_{CO_2} 降低，从而又限制了呼吸的加强。因此，H^+ 对呼吸的影响不如 CO_2 明显。

以上表明血液中 P_{CO_2}、H^+ 浓度升高及 P_{O_2} 降低都能刺激呼吸，但三者之间互相影响，往往不只是一种因素在起作用。例如窒息时既缺氧，同时 P_{CO_2} 和 H^+ 浓度升高，对通气的影响较复杂，应全面分析。

3. CO_2、H^+ 和 O_2 在呼吸调节中的相互作用

如图 6-26 所示，在这三个因素中，如果保持其他两个因素不变，而只改变其中一个因素，P_{CO_2}、H^+ 浓度和 P_{O_2} 对肺通气量的影响效应不同。可以看出 P_{O_2} 下降对呼吸的影响较慢、较弱，在一般动脉血 P_{O_2} 变化范围内作用不大，当 P_{O_2} 低于 10.64 kPa（80 mmHg）以下时，通气量才逐渐增大。与低 P_{O_2} 的作用不同，P_{CO_2} 和 H^+ 浓度只要少许提高，通气量就明显增大，P_{CO_2} 的作用尤为突出。

在体内正常生理条件下，这三种因素中，一种因素的改变通常会引起其他两种因素相应发生变化，三者之间相互影响、相互作用。当一种因素改变，另两种因素不加控制时，会出现以下情况（图 6-27）：如 P_{CO_2} 升高时，H^+ 浓度也随之升高，两者的作用总和起来，使肺通气较单独 P_{CO_2} 升高时为大。H^+ 浓度增加时，因肺通气增大使 CO_2 排出增加，P_{CO_2} 下降，抵消了一部分 H^+ 浓度的刺激作用；CO_2 含量的下降，也使 H^+ 浓度有所降低。两者均使肺通气的增加较单独 H^+ 浓度升高时为小。P_{O_2} 下降时，也因肺通气量增加，呼出较多的 CO_2，使 P_{CO_2} 和 H^+ 浓度下降，从而削弱了低氧的刺激作用。

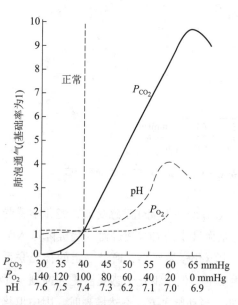

图 6-27　改变动脉血 P_{CO_2}、P_{O_2}、pH 三因素之一而不控制另外两个因素时的肺泡通气反应

（二）肺牵张反射

1868 年 Breuer 和 Hering 在实验时发现，当向肺内充气时（扩张肺），可引起吸气停止转为呼气；肺放气时（肺缩小），可引起呼气停止转为吸气。切断迷走神经后，以上反应消失，表明这一反应属于反射性调节。这种由肺扩张或肺缩小引起的吸气抑制或兴奋的反射称为肺牵张反射（pulmonary stretch reflex），又称黑－伯反射（Hering-Breuer reflex）。其中肺扩张引起吸气反射性抑制称为肺扩张反射（pulmonary inflation reflex），而肺缩小引起反射性吸气称为肺萎陷反射（pulmonary deflation reflex）。

肺扩张反射的牵张感受器位于气管到细支气管平滑肌内，其阈值低，适应慢。当吸气或肺充气后，肺扩张牵拉呼吸道，使牵张感受器受到刺激而兴奋，冲动沿迷走神经传入延髓，通过延髓和脑桥呼吸中枢的作用使吸气切断机制兴奋，切断吸气，使吸气转换为呼气。肺扩张反射可加速吸气和呼气的交替，从而加快了呼吸频率。切断两侧迷走神经，吸气延长、加深，呼吸变得深而慢。

肺萎陷反射的感受器位于细支气管和肺泡内，阈值高，肺缩程度较大时才引起这一反射的出现。冲动沿迷走神经传入，兴奋吸气神经元。肺萎陷反射在平静呼吸调节中意义不大，但对阻止呼气过深和肺不张等可能起一定作用。

（三）呼吸肌的本体感受性反射

呼吸肌本体感受性反射是指呼吸肌的本体感受器肌梭（属机械感受器）受牵张刺激时，上传冲动而引起呼吸肌反射性收缩加强。呼吸肌是骨骼肌，而肌梭和腱器官是骨骼肌的本体感受器，它们所引起的反射为本体感受性反射。当呼吸肌收缩时，其内的本体感受器受到牵张刺激，反射性地引起呼吸肌收缩增强，使呼吸运动达到一定的深度。此外，当呼吸道通气阻力增大时，通过本体感受性反射增强呼吸肌的收缩力，克服通气阻力，保持足够的肺通气量（图 6-28）。

（四）防御性呼吸反射

当鼻腔、咽、喉、气管与支气管的黏膜受到机械或化学刺激时所引起的一系列保护性呼吸反射，称为防御性反射。此反射具有清除刺激物，以防异物进入肺泡的作用。常见的呼吸性防御反射有咳嗽反射和喷嚏反射。

1. 咳嗽反射

咳嗽反射（cough reflex）是常见的重要防御反射。喉、气管和支气管的黏膜感受器受到机械、化学性刺激时，冲动经迷走神经传入延髓，触发一系列协调的反射活动，引起咳嗽反射，将呼吸道内的异物或分泌物排出。

2. 喷嚏反射

喷嚏反射（sneezing reflex）是和咳嗽类似的反

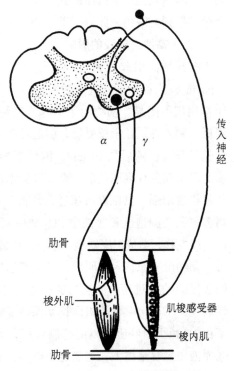

图 6-28 肋间外肌本体感受性反射

射，不同之处是其感受器在鼻黏膜，传入神经是三叉神经。反射效应是腭垂下降、舌压向软腭，而不是声门关闭，呼出气主要从鼻腔喷出。以清除鼻腔中的刺激物。

三、特殊环境下的呼吸生理

当动物机体处于运动、高海拔、潜水、失重和高温等特殊条件下，呼吸运动除上述调节机制外，不同条件下的调节有其自身特点。下面主要介绍高海拔、潜水时的呼吸调节。

（一）潜水对呼吸的影响

海水深度每增加 10 m，压力约上升 1 个大气压。而动物机体约 60% 为不可压缩的液体，唯有肺泡内的气体可被压缩。潜水时，随着潜入深度的增加，肺泡内气体被压缩而分压升高，使气体随分压梯度而进入血液，导致肺容积减小，甚至小于余气量，造成肺泡塌陷。同时，随着压力升高，肺内气体的密度增大，肺通气的阻力增强，致使呼吸深而慢。当潜水动物从水中出来时，由于外界压力下降，肺内气体扩张，气体在血液中的溶解度下降，特别是氮气的压力降低易形成气泡，造成组织细胞损伤（如人类的潜水症或沉箱症）。因此，潜水动物必须具备适应潜水的能力。

潜水动物一般具有较大的血流量及较强的运输氧能力。肌红蛋白所结合的氧气较多，且正常情况下也不释放出来，但下潜时因肌肉中的氧分压下降而释放出来供肌肉利用。潜水动物下潜时，心率降低，心输出量减少，但外周血管收缩，因而主动脉的血压基本正常，中枢神经系统的血液量也不减少。由于外周血管收缩，骨骼肌几乎停止了血液循环，主要靠糖酵解供能，但糖酵解产生的乳酸也不能进入血液，几乎不影响血液结合氧的能力。在水下时，潜水动物的肺总是萎缩的，肺内气体也就被压缩到了无效腔内，因此当潜水动物从水中出来时，气体特别是氮气就不会被扩散到血液中。此外，潜水动物的血液对酸碱的缓冲能力更强，维持了血液的酸碱平衡。

（二）高原对呼吸的影响

海拔增高引起的大气中氧分压降低，称为低氧（hypoxia），也称为低压性低氧（hypobaric hypoxia）。高原对动物机体的生理影响主要是低氧因素，并与低氧程度和持续时间有关，而其低压作用则不明显。动物由平原移入高原，最初（2~3 min）由于吸入气中 P_{O_2} 降低，动脉血 P_{O_2} 降低，刺激外周化学感受器，引起呼吸中枢兴奋增强，使呼吸加深加快，肺通气量增加，称为急性低氧反应。随后数 10 min，因低氧的持续而通气反应下降，称为持续低氧下的通气衰竭，严重时可引起急性高原疾病、高原性脑水肿、高原性肺水肿等。几小时至几天置身于低氧环境，通气将再度增强，其幅度可超过急性低氧反应的峰值，称为习服。但由于肺通气增大，排出的 CO_2 增多，致使肺泡气和血液中 CO_2 减少而造成呼吸性碱中毒。动脉血中 CO_2 减少，pH 值升高，氧离曲线左移，造成组织缺氧。脑脊液中的 CO_2 减少，H^+ 浓度降低，导致呼吸中枢抑制，呼吸减弱。

动物由平原移入高原后，可逐渐适应高海拔低氧环境，增强对缺氧的耐受力，缓解组织缺氧的程度。动物对高原低氧的这种适应性反应，称风土驯化。经高原风土驯化的动物有下列适应性表现：①风土驯化后机体长期保持了较大的肺通气量，并通过增强肾排出 HCO_3^- 的作用，解除了由 H^+ 减少对呼吸中枢的抑制作用；②风土驯化后的动物，增强了呼吸中枢对 CO_2 的敏感性；③血液中氧容量增大，运氧能力增强，血中红细胞和血红蛋白含量都有增加，这可能是由于缺氧刺激，产生促红细胞生成素所致；④红细胞内 2,3- 二磷酸甘油酸（DPG）增加，于是氧解离曲线右移，促使氧合血红蛋白释放 O_2，以缓解组织缺氧。

第五节　肺的非呼吸功能

肺的主要功能是呼吸。此外，肺还有呼吸以外的其他功能，如酸碱平衡功能、代谢功能、滤过功能和防御功能等。通常把呼吸以外的肺的其他功能，称肺的非呼吸功能。

一、酸碱平衡

维持正常的动脉血 pH 对细胞功能和代谢具有重要的意义。呼吸系统通过控制 CO_2 的排出，快速调节动脉血 pH。

动脉血 pH 下降后，通过中枢化学感受器刺激呼吸中枢，从而增加肺泡通气量，降低 P_{CO_2}。如在代谢性酸中毒时，病畜通气量明显增加，呈现深大呼吸。当存在代谢性碱中毒时，则出现相反的表现而引起 P_{CO_2} 代偿性升高。

慢性呼吸性酸碱失衡时，将出现代偿性代谢因素改变。如处于高原乏氧状态时，P_{O_2} 降低刺激通气量增加导致 P_{CO_2} 慢性下降，肾代偿性排出碳酸氢盐增加以保持动脉血 pH 正常。而当呼吸衰竭引起 P_{CO_2} 慢性升高时，肾保持碳酸氢盐以维持酸碱平衡。

二、代谢功能

在肺内有许多与肝相同的酶系统，用来合成、激活和分解一些具有生物活性的物质。肺的代谢功能是指肺在合成、激活、释放和灭活某些生物活性物质方面的功能。

1. 肺可产生某些活性物质

肺泡 II 型细胞可合成并分泌肺泡表面活性物质。其他还有肺栓塞或变态反应时，肺的肥大细胞可合成并释放 5- 羟色胺、组胺，反刍动物的肥大细胞还合成并分泌多巴胺。这些物质能引起支气管收缩和刺激某些感觉神经末梢，引起肺或心肺反射。此外，肺还可合成一些化学物质可在一定情况下释放入血，引起局部或远离器官的反应，如前列腺素、肝素、缓激肽等。

2. 肺有激活某些活性物质的作用

已肯定的是血管紧张素 I（为 10 肽的物质）。血液流经肺循环时，肺血管内皮细胞管腔面的一种转换酶能将血液中约 70% 的血管紧张素 I 转变为具有活性的血管紧张素 II（为 8 肽），血管紧张素 II 有很强的缩血管作用，使全身小动脉平滑肌收缩，增大血流阻力，提高动脉血压。转换酶活性的改变可能是影响血液血管紧张素 II 水平并造成血压改变的因素之一。

3. 肺具有灭活作用

血液中的许多活性物质，如乙酰胆碱、5- 羟色胺、缓激肽、前列腺素和白介素等流经肺循环时，大部分被血管内皮细胞摄取后分解而失去活性，其中血中的乙酰胆碱和前列腺素，其 95% 经肺灭活。这样避免了它们再进入体循环动脉系统而影响其他器官的活动。

4. 肺具有蛋白水解系统，能水解纤维凝块

在肺上皮内含有纤维蛋白溶酶激活剂能活化纤维蛋白溶酶原；且肺内富含肝素和促凝血酶原

激酶，因此肺可能在凝血功能的调节中起重要作用。

此外，肺的胺前体摄取和脱羧细胞（amine precursor uptake and decarboxylation cell，APUD cell）和一些神经纤维含有生物活性肽，如血管活性肠肽、P物质、缩胆囊素、生长抑素以及阿片肽等，其功能作用尚不清楚，可能与肺的局部调节机制有关。肺内的细胞色素P-450酶系统有一定活性，但与肝相比对药物代谢影响很小。

总之，肺通过对多种物质的代谢作用调节着自身和其他器官的功能活动。肺的代谢功能是生理、病理生理、临床等各方面都有待于研究的新领域。

三、过滤作用

较大的异物包括血栓入血后经静脉系统进入肺内将被肺阻挡。理论上肺的滤过孔径为70 mm，实际上则大得多。目前推测异物可能是经动静脉短路越过肺。

四、防御功能

肺能抵御吸入的空气中的颗粒和经空气传播的细菌及病毒，保护末梢支气管和肺泡。在上呼吸道，鼻毛可以阻挡较大的颗粒的进入，而鼻甲沟的形状则使许多颗粒直接撞击在黏膜上或因重力而沉积在黏膜上。这样直径大于10 mm的颗粒几乎完全从鼻腔空气中清除掉。直径在2~10 mm的颗粒可通过鼻腔而进入气管、支气管和细支气管，但此处的管壁黏膜内有分泌黏液的杯状细胞和纤毛上皮细胞。所分泌的黏液覆盖在纤毛上。许多纤毛有力地、协调地和有节奏地摆动，将黏液层和附着于其上的颗粒向咽喉方向移动，到达咽部后，或被吞咽或被咳出。直径小于2 mm的小颗粒进入呼吸性细支气管、肺泡管和肺泡后被巨噬细胞吞噬。

整个气道和肺泡遍布巨噬细胞，它们吞噬吸入的颗粒和微生物，释放蛋白酶杀死细菌，具有清洁空气的作用，肺中的嗜中性粒细胞还能吞噬细菌，具有防御保护作用。肺含有α-1-抗胰蛋白酶，具有灭活蛋白酶保护自身免受伤害的作用。巨噬细胞释放出具有高度活性的氧化剂，包括氧自由基。肺能产生超氧化物歧化酶保护肺免受损害。肺黏膜能分泌IgA，有助于杀灭微生物。

小　结

呼吸是维持生命活动的基本生理过程之一。呼吸过程包括肺通气、肺换气、气体在血液中的运输及组织换气四个过程。呼吸器官是实现肺通气的结构基础。肺通气的原动力是呼吸运动，直接动力是肺内压与大气压的差值。胸内负压是实现肺通气的必要条件，它是由肺的回缩力所致。肺通气还受弹性阻力和非弹性阻力影响，弹性阻力包括肺的弹性阻力和胸廓的弹性阻力。肺的弹性阻力来自肺组织本身的弹性回缩力和肺泡液-气界面的表面张力，是吸气的阻力、呼气的动力。肺泡表面活性物质是由肺泡Ⅱ型细胞分泌的，主要成分为二棕榈酰卵磷脂，具有降低肺泡液-气界面表面张力的作用。胸廓的弹性阻力来自于胸廓的弹性回缩力，其大小和方向取决于胸廓的位置。气体交换以扩散方式进行，扩散的动力和方向取决于气体的分压差，并受气体的溶解度和分子量，呼吸膜的厚度、面积和通透性，以及肺通气/血流比值等因素的影响。气体通过血液进行运输，其中O_2以氧合血红蛋白形式、CO_2以HCO_3^-和氨基甲酰血红蛋白的形式进行运输。各种动物的氧离曲线相似，都呈 S 形，并受 pH、P_{CO_2}、温度、2,3- 二磷酸甘油酸等因素的影响。呼吸运动受神经和体液因素的调节。延髓是呼吸运动调节的基本中枢，其中有呼吸节律基本中枢。肺的牵张反射在呼吸运动调节中起很重要的作用。动脉血中的 O_2、CO_2、H^+ 浓度的改变可通过化学感受器反射性地调节呼吸运动。化学感受器因其所在部位不同，可分为中枢化学感受器和外周化学感受器，它们对 P_{O_2}、P_{CO_2} 和 H^+ 浓度的改变的敏感性不同。

 思考题

1. 平静呼吸与用力呼吸有哪些区别？

2. 简述胸内负压的形成原理及生理意义，分析气胸对肺通气的影响。

3. 临床上，治疗犬急性气管支气管炎时，除抗菌消炎外，常采用化痰、止咳、平喘药物进行治疗，为什么？

4. 肺活量与用力呼气量、肺通气量与肺泡通气量在检测肺通气功能中的意义有何不同？

5. 简述肺泡表面活性物质的来源、成分及作用，分析当肺表面活性物质减少时会出现什么现象，为什么？

6. 简述呼吸膜的结构组成，分析肺换气的影响因素及其机制。

7. 一农户将煮熟的甜菜叶在铝锅中焖置 24 h 后，连同汤汁一起饲喂 2 月龄仔猪，喂食后约半个多小时发现仔猪出现不安、呼吸困难，脉搏加快且细弱，可视黏膜及皮肤发绀，肌肉震颤，体温基本正常，但末梢厥冷，耳尖、尾端的血管血流量减少而凝滞，刺破时渗出少量黑褐红色血滴。用 5% 甲苯胺蓝（还原剂）以每千克体重 5 mg 剂量及时静脉注射治疗后症状缓解。分析仔猪的发病原因及发病机理。

8. 简述哺乳动物 S 形氧解离曲线的特点、生理意义及其影响因素。

9. 简述以血液 HCO_3^- 形成运输 CO_2 的过程。

10. 简述化学性感受器的特征和化学因素对呼吸的调节。

第七章

消化与吸收

◎知识导图
◎学习基础
◎学习要点

　　消化器官的主要功能就是通过机械性消化、化学性消化和生物学消化过程，将大分子的各种营养物质消化为能够被胃肠道吸收的小分子物质，完成对饲料的消化和吸收过程。正常时消化器官可将饲料中的大分子物质消化为可吸收的小分子物质，那么，消化器官为什么不会消化它自己？消化管各段及各种消化液在消化和吸收过程中各自发挥怎样的作用？消化管的运动、分泌受哪些因素的影响，其调节过程如何？小分子物质在什么部位、是怎样被吸收的？本章将回答这些问题。

　　动物在进行新陈代谢过程中，不仅需要从外界环境中摄取氧气，还需要从外界环境中摄取各种营养物质，作为机体活动和组织生长的物质和能量来源。机体所需要的营养物质除水以外，还包括蛋白质、糖类、脂质、无机盐和维生素等。其中蛋白质、糖类和脂质都属于结构复杂的大分子有机物，不能直接被机体吸收，必须在消化道内经过分解，转变成结构简单的小分子物质，才能透过消化道黏膜进入血液循环，以供组织细胞利用。食物在消化道内被分解为可吸收的小分子物质的过程称为消化（digestion）；食物的消化产物，以及随食物进入消化道的水和其他小分子物质，透过消化道黏膜，进入血液和淋巴循环的过程称为吸收（absorption）。消化和吸收是两个相辅相成、紧密联系的过程。不能被消化吸收的食物残渣，最终以粪便的形式排出体外。

第一节　概述

一、消化的方式

　　食物在消化道内的消化有三种方式：机械性消化、化学性消化和生物学消化。

（一）机械性消化

　　机械性消化又称物理性消化，是指通过咀嚼和消化道肌肉的舒缩活动，将食物磨碎，并使之与消化液充分混合，推动消化道内容物向远端移行，最终将食物残渣排出体外的过程。

（二）化学性消化

　　化学性消化是指消化液中的各种消化酶和植物性饲料本身的酶将食物中的复杂大分子物质分

解成小分子物质的过程。

（三）生物学消化

生物学消化是指栖居在动物消化道内的微生物对饲料进行发酵的过程。此种消化方式对饲料中纤维素、半纤维素、果胶等高分子糖类的消化具有极为重要的意义。

上述三种消化过程既具有明显的阶段性，又相互联系、相互影响，并同时进行。机械性消化为化学性消化和生物学消化创造条件，化学性消化和生物学消化又在一定程度上影响机械性消化。此外，不同部位消化管的结构存在着差异，其消化方式各有侧重，如口腔内以机械性消化为主，小肠内以化学性消化为主，而单胃动物的大肠和复胃动物（牛、羊等）的（瘤）网胃以生物学消化为主。

二、消化道平滑肌的特性

在整个消化道中，除口腔、咽、食管大部分（如马前 2/3，牛和猪几乎全部）和肛门外括约肌是骨骼肌外，消化道其余部分的肌肉都是平滑肌。消化道平滑肌的舒缩活动既是机械性消化的动力，又可促进化学性消化和营养物质的吸收。

（一）消化道平滑肌的一般特性

消化道平滑肌具有肌肉组织所共有的生理特性，但又有其本身的特点。

1. 兴奋性较低、收缩缓慢

消化道平滑肌的兴奋性比横纹肌低，其收缩的潜伏期、收缩期和舒张期比横纹肌所占的时间要长得多，表现为收缩缓慢。

2. 自动节律性

离体的胃肠道平滑肌，在适宜的人工环境中，仍能进行良好的节律性运动，但其节律性远不如心肌规则。这种自动节律性源于平滑肌本身，但在体内也受神经和体液因素的调节。

3. 富有展长性

在微细结构上，消化道平滑肌肌丝排列不整齐，无类似骨骼肌的 Z 线、M 线结构，也没有规则的肌小节，故在外力的作用下，消化道平滑肌能适应需要做较大的伸展，而不发生张力变化。因此，胃、大肠、反刍动物的瘤胃等器官可以容纳比本身体积大好几倍的食物，而其内压不发生显著变化。

4. 紧张性

消化道平滑肌经常保持微弱的持续收缩状态，称为紧张性。紧张性的存在，一方面可使消化道黏膜与食糜紧密接触，有利于消化液渗入食糜和营养物质的吸收；另一方面还使消化管各部分保持一定的形态和位置。此外，平滑肌的各种收缩活动都是在紧张性基础上发生的。这种紧张性活动在机体内受到神经和体液因素的调控。

5. 对牵张、温度和化学刺激敏感

消化道平滑肌对电刺激不敏感，但对于牵张、温度和化学刺激敏感。例如，乙酰胆碱稀释一亿倍仍可使兔的离体小肠收缩加强；千万分之一浓度的肾上腺素即可降低平滑肌纤维的兴奋性和肌紧张。此外，消化道对酸、碱、钙盐和钡盐等化学刺激也较敏感。其他因素如温度的突然变化和轻度的突然牵拉，都能引起平滑肌强烈收缩。

消化道平滑肌对上述刺激的敏感性特点与它所处的生理环境密切相关，消化道内容物对平滑肌的牵张、温度和化学刺激是引起消化管运动和胃排空的自然刺激因素。

（二）消化道平滑肌的电生理特性

消化道平滑肌电活动的形式比骨骼肌复杂，其电生理活动分为以下三种：

1. 静息电位

消化道平滑肌的静息电位很不稳定，波动较大，其实测值为 $-60 \sim -50$ mV，静息电位主要由细胞内 K^+ 外流和生电性钠泵活动形成。此外，还有少量 Na^+、Cl^-、Ca^{2+} 的跨膜流动也参与了静息电位的形成。

2. 慢波电位

消化道平滑肌细胞可自发产生节律性去极化。电生理研究表明：在安静状态下，用微电极可在胃肠道纵行肌细胞静息电位基础上记录到一种缓慢的、大小不等的、节律性去极化和复极化电位波动，由于其发生频率较慢而被称为慢波电位（slow wave potential），它是胃肠道平滑肌收缩的基础，这种慢波不论平滑肌收缩与否均规律性地出现。胃肠道各部位的慢波电位幅值大小、时程和节律各不相同，其波幅变动在 $10 \sim 15$ mV，持续时间为几秒至十几秒。但无论是胃还是各个肠段的慢波电位均有自己的固定频率，同时也决定着该段平滑肌的收缩节律，所以又称基本电节律（basic electrical rhythm）。

慢波决定着平滑肌的收缩节律，调控胃肠道运动发生的时间、位点、频率及方向。近年来的单细胞记录和分子水平研究证明，无论是胃肠道纵行肌，还是环形肌均不具有发动慢波的能力，慢波是由存在于纵行肌和环形肌之间的一类特殊间质细胞——卡哈尔间质细胞（interstitial cells of Cajal，ICC）产生的，这些细胞兼具成纤维细胞和平滑肌细胞的特性，并与纵、环两层平滑肌之间形成缝隙连接，将慢波以电紧张形式扩布到纵行肌和环形肌细胞，诱发平滑肌的节律性电活动。ICC 是胃肠道慢波活动的起搏器和传导者，神经和激素不参与慢波电活动的产生，但可以影响和改变慢波的幅度和频率。

犬胃基本电节律起源于胃大弯上部，并向幽门方向传导，期间波幅和传导速度不断增大，频率为 5 次·min^{-1}。十二指肠的基本电节律起源于近胆管（马为肝管）入口处，频率为 20 次·min^{-1}。从十二指肠至回肠，基本电节律频率呈逐步下降趋势。慢波产生的离子基础还不完全清楚，目前认为：它的产生可能与细胞膜上生电性钠泵的周期性活动有关，用毒毛花苷抑制钠泵活动后，胃肠平滑肌慢波随之消失。当钠泵的活动减弱时，从细胞内泵出的 Na^+ 减少，静息电位变小，膜便发生去极化；当钠泵活动恢复时，膜的极化加强，出现慢波的复极化。

3. 动作电位

在慢波的基础上，消化道平滑肌受到各种理化因素的刺激，膜电位进一步去极化，当达到阈电位水平时，大量 Ca^{2+} 内流而暴发动作电位。动作电位的时程比慢波短得多，为 $10 \sim 20$ ms，所以又称快波。动作电位常叠加在慢波的峰顶上，单个或成簇出现，幅度为 $60 \sim 70$ mv。动作电位的升支主要由慢钙通道开放致使大量 Ca^{2+} 内流和少量 Na^+ 内流引起；降支则主要由 K^+ 通道开放，K^+ 外流引起。

消化道平滑肌的慢波、动作电位和肌肉收缩三者之间有密切联系。在慢波去极化的基础上产生动作电位，动作电位引起平滑肌收缩，动作电位频率与平滑肌收缩强度正相关。过去认为，慢波本身不引起平滑肌收缩，但可以引起平滑肌细胞部分去极化，提高其兴奋性。现在认为，平滑肌细胞存在两个临界膜电位值，即机械阈（mechanical threshold）和电阈（electrical threshold）。当慢波去极化达到或超过机械阈时，细胞内 Ca^{2+} 浓度增加，激活肌细胞收缩，但不一定触发动作电位产生；当去极化达到或超过电阈时，则触发动作电位发放，进入细胞内 Ca^{2+} 进一步增多，收缩进一步增强。慢波上负载的动作电位数目越多，肌细胞收缩就越强（图 7-1）。虽然慢波有时可引起平滑肌收缩，但幅度较低，且较少出现。故一般认为慢波是平滑肌收缩的起步电位，它是收缩节律的控制波，决定消化道平滑肌蠕动的节律、方向和速度。

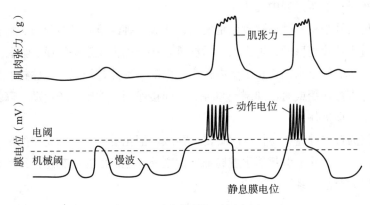

图 7-1　消化道平滑肌的电活动

　　慢波和肌肉收缩之间的联系受神经和体液因素的影响。支配胃肠道的副交感神经兴奋，能提高慢波的基值、刺激胃肠运动，而交感神经的作用则相反。肾上腺素能降低慢波的基值，对胃肠运动具有抑制作用。

三、胃肠道功能的调节

胃肠道的分泌、运动和吸收机能受神经和体液两方面的调控（图 7-2）。

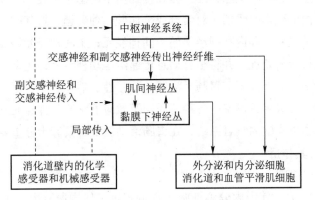

图 7-2　消化系统的中枢和局部反射传导通路

（一）胃肠道的神经支配及其作用

1. 交感神经和副交感神经

胃肠道受交感神经和副交感神经传出纤维的双重支配，其中副交感神经的作用是主要的。

消化系统的大部分器官受副交感神经系统的迷走神经支配，只有结肠后段、直肠和肛门内括约肌受来自盆神经内的副交感神经支配。副交感神经的节前纤维进入胃肠壁与内在神经丛的节细胞形成突触联系，发出很短的节后纤维支配胃肠平滑肌、腺体和血管平滑肌，调节胃肠运动、消化腺的分泌以及胃肠道激素的分泌活动。内在神经丛的多数副交感神经节后纤维是兴奋性胆碱能纤维，少数是抑制性纤维；而这些抑制性纤维中，多数既不是胆碱能，也不是肾上腺素能纤维，它们的末梢释放的递质主要是肽类物质，因而被称为肽能神经。肽能神经末梢释放的递质不是单一的肽，而是不同的肽，如血管活性肠肽、P 物质、脑啡肽和生长抑素等，在胃的容受性舒张、机械刺激引起的小肠充血等过程中起作用。

交感神经的传出纤维从脊髓胸腰段侧角发出，在腹腔神经节和肠系膜前、后神经节交换神经元，其节后纤维进入消化道壁后，除少数节后纤维直接支配消化道平滑肌、血管平滑肌和消化道腺细胞外，大多数节后纤维末梢终止于壁内神经丛内的胆碱能神经元。交感神经节后纤维释放去甲肾上腺素，通过直接作用或通过抑制壁内神经丛间接作用，抑制胃肠运动、腺体分泌，以及拮抗副交感神经的兴奋促进作用。

分布于胃肠道的自主神经中还含有内脏传入神经。消化道内各种感受器的传入纤维可以将相应信息传到壁内神经丛，除了引起消化道局部反射之外，还可以通过交感神经和副交感神经传入纤维传向中枢，以调节消化系统的活动。

2. 内在神经丛

内在神经丛也叫壁内神经丛，分布在从食管中段到肛门的绝大部分消化管壁内。它主要由两组神经纤维网交织而成：一组是位于纵行肌和环形肌之间的肌间神经丛（myenteric nervous plexus），又称奥氏神经丛（Auerbach plexus），其主要作用是参与胃肠道运动的调节，调节胃肠道紧张性收缩，即节律性收缩的频率、强度。另一组是位于黏膜下层的黏膜下神经丛（submucosal plexus），又称迈氏神经丛（Meissnar plexus），其主要作用是调节胃肠道腺细胞的分泌和局部血流量。这些神经丛包括感受器、感觉（传入）神经元、中间神经元和运动（传出）神经元，也包括进入胃肠壁内的交感神经和副交感神经。内在神经丛中的感觉神经元与温度感受器、肌层内的牵张感受器、黏膜层内的化学感受器（对食糜成分如酸、葡萄糖、氨基酸、渗透压等敏感）相联系，将信息传入中枢神经系统和内在神经丛的中间神经元；中间神经元经突触联系构成中间神经网络，对胃肠信息进行分析处理，并将整合信息传递给运动神经元；运动神经元分布于胃肠壁的平滑肌、腺体和血管平滑肌上，调节胃肠平滑肌的紧张性、消化腺的分泌以及血管舒缩活动。如此，内在神经丛的神经纤维将胃肠壁的各种感受器及效应器细胞与神经元互相连接，构成一个既相对独立、又受高级中枢支配的整合系统，在胃肠活动调节中具有十分重要的作用。

（二）胃肠激素及其作用

1. 消化道的内分泌细胞

胃肠道黏膜面积巨大，其中内分泌细胞的数量超过了体内所有内分泌腺中内分泌细胞的总和，所以消化管不仅是个消化器官，也是体内最大的、最复杂的内分泌器官（表 7-1）。尽管胃肠道的内分泌细胞种类繁多，但它们具有共同的生物化学特性，即都具有摄取胺前体，并对其进行脱羧产生肽类激素或活性胺的能力，这类细胞统称为胺前体摄取和脱羧细胞（APUD cell）。具有这种能力的细胞很多，除胃肠和胰腺的内分泌细胞外，神经系统、甲状腺、肾上腺髓质、垂体

表 7-1 主要胃肠内分泌细胞的名称、分泌产物和分布部位

细胞名称	分泌产物	分布部位
A 细胞	胰高血糖素	胰岛
B 细胞	胰岛素	胰岛
D 细胞	生长抑素	胰岛、胃、小肠、结肠
G 细胞	促胃液素	胃窦、十二指肠
I 细胞	缩胆囊素	小肠上部
K 细胞	抑胃肽	小肠上部
Mo 细胞	胃动素	小肠
N 细胞	神经降压素	回肠
PP 细胞	胰多肽	胰岛、胰腺外分泌部、胃、小肠、大肠
S 细胞	促胰液素	小肠上部
D1 细胞	血管活性肠肽	胃、小肠、胰腺
EG1 细胞	P 物质	胃、小肠
L 细胞	肠高血糖素	小肠
A/X 细胞	ghrelin	胃部

等组织中也含有 APUD 细胞。

消化道的内分泌细胞可以分为开放型细胞和闭合型细胞两类。开放型细胞的顶端有微绒毛突入到胃肠腔，能感受腔内食糜成分和性质变化的刺激，此类细胞占消化道内分泌细胞的大多数，如胃窦部 G 细胞能感受蛋白质分解产物的刺激而分泌促胃液素，十二指肠黏膜的 S 细胞能感受酸的刺激而释放促胰液素，十二指肠的 I 细胞能感受脂肪类物质的刺激分泌缩胆囊素。这类细胞也受神经和其他激素的调节，所分泌的激素主要进入血液循环，也有将激素分泌入消化管腔的。闭合型细胞的顶端不暴露于胃肠腔，而是被相邻的非内分泌细胞所覆盖，这类细胞无微绒毛，不能感受胃肠腔内的食糜成分和性质，但能感受机械性刺激、温度变化和组织液、血液等局部环境化学成分的变化，如胃泌酸腺区分泌生长抑素的 D 细胞，分泌胰多肽的 PP 细胞等。

2. 胃肠激素

胃肠道具有大量多种类型的内分泌细胞，它们分散在黏膜上皮细胞之间，分泌多种激素和激素类物质，统称为胃肠激素（gastrointestinal hormone）（表 7-1）。这些激素在化学结构上都是氨基酸残基组成的肽类，分子量大多介于 2000 ~ 5000。它们与神经系统共同调节消化器官的运动、分泌、吸收等活动。

胃肠激素的作用途径有 5 条。

（1）内分泌 大多数胃肠激素释放后通过血液循环运送到靶细胞调节其生理活动。

（2）旁分泌 一些胃肠激素释放后并不进入血液循环，而是通过细胞外液弥散至邻近的靶细胞，影响其生理活动，这种方式称为旁分泌（paracrine）。

（3）神经内分泌 壁内神经丛或神经系统其他的神经元分泌的激素经血液循环到达靶细胞，调节其生理活动，即神经内分泌（neuroendocrine）。

（4）自分泌　有的胃肠激素释放后作用于分泌该激素的细胞自身，此种方式为自分泌（autocrine）。

（5）腔分泌　还有些胃肠道激素（如促胃液素、促胰液素、血管活性肠肽、P物质、神经降压素和缩胆囊素）可以直接分泌入胃肠腔内而发挥作用，这种方式称为腔分泌（solinocrine）。

3. 胃肠激素的作用

胃肠激素除了调节消化器官的活动外，对体内其他器官的活动也具有广泛的影响，其作用主要有四个方面。

（1）调节消化腺的分泌和消化道的运动　其靶器官包括唾液腺、胃腺、胰腺、肠腺、肝细胞、食管－胃括约肌、胃肠平滑肌及胆囊等。主要胃肠激素对消化道分泌和运动的作用见表7-2。

表7-2　主要胃肠激素的生理作用

激素	主要生理作用	刺激释放因素
促胃液素	促胃酸和胃蛋白酶原分泌，使胃窦和幽门括约肌收缩，延缓胃排空，促进胃运动和消化道上皮生长	蛋白质分解产物、迷走神经递质、扩张胃、组胺
促胰液素	促进胰液和胆汁中的HCO_3^-分泌，抑制胃酸分泌和胃肠运动，促进胰腺外分泌组织生长，抑制胃排空	盐酸、蛋白质产物、脂肪酸、迷走神经兴奋
缩胆囊素	刺激胰液分泌和胆囊收缩，增强小肠和结肠的运动，抑制胃排空，促进胰腺外分泌组织生长	蛋白质分解产物、脂肪酸、盐酸、迷走神经兴奋
抑胃肽	刺激胰岛素分泌，抑制胃酸和胃蛋白酶分泌，抑制胃排空	脂肪及分解产物、葡萄糖、氨基酸
胃动素	消化期间刺激胃和小肠的运动	迷走神经兴奋、盐酸、脂肪

（2）调节其他激素的释放　现已证明，食物消化时，从胃肠释放的抑胃肽（gastric inhibitory polypeptide，GIP）有很强的刺激胰岛素分泌的作用。因此，口服葡萄糖比静脉注射同剂量的葡萄糖，能引起更多的胰岛素分泌。动物采食时，不但吸收入血的葡萄糖可直接作用于胰岛B细胞，促使其分泌胰岛素，而且还可以通过抑胃肽及早地把信息传递到胰岛，引起胰岛素较早分泌，使葡萄糖不至于升得过高而从尿中丢失。这对有效保留体内能源具有重要意义。

影响其他激素释放的胃肠激素还有：生长抑素、胰多肽、血管活性肠肽等，它们对生长激素、胰岛素、胰高血糖素、促胃液素等的释放均有调节作用。

（3）营养作用　一些胃肠激素具有刺激胃肠道组织的代谢和促生长作用，称为营养作用（trophic action）。例如，促胃液素能刺激胃的泌酸部胃黏膜和十二指肠黏膜细胞蛋白质、RNA和DNA的合成，从而促进其生长。给动物长期注射五肽促胃液素（一种人工合成的促胃液素，含有促胃液素活性的最小片段——羧基端的5个氨基酸片段），可引起壁细胞增生。缩胆囊素能引起胰腺内DNA、RNA和蛋白质的合成增加，促进胰腺外分泌组织的生长。

（4）免疫功能　肠黏膜固有层的淋巴组织中存在肽能神经纤维，它们释放的一些胃肠肽对免疫细胞增殖、炎性介质与细胞因子的产生和释放、免疫球蛋白的生成、白细胞的趋化和吞噬作用、溶酶体释放以及免疫细胞氧化代谢等能发生广泛的影响。同时，许多免疫细胞也能分泌胃肠肽，其中有些神经肽如P物质、降钙素相关基因肽等还可以作为内脏感觉神经递质，向中枢神经系统传递免疫细胞发出的信息，如炎症引起的疼痛等，成为神经系统和免疫系统相互联系的重要环节。

（三）脑 – 肠肽

近年来的研究证实，一些胃肠肽也存在于中枢神经系统内，而原来认为只存在于中枢神经系统的神经肽，也在消化道中发现，这种双重分布的肽被统称为脑 – 肠肽（brain-gut peptide）。目前已鉴定的脑 – 肠肽有促胃液素、缩胆囊素、P 物质、生长抑素、神经降压素等 30 余种。这些肽的双重分布具有很重要的生理意义，如缩胆囊素在外周调节胰酶分泌和胆汁排放，在中枢则抑制采食，提示脑内及胃肠内的缩胆囊素在消化和吸收中具有协调作用。

第二节　口腔内消化

口腔消化由摄食开始。食物进入口腔后，经咀嚼磨碎、混合唾液、形成食团后被吞咽入食管，再经食管蠕动将其推进胃内。

一、采食和饮水

（一）采食和饮水的方式

动物获取食物，并将食物送入口腔的过程称为采食（ingestion）。不同动物的采食方式不同，但唇、舌、齿是采食的主要器官。

犬、猫和其他肉食动物通常用前肢按住食物，用门齿和犬齿咬断食物，并依靠头部和颈部的运动将食物送入口内。

牛的主要采食器官是舌。牛舌很长，运动灵活有力，舌面粗糙，能伸出口外，把草卷入口内，再用下颌门齿和上颌齿龈将草切断，或靠头部的牵引动作扯断。粥状或散落的饲料也能用舌舔取。

马属动物主要靠唇和门齿采食。马的上唇感觉敏锐，运动灵活。放牧时，上唇将草送至门齿之间将其切断，或依靠头部的牵引动作将草扯断。舍饲时，用唇收集干草和谷粒，舌协助采食。

绵羊和山羊的采食方式与马属动物大致相同。绵羊上唇有裂隙，便于啃食很短的牧草。

猪用鼻突掘地寻找食物，并靠尖形的下唇和舌将食物送入口内。舍饲时，猪依靠齿、舌和特殊的头部动作来采食。

饮水时，猫和犬将舌头浸入水中，卷成匙状，将水送入口中。其他家畜一般先把上下唇合拢，中间留一小缝，伸入水中，然后下颌下降，同时舌向咽部后移，使口腔内形成负压，把水吸入口腔。仔畜吮乳也是靠口腔壁肌肉和舌肌收缩，使口腔形成负压来完成。

调节采食的基本中枢位于下丘脑，该中枢与脑的其他部位存在着复杂的神经联系，并通过面神经、舌咽神经和三叉神经的传出纤维控制采食肌肉的活动。

（二）采食的短期性调节

采食不但受饲料的组成、性质和饲养制度的制约，而且还受胃肠道的消化活动和机体代谢状态的影响。一般情况下，动物饥饿时食欲加强；采食后，尤其是经过消化和营养成分吸收时，食欲下降。所有这些内外环境因素的影响，都是通过神经、内分泌系统的调节实现的。

1. 摄食中枢和饱中枢

随意采食主要受神经系统的调控，体液因素（包括激素和代谢产物）也有作用。动物下丘脑存在调节采食的神经中枢，它由摄食中枢和饱中枢两部分组成。摄食中枢位于下丘脑左右两侧的外侧区，呈弥散性，与脑的其他部位有神经纤维联系。饱中枢位于下丘脑左右两侧的腹内侧核，刺激这个部位会引起动物采食中止，破坏这个部位则出现暴食，引起肥胖。这两个中枢之间有交互抑制关系，当饱中枢受到抑制时，摄食中枢的活动加强；饱中枢兴奋时，摄食中枢的活动受抑制。平时摄食中枢呈持续兴奋状态。采食、消化、代谢可以刺激饱中枢，使其迅速抑制摄食中枢，引起采食停止。因此下丘脑是控制采食的初级整合系统，对采食调节起关键作用；而脑的其他部分（如室旁核、杏仁核、纹状体的苍白球、大脑皮层等）也参与采食行为的调节，故采食活动是这些中枢整合活动的结果。

2. 采食的反射调节

引起和终止采食的信号大多来自外周，外周信号在采食的短时调节和长时调节中的作用机制并不相同。

短时采食调节的外周信号来源：①外界信号经视觉、嗅觉、味觉等传入途径兴奋或抑制采食中枢。例如，动物对喜欢或厌恶的食物会直接做出不同的采食反应。②分布于胃肠道内的机械、容积、化学、温度、渗透压等感受器，接收食糜的相应刺激，通过迷走神经传入或胃肠激素的作用影响摄食中枢的活动。一般情况下，兴奋饱中枢则抑制摄食中枢，减少或终止采食活动。例如饲喂粗饲料后，胃容积扩张，刺激胃壁的牵张感受器，引起反射性采食抑制；食物在消化过程中产生的单糖、双糖、氨基酸和脂肪酸等，引起胃肠内渗透压升高，参与采食的负反馈调节；反刍动物瘤胃内挥发性脂肪酸（volatile fatty acid，VFA）达到一定浓度时刺激瘤胃壁化学感受器，抑制采食活动；将饱食大鼠的血液注射给饥饿鼠，可以抑制饥饿鼠的采食活动，提示血液中存在控制采食的体液因素。现已知影响采食活动的调节肽有十多种，有的抑制采食，有的刺激采食（表7-3）。③消化分解产物，如葡萄糖和VFA，吸收入血后，刺激血管壁、肝的感受器，通过神经传入影响摄食中枢的活动。④实验证明，饱中枢的神经核团细胞存在葡萄糖敏感受体，血糖通过血-脑屏障直接作用于饱中枢，血糖浓度升高或降低，往往使单胃动物采食减少或增加。因此血糖水平是单胃动物采食短期调节的主要因素。反刍动物对血糖浓度不敏感，VFA是其反射性调节的主要因素。

表7-3 影响采食活动的调节肽

抑制采食的肽	缩胆囊素、降钙素、促肾上腺皮质激素释放因子、胰高血糖素、缩宫素（催产素）、促甲状腺激素释放激素、神经降压素、血管升压素、胰岛素、铃蟾肽
刺激采食的肽	强啡肽、$\beta-$内啡肽、甘丙肽、生长激素释放激素、神经肽 Y、ghrelin

（引自姚泰 2001）

（三）采食的长期性调节

成年动物一般可长期维持相对稳定的体重和身体组成，同时每天的采食量变化不大，通常不超过10%，这是长期采食调控的结果，使机体始终维持能量平衡。长期性调控与短期性调节紧密结合，保证动物的正常营养和生产性能相对稳定。

在采食的长期性调控中，体脂是关键因素。动物经过一段时间禁食或低水平营养饲养后，一旦恢复正常饲养往往发生代偿性贪食，以恢复身体原来的体脂水平；反之，人工强制喂食，提高体内脂肪蓄积，随后会出现厌食，直至恢复到原来的体脂含量。能够调节脂肪代谢的各种激素均与采食的长期性调节有关，如瘦素、胰岛素、甲状腺素、糖皮质激素等。

二、唾液分泌

唾液（saliva）是三对大唾液腺和口腔黏膜中许多小腺体的混合分泌物。腮腺（parotid gland）由浆液细胞组成，分泌不含黏蛋白的稀薄唾液；颌下腺（submaxillary gland）和舌下腺（sublingual gland）由浆液细胞和黏液细胞组成，分泌含有黏蛋白的水样唾液；口腔黏膜中的小腺体由黏液细胞组成，分泌含有黏蛋白的黏稠唾液。

（一）唾液的性质和成分

唾液为无色透明的黏稠液体，呈弱碱性，pH 平均为：猪 7.32，犬和马 7.56，反刍动物 8.2。唾液由水、无机物和有机物组成，水分约占 98.92%；无机物主要有钾、钠、钙、镁的氯化物、磷酸盐和碳酸氢盐等。不同动物唾液的组成差异很大，且在分泌过程中也有变化。非反刍动物（如犬）的腮腺和颌下腺在基础分泌时产生的唾液含有机质较少，一般是低渗的；当分泌增加时，Na^+、Cl^-、HCO_3^- 的浓度显著上升，最高可接近等渗状态。反刍动物在任何情况下分泌的唾液都含有较多的碳酸氢盐和磷酸盐，有较强的缓冲能力，呈等渗状态；但随着分泌速度的增加，碳酸氢盐的含量增加而磷酸盐的含量相对减少。因此反刍动物的唾液任何时候都具有较高的缓冲能力。

唾液中的有机物主要为黏蛋白、酶蛋白等蛋白质成分。如猪和鼠的唾液中含有 α- 淀粉酶，能水解淀粉主链中的 α-1,4- 糖苷键。肉食动物和牛、羊、马的唾液中一般不含淀粉酶，但哺乳幼畜（如犊牛）唾液中含有脂肪分解酶；犬、猫等动物的唾液中含有微量溶菌酶。

（二）唾液的生理功能

唾液的生理功能归纳如下：①湿润口腔和润滑饲料，便于咀嚼和吞咽。②溶解食物中的各种可溶性物质，产生味觉，引起相关反射活动。③唾液淀粉酶在接近中性的条件下，可水解淀粉为麦芽糖。食团进入胃还未被胃液浸透前，这些酶仍可继续起作用。④唾液能冲淡和洗去口腔中的饲料残渣和异物，洁净口腔；犬等肉食动物唾液中的溶菌酶具有杀菌作用。⑤保持口腔的碱性环境，使饲料中的碱性酶免受破坏，在进入胃的初期仍发挥消化作用。⑥反刍动物唾液中高浓度的碳酸氢盐和磷酸盐具有强大的缓冲能力，能中和瘤胃内微生物发酵所产生的有机酸，借以维持瘤胃内适宜的酸碱度，保证微生物正常活动。此外，反刍动物唾液中含有大量尿素，进入瘤胃后参与机体尿素再循环，减少氮的损失。⑦某些动物（如牛、犬）的汗腺不发达，在高温季节可分泌大量稀薄唾液，其中水分的蒸发有助于散热。

（三）唾液分泌的调节

唾液分泌完全受神经的反射性调节，包括非条件反射和条件反射。非条件反射性唾液分泌是指食物对口腔的机械、化学、温度等刺激引起口腔黏膜及舌部的感受器产生感受器电位，神经冲动沿传入纤维（Ⅴ、Ⅶ、Ⅸ、Ⅹ 对脑神经）到达中枢，中枢整合信息经由传出神经传到唾液腺，引起唾液分泌。唾液分泌的初级中枢在延髓的上唾核和下唾核，高级中枢分布于下丘脑和大脑皮层等处。传出神经为副交感神经和交感神经，但以副交感神经为主。

支配唾液腺的副交感神经有两支，一支经面神经的鼓索神经支支配舌下腺和颌下腺；一支经舌咽神经的耳颞支到达腮腺。副交感神经的作用：①唾液腺血管舒张，血流量增加，唾液生成增多；②刺激腺细胞分泌水分和无机盐类；③腺细胞内黏蛋白的合成和分泌增多；④对腺细胞有营养作用。副交感神经兴奋时，颌下腺分泌含黏蛋白的唾液，腮腺分泌大量稀薄的水样唾液，总体表现为量大而固体成分少的稀薄唾液。

支配唾液腺的交感神经发自胸部脊髓（1~3 胸椎水平），在颈前神经节交换神经元后，节后纤维分布到腺体的血管和腺细胞。交感神经兴奋引起唾液腺分泌富含蛋白质的黏稠唾液。

唾液的分泌还受消化道其他部位的反射性调节，如反刍动物瘤胃内压力和化学感受器受到刺激，可引起腮腺分泌。唾液分泌的量和质可随饲料的性质和饲喂习惯发生适应性变化。实验证明，马吃干草时唾液的分泌量约为干草重量的 4 倍，而吃青草时唾液的分泌量仅为青草重量的一半。此外，不同种属的动物唾液分泌也有明显差异，如反刍动物腮腺持续不断地分泌，在反刍和采食时分泌活动加强，随着采食量的减少分泌量也逐渐减少；犬、马和猪只在进食时分泌。

在动物长期生活过程中，唾液分泌可以建立起条件反射，食物的形、色、味以及采食的周围环境等信号，作为条件刺激经传入神经（Ⅰ、Ⅱ、Ⅷ对脑神经）传入中枢，引起唾液分泌，如"望梅止渴"就是人条件反射性唾液分泌的典型例子。

三、咀嚼

咀嚼（mastication）是在颌部、颊部肌肉和舌肌等咀嚼肌群的配合运动下，用上、下臼齿将食物机械磨碎，并混合唾液的过程，此为消化过程的第一步。动物牙齿疾病是消化紊乱的最常见原因之一。马在饲料咽下前咀嚼充分；反刍动物采食时咀嚼不充分，待反刍时再咀嚼；肉食动物咀嚼不完全，一般随采随咽。

咀嚼的作用：①磨碎食物，增加其与消化液的接触面积；②使食物与唾液充分混合，开始化学消化，并能润滑食物，形成食团利于吞咽；③咀嚼过程刺激口腔内各种感受器，反射性引起唾液腺、胃肠、胰腺、肝、胆囊等消化腺分泌，以及胃肠运动，为随后的消化、吸收和代谢活动作好准备。

咀嚼的次数和时间与饲料的性状有关。一般湿饲料比干饲料咀嚼次数少，咀嚼时间也较短。咀嚼时咀嚼肌活动增强，消耗大量能量，因此，有必要对饲料进行预先加工，以提高饲料利用率。

四、吞咽

吞咽（deglutition 或 swallowing）是由口腔、舌、咽和食管肌肉共同参与的一系列复杂的反射活动，它是食团由口腔进入胃的必然过程。

（一）吞咽动作

食物经咀嚼形成食团后，在来自大脑皮层相关中枢的指令下，由舌压迫食团向后移送，食团到达咽部刺激咽部感受器，引起一系列肌肉的反射性收缩。此时，软腭上举并关闭鼻咽孔，阻断口腔与鼻腔的通路；舌根后移，挤压会厌，使会厌软骨反转，关闭气管入口，呼吸暂停；同时，食管口舒张和前移，向咽部靠近，咽肌收缩将食团挤入食管。在此过程中，食团刺激了软腭、咽部和食管等处的感受器，发出传入冲动，抵达延髓中枢，中枢的传出冲动引起食管反射性蠕动，推送食团向后移行；当食团到达食管末端时，刺激管壁上的机械感受器，引起食管–胃括约肌反射性舒张，食物进入胃内。

（二）吞咽的神经调节

吞咽由咽部周围（主要是软腭部，还有咽和食道）感受器受刺激而激发，兴奋经三叉神经、舌咽神经和迷走神经传到吞咽的基本中枢——延髓，支配舌、喉、咽部动作的传出神经纤维在三叉神经、舌咽神经和舌下神经中，支配食管的传出神经纤维在迷走神经之中。

第三节 单胃消化

一、胃的分泌

（一）胃黏膜分区

单胃动物的胃黏膜一般分为三区：贲门腺区、胃底腺区和幽门腺区。马、猪和大鼠在近食管端还有无腺体区，此区被覆复层扁平上皮细胞。贲门腺为黏液腺，分泌碱性黏液，保护黏膜免受胃酸的损伤。胃底腺是胃的主要消化腺，占据整个胃底部，由主细胞、壁细胞和颈黏液细胞组成，分别分泌胃蛋白酶原、盐酸和黏液；此外壁细胞还分泌"内因子"，此因子与小肠维生素 B_{12} 的吸收有关。幽门腺分布于幽门部，分泌碱性黏液。胃液即是这三种腺体和胃黏膜上皮细胞的分泌物共同组成的。

胃黏膜内还含有一些内分泌细胞，除幽门腺区分泌促胃液素的 G 细胞外，还有分泌生长抑素的 D 细胞、分泌胰多肽的 PP 细胞和分泌组胺的肥大细胞。

（二）胃液的性质、成分及作用

纯净的胃液是无色透明的强酸性（pH 为 0.9～1.5）液体。除水分外，主要有胃蛋白酶、盐酸、黏液和内因子等。

1. 胃蛋白酶

胃蛋白酶主要由胃腺主细胞以无活性的胃蛋白酶原（pepsinogen）形式合成和分泌。颈黏液细胞、贲门腺和幽门腺的黏液细胞以及十二指肠近端的腺体也能分泌少量的胃蛋白酶原。胃蛋白酶原分泌入胃腔后被盐酸激活，成为有活性的胃蛋白酶（pepsin）。活化的胃蛋白酶可以激活胃蛋白酶原，称自身激活作用。胃蛋白酶不是一种单一的酶，而是一组蛋白水解酶。胃蛋白酶的最适 pH 范围为 1.8～3.5，当 pH＞5.0 时便失去活性。胃蛋白酶对蛋白质肽键作用的特异性较差，主要水解含有苯丙氨酸、酪氨酸和亮氨酸的肽键，分解产物主要是蛋白胨和蛋白胨，还有少量多肽和氨基酸。此外，胃蛋白酶对乳中的酪蛋白有凝固作用，这对哺乳幼畜很重要，乳凝固成块后在胃内停留的时间延长，有利于充分消化。

2. 盐酸

盐酸由壁细胞（parietal cell）分泌，小部分与黏液中的有机物结合，形成结合酸；大部分以游离方式存在，称为游离酸；二者合称为总酸。盐酸的主要生理作用：①激活胃蛋白酶原，使其转变成有活性的胃蛋白酶，并为胃蛋白酶提供适宜的酸性环境；②使食物蛋白膨胀变性，便于被胃蛋白酶水解；③抑制和杀灭随食物进入胃内的微生物，维持胃和小肠的无菌状态；④盐酸进入小肠后能刺激促胰液素释放，进而促进胰液、胆汁和小肠液的分泌；⑤盐酸造成的酸性环境有助于小肠对铁、钙等微量元素的吸收。

壁细胞分泌盐酸的基本过程见图 7-3。壁细胞作为上皮细胞，其细胞膜有基底膜、侧膜和顶膜（朝向胃腔，有凹陷，称为分泌小管）之分。顶膜上有质子泵，在 ATP 供能的条件下能逆浓度差将细胞内的 H^+ 泵向细胞外（胃腔），并将等量 K^+ 从细胞外转运入细胞内，所以质子泵又称 H^+-K^+-ATP 酶。壁细胞内有丰富的碳酸酐酶，催化水与 CO_2 合成 H_2CO_3，并解离出 HCO_3^- 和 H^+，这为质子泵提供了 H^+ 源。生成的 HCO_3^- 被壁细胞基底膜上的反向转运体转入组织间隙（再入血液），同时把（源于血液的）等量的 Cl^- 从组织间隙转入细胞内，为盐酸的分泌提供了 Cl^- 源。进入细胞的 Cl^- 经顶膜 Cl^- 通道分泌到胃腔（分泌小管），与质子泵泵出的 H^+ 形成盐酸。壁细胞顶膜的质子泵和基膜的 Na^+-K^+-ATP 酶向细胞内泵入的 K^+，通过顶膜和基膜的钾通道扩散出去，维持细胞内外 K^+ 平衡，特别是分泌小管中有足够的 K^+ 是质子泵工作的前提条件。进食后胃液大量分泌，同时大量 HCO_3^- 分泌到血液，使血液和尿液的 pH 暂时升高，出现"餐后碱潮"（postprandial alkaline tide）。

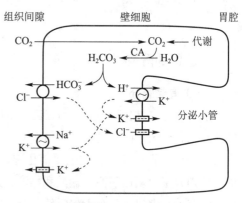

图 7-3　壁细胞分泌盐酸的基本过程
CA：碳酸酐酶

3. 黏液

黏液是由胃黏膜表面上皮细胞、胃底腺的颈黏液细胞、贲门腺和幽门腺共同分泌的，其主要成分为糖蛋白。糖蛋白由 4 个亚单位通过二硫键连接而成，具有较高的黏滞性和形成凝胶的特性。黏液有不溶性黏液与可溶性黏液之分，可溶性黏液较稀薄，由胃腺颈黏液细胞分泌，具有润滑食物、保护黏膜免受机械损伤的作用；不溶性黏液由上皮细胞自发地、持续地分泌，在胃黏膜表面形成一层厚 0.5～1 mm 的黏液层，它除具有可溶性黏液的作用外，还与胃黏膜非泌酸细胞分泌的 HCO_3^- 一起构成了"黏液-碳酸氢盐屏障（mucus-bicarbonate barrier）"。该屏障的主要作用在于：当胃腔中的 H^+ 向胃壁扩散时，与胃黏膜上皮细胞分泌的 HCO_3^- 在黏液中相遇并发生表面中和作用，使黏液中出现一个由胃腔至黏膜上皮细胞表面递增的 pH 梯度，从而防止胃酸对胃黏膜的直接侵蚀，也使胃蛋白酶在黏液深层的中性 pH 环境中失活，丧失对蛋白质的水解作用。前列腺素 E_2（protaglandin E_2，PGE_2）可促使胃黏膜碳酸氢盐分泌，抑制胃酸分泌，能有效防止"黏液-碳酸氢盐屏障"受损。

许多因素，如乙醇、胆盐（洗涤作用）、阿司匹林类药物（抑制胃内 PGE_2 合成）、肾上腺素（抑制 HCO_3^- 分泌）以及耐酸的幽门螺旋杆菌感染等，都会破坏或削弱胃黏膜屏障，造成胃炎或胃溃疡。

4. 内因子

内因子（intrinsic factor）为壁细胞分泌的一种糖蛋白。它能与维生素 B_{12} 结合，使维生素 B_{12} 在胃和小肠内不被消化液中的水解酶所破坏，最后附着于回肠黏膜纹状缘的特殊受体上，促进维生素 B_{12} 吸收入血。

（三）胃液分泌的调节

生理学中研究胃液分泌及其调节通常采用慢性实验法。经典的方法有：假饲实验法（图 7-4）和巴氏小胃法（图 7-5）。假饲实验法是先做好胃瘘手术收集胃液，再做食管瘘手术，分别将食管上、下断口与颈部皮肤缝合。动物进食时，食物由食管瘘漏出，起到假饲作用。假饲法可用于研究食物尚未进入胃时的胃液分泌情况。巴氏小胃法是将犬胃做分离手术，缝合成胃腔互不相通的上部主胃和下部小胃两部分，主胃

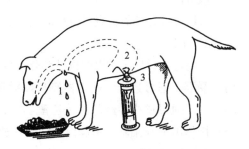

图 7-4　假饲实验法示意图

用于消化，小胃通过瘘管开口于腹壁外，用于收集纯净胃液。主胃与小胃之间保持部分浆膜和肌层相连，以保证小胃的神经和血管支配。

胃液分泌受神经因素和体液因素的双重调节。调节胃液分泌的神经纤维主要来自自主神经系统，以迷走神经和交感神经为主。胃液分泌还受到多种化学物质的调节，其中有些物质刺激胃液分泌，另一些物质抑制胃液分泌。

正常消化过程中，依据食物刺激部位的先后不同，一般将胃液分泌分为头期、胃期及肠期三个阶段，在时间上互相重叠、紧密联系、相互影响。

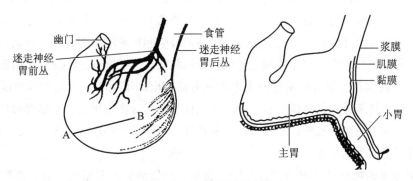

图 7-5　巴氏小胃法示意图
A—B 示刀口方向

1. 头期

头期胃液分泌是指在进食时，食物刺激了眼、耳、鼻、口腔、咽和食管等头部感受器，引起胃液分泌。与唾液分泌的神经调节相似，包括非条件反射和条件反射两种方式。非条件反射性分泌由食物对口腔、咽部等处的化学、机械感受器的直接刺激而引起。兴奋通过相应的传入神经传到中枢，反射中枢包括延髓、下丘脑、边缘叶和大脑皮层等。中枢发出的冲动经由迷走神经传递

到胃，使壁内神经丛的副交感神经末梢释放乙酰胆碱，直接引起胃腺分泌；或者先作用于幽门部G细胞释放促胃液素，间接促进胃液分泌。可见，头期胃液分泌不是单纯的神经调节，而是神经 – 体液性调节。

条件反射性分泌是建立在上述非条件反射基础上，在长期生活过程中逐渐形成的。食物的形、色、味、饲喂者发出的声音等都成为与食物相关的条件刺激，通过眼、鼻、耳等感觉器官引起胃液分泌。

头期胃液分泌的特点是持续时间长、分泌量大、酸度高，胃蛋白酶含量高、消化力强。

2. 胃期

食物进入胃后，对胃的机械和化学性刺激可通过以下四条途径引起胃液分泌：①扩张刺激胃内感受器，通过迷走 – 迷走神经长反射和壁内神经丛的短反射，引起胃液分泌；②扩张刺激胃幽门部，通过壁内神经丛释放乙酰胆碱，作用于G细胞，引起促胃液素释放；③食物的化学成分直接作用于G细胞，引起促胃液素释放；④另外，进食后食物的缓冲作用提高了胃内pH（4.5左右），解除了酸对G细胞分泌的抑制作用，刺激促胃液素的释放。

刺激G细胞释放促胃液素的主要化学成分是蛋白质的消化产物，包括胺类、氨基酸和肽类。G细胞为开放型胃肠内分泌细胞，顶端有微绒毛样突起伸入胃腔，可以直接感受胃腔内化学物质的作用。糖类和脂肪类食物不是促胃液素释放的强刺激物。

组胺在胃液分泌过程中也起着重要作用，引起胃酸分泌的组胺是由肠嗜铬样细胞（enterochromaffin-like cell，ECL cell）分泌的。尽管在胃底腺区黏膜固有层中的肥大细胞也可以分泌组胺，但这不是生理条件下引起胃酸分泌的组胺来源，而是炎症反应中组胺的来源。

胃期胃液分泌的特点是分泌量大、酸度较高，但胃蛋白酶含量较头期低，消化力较弱。

3. 肠期

如果将食糜由瘘管直接灌注到十二指肠，也可引起胃液分泌少量增加。说明当食糜离开胃进入小肠后，仍有继续刺激胃液分泌的作用。机械扩张游离的空肠袢，胃液分泌也有增加。

切断支配胃的外来神经后，食物对小肠的作用仍可引起胃液的分泌，提示肠期胃液分泌的机制中，神经反射的作用不大，它主要通过体液调节机制实现，食糜刺激小肠黏膜引起小肠黏膜释放一种或多种胃肠激素，通过血液循环引起胃液分泌。已经证明十二指肠黏膜也能分泌促胃液素，它可能是肠期胃液分泌的体液因素之一。有人认为，在食糜作用下，小肠黏膜还可能释放肠泌酸素，刺激胃酸的分泌。此外，小肠吸收的氨基酸也可能参与肠期胃液的分泌，因为静脉注射混合氨基酸也可引起胃酸分泌。

肠期胃液分泌的特点是分泌量少，大约只有采食后胃液分泌总量的1/10，总酸度和胃蛋白酶原的含量均较低，消化力弱。

肠期胃液分泌量减少与小肠所产生的对胃液分泌有抑制作用的众多因素有关。

①当酸性食糜进入十二指肠，使其中pH降到2.5以下时，对胃酸的分泌产生抑制，其作用机理尚不完全清楚。可能与酸刺激小肠黏膜引起促胰液素的分泌有关，因促胰液素对促胃液素引起的胃酸分泌有明显抑制作用。此外，十二指肠球部在盐酸刺激下，可能分泌一种抑制胃液分泌的肽类激素——球抑胃素。②脂肪是抑制胃液分泌的另一重要因素，这可能与小肠黏膜中存在的缩胆囊素、抑胃肽、神经降压素、血管活性肠肽等激素有关。③十二指肠内的高渗溶液对胃液分

泌的抑制作用可能通过两种途径来实现，其一刺激小肠内的渗透压感受器，通过肠 – 胃反射，抑制胃液分泌；其二通过一种或多种抑制性激素实现，但机制不详。④肠黏膜内嗜铬细胞分泌的 5- 羟色胺对胃酸分泌有抑制作用。前列腺素对进食、组胺和促胃液素引起的胃液分泌有明显抑制作用。

◎生理学家林可胜与肠抑胃素

二、胃的运动及其调节

胃既能储存食物，控制食物进入小肠的速率，又能研磨食物、使食物颗粒变小，只有当食物颗粒小到适于小肠消化时，才能进入小肠。根据功能的不同将胃分为两个生理区，每个区对胃的功能有不同的影响：位于食管末端的近侧区，其运动较弱，起着储存作用；远侧区（胃体远端和胃窦）运动较强，起着研碎作用，将固体食物研碎成适合小肠消化的小颗粒物质，形成食糜（chyme）（食物经胃的初步消化所形成的浆状物），并将食糜逐步排入十二指肠。

（一）胃运动的形式

1. 容受性舒张

咀嚼和吞咽时，食物刺激咽和食管等处的感受器，通过迷走神经反射性地引起胃的近侧区肌肉舒张，称为胃的容受性舒张（receptive relaxation）（图 7-6）。容受性舒张的结果是大量食物进入胃内，但并不引起胃内压显著增大，有利于胃更好地完成容纳和储存食物的功能。由于近侧区肌肉活动微弱，所以此处几乎没有混合作用。事实上，胃内食团呈明显分层排列，固体物质在食团的中央，液体物质在固体物质

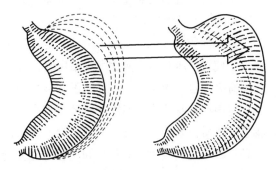

图 7-6　胃的容受性舒张

的周围。先进入胃的食团分布于胃底部，接触胃黏膜；后进入胃的食物被覆在先前食物的上层及其他部位。胃的容受性舒张是通过迷走神经的传入和传出通路来实现，切断动物双侧迷走神经，容受性舒张就会消失。在此反射中，传出神经节后纤维属于抑制性纤维，其末梢释放的递质既不是乙酰胆碱，也不是去甲肾上腺素，可能是某种神经肽（如血管活性肠肽）、ATP 或 NO。

2. 蠕动

胃壁肌肉呈波浪形、有节律的由前向后推进的舒缩运动称蠕动（peristalsis）。蠕动波始于胃的中部，深度和速度较小，在向幽门传播途中，蠕动波的速度和深度均逐步增加，到胃窦部时蠕动变得极为有力，推动一些小颗粒食糜（直径小于 2 mm）进入十二指肠。并不是每一个蠕动波都会到达幽门，少数蠕动波达到胃窦就消失了。一旦蠕动波超越了胃内容物先行到达胃窦终末部，此时胃窦终末部的有力收缩，迫使胃内容物反向移动到近侧胃窦和胃体部。这种反向移动有利于食糜与消化液的充分混合，并可增强胃对食糜的机械磨碎作用（图 7-7）。因此，蠕动的主要生理意义是：①使食物与胃液充分混合，有利于胃液发挥化学性消化作用；②搅拌和粉碎食物，促进胃排空。

胃蠕动受胃平滑肌基本电节律的控制，胃的基本电节律起源于胃大弯上部，沿纵行肌向幽门

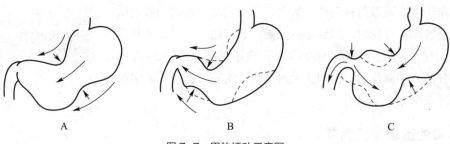

图 7-7　胃的蠕动示意图

胃的蠕动起始于胃的中部，向幽门方向推进（A）；并将食糜推入十二指肠（B）；强有力的收
缩波还可将部分食糜反方向推回到近侧胃窦和胃体，使食糜在胃内进一步被磨碎（C）

方向传播，频率为 4 ~ 5 次 · min^{-1}（犬和马），其传播速度由胃大弯向幽门逐渐加快。在基本电节律的基础上产生的动作电位是引起蠕动的内在原因。神经和体液因素通过影响胃的基本电节律和动作电位影响胃蠕动。迷走神经冲动、促胃液素和胃动素可使胃的基本电节律和动作电位出现的频率加快，胃的收缩频率和强度增加；交感神经兴奋、促胰液素和抑胃肽的作用相反。

3. 紧张性收缩

紧张性收缩（tonic contraction）是以平滑肌长时间收缩为特征的运动。这种收缩缓慢而持久，可使胃内压升高，使食糜紧贴胃壁，促进胃液渗入食糜，有助于化学性消化。另外，紧张性收缩有维持胃腔内压、保持胃的正常形态和位置的作用。

胃内经常有些物质不能被研磨成直径小于 2 mm 的颗粒，消化期胃的上述三种运动形式不能将这些物质排入十二指肠。因此，为了清除胃内这些不能被消化的碎片，在两次进食之间常出现一种特殊的运动类型——消化间期移行性复合运动（migrating motor complex，MMC），即当强烈的蠕动波经过胃窦时，幽门舒张，使胃内未被磨碎的大颗粒物质进入十二指肠。当胃内可消化物质相对较少时，这种运动波大约每隔 1 h 出现一次。

（二）胃运动的调节

1. 胃运动的神经调节

胃平滑肌受交感神经和迷走神经的双重支配。在正常情况下，胃壁受到食糜的化学和机械牵张刺激时，胃壁感受器发出冲动，沿迷走神经和交感神经中的传入纤维传至延髓胃运动中枢或仅通过壁内神经丛的局部反射活动，反射性引起胃运动的改变。一般说来，迷走神经兴奋时，抑制胃近侧区的肌肉收缩，导致容受性舒张；而对远侧区则引起强烈的蠕动活动。这可能与不同胃区迷走神经节后神经纤维所释放的递质不同有关，前者为抑制性纤维，释放的是肽类物质；后者为兴奋性纤维，释放的是乙酰胆碱。刺激交感神经可使胃基本电节律的频率和传播速度降低，并减弱环形肌的收缩力。交感神经节后纤维末梢释放的递质是去甲肾上腺素。正常情况下，交感神经对胃运动的调节作用较小。

交感神经和副交感神经对胃运动的作用还与胃当时的机能状态有关，若胃平滑肌已呈现极度紧张，则迷走神经冲动将使其减弱；反之，若胃已经很松弛，则交感神经冲动也使其加强。

胃运动的反射性调节不仅有非条件反射，也有条件反射，如动物看到食物的外形或嗅到食物的气味，均会引起胃运动加强。

2. 胃运动的体液调节

许多胃肠激素参与胃运动的调节，促胃液素、胃动素和缩胆囊素促进胃运动；促胰液素、胰高血糖素和抑胃肽等能抑制胃运动。

（三）胃的排空及其调节

胃内容物分批、分期排入十二指肠的过程称胃排空（gastric emptying）。胃排空的速率必须与小肠消化和吸收的速率相适应。草食动物胃的排空比肉食动物慢，如犬在食后4~6 h，胃内容物已经排空；而马和猪通常在饲喂后24 h，胃内还有残留食物。胃排空的速度取决于饲料的性质和动物的状况，一般来说，稀的、流体食物比稠的、固体食物排空快，粗硬的食物在胃内滞留的时间较长；动物惊恐不安、疲劳时，胃排空会被抑制。

胃的排空受来自胃和十二指肠两方面因素的控制：

1. 胃内因素促进排空

（1）胃内容物量对排空速率的影响 胃内容物作为扩张胃的机械刺激，通过壁内神经反射或迷走–迷走神经反射，引起胃运动加强，胃的排空速度加快。一般情况下，胃排空的速率与胃内容物体积的平方根成正比。

（2）胃运动促进排空 胃运动加强能促进胃排空，但影响固体食物和液体食物胃排空的运动方式不同。固体食物离开胃的速率决定于食物被研碎成能通过幽门的小颗粒的快慢，而这由胃窦的运动来控制，胃窦运动越强，固体食物被磨碎的速度就越快。因此胃窦的运动调节固体食物离开胃的速度。液体食物的排空比固体食物快。在胃的近侧区，液体和固体食物呈分离状态，液体在固体食物的外围。胃壁紧张度增加，压迫液体进入胃窦，依靠幽门的活动，液体能很快进入十二指肠。因此，胃近侧区的运动是促进液体排空的主要因素。幽门本身对胃排空的影响并不像预期的那样重要。若切除幽门，结果引起液体排空速度轻度加快，而固体食物的排空速度基本没有加快。

（3）促胃液素对胃排空的影响 扩张刺激以及食物的某些成分，主要是蛋白质消化产物，可引起胃窦黏膜释放促胃液素。促胃液素除了引起胃酸分泌外，对胃运动也有中等程度的刺激作用。

2. 十二指肠因素抑制排空

在十二指肠壁上存在着多种感受器，酸、脂肪、高渗溶液及机械扩张均可刺激这些感受器，反射性地抑制胃运动，引起胃排空减慢，这个反射称为肠–胃反射（enterogastric reflex）。这个反射的反射弧包括外来神经系统和内在神经系统，同时还包括胃肠道内分泌系统。外来神经系统的传入纤维为迷走神经纤维，将食糜对十二指肠的刺激上传到脑，经过整合，传出信息经迷走神经和交感神经传出纤维传到胃，调节胃的运动。内在神经系统通过壁内神经丛内的神经联系直接影响胃的排空。

十二指肠产生的激素对胃的排空具有抑制作用，当过量食糜，特别是酸或脂肪由胃进入十二指肠后，引起小肠黏膜释放多种激素，抑制胃的运动，延缓胃的排空，如促胰液素、缩胆囊素、抑胃肽等都具有这种作用，通常将它们统称为肠抑胃素。

（四）呕吐

呕吐（vomiting）是在脑干的整合和协调下发生的一种复杂的反射活动，是将胃及肠内容物从口腔强力驱出的动作。呕吐前常出现流涎、出汗、心率加快等（人还有恶心）反应。呕吐时，先是深吸气，胸腔扩张，声门关闭降低胸膜腔内压，而后食管和胃肌松弛，幽门关闭，食管括约肌松弛，借助腹肌和膈肌的强烈收缩，压迫胃内容物经食管和口腔排出。

引起呕吐反射的感受器分布很广，最重要的是咽部的机械感受器、胃和十二指肠黏膜的牵张和化学感受器。这些感受器的兴奋沿相应的传入纤维传向延髓呕吐中枢（延髓外侧网状结构的背外侧缘），由中枢发出的冲动经传出神经传至胃、小肠、膈肌和腹壁肌等处。在延髓呕吐中枢附近存在一个特殊的化学感受器，可以直接接受中枢内部各种化学物质如阿扑吗啡、吐根、细菌毒素等的刺激，也接受颅内压升高等刺激，其兴奋可传递到呕吐中枢，引起呕吐。

肉食动物和杂食动物（啮齿类除外）易发生呕吐。反刍动物不出现典型的呕吐，但在肠梗阻时真胃内容物可喷射进前胃。马的呕吐极为罕见，甚至胃壁破裂也不发生呕吐，这可能与马食管末端括约肌的紧张性特别高有关。

呕吐是一种具有保护意义的防御性反射，可以把胃内有害物质排出。但长期剧烈呕吐会引起消化液的丢失，影响正常消化，并导致水、电解质和酸碱平衡紊乱。

第四节 复胃消化

反刍动物（以牛为代表）具有庞大的复胃，由瘤胃、网胃、瓣胃和皱胃四个室构成（图7-8）。前三个胃的黏膜无腺体，不分泌胃液，合称前胃；其中瘤胃和网胃关系极为密切，常合称为网瘤胃。只有皱胃衬以腺上皮，是真正有胃腺的胃，所以又称真胃。

复胃四个胃室的解剖结构和生理功能各有特点，与单胃的主要区别在前胃具有反刍、嗳气、食管沟作用、网胃运动以及微生物发酵等特点。

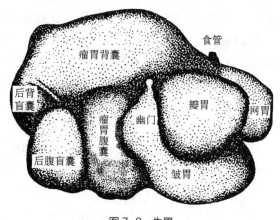

图 7-8 牛胃

一、瘤胃和网胃内消化

瘤胃和网胃在反刍动物的整个消化过程中占有特别重要的地位。饲料内可消化干物质，有70%～85% 在此消化，其中微生物消化起主要作用。

（一）瘤胃内微生物生存的条件

瘤胃可看作是一个供厌氧微生物高效繁殖的活体发酵罐，具有微生物生长和繁殖的良好条件。

（1）营养环境 各种营养物质和水分相对稳定地进入瘤胃，为微生物繁殖提供所需的营养物质。

（2）节律性运动 瘤胃的节律性运动将内容物搅拌，并使未消化的食物残渣和微生物均匀地移向后段消化道。

（3）渗透压 瘤胃内容物的渗透压与血液相近，并维持相对恒定。

（4）温度适宜 瘤胃内的温度高达 39~41℃，并维持相对恒定。

（5）酸碱度适中 饲料发酵产生的大量挥发性脂肪酸（VFA）不断地被瘤胃壁吸收入血，或被随唾液进入的大量碳酸氢盐中和，以及不断地排入后段消化道，使 pH 维持在一定范围（5.5~7.5）内。

（6）瘤胃环境高度乏氧 瘤胃背囊的气体主要为 CO_2、CH_4 及少量 N_2、H_2 等气体，随食物进入的一些 O_2，很快会被微生物繁殖所利用。

（二）瘤胃微生物的种类及其作用

在一般饲养条件下，瘤胃内的微生物主要是厌氧的纤毛虫和细菌。它们种类繁杂，随饲料性质、饲养制度和动物年龄的不同而发生变化。据统计，每克瘤胃内容物含细菌 10^{10}~10^{11} 个，纤毛虫 10^5~10^6 个。尽管纤毛虫的数量比细菌少得多，但由于个体大，致使它们在瘤胃内所占的容积大致与细菌相等。微生物的总体积占瘤胃液的 3.6%。在某些情况下，还发现有其他类群的微生物，如真菌。研究表明真菌在植物细胞壁的消化过程中起着重要作用。常见的瘤胃纤毛虫和细菌种类及作用如下：

1. 纤毛虫的种类及作用

纤毛虫分为全毛和贫毛两类，前者全身被覆纤毛，后者的纤毛集中成簇，只分布在一定部位。瘤胃中的纤毛虫含有多种酶，现已确定含有分解糖类的酶系统（α-淀粉酶、蔗糖酶、呋喃果聚糖酶等）、蛋白质分解酶类（如蛋白酶、脱氨基酶等）以及纤维素分解酶类（半纤维素酶和纤维素酶），能够发酵可溶性糖类、果胶、纤维素和半纤维素，产生乙酸、丁酸和乳酸、CO_2、H_2 和少量丙酸等；还具有水解脂质、氢化不饱和脂肪酸、降解蛋白质及吞噬细菌的功能。纤毛虫可以撕裂纤维素，使饲料疏松、碎裂，有利于细菌的发酵作用。纤毛虫还可以大量吞噬细菌。纤毛虫进入皱胃和小肠，被胃酸和消化液杀灭解体后，其体内的蛋白质、糖原能被机体消化利用，且其蛋白质消化率和营养价值都高于细菌蛋白。

瘤胃纤毛虫若长期暴露于空气中或处于不良条件下，就不能生存。因此，幼畜瘤胃中的纤毛虫主要通过与亲畜或其他反刍动物直接接触而获得。如果用成年羊、牛的反刍食团喂饲幼畜进行接种，幼畜出生后 3~6 周龄瘤胃内就有纤毛虫繁殖。而在一般情况下，犊牛要到 3~4 月龄瘤胃内才能建立纤毛虫区系。

反刍动物瘤胃内缺乏纤毛虫时，通常也能良好生长。但在营养水平较低时，纤毛虫对宿主是十分有益的。瘤胃内的纤毛虫喜好捕食饲料中的淀粉和蛋白质颗粒，并储存于自身体内，避免了细菌的分解，直到纤毛虫离开瘤胃进入小肠并解体后，才能被反刍动物消化吸收，从而提高了饲料的消化和利用率。纤毛虫体蛋白的生物价（91%）比细菌（74%）高，且含有丰富的赖氨酸等必需氨基酸，其品质超过菌体蛋白。所以，纤毛虫是宿主所需营养的来源之一，约提供动物性蛋白需要量的 20%。

2. 细菌的种类及其作用

瘤胃内最主要的微生物是细菌，数量多，种类繁杂，并随饲料性质、采食时间和宿主状态而变化。依据所发酵物质的不同将瘤胃内细菌分为多种（表7-4）。此外，还有附着在瘤胃壁而难以鉴定的贴壁菌。

表 7-4 瘤胃细菌及其作用

功能	种名
1. 分解纤维素	产琥珀酸拟杆菌、黄化瘤胃球菌、白色瘤胃球菌、溶纤维素丁酸弧菌
2. 分解半纤维素	溶纤维丁酸弧菌、栖瘤胃拟杆菌、瘤胃球菌属
3. 分解果胶	溶纤维丁酸弧菌、栖瘤胃拟杆菌、多生柔毛螺旋菌、溶糊精琥珀酸弧菌、布莱恩特密螺旋体菌、牛链球菌
4. 分解淀粉	嗜淀粉拟杆菌、牛链球菌、解淀粉琥珀酸单胞菌、栖瘤胃拟杆菌
5. 分解尿素	溶糊精琥珀酸弧菌、新月单胞菌属、栖瘤胃拟杆菌、溴化瘤胃杆菌、丁酸弧菌属、密螺旋体菌属
6. 产甲烷	反刍兽甲烷短杆菌、甲醛甲烷细菌属、运动甲烷小杆菌
7. 利用葡萄糖	布莱恩特密螺旋体菌属、小牛乳酸杆菌、反刍兽乳酸杆菌
8. 利用酸	埃氏巨球菌、反刍兽新月单胞菌
9. 分解蛋白质	牛链球菌、嗜淀粉拟杆菌、反刍兽拟杆菌、溶纤维丁酸弧菌
10. 产生氨	反刍兽拟杆菌、埃氏巨球菌、反刍兽新月单胞菌
11. 利用脂肪	溶脂嫌气弧菌、溶纤维丁酸弧菌、布莱恩特密螺旋体菌

从表中可以看出，大多数细菌能发酵饲料中的一种或几种糖类，作为生长的能源。可溶性糖类，如己碳糖、二糖和果聚糖等发酵最快；纤维素和半纤维素发酵慢；木质素发酵率不足 15%。不能发酵糖类的细菌，常利用糖类的分解产物作为能源，如琥珀酸，常被反刍兽新月单胞菌脱羟基而变为丙酸和 CO_2。

细菌还能利用瘤胃内的有机物作为碳源和氮源，转化为自身成分。有些细菌还能利用非蛋白含氮物（如酰胺和尿素等）转化成菌体蛋白。因此，在反刍动物饲料中适当添加非蛋白含氮物，能增加微生物蛋白的合成。成年牛一昼夜进入皱胃的微生物蛋白质约有 100 g，约占牛日粮中蛋白质最低需要量的 30%。

瘤胃微生物之间存在着互相制约和共生关系。纤毛虫能吞噬和消化细菌，利用细菌作为营养源，并利用菌体酶来消化营养物质。因此，纤毛虫增多会限制瘤胃细菌数目的增加。个别情况下，瘤胃纤毛虫完全消失时，细菌数量会显著增加，但瘤胃内消化代谢过程仍能维持原来水平。瘤胃中细菌之间也存在共生关系。例如，白色瘤胃球菌可消化纤维素，但不能发酵蛋白质；而反刍兽拟杆菌可消化蛋白质，却不能消化纤维素。当两者在一起生长时，前者消化纤维素所产生的己糖可满足后者的能量需要；而后者消化蛋白质也为前者提供了氨基酸和 NH_3，作为合成菌体蛋白的原料。

尽管瘤胃内生态环境相当复杂，但微生物消化代谢过程应作为一个整体看待。

（三）瘤胃内的消化代谢过程

饲料进入瘤胃后，在微生物作用下，发生一系列复杂的消化和代谢过程，产生 VFA，合成微生物体蛋白、糖原和维生素等，供机体利用。

1. 糖类的发酵

反刍动物饲料中的纤维素、果聚糖、戊聚糖、淀粉、果胶物质、蔗糖、葡萄糖以及其他多糖醛酸等糖类物质，均能被微生物发酵。但发酵的速度随其可利用性而异，可溶性糖发酵最快，淀粉次之，纤维素和半纤维素较缓慢。

纤维素是反刍动物饲料中的主要糖类，其中有40%～45%在瘤胃内经细菌和纤毛虫的协同和相继作用，首先分解生成纤维二糖，继续分解成葡萄糖，然后经乳酸和丙酮酸阶段生成VFA、CH_4和CO_2。其他糖类通过不同细菌和纤毛虫的发酵，最终产物也大都是VFA、CH_4和CO_2。VFA主要是乙酸、丙酸和丁酸。瘤胃内VFA的含量为90～150 $nmol \cdot L^{-1}$。一般情况下三种酸的比例大体为70∶20∶10，但往往随饲料种类不同而发生较大变化（表7-5）。

表7-5　乳牛瘤胃内挥发性脂肪酸的含量

日粮	乙酸/%	丙酸/%	丁酸/%
精料	59.60	16.60	23.80
多汁料	58.90	24.85	16.25
干草	66.55	28.00	5.45

在反刍动物和其他大型草食动物中，VFA是主要的能源物质。以牛为例，一昼夜瘤胃产生的VFA可提供25121～50242 kJ的能量，占机体所需能量的60%～70%。此外，VFA中的乙酸和丁酸还是泌乳期反刍动物生成乳脂的主要原料，被牛吸收的乙酸约有40%为乳腺所利用；而丙酸是反刍动物葡萄糖异生的最主要前体。

瘤胃微生物在发酵糖类的同时，还能够把分解出来的单糖和双糖转化成自身的糖原，储存于菌体内，当它们随食糜进入皱胃和小肠后，微生物糖原可被宿主动物消化利用，成为反刍动物机体的葡萄糖来源之一。

2. 蛋白质的消化和代谢

反刍动物能同时利用饲料中的蛋白氮和非蛋白氮，构成微生物蛋白质供机体利用（图7-9）。

进入瘤胃的饲料蛋白，一般有30%～50%未被瘤胃微生物分解而排入后段消化道，其余50%～70%则在瘤胃内被微生物蛋白酶水解为游离氨基酸和肽类，随后又很快被微生物脱氨基酶分解，生成NH_3、CO_2和短链脂肪酸，因此，瘤胃液中的游离氨基酸很少。畜牧生产中将饲料蛋白质用甲醛溶液或加热进行预处理后饲喂牛、羊，可以保护蛋白质，避免瘤胃微生物的分解，从而提高蛋白质日粮的利用率。

氨基酸分解产生的NH_3，以及微生物分解饲料中的非蛋白含氮物，如尿素、铵盐、酰胺等，所产生的NH_3，除一部分被细菌用作氮源，合成菌体蛋白外，另一部分被瘤胃上皮迅速吸收，并在肝中经鸟氨酸循环转化成尿素。随后相当一部分尿素通过唾液分泌或直接透过瘤胃上皮进入瘤胃，并被细菌分泌的脲酶重新分解为CO_2和NH_3，被瘤胃微生物再利用，其余的随尿排出体外。通常将这一循环过程称为尿素再循环（图7-10）。这对于提高饲料中含氮化合物的利用率具有重要意义，尤其在低蛋白日粮条件下，反刍动物依靠尿素再循环可以节约氮的消耗，保证瘤胃内氮的浓度，有利于瘤胃微生物菌体蛋白的合成，同时使尿中尿素的排出量降到最低水平。

瘤胃微生物合成蛋白质所需的能量和碳源来源于糖、VFA和CO_2。

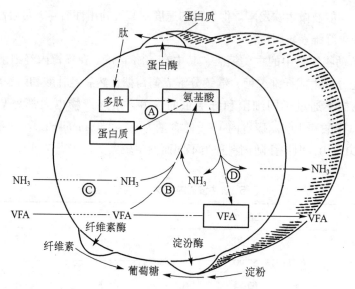

图 7-9　瘤胃内蛋白质代谢示意图

Ⓐ.合成微生物蛋白质；Ⓑ.利用 VFA 和 NH₃ 合成氨基酸；Ⓒ.不能利用肽作为氨基酸
来源的细菌依靠细胞外 NH₃ 合成基酸；Ⓓ.不用于合成蛋白质的氨基酸生成 NH₃ 和 VFA

3. 脂肪的消化和代谢

　　饲料中的脂肪大部分被瘤胃微生物彻底水解，生成甘油和脂肪酸等物质。其中甘油发酵生成丙酸，少量被转化成琥珀酸和乳酸；来源于甘油三酯的不饱和脂肪酸经加水氢化，转变成饱和脂肪酸。因此，反刍动物的体脂和乳脂所含的饱和脂肪酸比单胃动物高得多，单胃动物体脂中饱和脂肪酸占 36%，反刍动物高达 55% ~ 62%。

　　细菌还能合成少量特殊的长链或短链的奇数碳脂肪酸、支链脂肪酸，以及脂肪酸的各种反式异构体和顺式异构体，因此，反刍动物脂肪组织中同时含有反式和顺式脂肪酸。

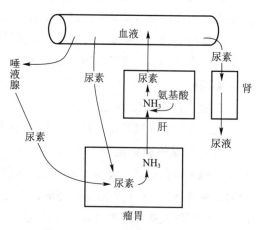

图 7-10　瘤胃尿素再循环

　　瘤胃微生物的脂肪酸合成受饲料成分的制约，当饲料中脂肪含量少时，合成作用增强；反之，当饲料脂肪含量高时，会降低脂肪酸的合成。瘤胃微生物不能贮存甘油三酯，脂肪酸主要是以膜磷脂或游离脂肪酸形式存在。

4. 维生素的合成

　　瘤胃微生物能合成多种 B 族维生素，其中硫胺素绝大部分存在于瘤胃液中，40% 以上的生物素、泛酸和吡哆醇也存在于瘤胃液中，能被瘤胃吸收。叶酸、核黄素、尼克酸（烟酸）和维生素 B₁₂ 等大都存在于微生物体内，瘤胃只能微量吸收。此外瘤胃微生物还能合成维生素 K。

　　幼年反刍动物，由于瘤胃发育不完善，微生物区系不健全，有可能患 B 族维生素缺乏症；成年反刍动物日粮中缺钴时，瘤胃微生物不能合成足够的维生素 B₁₂，会出现食欲减退、幼畜生

长不良等维生素 B_{12} 缺乏症状。

5. 气体的产生

在瘤胃微生物发酵的过程中，不断产生大量气体。牛一昼夜产生气体 600 ~ 1300 L，主要是 CO_2 和 CH_4，还有少量的 N_2 和微量的 H_2、O_2 和 H_2S，其中 CO_2 占 50% ~ 70%，CH_4 占 30% ~ 40%。气体的产量和组成，随饲料种类、饲喂时间的不同而有显著的差异。

犊牛出生后的几个月内，瘤胃内气体以 CH_4 为主；随着日粮中纤维素的增加，瘤胃 CO_2 的量也增加，到 6 月龄时，达到成年牛水平。正常动物瘤胃内 CO_2 量比 CH_4 多，但饥饿或气胀时，则 CH_4 含量大大超过 CO_2 量。

瘤胃 CO_2 主要由糖类发酵和氨基酸脱羧而来，小部分由唾液内碳酸氢盐中和脂肪酸产生，或脂肪酸吸收时透过瘤胃上皮交换的结果。

CH_4 是瘤胃内发酵的主要终产物，是在甲烷菌的作用下，由 CO_2 还原或甲酸分解所产生。

瘤胃中的气体，约 1/4 通过瘤胃壁吸收入血后经肺排出；一部分为瘤胃微生物所利用，一小部分随饲料残渣经胃肠道排出体外；但大部分靠嗳气排出。

二、前胃运动及其调节

成年反刍动物的前胃能自发产生周期性运动，在神经和体液因素的调控下，各部分的运动密切联系、相互配合、协调运动。

（一）网瘤胃的运动

整个前胃运动从网胃两相收缩开始。第一相收缩程度较弱，只收缩一半，然后舒张（牛）或不完全舒张（羊），此收缩作用使漂浮在网胃上部的粗糙饲料压向瘤胃。第二相收缩十分强烈，其内腔几乎消失。此时网胃如有铁钉等异物，易造成创伤性网胃炎和网胃心包炎。网胃的这种两相收缩每 30 ~ 60 s 重复一次。反刍时，在两相收缩之前还出现一次额外的附加收缩，使胃内食物逆呕回口腔。网胃收缩的作用是：①驱使一部分液体食糜向后流进瘤胃前庭；②驱使另一部分比重轻的食糜流进瘤胃背囊；③控制小部分液状食糜从网瓣口进入瓣胃；④促使前庭内的液状食糜溢流而发生逆呕。

当网胃的第二相收缩至高峰时，瘤胃开始收缩。瘤胃的收缩起始于瘤胃前庭，沿背囊依次向后背盲囊传播，然后转入后腹盲囊，再由后向前传播，最后终止于瘤胃前部。这种起源于网胃两相收缩的瘤胃运动，称为瘤胃的原发性收缩，这时所描绘的收缩波形称为 A 波。在原发性收缩的同时，食糜也在瘤胃内顺着收缩的次序和方向移动和混合（图 7-11，图 7-12）。在 A 波收缩之后，有时瘤胃还可发生一次独立收缩，这种与网胃的两相收缩无关的独立收缩，称为瘤胃的继发性收缩（或称 B 波收缩）。B 波是由瘤胃本身产生的，其运动方向与 A 波相反，起始于后腹盲囊或同时起始于后腹盲囊和后背盲囊，经后背盲囊、前背盲囊，最后到达主腹囊。在瘤胃出现继发性收缩时，动物往往发生嗳气。B 波的频率在采食时为 A 波的 2/3，而在静息时大约为 A 波的 1/2（图 7-13）。

（二）瓣胃运动

瓣胃运动是与瘤胃运动互相协调的，网胃收缩时，网瓣口开放，特别是在网胃第二相收缩时，网瓣口开放，此时一部分食糜由网胃快速流入瓣胃。食糜进入瓣胃后，瓣胃沟首先收缩，使

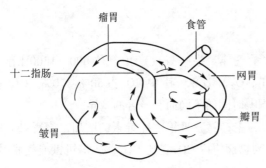

图 7-11 反刍动物胃内食糜移动的方向

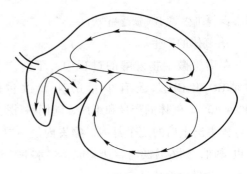

图 7-12 瘤胃内食糜运动模式图

其中的液态食糜由瓣胃移入皱胃，而固态食糜则被挤进瓣胃的叶片之间，在瓣胃收缩时进一步对其进行机械磨碎。瓣胃沟的收缩通常与瘤胃背囊收缩同步，恰好在网胃两相收缩的间歇期。紧接着，瓣胃体也发生 1～2 次收缩，食糜通过开放的瓣皱孔进入皱胃。瓣胃推移食糜的速度受瘤-网胃和皱胃内食糜量的控制。当网瘤胃内食糜量增多或皱胃内食糜量减少时，瓣胃推移食糜的速度加快。有时，当瓣胃体收缩时，瓣皱孔关闭而网瓣孔开放，部分瓣胃内食糜被推回网胃。其功能可能是清除瓣胃沟内的较大颗粒状食糜。

瓣胃具有许多叶片和广大的黏膜表面积，有强大的吸收功能。然而此功能的意义尚有待深入研究。重要的是在食糜被推送进皱胃之前，食糜中残存的 VFA 和碳酸氢盐已被吸收，避免了对皱胃的不良影响，保证皱胃消化功能的正常进行。

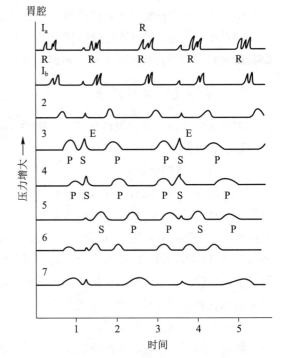

图 7-13 牛前胃在静息和反刍时运动波形示意图

I_a. 反刍进网胃；I_b. 非反刍进网胃；2. 瘤胃房；3. 瘤胃背囊；4. 后背盲囊；5. 腹囊；6. 瓣胃管；7. 瓣胃体；R. 反刍；P.A 波；E. 嗳气；S.B 波

（三）前胃运动的调节

反刍动物的胃运动具有自动节律性。正常情况下，这种节律受神经系统的调节，其基本中枢位于延髓，高级中枢位于大脑皮层，传出冲动经迷走神经和交感神经传到前胃，支配其节律性活动。各种体液因素也参与胃运动的调节。

切断两侧迷走神经后，食糜不能由瘤胃和网胃进入瓣胃和皱胃，前胃各部出现彼此没有任何连贯性和协调性的收缩，但皱胃运动仍可维持，并可有效地排空。这可能与壁内神经丛的活动有关。若切断迷走神经的胃支，再刺激其外周端，可引起前胃各部的有力收缩；刺激交感神经的外周端，可抑制前胃各部的收缩。

刺激口腔感受器（如咀嚼）或前胃的张力和化学感受器，都能反射性地引起前胃运动加速加强。刺激网胃的感受器还可以引起逆呕和反刍。消化道各部的状态对前胃运动也有影响，例如，皱胃充满时，瓣胃运动减弱减慢；瓣胃充满时，瘤胃和网胃运动减弱；刺激十二指肠感受器常引起前胃运动抑制。

前胃运动也受大脑皮层的控制，一些外来刺激，如噪声、生人出现时，会通过听觉、视感觉等通路反射性引起瘤胃运动减弱和反刍停止。而处于安静状态、不受干扰的反刍动物，其副交感神经较为活跃，胃的运动也更强。

胃肠激素，如促胰液素、缩胆囊素等对瘤胃运动有抑制性作用；促胃液素对瘤胃运动有兴奋作用。

（四）反刍

反刍动物采食匆忙而粗糙，即使是粗饲料也不经充分咀嚼就吞咽入瘤胃，经瘤胃液浸泡软化一段时间后，食物经逆呕重新返回口腔，经过再咀嚼、再次混入唾液后再吞咽进入瘤胃，这一过程称为反刍（rumination）。反刍的生理意义在于动物可以在短时间内尽快地摄取大量食物，储存于瘤胃中，休息时再将食物逆呕回口腔，充分咀嚼。这是动物在进化过程中形成的一种生物学适应，借以避免在采食时受到各种肉食动物的侵袭。反刍活动不但能将饲料进一步嚼细，混入大量唾液，利于消化，而且还有利于食糜中饲料颗粒的选择性排空。

犊牛一般出生后第 3 周开始反刍，给犊牛提前采食粗饲料可使反刍提前出现。成年牛一般采食后 0.5～1.0 h 开始反刍，每次反刍 40～50 min，一天进行 6～8 次，牛每天累计 6～8 h 之多。日粮组成特别是粗饲料的含量对反刍有很大影响，饲喂干草的牛反刍时间可达 8 h·d^{-1}。绵羊从饲喂长的或切短的干草转变为干草粉时反刍时间从 9 h·d^{-1} 减至 5 h·d^{-1}；喂精料时，反刍时间仅 2.5 h·d^{-1}。反刍主要发生在动物休息时，因此为了保证反刍活动的正常进行，必须给予反刍动物充足的休息时间。反刍易受环境的影响，惊恐、疼痛等因素可干扰反刍；发情期、热性病和消化异常时，反刍减少。所以，反刍正常是反刍动物健康的重要标志之一。

反刍时，网胃在两次收缩之前产生一次附加收缩，使一部分胃内容物上升到贲门口。随后贲门扩张，动物关闭声门吸气，胸内负压加大，食管内压下降 4.00～5.33 kPa，胃内容物进入食管，由食管的逆蠕动将食物以大约 1 m·s^{-1} 的速度逆呕入口腔。逆呕是一个复杂的反射活动，粗糙食物刺激网胃、瘤胃前庭和网胃沟（食管沟）黏膜感受器，经迷走神经传到延髓的逆呕中枢，中枢的兴奋沿传出神经（主要是迷走神经）和与逆呕有关的膈神经和肋间神经传到网胃壁、网胃沟、食管、呼吸肌以及与咀嚼和吞咽有关的各肌群，引起逆呕，开始反刍。当网胃和瘤胃中的食糜经过反刍和发酵变为一定程度的细碎颗粒时，一方面对瘤胃前庭和网胃等的刺激减弱，另一方面细碎的小颗粒食糜进入瓣胃和皱胃，刺激其感受器，反射性抑制网胃收缩，逆呕停止，进入反刍的间歇期。在间歇期内，瓣胃和皱胃的食糜相继进入小肠，解除了对瓣胃和皱胃的刺激，因而对网胃收缩的抑制作用渐渐解除。当网胃、瘤胃前庭和网胃沟（食管沟）黏膜感受器再次受到粗糙饲料刺激时，逆呕重新开始，发生新一轮的反刍。

（五）嗳气

瘤胃中的气体通过食管向外排出的过程，称为嗳气（eructation）。成年牛每小时嗳气 17～20 次。嗳气的次数决定于气体产生的速度。正常情况下瘤胃中产生的气体和通过嗳气等所排出的气体之间维持相对平衡。如果产生的气体过多，不能及时排出，可引起瘤胃急性臌气。正常时气体积聚于瘤胃背囊的顶部，而背囊的液面高于食管开口。只有背囊前肌柱和后肌柱同步收缩时，气体才能向前和向腹面流动而进入食管口。因此，嗳气一般都在背囊发生继发性收缩时出现。牛的嗳气频率大约是 0.6 次·min^{-1}。

嗳气是一种反射活动，它是由于瘤胃内气体增多，对瘤胃背囊壁的压力增大，兴奋了瘤胃背囊和贲门括约肌处的牵张感受器，经迷走神经中的传入纤维，传到延髓嗳气中枢，中枢的兴奋通过迷走神经传出引起背囊收缩，收缩波由后向前推进压迫气体进入瘤胃前庭，同时前肌柱和网瘤胃褶收缩，阻挡液状食糜前涌；贲门区的液面下降，贲门括约肌舒张，气体向前和向腹面流动而进入食管。当气体充满食管时，贲门括约肌关闭，咽－食管括约肌舒张，气体被迫由食管进入鼻咽腔。此时，鼻咽关闭，声门开放，少量气体从口腔逸出（占 $0.5\% \sim 33\%$），其余的气体经气管进入肺，并随呼吸排出体外。

各种麻醉剂和胆碱能阻断剂都能抑制瘤胃运动，饱食后应用这些药物必须注意移除瘤胃内积聚的气体。当日粮中谷类比例过多或采食大量嫩豆科植物时，可能会发生急性瘤胃鼓胀。因为这些食物能较快地进入皱胃和小肠，使其中压力升高，反射性抑制瘤胃运动，导致嗳气障碍。

（六）食管沟（网胃沟）反射

食管沟是由两片肥厚的肉唇构成的一个半关闭的沟，它起自贲门，经瘤胃伸展到网瓣口。幼畜在吸吮时，能反射性地引起食管沟肉唇卷缩，闭合成管状，使液体直接进入皱胃，这一现象称为食管沟反射。

食管沟反射与吞咽动作是同时发生的，感受器分布在唇、舌、口腔和咽部的黏膜上，传入神经为舌咽神经、舌下神经和三叉神经的咽支，反射中枢位于延髓，与吸吮中枢紧密相关，传出神经为迷走神经。若切断两侧迷走神经，网胃沟闭合反射消失。这种反射活动在断奶后伴随年龄的增长逐渐减弱以至消失。但如果一直连续喂奶，则到成年时仍可保持幼年时的机能状态。

食管沟有两种收缩方式，一种是闭合不完全的收缩，两唇仅是缩短变硬，两侧相对形成通道，仅有 $30\% \sim 40\%$ 的液体流经食管沟进入皱胃；另一种是闭合完全的收缩，即两唇内翻，形成密闭的管状，摄入的流质食物有 $75\% \sim 90\%$ 经食管沟直接进入皱胃。

食管沟反射受多方面因素的影响：①动物的摄乳方式。如犊牛用桶饮乳时，食管沟闭合不完全，乳汁容易进入网胃和瘤胃。犊牛网瘤胃发育不完善，漏入的乳汁在瘤胃内易发生酸败而引起腹泻。当用人工哺乳器慢慢吸吮时，食管沟闭合完全。②某些无机盐类有刺激食管沟闭合的作用。Cu^{2+} 和 Na^+ 对羊作用明显，如 $CuSO_4$、$NaHCO_3$ 等；对牛来说，Na^+ 比 Cu^{2+} 更为有效，如 $NaCl$、$NaHCO_3$ 等。在兽医实践中，往往借助上述溶液对食管沟反射的刺激作用，先给予上述盐溶液，再投药，使药物经食管沟进入皱胃发挥作用。

三、皱胃内消化

皱胃黏膜为有腺黏膜，能分泌胃液。它的功能与单胃动物的胃相似。胃液中含有胃蛋白酶、凝乳酶（幼畜）、盐酸和少量黏液。酶的含量和盐酸浓度随年龄而有所变化，如幼畜凝乳酶的含量比成年家畜高很多；胃蛋白酶的含量随幼畜的生长逐渐增多，酸度也逐渐升高。绵羊皱胃液的 pH 变动于 $1.0 \sim 1.3$ 之间；牛胃液的 pH 为 $2.0 \sim 4.1$，总酸度相当于 $0.2\% \sim 0.5\%$，与单胃动物的胃液相比酸度较低。

　　皱胃液的分泌是连续性的，这与食糜不断从前胃排入皱胃有关。皱胃分泌的胃液量和酸度，取决于从瓣胃进入皱胃的食糜容量和其中 VFA 的浓度，而与饲料的性质关系不大。这是因为进入皱胃的饲料经过瘤胃发酵，已经失去原有的特性。

　　胃液分泌的神经、体液调节与单胃相似。副交感神经兴奋时，胃液分泌增多。皱胃黏膜含有丰富的促胃液素，它是体液因素中作用最显著的。促胃液素的分泌同样受迷走神经和皱胃内食糜酸度的影响。迷走神经兴奋或酸度降低，均使促胃液素释放增加；相反，则胃液分泌减少。十二指肠产生的促胰液素和缩胆囊素能减弱皱胃运动与分泌。

　　皱胃运动与单胃相似，不像前胃那样具有节律性。十二指肠排空时，皱胃运动加强；十二指肠充盈时，皱胃运动减弱。皱胃运动虽然也受迷走神经的支配，但与前胃有所不同。切断双侧迷走神经皱胃运动减弱，但不会停止，并且仍可进行有效排空。皱胃运动受进食影响，采食前和采食过程通过非条件和条件反射，引起胃窦部的强烈收缩，进食后运动相对减弱。

第五节　小肠消化

　　小肠消化是胃内消化的延续，是整个消化过程中最重要的环节。食物经胃内消化后，变成流体或半流体的粥状物——食糜，经胃排空逐渐进入小肠，开始小肠消化。食糜在小肠内经胰液、胆汁和小肠液的化学性消化与小肠运动的机械性消化，大部分营养物质被消化成可吸收的小分子物质，并被小肠黏膜吸收，没有被彻底消化的小肠内容物（如纤维素等）进入大肠。食物在小肠内停留的时间与食物的性质有关，一般的混合性食物在小肠内停留 3~8 h。

一、胰液

　　胰腺（pancreas）是具有外分泌和内分泌双重功能的器官。由腺泡和导管系统组成的外分泌部分泌胰液（pancreatic juice），经胰导管流入十二指肠，具有很强的消化能力，是消化道内最重要的消化液。

（一）胰液的性质、成分和作用

　　胰液是无色、无臭的碱性液体，pH 7.8~8.4，渗透压与血浆相等。胰液的主要成分包括水、无机物和有机物。

　　胰液的无机成分，除水（占 97.6%）外，HCO_3^- 是主要的阴离子，由胰腺内的小导管上皮细胞分泌。当胰液大量分泌时，HCO_3^- 的浓度是血浆的 5 倍，是促使胰液呈碱性的主要因素。胰液中 HCO_3^- 的主要作用是中和进入十二指肠的胃酸，保护肠黏膜免受强酸侵蚀；此外，HCO_3^- 可为小肠内多种消化酶发挥作用提供最适宜的 pH 环境。除 HCO_3^- 外，占第二位的阴离子是 Cl^-。胰液中的 Cl^- 浓度随 HCO_3^- 的浓度变化而变化，当 HCO_3^- 浓度升高时，Cl^- 浓度下降。胰液中的阳离子有 Na^+、K^+、Ca^{2+} 等，它们在胰液中的浓度与血浆中的浓度非常接近，不随分泌速度的改变而改变。

　　胰液中的有机物主要是由胰腺腺泡细胞分泌的多种消化酶，分述如下。

1. 胰淀粉酶

胰淀粉酶（pancreatic amylase）属 α- 淀粉酶，不需激活就具有活性，其最适 pH 为 6.7 ~ 7.0，可将淀粉、糖原及大多数其他糖类水解为糊精、麦芽糖和麦芽寡糖。在小肠内，胰淀粉酶的水解效率高、速度快。

2. 蛋白质水解酶

主要有胰蛋白酶（trypsin）、糜蛋白酶（chymotrypsin）和羧基肽酶（carboxypeptidase），其中胰蛋白酶的含量最多。它们均以无活性的酶原形式存在于胰液中。小肠液中的肠激酶（enterokinase）是激活胰蛋白酶原的特异性酶。在肠激酶的作用下，胰蛋白酶原（trypsinogen）转变为有活性的胰蛋白酶。活化的胰蛋白酶既可激活胰蛋白酶原（正反馈自激活），又可激活糜蛋白酶原（chymotrypsinogen）和羧基肽酶原（图 7-14）。胰蛋白酶和糜蛋白酶作用相似，都能将蛋白质分解为䏡和胨；二者协同作用于蛋白质时，可将蛋白

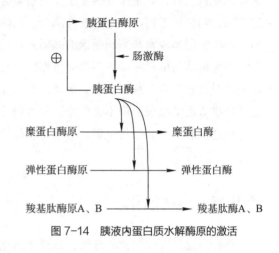

图 7-14 胰液内蛋白质水解酶原的激活

质进一步分解成小分子的多肽和氨基酸。此外，糜蛋白酶还有较强的凝乳作用。羧基肽酶可作用于多肽末端的肽键，释放出具有自由羧基的氨基酸。

正常情况下，胰液中的蛋白水解酶不会消化胰腺本身，这是因为它们是以无活性的酶原形式分泌的。同时，腺泡细胞还能分泌少量胰蛋白酶抑制剂（trypsin inhibitor），后者能与胰蛋白酶和糜蛋白酶结合形成无活性的化合物，从而防止胰腺自身被消化。但是，当胰腺导管梗阻、痉挛或饮食不当引起胰液分泌急剧增加时，可因胰管内压力升高而导致胰小管和胰腺腺泡破裂，胰蛋白酶原渗入胰腺间质被组织液激活，出现胰腺组织的自身消化现象，从而发生急性胰腺炎。

3. 胰脂肪酶

胰脂肪酶（pancreatic lipase）是消化脂肪的主要水解酶，其最适 pH 为 7.5 ~ 8.5。胰脂肪酶对脂肪的分解需要胰腺分泌的另一种酶，即辅脂酶（colipase）的存在，后者对胆盐微胶粒具有较高的亲和力，这一特性使胰脂肪酶、辅脂酶和胆盐形成复合物，有助于胰脂肪酶附着于脂滴表面发挥其分解脂肪的作用，防止胆盐将胰脂肪酶从脂肪表面清除出去。胰脂肪酶可将中性脂肪分解为甘油、甘油一酯及脂肪酸。此外，胰液中还有一定量的胆固醇酯水解酶和磷脂酶 A_2，能分别水解胆固醇酯和磷脂。

胰液中有针对 3 种主要营养物质的消化酶，是所有消化液中消化力最强、消化功能最全面的一种消化液。当胰液分泌缺乏时，即使其他消化腺的分泌都正常，食物中的脂肪和蛋白质仍不能被完全消化和吸收，常可引起脂肪泻，还会影响脂溶性维生素 A、D、E、K 的吸收，但对糖的消化和吸收影响不大。

4. 其他酶类

胰液中还含有 RNA 酶、DNA 酶等核酸水解酶，它们也以酶原的形式存在，被胰蛋白酶激活后将相应的核酸水解为单核苷酸。

（二）胰液分泌的调节

胰液分泌有一定的种别特点，杂食动物和非反刍动物的胰液分泌不但量多、缓冲容量大，而且与反刍动物的唾液分泌相似，胰液呈连续分泌，有利于大肠内微生物消化。正常饲喂条件下，几种动物胰液的昼夜分泌量分别为：马约 7 L，牛 6 ~ 7 L，猪 7 ~ 10 L，绵羊 0.5 ~ 1.0 L，犬 0.2 ~ 0.3 L。

在非消化期，胰液分泌很少。进食后，胰液的分泌量逐渐增加。食物是刺激胰腺分泌的自然因素。胰液的分泌受神经和体液的双重调节，但以体液调节为主（图 7-15）。

1. 神经调节

食物的形状、气味及其对口腔、食管、胃和小肠的机械及化学性刺激，通过非条件反射和条件反射均可引起胰液分泌。反射的传出神经是迷走神经。切断迷走神经或注射乙酰胆碱阻断剂阿托品，胰液分泌显著减少。迷走神经除直接作用于胰腺外，也可以通过迷走神经 – 促胃液素途径间接作用于胰腺，其促胰液分泌的效应主要表现为胰酶含量显著增加，电解质和水也有轻度增加。

此外，内脏大神经对胰液的分泌也具有调节作用，但作用较弱。支配胰腺的内脏大神经含有两种纤维：胆碱能纤维兴奋时胰液分泌稍有增加；肾上腺素能纤维兴奋时则表现出抑制效应，可能与此类纤维使胰腺血管收缩有关。

2. 体液调节

调节胰液分泌的体液因素主要包括促进和抑制两类，前者主要包括促胰液素、缩胆囊素和促胃液素。

（1）促胰液素（secretin） 这是小肠黏膜 S 细胞释放的一种 27 肽物质，在小肠上段黏膜含量较多，距幽门部越远含量越少。胃酸是促进促胰液素释放的最强刺激因素，其次为蛋白质分解产物，再次为脂肪酸等，糖类几乎没有刺激作用。小肠内引起促胰液素释放的 pH 阈值为 4.5。

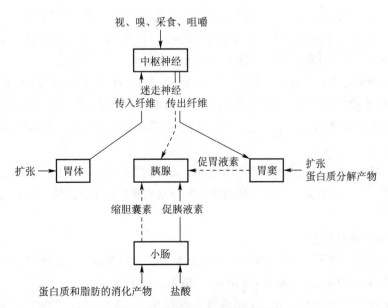

图 7-15 胰液分泌的神经体液调节
实线表示水样分泌；虚线表示酶的分泌

促胰液素释放与迷走神经兴奋无关，而与交感神经系统的参与有关，当交感神经系统完整时，胰腺对促胰液素的反应更强。促胰液素主要作用于胰腺小导管细胞，使其分泌大量水和碳酸氢盐，而对胰酶分泌没有显著影响。

（2）缩胆囊素（cholecystokinin，CCK） 也称为胆囊收缩素，这是小肠黏膜 I 细胞释放的一种 33 肽物质，具有促进胆囊收缩和促进胰液分泌两种作用。由于缩胆囊素促进胰液分泌的作用主要表现为胰酶含量显著增加，而碳酸氢盐和水增加很少，因此又称之为促胰酶素。

缩胆囊素可以直接作用于腺泡细胞上的缩胆囊素受体，引起胰酶分泌。研究表明，缩胆囊素还可作用于迷走神经传入纤维，通过迷走 - 迷走神经反射刺激胰酶分泌。切断或阻断迷走神经后，缩胆囊素引起的胰酶分泌明显减弱。

引起缩胆囊素释放的因素由强至弱依次为：蛋白质分解产物、脂肪酸、盐酸、脂肪，而糖类没有作用。

（3）促胃液素（gastrin） 这是幽门黏膜和十二指肠黏膜 G 细胞释放的一种 17 肽，其促胰酶分泌的作用较强，促水和碳酸氢盐分泌的作用较弱。

近年来的研究表明，胰腺腺泡细胞和小导管细胞都具有乙酰胆碱、促胰液素和缩胆囊素受体，当上述物质共同发挥作用时，具有协同效应，胰液分泌量远远超过它们各自作用所引起分泌量的总和。

抑制胰液分泌的激素主要包括胰高血糖素、生长抑素、脑啡肽和胰多肽等。其中，生长抑素的作用最强，可抑制水和碳酸氢盐的分泌；胰高血糖素抑制胰腺分泌水，碳酸氢盐和消化酶；胰多肽可抑制胰腺分泌消化酶，对水和碳酸氢盐的分泌是先促进后抑制。

二、胆汁

胆汁（bile）是由肝细胞连续分泌的一种消化液，对脂肪的消化和吸收起着重要作用；同时，胆汁也是一种代谢物，其中含有胆固醇、胆色素等代谢产物。有胆囊动物（牛、猪、犬等），肝分泌的胆汁在消化期经肝管、胆总管直接排入十二指肠；在非消化期，经肝管、胆囊管先进入胆囊储存，进入消化期后再通过胆囊的反射性收缩排入十二指肠。

从肝细胞新分泌出来的胆汁称肝胆汁（hepatic bile），储存于胆囊内的胆汁称胆囊胆汁（gall bladder bile）。胆囊壁具有分泌黏蛋白、吸收水分和碳酸盐的作用，所以胆囊胆汁比肝胆汁浓稠。动物饥饿时胆囊贮存的胆汁较多，胆囊充盈；而采食活动会引起胆囊反射性收缩将胆囊胆汁排出，胆囊比较空虚。

马属动物、骆驼、鹿、大鼠、鸽子等动物无胆囊，但是具有粗大的胆管，这在某种程度上可代替胆囊的机能。同时肝管开口处缺乏括约肌，肝分泌的胆汁几乎是连续地从肝管直接流入十二指肠。

（一）胆汁的性质与成分

胆汁是一种有色、黏稠、带苦味的碱性液体。胆汁的分泌量很大，据测定，每小时肝胆汁的分泌量：马为 250～300 mL，牛为 98～110 mL，猪为 7～14 mL。

胆汁的成分很复杂，除水分外，无机成分主要有 Na^+、K^+、Ca^{2+}、碳酸氢盐等；有机成分有胆汁酸（bile acid）、胆盐（bile salt）、胆色素（bile pigment）、脂肪酸、胆固醇、卵磷脂和黏蛋白等。除胆汁酸、胆盐和碳酸氢钠与消化作用有关外，胆汁中的其他成分可看作是排泄物。

胆盐是胆汁酸（主要是胆酸和鹅脱氧胆酸）与甘氨酸或牛磺酸结合形成的钠盐或钾盐的统称（如甘氨胆酸钠、牛黄胆酸钠等），是促进脂肪消化吸收的主要成分。

草食动物的胆汁呈暗绿色，肉食动物的胆汁呈赤褐色。胆汁的颜色取决于胆色素的种类和浓度。胆色素是血红蛋白的分解产物，包括胆红素及其氧化产物——胆绿素。胆汁中的胆红素大部分为结合胆红素（葡萄糖醛酸胆红素），经过代谢最终随粪便排出体外。

肝是胆固醇合成的主要场所。胆固醇合成后，其中一部分转化为胆汁酸，其余随胆汁排入小肠。胆汁中胆盐、胆固醇和卵磷脂的适当比例是维持胆固醇呈溶解状态的必要条件。若胆固醇分泌过多，或卵磷脂、胆盐形成减少，则容易导致胆固醇的沉积，这是形成胆结石的原因之一。

动物胆汁具有很强的医学应用价值，比如目前人工培植牛黄的机制是将能产生 $\beta-$ 葡萄糖醛酸酶的细菌植入胆囊，使结合胆红素分解为葡萄糖醛酸和游离胆红素，后者与钙结合后析出，集结成结石，即牛黄。

（二）胆汁的生理作用

哺乳动物的胆汁中不含消化酶。胆汁中的胆盐是胆汁参与消化、吸收的主要成分。胆盐的作用如下：

（1）具有乳化作用　能降低脂肪的表面张力，使脂肪乳化成直径 $3 \sim 10 \ \mu m$ 的脂肪微滴，分散在肠腔内，大大增加与胰脂肪酶的接触面积，加速脂肪的水解。另外，胆固醇和卵磷脂等也能降低脂肪的表面张力。

（2）胆盐可形成微胶粒　肠腔中的脂肪分解产物（如脂肪酸、甘油一酯等）均可渗入到微胶粒中，形成水溶性复合物（混合微胶粒）运载脂肪分解产物到肠黏膜表面，促进脂肪分解产物的吸收。

（3）胆盐能增强脂肪酶的活性，起到脂肪酶激活剂的作用。

（4）胆盐能促进脂溶性维生素 A、D、E、K 的吸收。

（5）胆盐在小肠内可刺激小肠运动。

（6）胆盐通过肠肝循环再次进入肝，刺激肝细胞合成和分泌胆汁。

（三）胆汁分泌和排出的调节

胆汁的分泌和排出受神经和体液因素的调节，其中以体液调节为主。

1. 胆汁分泌和排出的神经调节

采食动作或食物刺激消化道，能反射性地引起肝胆汁分泌增加，并使胆囊平滑肌收缩轻度加强，胆管括约肌舒张，胆囊胆汁和肝胆汁流入十二指肠。迷走神经是该反射的传出神经。同时，迷走神经还能通过促进促胃液素的释放，间接促进胆汁的分泌和排放。高蛋白食物（蛋黄、瘦肉等）引起的胆汁流出最多，高脂肪或混合食物次之，糖类食物的作用最小。相反，交感神经兴奋时，胆管括约肌收缩，胆囊平滑肌舒张，胆汁排出减少。

2. 胆汁分泌和排出的体液调节

调节胆汁分泌和排出的体液因素有：

（1）促胰液素　主要作用于胆管系统，引起胆汁中水和碳酸氢盐含量增加，而胆盐不增加。

（2）缩胆囊素　可引起胆囊平滑肌强烈收缩，并使胆管括约肌舒张，促进胆囊胆汁排入十二指肠。

（3）促胃液素　作用于肝细胞和胆囊，促进肝胆汁分泌和胆囊收缩；促胃液素还可通过刺激壁细胞分泌盐酸，盐酸刺激十二指肠黏膜 S 细胞分泌促胰液素，间接促进胆汁分泌。

（4）胆盐　胆汁中的胆盐排入小肠后，绝大部分（90%以上）在回肠重吸收入血，并通过门静脉回到肝，刺激肝分泌胆汁。这一过程称为胆盐的肠肝循环（enterohepatic circulation of bile salt）（图 7-16）。胆盐每循环一次有 5% ~ 10% 随粪便排出。

此外，生长抑素、P 物质、促甲状腺激素释放激素等脑 – 肠肽具有抑制胆汁分泌的作用。

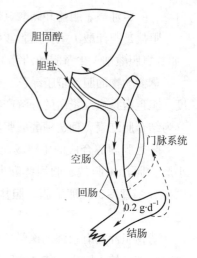

图 7-16　胆盐的肠 – 肝循环示意图
进入门脉系统的实线表示来自肝的胆盐，虚线表示由细菌作用产生的胆盐

三、小肠液

小肠内有小肠腺和十二指肠腺两种腺体。小肠腺又称李氏腺（Lieberkühn crypt），分布于全部小肠的黏膜层内，其分泌液构成小肠液的主要部分。十二指肠腺又称勃氏腺（Brunner gland），位于十二指肠黏膜下层，分泌含黏蛋白的碱性液体，主要功能是保护十二指肠上皮免受胃酸侵蚀。小肠黏膜上皮中还有分散存在的杯状细胞，能分泌黏液。

（一）小肠液的性质、成分和作用

小肠液是弱碱性、微浑浊的液体，pH 约为 7.6。小肠液中除大量水分外，无机物的含量和种类一般与体液相似，仅碳酸氢钠含量高。小肠液中的有机物主要是黏液和多种消化酶。小肠液中常混有大量脱落的肠上皮细胞、白细胞以及由肠上皮细胞分泌的免疫球蛋白。小肠液的分泌量变动很大，大量的小肠液可以稀释消化产物，有利于营养物质的吸收。小肠液分泌后，又很快被小肠绒毛重吸收，小肠液的这种循环交流为小肠内营养物质的吸收提供了媒介。

除肠激酶和淀粉酶外，小肠液中的其他多种酶并非由肠腺所分泌，而是来源于小肠黏膜上皮细胞，其中包括：①肠肽酶，水解多肽。②脂肪酶，补充胰脂肪酶对脂肪水解的不足。③二糖酶，主要是蔗糖酶、麦芽糖酶、乳糖酶等，可分解双糖为单糖。小肠液中的酶对于营养物质进一步分解成为可被吸收的小分子状态起到了非常重要的作用，但在小肠的消化中并不起主要作用。

（二）小肠液分泌的调节

小肠液的分泌是持续性的，但在不同条件下，其分泌量有很大变化。小肠液的分泌也受神经和体液因素的调节。食糜对肠黏膜局部的机械和化学刺激通过壁内神经丛的局部反射促进小肠液的分泌，其中以肠道扩张的刺激最为敏感。外来神经对小肠液分泌的调节作用不大，如迷走神经可引起十二指肠腺分泌轻度增加，但对其他肠腺的作用不明显。交感神经抑制小肠液的分泌。

在胃肠激素中，促胃液素、促胰液素、缩胆囊素、血管活性肠肽和前列腺素等都具有刺激小

肠腺分泌增加的作用，而生长抑素可抑制小肠液的分泌。

四、小肠的运动

食糜在受消化液消化的同时，还需要有小肠运动的配合，以完成肠内消化。空腹时，小肠运动很弱，进食后逐渐增强，与胰液、胆汁和小肠液的化学性消化协同活动。小肠的运动是依靠肠壁内平滑肌的舒缩活动实现的。小肠壁内含有两层平滑肌，内层环形肌的收缩使肠腔口径缩小；外层纵行肌的收缩使肠管的长度缩短。这两种平滑肌的协同复合收缩作用，使小肠产生各种运动形式，促进食糜与消化液混合、消化产物与肠黏膜密切接触，以利于食糜的充分消化和吸收，并推送食糜向肠的后段移动。小肠的运动大体分为两个时期：一是发生在进食后的消化期，小肠产生紧张性收缩、分节运动和蠕动；二是发生在消化道内几乎没有食物的消化间期，小肠产生移行运动复合波。

（一）小肠运动的形式

1. 紧张性收缩

小肠平滑肌的紧张性收缩是小肠进行其他有效运动形式的基础，即使空腹状态也存在，进食后则显著增强。紧张性收缩使小肠平滑肌保持一定的紧张度，使肠道保持一定的形态，并维持一定的肠内压，有助于肠内容物的混合，使食糜与肠黏膜紧密接触，从而有利于小肠对营养物质的消化和吸收。

2. 分节运动

小肠的分节运动（segmentation）是一种以肠壁环形肌为主的节律性收缩和舒张活动。在食糜所在的一段肠道，环形肌在许多不同部位同时收缩，把食糜分割成许多节段；随后，原来收缩的部位发生舒张，而原来舒张的部位发生收缩。将原先的食糜节段分为两半，而相邻的两半则合并为一个新的节段，如此反复交替进行（图 7-17）。当分节运动持续一段时间后，由蠕动把食糜推到下一段肠管，再重新进行分节运动。

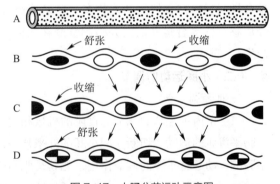

图 7-17 小肠分节运动示意图

A. 肠管分节运动前状态；B，C，D. 分节运动的过程，表示不同阶段食糜的节段性分割和合拢组合状态

分节运动的主要作用是使食糜与消化液充分混合，便于化学性消化。同时能使食糜与小肠黏膜紧密接触，有利于营养物质的吸收。此外，分节运动还能挤压肠壁，有助于血液和淋巴的回流，为吸收创造良好的条件。

分节运动通常只发生在消化期，空腹时几乎不出现。小肠各段分节运动的频率不同，小肠前段频率较高，后段较低，呈现递减梯度。这种梯度现象与平滑肌的慢波电位从十二指肠到回肠末端逐渐降低有关，这有助于食糜由小肠前段向后段的推进。

3. 蠕动

蠕动是肠壁环形肌和纵行肌协同作用的结果，可发生于小肠的任何部位，并向肠的远端传播，一般速度为 $0.5 \sim 2.0 \text{ cm} \cdot \text{s}^{-1}$，近端大于远端。每个蠕动波只把食糜推进一小段距离（数厘米）。进食后蠕动明显增强。蠕动的意义在于使经过分节运动的食糜向后推送，到达新的肠段，再开始新的分节运动（图 7-18）。在小肠还可见到一种推进速度很快（$2 \sim 25 \text{ cm} \cdot \text{s}^{-1}$）、传播较远的蠕动，称为蠕动冲（peristaltic rush）。它可将食糜从小肠的始端一直推送到末端或直达结肠。蠕动冲可由进食时的吞咽动作或食糜刺激十二指肠引起。

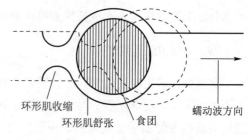

图 7-18　小肠蠕动模式图

环形肌收缩　环形肌舒张　食团　蠕动波方向

　　在十二指肠和回肠末端有时还会出现与蠕动方向相反的蠕动，称为逆蠕动（antiperistalsis）。蠕动和逆蠕动可使食糜在肠管内来回移动，延长食糜在肠内的停留时间，有利于充分消化和吸收。

　　4. 移行性复合运动

　　移行性复合运动是小肠在消化间期发生的周期性移行性复合运动。它是胃的移行性复合运动向下游扩布而形成的一种强有力的蠕动性收缩，传播距离很远，有时到达回肠前就消失，有时能传播至整个小肠。移行性复合运动起始于十二指肠，以慢波的频率向后传播，每个周期持续 $90 \sim 120 \text{ min}$。移行性复合运动的作用在于：①防止结肠内的细菌在消化间期逆向迁入回肠；②将小肠内残留物如食物残渣、脱落的细胞碎片等清除至结肠；③使小肠平滑肌在消化间期或禁食期间仍保持良好的功能状态。迷走神经兴奋可使移行性复合运动的周期缩短，切断迷走神经后移行性复合运动消失并引起食糜在肠内滞留。胃动素（motilin）可促进移行性复合运动的产生。

　　（二）小肠运动的调节

　　1. 神经调节

　　（1）壁内神经丛的调节　食糜的机械和化学刺激作用于肠壁感受器，通过局部反射活动加强小肠平滑肌的运动。切断支配小肠的外来神经，小肠的蠕动仍可进行，说明肠壁的内在神经丛对小肠的运动起着重要的调节作用，尤其是肌间神经丛。小肠肌间神经丛内主要有两类神经元，一类神经元含血管活性肠肽、腺苷酸环化酶激活肽、一氧化氮合成酶等，可能是中间神经元或抑制性神经元；另一类神经元含乙酰胆碱、P 物质等，可能是运动神经元或兴奋性神经元。这些神经元通过其末梢释放的化学递质来调节小肠的运动。

　　（2）外来神经的调节　与小肠平滑肌发生联系的外来神经有迷走神经和交感神经。一般来说，迷走神经兴奋促进小肠运动，交感神经兴奋则抑制小肠运动。但这种效应与小肠平滑肌所处的机能状态有关，当小肠平滑肌的兴奋性很高时，无论刺激迷走神经还是交感神经，都会抑制小肠的运动；反之，如果小肠平滑肌的兴奋性很低时，则这两种神经兴奋均能促进小肠运动。

　　2. 体液因素的调节

　　小肠壁内神经丛和小肠平滑肌对各种体液因素都具有广泛的敏感性，如乙酰胆碱、5-羟色胺、促胃液素、缩胆囊素、胃动素、P 物质等均能促进小肠运动；血管活性肠肽、抑胃肽、内啡肽、促胰液素、肾上腺素、胰高血糖素等则抑制小肠的运动。

（三）回盲瓣或回盲括约肌的机能

牛、羊、猪、犬有发达的回盲瓣，而马属动物有发达的回盲括约肌。在回盲瓣处，环形肌显著增厚，形成回盲括约肌。平时回盲括约肌保持收缩状态，当食物进入胃内时，通过胃 – 回肠反射引起回肠蠕动，当蠕动波到达回肠末端时，括约肌舒张，回肠内容物被推入盲肠。当盲肠黏膜受到机械刺激或扩张刺激时，通过肠肌局部反射，引起括约肌收缩，阻止回肠内容物向盲肠排放。

回盲瓣或回盲括约肌的主要功能是防止回肠内容物过快地进入盲肠，延长食糜在小肠内的停留时间，保证小肠内容物能被充分地消化和吸收。同时，它还能有效阻止大肠内容物向回肠反流，防止大肠内的细菌污染小肠。

五、小肠内两种消化形式

小肠内的消化过程包括腔内消化和黏膜消化两种形式：①腔内消化：发生在肠腔内，主要是各种消化酶对肠内容物的酶解作用。②黏膜消化：发生在黏膜上皮细胞表面，腔内消化的产物，只有与黏膜细胞表面接触后才能进一步分解，所以又称为膜消化（membrane digestion）。从组织学研究来看，参与这类消化的酶，存在于肠上皮的微绒毛即刷状缘上。没有这些酶的作用，大部分营养物质就不能被完全消化和吸收。

饲料中的淀粉等碳水化合物在小肠前段的腔内消化阶段，被胰 α- 淀粉酶水解产生 α- 糊精、麦芽糖、麦芽三糖。在黏膜消化阶段，在各自特异性酶的作用下被分解成相应的单糖（图 7-19）。

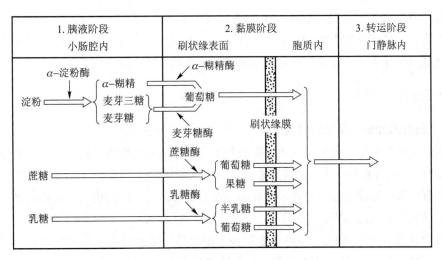

图 7-19　糖类在各期的消化、吸收示意图

饲料蛋白质经胃液初步消化后进入小肠，在腔内消化阶段被进一步分解产生小肽和氨基酸。在黏膜消化阶段，小肽被进一步分解为氨基酸（图 7-20）。

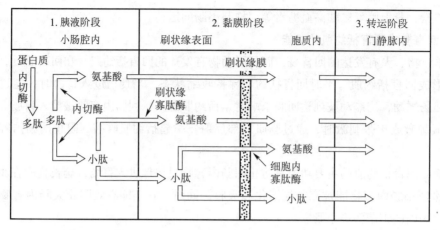

图 7-20 蛋白质在各期的消化、吸收示意图

第六节 大肠消化

大肠（large intestine）为消化道的最后一段，食物经小肠的消化和吸收后，其残余部分进入大肠。不同种类动物大肠内的消化活动存在着较大差别，肉食动物的消化吸收过程在小肠已经基本完成，大肠只是吸收水分和形成粪便，没有重要的消化活动。单胃草食动物（马、兔等）的胃和小肠内没有分解纤维素的酶，大肠是纤维素消化的重要场所。反刍动物虽有瘤胃微生物的消化作用，但大肠内微生物消化仍然有重要作用，被称为消化道的第二发酵区。

大肠黏膜腺体分泌的大肠液中含酶量很少，对营养物质的消化作用不大。大肠内的营养物质主要依靠随食糜带来的小肠消化酶和未被杀死的微生物进行分解和发酵。大肠的主要功能有：①吸收肠内容物中的水分和无机盐，参与机体对水、电解质平衡的调节；②吸收肠内微生物合成的 B 族维生素和维生素 K；③储存未消化和不消化的食物残渣，并形成粪便。

一、大肠液

（一）大肠液的性质、组成和功能

大肠液是大肠腺细胞、大肠黏膜表面的柱状上皮细胞和杯状细胞分泌的富含黏蛋白和碳酸氢盐的黏稠液体，pH 为 8.3～8.4。碳酸氢盐的作用在于中和大肠内微生物发酵产生的酸，为生物消化提供适宜的酸碱环境，这对草食和杂食动物尤为重要。黏蛋白的作用是润滑粪便，保护大肠黏膜不被粗糙的食物残渣所损伤。

大肠液中存在 HCO_3^- 和 PO_4^{3-} 两种主要缓冲系统。马、猪大肠液中的 HCO_3^- 来自胰液和回肠分泌物；犬、猫大肠内的 HCO_3^- 并不多，PO_4^{3-} 是其最重要的缓冲系统。反刍动物大肠内的 PO_4^{3-} 来源于唾液，非反刍动物主要来源于日粮。

（二）大肠液分泌的调节

大肠液的分泌主要由大肠内容物对肠壁的刺激所引起，主要由壁内神经丛的局部反射完成。盆神经等外来神经也被发现在大肠液的分泌中发挥重要调节作用。副交感神经兴奋时，大肠液分泌增强；而交感神经兴奋则分泌减少。目前尚未发现大肠液分泌的体液调节证据。

二、大肠内的生物学消化

（一）消化道的微生物生态系统

微生物消化（microbial digestion）是一种重要的生物学消化形式。对于单胃动物，从口腔到大肠都存在多种微生物，大肠是最主要的微生物消化部位。一般小肠内的优势微生物是耐氧的革兰氏阳性细菌，而大肠内则主要是厌氧细菌，大多数单胃动物的肠道微生物都有相似的菌群。

动物消化道微生物有两种主要的存在形式：一种是固定菌群，在消化道内占有一定区域，与肠道上皮紧密相连，形成较稳定的微生物生态系统；另一种为过路菌群，游离于肠腔内，不能在健康动物消化道内生长。微生物生态系统具有竞争性排斥能力，即微生物区系有相对稳定性，其他外来微生物不能随意在此定植和正常生存。胃肠道微生物生态系统的调节主要与日粮的组成、宿主的生理状态以及微生物本身三种因素有关，它们之间有着密切而复杂的相互关系（图 7-21）。

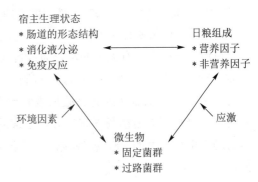

图 7-21　消化道微生物生态系统

动物大肠内微生物能消化分解饲料中的纤维素，还能合成 B 族维生素和维生素 K，被大肠黏膜吸收，供机体利用。

（二）各种动物大肠内的消化

1. 肉食动物大肠内的消化

食糜中没有被小肠消化吸收的蛋白质，可以被大肠中的腐败菌分解生成吲哚、粪臭素（甲基吲哚）、酚、甲酚等有毒物质。这些物质一部分由肠黏膜吸收入血液，在肝内经解毒后随尿液排出体外；另一部分则随粪便排出。

小肠内没有被消化的脂肪和糖类，在大肠内细菌作用下，脂肪分解成脂肪酸及甘油，糖类分解为单糖及其他产物，如草酸、甲酸、乙酸、乳酸、丁酸以及 CO_2、CH_4 和 H_2 等。

2. 草食动物大肠内的消化

草食动物大肠内的消化很重要，尤其是马属动物和兔等单胃草食动物，饲料中的纤维素等多糖类物质的消化主要靠大肠微生物完成。

单胃草食动物的大肠容积很大，与反刍动物的瘤胃相似，能维持适宜微生物发酵的环境条件。可溶性糖类（淀粉、双糖等）和大多数不溶性糖类（纤维素、半纤维素）以及蛋白质，是大肠内发酵的主要物质。实验证明，马的大肠内容物在大肠消化酶和微生物的作用下，可消化食糜中 40%~50% 的纤维素，39% 的蛋白质和 24% 的糖类。其中对纤维素的有效消化率为反刍动物的 60%~70%，这可能与食糜通过大肠的速度有关。在马属动物中，骡和驴消化纤维素的效率大于马。反刍动物的盲肠和结肠也能消化饲料中 15%~20% 的纤维素。可见，大肠内纤维素的微生物发酵是草食动物消化的一个重要环节。研究还表明，植物细胞壁的结构能阻碍淀粉和糖的消化吸收，即使是优质的谷物饲料，高达 29% 的淀粉到达大肠后才能够被发酵消化。由此推断，马所需要的能量至少有一半是由盲肠和结肠发酵与吸收的营养物质所提供。

蛋白质和可溶性糖一样，大多在小肠中被消化吸收，这可能在一定程度上导致大肠内微生物合成蛋白质所需的氮源不足。然而，在盲肠和结肠中也存在类似瘤胃的尿素再循环现象，以此补充氮源的不足，有利于微生物蛋白的合成。与反刍动物相比，马属动物大肠内微生物蛋白合成效率较低，而且很多微生物蛋白不能有效地被消化和吸收，而直接随粪便排出。因而，仅有少量蛋白质或氨基酸可以在马的盲肠或结肠被吸收。

马大肠内的发酵和 VFA 产生的速度与瘤胃相近。在马的大肠中也存在着对 VFA 的缓冲和吸收的有效方式。但是，与瘤胃内不同，大肠内唾液的缓冲作用已不存在，取而代之的是由马的回肠分泌并输送到盲肠的大量富含碳酸氢盐和磷酸盐的缓冲液，由此保证了微生物发酵适宜的 pH 环境。此过程类似于反刍动物唾液对瘤胃内容物的缓冲作用。另外，大肠黏膜分泌的液体中所含的碳酸氢盐和电解质也比瘤胃液多。

在消化过程中，有大量的水分通过盲肠和结肠黏膜。马采食后，饲料约在 2 h 后进入盲肠，此时，VFA 便很快产生；当食糜由盲肠进入大结肠后，VFA 继续在大肠内产生。VFA 产生的同时，大量水分从血液经肠黏膜反吸收到大肠腔。尽管这些水是由于大肠内高渗的 VFA 所引起的，但也有可能是结肠腺直接分泌出来的液体。大肠黏膜中分泌的含 Na^+、HCO_3^- 和 Cl^- 的液体与肠腔中高浓度的 VFA 相适应，回肠和大肠的分泌效应主要用于维持肠腔内 pH 环境的相对恒定。

结肠中虽然也有少量 VFA 产生，但是其主要功能是继续吸收大肠中未能吸收的水、电解质和 VFA。

大肠内所产生的气体有 CO_2、CH_4、N_2 和少量 H_2，其中一部分经肛门直接排出体外；另一部分由肠黏膜吸收入血，再经肺呼出体外。

大肠也是排泄器官，经大肠壁可排出体内多余的钙、铁、镁等矿物质。

3. 杂食动物大肠内的消化

猪是杂食动物的典型代表。在一般的植物性饲料条件下，猪大肠内的消化过程与草食动物相似，即微生物的消化作用占主导地位。1 g 盲肠内容物中含有 1 亿～10 亿个细菌，其中以乳酸杆菌和链球菌占优势，还有大肠杆菌和少量其他类型的细菌。

猪对饲料中粗纤维的消化几乎完全靠大肠中的纤维素分解菌的作用，不过，纤维素分解菌必须与其他细菌处于共生条件下，才能正常发挥作用。纤维素及其他糖类被细菌分解产生的有机酸（乳酸和低级脂肪酸）被肠壁吸收入血液。

猪大肠内的细菌能分解蛋白质、多种氨基酸或利用尿素，产生 NH_3、胺类及有机酸。此外，猪大肠内细菌还能合成一些高分子脂肪酸。

三、大肠的运动和排粪

大肠运动的特点是微弱、缓慢，对刺激的反应比较迟缓，这些特点有利于大肠内微生物的活动和粪便的形成。

（一）盲肠运动

草食和杂食动物的盲肠发达，肉食动物的盲肠不发达。家养哺乳动物的盲肠都能进行类似小肠分节运动的节律性收缩，但频率和速度都比小肠低得多。这种运动对肠内容物具有搅拌和揉捏作用，但没有推进作用。盲肠的第二种运动是强烈的推进运动，这种运动以不规则的间隔周期性出现，其作用是把盲肠内容物送入结肠。盲肠的第三种运动是蠕动，使内容物在盲肠中缓慢地移动，最终送入结肠。马、牛、羊、犬、猫等动物的盲肠还有逆蠕动，以延缓内容物在盲肠中停留的时间。猪一般不发生盲肠逆蠕动。

（二）结肠运动

家养哺乳动物都有发达的结肠。结肠基本电节律的起步点在前结肠或结肠中段的环形肌，所产生的慢波沿结肠向两端传播：即前半段向近端传播，后半段向远端传播。结肠的运动形式有袋状往返运动、分节或多袋推进运动和蠕动。

1. 袋状往返运动

袋状往返运动是空腹时最常见的一种运动形式，由环形肌不规则的收缩引起。它使结肠袋中的内容物向两个方向做短距离的位移，但并不向前推进。袋状往返运动速度缓慢，波及的肠段较长，类似小肠的分节运动。动物采食后或副交感神经兴奋时，这种运动增强。

2. 分节或多袋推进运动

一个结肠袋收缩，或多个结肠袋协同收缩，使其中的内容物被推进到邻近的后段肠管中。这种运动的间隔时间较长，一般在进食后或胃中充满食物时出现，称之为胃－结肠反射。在这种运动之后，常出现排粪。

3. 蠕动、逆蠕动和集团蠕动

结肠蠕动由一系列向肛门推进的稳定收缩波组成。收缩波近端的肠肌保持收缩状态，而远端的肠肌保持舒张状态，使内容物逐渐推向肛门。此外，还有一种强烈的推进运动，可波及整个结肠，叫集团蠕动（mass peristalsis），此运动把全部结肠内容物推向远端。

马、牛、羊、犬、猫等的结肠前段可发生逆蠕动，而猪的结肠不发生逆蠕动，逆蠕动能阻止内容物后移。

大肠运动主要受神经因素的调节，支配大肠的传出神经是交感神经和副交感神经。大肠前段的副交感神经纤维来自迷走神经，后半段则受盆神经的支配，副交感神经兴奋可加强大肠运动。支配大肠的交感神经纤维是肠系膜后神经节发出的腹下神经，其兴奋可抑制大肠运动。

（三）粪便的形成与排粪

1. 粪便的形成

进入大肠的肠道内容物一般在大肠内停留 10 h 以上，经过细菌的发酵和腐败作用，所产生的小分子物质和其中的水分被大肠黏膜吸收，逐渐浓缩形成粪便，并随着大肠后段的运动被挤压成团块状。

粪便（feces）的主要成分是食物残渣，此外还有消化道脱落的上皮细胞、大量的细菌、消化液的残余物（黏液、胆汁等），以及经肠壁排泄的矿物质（如钙、铁、镁、汞）等。

各种动物粪便的性状与其食性密切相关。马粪含水分约75%，粪便稍硬、落地易碎，舍饲时粪呈褐色，放牧时一般呈淡绿色。牛粪含水分约85%，正常时落地呈叠饼状，放牧时呈粥状，过量饲喂多汁饲料时则为流体状。羊粪含水分约55%，呈颗粒状。猪粪为稠粥状。犬粪为腊肠状，当饲喂大量骨头时，则粪便干而硬，像石灰质样。

2. 排粪反射及其调节

　　排粪是一种反射性活动，其基本中枢在脊髓，但受高位中枢，尤其是大脑皮层的控制。当结肠和直肠内粪便不多时，肠壁舒张，肛门括约肌收缩，粪便在此处滞留，不发生排粪。当粪便积聚到一定量时，刺激肠壁内的压力感受器，冲动经盆神经和腹下神经传至腰荐部脊髓排粪中枢，同时上传到大脑皮层，产生便意（awareness of defecation）。如外界条件不适宜，大脑发出冲动，抑制脊髓排粪中枢，通过腹下神经和阴部神经，使结肠和直肠继续舒张，肛门内外括约肌收缩加强，阻止排粪；如果外界条件适宜，中枢的兴奋通过盆神经引起结肠和直肠收缩，肛门内括约肌舒张。与此同时，阴部神经的冲动减少，肛门外括约肌舒张，引起排粪。此外，由于支配腹肌和膈肌的神经兴奋，腹肌和膈肌也发生收缩，腹内压增高，促进粪便的排出（图7-22）。

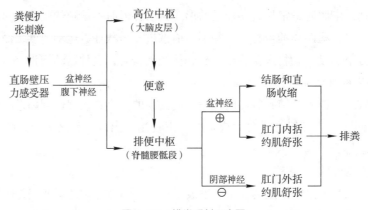

图7-22　排粪反射示意图

　　家畜（除猫、犬外）的排粪中枢很发达，不仅站立时能排粪，即使在运动中也能排粪。动物的排粪量和排粪次数随采食饲料的质和量不同而有变化。一般而言，马约 4 次·d^{-1}，15～20 kg·d^{-1}；牛羊 10～20 次·d^{-1}，牛 15～20 kg·d^{-1} 或更多，羊 1～3 kg·d^{-1}；猪 4～8 次·d^{-1}，4～6 kg·d^{-1}。

（四）饲料通过消化道的时间

　　自饲料进入消化道，一直到食物残渣形成粪便排出体外所需的时间，各种动物是不同的。即使在同一种家畜中，饲料通过消化道的时间也可因饲料的性质、分量以及个体所处的生理机能状态而有所不同。猪在进食后 18～24 h 开始排出饲料中的残余物，约持续 12 h 才能排完；马在进食后 2～3 d 开始排出饲料中的残余物，经 3～4 d 才能排完；饲料在牛、羊消化道内停留的时间最长，一般要经过 7～8 d 甚至十几天的时间才能将饲料残余物排尽。食物通过犬消化道的时间为 12～15 h。

第七节　吸收

　　食糜从胃进入小肠后，受到消化液的化学作用和小肠运动的机械作用，大部分营养物质被分解成小分子物质，蛋白质分解为氨基酸和小肽，脂肪分解为甘油一酯、脂肪酸和甘油，糖类分解为单糖或 VFA。这些物质，连同食物中不需要消化的营养物质（如维生素、无机物、水等）被消化道上皮吸收进入血液或淋巴，经血液或淋巴循环输送到全身各组织器官，供其利用。

一、吸收的部位

研究表明，消化道不同部位的吸收作用有很大差异。口腔和食管不能吸收营养物质，这是因为食物在这里停留的时间很短，既没有得到充分消化，也没有时间进行吸收。

单胃动物的胃内消化是消化的初级阶段，尚不完全，营养物质在这里分解成可被吸收的小分子物质很少，所以吸收是有限的，只能吸收一些酒精、少量的水、无机盐和葡萄糖等。反刍动物的前胃能吸收 VFA、NH_3、葡萄糖、多肽、水和各种无机离子。

小肠是消化和吸收营养物质的主要部位，这是因为：①胰液、胆汁、小肠液等大量分泌入小肠，消化酶丰富、种类齐全，营养物质得以彻底消化，出现了大量可被吸收的小分子物质（图 7-23）。②小肠黏膜表面积极大，既利于消化，又利于吸收。小肠黏膜有环状皱襞，皱襞上有大量肠绒毛（intestinal villus），构成绒毛的单层柱状上皮细胞又被覆大量微绒毛（microvillus）（每个上皮细胞被覆 600~1000 条微绒毛），这些结构使得小肠黏膜表面积增加数百倍（图 7-24）。据估计，马小肠面积约为 12 m^2，牛为 17 m^2，猪为 2.8 m^2。③小肠的分节运动和逆蠕动延长食物在小肠内的停留时间，营养物质不但能够彻底消化，其消化产物也得以充分吸收。④小肠绒毛中分布着丰富的血管和淋巴管，能够将吸收入血的营养物质及时运往全身。另外，小肠黏膜绒毛的运动也是促进吸收的一个重要因素。黏膜肌层内分布有密集的平滑肌纤维，起始于绒毛的顶端，延伸到黏膜肌层内侧的淋巴丛，向表面伸展，与绒毛轴相平行，围绕着中央乳糜管（图 7-24）。肠绒毛借着平滑肌的收缩和舒张，可发生伸缩和摆动。

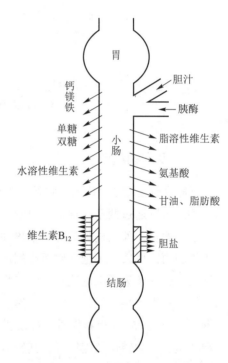

图 7-23　各种主要营养物质在小肠的吸收部位

缩短时，把绒毛内的血液和淋巴液挤入静脉和淋巴管，促使被吸收物质迅速运走；伸长时，绒毛内压降低，有利于肠腔内消化产物的吸收。绒毛摆动时，能增加食糜与肠黏膜接触的机会，便于混合食糜和吸收营养物质。

肠绒毛内部还存在大量的神经纤维，绒毛的运动功能受神经的支配和激素的调节。刺激内脏神经可促进绒毛运动；绒毛的运动还受小肠黏膜中释放的一种胃肠激素——缩肠绒毛素（villikinin）的调控。动物空腹时，肠绒毛一般不活动；进食后，随着肠平滑肌的收缩和舒张，肠绒毛开始产生节律性的伸缩和摆动。

大肠的吸收功能也很重要。在草食动物，饲料纤维素主要在大肠内发酵分解。因此，大肠不仅能吸收盐类和水分，还能吸收纤维素类发酵产物（如 VFA 等）。

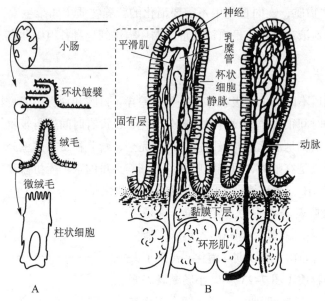

图 7-24 小肠的皱褶、绒毛和微绒毛模式图
A. 小肠表面积逐级增大；B. 小肠绒毛的结构

二、吸收的机制

营养物质在胃肠道内的吸收是一个复杂的过程，其原理尚不完全清楚。目前研究认为，营养物质和水可以通过两条途径进入血液和淋巴：一条为跨细胞途径，即通过绒毛柱状上皮细胞的腔膜面进入细胞内，再通过细胞基底面或侧面膜进入血液或淋巴；另一条为旁细胞途径，营养物质和水通过细胞间的紧密连接进入细胞间隙，然后再转入血液或淋巴（图 7-25）。营养物质通过质膜的机制包括被动转运、主动转运及胞饮等，其转运机制参见第二章。肠黏膜表面有一个由多糖蛋白质复合物、黏液和静水层构成的微环境，它是营养物质进入肠上皮细胞的重要屏障。一些脂溶性物质必须经过胆盐的乳化作用才能进入肠黏膜表面的微环境。

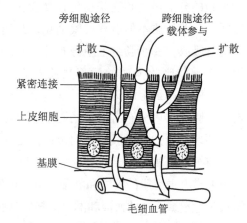

图 7-25 小肠黏膜吸收水和小分子溶质的两条途径

三、主要营养物质在小肠的吸收

小肠吸收的物质不仅有食物的消化产物，还有消化腺分泌入肠腔的大量水分、无机盐和一些有机物质。

（一）糖的吸收

饲料中的淀粉、糊精等多糖类物质经胃肠道消化降解成单糖后才能被吸收。麦芽糖、蔗糖、乳糖等双糖虽是易溶于水的化合物，但不能被直接吸收，在吸收入血前必须经双糖酶分解为单糖。各种单糖的吸收速率差别很大，如己糖吸收快，而戊糖吸收慢；在己糖中以半乳糖和葡萄糖的吸收为最快，果糖次之，甘露糖最慢。大部分单糖被吸收后，进入肠系膜静脉，经门静脉运送到肝；小部分单糖经淋巴系统转运。饲料中的纤维素、半纤维素类物质需经微生物发酵，生成短链脂肪酸（主要是乙酸、丙酸和丁酸）后，在反刍动物的瘤胃、单胃草食动物以及杂食动物的大肠被吸收。短链脂肪酸吸收后，主要通过血液运输。

单糖的吸收是一个消耗能量的主动转运过程，可逆着浓度梯度进行，能量来自钠泵对ATP的分解。在肠黏膜上皮细胞的刷状缘上存在着钠–葡萄糖偶联转运体（sodium-glucose linked transporter，SGLT），能选择性地把葡萄糖或半乳糖从肠黏膜上皮细胞刷状缘转运入细胞内，然后再经基底膜或侧膜，在葡萄糖转运体（GLUT）的帮助下，经易化扩散转运到细胞外再进入邻近毛细血管。载体蛋白上含有1个单糖结合位点和2个Na^+结合位点，可以形成Na^+–载体–葡萄糖复合体，通过转运蛋白的变构转位，使复合体从肠腔面转向细胞内侧面，向细胞内释放出糖分子和Na^+。进入细胞内的Na^+被上皮细胞基底膜或侧膜上的钠泵泵到细胞间隙，以维持细胞内外的Na^+梯度，保证载体蛋白不断转运Na^+进入细胞，同时带动单糖的转运。进入细胞内的葡萄糖随着浓度的升高，通过易化扩散方式转运到细胞间液，再进入血液中（图7-26）。

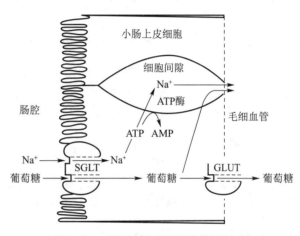

图7-26 小肠上皮细胞吸收葡萄糖的机制

可见，葡萄糖的转运过程需要Na^+的参与，并且需要钠泵维持细胞内外的Na^+梯度，因此被称为钠偶联转运或葡萄糖的继发性主动转运。应用钠泵的抑制剂（哇巴因）或能与Na^+竞争转运载体的K^+，可抑制单糖的吸收。此外，还有其他几种物质，如氨基酸、胆汁酸、某些维生素（维生素B_1等）也是通过与钠偶联的继发性主动转运机制而被吸收的。

近年来，有关小肠葡萄糖转运载体的分子结构、转运机制及载体蛋白基因表达的调控研究非常活跃。研究表明，小肠上分布有6种不同的SGLT亚型（SGLT1～6），其分子结构及其理化性质不同。其中SGLT1为高亲和力Na^+–葡萄糖共运转载体，葡萄糖的跨膜转运主要通过与SGLT1的结合而实现。除小肠上皮细胞外，能够对葡萄糖重吸收的肾小管上皮细胞具有与小肠上皮细胞相同的SGLT，也是消耗能量的继发性主动转运过程。除此之外，机体大多数组织细胞从血液或细胞外液中摄取葡萄糖的过程均为不消耗能量的易化扩散，其转运载体为GLUT。目前已知GLUT转运载体有5种，并且具有组织特异性。其中，GLUT-1在所有的组织中均存在；GLUT-2主要在胰岛B细胞和肝细胞；GLUT-3主要在神经元；GLUT-4则在肌肉与脂肪组织；GLUT-5在小肠刷状缘。

（二）挥发性脂肪酸的吸收

反刍动物的瘤胃是VFA的主要吸收部位，其吸收机制目前尚不完全清楚。一般研究认为，

VFA 作为一种有机酸，在瘤胃正常的 pH 环境（中性偏酸）中，主要以阴离子状态（Ac^-）存在。这种离子态难以透过瘤胃上皮细胞膜，但瘤胃内 CO_2 水化过程释放的 H^+，为离子态 VFA 转变为分子状态 VFA（HAc）提供了 H^+ 来源。

$$CO_2 + H_2O \longrightarrow HCO_3^- + H^+ \qquad H^+ + Ac^- \longrightarrow HAc$$

瘤胃内发酵过程不断产生的 CO_2 推动上述反应向右进行。HAc 比 Ac^- 的脂溶性大，易于跨膜转运，因此，VFA 可顺着浓度差由瘤胃腔进入瘤胃上皮细胞。这样，每吸收一分子 VFA，瘤胃腔中就会出现一个 HCO_3^-，它既可以透入上皮细胞（与 Cl^- 交换），也可以与瘤胃液中的 Na^+ 生成碳酸氢盐，参与构成瘤胃内的缓冲体系。被吸收入上皮细胞的 VFA 有 3 个去向：①通过基底膜进入血液；②再离解为 Ac^- 后经基底膜扩散入血（基底膜对离子的通透性大于顶膜）；③在细胞内被代谢，其中约 85% 丁酸和 45% 乙酸转化为酮体，约 65% 丙酸转变为乳酸和葡萄糖（图 7-27）。

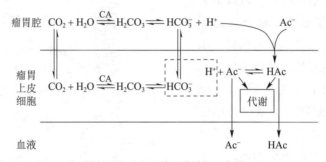

图 7-27　VFA 的吸收途径示意图

CA：碳酸酐酶；HAc 和 Ac^- 分别是 VFA 的分子形式和离子形式（以乙酸为例）

各种 VFA 的吸收速度排序为：丁酸最快，丙酸次之，乙酸最慢。

马、猪等家畜大肠内微生物发酵纤维素所产生的 VFA，也经历与瘤胃内相似的过程而被吸收。

（三）蛋白质的吸收

饲料中的蛋白质经过消化后，产生许多小分子肽（小肽）和氨基酸，被毛细血管吸收后随着门静脉进入肝。

游离氨基酸的吸收是主动的，与单糖的吸收过程相似，也是与 Na^+ 偶联的继发性主动转运过程。目前在小肠壁上已确定有四种转运氨基酸的特殊载体，能分别转运中性、酸性、碱性氨基酸、脯氨酸与羟脯氨酸。此外，还存在非钠依赖性氨基酸转运机制，如吡哆醛（维生素 B_6）参与的氨基酸主动转运过程。维生素 B_6 缺乏时，会发生氨基酸吸收不良。

传统认为，蛋白质只有水解成氨基酸后才能被吸收。现已证明，小肠黏膜上存在着二肽和三肽转运系统，许多二肽和三肽也可完整地被小肠上皮细胞所吸收，且吸收速率比氨基酸要快。目前认为，小分子肽具有以下三种吸收机制：①依赖 Ca^{2+} 或 H^+ 的转运系统，属于主动转运，需要 ATP 分解供能。这种转运机制在缺氧或添加代谢抑制剂时被抑制。② pH 依赖性的非耗能性 Na^+/H^+ 转运系统，肽以易化扩散的方式进入细胞，导致细胞内 pH 下降，从而激活细胞膜上的 Na^+/H^+ 交换通道，使 H^+ 释放出来，细胞内 pH 恢复到原来水平。③谷胱甘肽（glutathione，GSH）转运系统，能将肠道的谷胱甘肽转运入细胞内。这种转运系统与多种金属离子的浓度有关，而与 H^+ 浓度无关。目前对于这种特殊转运系统的生理意义尚不清楚。

与氨基酸的转运载体相比，小肽的转运载体具有耗能低、转运容量大、不易饱和的特点。有研究表明，小肽的转运不存在类似氨基酸吸收的竞争现象，而且小肽的吸收还能促进氨基酸和一些矿物质元素，如钙的吸收。小肽进入上皮细胞后，一部分被细胞内的肽酶水解为氨基酸，使肽在肠腔与上皮细胞之间保持一个有利于吸收的浓度梯度；另一部分小肽经上皮细胞直接进入血液（图 7-28）。

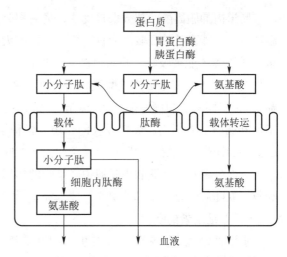

图 7-28　蛋白质在小肠内的消化、吸收过程示意图

在某些情况下，食物中的蛋白质可以被直接吸收。例如，新生的羔羊、仔猪、犊牛、幼犬等，通过肠黏膜上皮细胞的胞饮作用，完整地吸收初乳中的免疫球蛋白，从而获得被动免疫能力。犊牛出生后的几小时内，其胃肠道黏膜允许初乳中的大分子免疫球蛋白透过，此后这种特殊吸收作用急剧减弱，一般在出生 24～36 h 后消失。又如，牛初乳中的白蛋白能直接透过初生犊牛肠壁进入血液，迅速增加犊牛的血浆蛋白浓度。有些动物因某种原因导致肠黏膜结构发生改变，也会吸收天然蛋白质，如大豆蛋白等，结果易引起过敏反应。

（四）脂质的吸收

脂质的吸收开始于十二指肠远端，在空肠近端结束。脂质的消化产物脂肪酸、甘油一酯和胆固醇等很快与胆汁中的胆盐形成混合微胶粒（micelle）。由于胆盐有亲水性，它能携带脂肪消化产物通过覆盖在小肠绒毛表面的静水层而靠近上皮细胞，使脂肪酸、甘油一酯和胆固醇等从混合微胶粒中释放出来，以扩散的方式透过细胞膜进入上皮细胞。胆盐则留在肠腔内被重新利用，或到达回肠时被吸收。

中短链脂肪酸（碳原子数少于 12 个）被吸收后，可以直接穿过上皮细胞进入血液循环。甘油一酯和长链脂肪酸（碳原子数多于 12 个）被吸收后，大部分在肠上皮细胞的内质网中重新合成甘油三酯，并与细胞中的载脂蛋白形成乳糜微粒（chylomicron）。乳糜微粒以出胞的方式离开上皮细胞，扩散入中央乳糜管，进入淋巴循环（图 7-29）。由于食物中的脂肪酸大部分为长链脂肪酸，因此脂肪的吸收途径以淋巴为主。

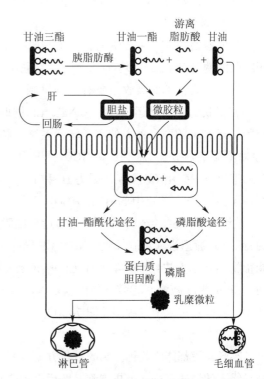

图 7-29　脂肪在小肠内消化、吸收过程示意图
（改自朱大年，2008）

肠道内的胆固醇一部分来自食物，另一部分来自胆汁和脱落的上皮细胞。胆汁中的胆固醇呈游离状态，能直接被吸收。而食物中的胆固醇大部分以胆固醇酯的形式存在，必须经酯酶水解为游离胆固醇才能被吸收。胆固醇进入小肠黏膜上皮细胞后，大部分又重新酯化，生成胆固醇酯，最后与载脂蛋白一起形成乳糜微粒，由淋巴系统进入血液循环。乳糜微粒中大约含90%甘油三酯、5%胆固醇和胆固醇酯、3%磷脂、2%蛋白质。胆固醇的吸收受多种因素的影响，食物中的脂肪和脂肪酸有提高胆固醇吸收的作用，各种植物固醇（如豆固醇、β谷固醇）则抑制其吸收。胆盐与胆固醇形成混合微胶粒有助于胆固醇的吸收。

大部分磷脂经胰液和小肠液中磷脂酶的作用，分解为游离脂肪酸和溶血磷脂，后者被肠上皮吸收，并随后酯化；小部分磷脂可能以完整形式被肠上皮吸收。

（五）维生素的吸收

水溶性维生素，包括B族维生素和维生素C，是以易化扩散的方式被吸收，分子量小的更容易被吸收。维生素B_{12}必须与胃底腺壁细胞分泌的"内因子"结合成复合物，到达回肠后与回肠黏膜上皮细胞特殊的内因子"受体"结合后被吸收，因此，回肠是吸收维生素B_{12}的特异性部位。

脂溶性维生素（包括维生素A、D、E、K）的吸收机制与脂质相似，需要与胆盐结合才能进入小肠黏膜表面的静水层，以扩散的方式进入上皮细胞，而后进入淋巴或血液循环。

（六）无机盐的吸收

通常，一价盐类如钠、钾、铵等盐类的吸收较快，多价盐类的吸收较慢。凡能与钙结合形成沉淀的盐类，如硫酸盐、磷酸盐、草酸盐等则不能被吸收。

1. 钠的吸收

肠内容物中95%~99%的钠可被吸收。小肠和结肠均可吸收钠，但吸收的量不同。单位面积吸收的钠量以空肠最多，回肠次之，结肠最少。

研究认为，钠的吸收主要有三种机制：①钠偶联转运系统，即Na^+与葡萄糖、氨基酸、胆盐等相偶联的主动转运过程。②Na^+、Cl^-同时吸收。在肠黏膜上皮细胞膜上存在着与Na^+、Cl^-跨膜转运有关的两个独立的离子转运系统。肠上皮细胞内的水和CO_2在碳酸酐酶的作用下生成H_2CO_3，后者很快解离成H^+和HCO_3^-，细胞膜上的一个离子通道进行H^+–Na^+交换，同时，另一个通道进行HCO_3^-–Cl^-交换。因为H^+和HCO_3^-以相同的速度透出细胞，所以肠上皮细胞内的pH保持不变。进入肠腔中的H^+和HCO_3^-又重新合成碳酸，再解离为CO_2和H_2O。进入细胞内的Na^+被钠泵（Na^+–K^+–ATP酶）主动转运至细胞间隙，Cl^-则通过扩散方式，穿过上皮细胞底侧膜的特殊Cl^-通道进入细胞间隙。Na^+、Cl^-同时吸收的速度取决Cl^-通道的通透性，通透性大，Cl^-能很快离开肠上皮细胞，有利于Cl^-的继续吸收；相反，当Cl^-通道关闭时，细胞内Cl^-浓度增加，Cl^-的吸收减慢。③第三种机制是Na^+的简单扩散，即Na^+借肠腔和上皮细胞之间的电化学梯度，由肠腔进入上皮细胞（图7-30）。

2. 钙的吸收

小肠各段都能吸收钙。钙的吸收方式主要是主动转运，但吸收速度比钠慢。钙通过小肠黏膜刷状缘上的钙通道进入上皮细胞，然后由细胞基底膜上的钙泵泵至细胞外，进入血液。肠黏膜细胞的微绒毛上有一种与钙有高度亲和性的钙结合蛋白（calcium-binding protein，CaBP），它参与钙的转运，并促进钙的吸收。维生素 D 的羟化产物 1,25- 二羟维生素 D_3 促进钙结合蛋白的合成，从而促进钙的吸收。钙在游离状态下才能被吸收，当 pH 约为 3 时，钙呈离子状态，吸收最好。因此，胃酸对钙的吸收有促进作用；脂肪酸对钙的吸收也有促进作用。相反，如果肠内容物中磷酸盐过多，与钙形成不溶性磷酸钙则妨碍其吸收。另外，钙的吸收还受机体生理状况的影响，缺钙状态下，钙的吸收增强。

3. 铁的吸收

铁主要在十二指肠和空肠吸收。铁的吸收状况取决于肠腔内环境和二价、三价铁离子的浓度，以及黏膜细胞中转铁蛋白的含量等因素。亚铁吸收的速度比高铁快 2～5 倍；维生素 C 能将高铁还原为亚铁而促进铁的吸收。铁在酸性环境中易溶解，也易于吸收，因此胃酸能促进铁的吸收。

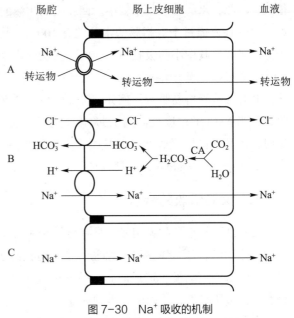

图 7-30 Na⁺ 吸收的机制
A. 偶联转运；B. Na⁺、Cl⁻ 同时吸收；C. 扩散

小肠上皮细胞能够合成一种转铁蛋白（transferrin）并释放入肠腔，转铁蛋白与肠腔内的铁离子结合成复合物，然后以受体介导的入胞方式进入上皮细胞内。转铁蛋白在细胞内释放出铁离子后，又重新释放到肠腔。进入上皮细胞内的铁，一部分在细胞基底膜以主动转运的形式泵至细胞外，进入血液；其余的则与胞内的铁蛋白（ferritin）结合暂时留在细胞内，防止铁过量吸收。肠黏膜对铁的吸收能力受黏膜细胞内铁含量以及机体对铁的需要量的影响，机体缺铁时，如仔猪患缺铁性贫血时，小肠吸收铁的能力增强。

4. 氯的吸收

氯是小肠中最容易吸收的无机离子，它的吸收可能有三种机制：① Na⁺、Cl⁻ 同时吸收（如前所述）；②旁细胞途径，在钠离子偶联转运葡萄糖、氨基酸等物质时，细胞因吸收 Na⁺ 而产生电位梯度，推动 Cl⁻ 经旁细胞途径吸收；③直接与 HCO₃⁻ 进行交换，不与 Na⁺ 吸收相偶联。

5. HCO₃⁻ 的吸收

大部分 HCO₃⁻ 是以 CO_2 的形式吸收的。在小肠前端，肠上皮细胞对 Na⁺ 的主动吸收过程中有一定数量的 Na⁺-H⁺ 交换，分泌出来的 H⁺（或酸性食糜提供的 H⁺）与肠腔中的 HCO₃⁻ 形成 H_2CO_3，再在碳酸酐酶的作用下分解为 H_2O 和 CO_2，CO_2 则被迅速吸收入血。

（七）水的吸收

水是依赖渗透压的推动而被动吸收的。各种溶质和营养物质的吸收增加了肠上皮细胞内的渗透压，从而促进了水的吸收。其中，Na⁺ 的主动转运，特别是 NaCl 的主动吸收所产生的渗透压梯度是水分吸收的主要动力。

水分经过胃肠黏膜可作双向透过，胃黏膜虽然能吸收水分，但吸收量极微，大部分水分在小肠及大肠内吸收。据研究，在十二指肠和空肠前部，水的吸收量很大，但该段消化液的分泌量也很大，因此，水的净吸收量较小。回肠段消化液的分泌量较少，因此回肠内水的净吸收较多。例如，牛一昼夜通过十二指肠的水分约有 100 L，其中有 75% 来自消化液。这些水分约有 90% 被肠道所吸收，其中小肠吸收约占 80%，大肠约占 20%，只有 10% 随粪便排出。

水的吸收依赖于渗透压促进，肠内渗透压对水的吸收有很大影响。溶质扩散速度大的低渗溶液和等渗溶液容易吸收。例如，0.85% NaCl 溶液或 5.4% 葡萄糖溶液，数十分钟内即可全部吸收，而当 NaCl 的浓度提高到 1.5% 以上时，就会出现水的反吸收，直到肠腔内溶液浓度达到等渗时，才开始同时吸收水分和盐类。在兽医临床，给动物口服大量的某些消化道难于吸收的盐类，如 Na_2SO_4、Mg_2SO_4 等，具有轻泻作用，就是基于这个原理。

四、大肠吸收的特点

大肠黏膜与小肠黏膜相似，具有很强的主动吸收 Na^+ 的能力和强大的吸收水的能力。大肠上皮细胞之间结合的紧密度高于小肠，这可防止离子的反向扩散。Na^+ 的主动吸收带动 Cl^- 和水的吸收：① Na^+ 主动吸收造成的膜电位差促进了 Cl^- 的被动同向转运；②随着 NaCl 的吸收，产生跨黏膜渗透压梯度，从而引起水的吸收。

大肠在吸收 Cl^- 时，通过 $Cl^- - HCO_3^-$ 的反向转运，伴有 HCO_3^- 的分泌。进入肠腔内的 HCO_3^- 可中和结肠内细菌产生的酸性产物。严重腹泻会导致 HCO_3^- 大量丢失，造成代谢性酸中毒。

大肠还能吸收由细菌分解食物残渣产生的短链脂肪酸，如乙酸、丙酸和丁酸等。马、猪、兔及反刍动物大肠中纤维素类发酵产生的 VFA 都在大肠吸收。大肠也能吸收肠内微生物合成的 B 族维生素和维生素 K。

利用大肠的吸收功能进行直肠灌肠，是一种有效的给药途径，如某些麻醉药、镇静剂等可以通过灌肠给药而被大肠吸收。除治疗给药外，还可以营养灌肠，为患病动物补充营养。

第八节　消化机能的整体性

消化系统是一个开放的管道系统，同时在结构和机能上又具有阶段性特异性；与之相应，消化过程（从采食到排便）既是一个连续的过程，同时各阶段之间又彼此协调，相互制约，形成典型的局部和整体关系。任何局部的消化活动，不管多么重要，如果脱离了整个消化系统，就不可能实现其机能。同样，整个消化过程是由各部分的活动协调完成的，任何一个局部发生机能障碍，都将影响到整个消化系统的机能。

一、消化过程中消化系统各部分机能的关系

消化过程概括起来主要有消化道运动的机械性消化、消化液的化学性消化和微生物活动的生物学消化三个方面。

机械性消化和化学性消化是同时进行和互相协调的。没有机械性消化，化学性消化就不能充分发挥作用；没有化学性消化，机械性消化也不能完成食物分解。通过这两方面的密切协同作用，才能使饲料从大块变成小块，从复杂变成简单，从消化道前端移至后端，使食物与消化液充

分混合，完成消化与吸收，并把残渣排出体外。所以在饲养管理上，对这两方面的情况都要注意维持正常，在兽医临床上也要从这两方面入手考虑消化系统疾病的预防、诊断和治疗。

在草食动物纤维素的消化过程中，微生物的发酵具有特别重要的作用，而微生物发酵又受胃肠运动和化学消化（反刍动物的唾液，单胃草食动物肠内各种消化液）的制约，如大肠和瘤胃内微生物繁殖和代谢的环境受消化液分泌和胃肠运动等影响。

消化系统是一个整体，如吞咽活动反射性地引起胃舒张；食团入胃后，反射性地加强小肠及结肠的运动；酸性食糜进入小肠，刺激胰液、胆汁和小肠液的分泌；十二指肠的扩张或受到消化产物和酸的刺激时，则会抑制胃的运动和胃液的分泌；扩张回肠或结肠也可使胃运动减弱等等。

消化系统各部分机能的协调统一，是在神经反射（包括局部反射）和体液因素调节下实现的。除口腔、咽、颈部食管及肛门外括约肌为骨骼肌外，消化道大部分由平滑肌组成，骨骼肌的活动受躯体神经支配，而消化腺和胃肠平滑肌的活动受副交感神经和交感神经的双重支配。分布于胃、肝（胆囊）、胰、小肠、盲肠和结肠前部的副交感神经，来自脑部的迷走神经；分布于结肠后部和直肠的副交感神经，来自荐部脊髓发出的盆神经；分布于消化腺和胃肠的交感神经，来自胸腰段脊髓。一般说来，副交感神经兴奋时，胃肠壁的紧张度增大，运动加强，括约肌的紧张度减弱，消化液分泌增加，便于胃肠内容物的消化、吸收和后送；交感神经兴奋时，胃肠壁的紧张度减弱，运动减弱，括约肌的紧张度增强，消化腺分泌减少，延缓胃肠内容物的通过。这两类神经系统在中枢神经系统的控制下，既相互抗拒又协调配合，共同维持胃肠道的正常机能活动；否则，胃肠活动就会发生异常。例如，副交感神经过度兴奋时会引起肠痉挛，应用阿托品等副交感神经抑制药物可以缓解痉挛，减轻疼痛。

体液因素主要是酸性食糜刺激胃和十二指肠黏膜产生促胃液素、促胰液素、缩胆囊素和胆盐等，经血液循环促进胃液、胰液、胆汁和小肠液的分泌。抑胃肽则能抑制胃运动。此外，某些物质，如乙酰胆碱能加强胃肠平滑肌的紧张性，促进胃肠运动；5-羟色胺可使小肠平滑肌发生强烈运动。

二、营养物质在消化道与循环血液之间的交换

消化系统在完成消化和吸收机能的过程中，伴随着消化液的大量分泌，将源于血液的大量水分、含氮物质、矿物质，以及一些内源性蛋白质排入胃肠道，这些物质大部分又在消化道内被重新吸收进入循环血液，从而实现营养物质在消化道与循环血液之间的交换，在机体的中间代谢中起着重要作用。

动物的消化器官能分泌大量的消化液，如唾液、胃液、胰液、胆汁、肠液，一昼夜分泌总量为：猪 30~45 L，马 190~200 L，牛 180~200 L，绵羊 15~40 L。这些消化液含电解质浓度与血浆大致相同。消化液随食糜通过消化道时，大部分被肠道重吸收，因此，水分和电解质在消化道与循环血液之间不断地进行循环。以牛为例，一昼夜分泌的消化液是血浆中水分（约 15 L）的 10 多倍，消化液与血液之间完成循环 10 次之多，猪为 5~8 次。不但血液与消化液的水分进行交换，同时组织液与血液的水分也在进行交换（图 7–31）。

对安装肠体外吻合瘘管的牛研究表明，一昼夜通过十二指肠的食糜内，含矿物质量远远超过所摄取饲料中的含量，磷多 1 倍，钠多 6 倍，氯多 7~9 倍，钾和钙也有所增加。可见这些矿物

质多是随消化液排入胃肠道的内源性物质，一昼夜可达 1000~1500 g。随后这些物质在肠内被重新吸收。

随消化液分泌的内源性蛋白质，牛一昼夜达 500~700 g，在消化过程中生成的氨基酸，大致同饲料摄入的量相等。食糜内的氨基酸 80%~90% 在肠内被吸收。给 5~7 月龄的猪喂以谷物饲料时，一昼夜随消化液排出内源氮 5~40 g；提高日粮中蛋白质水平时，内源氮的排出也有所增加。因此，消化道在动物的蛋白质代谢中起着重要作用。

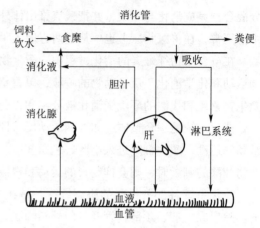

图 7-31　营养物质在消化道与循环血液之间交换示意图

消化器官在脂肪代谢中也起了很大作用，从牛胃进入其小肠的粗脂肪，比采食饲料内的含量多 0.5~1.0 倍。除微生物因素外，消化液分泌是最主要影响因素。粗脂肪中 65% 脂肪酸在肠内被吸收，其中有许多高分子脂肪酸（棕榈酸、硬脂酸和油酸等）可能与乳牛的脂肪代谢，包括乳脂合成有密切关系。

随消化液分泌的内源性物质，不但对于机体的营养过程有着重要影响，而且对维持机体正常的生理状态也是不可缺少的。例如，猪持续流失胰液 7~10 d 就会倒毙；猪流失大量的十二指肠食糜，会出现搐搦，心血管和神经系统机能失常，经 10~12 h 就濒于死亡。反刍动物流失十二指肠食糜，数小时后消化活动出现紊乱，长时间不能反刍和食欲消失。由于丧失大量水分、有机物和矿物质，会出现血液浓缩，血浆内矿物质含量减少，机体内环境平衡遭到破坏。

动物因消化道疾病发生腹泻或呕吐时，机体流失不同比例的消化液，水分和电解质大量丢失，造成失水、电解质和酸碱平衡失调，这时需要输液进行纠正和补充。

饥饿的动物，仍随消化液排出大量的蛋白质、矿物质等内源性物质。这一过程可认为是机体动员身体组织的营养储备，通过消化道转运，以维持重要器官的营养需要和生理机能，是机体抵抗饥饿，延长生命的一种重要的适应性反应。

小　结

饲料在消化道内被分解成小分子的过程称为消化，分为机械性消化、化学性消化和生物学消化三种方式。饲料经过消化后的可吸收成分，透过消化道黏膜进入血液和淋巴液的过程称为吸收。消化道平滑肌除具有肌肉组织的共同特性外，又有自己的特点。消化道有许多内分泌细胞，分泌胃肠激素，对消化道的运动和分泌起调节作用。胃液的成分有盐酸、胃蛋白酶原、黏液和内因子。促进胃液分泌的内源性物质有乙酰胆碱、促胃液素和组胺等。消化期的胃液分泌分头期、胃期和肠期。胃的运动形式有容受性舒张、紧张性收缩和蠕动。胃内容物进入十二指肠的过程称为胃排空。复胃动物的前胃和单胃动物的大肠栖居着多种微生物，通过微生物的发酵活动，不但可以分解某些不能被消化酶分解的纤维素、半纤维素、果胶等成分，还可以利用分解产物为机体提供丰富的微生物蛋白。胰液中含有消化 3 大营养物质所需的酶，是最重要的消化液。胰液的

分泌受神经 – 体液调节，以促胰液素和缩胆囊素的体液调节为主。胆汁对脂肪的消化和吸收有重要意义，胆汁的分泌和排出受神经 – 体液调节，以体液调节为主。糖类分解为单糖，蛋白质分解为二肽、三肽和氨基酸时被小肠上皮细胞主动吸收，与 Na^+ 的吸收相偶联。脂肪的分解产物中，甘油和单糖一起被吸收，其余形式的吸收需胆盐的帮助，以淋巴途径为主。在神经 – 体液调节下，消化系统各器官、各部分在机能上形成一个统一的整体。

 思考题

1. 为什么小肠是消化吸收的主要部位？
2. 试述胃液的性质、成分和作用。
3. 试述胰液的性质、成分和作用。
4. 讨论唾液、胃液、胰液和胆汁分泌的神经 – 体液调节机制。
5. 试述反刍动物瘤胃内碳水化合物、蛋白质和脂肪的消化特点。
6. 小肠有哪几种运动形式？
7. 消化道平滑肌有哪些生理特性？
8. 胃液中含有大量胃酸和胃蛋白酶，为什么不会对胃黏膜进行消化？
9. 分析葡萄糖、氨基酸、脂肪酸的吸收机制。
10. 奥美拉唑是一种临床上用于治疗宠物消化性溃疡的药物，试结合所学知识阐述其作用的生理机制是什么。

第八章

能量代谢与体温调节

◎知识导图
◎学习基础
◎学习要点

动物的生存有赖于不断地与外界环境进行物质和能量交换，即新陈代谢。那么机体维持正常生命活动的能量来自哪里，又去往何处？哪些因素能够影响机体的能量代谢？体温的相对恒定是保证机体新陈代谢和生命活动正常进行的必要条件，那么当环境温度变化时，体温是如何保持相对恒定的？本章将回答这些问题。

第一节　能量代谢

新陈代谢（metabolism）是生命的基本特征之一。新陈代谢包含物质代谢和能量代谢，两者紧密联系。通过物质代谢，机体的组成成分不断被更新，细胞的分裂、增殖，组织的更新、修复，个体的生长、发育，以及各种生命活动才能实现。由于参与物质代谢过程的有机物蕴藏有化学能，在物质的合成与分解时伴有能量的变化。生理学中通常将体内物质代谢过程中所伴随发生的能量释放、转移、储存和利用称为能量代谢（energy metabolism）。

一、能量代谢的测定

（一）能量的来源与利用

生物体的一切生命活动都需要能量。如果没有能量来源，生命活动就无法进行。动物机体不能直接利用外部环境中的光能、热能、电能和机械能等，动物唯一能利用的能量是蕴藏在饲料中的化学能。然而，饲料中的能量并不能被机体的组织细胞直接利用，机体必须通过细胞内一系列的化学反应，将饲料中蕴藏的能量释放出来，并转化为可被细胞利用的形式，用于完成细胞的各种生理功能，如肌细胞的收缩，腺细胞的分泌，细胞膜电位的维持，细胞内物质的合成以及消化道上皮细胞对营养成分的吸收等。

1. 三大营养物质的能量代谢

三大营养物质（糖、脂肪和蛋白质）分子的碳氢键中蕴藏着能量。在这些物质的分解代谢过程中，碳和氢分别被氧化为 CO_2 和 H_2O，碳氢键断裂，能量释放出来。

（1）糖　糖是机体重要的能源物质。一般情况下，机体所需能量的 50%~70% 是由糖提供的。体内的糖代谢实际上是以葡萄糖为中心进行的。在氧供应充分的情况下，葡萄糖进行有氧氧化，生成 CO_2，并释放出大量能量。1 mol 葡萄糖完全氧化所释放的能量可合成 38 mol 三磷酸腺苷（adenosine triphosphate，ATP），能量转化的效率达66%。在一般情况下，绝大多数组织细胞有足够的氧供应，能够通过糖的有氧氧化获得能量。在氧供应不足的条件下，葡萄糖经无氧酵解分解为乳酸，释放少量能量。1 mol 的葡萄糖经这个途径释放的能量只能合成 2 mol ATP，能量转化效率仅为3%。糖酵解虽然只能释放少量能量，却是机体缺氧状态下供应一部分急需能量的重要方式。在动物剧烈运动时，骨骼肌的耗氧量猛增，与安静时相比，耗氧量可增加 10~20 倍。而循环、呼吸等功能不能及时快速地满足机体对氧的需要，骨骼肌因而处于相对缺氧的状态，这种现象称为氧债（oxygen debt）。在这种情况下，机体只能动用储备的高能磷酸键和进行无氧酵解来供能。所以在肌肉活动停止后的一段时间内，循环、呼吸功能还将维持在较高的工作水平上，这样可以摄取更多的氧，以偿还氧债。

（2）脂肪　脂肪是体内储存和供能的重要物质。体内脂肪的储存量要比糖多得多。在体内氧化供能时，脂肪所释放的能量约为相同质量的糖有氧氧化时释放能量的 2 倍。当机体需要时，储存的脂肪首先在酶的催化下分解为甘油和脂肪酸。甘油主要在肝经磷酸化、脱氢过程进入三羧酸循环氧化供能；脂肪酸经过活化和 β- 氧化，逐步分解成乙酰辅酶 A 后，进入糖的有氧氧化途径被彻底分解，并释放能量。因此，脂肪不能在机体缺氧的条件下供能。

（3）蛋白质　蛋白质是构成机体组织成分的重要物质，组成蛋白质的基本单位是氨基酸。不论是由肠道吸收的氨基酸，还是由机体自身蛋白质分解所产生的氨基酸，都主要用于重新合成细胞成分以实现组织的自我更新，或用于合成酶、激素等生物活性物质，其次才是提供能量。当细胞中储存的蛋白质超量时，体液中多余的氨基酸则会被降解，并转化为糖、脂肪或直接分解供能。这种降解几乎完全在肝中发生，经脱氨基作用产生的 α- 酮酸转化为一般的代谢中间体，进入柠檬酸循环。为机体提供能量是氨基酸的次要功能。只有在某些特殊情况下，如长期不能进食或体力极度消耗时，机体才会依靠由组织蛋白质分解所产生的氨基酸供能，以维持基本的生理功能。

2. 机体能量储存与转化的载体

动物组织细胞在进行各种生理活动时并不能直接利用食物中糖、脂肪和蛋白质分子结构中蕴藏的化学能，ATP 才是机体能量的直接提供者，例如各种细胞成分的合成、肌肉的收缩、神经兴奋传导过程中离子转运系统的工作、消化道和肾小管细胞对各种物质的主动转运和腺体的分泌等，都是直接从 ATP 分解获得能量。从能量代谢的角度看，上述各项活动都是吸能反应。ATP 的合成与分解是机体能量的转移和利用中的关键环节。在标准状态（25℃，1.013×10^5 Pa，浓度 1 mol/L，pH = 7）下，每摩尔 ATP 中每个高能键含 33.47 kJ 的能量，而在活细胞中，由于温度、反应物浓度和 pH 等各种因素的影响，断裂一个高能磷酸键，最多可释放 30.54 kJ 的能量。

机体内另一主要储能物质是磷酸肌酸（creatine phosphate，CP）。它在肌细胞中含量较多，具有一个高能磷酸键，可与 ADP 发生反应，将其磷酸基连同能量一起转移给 ADP，生成肌酸和 ATP。它在体内的量是 ATP 总储备量的 3~8 倍。CP 可以看作是 ATP 的储存库，但它不能直接提供细胞生命活动所需要的能量。当物质氧化释放的能量过多时，ATP 将高能磷酸键转移给肌酸，生成 CP 而将能量储存起来。另一方面，当 ATP 被消耗而减少时，CP 可将所储存的能量再转给 ADP，生成 ATP，以补充 ATP 的消耗。这种补充作用比直接由食物氧化释放能量的补充要快得多，可满足机体在进行应急生理活动时对能量的需求。因此，从能量代谢的整个过程来看，ATP 合成与分解是体内能量转换和利用的关键环节（图 8-1）。故 ATP 又被称为机体内流通的

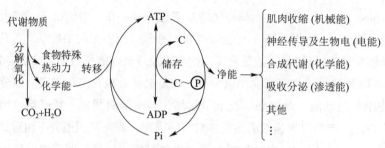

图 8-1　机体内能量的转移、储存与利用
C：肌酸；C-P：磷酸肌酸；Pi：无机磷

"能量货币"，在不断地合成并储存能量的同时，也可分解释放能量。

3. 能量的利用

各种能源物质在体内氧化过程中释放的能量，有一半以上转化为热能，其余部分以化学能的形式储存于 ATP 等高能化合物的高能磷酸键中，供机体完成各种生理功能，如肌肉的收缩和舒张，细胞组分及生物活性物质的合成，神经传导，小肠和肾小管细胞对某些物质的主动转运，腺体的分泌和递质的释放等。除骨骼肌收缩做一定的机械功外，其他用于进行各种功能活动所做的功最终都转化为热能。热能是最低形式的能量，主要用于维持体温，而不能转化为其他形式的能，因此不能用来做功。用于维持体温的热能主要由体表散发到外界环境中去；此外，还有小部分热能则通过呼出气、排泄物等被带出体外。

（二）能量代谢的测定

机体能量的来源是糖、脂肪和蛋白质在体内氧化分解时释放出来的能量，研究能量平衡必须测定食物中的全部能量以及食物在体内经历各种生物化学变化时所释放出来的能量。新陈代谢提供了热和各种形式的功，事实上所有的功归根结底都转化为热（骨骼肌做的外在功除外，但也可设法换算）。因此，能量的转换就以单位时间的热量来表示，在生理学及营养学上目前通用的能量计量单位是焦耳（J）或千焦耳（kJ）。

1. 能量代谢测定时需要的基本参数

（1）食物的热价　1 g 食物在体内氧化（或在体外燃烧）时所释放出来的热量称为食物的热价（thermal equivalent of food），分为生物热价和物理热价。在动物体内生物氧化时释放的热量称为生物热价，在体外物理燃烧时释放的热量称为物理热价。从表 8-1 中可见，糖和脂肪的生物热价和物理热价相同，蛋白质则不同，这是由于蛋白质在体内不能被完全氧化，有一部分包含在尿素、尿酸和肌酐等分子中，这些分子中的能量随尿排出，还有很少量含氮产物随粪便排出。因此，蛋白质的生物热价小于其物理热价。

（2）食物的氧热价　通常将某种营养物质氧化时，消耗 1 L O_2 所产生的热量称为该物质的氧热价（thermal equivalent of oxygen）。由于各种营养物质中所含的碳、氢和氧等元素的比例不同，因此，同样消耗 1 L O_2，各种物质氧化时所释放的热量也不相同（表 8-1）。氧热价在能量代谢测定方面也有重要意义，根据在一定时间内的耗氧量，参照氧热价可以推算出机体的能量代谢率。

（3）呼吸商　机体从外界摄取 O_2，以满足各种营养物质氧化分解的需要，同时将代谢

表 8-1　糖、蛋白质、脂肪三种营养物质氧化时的参数

营养物质	产热量 / (kJ · g^{-1})		耗氧量 / (L · g^{-1})	二氧化碳产量 / (L · g^{-1})	氧热价 / (kJ · L^{-1})	呼吸商 /RQ
	物理热价	生物热价				
糖	17.17	17.17	0.83	0.83	20.93	1.00
蛋白质	23.45	18.00	0.95	0.76	18.84	0.88
脂肪	39.77	39.77	2.03	1.43	19.68	0.71

终产物 CO_2 呼出体外。一定时间内机体的 CO_2 排出量与耗氧量的比值称为该物质的呼吸商（respiratory quotient，RQ）。严格说来，应该以 CO_2 和 O_2 的摩尔数的比值来表示 RQ。但由于在同一温度和气压条件下，容积相等的不同气体其摩尔数相等，所以通常用容积数（mL 或 L）来表示气体的摩尔数。即：

$$RQ = \frac{产生的\ CO_2\ (L)}{消耗的\ O_2\ (L)} = \frac{产生的\ CO_2\ (mol)}{消耗的\ O_2\ (mol)}$$

糖、脂肪、蛋白质氧化时，它们的 CO_2 排出量与 O_2 消耗量各不相同，三者的呼吸商也不一样（表 8-1）。糖氧化时所产生的 CO_2 量与所消耗的 O_2 量是相等的，所以整体的呼吸商等于 1。脂肪和蛋白质的呼吸商则分别为 0.71 和 0.88。动物的日粮是糖、脂肪、蛋白质的混合食物，而这几种物质在体内同时分解，所以整体的呼吸商将变动在 0.71 ~ 1.00。在一般情况下，家畜机体内能量主要来自糖和脂肪的氧化，蛋白质的因素可忽略不计。因此，可根据糖和脂肪按不同比例混合氧化时所产生的 CO_2 量以及消耗 O_2 的量，计算出相应的呼吸商。这种呼吸商称为非蛋白呼吸商（non-protein respiratory quotient，NPRQ）（表 8-2）。

表 8-2　非蛋白呼吸商和氧热价

NPRQ	占总热量的百分比 /%		氧热价 / (kJ · L^{-1})	NPRQ	占总热量的百分比 /%		氧热价 / (kJ · L^{-1})
	糖类	脂肪			糖类	脂肪	
0.70	0.00	100.0	19.606	0.82	40.3	59.7	20.188
0.71	1.10	98.9	19.623	0.83	43.8	56.2	20.242
0.72	4.76	95.2	19.673	0.84	47.2	52.8	20.292
0.73	8.40	91.6	19.723	0.85	50.7	49.3	20.343
0.74	12.0	88.0	19.778	0.86	54.1	45.9	20.397
0.75	15.6	84.4	19.828	0.87	57.5	42.5	20.447
0.76	19.2	80.8	19.878	0.88	60.8	39.2	20.497
0.77	22.8	77.2	19.933	0.89	64.2	35.8	20.548
0.78	26.3	73.7	19.983	0.90	67.5	32.5	20.602
0.79	29.9	70.1	20.033	0.91	70.8	29.2	20.652
0.80	33.4	66.6	20.087	0.92	74.1	25.9	20.702
0.81	36.9	63.1	20.138	0.93	77.4	22.6	20.575

续表

NPRQ	占总热量的百分比 /%		氧热价 /（kJ·L⁻¹）	NPRQ	占总热量的百分比 /%		氧热价 /（kJ·L⁻¹）
	糖类	脂肪			糖类	脂肪	
0.94	80.7	19.3	20.808	0.98	93.6	6.37	21.012
0.95	84.0	16.0	20.857	0.99	96.8	3.18	21.066
0.96	87.2	12.8	20.912	1.00	100.0	0.00	21.117
0.97	90.4	9.58	20.962				

2. 能量代谢测定的方法和原理

根据能量守恒定律，能量在由一种形式转化为另一种形式的过程中，既不增加也不减少。因此，机体从三种营养物质中所获得的能量，最终都转化成热能和所做的外功。若不对外做功时，通过测定整个机体散发的总热量，就可计算出机体在单位时间内的能量总消耗，单位时间内人或动物的全部能量消耗叫作能量代谢率（energy metabolism rate）。能量代谢率通常以单位时间内每平方米体表面积的产热量为单位，即以 kJ/（m^2·h）来表示。测定整个机体在一定时间内产生的总热量通常有直接测热法和间接测热法两种方法。

（1）直接测热法　是直接测定整个机体在一定时间内产生的总热量。此总热量就是能量代谢率，即单位时间内所消耗的能量。如果在测定时间内做一定的外功，应将外功（机械功）折算为热量一并计入。这种测定方法是将动物置于一个专门设计的测热室中，室内温度恒定，并有一定量的空气通过，动物产生和散发的热量用套在测热室外的水室吸收，或用装在室内的充满水的管道系统来吸收，然后根据一定时间内水温的变化、所用的水量以及通过的空气温度的变化，计算出动物的产热量。

直接测热法常用于鸟类和高代谢率的小动物的能量代谢的测定。对于大动物和能量代谢率低的小动物及鱼类等，因其设备复杂，操作烦琐，使用不便等因素，目前很少应用。

（2）间接测热法　又称气体代谢测定法。根据机体在一定时间内消耗的 O_2 量、排出的 CO_2 量和 N_2 量，就可计算出单位时间内整个机体所释放的热量及营养物质的量。

间接测热法测定耗 O_2 量和 CO_2 排出量的方法有闭合式和开放式测定法两种。

① 闭合式测定法：将受试动物置于一个密闭的能收集热量的装置中。通过气泵不断将定量的 O_2 送入装置。动物不断地摄取 O_2，进而根据装置中 O_2 的减少量算出单位时间内该动物的耗氧量。动物呼出的 CO_2 则由装在气体回路中的吸收剂吸收，然后根据实验前后 CO_2 吸收剂的重量差，计算出单位时间内的 CO_2 排出量并求得呼吸商。

② 开放式测定法：采集受试动物一定时间内的呼出气，用气量计测出呼出气量并分析呼出气中 O_2 和 CO_2 的容积百分比。根据吸入气（空气）和呼出气中 O_2 和 CO_2 容积百分比的差异，计算出该时间内耗氧量和 CO_2 排出量，并计算出混合呼吸商。

反刍动物能量代谢的测定与单胃动物不大一样：一方面是由于瘤胃微生物发酵过程中产生发酵热，因此直接测热法所得的数值要大于实际值。另一方面，瘤胃发酵产生一定数量的 CH_4 和 CO_2，其中一部分由呼吸排出，因此间接测热法所得的值也有一定的误差。如果未去除 CH_4，则所得的耗氧量必然低于实际量，而所得的 CO_2 排出量要高于实际排出量。

二、影响能量代谢的主要因素

机体产热受一定因素的影响，实际测定能量代谢时必须考虑这些因素的影响。影响能量代谢的主要因素有肌肉活动、食物的特殊动力效应、神经－内分泌以及环境温度等。

（一）肌肉活动

肌肉活动是影响能量代谢最明显的因素。机体任何轻微的活动都会提高能量代谢率。据估计，动物在安静时的肌肉产热量占全身总产热量的 20%，在使役或运动时可高达总产热量的 90%。

◎能量代谢与物理学

（二）食物的特殊动力作用

动物在进食后 1 h 左右开始一直延续到 7~8 h 的一段时间内，虽然处于安静状态下，但产热量比进食前增高，这种由食物刺激机体产生额外热量消耗的作用，称为食物的特殊动力作用（specific dynamic action of food），又称食后体增热。食物中蛋白质的特殊动力作用最为显著，可达 30%，糖和脂肪为 4%~6%，混合性食物为 10% 左右。这种额外消耗的能量只能增加机体的热量，不能被用来做功。因此，食物中为了补充能量的这种额外消耗，在进食时必须考虑这部分所消耗的能量，以达到机体能量的收支平衡。

食物特殊动力作用产生的机制，目前还不十分清楚。有报道发现将氨基酸注射入静脉内，可出现与经口服给予时相同的代谢增加的现象，这说明它不是由消化腺和胃肠活动引起。一般认为，食物的特殊动力作用主要与肝中氨基酸的氧化脱氨基作用有关。

（三）环境温度

环境温度过高或过低均可使能量代谢率升高，哺乳动物安静时，其能量代谢在 20~30℃ 的环境中最稳定。当环境温度低于 20℃ 时可反射性地引起寒战和肌肉紧张性增强而使代谢率增加；当环境温度低于 10℃ 时，代谢率增加更为显著。当环境温度升高到 30℃ 以上时，代谢率也会增加，这与体内化学反应加速及发汗、循环、呼吸机能加强有关。

（四）精神活动（神经－内分泌的影响）

一般的精神活动对能量代谢率影响不大，机体在惊慌、恐惧、愤怒、焦急等精神紧张状况下，能量代谢将显著升高。这是因为精神紧张时，骨骼肌紧张性加强（无意识的肌紧张），产热增加。精神紧张时，由于促进代谢的激素分泌增多，能量代谢将会显著升高；同时，交感神经兴奋，肾上腺素分泌增加，可增加组织耗氧量，使机体产热量增加。在低温刺激下，交感神经和肾上腺髓质发生协同调节作用，机体产热迅速增加。另外，甲状腺激素能加速大部分组织细胞的氧化过程，使机体耗氧量和产热量明显增加。

三、基础代谢和静止能量代谢

（一）基础代谢

基础代谢（basal metabolism）是指机体处于基础状态下的能量代谢。所谓基础状态是指在室温 20~25℃（即对动物能量代谢没有明显影响的环境温度）、消化道内空虚（至少 12 h 未进食）、静卧（至少半小时）、清醒而又极其安静状态，即排除了肌肉活动、食物的特殊动力作用、精神紧张和环境温度等因素影响的状态。在基础状态下，既没有能量的输入又没有做功，动物所消耗

的能量全部转化为热能散发出来，能量来源于体内储存的物质。在基础状态下，机体所消耗的能
量仅用于维持心脏、肝、肾、脑等内脏器官的活动。将这种在基本生命活动状态下，单位时间内
的能量代谢称为基础代谢率（basal metabolic rate，BMR）。基础代谢率通常以单位时间内每单位
质量体重或每平方米体表面积的产热量为单位，即 kJ/（kg·d）、kJ/（m^2·d）或 kJ/（m^2·h）。
在家畜也常以代谢体重计算，即为 kJ/（$w^{0.75}$·h）或 kJ/（$w^{0.75}$·d），w 为体重；这是因为家畜个
体大小悬殊，采用代谢体重可减少计算误差（表 8-3）。

表 8-3　不同动物的基础代谢率

动物	体重 /kg	基础代谢率 /（kJ·kg^{-1}·d^{-1}）	基础代谢率 /（kJ·m^{-2}·d^{-1}）
猪	128.000	79.9	4506.04
人	64.300	134.3	4355.56
犬	15.200	215.5	4343.02
鼠	0.018	2736.3	4965.84
鸽	0.266	502.1	
鸡	2.000	234.3	
火鸡	3.700	209.2	
鹅	5.000	234.3	

（二）静止能量代谢

动物基础代谢的测定非常困难，如很难达到肌肉完全处于安静状态，反刍动物很难通过几天
的禁食来达到消化道空虚，因此在实践中通常以测定静止能量代谢（resting energy metabolism）
来代替基础代谢。静止能量代谢测定的条件包括：①禁食；②处于静止状态（通常为伏卧）；③畜
舍或实验室条件下，环境温度适中；④用间接测热法测定。该条件下包括了一定量的特殊动力作
用能量，以及用于生产和可能用于调节体温的能量。静止能量代谢和基础代谢的实际测定结果表
明，两者差异并不大，即静止能量代谢与基础代谢水平接近。

（三）影响基础代谢率和静止能量代谢率的主要因素

基础代谢率和静止能量代谢率除受肌肉活动等主要因素影响外，还受年龄、性别、品种等因
素的影响。

1. 年龄与性别

动物在幼年时代谢率较高，成年后逐渐下降。这一规律性变化与生长有关，体重增加最快的
时期静止能量代谢水平也最高。性别差异在性成熟时开始出现。在性成熟后，公畜的静止能量代
谢水平通常比母畜高，因为雄性激素可使基础代谢率提高 10%～15%。

2. 个体大小

动物体格越小，产热越多。例如兔每千克体重消耗的能量比马多 4 倍左右，猫是犬的 2 倍。
这是因为小动物的单位体重比大动物占有较大的体表面积，而体热又是通过体表面积发散的，因
而小动物的单位体重散失的热量较多，为了维持体温，就必须多产热。同样大小的动物，基础代
谢率也未必一样，如肉食动物的基础代谢比同样大小的非肉食动物高，这表明基础代谢受很多因

素影响，个体大小只是其中因素之一。

3. 品种

生长速度快的品种一般比生长较慢的品种代谢水平高，而瘦肉型品种比肥胖型品种的代谢要强。生长激素对细胞代谢功能有直接的刺激作用，可使基础代谢率提高15%~20%。

4. 生理状态与营养状态

母畜发情期间代谢加强，妊娠后期代谢加强更为显著。应激时可使代谢率提高。营养状况良好的动物代谢水平比营养不良的要高。

5. 季节与气候

不同季节的环境温度、光照条件等，对静止能量代谢有不同的影响。春季的静止能量代谢最高，夏季降低，秋季又稍增高，冬季最低。气候对静止能量代谢的影响也很明显。生长在热带地区的哺乳动物，其静止能量代谢比温带和寒带地区的动物低。

6. 其他

动物睡眠时的代谢低于觉醒时，冬眠、蛰伏时也较平时低；长期禁食后的机体静止能量代谢也下降；体质羸弱个体的代谢水平要低于强健的个体；内分泌系统的功能状态也与能量代谢有关。

第二节 体温及其调节

体温（body temperature）指的是机体深部的平均温度。体温既是新陈代谢的结果，又是进行新陈代谢和正常生命活动的重要条件。地球上气温可高至60℃，低至−70℃。几乎各种气温下都有动物生存，且能保持一定的体温，这就要求它们必须有多种适应方法。动物界调节体温的方法可归纳为两种：行为性调节和生理性调节。低等动物如爬行类、两栖类，体温在一定范围内随环境温度变化而变化，故有冷血动物或变温动物（poikilothermic animal）之称。当气温过高或过低时，这类动物出现行为性调节活动。如气温过高，它们会选择荫凉的地方；当气温下降时，它们走向日光下取暖，或钻入地下冬眠。高等动物，如哺乳类、鸟类，能在较大的气温变化范围内保持相对恒定的体温（35~42℃），故称温血动物或恒温动物（homeothermic animal）。恒温代表进化过程的高级水平，恒温动物具有较完善的生理性调节机能，当然也不排斥行为性调节。在变温动物与恒温动物之间还有一类为数很少的异温动物（heterothermic animal），包括很少几种鸟类和一些低等哺乳动物，它们的体温调节机制介于变温动物与恒温动物之间。本节主要讨论恒温动物体温的生理性调节。

一、动物的体温及其正常变动

正常情况下，机体在完成生理功能时产生的热量通过体表散发到周围环境中去，根据物理学原理，机体各部分的温度并不一样，接近机体表面部分的温度比机体中心部位的温度低。机体表层（外周组织，即皮肤、皮下组织和肌肉）的温度称体表温度（shell temperature），内部或深部（心、肺、脑和腹腔内脏）的温度叫体核温度（core temperature）。体表温度较低，易受环境温度和机体散热的影响，因此波动幅度大，各部位温度差异也大。体核温度较高，且较稳定，各部位差异小，一般不超过 ±0.6℃。由于代谢水平不同，不同内脏器官的温度也略有差别。肝、脑的温度较高，直肠的温度较低，由于血液不断循环传递能量，深部各个器官的温度经常趋于一致。生理学上所说的体温是指体核温度，因便于测定的直肠温度接近体核温度，所以家畜通常以直肠温度来代表体温。表 8-4 为健康成年动物的直肠温度范围。

表 8-4　健康动物的体温（直肠内测定）

动物	体温范围 /℃	动物	体温范围 /℃
黄牛	37.5 ~ 39.0	绵羊	38.5 ~ 40.5
牦牛	37.0 ~ 39.7	山羊	37.6 ~ 40.0
肉牛	36.7 ~ 39.1	犬	37.0 ~ 39.0
水牛	37.5 ~ 39.5	猫	38.0 ~ 39.5
乳牛	38.0 ~ 39.3	兔	38.5 ~ 39.5
犊牛	38.5 ~ 39.5	鸡	40.6 ~ 43.0
骆驼	34.2 ~ 40.7	鸭	41.0 ~ 42.5
马	37.2 ~ 38.6	鹅	40.0 ~ 41.3
骡	38.0 ~ 39.0	豚鼠	37.8 ~ 39.5
驴	37.0 ~ 38.0	小鼠	37.0 ~ 39.0
猪	38.0 ~ 40.0	大鼠	38.5 ~ 39.5

由上表可见直肠温度随动物的种属不同而异，如禽类的体温一般高于哺乳类。在正常生理情况下，机体的体温可在一定范围内波动，其受昼夜、性别、年龄、肌肉活动、机体代谢、生活环境等因素的影响。如幼畜的体温略高于成年家畜；肌肉活动时代谢增强，产热增多也可使体温升高；动物采食后体温可升高 0.2 ~ 1℃，并持续 2 ~ 5 h 之久；长期饥饿后体温降低；大量饮水后也能使体温下降。体温在一昼夜之间常做周期性波动：清晨 2 ~ 6 时体温最低，午后 1 ~ 6 时最高。这种昼夜周期性波动称为昼夜节律。研究结果表明，体温的昼夜节律是由内在的生物节律所决定的，而同肌肉活动状态以及耗氧量等没有因果关系。

二、机体的产热和散热过程

恒温动物之所以能维持相对恒定的体温，是因为机体具有产热和散热两个生理过程，在体温调节机制的作用下，两者处于动态平衡。

（一）恒温动物的产热过程

动物体内的热量是由三大营养物质在各组织器官中进行分解代谢时产生的。体内的所有组织细胞活动时都产生热，由于新陈代谢水平的差异，各组织器官的产热量并不相同。动物安静情况下，肝的代谢最旺盛，产热量最大。而运动和劳役时，骨骼肌代谢明显增加，动物在使役或剧烈运动时，肌肉产热量可增加。反刍动物的饲料在瘤胃发酵，产生大量热能，是体热的重要来源。可见，体内热量主要来自食物在体内的代谢、肌肉做功、微生物发酵作用。

1. 等热范围

动物的产热量随环境温度而改变。在适当的环境温度范围内，动物的代谢强度和产热量可保持在生理的最低水平而体温仍能维持恒定，这种环境温度称为动物的等热范围或代谢稳定区。机体的代谢强度（产热水平）随环境温度而改变（图8-2），生产实践中以在等热范围内饲养畜禽最为适宜，在经济上最为有利。因为环境温度过低，机体将提高代谢强度，增加产热量才能维持体温，因而饲料的消耗增加；反之，环境温度过高则会降低动物的生产性能。

等热范围因动物种别、品种、年龄及管理条件不同而不同。等热范围的低限温度称为临界温度。各种畜禽的等热范围如表8-5。

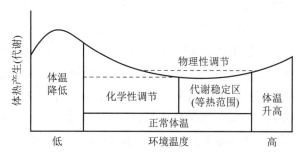

图 8-2　环境温度与体热产生的关系

表 8-5　各种成年动物的等热范围 /℃

动物种类	等热范围	动物种类	等热范围
牛	10 ~ 15	豚鼠	25
猪	20 ~ 23	大鼠	29 ~ 31
羊	10 ~ 20	兔	15 ~ 25
犬	15 ~ 25	鸡	16 ~ 26

2. 产热形式

动物在寒冷环境中，散热量明显增加，机体要维持体温的相对稳定，需要增加产热量。产热形式可简单地分为两类，一类战栗产热（shivering thermogenesis）；另一类为非战栗产热（non-shivering thermogenesis）。

（1）战栗产热　战栗是骨骼肌发生不自主的、有节律的收缩，其节律为 9 ~ 11 次·$\min^{-1}$。发生战栗时肌肉的不同肌纤维的动作电位同步化，在肌电图上表现出一簇一簇的高波幅群放电。战栗的特点是屈肌和伸肌同时收缩，所以基本上不做外功，但产热量很高，代谢率可增加 4 ~ 5倍。机体受寒冷刺激时，首先出现温度刺激性肌紧张或称战栗前肌紧张，此时代谢率开始增加。随后由于寒冷刺激的持续作用，便在温度刺激性肌紧张的基础上出现肌肉战栗，产热量大大增加，这样就维持了机体在寒冷环境中的体温平衡。

（2）非战栗产热　又称代谢产热，该产热方式与肌肉收缩无关。一方面，寒冷刺激时机体肾上腺素、去甲肾上腺素和甲状腺激素等分泌增多，促进机体组织器官（特别是肝）产热增加；另一方面，激活了脂肪分解的酶系统，使脂肪分解、氧化而产生热量。尤其在含有丰富线粒体的褐色脂肪组织（brown fat tissue）的啮齿目、灵长目等动物中，其产热量约为非战栗产热的 70%，是机体的有效热源。褐色脂肪组织分布于颈部、两肩以及胸腔内的一些器官旁，周围有丰富的血管供应。由于新生动物不能发生战栗，所以非战栗产热对于新生幼仔的体温维持尤为重要。非战栗产热发生在细胞水平，需要大量的氧，涉及食物氧化分解、ATP 及 CP 的降解等能量代谢的许多环节。

（二）恒温动物的散热过程

机体在代谢过程中所产生的热量，通过皮肤、呼吸和粪尿排泄等途径散发到体外，其中皮肤是散热的主要途径，皮肤散热的主要方式有辐射、传导、对流和蒸发（有一部分由呼吸道蒸发）。

1. 辐射散热

辐射散热（radiative heat dissipation）是机体以红外线（热射线）的形式将热量传给外界的一种散热形式。当辐射热落在较冷的物体上（如冷的墙壁等），即转化为热并被该物体所吸收。物体的辐射量由它和周围物体的温差所决定。在舒适的环境温度下，辐射散热占总散热量的50%左右。此外，辐射量还与辐射面积呈正比关系。动物舒展肢体可增加有效辐射面积，增加散热量，而躯体蜷曲时，有效辐射面积减少从而减少散热。动物在密集的空间内互相辐射，实际散热就减少。当周围物体（墙壁等）的温度接近动物体温时，辐射散热就失去作用。如果环境温度高于皮肤温度，则机体不仅不能散热反而会吸收周围的热量（如在高温环境中使役），因为动物体吸收辐射热的性能很高，动物可吸收落在体表97%的辐射热。

2. 传导散热

传导散热（conductive heat dissipation）是指机体的热量直接传递给同它接触的温度较低物体的散热方式。传导散热量的多少与接触面积、温度差和物体的导热性能有关。水的导热性能比空气好，湿冷的物体传导散热快。生产中在冬季要力求保持畜舍地面干燥以防止散热，在夏季以冷水淋浴奶牛促进散热，可以有效地防止中暑。

3. 对流散热

对流散热（convective heat dissipation）是指机体通过与周围的流动空气来交换热量的一种散热方式，比传导散热更重要。由于空气的比热低，紧贴机体皮肤的空气层很快变温，温热空气体积膨胀、上升，并为冷空气所补充。温、冷空气不断流动，从而产生对流，使皮肤与其附近的空气间存在温差，这样对流就可以不断进行，有效地使机体表面不断散热。当气温和周围物体的温度都接近于体温时，则不发生对流。在畜牧生产上，夏季加强通风可增加散热，冬季则要注意防风以减少散热，这些措施均有利于畜禽体温的维持。

4. 蒸发散热

蒸发是物质由液态变为气态的吸热过程。在室温下，1 g水从皮肤表面蒸发要从体内吸收2.43 kJ热，所以蒸发是非常有效的散热方式。蒸发散热（evaporative heat dissipation）有不显汗蒸发和显汗蒸发两种形式。不显汗蒸发是指机体中水分直接渗透到皮肤和黏膜表面，在未聚集成明显汗滴前即被蒸发掉。这种蒸发持续不断地进行，即使在低温环境中也同样存在，与汗腺的活动无关。以人为例，每日不显汗蒸发量一般为1 L左右，其中通过皮肤蒸发的水为0.6~0.8 L，另有0.2~0.4 L水随呼吸而蒸发。不显汗蒸发是一种很有效的散热途径，有些动物如犬、牛和猪等，虽有汗腺结构，但在高温下也不能分泌汗液，而必须通过呼吸道加强蒸发散热。通过汗腺主动分泌汗液，由汗液蒸发有效地带走热量的方式称为显汗蒸发。当环境温度达30℃以上或动物在劳役、运动时，汗腺便分泌汗液。值得注意的是，汗液必须在皮肤表面蒸发才能吸收体内的热量，达到散热效果。如果汗液被擦掉，就不能起到散热的作用。汗液的蒸发受环境温度、空气对流速度、空气湿度等因素的影响。环境温度越高，汗液的蒸发速度越快。空气对流速度越快，汗液越易蒸发；环境湿度大时，汗液则不易蒸发，体热因而不易散失，结果会反射性地引起大量出汗。不同环境温度下各种散热方式所占的比例不同。当环境温度等于或超过体表温度时，辐射、传导和对流散热停止，蒸发成为唯一的散热方式。这时汗腺发达的家畜如马可见汗腺分泌增加，显汗蒸发散热急剧增加；而汗腺不发达的动物如牛、猪和犬等主要表现热性喘息和唾液分泌增加，以通过呼吸道和唾液水分的蒸发来散发热量。临床上对体温过高的患病动物进行乙醇擦浴，就是利用乙醇蒸发散热而达到降温的目的。当环境温度为 –15 ~ 10℃时，体表蒸发散热与呼吸道蒸发散热大致相等；当环境温度升高到 10℃以上时，体表蒸发散热明显增强（图 8-3）。

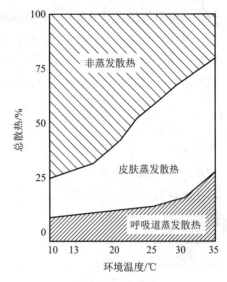

图 8-3 不同气温条件下，黄牛非蒸发散热和蒸发散热的比例

三、体温恒定的调节

恒温动物在环境温度变化的情况下仍能保持体温相对恒定，是由于机体存在着体温的自动调节机制。恒温动物体内产热和散热过程能保持动态平衡，是在环境温度和机体代谢水平变化的情况下，保持体温相对稳定的关键，而这一动态平衡是在神经和内分泌体温调节机制的控制下实现的（图 8-4）。

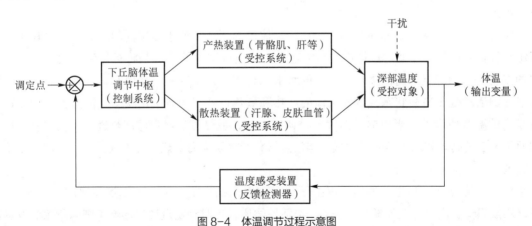

图 8-4 体温调节过程示意图

（一）温度感受器

温度感受器是感受机体各个部位温度变化的特殊结构。按感受的刺激种类不同可分为冷感受器和热感受器，按照感受器分布的位置又分为外周温度感受器和中枢温度感受器。

1. 外周温度感受器

外周温度感受器是存在于中枢神经系统以外的温度感受器，广泛分布于皮肤、黏膜和内脏以及肌肉等各处，对机体外周部位的温度起监测作用，其传入冲动到达中枢后，除产生温度感觉外，还能引起体温调节反应。外周温度感受器包括冷感受器和热感受器，它们都是游离的神经末梢。这两种感受器各自对一定范围的温度敏感。当局部温度升高时，热感受器兴奋，反之，温度降低时冷感受器兴奋。皮肤的冷感受器与热感受器的两者之比为 4∶1 ~ 10∶1，这提示皮肤温度感受器在体温调节中主要感受外界环境的冷刺激，防止体温下降。

2. 中枢温度感受器

中枢温度感受器分布于脊髓、脑干网状结构以及下丘脑等处，是与体温调节有关、对温度变化敏感的神经元。用电生理学记录单纤维放电方法观察到，在局部组织温度升高时冲动发放频率增加的神经元，称为热敏神经元，主要分布在视前区 – 下丘脑前部中；在局部组织温度降低时冲动发放频率增加的神经元，称为冷敏神经元，主要分布在脑干网状结构和下丘脑的弓状核中。当局部脑组织温度变动 $0.1\,℃$，这两种神经元的放电频率就会发生改变，而且不出现适应现象。此外，这两类神经元还能直接对致热源或 5– 羟色胺、去甲肾上腺素以及多种多肽类物质发生反应，导致体温的改变。

（二）体温调节中枢

调节体温的基本中枢位于下丘脑。虽然从脊髓到大脑皮层的整个中枢神经系统中都存在调节体温的中枢结构，但只要保持下丘脑及其以下的神经结构完整，动物就具有维持恒定体温的能力。如进一步破坏下丘脑，则动物体温的相对恒定就不能维持。

（三）体温调节的调定点学说

视前区 – 下丘脑前部（preoptic anterior hypothalamus，PO/AH）是中枢温度感受器的部位，同时也起着恒温调节器的作用。在 PO/AH 有个调定点温度，即决定体温水平的规定数值。如果体温偏离此规定数值，则由反馈系统将偏差信息输送到控制系统，然后通过调整产热和散热活动以维持体温恒定。

体温调定点学说（set-point theory）认为，体温的调节类似于恒温器的调节。PO/AH 中的温度敏感神经元可能是起调定点作用的结构基础。体温调定点的作用是将机体温度设定在一个恒定的温度值，调定点的高低决定着体温的水平。当体温处于这一温度值时，热敏神经元和冷敏神经元的活动处于平衡状态，致使机体的产热和散热也处于动态平衡状态，体温就维持在调定点设定的温度值水平。当中枢的温度超过调定点时，散热过程增强而产热过程受到抑制，体温因而不至于过高。如果中枢的温度低于调定点时，产热增强而散热过程受到抑制，因此体温不至于过低。

在正常情况下，调定点虽然可以上下移动，但范围很窄。某些中枢神经递质，如 5– 羟色胺、乙酰胆碱、去甲肾上腺素和一些多肽类活性物质，可对调定点产生影响。细菌所致的发热就是由于致热源使 PO/AH 中的热敏神经元的阈值升高，冷敏神经元的阈值下降，致使调定点水平上移，由于体温低于升高的调定点，所以机体的散热减少，产热过程增强，出现恶寒、寒战等反应，结果引起体温升高。

（四）体温调节的外周机制

当外界环境温度改变时，来自外周的传入神经和血液深部温度以及脊髓和下丘脑中枢以外的中枢温度感受器的信息共同作用于下丘脑，其整合指令的传出属于广泛性的输出，通过自主神经系统、躯体运动神经系统和内分泌系统三种途径以维持体温的稳定。

1. 自主神经系统

自主神经通过对心血管系统、呼吸系统等的影响，改变机体的产热和散热过程。如寒冷刺激可使交感神经兴奋，引起代谢增强，产热增加，同时皮肤血管和竖毛肌收缩，引起体表温度降低，被毛耸立，以减少散热。而在热应激时，交感神经兴奋性降低，皮肤小动脉舒张，动－静脉吻合支开放，皮肤血流量因而大大增加，一方面较多的体热从机体深部被带到机体表层，皮肤温度升高，散热作用增强。另一方面，交感神经控制汗腺，兴奋时引起汗液大量分泌，使蒸发散热增加；副交感神经支配唾液腺，其兴奋时唾液分泌增加也有利于蒸发散热。

2. 躯体神经系统

躯体神经改变骨骼肌的活动（如肌紧张、战栗等），引起机体的战栗产热。此外还控制动物的行为变化，如炎热时动物寻找阴凉处并展开肢体以增加散热，加强热辐射；而在寒冷时则身体蜷缩，拥挤在一起，或寻找较温暖的环境以减少散热，防止体温下降。

3. 内分泌系统

下丘脑还通过垂体分泌促甲状腺激素和促肾上腺皮质激素控制甲状腺和肾上腺的分泌，调节机体的代谢性产热和散热过程。最主要和最直接参与体温调节的激素是甲状腺激素和肾上腺素。如果动物被暴露在寒冷之中，除引起战栗产热外，此时肾上腺分泌增加，肾上腺素和去甲肾上腺素促进糖和脂肪在体内的分解，可增加产热；肾上腺皮质激素促进糖原异生和脂肪分解，也有增加产热的作用。如果动物长期在寒冷环境中，会通过甲状腺素分泌增加，加速细胞内的氧化过程，促进分解代谢，提高基础代谢率使体温升高。若动物长期处于热紧张状态，会通过降低甲状腺的功能，使基础代谢下降，此时摄食量下降、嗜睡以减少产热。

四、恒温动物对环境的适应

（一）动物的耐热与抗寒

骆驼的耐热能力最强，在饮水供应充足的情况下，可长期耐受炎热而干燥的环境。主要是加强体表的蒸发散热和使体温升高来调节体温；马有发达的汗腺，主要依靠出汗散热，具有一定的耐热能力。牛的耐热能力不如羊，役用牛的耐热性能强于乳牛。水牛的汗腺不发达，皮肤色深而厚，热应激时主要以水浴来散热。猪的耐热能力弱，尤其仔猪更弱。家禽由于没有汗腺，热应激时主要靠热性喘息散热。

家畜的抗寒能力一般较强。马、牛和羊在 −18℃时仍能够调节体温恒定。猪的抗寒能力低于其他动物。家禽通过增加羽毛的密度和使羽毛蓬松而增加绝热性能。

（二）动物对高温与低温的适应

哺乳动物对寒冷环境的适应能力强于对高温的适应能力。恒温动物对高温、低温环境的生理性适应可分为三种形式：

1. 习服

习服指动物短期（通常数周～数月）生活在极端环境温度（寒冷或炎热）中所发生的生理适应性调节反应。在寒冷的环境中，通常战栗产热是增加产热和维持体温的主要方式。冷习服的主要变化是，由战栗产热转变为非战栗产热，即通过肾上腺素、去甲肾上腺素和甲状腺素分泌的增加，使糖代谢率提高、褐色脂肪储存增多。动物经过冷习服后，在严寒中存活的时间延长，其代谢率可持续增强，但启动产热调节的临界温度并无明显降低。

2. 风土驯化

随着季节性变化，机体的生理性体温调节逐渐发生改变，以适应环境温度，称为风土驯化。如在从夏季经秋季到冬季的过程中，动物的代谢率并没有增高，有的反而降低，故在冬季仍能保持体温恒定。这种适应过程中被毛的变化和血管舒张的适应性有重要意义。

3. 气候适应

动物由于自然选择，经过多代遗传改变之后，适应于生活在寒冷（或炎热）的气候中，叫作气候适应。动物的遗传特性亦发生变化，不仅本身对当地的温度环境表现良好的适应能力，而且能传给后代，成为该物种的特点。如寒带品种动物有较厚的被毛和皮下脂肪层，是最有效的绝热层，保温效率高，深部血管有良好的逆流热交换能力，不到极冷，代谢不升高，临界温度显著降低，如北极狐的临界温度可低至 −30℃。在极冷的条件下无须提高代谢率，体温也能保持正常水平并能很好地生存。寒带和热带动物的体温相差不大，都有大致相等的直肠温度。可见气候适应并不改变动物的体温。

（三）动物的休眠

休眠（dormancy）是动物在不良条件下维持生存的一种独特的生理适应性反应。休眠有季节性休眠和非季节性休眠（日常休眠）。季节性休眠持续时间较长，受季节限制，分为冬眠（hibernation）和夏眠（aestivation）。在温带或高纬度地区，很多无脊椎动物、鱼类、两栖类、爬行类、鸟类和哺乳动物要进入冬眠状态。热带地区的某些动物则具有夏眠。非季节性休眠，指动物一天的某时段不活动，呈现低体温的休眠。

在休眠状态下，动物机体的生理活动降至最低限度，休眠过程中不能摄食，仅靠机体内储存的营养物质维持生命的代谢需要。休眠时，动物的体温降低、基础代谢下降、心率和呼吸频率减慢，借此节约和保存能量，以度过困难时期，在一定时间后或一定条件下再苏醒过来。

1. 冬眠

在温带或高纬度的地区，随着冬季到来，许多的小型哺乳动物就进入洞内，开始冬眠。此时，动物昏睡，体温下降到与环境温度相近的水平，心率和呼吸频率极度减慢，代谢降到最低限度。冬眠期间，机体组织对缺氧具有极强的适应能力，而不会因缺氧造成损伤。在环境温度适宜时又自动苏醒，称为出眠。苏醒时，动物的产热和散热活动同时迅速恢复，心率加快，呼吸频率增加，肌肉开始阵发性收缩。苏醒的热量来自肌肉的收缩和褐色脂肪组织的氧化，热量通过血液迅速输送到神经和心脏等重要组织，使其快速升温达到正常温度。随后身体的其他组织也开始升温，直至恢复到体核温度。动物的冬眠体温的变化主要是下丘脑体温调定点的变化结果。在苏醒这个高度协调的生理过程中，神经系统起到主要的作用，内分泌系统在准备冬眠和冬眠中也起到一定的作用。

在寒冷的冬季，许多变温的脊椎动物，以及软体动物、甲壳动物、蜘蛛和昆虫等均进入麻痹的休眠状态，也称为冬眠。变温动物与恒温动物的冬眠机制不同，但都有降低机体消耗来度过困难冬季的生物学意义。许多水生的无脊椎动物冬天藏于水底的淤泥中休眠。

脊椎动物中的鱼类、两栖类、爬行类中的很多种类有冬眠。鸟类中蜂鸟，哺乳类中刺猬、蝙蝠和许多啮齿类（如山鼠、跳鼠、仓鼠、黄鼠和旱獭）也要冬眠。另外，熊、獾和猩猩等大型肉食性哺乳动物也有类似冬眠的状态，只是冬眠程度较浅，不能进行持续性的深眠，故又称为假冬眠。哺乳动物的冬眠是从睡眠开始，冬眠与睡眠有许多相似之处，但冬眠和睡眠是两种不同的生理现象。

2. 夏眠（蛰伏）

夏眠主要指动物在高温和干旱时期的休眠现象。夏眠动物大多是生活在赤道地区和热带的动物，种类不多。夏眠与冬眠的特征相似，首先是体温下降，直到与气温接近。夏眠前动物体内积累了一些脂肪等营养物质，动物的失水也可能是引起夏眠的主要原因，如肺鱼在干旱时可引起夏眠。

 小　结

新陈代谢是生物体生命活动的基本特征。新陈代谢包括物质代谢和能量代谢，物质代谢过程中伴随的能量释放、转移、储存和利用，称为能量代谢。动物体通过摄食、消化吸收过程摄入营养物质，如糖、蛋白、脂肪，这些都包含有能量，它们在体内经过一系列的生物氧化过程，产生能量，一部分是热能，另一部分是化学能，化学能转移到 ATP 的高能磷酸键中作为机体各种活动的能源。肌肉活动、精神活动、食物的特殊动力作用和环境温度都可以影响机体的能量代谢。通过直接测热法和间接测热法可以测定机体的能量代谢状态。体温指的是机体深部的平均温度，是机体在代谢过程中不断产生热能的结果。在神经内分泌系统调节下使机体的产热和散热过程保持动态平衡，从而使体温维持相对稳定。对于恒温动物，体温保持相对稳定才能保证有机体新陈代谢的正常进行。

思考题

1. 影响能量代谢的主要因素有哪些？它们怎样影响能量代谢？
2. 机体的散热方式主要有哪几种？根据散热原理，如何降低高热病畜的体温？
3. 视前区 – 下丘脑前部在体温调节中起哪些作用？
4. 体温相对恒定有何重要意义？机体是如何维持体温相对恒定的？
5. 临床接诊病例中，为什么发热病畜常伴有战栗反应？
6. 以犬为例，动物体温常用的测量部位有哪些？早、晚有何不同？

第九章

泌尿生理

○知识导图
○学习基础
○学习要点

　　粪便是机体主要的排泄物吗？排泄的正确含义是什么？为什么动物（包括人）耐受饥饿的能力比耐受缺水的能力强，或者说机体可以暂时缺乏营养，但不能缺乏水分？相反，长期营养过剩会导致肥胖，但医生总是建议人们多喝水。多喝的水通过什么途径排出体外？机体水平衡的调节是如何实现的？大量出汗时尿量一般会减少，剧烈呕吐或腹泻时尿量也会减少，这是为什么？大失血时尿量会有变化吗？为什么饭菜过咸时会引起口渴？而在夏天，医生建议人们喝淡盐水补充体内水分，这不是相互矛盾吗？口渴一定是机体缺水的信号吗？请认真学习本章，并联系其他章节知识，你会找到问题的答案或解决问题的线索。

　　机体新陈代谢产生的终产物，必须及时排出体外，以维持内环境的相对稳定。动物将体内新陈代谢产生的终产物、进入体内过多或不需要的物质（包括异物、药物及其代谢产物或毒物）等经血液循环运输到排泄器官排出体外的过程称为排泄（excretion）。消化道内未被吸收的食物残渣（粪便；未经血液循环进入机体组织）由肛门（泄殖腔）排出体外的过程称为排遗，不属排泄。

　　就陆栖脊椎动物而言，具有排泄功能的器官有肾、肺、肝、胃肠道和皮肤，因此排泄的途径归纳为四条：①呼吸系统，以气体的形式通过呼吸排出 CO_2、少量水分和一些挥发性物质；②皮肤，以汗液（显性或不显性出汗）的形式排出部分水分、无机盐和尿素等；③消化系统，以粪便的形式将肝脏排入肠道的胆色素以及肠黏膜分泌的一些无机盐（钙、镁、铁等）排出体外；④泌尿系统，以尿的形式排出大量代谢终产物和异物，如尿素、尿酸、肌酸、肌酐、药物等，以及部分过量摄入的和代谢产生的水、电解质等。由此可见，肾是机体最重要的排泄器官，因为经由肾排泄的物质不仅数量大，而且种类多。鱼类的鳃除具哺乳类肺的功能外（吸收 O_2、排出 CO_2），还兼有哺乳类肾的功能，能排泄一些盐类、NH_3 和尿素。

　　尿生成过程中肾在神经体液的调节下，通过控制尿液的质和量，参与机体稳态（包括水、电解质、渗透压、酸碱平衡等）的调节。此外，肾还具内分泌功能，能分泌肾素、促红细胞生成素等多种生物活性物质。

第一节　尿液的组成及理化性质

尿液是肾生理活动的产物，其理化性质和组成反映了机体的代谢活动和肾的机能状态。对特定种类的动物而言，机体代谢活动正常、肾机能良好时，其尿液的组成和理化性质相对稳定；如果机体代谢活动发生变化或肾机能出现异常，则尿液的组成及理化性质就会发生相应的变化。因此，在兽医临床和畜牧生产实践中，通过对尿液的检测和分析，可以帮助诊断疾病或了解机体的代谢情况。

一、尿液的组成

尿液的组成因动物的种类、食性、机体的代谢状况不同而异。尿液的组成以水分为主，占 96% ~ 97%；固形物质占 3% ~ 4%。固形物质中包括有机物和无机物，有机物主要有尿素、尿酸、肌酸、肌酸酐、马尿酸、草酸、胆色素、葡萄糖醛酸酯、某些激素和酶等；无机物主要有钾、钠、钙、铵等的盐酸盐、硫酸盐、磷酸盐和碳酸盐等。

二、尿液的理化性质

健康动物尿液的理化性质相对稳定，常随动物的生理状态、食物和饮水量、环境温度等因素的变化而在一定范围内波动。健康哺乳动物的尿液多呈淡黄色或黄色透明状，马属动物和家兔的尿液因含大量 $CaCO_3$ 和黏液表现为黏性混浊液。尿液的比重一般与固形物含量成正比，也与尿量有关。尿液一般为高渗液，当动物饮用大量清水后的短时间内，可能会排出低渗尿。一般而言，肉食动物因食物中的蛋白质含量高，在体内代谢产生的硫酸盐、磷酸盐多，尿液多呈酸性；由于植物中含有大量有机酸的钾盐和钠盐，在体内代谢生成 $KHCO_3$ 和 $NaHCO_3$ 随尿排出，所以草食动物的尿液多呈碱性；杂食动物尿液的酸碱性取决于食物的性质（表 9-1）。

表 9-1　健康动物尿液的理化性质

动物	尿量 /（mL·kg^{-1}·d^{-1}）	相对密度	渗透压 /mOsm	pH	颜色	透明度
马	3.01 ~ 8.0	1.020 ~ 1.050	800 ~ 2000	7.80 ~ 8.30	黄白色	混浊有黏性
牛	17.0 ~ 45.0	1.025 ~ 1.045	1000 ~ 1800	7.60 ~ 8.40	草黄色	稀薄透明
山羊	7.0 ~ 40.0	1.015 ~ 1.062	600 ~ 2480	7.50 ~ 8.80	草黄色	稀薄透明
绵羊	10.0 ~ 40.0	1.015 ~ 1.045	600 ~ 1800	7.50 ~ 8.80	草黄色	稀薄透明
猪	5.0 ~ 30.0	1.010 ~ 1.050	400 ~ 2000	6.25 ~ 7.55	淡黄色	稀薄透明
犬 [*]	21.0 ~ 41.0	1.015 ~ 1.045	600 ~ 2000	5.50 ~ 7.50	淡黄色	清亮
猫 [*]	22.0 ~ 30.0	1.035 ~ 1.060		5.50 ~ 7.50	淡黄色	清亮

[*] 犬、猫资料引自祝俊杰，2005。

第二节　肾的解剖和功能特点

一、肾的解剖特点

在哺乳动物肾（kidney）的剖面上可看到肾皮质（renal cortex）和肾髓质（renal medulla）两部分。肾髓质内的锥形部分称肾锥体，其顶部称肾乳头（renal papilla）。

（一）肾单位和集合管

肾单位（nephron）是肾生成尿液的结构和功能单位，与集合管共同完成泌尿活动。肾单位由肾小体（renal corpuscle）和肾小管（renal tubule）组成（图 9-1）。

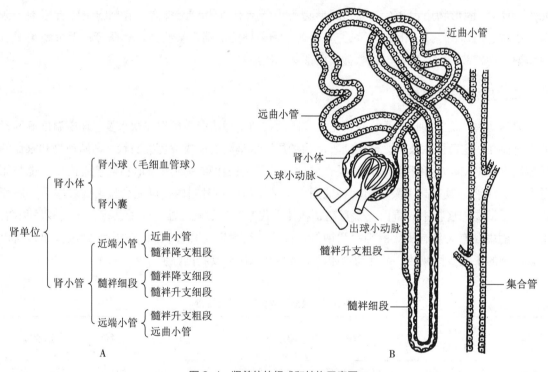

图 9-1　肾单位的组成和结构示意图

肾小体包括肾小球（renal glomerulus）和肾小囊（鲍曼囊）（renal capsule；Bowman's capsule）。肾小球位于肾小体的内部，由入球小动脉（afferent arteriole）和出球小动脉（efferent arteriole）之间的一团毛细血管网构成。肾小囊包裹在肾小球的外面，由脏层和壁层构成；肾小球毛细血管上皮基底层与肾小囊的脏层共同构成肾小球的滤过膜；肾小囊壁层的延续就是肾小管；脏层与壁层之间的腔隙为肾小囊囊腔。

肾小管按其部位和形态分为近端小管（proximal tubule）、髓袢（loop of Henle）和远端小管（distal tubule）。近端小管的弯曲部分称近曲小管，直行部分为髓袢降支粗段。髓袢按其走向分为降支（descending limb）和升支（ascending limb），按管径不同降支和升支均有粗段与细段之分；

髓袢降支包括髓袢降支粗段和细段，升支包括髓袢升支细段和粗段。远端小管的直行部分为髓袢升支粗段，弯曲部分称远曲小管。远曲小管与集合管（collecting duct）相连。

集合管虽不包括在肾单位内，但它在尿液的浓缩和稀释过程中起着重要作用。多条远曲小管汇合到一条集合管，然后汇入肾乳头管，开口于肾乳头。尿液经肾乳头、肾小盏、肾大盏、肾盂、输尿管进入膀胱（bladder），暂时储存。

（二）皮质肾单位和近髓肾单位

肾单位按其在肾中的位置不同分为皮质肾单位（cortical nephron）和近髓肾单位（juxtamedullary nephron）。皮质肾单位主要分布于肾的外皮质层和中皮质层，其肾小球体积小，入球小动脉比出球小动脉粗；髓袢短，最深只达外髓层；其出球小动脉再次分成毛细血管分布到肾小管周围。近髓肾单位分布在内皮质层，靠近髓质，其肾小球体积大，髓袢长，可深入到内髓层，有的甚至抵达肾乳头部；入球和出球小动脉无显著的口径差异；其出球小动脉不仅形成缠绕肾小管的毛细血管网，还形成细长的 U 形直小血管，与髓袢相伴而行（图 9-2），可将多余的溶质和水带回血液循环。髓质肾单位在尿的浓缩与稀释中起重要作用。

不同动物肾中这两类肾单位的数目和比例不同，与水代谢强度有关。猪、河马、象、驯鹿等动物的皮质肾单位多，水代谢率高，近髓肾单位不超过 15%；马、

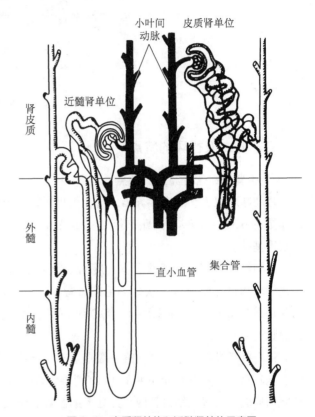

图 9-2 皮质肾单位和近髓肾单位示意图

驴、牛等近髓肾单位 20% ~ 40%，水代谢率较低；羊、骆驼等的近髓肾单位为 40% ~ 80%，水代谢率更低。

（三）肾小球旁器

肾小球旁器又称球旁器或近球小体（juxtaglomerular apparatus，JGA，图 9-3），主要分布在皮质肾单位，由球旁细胞（juxtaglomerular cell）、球外系膜细胞（extraglomerular mesangial cell）和致密斑（macula densa）构成。球旁细胞是入球小动脉管壁中一些特殊分化的平滑肌细胞，内含分泌颗粒，可合成、储存和释放肾素（renin）。球外系膜细胞是位于入球小动脉、出球小动脉和致密斑之间的一群细胞，细胞聚集成一锥形体，其底面朝向致密斑。这些细胞具有吞噬和收缩等功能。致密斑是位于远端小管起始部、邻近入球小动脉一侧的肾小管上皮细胞，此处的上皮细胞变为高柱状、核密集、色浓染，呈现斑纹隆起，故称致密斑。致密斑可感受小管液中 NaCl 含量的变化，并将信息传递给球旁细胞，调节肾素的分泌。

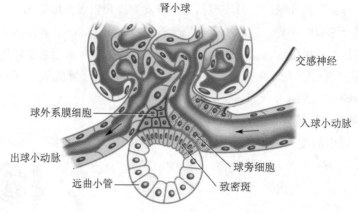

图 9-3　肾小球旁器示意图

（图中标注：肾小球、交感神经、球外系膜细胞、入球小动脉、出球小动脉、球旁细胞、远曲小管、致密斑）

二、肾血液循环的特点

（一）肾的血管分布及其特点

肾动脉从腹主动脉直接分出，管径粗且短，血流量大，占心输出量的 1/5～1/4，而两个肾只占体重的 0.3%～0.7%。因此，肾是机体供血量最丰富的器官之一，这是尿液成为"有源之水"的结构基础。

肾动脉进入肾门后逐级分支：叶间动脉－弓形动脉－小叶间动脉－入球小动脉－肾小球毛细血管－出球小动脉－再次分为毛细血管（缠绕在肾小管和集合管周围，近髓肾单位的出球小动脉还分出 U 形直小血管）－汇合成小叶间静脉－弓形静脉－叶间静脉－肾静脉－肾门，入下腔静脉返回心脏。

肾内有两级毛细血管网，第一级是入球、出球小动脉之间的肾小球毛细血管网，此处毛细血管血压较高（皮质肾单位更明显），有利于血浆滤过生成原尿。出球小动脉再次分支缠绕在肾小管周围形成第二级毛细血管网，此处毛细血管血压较低，有利于肾小管内物质的重吸收。近髓肾单位的出球小动脉除形成第二级毛细血管外，还形成细长的 U 形直小血管，与髓袢和集合管伴行深入到髓质。直小血管的升支和降支在髓质不同水平均有吻合支，这有利于髓质渗透压梯度的维持。

（二）肾血流量的调节

1. 肾血流的自身调节

当动脉血压在一定范围内（10.7～24 kPa）波动时，肾血流量仍保持相对恒定。肌源学说认为，肾小球入球小动脉平滑肌的紧张性能随肾动脉血压变化而发生相应舒缩反应。当血压升高时，血管收缩，阻力增大，血流量不会显著增加；相反，血压降低时血管舒张，血流量不会明显减少。当血压变化很大时，超出自身调节的范围，肾血流量就会随全身血压的变化而变化。

2. 神经体液调节

交感神经兴奋引起肾血管收缩，血流量减少；去甲肾上腺素、血管紧张素、抗利尿激素均能引起肾血管收缩，血流量减少。而前列腺素可使肾血管舒张，血流量增加。

第三节 尿的生成

尿液的生成包括三个环节：①肾小球对血浆的滤过作用，形成原尿；②肾小管和集合管对小管液的选择性重吸收；③肾小管和集合管的分泌与排泄作用。

一、肾小球的滤过作用

血液流经肾小球毛细血管时，血浆中的一部分水和大部分晶体物质通过肾小球滤过膜进入肾小囊囊腔的过程，称为肾小球的滤过作用，生成的超滤液（ultrafiltrate）称为原尿。实验证明，原尿中除不含血细胞和血浆蛋白外，其他成分与血浆基本相同，所以原尿近似于无蛋白血浆。单位时间（每分钟）内两肾生成的超滤液量称为肾小球滤过率（glomerular filtration rate，GFR）；单位时间（每分钟）内两肾的血浆流量称肾血浆流量（renal plasma flow，RPF）。肾小球滤过率与肾血浆流量的比值叫作滤过分数（filtration fraction，FF）。据测定，50 kg猪的肾小球滤过率为 $100 \text{ mL} \cdot \text{min}^{-1}$，肾血浆流量为 $420 \text{ mL} \cdot \text{min}^{-1}$，肾小球滤过分数约24%，可见流经肾的血浆有近1/4经肾小球滤过进入肾小球囊腔中。肾小球滤过膜的通透性和肾小球有效滤过压是原尿生成的结构基础和动力。

（一）肾小球滤过膜的通透性

肾小球滤过膜由肾小球毛细血管的内皮细胞、基膜和肾小囊脏层的足细胞三层结构组成，是滤过原尿的主要机械屏障。毛细血管内皮细胞有许多70~90 nm的窗孔，能阻挡血细胞通过。基膜位于血管内皮细胞和肾小囊脏层足细胞之间，是一种微纤维网结构，有2~8 nm的网孔，是滤过膜的主要滤过屏障，水和部分晶体溶质物质可以通过。肾小囊脏层上皮细胞具有足状突起，这种足状突起之间形成不规则的裂隙膜，其上有4~11 nm的小孔，是滤过膜的最后屏障。

血管内皮细胞表面富含带负电荷的糖蛋白（如唾液酸蛋白等），基膜层含有带负电荷的葡萄糖胺的硫酸基团，这就构成了滤过膜的电学屏障，对带负电的大分子产生静电屏障作用。血浆中的溶质能否通过滤过膜，既与溶质分子的大小（有效半径）有关，又与它所带的电荷性质及电荷量有关。用不同大小的中性右旋糖酐分子做试验，中性小分子右旋糖酐分子容易透过，半径超过一定值的中性大分子右旋糖酐几乎不能透过，中等分子的右旋糖酐随着直径的增大透过率减小。用带不同电荷的右旋糖酐试验发现，直径相同的情况下，带正电荷的右旋糖酐易透过，带负电荷的右旋糖酐难透过。一般而言，有效半径小于2.0 nm的中性分子可自由滤过，有效半径大于4.2 nm的物质不能滤过，有效半径在2.0~4.2 nm之间的物质随着有效半径的增加，滤过量减少。有效半径约为3.6 nm（分子量 9.6×10^5）的血浆白蛋白因带负电荷而难以滤过。机械屏障与电学屏障作用使滤过膜对血浆物质的滤过具有高度选择性，这对原尿的生成起着决定性的作用。

（二）肾小球有效滤过压

滤过膜两侧均有促进和阻止滤过的力量：肾小球毛细血管一侧，肾小球毛细血管血压促进滤过，血浆胶体渗透压阻止滤过；肾小囊囊腔一侧，超滤液（原尿）胶体渗透压促进滤过，超滤液静水压（肾小球囊内压）阻止滤过（图9-4）。超滤液中蛋白质含量很少，超滤液胶体渗透压可忽略不计，其他三种力量的和称为肾小球有效滤过压（glomerular effetive filtration pressure），这是原尿生成的动力。

肾小球有效滤过压 = 肾小球毛细血管血压 −（血浆胶体渗透压 + 肾小球囊内压）

微穿刺测定发现，慕尼黑大鼠肾小球毛细血管的入球端到出球端，血压下降不多，几乎相等，约 6.00 kPa；入球端血浆胶体渗透压为 2.67 kPa；囊内压为 1.33 kPa，所以入球端的有效滤过压 = 6.00−（2.67 + 1.33）= 2 kPa。血液从肾小球毛细血管的入球端向出球端流动过程中，在有效滤过压作用下，水和晶体物质不断滤出，滞留在血管中的蛋白质大分子物质浓度不断升高，血浆胶体渗透压随之升高，结果有效滤过压逐渐减小，当有效滤过压降到零时，净滤过为零，滤过达到平衡（图 9-4）。可见，尽管肾小球毛细血管全段都有滤过作用，但只有从入球小动脉开始到有效滤过压为零的这一段毛细血管才发生滤过作用。滤过平衡越靠近出球小动脉，发生滤过作用的毛细血管越长，滤过面积就越大，滤过率也就越高；反之，滤过率则低。

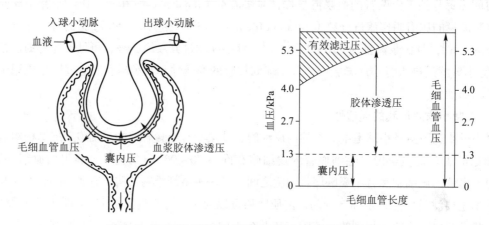

图 9-4　肾小球有效滤过压示意图及肾小球滤过平衡示意图

二、肾小管和集合管的重吸收作用

肾小球超滤液（原尿）由肾小囊进入肾小管后称为小管液（tubular fluid）。小管液流经肾小管和集合管时，其中的溶质和水分被小管上皮细胞选择性地重新吸收回血液，这个过程称肾小管和集合管的重吸收（reabsorption）作用。原尿经肾小管和集合管的重吸收、排泄与分泌作用，最后从肾乳头汇入肾小盏，成为终尿（final urine），也就是我们通常所说的尿液。

（一）重吸收的意义

原尿与终尿相比，无论在质上还是量上均有很大差别。从质上看，原尿近似无蛋白血浆，含有大量多种有用成分，如氨基酸（包括漏出的少量蛋白质）、葡萄糖，钠、钾、氯、HCO_3^- 等无机盐，而终尿则为代谢废物；从量上看，终尿只有原尿的 1% 左右，水分及其他有用成分被有效地保留在体内，这主要归功于肾小管和集合管的重吸收作用。可见，肾小管和集合管的重吸收作用既保证了肾能有效地排出代谢终产物、体内过剩的物质与异物，又能避免营养物质的流失，还能实现对机体酸碱平衡等的调节，所以肾小管的重吸收对尿液的生成起着至关重要的作用。

（二）重吸收的部位、方式和途径

各段肾小管和集合管均有重吸收功能，但近端小管是重吸收的主要部位，这一区段重吸收的物质种类多、数量大，小管液中全部葡萄糖、氨基酸，85% 的 HCO_3^-，67% 的 Na^+、Cl^-、K^+ 和水在近端小管中被重吸收，而且不受神经体液的调节（图9-5）。剩余的水分和电解质在髓袢、远端小管和集合管被陆续重吸收，少量未被重吸收的水分和其他物质随尿排出。远端小管和集合管重吸收的物质种类和数量虽少，但受神经体液因素的调节，是机体调节水、盐平衡和酸碱平衡的主要部位，从这个意义上讲又是非常重要的。

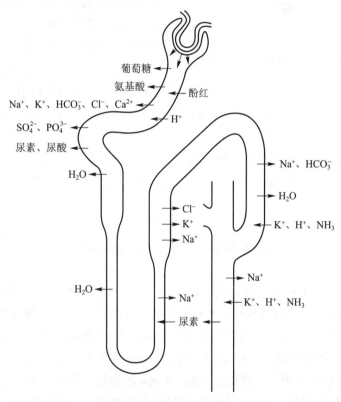

图 9-5 肾小管各段重吸收概况示意图

肾小管和集合管重吸收的方式有主动重吸收和被动重吸收两种形式。被动重吸收指物质顺电化学梯度通过肾小管上皮细胞进入血液的过程，转运的动力是电位差、浓度差或渗透压差，不需要消耗能量。若物质是逆电化学梯度从小管腔转运回血液称主动重吸收，主动重吸收需要消耗能量。根据能量的来源不同，主动重吸收分为原发性主动重吸收和继发性主动重吸收两种。原发性主动重吸收所需要的能量由 ATP 水解直接提供，如钠泵、质子泵和钙泵等；继发性主动重吸收所需能量间接来自 ATP，需要肾小管上皮细胞膜上的协同转运体完成两种或两种以上物质的转运。同向转运指两种物质与细胞膜上的同向转运体蛋白结合，以相同方向通过细胞膜的转运。反向转运是两种物质与细胞膜上的反向转运体（又称逆向转运体或交换体）结合，以相反方向通过细胞膜的转运（图9-6）。带不同电荷（一正一负）的两种物质的同向转运，或带相同电荷的两种物质的反向转运都不会造成电位（差）的改变，这种转运称电中性转运；相反，则

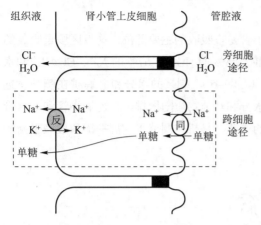

图 9-6 同向和反向转运体，跨细胞和旁细胞途径

称生电性转运。

物质跨小管上皮转运有两条途径：跨细胞途径和旁细胞途径（图 9-6）。跨细胞途径包括跨细胞重吸收和跨细胞排泄，如肾小管上皮基底膜上的钠泵将 Na^+ 泵入组织，使细胞内 Na^+ 浓度降低，而上皮细胞游离面一侧的 Na^+ 通道或同向转运体将小管腔内的 Na^+ 运到细胞内，这就是跨细胞重吸收。注射进入体内的青霉素，随血液循环进入肾小管上皮细胞，再经肾小管上皮细胞将其转运到小管腔，这就是跨细胞排泄。同样，旁细胞途径也包括旁细胞重吸收和旁细胞排泄两种作用。如随着电解质的重吸收造成细胞间质局部高渗，小管腔中的水在渗透压的作用下，经细胞间的紧密连接直接进入细胞间隙而被重吸收，此为旁细胞重吸收。

（三）各段肾小管与集合管重吸收的特点

肾小管各段对小管内物质的重吸收不尽相同，根据其特点分为近端小管、髓袢、远端小管和集合管三部分分别阐述。

1. 近曲小管的重吸收

这是肾小管重吸收最多、最重要的部分，基本为非选择性重吸收。将几种重要物质的重吸收分述如下。

（1）Na^+、HCO_3^-、Cl^- 的重吸收　原尿中的 Na^+ 绝大部分（99%）被肾小管和集合管重吸收，这对维持细胞外液的总量和渗透压稳定具有十分重要的意义。Na^+ 的重吸收以主动重吸收为主，其中钠泵起了关键作用。钠泵位于小管上皮细胞的基底膜，将细胞内的 Na^+ 泵到细胞间隙，使细胞内 Na^+ 浓度降低，负电荷增加。Na^+ 的主动重吸收还能带动葡萄糖或氨基酸的偶联转运，随着 Na^+、葡萄糖和氨基酸的重吸收，肾小管细胞组织间隙的渗透压升高，在渗透压作用下，小管液中的水随之渗透到组织间隙。随着水、Na^+ 在细胞间隙的积蓄，管周局部静水压升高，这一压力促进 Na^+ 和水进入邻近毛细血管，也使一小部分 Na^+ 和水通过小管上皮细胞之间的紧密连接，返回小管腔，这一现象称回漏（back-leak）。因此，Na^+ 的实际重吸收量等于主动重吸收量减去回漏量。

小管液中的 HCO_3^- 不易透过管腔膜，HCO_3^- 的重吸收是以 CO_2 的形式吸收的。血液中的 $NaHCO_3$ 经肾小球滤过进入肾小管，并以解离状态 Na^+ 和 HCO_3^- 存在。肾小管上皮细胞内有碳酸酐酶，催化 CO_2 和 H_2O 生成 H_2CO_3，后者解离出 H^+ 和 HCO_3^-。通过肾小管上皮细胞的 Na^+-H^+ 交换作用，将细胞内的 H^+ 分泌到小管腔；同时小管液中的 Na^+ 进入细胞，与细胞内的 HCO_3^- 一同转运到血液（图 9-7）。小管液中的 HCO_3^- 与分泌出来的 H^+ 生成 H_2CO_3，再分解产生 H_2O 和 CO_2。CO_2 是脂溶性的，可以自由扩散进入小管细胞。总之，钠泵不断将小管细胞内的 Na^+ 泵入组织间隙，促进了 Na^+-H^+ 交换，H^+ 的分泌带动了 HCO_3^- 的重吸收（以 CO_2 的形式）。有些药物（如乙酰唑胺）对碳酸酐酶有抑制作用，H^+ 的生成减少，影响 Na^+-H^+ 交换，$NaHCO_3$ 重吸收随之减少。

在近曲小管前半段，葡萄糖、氨基酸、HCO_3^-、水随 Na^+ 被大量重吸收，在近曲小管后段小管液中 Cl^- 的浓度明显升高，高出小管周间组织 20%～40%，Cl^- 顺电化学梯度通过旁细胞途径而被动重吸收。Cl^- 的重吸收使小管液中的负电荷减少，这又为 Na^+ 的被动重吸收创造了条件，Na^+ 也可以通过旁细胞途径少量重吸收。

（2）K^+ 的重吸收　原尿中的 K^+ 绝大部分（90% 以上）被肾小管重吸收，其中约 67% 在近端小管重吸收，终尿中的 K^+ 主要由远端小管和集合管分泌而来。小管液中 K^+ 的浓度

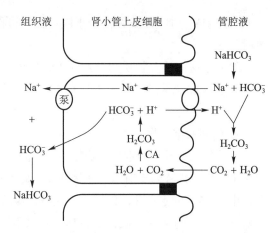

图 9-7　肾小管上皮细胞 Na^+-H^+ 交换（CA 碳酸酐酶）

（4 mmol·L^{-1}）明显低于细胞内 K^+ 浓度（150 mmol·L^{-1}），据此认为 K^+ 是逆浓度梯度重吸收的，但其机理尚不清楚。也有人认为，近端小管对 K^+ 的重吸收是经旁细胞途径被动转运的。

（3）Ca^{2+} 的重吸收　机体中的 Ca^{2+} 主要以钙盐的形式储存在骨骼内，体液中的 Ca^{2+} 虽然量少，但对维持神经、肌肉的兴奋性以及一些酶活性、血液凝固等具有十分重要的作用。血液中的 Ca^{2+} 约一半与血浆蛋白结合而不被肾小球滤过，进入原尿的游离 Ca^{2+}，大部分在近曲小管重吸收，且与 Na^+ 的重吸收平行。近曲小管对 Ca^{2+} 的重吸收有主动和被动方式。主动转运是跨细胞途径，小管上皮细胞内 Ca^{2+} 的浓度远低于小管液中 Ca^{2+} 浓度，细胞内电位低于小管液，这样小管液中的 Ca^{2+} 在这种电化学梯度的作用下扩散进入小管上皮细胞内，细胞内的 Ca^{2+} 经基底膜上的 Ca^{2+}-ATP 酶和 Na^+-Ca^{2+} 交换机制逆电化学梯度转运出细胞。部分 Ca^{2+} 由溶剂拖曳方式经旁细胞途径进入细胞间隙。血浆酸碱度能影响远曲小管对 Ca^{2+} 的重吸收，代谢性酸中毒时 Ca^{2+} 的重吸收增加；相反，代谢性碱中毒时 Ca^{2+} 的重吸收减少。另外，一些激素（降钙素、甲状旁腺素）能影响远曲小管和集合管对 Ca^{2+} 的重吸收。

（4）葡萄糖、氨基酸的重吸收　正常情况下，原尿中葡萄糖、氨基酸的含量与血浆相似，而终尿中几乎没有这些物质，这主要依赖于肾小管的重吸收作用。重吸收方式以主动重吸收为主，分别由 Na^+ 依赖性葡萄糖转运体和 Na^+ 依赖性氨基酸转运体实现。通常情况下，原尿中的葡萄糖和氨基酸几乎全部在近端小管重吸收，但这并不意味肾小管对葡萄糖和氨基酸的重吸收能力无限大；相反，任何一种物质在肾小管中的重吸收都有一个最大限度。当血中葡萄糖的浓度超过一定范围时，部分肾小管对葡萄糖的重吸收达到极限，尿中开始出现糖，此时的血糖浓度称为肾糖阈（renal threshold for glucose）。若血糖浓度继续升高，则尿中葡萄糖含量随之进一步增多；当血糖浓度升高到某一值时，所有肾小管对葡萄糖的重吸收均达到或超过其对葡萄糖的最大转运率（maximal rate of transport of glucose），此时尿糖排出率随血糖浓度升高而平行增加。肾糖阈的本质在于肾小管上皮顶膜上转运葡萄糖的同向转运体的数目是有限的（饱和现象）。

某种原因导致机体胰岛素分泌不足时，血浆中葡萄糖就会显著升高，超过肾糖阈，结果尿中出现葡萄糖，用班氏试剂检测尿液时有砖红沉淀出现。

（5）水的重吸收　原尿中 2/3 的水在近端小管重吸收，随着 Na^+、葡萄糖、氨基酸、HCO_3^-

和 Cl⁻ 重吸收，小管液的渗透压下降，在渗透作用推动下，水通过跨细胞途径和旁细胞途径被动重吸收。

除上述这些重要物质的重吸收外，$H_2PO_4^-$、HPO_4^{2-}、SO_4^{2-}、尿素等其他滤过的物质也都被近端小管或多或少重吸收。一些与血浆蛋白结合运输而不能被肾小球滤过的物质，如青霉素、酚红、某些利尿药等，靠肾小管细胞主动分泌作用将其排入肾小管。

2. 髓袢的重吸收

髓袢降支和升支的重吸收功能不尽相同。髓袢上皮细胞膜无刷状缘结构，细胞无线粒体，其代谢水平低。髓袢降支对水的通透性高，此处小管上皮富含水通道蛋白 1（aquaporin 1，AQP1），原尿中约 15% 的水在此段以渗透方式被重吸收（肾髓质渗透压高，有利于水的重吸收）。髓袢降支对 Na⁺、Cl⁻ 的通透性低，由于其中的水不断地渗透到管周组织，髓袢降支内溶质浓度和渗透压越来越高。

髓袢升支细段对水几乎不通透，但对 Na⁺、Cl⁻ 和 K⁺ 的通透性高，小管液中的 Na⁺、Cl⁻ 和 K⁺ 可顺着浓度梯度被动扩散到管周组织中，参与内髓渗透梯度的形成。

髓袢升支粗段的转运较为复杂。此段对水的通透性仍较低，但能主动重吸收 Na⁺、Cl⁻ 和 K⁺，并能分泌 H⁺。实验证明，髓袢升支粗段管腔内为正电位，因此，Cl⁻ 的重吸收是逆电位梯度主动转运；若加入钠泵的选择性抑制剂（哇巴因），Cl⁻ 的吸收就会受阻；若灌流液不含 K⁺，则小管内正电位很低，Cl⁻ 的重吸收率也很低。根据这一实验结果，有人提出 Na⁺：Cl⁻：K⁺ = 1：2：1 同向转运模式来解释升支粗

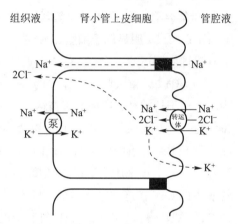

图 9-8　髓袢升支粗段 Na⁺、Cl⁻ 和 K⁺ 转运体示意图

段 NaCl 的继发性主动转运（图 9-8）。此模式认为：①髓袢升支粗段上皮细胞基膜上的钠泵将 Na⁺ 泵入组织间隙，使细胞内 Na⁺ 浓度降低，小管液与细胞内液之间形成较大的 Na⁺ 浓度梯度；② Na⁺、Cl⁻、K⁺ 与管腔膜上的同向转运体结合，形成 1 Na⁺：2 Cl⁻：1K⁺ 的同向转运体复合物，Na⁺ 顺电化学梯度带着 K⁺ 和 Cl⁻ 一同转运至细胞内；③进入细胞内的 Na⁺ 由钠泵主动转运至小管周间组织；Cl⁻ 经基膜上的 Cl⁻ 通道扩散入组织间液；而 K⁺ 则顺浓度梯度经管腔膜上的 K⁺ 通道返回小管液循环使用，并使小管液呈现正电位；④管腔内的正电位还能促进小管液中的 Na⁺ 顺电位差经旁细胞途径而被动重吸收。概括起来，钠泵转运的结果主动重吸收了 1 个 Na⁺，继发性地主动重吸收了 2 个 Cl⁻，被动重吸收了 1 个 Na⁺，这样为 Na⁺ 的重吸收节约 50% 的能量。

髓袢升支粗段对 NaCl 的主动重吸收是形成肾髓质组织高渗的原动力，这种水和盐重吸收的分离在尿液的浓缩和稀释中具有重要意义。呋塞米（furosemide，也称呋喃苯胺酸或速尿）、依他尼酸（ethacrynic acid，也称利尿酸）等利尿剂能作用于髓袢升支粗段，选择性地抑制 Na⁺：2 Cl⁻：K⁺ 同向转运体，干预尿液的浓缩而表现出利尿效应。

3. 远曲小管和集合管的重吸收

远曲小管初始段对水的通透性很低，但仍主动重吸收 NaCl，继续产生低渗小管液。小管液中

的 Na^+、Cl^- 经同向转运体带入小管细胞内，细胞内的 Na^+ 被钠泵泵入细胞间隙，Cl^- 则经基底膜上的 Cl^- 通道扩散到细胞间隙。远曲小管后半段和集合管含两类细胞：主细胞和闰细胞。主细胞重吸收 Na^+、Cl^- 和水，分泌 K^+；闰细胞能分泌 H^+。在此段 Na^+ 重吸收的原动力仍然是基底膜上的钠泵。

远曲小管和集合管对 Na^+ 的重吸收受肾上腺盐皮质激素（醛固酮）的调节，对 Ca^{2+} 的重吸收受降钙素和甲状旁腺素的共同调节，这都属调节性重吸收。

远曲小管和集合管对一定量的 Na^+、Cl^- 和不定量的水重吸收，并能分泌 H^+、K^+ 和 NH_3。这一区段重吸收的最大特点是 Na^+ 和水的重吸收分离，Na^+ 的重吸收受醛固酮调节，水的重吸收受抗利尿激素的调节。此区段小管的调节性重吸收及其排泄与分泌作用对维持体内水、盐、酸碱平衡具有重要意义。

三、肾小管和集合管的分泌与排泄作用

肾小管和集合管的分泌作用是指小管上皮细胞将本身代谢活动产物转运到小管腔的过程；肾小管和集合管的排泄作用是指小管上皮细胞将源于血液的某些物质（如进入体内的青霉素、酚红及一些利尿药，与血浆蛋白结合运输，不能由肾小球滤过）转运至小管腔的过程。实际中对肾小管和集合管的分泌与排泄作用并不做严格区分，因为二者都是小管上皮细胞将体内物质转运到小管腔中。肾小管和集合管通过分泌 H^+、K^+ 和 NH_3，参与维持体液酸碱平衡和电解质平衡。

（一）H^+ 的分泌

近曲小管、远曲小管和集合管都能分泌 H^+，但以近曲小管为主。H^+ 的分泌与 Na^+ 的重吸收相偶联，并伴随着 HCO_3^- 的重吸收。小管上皮细胞代谢产生的 CO_2 或来自于小管液的 CO_2，在细胞内碳酸酐酶的作用下，与 H_2O 结合形成 H_2CO_3，并迅速解离出 H^+ 和 HCO_3^-。在反向转运体的作用下，将细胞内的 H^+ 转运到小管腔，同时将小管液中的 Na^+ 转运至细胞内，我们将此现象称为 Na^+–H^+ 交换。上皮细胞基膜上的钠泵将细胞内的 Na^+ 泵入组织间隙，带动细胞内 HCO_3^- 顺着电化学梯度一起进入组织间隙（见图 9-7）。

远曲小管和集合管，除能分泌 H^+ 外还分泌 K^+，二者的分泌均与 Na^+ 的重吸收偶联，都是 Na^+ 依赖性分泌，即同时存在着 Na^+–H^+ 交换和 Na^+–K^+ 交换，故这两种交换具有竞争性交互抑制。当 Na^+–H^+ 交换增强时，Na^+–K^+ 交换就会减弱，肾小管分泌 K^+ 减少，尿液趋于酸性；反之，Na^+–K^+ 交换增强时，Na^+–H^+ 交换就会减弱，肾小管分泌 H^+ 减少，排出碱性尿。因此，分泌 H^+ 的意义在于：①排酸保碱。肾小管分泌一个 H^+，同时重吸收一个 Na^+ 和一个 HCO_3^-。这对维持酸碱平衡，稳定血浆碱储备（$NaHCO_3$）含量具有重要意义。②酸化尿液。肾小管分泌的 H^+ 可以与小管液中的可滴定碱（HPO_4^{2-}）结合，增加尿液中可滴定酸（$H_2PO_4^-$）的浓度。③促进 NH_3 的分泌（图 9-9）。

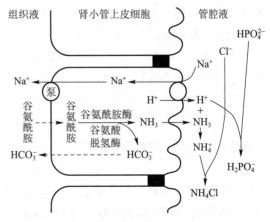

图 9-9　肾小管上皮重吸收 Na^+ 及分泌 H^+ 和 NH_3 示意图

（二）K$^+$ 的分泌

原尿中的 K$^+$ 大部分在近曲小管重吸收，终尿中的 K$^+$ 主要来源于远曲小管和集合管的分泌，且这种分泌与 Na$^+$ 主动重吸收密切相关。远端小管和集合管对小管液 Na$^+$ 的主动重吸收导致小管腔内为负电位，而小管细胞内 K$^+$ 的浓度远高于细胞外（小管液），这种电化学梯度为 K$^+$ 分泌提供了动力。肾小管上皮细胞主动重吸收 Na$^+$ 的同时将 K$^+$ 分泌到小管腔的过程称 Na$^+$–K$^+$ 交换，Na$^+$–K$^+$ 交换与 Na$^+$–H$^+$ 交换存在着竞争性抑制关系。

食物中含有丰富的 K$^+$，K$^+$ 的摄入量与排出量保持动态平衡。一般而言，K$^+$ 的排泄有如下规律，高钾食物尿中排 K$^+$ 多，低钾食物尿中排 K$^+$ 少，禁食、禁水时尿中仍排少量 K$^+$（即吃得多排得多，吃得少排得少，不吃也排）。肾衰竭或严重酸中毒时，肾排 K$^+$ 量减少，会出现高血钾症。

（三）NH$_3$ 的分泌

哺乳动物血浆 NH$_3$ 浓度显著低于尿氨浓度，这表明尿中的 NH$_3$ 主要是肾脏产生和分泌的。研究资料显示，肾内 NH$_3$ 的生成部位主要在近曲小管，一分子谷氨酰胺在小管上皮细胞谷氨酰胺酶和谷氨酸脱氢酶的作用下，生成两分子 NH$_3$ 和两分子 HCO$_3^-$；生成的 HCO$_3^-$ 与 Na$^+$ 一同转运回血液，NH$_3$ 则分泌到肾小管中随尿液排出体外。

NH$_3$ 是脂溶性的，能透过细胞膜自由扩散，扩散的方向决定于小管液和组织液的 H$^+$ 浓度，因为 NH$_3$ 与 H$^+$ 结合形成稳定的 NH$_4^+$，有利于 NH$_3$ 的持续扩散（图 9–9）。通常小管液的酸度较高，NH$_3$ 较易向小管液扩散。NH$_3$ 的分泌方式除这种自由扩散外，还可通过 Na$^+$–NH$_4^+$ 交换实现。在近曲小管上皮细胞，细胞代谢产生的 NH$_3$ 和细胞代谢产生的 H$^+$ 迅速结合形成 NH$_4^+$，后者可以取代 H$^+$ 借助 Na$^+$–H$^+$ 反向转运体被转运至小管腔，这一过程称 Na$^+$–NH$_4^+$ 交换。

NH$_3$ 的分泌具有重要意义：①有利于维持酸碱平衡。NH$_3$ 的分泌不仅与 H$^+$ 分泌相互促进，有利于酸的排出，还能促进新的 HCO$_3^-$ 生成与重吸收，补充血液的碱储备。②有利于解毒。NH$_3$ 是有毒物质，或在肝合成尿素而解毒，或在肾以铵盐的形式随尿排出。

（四）其他物质的排泄与分泌

有些代谢产物，如肌酐、对氨基马尿酸等，既能被肾小球滤过，又能被肾小管排泄分泌；青霉素、酚红等则主要通过肾小管上皮细胞的排泄作用排出，临床上可以利用酚红的这种排泄特点来检查肾功能。酚红是一种对机体无害的染料，经静脉注射入血液后与血浆蛋白结合而运输，尿中的酚红 90% 以上是由近曲小管上皮细胞主动排泄的。因此，根据尿中酚红的排出时间可以间接了解肾的排泄功能是否正常。

第四节   尿的浓缩和稀释

尿的浓缩和稀释是与血浆的渗透压相比而言的，高于血浆渗透压者为浓缩尿，相反为稀释尿，尿的浓度可随体内水的盈亏而发生大幅度变动。体内缺水时排出浓缩尿，水过剩时排出稀释尿。肾的浓缩和稀释功能在维持体液平衡和渗透压稳定中举足轻重。机体内水的吸收依赖于渗透压差，如果肾是等渗透器官的话，怎么会形成高渗尿或低渗尿呢？要么肾不是等渗器官，要么肾中存在着水的主动重吸收。带着这样的疑问，研究人员测定了肾组织的渗透压。冰点法测定结果表明，肾皮质组织液的渗透压与血浆渗透压相同，肾髓质组织液则为高渗，且从外髓区到乳头区渗透压不断升高，呈现出明显的渗透梯度。

一、逆流交换和逆流倍增

肾髓质渗透梯度是如何形成的呢？髓袢是形成髓质渗透梯度的重要结构基础，只有具有髓袢的肾才能形成浓缩尿，髓袢越长，浓缩尿的能力越强。肾小管各段对水和溶质的通透性不同是形成髓质渗透梯度的条件。目前用逆流倍增学说来解释肾渗透梯度的形成。

液体在并列的两个管道中逆向而流就构成逆流现象。若管道一端相通，两管间的隔膜对溶质有通透性或对热有传导性，就构成了逆流交换系统（图9-10A、B）。机体四肢等处的动静脉就存在着逆流交换（counter-current exchange）作用。逆流倍增（counter-current multiplication）现象可用图9-10（C）模型来解释。向甲管中注入 NaCl 溶液，若 M1 膜能主动将 Na^+ 由乙管泵入甲管而对水不通透，则 Na^+ 的浓度在甲管中自上而下逐渐增大，而乙管中自下而上逐渐减小，出现逆流倍增现象，形成渗透梯度。在丙管上端注入低渗溶液，若 M2 膜能让水通过而对溶质不通透，水将因渗透作用进入乙管，使溶液浓缩，从丙管下端流出的将是高渗溶液。髓袢、集合管的结构排列与此逆流倍增模型很相似（图9-10C）。

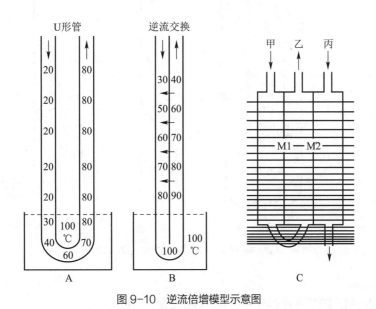

图9-10　逆流倍增模型示意图

二、肾髓质渗透梯度的形成——髓袢的作用

外髓部渗透梯度的形成：髓袢升支粗段能主动重吸收 Na^+ 和 Cl^-，而对水不通透。小管液流经升支粗段时，管内 NaCl 浓度逐渐降低，管外组织间液则变成高渗。

内髓部渗透梯度的形成，通常认为有如下几方面的作用：①远端小管、皮质部和外髓部的集合管对尿素不易通透，当小管液流经这里时，在抗利尿激素作用下，水被重吸收，使小管液中尿素的浓度升高。②内髓部集合管对尿素有很好的通透性，小管液流经此处时，尿素顺浓度梯度由管内向管外扩散，造成内髓组织高渗。③髓袢降支细段对 NaCl、尿素不通透，但对水通透。在渗透压作用下，此段小管液中的水向外扩散到内髓组织中，而小管液中 NaCl 的浓度越来越大，至髓袢转折处达到最大浓度。④髓袢升支细段对 NaCl 通透性大，对尿素有中等程度的通透性，但对水不通透。小管液从髓袢转折处由内髓向外髓方向流动过程中，NaCl 顺浓度差扩散到内髓组织，虽有少量尿素由管外向管内扩散，但比由管内向管外扩散的 NaCl 少得多，故小管液的渗透压逐渐减小。至此，髓袢细段的逆流倍增作用使内髓组织形成高渗梯度。⑤尿素再循环：髓袢升支细段对尿素有中等程度的通透性，由内髓部集合管扩散到组织间液的尿素可进入髓袢细段，随小管液流经升支粗段、远曲小管、皮质部和外髓部集合管（对尿素均不通透），到达内髓集合管，在此又扩散到组织间液进入髓袢细段，形成循环（图 9-11）。

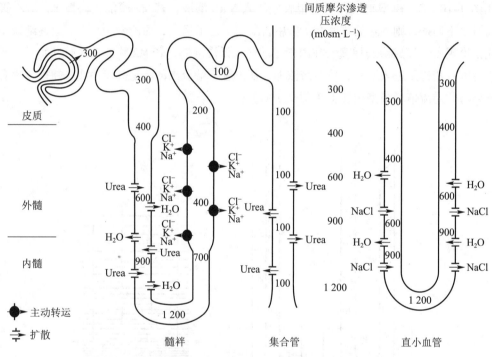

图 9-11　肾渗透梯度的形成及直小血管的逆流交换作用示意图

三、肾髓质渗透梯度的维持——直小血管的作用

近髓肾单位的出球小动脉分支形成 U 形直小血管，与髓袢并行，水和小分子溶质能自由通过直小血管。血液沿直小血管降支由外髓向内髓方向流动过程中，在髓质高渗透压作用下，血中水分向血管外渗透，溶质由组织向血管内扩散，结果血液被逐渐浓缩，在血管转折处血液的浓度和渗透压达最大。血液沿直小血管升支由内髓向外髓方向流动过程中，出现相反的变化，水回到血液，血液又被逐渐稀释，溶质留在髓质，保持肾髓质高渗透梯度不变（图 9-11）。

四、尿液的浓缩和稀释过程

尿的浓缩与稀释主要发生在远曲小管和集合管。集合管与髓袢平行，从近髓部穿过髓质开口于肾乳头，髓质的高渗状态为水的重吸收奠定了基础。但是，要实现尿的浓缩还必须同时具备另一条件，集合管上皮细胞对水有通透性。集合管对水的通透性受抗利尿激素（antidiuretic hormone，ADH）的调控。

（一）尿液的浓缩过程

远曲小管的低渗或等渗小管液流经远曲小管和集合管时，如果血液中有 ADH，则 ADH 与远曲小管和集合管上皮细胞膜上的相应受体结合，激活（实为增多）管腔膜上的水通道，小管液中的水借着渗透压作用不断跨细胞扩散到周围组织，小管内的溶质浓度逐渐升高，尿液得到浓缩。髓质渗透梯度是小管水分重吸收的动力，髓质渗透压越高，集合管跨上皮渗透压差越大，（ADH 存在的情况下）水的重吸收越多，尿的浓缩程度越高。

（二）尿液的稀释过程

若 ADH 缺乏或分泌减少，远曲小管和集合管对水的通透性消失或减小，小管液流经远曲小管和集合管时，水分的重吸收就减少甚至停止，而 Na^+ 的主动重吸收仍然存在，小管液的溶质浓度进一步减少，结果形成稀释尿。

◎肾结石对侧肾积水

第五节　尿生成的调节

尿液的生成有赖于肾小球的滤过，肾小管与集合管的重吸收、分泌和排泄作用。尿液生成的调节也发生在这三个环节。

一、影响肾小球滤过的因素

（一）滤过膜的通透性及有效滤过面积

正常情况下，滤过膜的通透性和滤过面积相对稳定，对滤过影响不大。病理情况下，如急性肾小球肾炎时，肾小球毛细血管管腔变窄或阻塞，滤过膜增厚，通透性降低，滤过面积减小，有滤过功能的肾小球减少，滤过率降低，出现少尿或无尿现象。肾小球肾炎时，滤过膜基层损伤、破裂，上皮细胞的负电荷基团减少，足状细胞的突起融合或消失，使滤过膜的机械屏障和电学屏障作用减弱，通透性增加，血浆蛋白甚至血细胞也会漏入肾小囊，出现蛋白尿或血尿。

（二）肾小球毛细血管血压

肾小球毛细血管血压受全身动脉血压影响，并与入球小动脉和出球小动脉的舒缩状态有关。当动脉血压在正常范围波动时，依靠肾小球毛细血管的自身调节作用，维持局部血流量稳定，肾小球滤过率基本不变。大失血等情况下，血压明显下降，超出了肾的自身调节范围，肾小球毛细血管血压随之下降，有效滤过压减小，原尿生成减少，终尿相应减少。高血压晚期，入球小动脉硬化缩小，肾小球毛细血管血压明显降低，有效滤过压减小，导致少尿。

（三）肾小球囊内压

正常情况下肾小球囊内压较稳定。肾结石、肾肿瘤或其他原因引起输尿管阻塞；某些药物在肾小管中析出；溶血过多，血红蛋白堵塞肾小管等，都会导致囊内压升高，这时肾小球滤过率会降低。

（四）血浆胶体渗透压

正常情况下，血浆胶体渗透压变化不大。静脉快速注入生理盐水时，可使血浆胶体渗透压减小，肾小球滤过率增大。

（五）肾血浆流量

肾血浆流量增大时，肾小球毛细血管内血浆胶体渗透压的上升速度就慢，滤过平衡就靠近出球小动脉，有效滤过压和滤过面积增加，滤过率随之增加，原尿生成增多；反之则减小。严重缺氧、中毒性休克时，交感神经兴奋，肾血流量和血浆流量显著减少，滤过率也减小。

二、影响肾小管和集合管物质转运的因素

（一）肾小球 – 肾小管平衡

近曲小管对溶质和水的重吸收量不是固定不变的，而随肾小球滤过率的波动而变化。滤过率增大，超滤液及其中的钠含量增多，重吸收随之增加；反之亦然。实验表明，无论肾小球滤过率增大还是减小，近曲小管总是定比重吸收（constant fraction reabsorption）的，即近曲小管的重吸收率始终占肾小球滤过率的65%～70%，这种现象称肾小球 – 肾小管平衡（glomerulo-tubulor balance），简称球 – 管平衡。其意义在于使尿液的质和量不因肾小球滤过率的增减而出现大幅度的变化。

定比重吸收的机制与肾小管周围毛细血管血压和胶体渗透压的变化有关。在肾血流量不变的前提下，肾小球滤过率增加，进入近曲小管周围毛细血管的血量就减少，血压下降，而胶体渗透压升高。这会促进小管周围组织间液进入毛细血管，使组织间隙静水压下降，通过紧密连接返回小管腔的回漏量减少，从而使小管液的重吸收量增加，仍可达滤过率的65%～70%。当滤过率减小时发生相反的变化，使重吸收率保持相对稳定。球 – 管平衡在某些情况下会遭破坏，如根皮苷中毒时近曲小管对葡萄糖的重吸收能力减弱，出现渗透性利尿。

（二）肾小管 – 肾小球反馈

肾血流量和肾小球滤过率增加或减少时，到达远曲小管致密斑的小管液的流量随之增减，致密斑能感受小管液中NaCl含量的变化，发出信息，以负反馈方式使肾血流量和肾小球滤过率恢复正常。小管液流量变化影响肾血流量和滤过率的现象称肾小管 – 肾小球反馈（tubulo-glomerular feedback），简称管 – 球反馈。

（三）小管液中溶质的浓度

水的重吸收是从低渗溶液向高渗溶液自由扩散。肾小管内溶质浓度越高，其渗透压也越高，水重吸收的阻力越大，越不利于水的重吸收，产生的尿液也就越多，这种由于小管液中溶质浓度升高造成的尿生成增多现象称为渗透性利尿（osmotic diuresis）。糖尿病患者，因胰岛素分泌不足或缺乏导致血糖显著升高，超过肾糖阈，剩余的糖滞留在肾小管中，增加了小管液的溶质浓度，导致尿量增多。甘露醇、山梨醇等利尿药的作用机制也是如此。当这些药物经静脉注射给药时，

它们能够被肾小球滤过，随原尿进入肾小管，而肾小管对这些药物几乎不重吸收，结果就增加了肾小管液的溶质浓度，引起渗透性利尿。显然，这类药物必须静脉注射才有利尿效应，且注射浓度要高。

（四）抗利尿激素

1. 抗利尿激素的作用

抗利尿激素（ADH）是由下丘脑的视上核和室旁核的神经细胞分泌的 9 肽激素，经下丘脑 – 垂体束到达神经垂体暂时贮存，受刺激后释放出来。其主要作用是提高远曲小管和集合管对水的通透性，促进水的重吸收，是调节尿量和尿液浓度的关键激素。此外，该激素还能促进髓袢升支粗段对 NaCl 的主动重吸收；增强内髓部集合管对尿素的通透性，提高髓质的渗透梯度；引起直小血管收缩，减少髓质血流量。这都有利于尿液的浓缩。

ADH 与远曲小管和集合管细胞膜上的受体结合后，激活与 G 蛋白偶联的腺苷酸环化酶（AC），在细胞内产生第二信使 cAMP，激活蛋白激酶 A，最终引起胞质内含水通道的小泡插入小管细胞的顶膜（管腔一侧的膜）上，增加细胞膜对水的通透性。当 ADH 缺乏时，含水通道的小泡内移进入胞质，管腔膜失去对水的通透性（图 9-12），水的重吸收中止或减少。

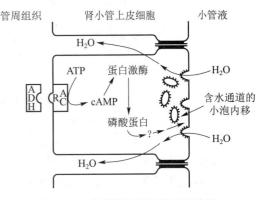

图 9-12 抗利尿激素作用机理示意图

2. 抗利尿激素分泌的调节

调节 ADH 分泌的主要因素有血浆晶体渗透压和循环血量的变化，动脉血压的变化亦有影响。

下丘脑区域存在着晶体渗透压感受器，对血浆晶体渗透压的变化非常敏感。晶体渗透压升高时引起渗透压感受器兴奋，一方面刺激渴觉中枢，产生口渴的感觉；另一方面引起 ADH 分泌增多；反之，晶体渗透压降低时 ADH 分泌就会减少或停止。大量出汗时机体渗透压升高（汗液是低渗的，水多盐少），就会刺激 ADH 分泌，结果远曲小管和集合管对水重吸收增加，尿量减少，有利于保存体内水分（图 9-13）。相反，当一次饮入大量淡水时，水经消化道迅速吸收使血浆晶体渗透压降低，ADH 释放减少，远曲小管和集合管对水的重吸收减少，结果排出大量低渗尿，将体内多余的水排出体外，此现象称水利尿（water diuresis）。

心房和胸腔大静脉内有血容量感受器，循环血量增多时刺激血容量感受器，经迷走神经传入到下丘脑，反射性地抑制 ADH 的合成与释放；相反，大失血、剧烈呕吐或腹泻等导致循环血量减少，则引起 ADH 分泌增加，尿量减少，有利维持血容量。

另外，疼痛、紧张等刺激能引起 ADH 释放，动脉血压升高则抑制 ADH 释放；下丘脑、视上核、室旁核或神经垂体出现病变，都有可能影响 ADH 的合成与释放。

（五）肾素 – 血管紧张素 – 醛固酮系统

1. 肾素 – 血管紧张素 – 醛固酮系统的作用

肾素是肾小球旁器中球旁细胞分泌的一种蛋白水解酶，可将血浆中的血管紧张素原（肝产生）转变为血管紧张素Ⅰ，后者经血液循环［特别是经过肺循环时，在血管紧张素转换酶作用

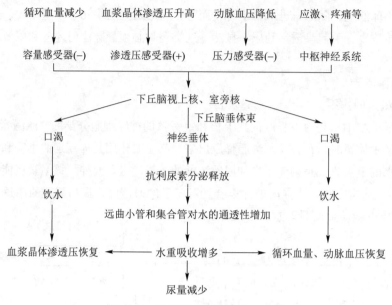

图 9-13　抗利尿激素分泌调节示意图

下]，变成血管紧张素 Ⅱ，再在氨基肽酶作用下脱去一个氨基酸残基，变成血管紧张素 Ⅲ。

　　在三种血管紧张素中，血管紧张素 Ⅱ 的缩血管作用最强；血管紧张素 Ⅰ 几乎无生理活性；血管紧张素 Ⅲ 刺激肾上腺皮质合成分泌盐皮质激素（醛固酮）的作用较血管紧张素 Ⅱ 强。

　　血管紧张素 Ⅱ 与相应受体结合后显示出如下生理效应：①血管平滑肌收缩，外周阻力增大，动脉血压升高；②促进肾上腺皮质合成分泌醛固酮，调节 K^+、Na^+ 转运；③刺激近曲小管对 Na^+、Cl^- 的重吸收；④作用于脑，引起 ADH 释放，增强交感神经系统的活动，还能刺激渴觉中枢。

　　醛固酮的生理作用：促进远曲小管和集合管对 Na^+ 的重吸收，间接促进 K^+ 的分泌，有"保钠排钾"的作用。在促进 Na^+ 重吸收的同时，Cl^- 和水的重吸收也随之增加，维持血浆容量（图 9-14）。

　　2. 肾素 – 血管紧张素 – 醛固酮系统的调节

　　肾素的分泌是肾素 – 血管紧张素 – 醛固酮系统激活的限速步骤，促进肾素分泌的主要因素有：①入球小动脉处的牵张感受器兴奋。肾血流量减少，血压下降时刺激此感受器兴奋；②致密斑感受器兴奋。远曲小管液内 Na^+ 含量减少时，刺激致密斑兴奋；③肾交感神经兴奋。球旁细胞处的小动脉壁内有交感神经支配，交感兴奋促进肾素释放。另外，肾上腺髓质激素也能刺激肾素释放。

　　血 K^+ 浓度升高和 / 或血 Na^+ 浓度降低，能直接刺激肾上腺皮质球（弓）状带分泌醛固酮，促进肾保钠排钾以维持血 Na^+、血 K^+ 浓度相对恒定。

　　（六）其他激素的调节作用

　　1. 甲状旁腺激素

　　甲状旁腺分泌的甲状旁腺激素对肾有如下作用：抑制近曲小管对磷酸盐的重吸收，促进其排泄；促进远曲小管和集合管对 Ca^{2+} 的重吸收，使尿 Ca^{2+} 减少；增强肾小管细胞内羟化酶的活性，

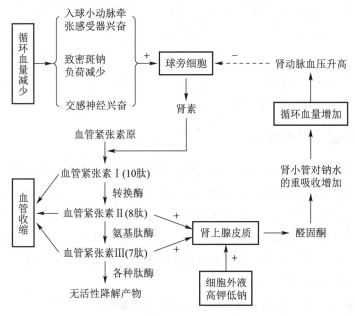

图 9-14　醛固酮分泌的调节及其作用示意图

使 25- 羟维生素 D_3 转变为 $1,25$- 二羟维生素 D_3，间接促进消化道对 Ca^{2+} 的吸收。

2. 降钙素

甲状腺滤泡旁细胞分泌的降钙素对肾脏的作用如下：抑制肾小管对钙、磷的重吸收，促进钙、磷排泄；抑制肾羟化酶的活性，阻止 25- 羟维生素 D_3 的活化，间接抑制消化道对钙的吸收。

3. 心房利钠尿肽

心房利钠尿肽是由心房肌分泌的 28 肽激素，具有促进肾排钠排水的作用。其作用机理有如下几个环节：①关闭集合管上皮细胞膜上的 Na^+ 通道；②引起肾小球毛细血管舒张，促进肾小球滤过；③抑制球旁细胞分泌肾素；④抑制 ADH 分泌。

三、神经调节

一般认为，肾没有或极少有副交感神经分布，而主要受交感神经支配。肾交感神经兴奋时，通过影响肾小球血流量、肾素的分泌和肾近曲小管的重吸收而调节尿的生成。肾交感神经兴奋时：①入球小动脉和出球小动脉收缩，入球小动脉收缩更强，结果肾小球毛细血管血浆流量减少，肾小球毛细血管血压降低，有效滤过压减小，原尿生成减少；②刺激肾小球旁器中球旁细胞分泌肾素，激活肾素 - 血管紧张素 - 醛固酮系统，促进肾小管对 Na^+、Cl^- 和水的重吸收；③促进近曲小管上皮细胞对 Na^+、Cl^- 和水的重吸收，这是通过肾上腺素能 α_1 受体介导的，可被 α_1 肾上腺素能受体阻断剂阻断。

肾除完成泌尿功能，分泌肾素，活化 25- 羟维生素 D_3 外，还能分泌促红细胞生成素和前列腺素。由肾系膜细胞分泌的促红细胞生成素主要作用于骨髓，刺激红细胞的生成。肾髓质乳头部能合成前列腺素 PGA_2 和 PGE_2，引起肾（皮质）局部血管扩张，肾血流量增加。

第六节 排尿

肾生成的尿液经输尿管到达膀胱，暂时贮存。当膀胱内的尿液蓄积到一定量时，刺激牵张感受器，引起排尿反射，将尿液排出体外。

一、膀胱与尿道的神经支配

膀胱平滑肌又称逼尿肌，与尿道交界处有内、外括约肌。膀胱平滑肌和内括约肌受副交感和交感神经的双重支配。副交感神经为来自荐部脊髓的盆神经，兴奋时引起逼尿肌收缩，内括约肌舒张，促进排尿；交感神经来自腰部脊髓的腹下神经，与盆神经的作用相反，阻抑排尿。外括约肌受躯体运动神经，即来自荐部脊髓的阴部神经支配，兴奋时引起外括约肌收缩，阻止排尿。

上述三种神经都含有传入纤维，膀胱充盈感的传入纤维在盆神经中，痛觉传入纤维在腹下神经中，尿道感觉的传入纤维在阴部神经中。

排尿的初级中枢在腰荐部脊髓，高级中枢在脑干和大脑皮质（图9-15）。

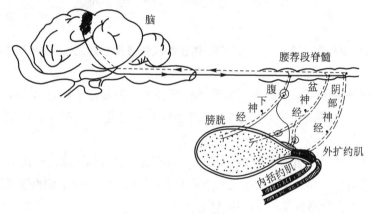

图 9-15 排尿反射示意图

二、排尿反射过程

正常情况下，膀胱内的尿液充盈到一定程度时，内压升高，逼尿肌中的牵张感受器受刺激而兴奋，其冲动沿盆神经先传入脊髓的初级排尿中枢，再上传到脑干和大脑皮层的高级中枢，产生尿意。是否立即排尿，受大脑皮层高级中枢的控制。膀胱的充盈程度，周围的环境等，都会影响大脑皮层的整合功能。若要排尿，在大脑皮层的控制下，脊髓排尿中枢兴奋，冲动经盆神经传出，使逼尿肌收缩，膀胱内压升高，内括约肌舒张；阴部神经冲动减少，使外括约肌松弛，这样，膀胱内的高压尿液经尿道排出体外。尿液经过尿道时刺激尿道感受器，反射性地引起排尿活动加强，直至膀胱中的尿液全部排完。排尿结束后，引起排尿反射的刺激因素被解除，初级排尿中枢在高级中枢的调控下受到抑制，逼尿肌紧张性减弱，内、外括约肌紧张性加强，膀胱又进入蓄尿状态。

排尿的最高中枢在大脑皮层，能够形成条件反射。在宠物驯养或畜牧生产实践中，条件允许的情况下可以训练宠物或家畜到指定地点排尿，有利于环境卫生和饲养管理。

尿的生成和排尿是两个既相对独立又相互影响、协调统一的过程，任何一个环节发生异常都会对泌尿活动造成不同程度的影响。比如输尿管、膀胱或尿道发生结石或肿瘤，或者逼尿肌麻痹，造成尿路阻塞、排尿障碍或排尿不能时，必然会影响到肾的泌尿活动，严重时可危及生命。

小　结

除肺、皮肤、消化道能排出部分代谢终产物外，绝大部分代谢终产物以尿的形式由肾排出，所以肾是机体最主要的排泄器官。肾在形成尿液的过程中，通过调控尿液的量（水分的多少）和质（如钠、钾、钙、镁、铵、氯、碳酸盐等的含量），参与机体渗透压、电解质、酸碱平衡的调节。比如，机体喝水多时会排出稀释尿，在缺水的状态下则排出高渗尿以尽可能地保持体内水分。然而，机体无时无刻不在产生代谢废物，尿的生成是持续性的，加之皮肤蒸发等，所以机体一直向体外排出水分，故机体对缺水很敏感。尿液的生成过程包括三个相互联系的环节，肾小球的滤过作用、肾小管和集合管的重吸收、排泄和分泌，由肾单位和集合管协同作用而完成。尿量和尿质的调节主要依赖于神经体液因素，调节尿量的激素主要有抗利尿激素，此外还有心房利尿钠肽；调节尿液中 Na^+、K^+、Ca^{2+}、Mg^{2+} 等离子的排出主要有盐皮质激素、降钙素、甲状旁腺素；而肾素 – 血管紧张素 – 醛固酮系统则是把水、盐代谢和血液循环联系起来的纽带。肾除生成尿液，参与水、盐代谢调节、渗透压平衡和酸碱平衡调节外，还能分泌生物活性物质，如促红细胞生成素、肾素等激素，调节红细胞的生成和血管舒缩，参与全身性生理活动的调节。

思考题

1. 什么是排泄，体内主要的排泄器官及其排泄物有哪些？

2. 肾血液供应有何特点？试分析其与泌尿的关系。

3. 试述尿生成的过程以及影响尿生成的因素。

4. 试述尿的浓缩与稀释过程。

5. 试述抗利尿激素和醛固酮的作用及其分泌的调节。

6. 静脉快速注射生理盐水、大量饮入生理盐水及大量饮清水后尿量的变化及其原因是什么？动物大量失血后尿量有何变化？简述其原因。

7. 博美犬，5岁，雄性，突然发病，频做排尿姿势，强力努责，仅有少量尿液滴出。腹部触诊膀胱充盈、敏感。试简要解释。

（1）该犬可能患何种疾病？诊断的主要依据是什么？

（2）患犬的排尿异常属于频尿、多尿、少尿、尿失禁、还是尿闭？造成该症状的原因是什么？

（3）尿液检查可能发现该犬出现哪种类型的尿液？为什么？

8. 一西伯利亚哈士奇犬，多饮、多尿、多食且伴有腹泻，体重减轻。血液检查发现血糖达 $8.8\ mmol \cdot L^{-1}$（正常 $3.3 \sim 6.7\ mmol \cdot L^{-1}$）。试简要解释。

（1）该犬可能患何种疾病？诊断的主要依据是什么？

（2）造成患犬多饮和多尿的原因是什么？

第十章

内分泌

动物的内分泌系统也是调节机体功能活动的重要系统之一，它的调节作用是以激素作为信息载体，通过体液传递而实现。那么，体内传递信息的主要激素有哪些？这些激素分别是由哪些器官或细胞所分泌？激素对靶细胞的作用机制如何？各种激素有哪些生理作用？体内激素浓度受到哪些因素的影响？本章将回答这些问题。

内分泌系统是动物机体活动的重要调节系统之一，其通过分泌激素传递信息，以体液调节的方式与神经系统共同调节机体的各种功能活动，如维持细胞的新陈代谢，调节动物的生长、发育和生殖，保证内环境稳态等。研究发现，内分泌系统还与免疫系统有着紧密的联系，内分泌、神经与免疫系统密切配合、相互影响，构成既复杂又严密的神经 – 内分泌 – 免疫调节网络（neural-endocrine-immune regulatory network），适应内外环境的变化，共同完成机体功能活动的整合，保证生命活动的正常进行（详见第三章神经生理）。

第一节　概述

一、内分泌器官和内分泌细胞

内分泌（endocrine）是指腺细胞将其产生的特殊化学物质（即激素）直接分泌到体液中，并以体液为媒介对靶细胞产生调节效应的一种分泌方式。具有这种功能的细胞则称为内分泌细胞（endocine cell）。内分泌细胞集中的腺体统称为内分泌腺，其具有典型的腺体结构。与外分泌腺不同之处在于无导管、分泌物通过血液或组织液作用于特定的细胞而发挥调节作用，所以又称为无管腺。动物的主要内分泌腺包括松果体、垂体、甲状腺、甲状旁腺、肾上腺、胰腺、性腺等（图 10-1）。

随着内分泌研究的进展，动物体内除了典型的内分泌腺外，还发现大量具有内分泌功能的细胞并不形成典型的腺体，而是分散存在于其他特定功能器官组织中，它们分泌的特殊化学物质也通过体液或直接扩散的方式调节其他细胞的功能。脑、心、肝、肾、消化器官、胎盘等除自身特定功能外，还兼有内分泌功能。如下丘脑的某些细胞能分泌神经调节肽（neuromedin）调节腺垂体的活动；胃、肠、胰腺除消化功能外，分散存在于其中的内分泌细胞分泌的胃肠激素具有调节代谢等广泛的功能；心房肌除收缩功能外，还分泌调节循环与肾功能的心房利尿钠肽。这些内分泌细胞的发现，使内分泌的概念不断延伸与扩展，同时也说明了动物生理功能调节的整体性。而内分泌系统（endocrine system）是由机体的内分泌腺和散布于全身各处的内分泌细胞所组成，通过体液途径来调控机体功能的系统。内分泌系统可感受内、外环境的刺激，最终通过作为化学信使的激素产生调节效应。

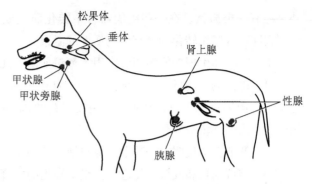

图 10-1 动物内分泌腺分布示意图

◎促胰液素的发现

激素（hormone）是由内分泌腺或器官组织的内分泌细胞所合成和分泌的高效能生物活性物质，它以体液为媒介，在细胞之间递送调节信息。经典概念认为，激素通过血流将所携带的调节信息递送至机体远处的靶细胞，实现长距细胞间通讯，所以内分泌也称远距分泌（telecrine）或血分泌（hemocrine）。现代研究表明，激素还可通过旁分泌（paracrine）、神经内分泌（neuroendocrine）、自分泌（autocrine）、胞内分泌（intracrine）以及释放到体内管腔中即腔分泌（solinocrine）等短距细胞通讯方式传递信息（图 10-2）。

激素主要来源于三个方面（表 10-1），除来源于经典的内分泌腺体，以及散在的内分泌细胞

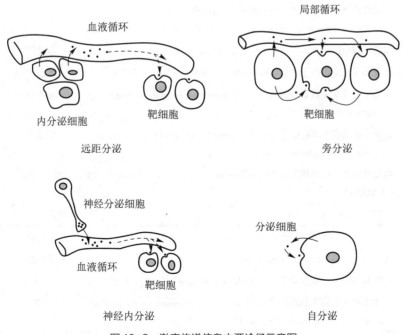

图 10-2 激素传递信息主要途径示意图

外，还有一类激素，在一些组织器官中转化而生成，如血管紧张素Ⅱ和1,25-二羟维生素 D_3，分别在肺和肾组织转化为具有生物活性的激素。

激素对机体生理功能的调节作用大致包括以下几方面。

（1）维持内环境的稳态：激素参与水和电解质的平衡、酸碱平衡、体温、血压的调节过程，还参与应激等反应，与神经系统、免疫系统协调，构成神经-内分泌-免疫网络，整合机体功能，适应内外环境的变化。

（2）调节新陈代谢：多种激素参与细胞的物质和能量代谢，维持机体的营养和能量平衡。

（3）维持生长和发育：促进全身组织细胞的发育，保证各器官的正常生长发育和功能活动。

（4）调节生殖过程：调控生殖器官的发育和成熟以及各种生殖活动，促进生殖细胞的生成，保证个体生命的延续。

二、激素的分类

激素的来源复杂，种类繁多，其化学性质直接决定激素对靶细胞的作用机制。根据化学结构可将激素分为胺类、多肽/蛋白质类以及脂类激素三大类（表10-1）。

表10-1　动物激素的主要来源与化学性质

主要来源	激素名称	主要靶器官	化学性质
下丘脑	促甲状腺激素释放激素（thyrotropin-releasing hormone，TRH）	腺垂体	3 肽
	促性腺激素释放激素（gonadotropin-releasing hormone，GnRH）	腺垂体	10 肽
	促肾上腺皮质激素释放激素（corticotropin-releasing hormone，CRH）	腺垂体	41 肽
	生长激素释放激素（growth hormone releasing hormone，GHRH）	腺垂体	44 肽
	生长激素释放抑制激素（生长抑素）[growth hormone release-inhibiting hormone（somatostatin），GHRIH（SS）]	腺垂体	14 肽
	催乳素释放因子（prolactin releasing factor，PRF）	腺垂体	肽类
	催乳素释放抑制因子（prolactin release inhibiting factor，PIF）	腺垂体	多巴胺
	促黑（素细胞）激素释放因子（melanocyte stimulating hormone releasing factor，MRF）	腺垂体	肽类
	促黑（素细胞）激素释放抑制因子（melanocyte stimulating hormone release inhibiting factor，MIF）	腺垂体	肽类
	血管升压素（抗利尿激素）[vasopressin（antidiuretic hormone），VP（ADH）]	肾、血管	9 肽
	缩宫素（oxytocin，OXT）	子宫、乳腺	9 肽
腺垂体	促肾上腺皮质激素（adrenocorticotropic hormone，ACTH）	肾上腺	39 肽
	促甲状腺激素（thyroid-stimulating hormone，TSH）	甲状腺	双链糖蛋白
	卵泡刺激素（促卵泡激素）（follicle-stimulating hormone，FSH）	性腺	双链糖蛋白
	黄体生成素（间质细胞刺激素）[luteinizing hormone（interstitial cell stimulating hormone），LH（ICSH）]	性腺	双链糖蛋白

续表

主要来源	激素名称	主要靶器官	化学性质
	生长激素（growth hormone，GH）	骨、软组织	蛋白质类
	催乳素（prolactin，PRL）	乳腺等	蛋白质类
	β- 促脂素（β-lipotropin，β-LPH）	脂肪细胞	蛋白质类
	促黑（素细胞）激素（melanocyte stimulating hormone，MSH）	黑素细胞	13 肽
甲状腺	甲状腺素（四碘甲腺原氨酸）（thyroxine，T_4）	全身组织	胺类
	三碘甲腺原氨酸（triiodothyronine，T_3）	全身组织	胺类
甲状腺 C 细胞	降钙素（calcitonin，CT）	骨、肾等	肽类
甲状旁腺	甲状旁腺激素（parathyroid hormone，PTH）	骨、肾等	84 肽
胰岛	胰岛素（insulin）	多种组织	51 肽、双链
	胰高血糖素（glucagon）	肝、脂肪组织	29 肽
	生长抑素（somatostatin，SS）	消化器官等	14 肽
	胰多肽（pancreatio polypeptide，PP）	消化器官	36 肽
肾上腺皮质	糖皮质激素（如皮质醇）（glucocorticoid）	多种组织	类固醇类
	盐皮质激素（如醛固酮）（mineralocorticoid）	肾等	类固醇类
肾上腺髓质	肾上腺素［adrenaline（epinephrine），AD（E）］	多种组织	胺类
	去甲肾上腺［noradrenaline（norepinephrine），NA（NE）］	多种组织	胺类
卵巢	雌二醇（estradiol，E_2）	腺垂体	类固醇类
	雌三醇（estriol，E_3）	骨、肾等	类固醇类
	孕酮（progesterone，P）	子宫、乳腺等	类固醇类
	松弛素（relaxin）	子宫颈	肽类
睾丸	睾酮（testosterone，T）	生殖器官	固醇类
胎盘	人绒毛膜促性腺激素（human chorionic gonadotrophin，hCG）	卵巢	肽类
	绒毛膜生长催乳素（chorionic somatomammotropin，CS）	胎儿	蛋白质类
心房	心房利钠尿肽（atrial natriuretic peptide，ANP）	血管、肾等	21 肽、23 肽
肝	胰岛素样生长因子（insulin-like growth factor，IGF）	多种组织	70/67 肽
肾	1,25- 二羟基维生素 D_3（1,25-dihydroxyvitamin D_3）	多种组织	固醇类
	促红细胞生成素（erythropoietin，EPO）	骨髓	165 肽
胸腺	胸腺素（thymosin）	T 淋巴细胞	肽类
消化道	促胃液素（gastrin）	骨、肾等	肽类
	缩胆囊素（cholecystokinin，CCK）	骨、肾等	33 肽
	促胰液素（secretin）	胰腺	27 肽
血浆	血管紧张素 II（angiotensin II）	心血管、肾	8 肽
松果体	褪黑激素（melatonin，MT）	多种组织	胺类
各种组织	前列腺素（prostaglandin，PG）	全身组织	脂肪酸衍生物

（一）胺类激素

胺类激素（amine hormone）多为氨基酸的衍生物，主要包括甲状腺激素、儿茶酚胺类激素和褪黑素等。属于儿茶酚胺的肾上腺素与去甲肾上腺素等由酪氨酸修饰而成，具有亲水性，水溶性强，在血液中主要以游离形式运输，在膜受体的介导下发挥作用。甲状腺激素是含碘酪氨酸缩合物，脂溶性强，在血液中99%以上与血浆蛋白结合而被运输。甲状腺激素可通过扩散或转运系统直接与细胞核内受体结合发挥调节作用。褪黑素是由色氨酸作为原料合成而来。

（二）多肽 / 蛋白质类激素

多肽 / 蛋白质类激素（polypeptide/protein hormone）的分子量有很大差异，从最小的 3 肽分子到近 200 个氨基酸残基组成的多肽链。这类激素种类繁多、分布广泛，都为亲水性激素（hydrophilic hormone），水溶性强，分子量大，在血液中主要以游离形式存在和运输。这类激素通常不能进入细胞，主要通过与靶细胞的膜受体结合，而启动细胞内信号转导系统引起细胞生物效应。下丘脑、垂体、甲状旁腺、胰岛和胃肠道等部位分泌的激素大多属于此类。

胺类和多肽 / 蛋白质类激素的化学结构中都含有氮元素，过去又将它们合称为含氮类激素。

（三）脂类激素

脂类激素（lipid hormone）指以脂质为原料修饰合成的激素，主要包括类固醇激素和脂肪酸衍生的生物活性甘烷酸类物质。

（1）类固醇激素（steroid hormone）　类固醇激素因其共同前体是胆固醇而得名，其典型代表是孕酮、醛固酮、皮质醇、睾酮、雌二醇和胆钙化醇。其中，前五种激素分子结构为 17 碳环戊烷多氢菲母核（四环结构）加上一些侧链分支。类固醇激素合成的过程十分复杂，不同细胞所含酶系的差异使得中间产物不尽相同。类固醇激素的分子量小，且因属于亲脂性激素（lipophilic hormone），血液中 95% 以上的类固醇激素与相应的运载蛋白结合而运输。此类激素多直接与胞质或核受体结合引起调节效应。1,25- 二羟维生素 D_3 即钙三醇（calcitriol），因其四环结构中的 B 环被打开，故也称固醇激素（sterol hormone）。

（2）甘烷酸类（eicosanoid）　包括由花生四烯酸转化而形成的前列腺素族、血栓素类和白细胞三烯类等。这类物质的合成原料来源于细胞的膜磷脂，所以几乎所有组织细胞都能产生此类激素，其可作为短程信使广泛参与细胞活动的调节，即多以旁分泌、自分泌、内在分泌形式发挥作用。这类激素既可通过膜受体，也可通过胞内受体转导信息。

三、激素作用的一般特征

激素虽然种类很多，且作用复杂，但它们在对靶细胞发挥调节作用的过程中却表现出下列共同特性。

（一）信使作用

激素是一种信使物质或传讯分子，它在细胞与细胞之间进行信息传递时，既不提供额外能量，也不能附加新功能，仅起着"信使"作用，其作用是调节细胞固有的生理生化反应，加速或减慢胞内新陈代谢的速度。

（二）相对特异性作用

激素释放进入组织液或血液后与体内大部分细胞接触，但只选择地作用于某些器官、组织和细胞，这种特性称为激素作用的特异性。激素作用的器官、组织和细胞分别称为激素的靶器官、靶组织和靶细胞。有些激素选择性地作用于某一内分泌腺体，称为激素的靶腺。激素作用的特异性与靶细胞存在能与该激素发生特异性结合的受体有关。由于靶细胞的激素受体不同，使得激素的作用具有特异性，且各种激素的作用范围存在很大差异。有些激素的作用非常局限，只作用于某一个靶腺，如腺垂体分泌的促激素主要作用于外周靶腺；而有些激素的作用范围却极为广泛，无特定的靶腺，如生长激素、甲状腺激素和胰岛素等，几乎可作用于全身各处的细胞，这取决于激素受体的分布范围，这就是激素作用的相对特异性。激素作用的特异性并不是绝对的，有些激素可与多个受体结合，即有交叉现象，只是与不同受体亲和力有所差异，如糖皮质激素既可与糖皮质激素受体结合，又可与盐皮质激素受体结合。

（三）高效作用

生理状态下，激素在血液中的浓度很低，多在 $p\,mol\cdot L^{-1}\sim n\,mol\cdot L^{-1}$ 的数量级。如此低水平的激素却可表现出很强的生物学效应，这就是激素的高效性。其原因在于激素与靶细胞的受体结合后，引发细胞内信号转导程序，经逐级放大后形成一个效能极高的生物放大系统，称为激素放大效应。因此，体液中激素含量虽低，但其作用十分强大，例如 1 分子的肾上腺素通过 cAMP–蛋白激酶 A 通路引起肝糖原分解，可生成 $10^8\,mol$ 葡萄糖，其生物效应约放大了上万倍。有些激素还可促使细胞内多种第二信使的生成，进而从不同通路改变靶细胞的活动，这也是激素放大效应的体现。

（四）相互作用

内分泌腺和内分泌细胞虽然分散于机体各处，但它们分泌的激素以体液为媒介彼此联系、相互影响，共同维持生理功能的相对稳定。当多种激素共同参与某一生理功能的调节时，激素与激素之间往往存在着协同或拮抗作用。协同作用（synergistic effect action）是指多种激素联合作用时所产生的效应大于各激素单独作用所产生效应的总和。如生长激素与胰岛素都有促进生长的效应，当两者同时应用使动物的体重显著增加（图 10-3）。拮抗作用（antagonistic action）是指两种或两种以上激素作用于同一组织细胞，它们产生的生物效应相反。如生长激素、肾上腺素，糖皮质激素及胰高血糖素，通过不同的作用环节升高血糖，而胰岛素则通过促进糖原合成等机制降低血糖，与上述激素的升高血糖效应有拮抗作用。激素之间的协同作用与拮抗作用可以发生在受体水平，也可以发生在受体后信号转导过程，或者是细胞内酶促反应的某一环节。

有的激素本身并不能对某些细胞直接产生生理效应，但它却能增强另一种激素的作用，它的存在是其他激素发挥生理作用的必要条件，这种现象称为允许作用（permissive action）。例如，糖皮质激素（如皮质醇）本身对心肌和血管平滑肌的收缩并无调节作用，但它的存在可使儿茶酚胺（如去甲肾上腺素）对心血管活动的调节明显加强，这就是糖皮质激素对儿茶酚胺类激素的允许作用

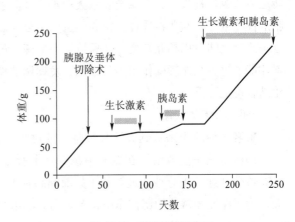

图 10-3 激素的协同作用

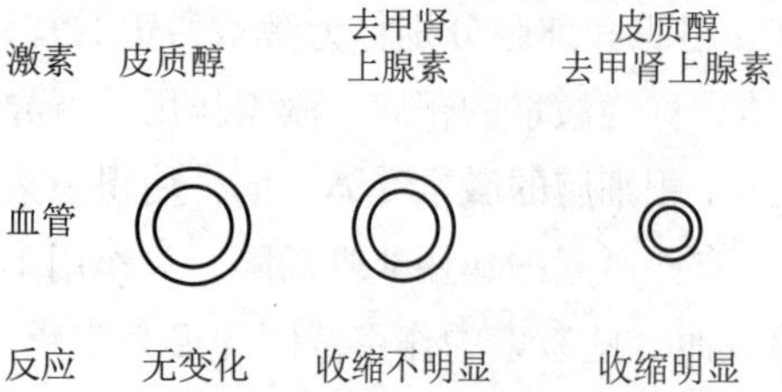

激素　皮质醇　　去甲肾
　　　　　　　　上腺素

皮质醇
去甲肾上腺素

血管　◎　　　◎　　　◎

反应　无变化　收缩不明显　收缩明显

图 10-4　激素的允许作用

（图 10-4）。这可能是由于糖皮质激素上调了儿茶酚胺类受体的表达或调节受体后的信号转导通路，而表现出对儿茶酚胺类激素作用的调节和支持。另外，化学结构上类似的激素能够竞争结合同一受体，这种现象称为激素的竞争作用（competitive action）。例如，盐皮质激素与孕激素在结构上有相似性，盐皮质激素与孕激素均可结合盐皮质激素受体，但盐皮质激素与盐皮质受体的亲和力远高于孕激素，所以，盐皮质激素在较低浓度就可发挥作用。当孕激素的浓度较高时，可竞争结合盐皮质激素受体，而减弱盐皮质激素的作用。

四、激素的合成、分泌、转运和代谢

（一）激素的合成

肽类和蛋白质激素的合成与一般蛋白质合成过程相似，即先在细胞核内将 DNA 中的遗传信息转录到 mRNA，然后在细胞质中通过 mRNA 的翻译过程形成多肽激素链。通常是先形成比激素分子大的前体物质，即前激素原（pre-prohormone），前激素原进入内质网经裂解脱去一肽段成为激素原（prohormone），最后经高尔基复合体包装和降解形成有活性的激素。类固醇激素、胺类激素不是直接由基因转录和翻译产生，而是依靠细胞质或分泌小泡内产生的各种专门的酶，通过一系列酶促反应过程以胆固醇、酪氨酸等为原料而合成。

（二）激素的分泌

内分泌细胞合成的激素释放到体液中的过程，称为分泌（secretion）。各种激素由于其合成和储存的方式不同，分泌的方式也有较大的差异。含氮类激素合成后都以颗粒形式在细胞内储存，然后经胞吐作用从细胞分泌至体液中；类固醇激素很少储存，它们合成后主要通过单纯扩散经细胞膜释放到体液中。

（三）激素的转运

激素分泌后，经体液扩散到靶细胞的过程，称为激素的转运。转运的路程有的很短，如下丘脑释放的激素经垂体门脉系统到达腺垂体的靶细胞；有的较长，如腺垂体–性腺轴激素的转运。转运方式也多种多样，如肽类和胺类等水溶性激素能直接溶于血浆，以游离状态随血液转运，而脂溶性激素必须与非特异性或特异性蛋白结合才能转运，只有少量呈游离状态。游离态激素与结合态激素之间可以相互转变，并保持动态平衡。虽然游离态激素比例很低，但只有这些游离态激素才能通过毛细血管壁作用于靶细胞，发挥调节作用。因此，就生理意义而言，激素游离态浓度比结合态更为重要。

（四）激素的代谢

激素从释放出来直到失活并被降解的过程，称为激素的代谢。代谢的速度通常以半衰期表示，即激素的浓度或活性在血液中减少一半所需要的时间。各种激素的半衰期差异较大，一般只有数分钟到数十分钟，最短的（如前列腺素）甚至不到 1 min，较长的如类固醇激素也不过数天。为了保证经常性的调控作用，各种内分泌组织都经常处于活动状态，维持激素在血液中的基础浓度，并随着机体内环境的变化而不断调整它们的分泌速率。激素发挥作用后大多在靶组织被降解，也可在肝、肾等被降解与破坏，随胆汁经粪和尿排到体外；极少量激素也可不经降解，直接随尿、乳等排出。

五、激素的作用机制

激素对靶细胞作用的实质是通过与相应受体的结合，从而启动靶细胞内一系列信号转导程序，最终改变细胞内的活动状态，引起该细胞固有的生物效应。激素对靶细胞产生调节作用主要经历以下四个环节：①受体识别。靶细胞受体对激素的识别和结合；②信号转导。激素与靶细胞的特异性受体结合后便启动细胞内信号转导系统。③细胞反应。激素诱导终末信号改变细胞固有功能，即产生调节效应。④效应终止。通过多种机制终止激素所诱导的细胞生物反应。随着分子生物学技术的发展，有关激素作用机制的研究已取得了飞速发展，迄今其仍是细胞生理学基础研究的重要领域。

（一）激素的受体

激素的受体是指靶细胞上能识别并特异性结合某种激素，继而引起各种生物学效应的功能蛋白质。受体与激素具有高度的特异性和亲和力（即受体与激素的结合力）。受体按细胞定位不同可以分为细胞膜受体和细胞内受体（包括胞质受体和核受体）两大类，分别介导水溶性和脂溶性信号分子的作用（图 10-5）。依据激素作用的机制，可将激素分成 I 组与 II 组两大组群（表 10-2）。

（二）激素受体介导的细胞内机制

1. 膜受体介导的激素作用机制

大多数含氮激素（胺类激素、多肽或蛋白质激素）的受体位于细胞膜上，称为细胞膜受体或膜受体。膜受体是一类跨膜糖蛋白，其分子结构是由细胞外区、跨膜区和细胞内区三部分构成。细胞外区含有糖基，是识别激素并与之相结合的部位。膜受体的肽链可以一次或多次穿过质膜形成一个或多个跨膜片段。根据膜受体蛋白质分子跨膜次数不同，可分为七次跨膜受体和单次跨膜受体，前者主要指 G 蛋白偶联受体，后者则包括酪氨酸激酶受体、酪氨酸激酶结合型受体和受体型鸟苷酸环化酶等。膜受体与表 10-2 所列的 II 组激素结合，激活后相继通过细胞内不同的信号通路产生调节效应。

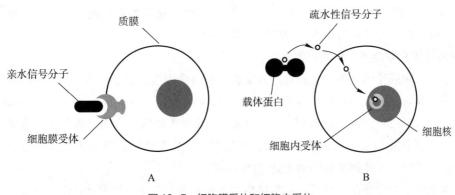

图 10-5　细胞膜受体和细胞内受体

A. 细胞膜受体；B. 细胞内受体

表 10-2 以细胞作用机制归类的部分激素

作用机制归类		激素实例
Ⅰ组激素（脂溶性，与胞内受体结合的激素）		皮质醇、醛固酮、孕激素、雄激素、雌激素、钙三醇、甲状腺素、三碘甲腺原氨酸
Ⅱ组激素（水溶性，与膜受体结合的激素）		
A. G 蛋白偶联受体介导作用的激素		
按第二信使分类	a. 以 cAMP 为第二信使的激素	促肾上腺皮质激素释放激素、生长激素抑制激素、促甲状腺激素、促肾上腺皮质激素、卵泡刺激素、黄体生成素、胰高血糖素、阿片肽、黑素细胞刺激素、β- 促脂素、血管升压素、绒毛膜促性腺激素、降钙素、甲状旁腺激素、血管紧张素Ⅱ、儿茶酚胺
	b. 以 IP$_3$、DG、Ca^{2+} 为第二信使的激素	促性腺激素释放激素、促甲状腺激素释放激素、血管升压素、缩宫素、儿茶酚胺、血管紧张素Ⅱ、血小板衍生生长因子
B. 以酶联型受体介导作用的激素		
按膜受体类型分类	a. 以酪氨酸激酶受体介导	胰岛素、胰岛素样生长因子（IGF-1、IGF-2）、血小板衍生生长因子、上皮生长因子、神经生长因子
	b. 以酪氨酸激酶结合型受体介导	生长激素、催乳素、缩宫素、促红细胞生成素、瘦素
	c. 以受体型鸟苷酸环化酶介导（以 cGMP 为第二信使）	心房利尿钠肽、一氧化氮（受体在胞质中）

　　膜受体介导的作用机制是基于 1965 年由 Sutherland 学派提出的第二信使学说（second messenger hypothesis）。该学说指出：①携带调节信息的激素作为第一信使，先与靶细胞膜中的特异受体结合；②激素与受体结合后，激活细胞内腺苷酸环化酶；③在 Mg^{2+} 存在的条件下，腺苷酸环化酶催化 ATP 转变为 cAMP；④ cAMP 作为第二信使，继续使胞质中无活性的蛋白激酶等下游功能蛋白质逐级磷酸化，最终引起细胞的生物效应（图 10-6）。第二信使学说的提出推动了对激素作用机制的深入研究。此后的研究又提出了 G 蛋白偶联受体介导的跨膜信号转导、酶偶联受体介导的信号转导等多种细胞内信号传递方式。研究证实，除 cAMP 之外，细胞内的 cGMP、三磷酸肌醇（IP$_3$）、二酰甘油（DAG）以及 Ca^{2+} 等化学物质也能作为第二信使。但也有一些膜受体介导的信号转导过程无明确的第二信使产生。

　　2. 胞内受体介导的激素作用机制

　　有些激素无须膜受体介导，它们可进入细胞与胞内受体结合成复合物，直接充当介导靶细胞效应的信使。Jesen 和 Gorski 于 1968 年提出的"基因表达学说"（gene expression hypothesis）认为，Ⅰ组亲脂性激素分子小、呈脂溶性，可透过细胞膜进入细胞，先与胞质受体形成激素 - 胞质受体复合物，受体蛋白发生构象变化，从而使激素 - 受体复合物获得进入核内的能力，二者共同穿过核膜，通过核受体调节基因的表达（图 10-7）。

　　细胞内受体是指定位在细胞质或细胞核中的受体。事实上即使激素受体定位在细胞质，最终也要转入细胞核内发挥作用，因此，这类受体统称为核受体。核受体属于由激素调控的一大类转

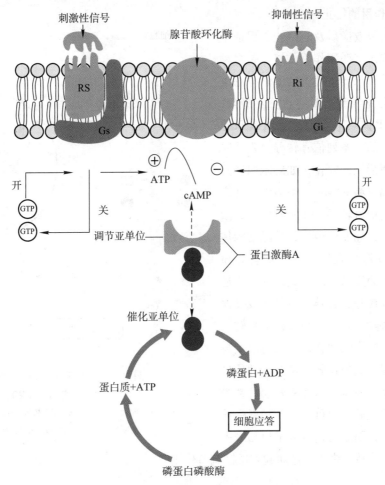

· 图 10-6 膜受体 -cAMP 信号转导系统（改自赵茹茜，2020）

Rs. 兴奋性受体　Ri. 抑制性受体　Gs. 兴奋型 G 蛋白　Gi. 抑制型 G 蛋白

录调节因子，属于一个超家族，种类繁多，一般可分为 Ⅰ、Ⅱ 两大类型。Ⅰ 型核受体也称为类固醇激素受体；Ⅱ 型核受体包括甲状腺激素受体、维生素 D_3 受体和维甲酸受体。核受体多为单肽链结构，含有共同的功能区段，包含激素结合结构域、核定位信号结构域、DNA 结合结构域、转录激活结构域四个功能区。核受体在与特定的激素结合后，作用于 DNA 分子的激素反应原件（hormone response element，HRE），通过调节靶基因转录以及所表达的产物引起细胞生物效应。

激素作用所涉及的细胞信号转导机制十分复杂。上述两种机制只是含氮类激素和类固醇激素简要的作用机理，它们作用机制并非绝对，例如含氮激素可作用于转录和翻译水平而影响蛋白质的生成，而类固醇激素也可通过细胞膜受体以及离子通道引起一些非基因组效应（反应快速，数分钟甚至数秒）。甲状腺激素虽然属于含氮激素，但其作用机制却与类固醇激素相似，它在进入细胞后，直接与核受体结合调节转录过程。有些激素则可通过多种机制发挥不同的作用。事实上，细胞通过为数不多的几种方式来完成多种外界刺激信号的转导过程。不同受体中介的信号转导途径之间，既相对独立，又相互联系、相互影响。细胞的功能及其调节机制非常复杂、精细，形成一个错综复杂的信号网络。

（三）激素作用的终止

激素产生调节效应后及时终止，保证了靶细胞活动的稳态。激素作用的终止是多种因素共同作用的结果。①完善的激素分泌调节系统，使内分泌细胞适时终止分泌激素，如下丘脑–腺垂体–靶腺轴；②激素与受体解离，使下游的一系列信号转导过程及时终止；③某些酶活性的变化，如细胞内磷酸二酯酶活性升高，将 cAMP 分解为无活性产物，终止细胞内信号转导；④降解体系，激素被靶细胞内吞，如发生内化，并经溶酶体酶分解灭活；⑤激素在肝、肾等器官和血液循环中被降解为无活性的形式，如氧化还原、脱氨基、脱羧基、脱碘、甲基化或其他方式被灭活、清除；⑥有些激素在信号转导过程中常生成一些中间产物，能及时限制自身信号转导过程。例如在胰岛素介导的信号转导过程中，酪氨酸蛋白磷酸酶是胰岛素受体的靶酶，其活化后反而可催化胰岛素受体去磷酸化而失活，随后的信号分子也相继去磷酸化，于是信号转导终止，进而起到反馈调节作用。

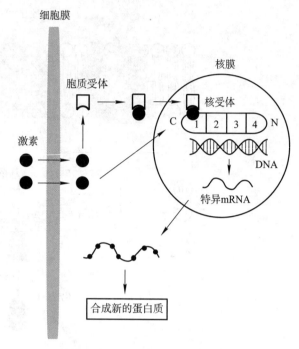

图 10-7 类固醇激素作用机制示意图
（改自赵茹茜，2020）
1. 激素结合结构域　　2. 核定位信号结构域
3. DNA 结合结构域　　4. 转录激活结构域

六、激素分泌的调控

内分泌调节机体活动的物质基础是其分泌的激素，后者的分泌活动受到严密的调控，可因机体的需要适时、适量分泌，及时启动和终止。激素的分泌除有本身的生物节律等分泌规律外，还受神经和体液性因素调节。

（一）生物节律性分泌

许多激素具有节律性分泌的特征，短者表现为以分钟或小时计的脉冲式，长者可表现为月、季等周期性波动。如腺垂体生长激素等一些激素表现为脉冲式分泌，且与下丘脑调节肽的分泌活动同步；褪黑素、皮质醇等表现为昼夜节律性分泌（图 10-8）；性成熟后雌性动物的性激素按性周期呈周期性分泌；有些季节性发情的雌性动物，性激素呈季节性周期分泌；甲状腺激素则存在季节性周期波动。激素分泌的这种节律性受机体生物钟（biological clock）的控制，下丘脑视交叉上核可能是生物钟关键部位。

（二）神经调节

下丘脑是神经系统与内分泌系统相互联络的重要枢纽，下丘脑与外周感觉传入和高级中枢下行通路之间都有广泛的联系。内、外环境各种形式的刺激都可能通过这些神经通路影响下丘脑神经内分泌细胞的分泌活动，进而影响腺垂体及下位靶腺的分泌活动。此外，几乎所有的内分泌腺都受到自主神经的直接支配或对腺体内部血流调控的间接影响。机体可以通过这些方式实现神经系统对内分泌系统以及整体功能活动的高级整合作用。如肾上腺髓质受交感神经节前纤维支配，构成交感 – 肾上腺髓质系统。在应激状态下，交感神经系统活动增强，使肾上腺髓质分泌的儿茶酚胺类激素增加，可以协同交感神经系统广泛动员整体功能，适应机体活动的需求。

（三）体液调节

体液调节主要分为下丘脑 – 垂体 – 靶腺轴调节系统和代谢物反馈调节。

1. 下丘脑 – 垂体 – 靶腺轴调节系统

下丘脑 – 垂体 – 靶腺轴（hypothalamus–pituitary–target gland axis）调节系统是控制激素分泌稳态的最重要调节环路，也是激素分泌相互影响的典型。一般而言，在此系统内高位激素对下位内分泌细胞活动具有促进性调节作用，而下位激素对高位内分泌细胞活动多起抑制作用，从而形成激素分泌自动控制的闭合回路。引起激素分泌减少的调节称负反馈，引起分泌增加的调节称为正反馈。根据反馈路径长短，又有长反馈（long-loop feedback）、短反馈（short-loop feedback）和超短反馈（ultrashort-loop feedback）三种（图 10-9）。长反馈指在调节环路中终末靶腺或细胞

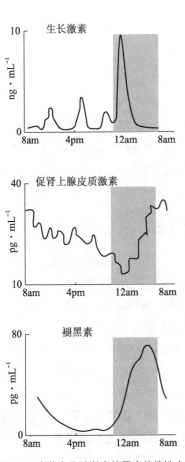

图 10-8　血浆中几种激素的昼夜节律性水平
（引自：朱大年，2008）

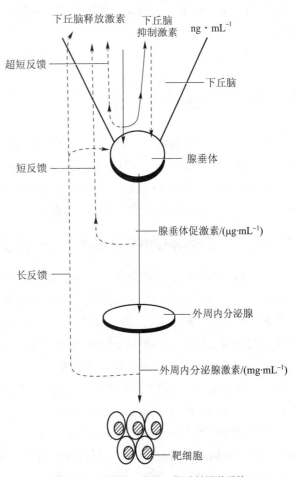

图 10-9　下丘脑 – 垂体 – 靶腺轴调节系统

所分泌的激素对上位腺体活动的反馈影响，短反馈指垂体所分泌的激素对下丘脑分泌活动的反馈影响，超短反馈则指下丘脑肽能神经元活动受其自身所分泌调节肽的影响。通过这种闭合式自动控制环路，维持血液中各级别激素水平的相对稳定。根据靶腺的不同，体内的闭合回路主要有下丘脑 – 垂体 – 甲状腺轴、下丘脑 – 垂体 – 肾上腺皮质轴和下丘脑 – 垂体 – 性腺轴等。

在轴系反馈调节中，大多表现为负反馈，正反馈调节机制很少见。例如，在卵泡成熟发育进程中，卵巢所分泌雌激素在血液中达到一定水平后可正反馈地引起黄体生成素分泌高峰，最终促发排卵。

2. 代谢物的反馈调节

有些激素引起体内代谢发生变化，而血中代谢产物的浓度对该激素的分泌也有反馈影响，以维持该激素的正常分泌和血中代谢物质浓度的相对稳定。例如胰岛 B 细胞分泌的胰岛素调节血糖浓度，而动物进食后血中葡萄糖水平升高时可直接刺激胰岛 B 细胞增加胰岛素分泌，降低血糖；血糖降低则可反过来使胰岛素分泌减少，从而维持血糖水平的稳态。这种激素作用所致的终末效应对激素分泌的影响，能直接、及时地维持血中某种化学成分浓度的相对稳定。此外，有些激素的分泌直接受功能相关联或相拮抗的激素的影响。如胰高血糖素和生长抑素可通过旁分泌作用分别刺激和抑制胰岛 B 细胞分泌胰岛素，它们的作用相互抗衡、制约，共同参与血糖稳态的维持。

第二节 下丘脑的内分泌

下丘脑位于丘脑的腹侧，第三脑室周围。由前至后分为视前区、结节区和乳头区 3 个区。这些部位存在一些特殊的神经内分泌细胞群，兼有神经元和腺细胞的功能。它们可将大脑或中枢神经系统其他部位传来的神经信息，转变为激素的信息，起着换能神经元的作用，从而以下丘脑为枢纽，把神经调节与体液调节紧密联系起来。

一、下丘脑的神经内分泌细胞及其与垂体的功能联系

下丘脑的神经内分泌细胞能分泌神经肽（肽类激素），所以又称为肽能神经元（peptidergic neuron）。下丘脑的神经内分泌细胞可分为大细胞和小细胞两种。大细胞主要分布在下丘脑视前区的视上核和室旁核，它们的轴突较长，大部分末梢终止于神经垂体，小部分终止于正中隆起，构成下丘脑 – 垂体束；小细胞分散存在于下丘脑底的视交叉上核、弓状核、腹内侧核等部位，它们的轴突较短，主要组成结节 – 垂体束，终止于正中隆起和漏斗柄。这些细胞释放的激素通过垂体门脉系统作用于腺垂体，影响腺垂体激素的分泌，故将这些细胞所在的区域称为下丘脑促垂体区（hypothalamic hypophysiotropic area）。

下丘脑与垂体之间的功能联系有两种方式，一是通过垂体门脉与腺垂体联系，即下丘脑促垂体区神经元的轴突末梢，在正中隆起或垂体柄部与垂体门脉的初级毛细血管网相接，神经分泌物从这里释放进入血液，再沿门脉血管到达腺垂体，形成次级毛细血管网，与腺垂体细胞相接。另一种联系方式是直接的神经联系，即通过下丘脑 – 垂体束与神经垂体联系，下丘脑的神经分泌

物沿轴突的轴浆流动运送到神经垂体。所以，下丘脑与垂体一起组成下丘脑 – 垂体功能单位（图 10–10）。

二、下丘脑分泌的激素（因子）及其生理作用

下丘脑促垂体区肽能神经元分泌的肽类激素，主要作用是调节腺垂体的活动，因此称为下丘脑调节肽（hypothalamic regulatory peptide）。已经确定下丘脑分泌的调节肽有 9 种，其中化学结构已经清楚的称为激素，而对化学结构尚不明的暂称为因子。

下丘脑调节肽分为释放激素（因子）与抑制激素（因子）两类，分别促进或抑制腺垂体特定激素的合成和分泌。下丘脑调节肽的化学性质和主要作用见表 10–3。下丘脑调节肽除在下丘脑促垂体区产生外，还可在中枢神经系统其他部位和体内许多组织中生成。因此，除调节腺垂体活动外，这些肽还具有其他广泛的作用。

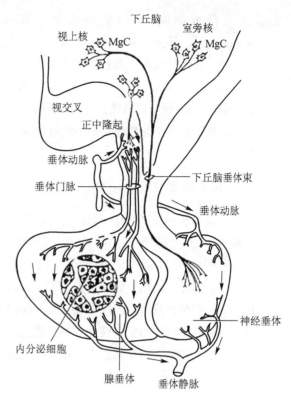

图 10-10 下丘脑与垂体的功能联系

各种下丘脑调节肽的作用机制有所不同。促肾上腺皮质激素释放激素（corticotropin-releasing hormone，CRH）、生长激素释放激素（growth hormone releasing hormone，GHRH）、

表 10-3 下丘脑调节肽的化学性质与主要作用

种类	英文缩写	化学性质	主要作用
促甲状腺激素释放激素	TRH	3 肽	促进 TSH 释放，也能刺激 PRL 释放，在牛、大鼠和人能刺激 GH 释放
促性腺激素释放激素	GnRH	10 肽	促进 LH 与 FSH 释放，以 LH 为主，又称 LRH，生理作用无种间差异
生长激素释放抑制激素（生长抑素）	GHRIH（SS）	14 肽	抑制 GH 释放，对 LH、FSH、TSH、PRL 及 ACTH 的分泌也有抑制作用
生长激素释放激素	GHRH	44 肽	促进 GH 释放
促肾上腺皮质激素释放激素	CRH	41 肽	促进 ACTH 释放
促黑（素细胞）激素释放因子	MRF	肽	促进 MSH 释放
促黑（素细胞）激素抑制因子	MIF	肽	抑制 MSH 释放
催乳素释放因子	PRF	31 肽	促进 PRL 释放
催乳素释放抑制因子	PIF	多巴胺	抑制 PRL 释放

生长激素释放抑制激素/生长抑素（growth hormone releasing-inhibiting hormone，GHRIH；somatostatin，SS）等下丘脑调节肽与腺垂体靶细胞膜受体结合后，以 cAMP、IP_3/DAG 或 Ca^{2+} 作为第二信使；促甲状腺激素释放激素（thyrotropin-releasing hormone，TRH）、促性腺激素释放激素（gonadotropin-releasing hormone, GnRH）等仅以 IP_3/DAG 和 Ca^{2+} 作为第二信使。由于 TRH、GnRH 和 CRH 呈现脉冲式释放，因此血液中相应的腺垂体激素也出现脉冲式波动。

下丘脑视上核和室旁核分泌的激素通过轴浆直接运输到神经垂体释放，其种类与生理作用见本章第三节。

三、下丘脑调节肽分泌的调节

下丘脑调节肽的分泌受神经和激素的调节。一方面，脑内其他部位（主要是中脑、边缘系统和大脑皮质）传来的神经纤维所释放的神经递质，如脑啡肽、β- 内啡肽、血管活性肠肽、P 物质、神经降压素和缩胆囊素等肽类物质，以及多巴胺、5- 羟色胺和去甲肾上腺素等单胺物质调节下丘脑肽能神经元活动。另一方面，下丘脑调节肽的分泌还受体液中激素和代谢物浓度的反馈调节作用，特别是靶腺激素的反馈调控。根据神经递质调控下丘脑内分泌活动的原理，神经药理学和临床内分泌学已开始采用模拟或补充递质以及拮抗或阻断递质等方法，人为地控制下丘脑内分泌活动，达到诊断和治疗某些内分泌疾病的目的。

第三节　垂体的内分泌

垂体位于蝶骨垂体窝中，为一卵圆形小体，根据其发生、结构和功能特点，可分为腺垂体和神经垂体两部分。腺垂体是腺体组织，它包括远侧部、结节部（漏斗部）和中间部；神经垂体是神经组织，包括神经部（漏斗部）和漏斗柄（又可分为正中隆起和漏斗蒂）。远侧部和结节部常合称为前叶，中间部和神经部常合称为后叶。腺垂体与神经垂体的内分泌功能迥然不同，分别叙述。

一、腺垂体激素

腺垂体是体内重要的内分泌腺，其远侧部的细胞可以分为两大类：一类为有内分泌功能的颗粒型细胞（目前已知约有五种亚型），分别分泌 7 种激素，即生长激素细胞分泌的生长激素（growth hormone，GH）、促甲状腺激素细胞分泌的促甲状腺激素（thyroid-stimulating hormone，TSH）、促肾上腺皮质激素细胞分泌的促肾上腺皮质激素（adrenocorticotropic hormone，ACTH）与促黑（素细胞）激素（melanocyte stimulating hormone，MSH）、促性腺激素细胞分泌的卵泡刺激素（follicle-stimulating hormone，FSH）和黄体生成素（luteinizing hormone，LH）、催乳素细胞分泌的催乳素（prolactin，PRL）；另一类为无内分泌功能的无颗粒型细胞，主要是滤泡星形细胞和未分化的细胞。在腺垂体分泌的激素中，TSH、ACTH、FSH 与 LH 均有各自的靶腺，同时又与下丘脑有着直接的联系，分别形成：①下丘脑 - 垂体 - 甲状腺轴，②下丘脑 - 垂体 - 肾上腺皮质轴，③下丘脑 - 垂体 - 性腺轴。腺垂体的这些激素通过调节靶腺的活动而发挥作用，故

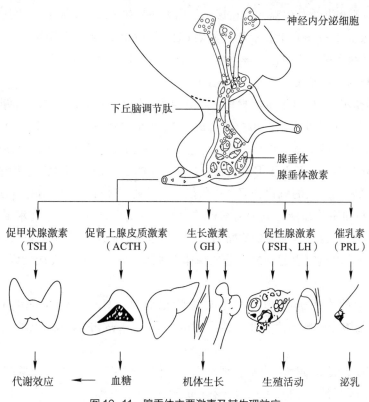

图 10-11　腺垂体主要激素及其生理效应

统称为促激素（tropic hormone）。而 GH、PRL 与 MSH 无明确的靶腺，分别直接调节个体生长、乳腺发育与泌乳、黑素细胞活动等（图 10-11）。所以，腺垂体激素的作用极为广泛而复杂。

（一）腺垂体激素的生物学作用

1. 生长激素

GH 是腺垂体中含量最多的激素，是一种具有明显种族特异性的激素。它是由一条肽链构成的单纯蛋白质，不同动物 GH 的化学结构、生物活性和免疫性质都有很大差别，大多数哺乳动物 GH 的分子量为 22～48，其中人与猴、猪与鲸、牛与羊的 GH 分子结构较为相似。现在，人们利用 DNA 重组技术可以大量生产 GH，供临床应用。GH 的基础分泌呈脉冲式释放，通常在慢波睡眠时分泌较多；动物在生长期 GH 分泌较多，随年龄的增长，分泌量逐渐减少。人 GH 的化学结构与 PRL 十分相似，故二者除自身的特定作用外，还表现为一定的重叠效应，即 GH 有较弱的泌乳始动作用，而 PRL 则有较弱的促生长作用。

（1）GH 的生理作用　GH 的生理作用是促进物质代谢与生长发育，对机体各个器官与各种组织均有影响，尤其对骨骼、肌肉及内脏器官的作用最为显著，因此 GH 也称为躯体刺激素（somatotropin）。

① 促进生长作用：GH 是调节机体生长发育的关键激素。GH 通过促进骨、软骨、肌肉以及其他组织分裂增殖、蛋白质合成，使细胞的体积和数量增加。实验证明，幼年动物在摘除垂体后，生长即停滞；但若及时补充 GH，则可使之恢复生长发育。在人医临床上发现，若幼年时

期 GH 分泌不足，则患儿生长停滞，身材矮小，称为侏儒症（dwarfism）；如果幼年时期 GH 分泌过多，则引起巨人症（gigantism）；成年人如果 GH 分泌过多，由于骨骺已闭合，长骨不再生长，但肢端的短骨、颅骨和软组织可出现异常生长，表现为手足粗大、鼻大唇厚、下颌突出和内脏器官增大等现象，称为肢端肥大症（acromegaly）。

② 调节代谢作用　GH 对物质代谢具有广泛的调节作用。GH 对蛋白质代谢的总效应是合成大于分解，特别是促进肝外组织的蛋白质合成。GH 可促进氨基酸进入细胞，加强 RNA 的合成进而促进蛋白质合成，减少尿氮排出，促机体呈正氮平衡状态。同时，GH 可使机体的能量来源由糖代谢向脂肪代谢转移，有助于促进生长发育和组织修复。GH 可使对激素敏感的脂肪酶活化，促进脂肪分解，增强脂肪酸的氧化分解，提供能量，并使肢体等组织的脂肪量减少。GH 还可抑制外周组织摄取和利用葡萄糖，减少葡萄糖的消耗，升高血糖水平。生理水平的 GH 可刺激胰岛 B 细胞，引起胰岛素分泌，加强葡萄糖的利用；但过量的 GH 则可抑制外周组织对葡萄糖的利用，升高血糖水平，严重时引起糖尿，造成垂体性糖尿。此外，动物在应激因素的作用下，GH 分泌也增加。

（2）生长激素的作用机制　GH 可通过激活靶细胞上 GH 受体（growth hormone receptor，GHR）和诱导靶细胞产生胰岛素样生长因子（insulin-like growth factor，IGF）实现它的生物学效应。

GHR 同属 PRL、促红细胞生成素、细胞因子受体超家族，是由 620 个氨基酸残基构成的跨膜单链糖蛋白，分子量约为 120。GHR 广泛分布于肝、脑、骨骼肌、心、肾、肺、胃、肠、软骨和胰等组织，以及脂肪细胞、淋巴细胞和成纤维细胞等组织细胞。由于胎畜和新生幼畜各种细胞上的 GHR 分布数量多，因此对 GH 反应十分敏感。GH 分子具有两个与其受体结合的位点。1 分子 GH 与 2 分子 GHR 亚单位结合而使受体二聚化（dimerization），成为同二聚体（homodimer），受体二聚化是 GHR 活化所必需的环节。受体二聚化后通过 JAK2-STATs、JAK2-SHC、PLC 等多条下游信号转导通路介导并调节靶基因转录、物质转运以及胞质内某些蛋白激酶活性的变化而产生多种生物效应。

GH 不仅可直接作用于靶细胞，还可作用于肝使其分泌生长介素（somatomedin，SM），再作用于靶细胞，间接促进生长发育。SM 化学结构与胰岛素相似并具有其活性，所以又称为胰岛素样生长因子（insulin-like growth factor，IGF）。目前已分离出的 IGF 有 IGF-1（somatomedin C，SMC）和 IGF-2（somatomedin A，SMA），两者肽链的氨基酸序列有 62% 相同。IGF 的主要作用是促进软骨生长，除促进钙、磷、钠、钾、硫等多种元素进入软骨组织外，还能促进氨基酸进入软骨细胞，增强 DNA、RNA 和蛋白质的合成，促进软骨组织增殖和骨化，使长骨加长。IGF 也能刺激多种组织细胞的有丝分裂。IGF 的作用主要通过 IGF-1 介导，而 IGF-2 则主要在胚胎期生成，对胎儿的生长发育发挥重要作用。肝作为 GH 的重要靶组织，是产生 IGF-1 的主要部位，因此下丘脑－垂体－肝轴构成的生长轴是调控动物生长和发育的关键。肝外组织也有 IGF-1 合成和分泌，以近距离方式发挥作用，构成了生长轴的旁轴。

2. 促甲状腺激素

TSH 是一种糖蛋白，分子量为 $2.5 \times 10^4 \sim 2.8 \times 10^4$。它能促进甲状腺细胞增生及其活动，促使甲状腺激素的合成和释放。

3. 促肾上腺皮质激素

ACTH 是含有 39 个氨基酸的直链多肽，分子量约为 4.5×10^3。主要作用是促进肾上腺皮质的发育以及糖皮质激素的合成和释放。在应激时，ACTH 分泌增加。

4. 促性腺激素

促性腺激素（gonadotropin）是卵泡刺激素（FSH）和黄体生成素（LH）的总称，均为糖蛋白。

（1）FSH　在 LH 的协同作用下，FSH 作用于性腺，促进配子的发育成熟。对卵巢的作用是促进卵泡细胞增殖和卵泡生长，并引起卵泡液分泌；对睾丸的作用是作用于曲细精管的生殖上皮，促进精子的生成，并在睾酮的协同作用下使精子成熟，因此在雄性动物又被称为配子（精子）生成素。在动物生产中，FSH 被用于诱导雌性动物发情和超数排卵、治疗卵巢机能疾病。

（2）LH　在 FSH 的协同作用下，LH 能促进卵泡的明显生长，促使卵泡分泌雌激素和卵泡成熟，并激发排卵。排卵后的卵泡在 LH 作用下转变成黄体，在多种哺乳动物（如绵羊、牛、兔等），LH 有刺激黄体分泌孕酮的作用。LH 对睾丸的作用是促进睾丸间质细胞增殖和合成雄激素，因此在雄性动物又叫作间质细胞刺激素（interstitial cell stimulating hormone，ICSH）。

5. 催乳素

PRL 是一种单链蛋白质激素。不同动物的 PRL 分子结构和分子量存在差异，人、牛、山羊和绵羊分别具有 199 个，205 个、206 个和 198 个氨基酸。在哺乳动物，PRL 的作用十分广泛，除对乳腺、性腺发育和分泌起重要作用外，还参与对应激反应和免疫的调节。

（1）调节乳腺活动　在性成熟前，PRL 与雌激素协同作用，维持乳腺（主要是导管系统）发育。在妊娠期，PRL 与雌激素、孕激素共同作用，维持乳腺腺泡系统的发育。但此时血中孕激素水平很高，可抑制 PRL 的泌乳作用，故乳腺虽已具备泌乳能力却不泌乳。动物分娩前后，乳腺 PRL 的受体可增加数十倍，血中雌激素和孕激素水平的明显降低，使 PRL 水平升高，发动和维持泌乳，增强母性行为。乳汁中的乳脂、乳蛋白、乳糖三种主要成分的合成都受 PRL 调控。PRL 还可促进淋巴细胞进入乳腺，并向乳汁中释放免疫球蛋白。

（2）调节性腺功能　PRL 对性腺的作用比较复杂。实验表明，小剂量应用 PRL 对卵巢雌激素和孕激素的合成有促进作用；但大剂量则通过负反馈抑制下丘脑 GnRH 分泌，减少腺垂体 FSH 和 LH 的分泌，抑制雌激素和孕激素的分泌。PRL 对卵巢黄体功能的影响主要是刺激 LH 受体的生成，调控卵巢内 LH 受体的数量，同时还可促进脂蛋白与膜上受体形成脂蛋白受体复合物，为孕酮生成提供底物，促进孕酮生成，减少孕酮分解。在大鼠、小鼠、猴、猪、犬等动物，PRL 有维持已形成的黄体和促进黄体分泌孕酮的作用。雄性动物的 PRL 可维持和增加睾丸间质细胞 LH 受体的数量，提高睾丸间质细胞对 LH 的敏感性，促进雄性性成熟。

在鸟类，PRL 能促进嗉囊的生长发育，使鸽嗉囊分泌嗉囊乳（鸽乳），用以哺育雏鸽。PRL 还能通过抑制卵巢对促性腺激素的敏感性而引起禽类就巢，溴隐亭（bromocriptine）可通过抑制 PRL 的分泌而中止就巢，恢复产蛋周期。

（3）参与应激反应　在应激状态下，血中 PRL 浓度升高，并常与 ACTH 和 GH 浓度的升高同时出现，于刺激停止后数小时恢复正常，是应激反应中腺垂体分泌的主要激素之一。

（4）调节免疫功能　PRL 协同一些细胞因子促进淋巴细胞的增殖，直接或间接促进 B 淋巴细胞分泌 IgM 和 IgG。此外，一些淋巴细胞和单核细胞也可以产生 PRL，以旁分泌或自分泌的方式调节免疫细胞功能。

此外，PRL 也参与生长发育和物质代谢的调节。

6. 促黑（素细胞）激素

MSH 是低等脊椎动物的一种多肽类激素。MSH 的主要作用是刺激黑素细胞内黑素的生成和扩散，使皮肤颜色变暗、变黑。对低等脊椎动物起皮肤变色以适应环境变化的作用。在哺乳动物的作用尚未确定，对于正常皮肤的色素沉着可能不是必需的。MSH 对中枢神经系统的兴奋状态可能有调节作用。此外，MSH 还可能参与生长激素、醛固酮、促肾上腺皮质激素释放激素、胰岛素和 LH 等激素分泌的调节，以及抑制摄食行为等。

（二）腺垂体激素分泌的调节

腺垂体的分泌功能一方面受中枢神经系统，特别是下丘脑的控制，另一方面也受外周靶腺所分泌的激素和代谢产物的反馈调节，在下丘脑 – 腺垂体 – 靶腺轴多激素间的相互作用下，使靶腺激素在血液中保持动态平衡。

1. 下丘脑的调控

下丘脑对腺垂体的调控表现在三个方面。①下丘脑促垂体区释放激素和抑制激素的作用：促性腺激素、TSH、ACTH 的分泌直接受下丘脑分泌的相应释放激素控制，而 GH、PRL 和 MSH 则分别受下丘脑分泌的释放激素（因子）和抑制激素（因子）的双重控制。②神经肽、神经递质和神经调制物的作用：血管升压素、神经降压肽、P 物质、阿片样肽、5- 羟色胺等可促进 GH 分泌；肾上腺素、去甲肾上腺素、γ- 氨基丁酸、5- 羟色胺等对 MSH 和 ACTH 分泌有调节作用。③其他中枢部位和外周感受器的作用：MSH 分泌还受下丘脑的直接控制，吮吸刺激乳头可反射地引起 PRL 分泌增加。

2. 反馈调节

靶腺激素在血液中的浓度通过反馈途径可直接或通过下丘脑间接影响腺垂体激素的分泌。血液中甲状腺激素和皮质醇浓度的下降既可直接作用于腺垂体，也可通过对下丘脑释放激素的改变间接作用于腺垂体，从而使 TSH 和 ACTH 分泌增加。相反，甲状腺激素或皮质醇升高可通过同样途径引起 TSH 或 ACTH 分泌减少。此外，IGF–1 对 GH 的分泌也有负反馈调节作用。IGF–1 通过刺激下丘脑释放 GHRIH（SS），从而抑制腺垂体分泌 GH（图 10–12）。血糖和血液中氨基酸，特别是精氨酸的浓度变化可调节 GH 的分泌。

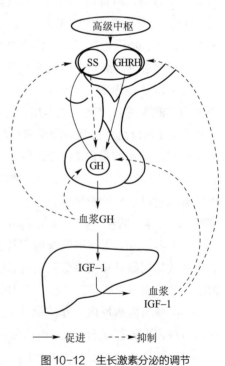

图 10-12　生长激素分泌的调节

二、神经垂体激素

间脑底部的漏斗向下延伸即为神经垂体，主要含两类细胞：下丘脑 – 垂体束的神经纤维和由神经胶质细胞分化而成的神经垂体细胞。神经垂体内不含腺细胞，因此并不能合成激素。神经垂体激素包括抗利尿激素（antidiuretic hormone，ADH）和缩宫素（oxytocin，OXT），实际上是由下丘脑视上核（supraoptic nucleus）、室旁核（paraventricular nucleus）的神经内分泌大细胞合成，通过轴浆运输到达并贮存于神经垂体。在机体需要时，神经垂体将这两种激素直接释放入血液。因此，可以把神经垂体看作是下丘脑的延伸部分。

下丘脑的视上核和室旁核都能产生 ADH 和 OXT，但前者主要合成 ADH，后者主要合成 OXT。ADH 或 OXT 在轴浆运输过程中实际上是与其各自的运载蛋白结合，一同包装于神经分泌颗粒中。这两种运载蛋白统称为神经垂体激素运载蛋白（neurophysin，NP），其中 OXT 与神经激素运载蛋白 –1（NP-1）结合，ADH 与神经激素运载蛋白 –2（NP-2）结合。在适当刺激下，视上核或室旁核神经元发生兴奋，神经冲动沿下丘脑 – 垂体束下传到位于神经垂体的轴突末梢，末梢发生去极化，使 Ca^{2+} 进入末梢内，触发末梢内贮存的神经分泌颗粒以出胞的形式被释放。在此过程中，各激素与 NP 分离，独立地进入邻近的毛细血管中。

（一）神经垂体激素的化学

神经垂体释放的 ADH 和 OXT 均为 9 肽激素，由于分子结构中 N 端第 1 位和第 6 位的两个半胱氨酸以二硫键相连接成一分子胱氨酸，所以常把这两类激素看作是 8 肽，二者的区别只是第 3 位与第 8 位的氨基酸残基不同。哺乳动物种间 ADH 氨基酸残基存在一定差异，人、牛、绵羊、骆驼等的第 8 位氨基酸残基为精氨酸，称为 8- 精升压素；猪在相同位置为赖氨酸，称为 8- 赖升压素。

（二）神经垂体激素的生理作用

1. 缩宫素

OXT 的主要作用是促进子宫肌收缩，促使胎儿排出及产后止血。但此种作用与子宫的功能状态有关，OXT 对非孕子宫的作用较弱，而对妊娠子宫的作用较强。雌激素能增加子宫对 OXT 的敏感性，而孕激素则相反。OXT 促进子宫收缩主要是使细胞外的 Ca^{2+} 进入平滑肌细胞，提高胞质内 Ca^{2+} 浓度，在钙调蛋白和蛋白激酶的参与下，引起肌细胞收缩。实验中，应用低剂量 OXT 引起子宫肌发生节律性收缩，大剂量 OXT 则可导致强直性收缩。但 OXT 并不是分娩时发动子宫收缩的决定因素。另外，OXT 还促使乳腺腺泡周围的肌上皮细胞收缩，是促进乳汁排出的关键激素。也有报道认为，中枢内释放的 OXT 与学习、记忆、母性行为有关，可提高学习和记忆能力，表现母性行为。

2. 抗利尿激素

ADH 的主要生理作用是调节血浆渗透压、血容量和血压。生理水平的 ADH 提高肾远曲小管和集合管对水的通透性，促进水的重吸收，减少终尿量，产生抗利尿效应，而对血压调节并不起明显作用。在机体脱水和失血等情况下，ADH 的释放量明显增加（或药理剂量），可使血管广泛收缩，特别是内脏血管，引起升血压效应，故又称血管升压素（vasopression，VP）。ADH（VP）通过膜受体 –G 蛋白 – 第二信使途径转导其调节信号。ADH（VP）受体有 V_1R 和 V_2R 两型，V_1R 主要分布于血管平滑肌和肝细胞，经 IP_3 和 Ca^{2+} 介导后使血管平滑肌收缩，升高血压；V_2R 主要分布在肾远曲小管和集合管上皮细胞，经 cAMP 介导使水孔蛋白镶嵌到上皮细胞管腔膜上，形成水通道，有助于增强水的重吸收能力，保留细胞外液，而使尿液浓缩，产生抗利尿效应。此外，ADH（VP）还有增强记忆、缓解疼痛等作用。

（三）神经垂体激素分泌的调节

1. 缩宫素分泌的调节

OXT 分泌的调节属于神经 – 内分泌调节。OXT 释放主要依靠来自子宫颈、阴道和乳房的一些刺激。幼畜吸吮乳头，感觉信息经传入神经到达脑，兴奋下丘脑 OXT 神经元，神经冲动沿下丘脑 – 垂体束至神经垂体，使 OXT 释放入血。OXT 使乳腺腺泡周围的肌上皮细胞收缩，腺泡内压力增高，乳汁经乳导管从乳头排出。交配时阴道和子宫颈受到的机械性刺激也可反射性引起 OXT 分泌，使子宫肌收缩，有利于精子在雌性生殖道内运行。分娩初期，胎儿经过产道，刺激了子宫颈和阴道的感受器，反射性地使 OXT 分泌增加，经血液循环促进子宫收缩，有利于加速胎儿娩出和产后子宫的复原。与此相关的各种条件刺激，如幼仔出现、喊叫、挤乳准备可以引起 OXT 的条件反射性释放。

2. 抗利尿激素分泌的调节

ADH 的分泌与释放受血浆晶体渗透压和循环血量的双重调节。在下丘脑的视上核及其附近有渗透压感受器，当血浆渗透压增加 1%~2%，渗透压感受器兴奋，冲动沿下丘脑 – 垂体束传至神经垂体，引起 ADH 释放，促进肾小管对水的重吸收，以维持渗透压平衡。与此同时，在下丘脑视前区附近有另一渗透压感受器称为饮水中枢，饮水中枢与视上核的渗透压感受器共同作用，调节因脱水带来的渗透压变化。当血浆晶体渗透压下降，则发生相反的反应。在心房、腔静脉与肺循环等处还存在感受血量变化的容量感受器，当血量正常时，容量感受器的冲动传至下丘脑视上核及视前区，对 ADH 的分泌与摄水控制于正常水平；若循环血量明显减少，控制减弱或解除，ADH 分泌增加。

第四节　甲状腺的内分泌

甲状腺（thyroid gland）位于喉后方，气管腹侧，甲状软骨附近，分左右两叶，中间由峡部相连。甲状腺表面包有一薄层结缔组织被膜，内部包括由大量单层立方上皮腺细胞围成的大小不等的圆形或椭圆形滤泡和滤泡间细胞团。滤泡腔内充满了上皮细胞分泌的胶质，主要成分是含有甲状腺激素的甲状腺球蛋白（thyroglobulin，TG）。滤泡上皮细胞是甲状腺激素合成与释放的部位，而滤泡腔的胶质是激素的储存库。滤泡上皮细胞在功能活跃时呈柱状，腔内胶质减少；功能减弱时，细胞呈扁平状，胶质增多。甲状腺是唯一将激素储存在细胞外的内分泌腺。甲状腺滤泡周围有丰富的毛细血管和淋巴管。甲状腺的血流量非常大，按照单位器官重量的血流量计算，其血液供应甚至超过肾。在甲状腺滤泡之间和滤泡上皮细胞之间有滤泡旁细胞，又称 C 细胞，可分泌降钙素。

一、甲状腺激素的化学结构

甲状腺激素（thyroid hormone，TH）都是含碘酪氨酸的衍生物，主要包括：①甲状腺素（thyroxine），又称四碘甲腺原氨酸（3,5,3′,5′-tetraiodothyronine，T_4），约占甲状腺分泌激素的 90%；②三碘甲腺原氨酸（3,5,3′-triiodothyronine，T_3），约占甲状腺分泌激素的 9%；③逆 – 三

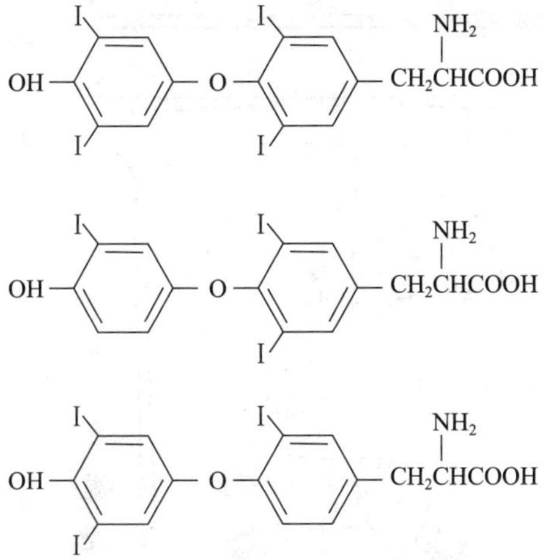

甲状腺素（T_4）

三碘甲腺原氨酸（T_3）

逆–三碘甲腺原氨酸（rT_3）

图 10–13　甲状腺激素的化学结构

碘甲腺原氨酸（3,3′,5′–triiodothyronine，rT_3），占甲状腺分泌激素的 1%，但不具有甲状腺激素的生物活性。T_4 和 T_3 都具有生物活性，但 T_3 的生物活性为 T_4 的 3 ~ 8 倍，大约 80% 已经分泌的 T_4 需要在外周靶细胞中经脱碘酶的作用转变为 T_3 后发挥生物效能。甲状腺激素的化学结构式如图 10–13。

二、甲状腺激素的合成、储存、分泌、运输和代谢

（一）甲状腺激素的合成

合成甲状腺激素的主要原料是碘和含酪氨酸的甲状腺球蛋白（TG）。碘主要由滤泡上皮细胞从血液中摄取。TG 由滤泡上皮细胞分泌，其中的酪氨酸经过碘化和偶联后形成甲状腺激素的结构，并以胶状物的形式大量储存在滤泡腔内。甲状腺激素的合成过程包括聚碘、活化、酪氨酸的碘化与碘化酪氨酸的缩合三个环节（图 10–14）。

1. 甲状腺滤泡聚碘

由肠吸收的碘，以 I^- 的形式存在于血液中，甲状腺内 I^- 浓度比血液中高 20 ~ 25 倍，当甲状腺活动增强时甚至可以达到数百倍。甲状腺滤泡上皮细胞基底面膜上的钠 – 碘同向转运体（Na^+–I^- symporter，NIS），以继发性主动转运的方式，将 I^- 主动转运进入细胞。该过程主要受到促甲状腺激素的调控。

2. 碘的活化

碘的活化是一种氧化过程。进入滤泡上皮细胞的 I^-，在滤泡上皮细胞顶端质膜微绒毛与滤泡腔交界处，经甲状腺过氧化物酶（thyroid peroxidase，TPO）的催化，被氧化为“活化碘”（I^0）。I^- 活化后才能取代酪氨酸残基上的氢原子。

3. 酪氨酸的碘化与碘化酪氨酸的缩合

酪氨酸的碘化和碘化酪氨酸的偶联过程都发生在 TG 分子上，TG 由滤泡上皮细胞分泌。碘化是指 TG 酪氨酸残基上的氢原子被碘原子取代。活化碘在 TPO 催化下，“攻击”TG 中的酪氨酸残基，取代其苯环 3,5 位上的氢，生成一碘酪氨酸（monoiodotyrosine，MIT）残基和二碘酪氨酸

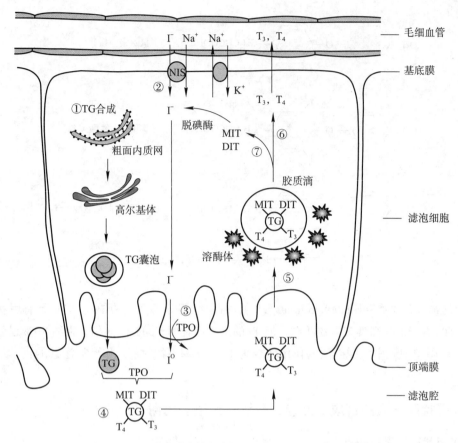

图 10-14　甲状腺激素的合成与分泌（引自：王庭槐，2018）
①TG 的合成与分泌；②碘的获取；③碘的氧化；④TG 的碘化和碘化酪氨酸的偶联；⑤在 TSH 的刺激下，
滤泡上皮细胞吞饮含 TG 的胶质滴，溶酶体蛋白酶水解 TG；⑥T_4、T_3 分泌释放入血；⑦脱碘，碘回收

（diiodotyrosine，DIT）残基，完成碘化过程。同一 TG 分子内的两个 DIT 缩合成 T_4，MIT 与 DIT 缩合成 T_3 以及极少量的 rT_3。碘化酪氨酸的缩合过程也是由 TPO 催化的。

由上可见，TG 是合成甲状腺激素的"载体"，TPO 是影响碘活化、酪氨酸碘化和碘化酪氨酸缩合过程的酶，TG 数量与 TPO 活性的变化直接影响着甲状腺激素的合成。

（二）甲状腺激素的储存、分泌、运输与代谢

1. 储存

甲状腺激素在滤泡腔内以胶质的形式储存，并具有两个特点：一是储存于细胞外（滤泡腔内）；二是储存量很大，可供机体利用长达 50~120 d 之久，是储存量最多的激素。

2. 分泌

甲状腺激素必须从 TG 上剪切成游离的 T_4 和 T_3 才可以分泌进入血液。当甲状腺受到促甲状腺激素刺激后，滤泡细胞顶端的微绒毛伸出伪足，将含有 T_4、T_3 及其他碘化酪氨酸残基的 TG 胶质小滴通过胞饮，摄入滤泡细胞内，随即与溶酶体融合而形成吞噬体，并被溶酶体蛋白水解酶水解，生成 T_4、T_3 及 MIT 和 DIT。其中 T_4 和 T_3 迅速进入血液，甲状腺激素中 T_4 分泌量占总量的 90% 以上，但 T_3 的生物活性比 T_4 约大 5 倍；而 MIT 和 DIT 在脱碘酶作用下很快脱碘，脱下的碘大部分储存在甲状腺内并可重新利用。但脱碘酶并不破坏游离的 T_4 和 T_3，二者得以迅速由滤泡细胞底部分泌进入血液循环中。此外，尚有微量的 rT_3、MIT 和 DIT 进入血中。TG 的剩余部分继续被溶酶体水解酶所分解。

3. 运输

T_3 和 T_4 释放入血后，有 99% 以上与血浆中蛋白质结合运输，其中主要与甲状腺素结合球蛋白（thyroxine-binding globulin，TBG）结合，另外也有少部分与甲状腺激素结合前白蛋白和白蛋白结合。仅有不到 1% 呈游离状态被转运。与蛋白质结合的甲状腺激素为储运形式，而只有游离的甲状腺激素才有生物学活性。结合和游离的激素之间可相互转变，随着游离激素的消耗，结合的甲状腺激素解离，使血浆中游离的激素浓度保持动态平衡。

4. 代谢

血浆 T_4 半衰期为 6~7 d，T_3 半衰期为 1~3 d。约 80% 的 T_4 在外周组织脱碘酶的作用下，变为 T_3 与 rT_3。血液中的 T_3 有 87% 是由 T_4 脱碘而来，其余直接来自甲状腺；rT_3 仅有极少量由甲状腺分泌，绝大部分也是在组织内由 T_4 脱碘而来。由于 T_3 的生物学活性最强，而 rT_3 没有甲状腺激素的生物效应，因此可以认为 T_4 脱碘转变为 T_3 实际上是甲状腺激素的进一步活化。由于 T_4 可以选择性地脱碘产生活性或非活性激素形式，所以脱碘酶的活性对甲状腺激素发挥作用至关重要。如动物机体出现饥饿或消耗性疾病时，脱碘酶活性减弱，导致 T_3/rT_3 比值大大降低。该过程被认为与特定疾病状况下，基础代谢率的降低有关。由于脱碘酶中含有硒，当硒缺乏时 T_4 脱碘成 T_3 的过程受阻，导致外周组织中 T_3 含量减少。大约 15% 的 T_4 和 T_3 在肝内降解，经胆汁排入小肠，绝大部分又被小肠内细菌再分解，随粪排出。此外，约 5% 的 T_4 和 T_3 在肝和肾内脱去氨基和羧基，随尿排泄。

三、甲状腺激素的生理作用

甲状腺激素是维持机体基础性功能活动的激素，作用十分广泛，对机体几乎所有器官系统都有不同程度的影响。其主要作用是代谢性效应和生长发育效应，其特点是范围广、持续时间长、作用机制十分复杂。

（一）对代谢的影响

1. 产热效应

甲状腺激素可促进糖和脂质的分解代谢，提高基础代谢率，使大多数组织如肝、肾、心脏和骨骼的耗氧量和产热量增加。甲状腺激素对不同组织代谢率的影响因其受体分布量的不同而有差别，由于成年动物的脑、脾和睾丸等组织的线粒体缺乏甲状腺激素受体，甲状腺激素并不能使这些器官组织产热量增加。T_3、T_4 的产热效应有一定的差别，T_3 的产热作用比 T_4 强 3~5 倍，但作用持续时间较短。甲状腺激素能通过提高靶组织细胞 Na^+-K^+-ATP 酶的数量和活性，增加静息状态下细胞的能量消耗。

甲状腺激素分泌过多时，机体的代谢率过高，出现烦躁不安、心率加快，对热环境难以忍耐、体重降低。与此相反，甲状腺激素分泌不足时，机体的代谢率降低，出现智力迟钝、心率降低、肌肉无力、对冷环境异常敏感、体重增加。

2. 对蛋白质、糖和脂肪代谢的影响

（1）蛋白质代谢 甲状腺激素既可以促进蛋白质合成也可以促进分解，具体作用依剂量而变，生理剂量的甲状腺激素促进蛋白质的合成，尿氮减少。而高剂量的甲状腺激素促进蛋白质的分解，特别是加速骨骼肌蛋白质的分解，使肌酐含量降低、肌肉无力，尿酸含量增加，并可促进骨中蛋白质分解，导致血钙升高和骨质疏松，尿氮的排出量增加。

（2）糖代谢 甲状腺激素对糖类的代谢具有重要调节作用，其一方面促进小肠黏膜对糖的吸收，增强肝糖原分解，抑制糖原合成，并可加强肾上腺素、胰高血糖素、皮质醇和生长激素（GH）的生糖作用。另一方面，T_4 与 T_3 也可加强外周组织对糖的利用，也有降血糖作用。因此，甲状腺功能亢进的患者，往往表现为进食后血糖升高，甚至出现糖尿，但随后血糖又很快降低。

（3）脂肪代谢 生理情况下，甲状腺激素对脂肪的合成和分解均具有促进作用，一般分解作用强于合成作用。甲状腺激素一方面通过提高脂肪细胞 cAMP 水平和激素敏感脂肪酶的活性；另一方面通过增强脂肪组织对其他脂肪分解激素如儿茶酚胺和胰高血糖素的敏感性，来增强脂肪的分解作用。

甲状腺激素对胆固醇的合成与清除也表现出双向调节作用，其胆固醇的清除作用大于合成作用。一方面，甲状腺激素可以促进胆固醇的合成。另一方面，甲状腺激素由于增加低密度脂蛋白受体的利用，促进胆固醇从血中清除，从而降低血清胆固醇水平。

甲状腺功能亢进时，由于对糖、蛋白质和脂肪的周转加快，分解代谢强于合成代谢，所以甲状腺功能亢进的动物，食欲旺盛，且明显消瘦。

3. 对水和电解质的影响

甲状腺激素对毛细血管通透性的维持和细胞内液的更新有调节作用。甲状腺功能低下时，毛细血管的通透性增大，水和钠潴留在组织间液而发生黏液性水肿，补充甲状腺激素后水肿可消除。

（二）对生长发育的影响

甲状腺激素是影响动物生长发育和成熟的重要激素，特别是对脑和骨的发育尤为重要。例如，缺乏甲状腺激素会导致蝌蚪不能变态成蛙，若及时给予甲状腺激素，又可恢复蝌蚪变成蛙的功能。若人幼年期甲状腺激素缺乏，往往表现出以智力迟钝、身材矮小为特征的克汀病（cretinism），即呆小症。这有别于 GH 缺乏所引起的侏儒症，后者的智力发育是正常的。若甲状腺功能亢进，血液中甲状腺激素水平增高，虽然早期骨骼发育较快，体型高大，但由于快速的骨成熟，最终也会导致成年体型矮小。甲状腺激素缺乏还可以减少 GH 和胰岛素样生长因子 –1 的释放。GH 促进组织生长的作用，需要甲状腺激素的"允许作用"。

甲状腺激素对中枢神经系统的功能有重要的作用。在胚胎期或幼年期 T_3、T_4 缺乏，可导致大脑生长和髓鞘生长迟缓，脑细胞体积减小，轴突、树突数量减少，传导和反应能力降低，代谢率降低；甲状腺功能亢进时，中枢神经系统的兴奋性增高，表现为不安、过敏、易激动、睡眠减少及肌肉颤动等。甲状腺功能低下时，中枢神经系统兴奋性降低，出现感觉迟钝、反应缓慢、记忆力减退、嗜睡等症状。

此外，甲状腺激素可使心率加快、心肌收缩力增强、心输出量增加，同时增加呼吸的频率和幅度，使骨骼肌收缩力量增强。甲状腺激素分泌不足还可使动物的生殖功能受损，如生精过程受损、受精率降低、发情紊乱、流产和死胎等。

四、甲状腺激素分泌的调节

甲状腺激素的合成和分泌主要受下丘脑促甲状腺激素释放激素（TRH）和垂体促甲状腺激素（TSH）的调节。此外，甲状腺还可进行一定程度的自身调节。

（一）下丘脑 – 腺垂体 – 甲状腺轴的调节

下丘脑 TRH 神经元接受神经系统其他部位传来的信息，通过释放 TRH，经垂体门脉系统作用于腺垂体，促进 TSH 的合成和释放（图 10–15）。TSH 对甲状腺功能活动的调节包括促进甲状腺细胞增生、腺体肥大和甲状腺激素的合成与释放。

环境刺激和情绪状态可以间接调节 TSH 的释放。如大鼠连续在严寒环境中生存几周，其甲状腺激素水平可以增加 1 倍以上，基础代谢率提高约 50%。各种情绪状态也可以影响 TRH 和 TSH 的释放，进而调节甲状腺激素水平。例如，兴奋和焦虑引起的交感神经兴奋可以导致 TSH 分泌的急剧降低，被认为与体温调节活动相关。

（二）甲状腺激素的反馈调节

血液中游离的 T_4、T_3 浓度是调节腺垂体 TSH 分泌的经常性负反馈因素。研究说明，甲状腺激素对 TSH 分泌的影响，分别通过作用于下丘脑和腺垂体两个层次而实现。有些激素也可影响腺垂体分泌 TSH，如雌激素可增强腺垂体对 TRH 的反应，使其分泌增加，而 GH 与糖皮质激素则抑制 TSH 的分泌。

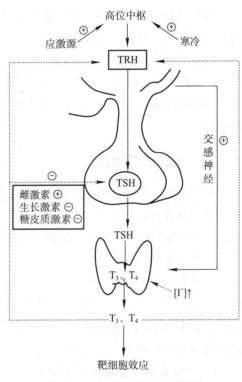

图 10–15　甲状腺激素分泌的调节
⊕ 促进　⊖ 抑制
——→ 促进作用或分泌活动
·······→ 负反馈抑制活动

（三）自身调节

甲状腺自身具有因碘供应的变化而调节自身对碘的摄取与合成甲状腺激素的能力，当缺乏 TSH 或血液中 TSH 浓度不变的情况下，这种调节仍能发生，称为甲状腺的自身调节。饲料中长期缺碘可引起甲状腺激素分泌不足，并产生代偿性甲状腺肿（goiter）。山区或缺少海产品地区的人或动物易患甲状腺肿，通过在食盐中掺碘可预防此病。反之，血液中高浓度的碘可以抑制各种甲状腺活动，包括对碘的摄取、活化以及甲状腺球蛋白胶质小滴的胞饮等，同时也降低了甲状腺的血液供应，引起组织的萎缩。

此外，肾上腺能纤维兴奋可促进甲状腺激素的合成与释放，胆碱能纤维兴奋则抑制甲状腺激素的分泌。

第五节　甲状旁腺、维生素 D_3 和甲状腺 C 细胞的内分泌

钙、磷是生物体内重要的无机物，具有广泛的生理作用。钙对于骨生长、膜电位的稳定、神经元兴奋及其传递、腺细胞分泌、血液凝固、肌肉收缩、酶活性，特别是普遍存在的信号转导过程等，都具有极为重要的作用。磷是体内许多重要化合物如核苷酸、核酸、磷脂及多种辅酶的重要组成成分，参与体内糖、脂类、蛋白质、核酸等物质代谢和能量代谢，以及参与体内酸碱平衡的调节。血钙、血磷水平受到多种激素的精细调控，直接参与钙磷代谢的激素主要有甲状旁腺分泌的甲状旁腺激素（parathyroid hormone，PTH）、甲状腺 C 细胞分泌的降钙素（calcitonin，CT），以及由皮肤、肝、肾等器官联合作用形成的 1,25- 二羟维生素 D_3，三者作用于骨、骨小管和小肠黏膜，共同维持体内血浆中钙和磷的稳态，统称为钙调节激素（calcium-regulating hormone）。

一、甲状旁腺激素

甲状旁腺是位于甲状腺附近的豆状小腺体，呈圆形或椭圆形，其数量与位置有种族差异，一般与甲状腺并列或包埋在甲状腺内部。甲状旁腺由主细胞和嗜酸细胞组成。主细胞合成和分泌 PTH，嗜酸细胞可能与调节主细胞的功能有关。某些动物如鼠、鸡和低等动物的甲状旁腺只含主细胞，没有嗜酸细胞。

甲状旁腺主细胞首先合成的是一个含 115 个氨基酸的前甲状旁腺激素原（prepro-parathyroid hormone），以后脱掉 N 端 25 肽生成 90 肽的甲状旁腺激素原（pro-parathyroid hormone），再脱掉 6 肽，最后形成 84 肽的 PTH。PTH 在血浆中的半衰期为 20～30 min，主要在肝内水解灭活，代谢产物经肾排到体外。

（一）甲状旁腺激素的生理作用

PTH 是调节血钙和血磷水平最重要的激素，可使血钙水平升高，血磷降低。PTH 的靶器官主要是骨和肾。

1. 对骨的作用

PTH 可以通过快速效应和延迟效应两个时相，促使骨钙溶解进入血液，导致血钙升高。当血钙浓度下降时，PTH 数分钟内即可刺激破骨细胞溶解其周围骨基质和表面的骨盐，使血钙迅速恢复到正常水平，这是 PTH 升高血钙作用的快速效应。PTH 的延迟效应在激素作用 12～14 h 后出现，通常要在几天或几周后达到高峰，其作用机制是促进破骨细胞的生成并加强其活性，抑制成骨细胞的活动，加速骨基质的溶解，使钙、磷大量进入血液，达到血钙升高的目的。因此，PTH 分泌过多可增强溶骨过程，造成骨质疏松。

2. 对肾的作用

PTH 对肾的主要作用是促进远球小管和髓袢细段对钙的重吸收，升高血钙；同时抑制近球小管对磷的重吸收，增加尿中磷酸盐的排出，血磷降低。PTH 对肾的作用是通过 cAMP-PKA 信号传递途径而发挥作用。

3. 对小肠的作用

PTH 可促进小肠对钙的重吸收。这一效应通过 1,25- 二羟维生素 D_3 的间接作用而实现。PTH 激活肾内 1α- 羟化酶，促进 25- 羟维生素 D_3 转变为活性更高的 1,25- 二羟维生素 D_3，进而促进小肠对钙、磷的吸收，使血钙升高。

（二）甲状旁腺激素分泌的调节

PTH 的分泌主要受血浆钙、磷浓度变化的调节。甲状旁腺主细胞对低血钙极为敏感，血钙浓度在一定范围内，只要有轻微下降，在 1 min 内就可迅速增加甲状旁腺分泌 PTH，促进骨钙释放，使血钙浓度迅速回升。相反，血浆钙浓度升高时，PTH 分泌减少。长时间的高血钙，可使甲状旁腺发生萎缩，而长时间的低血钙，则可使甲状旁腺增生。

研究证明，在人和多种动物的甲状旁腺细胞膜上存在钙敏感受体。钙敏感受体对 Ca^{2+} 有较高的亲和力，可感受细胞外 Ca^{2+} 浓度的变化。当细胞外 Ca^{2+} 水平升高时，Ca^{2+} 与受体结合并使之活化，通过 G 蛋白偶联，激活 IP_3 和 DAG–PKC 系统，使胞质 Ca^{2+} 水平升高，从而抑制 PTH 的分泌。

此外，血磷浓度升高使血钙降低，从而间接促进 PTH 的分泌。血液中保持一定浓度的 Mg^{2+} 也是 PTH 分泌的必要条件，血镁浓度降低可使 PTH 分泌减少。儿茶酚胺和前列腺素 E_2 可促进 PTH 分泌，前列腺素 $F_{2\alpha}$ 使其分泌减少。

二、维生素 D_3

维生素 D_3 亦称胆钙化醇，主要来源于食物和皮肤中的 7- 脱氢胆固醇经日光中紫外线的照射转变而来。维生素 D_3 本身并无生物学效应，须先在肝 25- 羟化酶的作用下形成 25- 羟维生素 D_3，然后在肾内 1α- 羟化酶的催化下，成为活性更高的 1,25- 二羟维生素 D_3，才能参与血钙浓度调节。1,25- 二羟维生素 D_3 在血液中溶解度很低，99% 以上需要与钙化甾醇转运蛋白（transcalciferin）相结合，半衰期为 12～15 h。1,25- 二羟维生素 D_3 主要在靶细胞内以侧链氧化或羟化的方式灭活，代谢产物在肝与葡萄糖醛酸结合后随胆汁排出，其中部分在小肠内被吸收入血液。

（一）1,25- 二羟维生素 D_3 的生理作用

1. 对小肠的作用

1,25- 二羟维生素 D_3 可促进小肠黏膜上皮细胞对钙的吸收。其作用机制是促进受体细胞生成吸收钙所必需的钙结合蛋白，钙结合蛋白与 Ca^{2+} 结合，并将其从刷状缘转运进入血液。1,25- 二羟维生素 D_3 也促进小肠对磷和镁的吸收。

2. 对骨的作用

1,25- 二羟维生素 D_3 对 PTH 具有允许作用，共同增加破骨细胞活性，维持骨的正常更新，溶解并吸收老的骨质，提高血钙、血磷水平；也可通过刺激成骨细胞的活动参与新骨的钙化。骨质中还存在一种主要由成骨细胞合成的 49 个氨基酸组成的多肽，能与钙结合称为骨钙素（osteocalcin）。骨钙素是骨基质中含量最丰富的非胶原蛋白，可调节并维持骨钙含量，其分泌受 1,25- 二羟维生素 D_3 的调节。

3. 对肾的作用

1,25- 二羟维生素 D_3 促进肾小管钙结合蛋白的合成，从而提高对钙、磷的重吸收，减少尿中钙、磷的排出量。

（二）1,25- 二羟维生素 D_3 分泌的调节

低血钙、低血磷和 PTH 均能增强肾 1α- 羟化酶的活性，促使 25- 羟维生素 D_3 转化成 1,25- 二羟维生素 D_3。1,25- 二羟维生素 D_3 增多时，可负反馈抑制 1α- 羟化酶的活性。此外，催乳素与生长激素促进 1,25- 二羟维生素 D_3 的生成，糖皮质激素对其则有抑制作用。

三、降钙素

降钙素（CT）是由哺乳动物甲状腺的滤泡旁细胞（又称 C 细胞）、鸟类和其他脊椎动物的鳃后体（ultimobranchial gland）分泌的肽类激素，是由 32 个氨基酸残基组成的多肽。CT 的代谢速度较快，血浆半衰期不足 1 h，主要在肾降解后排出。

（一）降钙素的生理作用

CT 的主要作用是降低血钙和血磷，其作用与 PTH 相反，但生理浓度的 CT 活性远远低于 PTH。CT 的主要靶器官是骨，对肾也有一定的作用。

1. 对骨的作用

CT 可抑制破骨细胞的活动，增强成骨过程，抑制骨钙的吸收，导致骨组织钙、磷沉积、释放减少，血钙、血磷降低。

2. 对肾的作用

CT 能减少肾小管对钙、磷、钠及氯等离子的重吸收，增加其排出。

3. 对小肠的作用

CT 对消化道吸收钙没有直接作用，但能通过抑制肾 $/\alpha$- 羟化酶活性，减少 25- 羟维生素 D_3 转变为 1,25- 二羟维生素 D_3，间接抑制小肠对钙的吸收，使血钙水平降低。

（二）降钙素分泌的调节

CT 的分泌主要受血钙浓度的调节。血钙浓度升高时，CT 的分泌增加，反之亦然。CT 与 PTH 对血钙的作用相反，共同调节血钙浓度的相对稳定（图 10-16）。CT 对血钙水平调节作用启动较快，时间较短；而 PTH 对血钙浓度调节较慢，作用时间较长。

促胃液素、促胰液素和胰高血糖素等胃肠道激素均可促进 CT 的分泌，其中促胃液素的作用最强。进食后 CT 增加，可能就是这几种激素分泌的结果。

钙、磷代谢在畜禽生命活动中有重要的意义。血液中钙的水平在 PTH、1,25- 二羟维生素 D_3 和 CT 的共同作用下，始终保持着一种动态平衡。

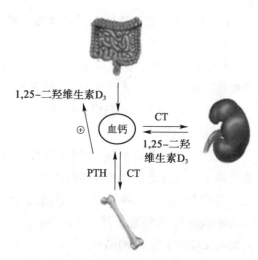

图 10-16 血钙稳态的激素调节机制

第六节　肾上腺的内分泌

哺乳动物的肾上腺有 1 对，分别位于肾的前缘。肾上腺外层是皮质（cortex），由外向内分别由球状带、束状带和网状带组成；内层是髓质（medulla），主要由起源于神经外胚层的嗜铬细胞组成，属于交感神经系统的延伸部分。肾上腺的皮质和髓质无论在胚胎发生、形态结构和生理作用各方面都是两个不同的内分泌腺。

一、肾上腺皮质的内分泌

（一）肾上腺皮质激素

肾上腺皮质分泌的皮质激素分为三类，即盐皮质激素（mineralocorticoid）、糖皮质激素（glucocorticoid）和性激素，分别由球状带、束状带和网状带的细胞所分泌。三层细胞的形态和所含的酶不同。最外层的球状带较薄，占皮质厚度的 15% 左右，其分泌的激素以醛固酮（aldosterone）为主，主要调节细胞外钠、钾等电解质的平衡，故称为盐皮质激素。中间的束状带最厚，约占皮质厚度的 78%，分泌的激素以皮质醇（cortisol）和皮质酮（corticosterone）为主，具有明显的升糖作用，因而命名为糖皮质激素。最内层的网状带最薄，占皮质厚度的 7%，主要分泌脱氢异雄酮和雄烯二酮，还有少量的雌激素和糖皮质激素。

皮质激素都是以胆固醇为前体，在线粒体内膜或内质网中所含有的裂解酶与羟化酶等酶系的催化下，经过一系列反应生成的类固醇激素（图 10–17）。

血液中皮质激素以结合型和游离型两种形式存在，两种形式的皮质醇可以相互转化，以保持动态平衡，但只有游离型激素有生物效应。皮质醇进入血液后，75% ~ 80% 与皮质类固醇结合球蛋白（corticosteroid-binding globulin，CBG）结合，15% 与血浆白蛋白结合，5% ~ 10% 是游离的。醛固酮主要以游离状态存在，也可与上述两种血浆蛋白结合运输。

血浆中皮质醇的半衰期为 60 ~ 90 min，醛固酮半衰期为 15 ~ 20 min。95% 皮质醇的代谢产物在肝内被降解，与葡萄糖醛酸和硫酸结合而灭活，绝大部分随尿排出。

（二）肾上腺皮质激素的作用

1. 糖皮质激素的作用

糖皮质激素主要有皮质醇和皮质酮。不同种属动物的皮质醇和皮质酮比例不同，人类、猴、羊、猫等以皮质醇为主，鸟、啮齿类动物以皮质酮为主，而狗则分泌等量的皮质醇和皮质酮。糖皮质激素在体内的作用非常广泛，在物质代谢、免疫反应和应激反应等方面起着非常重要的作用。

（1）对物质代谢的影响　糖皮质激素对糖、蛋白质、脂肪、水盐代谢均有作用。

① 糖代谢：糖皮质激素主要通过减少组织对糖的利用和加速肝糖异生而使血糖升高。糖质激素可增强肝内糖异生和糖原合成所需酶的活性，利用外周组织，尤其是肌肉组织蛋白质分解产生的氨基酸，加速肝糖原异生；可抑制 NADH 的氧化，从而减少葡萄糖酵解，降低外周组织细胞对葡萄糖的利用；还可抑制胰岛素与其受体结合，降低组织细胞对胰岛素的敏感性，使外周组织，特别是肌肉和脂肪组织对糖的利用。因此，肾上腺皮质功能低的患畜，其糖皮质激素分泌

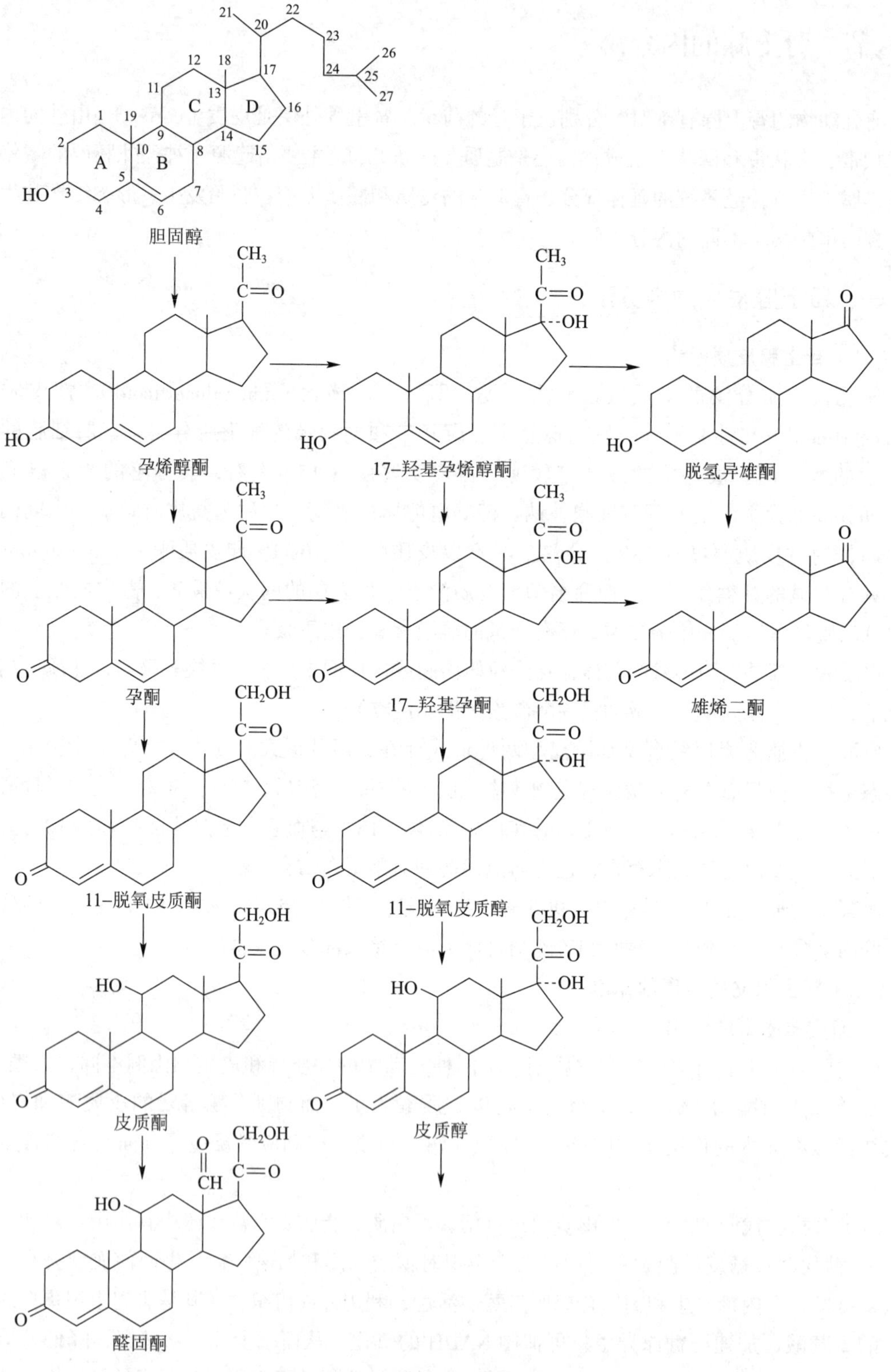

图 10-17 类固醇激素的生物合成途径

缺乏将导致低血糖，而糖皮质激素分泌过多或服用此类激素药物过多时，血糖升高，甚至出现糖尿。

② 蛋白质代谢：糖皮质激素促进肝外组织，特别是肌肉组织和淋巴组织蛋白质的分解，减少氨基酸向肝外组织转运，加速氨基酸转移至肝，异生成肝糖原或合成血浆蛋白释放进入血液。糖皮质激素分泌过多会引起生长停滞、肌肉消瘦、骨质疏松、皮肤变薄和淋巴组织萎缩等现象。但糖皮质激素对细胞基本结构蛋白分解能力有限，例如肌肉收缩蛋白和神经元蛋白。

③ 脂肪代谢：糖皮质激素能在一定程度上促进脂肪分解和脂肪酸氧化。但过量的糖皮质激素可以增加体脂沉积，这是由于一方面糖皮质激素能够促进食欲，另一方面血糖升高引起的胰岛素释放具有更为强烈的生脂作用。此外，肾上腺皮质功能亢进时，糖皮质激素还引起体脂分布趋于集中，使四肢脂肪减少，躯干和面部脂肪，特别是腹脂和锁骨下脂肪增多，产生所谓的向心性肥胖。

④ 骨钙代谢：糖皮质激素增加骨钙的溶解。糖皮质激素降低钙在肠道和肾的吸收和重吸收，降低血钙水平，从而促进甲状旁腺激素释放，加速骨钙溶解。此外，糖皮质激素还可以抑制成骨细胞的活动，减少骨钙沉积。因此过量使用糖皮质激素往往导致骨钙流失和骨质疏松。

⑤ 水盐代谢：因皮质醇的结构与醛固酮相似，其有较弱的保钠排钾作用，即对肾远球小管和集合管重吸收 Na^+ 和排出 K^+ 有轻微的促进作用。糖皮质激素还可增加肾小球血流量，使肾小球滤过率增加，抗利尿激素分泌减少，促进水的排出。糖皮质激素分泌不足时，机体排水功能低下，严重时可导致水中毒，补充糖皮质激素后可使症状缓解。

（2）参与应激反应　当动物受到缺氧、创伤、手术、饥饿、疼痛、炎热、寒冷、疾病以及精神紧张等各种有害刺激时，除引起机体产生与刺激相关的特异性反应外，还引起一系列与刺激性质无直接关系的非特异性反应，这种非特异性反应称为应激反应（stress reaction）。这些应激刺激通过下丘脑-腺垂体-肾上腺皮质系统，使血液中促肾上腺皮质激素（ACTH）和糖皮质激素含量立即升高。应激过程中释放糖皮质激素的意义在于从多方面调整机体对应激刺激的适应性和抵御能力。在应激反应中，除垂体-肾上腺皮质系统参加外，交感-肾上腺髓质系统也参与，使血中儿茶酚胺含量也相应增加（见本节"应急反应"）。此外，在机体应激反应中，血液中生长激素、催乳素、胰高血糖素、β-内啡肽、抗利尿激素及醛固酮等激素的含量也增加，说明应激反应是以 ACTH、糖皮质激素和儿茶酚胺分泌增加为主，多种激素共同参与的非特异性反应。

（3）在炎症和免疫反应中的作用　在炎症反应中，局部组织通过释放前列腺素和白细胞介素等细胞因子，促使局部血管扩张，血管通透性增加，白细胞浸润。糖皮质激素通过抑制细胞因子合成关键酶——磷脂酶 A_2，降低血管通透性，抑制淋巴细胞向血管外迁移，使血小板和中性粒细胞的数量增加，嗜酸性粒细胞减少，抑制中性粒细胞的吞噬活性，从而阻断炎症反应。糖皮质激素可抑制胸腺与淋巴组织的细胞分裂，使 T 淋巴细胞生成减少，阻止其迁移；对 B 淋巴细胞的作用是影响抗体的形成和清除。

（4）对组织器官的作用

① 血管系统：糖皮质激素对儿茶酚胺类激素具有允许作用，增强血管平滑肌对儿茶酚胺的敏感性，有利于提高血管的紧张度和维持血压。糖皮质激素还可降低毛细血管壁的通透性，利于血容量的维持。此外，糖皮质激素还刺激促红细胞生成素的分泌，使血中红细胞数量增加，糖皮

质激素分泌不足也可导致贫血。

② 神经系统：糖皮质激素可提高中枢神经系统的兴奋性。肾上腺皮质功能低下，糖皮质激素分泌不足时，动物表现精神萎靡。

③ 消化系统：糖皮质激素促进多种消化液和消化酶的分泌。胃消化活动中，糖皮质激素能增加胃酸及胃蛋白酶原的分泌，提高胃腺细胞对迷走神经和促胃液素的反应性。但糖皮质激素分泌过多也会增加胃溃疡的发病概率。

此外，糖皮质激素还有增强骨骼肌收缩力、促进胎儿肺表面活性物质的合成等作用。在临床上可以将大剂量的糖皮质激素及其类似物用于免疫抑制、抗炎、抗过敏、抗中毒和抗休克等的治疗。

2. 盐皮质激素的作用

盐皮质激素是调节机体水盐代谢的重要激素。盐皮质激素主要包括醛固酮、11-去氧皮质酮和 11-去氧皮质醇，以醛固酮活性最强，其次为去氧皮质酮。醛固酮可促进肾远曲小管及集合管对钠和水的重吸收，促进钾和氢的排出，即保钠、排钾和间接保水作用，进而调节细胞外液和循环血量的相对稳定。醛固酮还增加汗腺、唾液和肠腺中 Na^+ 的重吸收，加强肌肉钠-钾泵的活性。当醛固酮分泌过多时，引起高血钠、高血压和低血钾。相反，若醛固酮缺乏则钠与水排出过多，血钠减少，血压降低，而尿钾排出减少，血钾升高。此外，盐皮质激素与糖皮质激素一样具有允许作用，能增强血管平滑肌对儿茶酚胺的敏感性，其作用比糖皮质激素更强。

（三）肾上腺皮质激素分泌的调节

1. 糖皮质激素分泌的调节

糖皮质激素的分泌主要受下丘脑-垂体-肾上腺皮质轴功能活动的影响。各种应激刺激信息汇聚于下丘脑促肾上腺皮质激素释放激素（CRH）神经元，促使神经元合成并释放 CRH；CRH 通过垂体门脉系统运输至腺垂体，促进 ACTH 细胞合成和释放 ACTH。肾上腺皮质合成并释放糖皮质激素几乎完全受 ACTH 的调控，该过程与细胞内 cAMP-PKA 信号通路有关。长时间 ACTH 的刺激还可促进束状带与网状带细胞的生长发育。

在下丘脑-垂体-肾上腺皮质轴中糖皮质激素对 CRH 和 ACTH 均有负反馈调节作用。皮质醇在血中浓度升高时，可反馈性作用于下丘脑 CRH 神经元和腺垂体 ACTH 细胞，减少 CRH 和 ACTH 的合成。ACTH 也可反馈性地抑制 CRH 神经元的活动。通过负反馈的调节，维持血液中糖皮质激素的相对稳定。

综上所述，下丘脑、垂体和肾上腺皮质组成一个密切联系、协调统一的功能轴，以维持血中糖皮质激素浓度的相对稳定和在不同状态下的适应性变化（图 10-18）。

2. 盐皮质激素分泌的调节

醛固酮的分泌主要受肾素-血管紧张素系统的调节（详见第九章泌尿生理）。另外，血中 K^+ 和 Na^+ 浓度变化可以直接作用于球状带细胞，影响醛固酮的分泌。正常情况下，ACTH 对醛固酮的分泌并无调节作用，但在

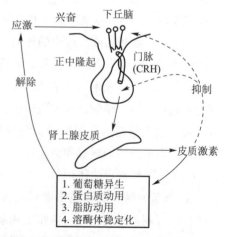

图 10-18　糖皮质激素的分泌调节

应激反应时，ACTH 对醛固酮的分泌也有一定的调节作用。

二、肾上腺髓质的内分泌

（一）肾上腺髓质激素的合成与代谢

肾上腺髓质细胞与交感神经节均来自神经嵴，前者在功能上相当于无轴突的交感神经节后神经元。肾上腺髓质的嗜铬细胞主要分泌多巴胺（dopamine，DA）、肾上腺素（epinephrine，E）和去甲肾上腺素（norepinephrine，NE），E 与 NE 的比例约为 4 : 1。NE 也是交感节后神经元的递质，都属于儿茶酚胺类化合物。

肾上腺髓质激素的合成与交感神经节后纤维合成去甲肾上腺素的过程基本一致，都是以酪氨酸为原料，在一系列酶的作用下合成，其中酪氨酸羟化酶是限速酶。但嗜铬细胞胞质中存在的大量苯乙醇胺 N- 甲基转移酶（phenylethanolamine-N-methyltransferase，PNMT）可使去甲肾上腺素甲基化而形成肾上腺素（图 10-19），而交感神经节后纤维末梢不含 PNMT，因此不能产生肾上腺素。肾上腺髓质激素合成后储存在髓质细胞囊泡内，有些髓质细胞囊泡只储存去甲肾上腺素，有些同时储存两种髓质激素，两种囊泡的释放受到独立的调控，从而调节去甲肾上腺素和肾上腺素的分泌比例。血液循环中的肾上腺素主要来自肾上腺髓质；去甲肾上腺素除由髓质分泌外，主要来自肾上腺素能神经纤维末梢。二者在体内通过单胺氧化酶及儿茶酚 -O- 甲基转移酶的作用而灭活。

（二）肾上腺髓质激素的生理作用

髓质激素的作用与交感神经的活动紧密联系，二者共同组成了交感 - 肾上腺髓质系统，其在应急反应中起着重要作用。当机体遭遇紧急情况时，如剧痛、缺氧、脱水、大出血、畏惧及剧烈运动时，交感 - 肾上腺髓质系统发生的适应性反应称应急反应（emergency reaction）。应急反应包括中枢神经系统的兴奋性提高；心率加快，心收缩力增强、心输出量增加，血压升高；呼吸加深、加快，支气管舒张以增大肺通气量；皮肤内脏血管收缩，血液重新分配，使重要脏器得到更多血液供应；血糖升高，葡萄糖、脂肪酸氧化代谢加强。总体效应是动员机体的能量储备，加强心血管和呼吸功能，情绪上表现出高度兴奋。实际上应急反应和应激反应二者相辅相成，当受到外界刺激时，两种反应往往同时发生，共同维持机体的适应力和耐受力。应急反应偏重于提高机体的警觉性和应变能力，而应激反应主要是加强机体对伤害刺激的基础耐受能力。

有研究报道，肾上腺髓质嗜铬细胞还可分泌一种多肽激素，称肾上腺髓质素（adrenomedullin，

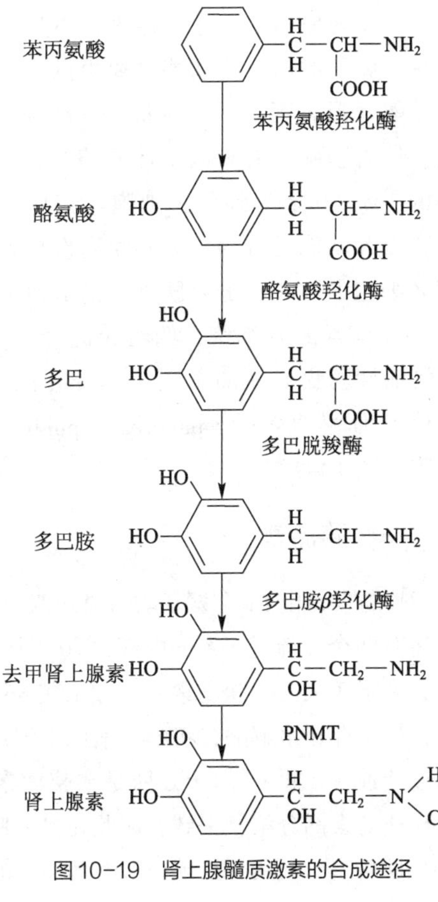

图 10-19　肾上腺髓质激素的合成途径

ADM），它具有扩张血管、降低血压、抑制内皮素和血管紧张素Ⅱ释放等作用。

（三）髓质激素分泌的调节

1. 交感神经

肾上腺髓质受交感神经节前纤维支配，其末梢释放的乙酰胆碱作用于髓质嗜铬细胞的 N 型胆碱受体，使储存激素的囊泡与细胞膜融合，引起肾上腺素和去甲肾上腺素的释放。

2. 促肾上腺皮质激素的调节

ACTH 可直接或间接通过糖皮质激素提高肾上腺髓质细胞中的多巴胺 β- 羟化酶和 PNMT 的活性，促进肾上腺髓质激素的合成。

3. 自身反馈调节

肾上腺髓质激素可负反馈抑制自身的合成。细胞内去甲肾上腺素或多巴胺的储存量增加到一定程度时，可抑制激素合成限速酶——酪氨酸羟化酶的活性，减少肾上腺髓质激素的合成。肾上腺素合成增多时，也能抑制 PNMT 的活性。当儿茶酚胺类激素从细胞内释放入血液后，胞质内含量减少，解除了上述的负反馈抑制，激素的合成随即又开始增加。

第七节   胰岛的内分泌

胰腺既是一个外分泌器官，也是一个重要的内分泌器官。胰腺的内分泌功能主要由散在于胰腺腺泡之间大小不等、形态不一的细胞群——胰岛分泌各种激素来实现。尽管胰腺中有数以千计的胰岛，但其总重量只占胰腺的 1%，其余为外分泌细胞。胰岛细胞依据形态、染色特点和功能可分为：分泌胰高血糖素的 A 细胞，约占胰岛细胞的 20%；分泌胰岛素的 B 细胞，约占 75%；分泌生长抑素的 D 细胞，约占 5%。此外，还有少量分泌血管活性肠肽（vasoactive intestinal peptide，VIP）的 D_1 细胞和分泌胰多肽（pancreatic polypeptide，PP）的 PP 细胞（图 10-20）。

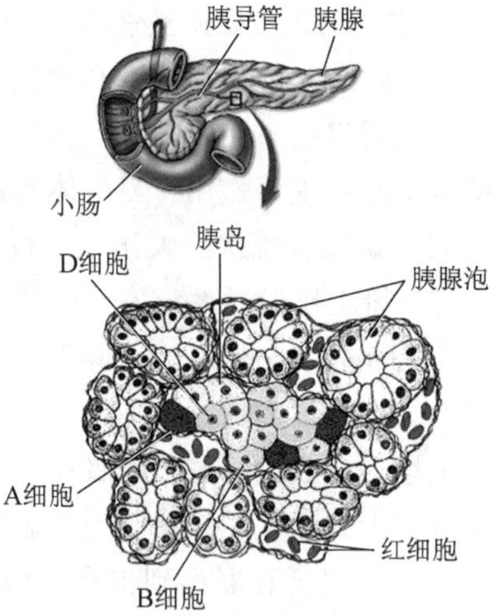

图 10-20   胰岛的组织结构

一、胰岛素

胰岛素是由 51 个氨基酸组成的双链蛋白质激素，由 21 肽的 A 链和 30 肽的 B 链组成，两链之间有两个二硫键，A 链内部也有一个二硫键，如二硫键被打开，则失去活性。胰岛 B 细胞先合成分子较大的前胰岛素原，加工成 86 肽的胰岛素原，随后在高尔基体中包装成分泌颗粒。分泌颗粒中存在水解酶，将胰岛素原水解成为胰岛素和无胰岛素活性的连接肽（C 肽）。由于 C 肽是在胰岛素合成过程中产生的，其数量与胰岛素的分泌量一致，因此在接受胰岛素治疗过程中，测定血中 C 肽含量，可用于反映内源性胰岛素的分泌能力。

◎中国在世界上首次人工合成结晶牛胰岛素

胰岛素在血液内运输既可与血浆蛋白结合，也有游离形式存在，但只有游离型的胰岛素具有生物活性。在血浆中胰岛素的半衰期只有 5~6 min，主要在肝灭活，肾与肌肉组织也有灭活作用。

（一）胰岛素的生理作用

胰岛素是促进合成代谢、维持血糖相对稳定的重要激素，其生理功能是通过相应的受体起作用。胰岛素受体是一种酪氨酸激酶受体，由 2 个 α 亚基和 2 个 β 亚基构成。α 亚基位于细胞膜外，有胰岛素结合域。β 亚基横跨细胞膜，具有酪氨酸激酶活性。当胰岛素与受体的 α 亚基结合后，β 亚基的细胞内的酪氨酸残基发生自身磷酸化，进而催化底物蛋白上的酪氨酸残基磷酸化，从而产生跨膜信息传递，调节细胞功能。过量的胰岛素下调胰岛素受体的表达，而且胰岛素还可以与受体复合物一起被细胞内吞后降解。

1. 对糖代谢的作用

胰岛素有降低血糖浓度的作用，其促进全身组织，特别是肝、骨骼肌、心肌和脂肪等组织细胞对葡萄糖的摄取和利用，同时促进肝糖原和肌糖原的合成与储存；抑制糖原分解和糖异生，减少肝糖原释放；促进葡萄糖转变为脂肪酸，储存于脂肪组织。因此，胰岛素通过减少血糖来源，增加血糖去路，使血糖水平下降。胰岛素缺乏时，外周组织对葡萄糖的利用减少，使血糖浓度升高，如超过肾糖阈，糖从尿中排出，引起糖尿。

2. 对脂肪代谢的作用

胰岛素促进脂肪的合成与储存，使血中游离脂肪酸减少；抑制脂肪酶的活性，减少脂肪的分解氧化；促进肝合成脂肪酸，增加脂肪酸转运进入脂肪细胞；还能促进糖转变为脂肪。胰岛素缺乏时因糖利用和脂肪沉积受阻，机体转而利用脂肪分解供能，生成大量酮体，引起酮血症与酸中毒。

3. 对蛋白质代谢的作用

胰岛素通过促进细胞对氨基酸的摄取、加速细胞核 DNA 和 RNA 的生成，促进蛋白质的合成，抑制蛋白质分解和糖原异生，利于生长。胰岛素缺乏导致骨骼肌蛋白质分解，释放丙氨酸、谷氨酸和谷氨酰胺等生糖氨基酸。胰岛素对机体生长的促进作用是与生长激素的作用相辅相成的。因此，胰岛素被认为是促进合成代谢的激素。

（二）胰岛素分泌的调节

1. 血中代谢物质的调节

血糖水平是调节胰岛素分泌的最主要因素。进食之后血糖升高，血糖可直接作用于胰岛 B 细胞，刺激胰岛素的分泌，使血糖进入肝和肌肉等细胞内代谢或合成糖原。当血糖水平下降时，胰岛素的分泌减少，使血糖水平不会过低。血中游离脂肪酸、酮体和多种氨基酸，尤其是赖氨酸和精氨酸含量增多时，也可促进胰岛素的分泌。

2. 激素的调节

促胃液素、促胰液素、缩胆囊素、抑胃肽和胰高血糖素样肽 -1 等胃肠激素均可促进胰岛素的分泌，其中以抑胃肽和胰高血糖素样肽 -1 的作用最强。其他可能与生长激素、甲状腺激素、皮质醇等相似，可直接或间接通过升高血糖浓度引起胰岛素的分泌。胰高血糖素和胰岛 D 细胞分泌的生长抑素可以直接作用于胰岛 B 细胞，分别促进和抑制胰岛素的分泌。肾上腺素和去甲肾上腺素也有抑制其分泌的作用。

3. 神经调节

胰岛受迷走神经与交感神经的双重支配。迷走神经主要通过迷走-胰岛系统调节胰岛素分泌，即当迷走神经兴奋时，末梢释放的乙酰胆碱作用于胰岛 B 细胞 M 受体，促进胰岛素的分泌。迷走神经也可通过刺激胃肠激素分泌间接发挥作用。交感神经兴奋时，则通过去甲肾上腺素作用于 α 受体，抑制胰岛素的分泌。

二、胰高血糖素

胰高血糖素是由胰岛 A 细胞分泌的含 29 个氨基酸的直链多肽。首先合成前胰高血糖素原，再加工成胰高血糖素原和胰高血糖素样肽，最后形成胰高血糖素进入血液。胰高血糖素以游离的形式在血液中运输，半衰期为 5~10 min，主要在肝内灭活，少部分在肾中降解。

（一）胰高血糖素的生理作用

胰高血糖素是促进分解代谢的激素，其对糖代谢的作用与胰岛素相反，通过促进肝糖原分解和糖异生作用，使血糖水平显著升高。它还可促进脂肪和蛋白质分解，增强心肌收缩力，抑制胃肠道平滑肌的运动。

（二）胰高血糖素分泌的调节

1. 血中代谢物质的调节

影响胰高血糖素分泌的主要因素也是血糖水平。当血糖水平降低时，可促进胰高血糖素的分泌，反之则分泌减少。血液中精氨酸和丙氨酸浓度升高也可促进其分泌。

2. 激素的调节

胰岛素可通过降低血糖间接引起胰高血糖素的分泌，但胰岛素和 D 细胞分泌的生长抑素也可通过旁分泌直接作用于邻近的 A 细胞，抑制胰高血糖素的分泌。胃肠道激素中，缩胆囊素和促胃液素可刺激胰高血糖素分泌，促胰液素则有抑制作用。

此外，交感神经兴奋、应激和运动也可以促进胰高血糖素的分泌。迷走神经兴奋则抑制其分泌。

第八节   其他内分泌腺和内分泌物质

一、胸腺

胸腺（thymus）位于胸腔，在动物出生后继续发育至性成熟，随后逐渐萎缩，被脂肪组织填充。胸腺既是重要的免疫器官，能产生 T 淋巴细胞，又兼有内分泌功能，能分泌多种具有生物活性的肽类激素。

胸腺激素多为肽类或蛋白质类激素，主要有三类。第一类是促进细胞免疫应答的因子，包括胸腺素（thymosin）、胸腺刺激素（thymulin）和胸腺生长素（thymopoietin）等。这类因子能诱导淋巴干细胞成熟，使其转化为具有免疫活性的 T 淋巴细胞，从而维持机体正常的免疫功能。第二类是抑制素，能降低 T 淋巴细胞的功能，抑制自身免疫功能。第三类是与免疫无关的低血糖因子和低血钙因子等。

胸腺与肾上腺皮质、性腺之间有交互的反馈抑制作用。胸腺对类固醇激素比较敏感。性腺类固醇激素、肾上腺皮质类固醇激素对胸腺均具有一定的抑制作用。切除胸腺使肾上腺皮质增生和性腺活动增强。

二、松果体

松果体（pineal body）也称松果腺，是位于第三脑室后部的松球状小腺体。松果体起源于中脑，出生后受到颈上神经发出的交感神经调控，是一种神经内分泌的换能器，可将神经冲动的电信号转变为激素的化学信号。

松果体细胞可分泌褪黑素（melatonin，MLT）、5-羟色胺和去甲肾上腺素。MLT 是由色氨酸转化而成的 5-甲氧基 -N-乙酰色胺，属于吲哚衍生物。MLT 因可使鱼类和两栖类动物黑色素聚集、肤色变浅而得名。MLT 具有广泛的作用，主要有镇静、催眠、镇痛、抗惊厥和抗抑郁等作用。而且 MLT 能抑制下丘脑 - 垂体 - 靶腺轴的活动，特别是对性腺轴作用更明显。MLT 在性腺发育、性腺激素分泌和生殖周期活动调节中可能与性激素起抗衡作用。对于貂和仓鼠等长日照繁殖的动物，MLT 还影响性腺的功能。在秋季日照逐渐缩短时，MLT 分泌量增加从而抑制促性腺激素释放激素（GnRH）的释放，导致冬季的生殖活动受抑制；春天日照延长，生殖活动得到恢复。对于短日照繁殖的动物，秋季日照缩短时，MLT 分泌量增加，则刺激鹿、狐和绵羊等动物的生殖活动。

松果体生理活动受光照影响，具有明显的昼夜节律，白天光照期间分泌量减少，夜间黑暗时分泌量增加。光照的作用是通过视网膜和神经系统传到松果体细胞的。在哺乳动物，松果体已基本丧失协调昼夜节律的功能，而由下丘脑的视交叉上核取代而成为主要的节律调定器。长期光照处理的鸡产卵增加可能与此有关。持续光照，可造成大鼠松果体缩小，同时 MLT 合成酶系活性显著降低，MLT 合成减少。但人 MLT 的昼夜节律波动是内源性的，因为已观察到持续光照和无光照的季节中，日节律依然存在。

在哺乳动物，MLT 的昼夜分泌节律与睡眠的昼夜时相完全一致，而且生理剂量的 MLT 具有促进睡眠的作用，提示 MLT 可以作为睡眠的促发因子参与昼夜睡眠节律的调控。

松果体还能合成 GnRH、促甲状腺激素释放激素及 8-精（氨酸）缩宫素等肽类激素。在牛、羊、猪、鼠等哺乳动物，松果体内的 GnRH 含量比下丘脑高 4～10 倍，是下丘脑以外组织的主要来源。8-精（氨酸）缩宫素对生殖系统的发育和功能均有抑制作用。

三、胎盘及其激素

胎盘（placenta）是胎儿与母体子宫之间进行物质交换的器官，也是一种暂时性内分泌器官，胎盘分泌大量的蛋白质激素、肽类激素和类固醇激素，为胎儿发育建立一个稳定的环境；调节子宫肌肉功能，保证胎儿发育和顺利分娩；确保胎儿从母体获得营养物质；完善胎儿的渗透压调节系统等。

（一）绒毛膜促性腺激素

1. 人绒毛膜促性腺激素

人绒毛膜促性腺激素（human chorionic gonadotropin，hCG）是由灵长类动物妊娠早期胎盘绒毛组织的合体滋养层细胞分泌的一种糖蛋白激素，由 α 与 β 亚单位组成。hCG 与黄体生成素（LH）有高度同源性，生物学效应及免疫学特性也基本相同。妊娠早期绒毛组织形成后，大量分泌 hCG，到妊娠 8~10 周时达到高峰，随后分泌逐渐减少，到妊娠 20 周左右降至较低水平，并一直维持到妊娠末期。由于 hCG 可出现在尿液中，因此常用于人早期妊娠的诊断。hCG 具有垂体卵泡刺激素（FSH）和 LH 的双重活性，但 LH 活性相对大于 FSH 活性。hCG 可促进雌性动物卵泡成熟、排卵、使周期性黄体转变为妊娠黄体，刺激黄体分泌孕酮。对于雄性动物，hCG 可刺激睾丸间质分泌睾酮。在动物生产中，hCG 常被用作超数排卵，治疗睾丸发育不良。

2. 马属动物促性腺激素

马属动物胎盘分泌的马绒毛膜促性腺激素（equine chorionic gonadotrophin，eCG），旧称孕马血清促性腺激素（pregnant mare serum gonadotrophin，PMSG）。eCG 是酸性糖蛋白，由 α 与 β 亚单位组成，其因相对分子质量较大，故只存在于血液中，而不能通过肾小球进入尿中。由于其分子中含有大量抵抗酶降解的唾液酸，eCG 的半衰期比其他胎盘促性腺激素长得多。母马在妊娠 35~40 d 时，胎盘开始分泌 eCG，妊娠 70 d 时，分泌达到高峰，最后在妊娠 140 d 时分泌停止。eCG 有 FSH 和 LH 的双重活性，但其 FSH 活性要高于 LH 活性，能促进卵泡发育成熟，在动物繁殖控制中常被用作诱导卵泡发育。

（二）胎盘催乳素

胎盘催乳素（placental lactogen）由人、小鼠、大鼠、绵羊等多种动物的胎盘分泌，结构与催乳素和生长激素相似。在妊娠期间，胎盘催乳素与催乳素共同促进乳腺的发育和乳汁生成。

此外，胎盘还可分泌绒毛膜生长素、绒毛膜促甲状腺激素、促肾上腺皮质激素、GnRH 以及 $\beta-$ 内啡肽等生物活性物质以及孕酮、雌激素等类固醇激素，共同促进子宫、乳腺发育，维持妊娠直至分娩。

四、前列腺素

前列腺素（PG）最初在精液中发现，被认为是前列腺所分泌，故称为前列腺素。实际上，PG 是广泛存在于人和动物体内的一类组织激素。PG 的化学结构是具有五元环和两条侧链的二十碳多不饱和脂肪酸衍生物——前列腺烷酸。根据其分子结构不同，可把 PG 分为 A、B、C、D、E、F、G、H、I 等 9 种类型。PG 由膜磷脂在磷脂酶 A_2 的作用下生成花生四烯酸，再经各种酶催化而成（图 10-21）。PGA_2 和 PGI_2 在血液中浓度较高，以循环激素的形式发挥作用。其他多数类型的 PG 在体内代谢极快，在血浆中的半衰期通常仅为 1~2 min，只具有调节局部组织的功能。

PG 的生物学作用极为广泛和复杂，同一种 PG 对不同组织可有不同的作用，同一组织对不同的 PG 反应也不相同（表 10-4）。

在生殖生物技术中，PG 有着重要用途。可利用 $PGF_{2\alpha}$ 和 PGE_2 溶解黄体来控制雌性动物发情或引起同期发情，也可用于刺激子宫肌的收缩、催产和子宫复原。PG 还可用于治疗卵巢囊肿、

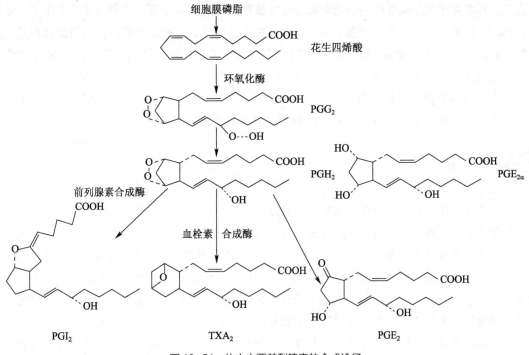

图 10-21 体内主要前列腺素的合成途径

表 10-4 前列腺素的主要作用

功能	PGE	PGF	PGA	功能	PGE	PGF	PGA
血管舒张	++++	----	++++	支气管扩张	++++	---	0
心输出量	++++	----	++++	胃液分泌	----	0	--
血压	----	因动物而异	----	虹膜	+++	+++	0
子宫活动	----	++++	0	黄体溶解	+	++++	0
输尿管活动	----	++++	0	神经系统	----	0	0
胃肠活动	++++	++++	0	脂肪分解	+++	0	0

+ 表示兴奋，– 表示抑制，0 表示无作用。

子宫内膜炎、子宫积水和积脓等病症，对提高雄性动物的生殖能力也有一定的作用。

五、瘦素

瘦素（Leptin）是由肥胖基因（ob gene）编码的蛋白质激素，主要由白色脂肪合成和分泌，褐色脂肪、胎盘、肌肉和胃黏膜也有少量合成。人和小鼠循环血中的瘦素含 146 个氨基酸残基。瘦素的分泌具有昼夜节律，夜间分泌水平较高。体内脂肪储量是影响瘦素分泌的主要因素。血清瘦素水平在摄食时升高，而在禁食时降低。

瘦素的作用广泛，可参与机体摄食行为、能量平衡、生长发育、生殖、内分泌和免疫等机能的调节，其主要作用是调节体内的脂肪储存量并维持机体的能量平衡。瘦素可直接作用于脂肪细胞，抑制脂肪的合成，并动员脂肪，使脂肪储存的能量转化、释放，降低体内脂肪的储存量，避免发生肥胖。给遗传性肥胖 *ob/ob* 小鼠注射瘦素，一个月后可使其体重下降40％。瘦素的作用部位主要是下丘脑弓状核，通过抑制神经肽Y神经元的活动以减少摄食量，导致体重减轻。此外，瘦素还具有其他广泛的生物效应，可影响下丘脑－垂体－性腺轴、下丘脑－垂体－甲状腺轴和下丘脑－垂体－肾上腺轴的活动，影响轴内激素的分泌。

小 结

　　动物体内的内分泌腺和分散存在的内分泌细胞共同构成了内分泌系统，它们通过分泌传递信息的高效能生物活性物质——激素，分别以远距分泌、旁分泌、神经分泌和自分泌等途径调节靶细胞的活动。依据作用机制，将激素分为Ⅰ组和Ⅱ组两大群组。Ⅰ组是类固醇与部分胺类激素，包括皮质醇、醛固酮、孕激素、雄激素、维生素D_3、甲状腺素和三碘甲腺原氨酸等，它们通过细胞内受体介导的"基因表达学说"调节靶细胞的活动；Ⅱ组包括其他的含氮类激素，它们通过作用于膜受体介导的"第二信使学说"调节靶细胞的活动。

　　动物的内分泌腺主要有脑垂体、甲状腺、甲状旁腺、肾上腺、胰岛和性腺等，内分泌腺分泌的激素种类繁多，但根据化学结构可将激素分为胺类、多肽／蛋白质类以及脂类激素等三大类。胺类激素多为氨基酸的衍生物，主要包括甲状腺激素、儿茶酚胺类激素和褪黑素等。多肽／蛋白质类激素种类多、分布广泛，水溶性强，此类激素主要来自下丘脑、垂体、甲状旁腺、胰岛、胃肠道等部位。脂类激素是以脂质为原料修饰合成的激素，主要包括类固醇激素、固醇激素和廿烷酸，都是脂溶性的非极性分子。如属于类固醇激素的肾上腺皮质和性腺激素，属于固醇激素的维生素D_3，属于廿烷酸类的前列腺素族等。由于胺类和多肽／蛋白质类激素的化学结构中都含有氮元素，过去又将它们合称为含氮类激素。

　　虽然激素的作用复杂，但它们对机体整体功能的调节作用主要表现为：整合机体稳态——参与水盐平衡、酸碱平衡、体温、血压等调节过程，直接参与应激反应等，与神经系统、免疫系统共同整合机体功能，适应环境变化。调节新陈代谢——多数激素都参与调节细胞的物质代谢和能量代谢，维持机体的物质与能量平衡，为动物的各种生命活动奠定基础。维持生长发育——促进全身组织细胞的生长、增殖、分化与成熟，参与细胞凋亡过程等，保证各系统器官的正常功能活动。调控生殖过程——维持生殖器官的正常发育、成熟和诸如生殖细胞生成、发情、交配、妊娠、哺乳等生殖环节的完成，保证动物种族的繁衍。激素的分泌除有本身的分泌规律外，还受神经和体液性调节，特别是下丘脑－腺垂体－靶腺轴的调控。

思考题

1. 简述动物体内的主要内分泌腺及其分泌的激素。
2. 简述激素的概念及传递方式。
3. 简述激素作用的一般特征。

4. 简述激素作用的第二信使学说。

5. 简述激素作用的基因表达学说。

6. 举例说明激素分泌的反馈性调节机制及意义。

7. 试述腺垂体激素的生理作用与分泌的调节。

8. 试述神经垂体激素的生理作用与分泌的调节。

9. 生理状况下，动物机体是如何维持甲状腺激素分泌的相对平衡的？当发生甲状腺功能亢进导致甲状腺分泌过多时，患畜会出现哪些生理功能异常？为什么？

10. 当血钙升高或降低时，甲状旁腺激素、1,25- 二羟维生素 D_3 以及降钙素是如何协同作用维持血钙相对稳定的？

11. 根据胰岛素的生理学作用，简要解释患糖尿病的病畜为何会出现多尿、多饮、多食以及体重减轻等症状。

12. 生长激素在畜牧生产中应用，与它的哪些生理功能有关？

13. 应激反应和应急反应有何区别？各具有什么生理学意义？在应激状况下，机体有哪些激素会发生变化来应对应激反应？

14. 8 岁贵宾犬出现多饮多尿，肌肉无力，腹围增大，腹部皮肤变薄，后肢僵直，大量脱毛。血常规检查未见明显异常，生化检查见丙氨酸转氨酶和天门冬氨酸转氨酶上升，碱性磷酸酶明显升高，胆固醇轻度升高，经促肾上腺皮质激素刺激实验以及高剂量地塞米松抑制试验确诊该犬患有由糖皮质激素分泌增多而引起的库欣综合征。试简要解释：库欣综合征患病犬其因糖皮质激素分泌增多可发生哪些生理功能异常，为什么。

第十一章

生殖生理

◎知识导图
◎学习基础
◎学习要点

　　生殖是生命的基本特征之一。哺乳动物生殖活动包括两性生殖细胞的产生、交配、受精、妊娠和分娩等生理过程。那么，两性生殖细胞是如何形成的？机体又是如何对其生长、发育、成熟进行调控的？　雌性动物还会表现出性周期，其产生的神经内分泌机制是什么？精子和卵子在雌性动物的生殖道内是如何运行的？其机理是什么？妊娠过程是如何维持的？妊娠中胎儿和母体之间是如何相互作用的？分娩又是如何发动的？其机制是什么？本章将对这些问题做出解答。

　　生物体生长发育到一定阶段后，能够产生与自身相似的子代个体，这个功能称为生殖（reproduction）。生殖是生物繁殖和物种延续的重要生命活动。哺乳动物生殖过程包括两性生殖细胞（精子和卵子）的产生、交配、受精、妊娠和分娩等生理过程。

第一节　概述

一、生殖器官和第二性征

　　生殖过程是通过生殖器官而实现的。生殖器官包括性腺和附性器官。性腺又称为主性器官，在雌性为卵巢，雄性为睾丸。它们除了产生生殖细胞以外，还具有内分泌功能。雌性的附性器官包括输卵管、子宫、阴道、阴道腺、阴蒂等；雄性的附性器官包括附睾、输精管、精囊腺、前列腺、尿道球腺、阴茎等。

　　两性在达到性成熟时所表现出的性的特征，称为第二性征（secondary sex characteristic），如被毛（或羽毛）颜色、角、叫声等。附性器官和第二性征虽然是由遗传所决定的，但它们的生长、发育和形成过程有赖于性腺的内分泌作用。若幼年时摘除性腺（睾丸或卵巢），则附性器官不能发育成熟，停留于幼稚状态，第二性征也不能出现。若成年动物摘除性腺，则附性器官逐渐萎缩退化，已经形成的雌雄动物典型第二性征将逐渐转为中性。

◎中国克隆之父——童第周

二、性成熟和体成熟

（一）性成熟

哺乳动物生长发育到一定时期，生殖器官基本发育完全，并且具备繁殖能力，这一时期叫作性成熟（sexual maturity）。当性成熟后，雌性和雄性动物出现明显的第二性征，性腺中开始形成成熟的生殖细胞（卵子和精子），并分泌性激素，动物表现出各种性反射（sexual reflex）。动物性成熟一般要经历初情期、性成熟期和体成熟期3个阶段。初情期是性成熟的开始阶段，母畜达到初情期的标志是初次发情，但这时的发情症状不完全，发情周期是无规律的；雄性动物的初情期比较难以判断，此时雄性动物可表现出多种多样的性行为，例如闻嗅雌性动物外阴部、爬跨雌性动物，阴茎勃起，甚至有交配动作，但一般不射精，或精液中没有成熟的精子。性成熟期是性的基本成熟阶段，具备繁殖能力。体成熟期则是性成熟过程的结束，动物具有正常生殖能力。

（二）体成熟

动物的生长基本结束，并具有成年动物所固有的形态和结构特点，称为体成熟。体成熟出现在性成熟之后。动物的初配年龄应在体成熟之后。过早配种会直接影响到动物本身的生长发育和体质，同时也会影响到子代的体质和生产性能。但初配年龄也不能过分推迟，因为过晚配种既不利于生产，也会对雌雄动物产生不良影响，例如可造成雌性动物不孕、难产和雄性动物的自淫。各种动物的初配年龄应根据品种、健康状况、饲养管理和地区特点等灵活掌握。各种动物的性成熟期年龄和初配年龄见表11-1。

表11-1　几种动物性成熟年龄和平均初配年龄（雌性）

动物品种	性成熟年龄	平均初配年龄
骆驼	3~4岁	5岁
马	12~18个月	3~4岁
黄牛	1~2岁	2~2.5岁
水牛	1.5~2岁	2.5~3岁
羊	6~8个月	1~1.5岁
猪	5~8个月	8~12个月
家兔	4~5个月	4~8个月
犬	6~8个月	品种多，差异大
奶牛	8~12个月	1.5~2岁

三、繁殖季节

动物的繁殖受到光照、温度、环境和食物的来源等因素的影响。野生动物一般都在最适于妊娠和幼子生活的季节里繁殖，而家养动物由于环境因素和食物的来源比较稳定，经过长期的驯化，其繁殖季节逐渐延长。

动物按繁殖季节可分为两大类：一类为常年繁殖（如牛、猪、家兔等），这类动物在性成熟后终年可繁殖。雌性全年（除妊娠期外）能够有规律地多次发情，称为终年多次发情动物；雄性则全年不断形成精子。虽然这类动物全年均可繁殖，但在不同季节中仍表现出高峰期和低潮期，如牛一般在秋季、春季和初夏出现繁殖高峰，冬季则处于低潮期。另一类为季节性繁殖（如马、羊、犬等），这类动物一年中只出现一个或两个繁殖季节，其他时间则属于性活动的休情期。在一个繁殖季节内，雌性可出现一次或多次发情（季节性多次发情），雄性能不断形成精子。在休情期内，雌性动物的卵巢和雄性动物的睾丸都不同程度地萎缩。影响季节性繁殖的主要因素是光周期、温度和饲养水平等。

第二节　雄性生殖生理

一、睾丸的功能

睾丸是雄性动物的主性器官，主要由曲细精管（又称生精小管、曲精小管、精曲小管）和间质组成，间质为曲细精管周围的疏松结缔组织，内有间质细胞。曲细精管的主要作用是生成精子，完成睾丸的生精过程；间质细胞的作用是分泌雄激素，为精子的发生提供一个合适的激素环境，实现睾丸的内分泌功能。大多数哺乳动物的睾丸均位于阴囊内。若睾丸未能由腹腔下降至阴囊内则称为隐睾。隐睾动物虽具有正常的各种性反射，但却无生殖能力，因而不能留作种用。这是由于精子必须在略低于体温的环境中形成。阴囊温度比体温低 4~7℃，而且阴囊本身具有调节内部温度的能力，即当外界温度升高时，阴囊皮肤松弛以增加散热，从而维持阴囊内的温度相对恒定，保证精子的生成。隐睾动物虽然由于精子生成受到影响而失去生殖能力，但其雄激素的合成和分泌未受影响，仍具有正常的性反射和性行为。睾丸和附睾的结构见图 11-1。

（一）睾丸的生精作用

原始生殖上皮细胞，在雄性动物胚胎时期由卵黄囊移行到睾丸内。到性成熟时，在腺垂体促性腺激素的作用下，分化为精原细胞。曲细精管内的精原细胞经多次分裂而生成精子。其具体过程为：精原细胞→初级精母细胞→次级精母细胞→精子细胞→精子（图 11-2）。

整个精子生成过程是在一定时间内有规律地进行的。各级精母细胞在生成精子的过程中，由管的基部逐渐移向管腔。生成的精子经直细精管、睾丸网而发育成为高度分化的完整精子，之后移

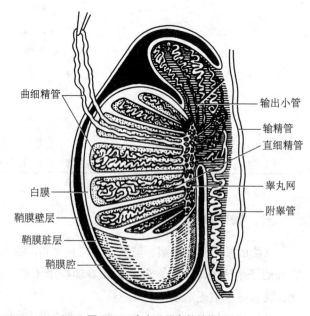

图 11-1　睾丸及附睾的结构

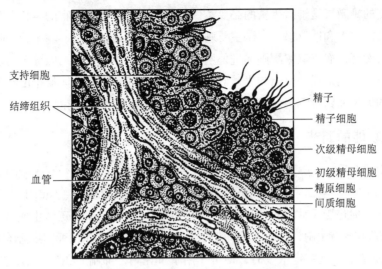

图 11-2 曲细精管各级生精细胞及间质细胞

向附睾储存，并在其中获得运动及受精的能力。储存于附睾的精子通过射精而随精液排出。若长期不射精，精子则逐渐衰老、死亡并被吸收。各种动物由精原细胞到精子释放进入曲细精管管腔的时间各不相同，绵羊约为 49 d，牛约 60 d，猪约 35 d，家兔约 52 d。

支持细胞间存在紧密连接，这种紧密连接能够限制体液和细胞间质中的大分子进入曲细精管的管腔中，构成血 – 睾屏障（blood-testis barrier）。除了精原细胞可通过与基膜紧贴直接从组织间隙液中摄取营养物质以外，其他各级生精细胞的物质供应和排除均依赖支持细胞通过弥散来完成。支持细胞能分泌雄激素结合蛋白（androgen-binding protein，ABP）、血浆蛋白酶原激活因子、转铁蛋白、影响"减数分裂"因子、血浆铜蓝蛋白以及促曲细精管生长因子等多种蛋白质，此外还分泌乳酸和丙酮酸盐来促进生精细胞的正常发育。血 – 睾屏障可以防止生精细胞的抗原性物质进入血液循环而引起过敏性反应。

（二）睾丸的内分泌功能

1. 雄激素

睾丸的间质细胞能合成和分泌雄激素（androgen），包括睾酮（testosterone，T）和 5α- 双氢睾酮（5α-dihydrotestosterone）。它们是一类含 19 个碳原子的类固醇激素，其合成原料是胆固醇。在间质细胞内，胆固醇经羟化、侧链裂解形成孕烯醇酮，再经 17- 羟化并脱去侧链而形成睾酮。睾酮在其靶器官（如附睾和前列腺）内被 5α- 还原酶还原为 5α- 双氢睾酮，再与靶细胞内的受体结合而发挥作用。睾酮也可在芳香化酶作用下转变为雌二醇。雌性动物的卵巢和肾上腺皮质等亦能分泌少量的雄激素。

雄激素在体内不能贮存，而是被迅速利用或降解。约有 80% 在肝降解为 17- 氧类固醇结合型，主要随尿排出，另有少量随胆汁进入消化道而经粪便排出。

2. 雄激素的生理作用

雄激素的主要生理作用有：①维持生精作用。睾酮自间质细胞分泌后，可经支持细胞进入曲细精管，并可转变为活性更强的双氢睾酮，与生精细胞的受体结合，促进精子的生成。曲细精管微环境中高浓度的雄激素是维持生精的必要条件。②促进雄性生殖器官的生长发育及第二性征的出现，维持正常的性欲和性反射。睾酮主要刺激内生殖器（曲细精管、输精管、附睾、精囊、射精管等）的生长发育，而双氢睾酮则促进外生殖器（尿道、阴茎、前列腺等）的生长发育。③促进蛋白质的合成，特别是促进肌肉和生殖器官的蛋白质合成，从而使尿氮排出减少，呈现正氮平衡。④促进骨的生长和钙磷沉积。⑤刺激骨髓的造血功能，使红细胞生成增多。

二、睾丸功能的调节

睾丸的功能受下丘脑 – 腺垂体 – 性腺（睾丸）轴的调节，同时也受到睾酮的反馈性调节。

1. 下丘脑在内外环境因素的作用下可释放促性腺激素释放激素（GnRH）。GnRH通过垂体门脉到达腺垂体，促进腺垂体促性腺细胞分泌卵泡刺激素（FSH）和黄体生成素（LH）。FSH主要作用于生精细胞与支持细胞，促进精子细胞的生成；而LH主要作用于间质细胞合成和分泌睾酮。

2. 睾酮在血浆中达到一定浓度时，便可作用于下丘脑，抑制GnRH分泌，进而抑制腺垂体LH的分泌，从而使睾酮的分泌量维持在一定的水平上。

三、附睾及副性腺的主要功能

（一）附睾的主要生理功能

1. 使精子成熟

精子由曲细精管转移到附睾时，并未达到生理上的成熟。实验证明，从附睾头部取出的精子没有受精能力，体部精子的受精率只有51%，而尾部精子受精率可达94.6%。有关精子在附睾内成熟的机理尚待进一步研究。现有资料认为，在附睾上皮细胞分泌液与精子所特有酶系的共同作用下，未成熟的精子发生代谢转变而达到生理上的成熟。

2. 吸收与分泌功能

睾丸产生的睾丸液有99%在附睾头部被重吸收，这种重吸收能使附睾液维持正常的渗透压，保持附睾液内环境的稳定，有利于精子的存活。

附睾液分泌细胞主要分泌甘油磷酸胆碱、肉毒碱、唾液酸等。这些物质与附睾内精子的成熟和生殖活动有着密切的关系。

3. 精子的转运

精子在附睾内缺乏主动运动的能力，靠纤毛上皮细胞的活动以及附睾管平滑肌的收缩作用将其由附睾头运送到附睾尾。

4. 储存精子

精子在附睾体部成熟，输送至尾部储存。附睾尾部的温度较低（约比附睾头部低4℃）、CO_2分压高、pH低，使精子处于休眠状态，有利于精子的长期存活。

（二）副性腺的主要生理功能

副性腺主要有尿道球腺、前列腺和精囊腺3种，其生长发育受雄激素的直接调节，分泌受中枢神经系统调节。副交感神经能促进副性腺的分泌，而交感神经则抑制其分泌。

1. 尿道球腺

尿道球腺的分泌物是清亮、无色的水状液体，pH为7.5～8.2。其作用是冲洗和润滑尿道以及中和阴道内的酸性物，为精子的通过做好准备。

2. 前列腺

前列腺的分泌物，呈乳白色带腥臭味，浑浊，pH 为 7.5～8.2。前列腺液中含有蛋白质、酶、氨基酸、果糖等有机物，还有抗精子凝集素的结合蛋白，能防止精子头部互相凝集。同时还含有钠、钾和钙的柠檬酸盐和氯化物，前列腺液的主要功能是中和阴道的酸性分泌物，吸收精子所排出的 CO_2，促进精子的运动等。

3. 精囊腺

精囊腺的分泌物为白色或黄白色黏稠液，pH 为 5.7～6.2，含有较高浓度的球蛋白、柠檬酸和酶等。精囊液的主要功能是提供精子活动的能源（主要是果糖）和刺激精子运动，在有些动物（如猪）还能在雌性阴道内形成栓塞防止精液倒流。

四、精液

雄性动物在交配过程中通过一系列的性反射（包括：勃起、爬跨、抽动和射精等反射）将液态或半胶样的精液射入雌性动物生殖道内。精液包括精子和精清两大部分。

（一）精子

精子在睾丸的曲细精管内产生，储存于附睾并由附睾排出，是雄性动物的生殖细胞，带有父本遗传信息。

精子由头和尾两部分组成。头部包括细胞膜和顶体等，能进入卵细胞并与卵细胞结合，而尾部则是实现精子运动功能的部分。

精子的最主要生理特点是具有独立运动的能力。它的运动是借助于尾部的螺旋运动与 S 形平面波动而完成的复杂运动。精子运动的能源主要由精清中的果糖、山梨醇和甘油磷酸胆碱提供。精清的 pH、渗透压、所含电解质的种类和含量以及温度、光线等因素均能影响精子的活力和存活时间。

（二）精清

精清是各种附性腺的混合分泌物，pH 约为 7.0，渗透压与血浆相似。其化学成分极为复杂，含有 Na^+、K^+、Ca^{2+}、Mg^{2+} 等无机离子和果糖、柠檬酸、山梨醇、肌醇、甘油磷酸胆碱等有机物。

精清的主要生理作用有：①稀释精子，便于精子运行并输入雌性动物的生殖道。②提供精子运动和存活的适宜环境。③提供精子活动的能源。④保护精子，防止氧化剂对精子的损害（精清中的巯基组氨酸三甲基钠盐具有抗氧化作用），并防止精子的凝集（精清中含有抗精子凝集素的结合蛋白）。⑤精清中的前列腺素能刺激雌性生殖道的运动，有利于精子的运行。⑥有些动物的精清能在雌性生殖道内凝固成栓塞，防止精液倒流。

第三节 雌性生殖生理

雌性生殖过程包括卵细胞的形成、排卵、受精、妊娠和分娩等。

一、卵巢的功能

卵巢是雌性动物的主性器官，它是由表面的生殖上皮细胞、内部结缔组织形成的基架以及基架内许多大小不等、发育不同的卵泡所构成。卵巢的结构见图11-3。

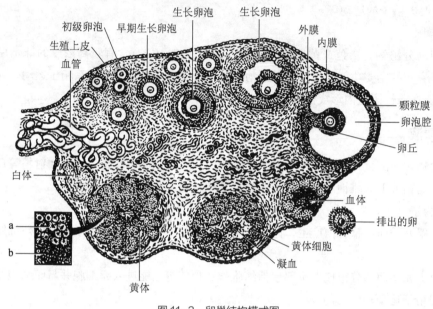

图11-3　卵巢结构模式图
a. 颗粒黄体细胞；b. 膜黄体细胞

卵巢具有产生卵子和内分泌两大生理功能。

（一）卵巢的生卵作用

1. 卵细胞的生成和卵泡的发育

卵巢内卵细胞的生成和卵泡的发育是同时进行的，一般要经历初级卵泡、生长卵泡和成熟卵泡3个连续的发育阶段。

（1）初级卵泡　在雌性动物的胚胎时期，原始生殖上皮细胞由卵黄囊移行到卵巢内，分化为卵原细胞，并能进行不断分裂和增殖。卵原细胞周围被一层来自表面上皮的卵泡上皮细胞（即卵泡细胞）包裹而形成初级卵泡。初级卵泡在胚胎时期大量形成，但只有少数继续发育，大部分退化或成为闭锁卵泡。初级卵泡的形成不受垂体促性腺激素调控，而是取决于内在因素（如生长激素、胰岛素或类胰岛素生长因子等）。

（2）生长卵泡（包括次级卵泡）　初级卵泡经生长发育形成生长卵泡，见图11-4。这一过程为：卵原细胞充分生长、体积增大，成为初级卵母细胞。同时周围的卵泡上皮细胞不断分裂增殖，细胞内出现颗粒（称颗粒细胞），其排列也由一层变为多层。卵泡细胞之间出现腔隙，这些腔隙进一步融合成卵泡腔，腔内充满颗粒细胞分泌的卵泡液。随着卵泡不断增大，初级卵母细胞和周围的一些颗粒细胞被挤到卵泡的一边而形成卵丘，并出现透明带和放射冠。卵泡周围的结缔组织呈有规律的排列而形成内、外两层卵泡膜。颗粒细胞上出现FSH受体，内膜层的内膜细胞

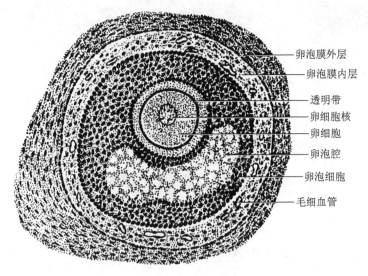

图 11-4 生长卵泡

上出现 LH 受体并且开始分泌雌激素。

（3）成熟卵泡 生长卵泡继续发育，表现为体积增大，卵泡腔扩大，卵泡液增多，颗粒细胞层变薄形成只有 2～3 层颗粒细胞的薄膜，卵泡膜的内、外层分界明显，内膜增厚，内膜细胞肥大（图 11-5，图 11-6），雌激素的分泌急剧增加。卵泡发育的同时，初级卵母细胞长大成熟，并进行第一次成熟分裂（减数分裂），生成一个大的次级卵母细胞和一个小的细胞，称第一极体（图 11-7）。此时卵泡已完全发育成熟，移向并突出于卵巢表面或移向排卵窝（如马）。腺垂体所分泌的 FSH 是促进卵泡初期生长发育的主要因素（LH 起到一定的协同作用），但卵泡的完全成熟直至排卵则有赖于 LH 的作用。与雌激素的促进作用相反，雄激素、孕激素和抑制素等能抑制卵泡的发育和分化。

在胎儿时期，初级卵母细胞就进入第一次成熟分裂，但直到出生后并达到性成熟期，在 LH

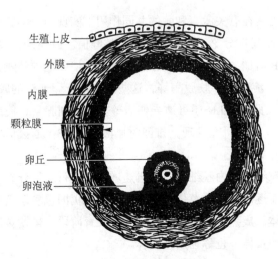

图 11-5 成熟卵泡模式图

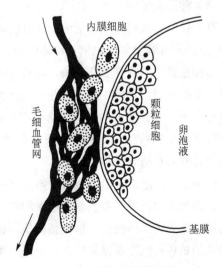

图 11-6 成熟卵泡壁的结构

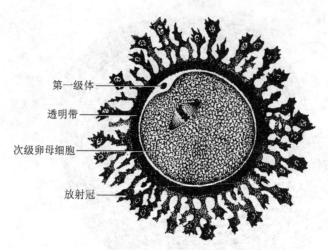

第一级体 ——

透明带 ——

次级卵母细胞 ——

放射冠 ——

图11-7 次级卵母细胞、第一级体、放射冠

的作用下，这一分裂过程才能完成。这是由于它受到卵泡上皮细胞分泌的一种卵母细胞成熟抑制物（oocyte maturation inhibitor，OMI）的抑制，只有在排卵前由雌激素高峰诱导的 LH 高峰可解除这种抑制。各种动物完成第一次成熟分裂的时间差异很大，牛、羊、猪等大多数动物是在排卵前完成，大鼠和小鼠是在发情前期完成，马、犬、狐等是在排卵时完成，而兔子则必须在交配时才出现第一极体。

2. 排卵及排卵后黄体的形成

成熟卵泡逐渐向卵巢表面移动并突出于卵巢表面。在特定的时间和条件下，卵巢表面上皮细胞和卵泡膜细胞溶解、破裂，将包裹有卵丘细胞的卵细胞随卵泡液排出，这一过程称为排卵。在一个性周期中，各种动物排卵的数目不同。单胎动物在一个性周期中一般只有一个卵泡成熟而排出一个卵子，多胎动物则有多个卵泡同时成熟并排出多个卵子。大多数动物的卵巢周期性自发排出成熟卵子（称为自发排卵），而有些动物（如骆驼、兔、猫、雪貂等）则必须通过交配刺激才能排卵（称诱发排卵）。

有关排卵的机制尚未完全清楚，目前认为是在有关激素和酶的共同作用下实现的。实验证明 LH 对于排卵具有重要的作用。在排卵前 LH 暴发性分泌，出现一个极大的峰值。LH 峰的出现可以激活卵泡膜中的腺苷酸环化酶，导致 cAMP 增加，并引起颗粒细胞黄体化，使卵泡内孕酮含量增加。孕酮可激活卵泡中的一些蛋白分解酶、淀粉酶、胶原酶等，这些酶作用于卵泡壁的胶原，使其张力下降、膨胀性增加，最后引起排卵。此外，LH 还可诱导卵泡壁合成前列腺素，使成熟卵泡壁肌样细胞收缩，促使卵泡破裂和排卵。另有研究发现，排卵时血液中的 FSH 也会形成一个峰值，并具有诱导排卵的作用。

排卵后，卵泡液流出，残留的卵泡壁颗粒细胞和内膜细胞体积迅速增加并进行细胞分裂和增殖，且因胞浆内积累了黄色的脂色素和颗粒而逐渐演化为黄体细胞。卵泡外膜仍旧包裹于黄体细胞周围，成为黄体的外膜。黄体经历早期黄体、成熟黄体和退化黄体 3 个发育阶段。早期黄体是新形成的黄体；成熟黄体是具有内分泌功能的黄体，也称为周期黄体。

排出的卵子若没有受精，周期黄体会在一定时间内退化。在大多数哺乳动物这一过程主要是通过子宫内膜分泌前列腺素 $F_{2\alpha}$ 来溶解黄体而实现的，另一些动物（包括人类、灵长类）则主要是由雌激素正常周期来控制（因这些动物的前列腺素 $F_{2\alpha}$ 没有溶解黄体的作用）。若排出的卵子受精，则周期黄体转变为妊娠黄体继续存在。在有些动物（如牛、羊、猪等），妊娠黄体一直存在直到分娩前；而在另一些动物妊娠黄体则只存在于妊娠的大部分时间，如马妊娠 5 个月开始退化，到 7 个月完全消失。妊娠黄体的维持有赖于胎盘的促性腺激素。分娩后或妊娠后期胎盘促性腺激素浓度突然下降会引起妊娠黄体的退化。

（二）卵巢的内分泌功能

卵巢能分泌雌激素（estrogen，E）、孕激素（progestogen）和少量的雄激素，在妊娠期间还可分泌松弛素。

1. 雌激素及其生理作用

雌激素主要由成熟卵泡的颗粒细胞、内膜细胞及黄体合成和分泌，胎盘、肾上腺皮质和睾丸也能分泌少量雌激素。

雌激素是一类化学结构相似，分子中含 18 个碳原子的类固醇激素。雌激素的种类很多，包括雌二醇（17β-estradiol，E_2）、雌酮（estrone）和雌三醇（estriol）等，其中雌二醇的生物活性最强。雌二醇分泌入血后约 70% 与性激素结合球蛋白（sex hormone-binding globulin，SHBG）结合，约 25% 与血浆中的清蛋白结合，其余为游离型。雌激素在肝中与葡萄糖醛酸或硫酸酯结合成为葡萄糖醛酸酯或硫酸酯而被灭活，然后随粪便和尿排出。目前人工合成的雌激素有己烯雌酚和己烷雌酚（属非类固醇化合物）。

雌激素的生理作用有：①刺激雌性器官的生长发育，促进第二性征以及发情时性行为的出现。②促进乳腺导管系统的发育和结缔组织增长，对乳腺小叶和腺泡亦有轻度促进作用。③促进骨骼的同化作用，降低甲状旁腺素对骨骼的作用，抑制破骨细胞的活动。④促进子宫内膜增长，使子宫肌增厚，提高子宫肌对缩宫素的敏感性，利于分娩。⑤促进阴道上皮的增生、角化和糖原合成，并促进糖原分解为乳酸，酸化阴道，抑制致病菌的生长。⑥促进输卵管纤毛上皮增生和纤毛运动增强，同时还能促进输卵管平滑肌的蠕动，利于卵子、精子运行。⑦增加体内水、钠、钙、氯、磷的潴留。⑧降低血浆胆固醇和脂蛋白含量，促进肝合成纤维蛋白原，皮质激素运载蛋白等。⑨协同 FSH 使卵泡 LH 受体增加，促进 LH 高峰出现，诱发排卵。

2. 孕激素及其生理作用

孕激素主要是由黄体和胎盘分泌，肾上腺皮质亦能少量分泌。孕激素中活性最强的是孕酮（progesterone）。孕酮是含 21 个碳原子的类固醇化合物，是以胆固醇为原料，孕烯醇酮为前体而合成的。孕酮分泌入血后 48% 与皮质激素运载蛋白结合，50% 与血浆中的白蛋白等结合，游离形式的不到 3%。孕酮主要经肝代谢转变为孕二醇，并以葡萄糖醛酸的形式随胆汁或尿排出。

孕激素的生理作用是在雌激素作用的基础上进一步作用于生殖道和乳腺，使这些器官更适合受精卵附植，并有利于维持妊娠和准备泌乳。其具体生理作用为：①使子宫内膜增厚，呈现分泌期变化，有利于着床；使孕期子宫兴奋性降低，收缩活动减少；并抑制母体的免疫排斥反应，有利于妊娠。②促进乳腺小叶及腺泡的发育，在雌激素的协同作用下促使乳腺发育完全。③减少子宫颈黏液的分泌，使黏液黏稠，黏蛋白分子弯曲，交织成网，阻止以后的精子进入。④大量的孕激素能反馈性地抑制 LH 的分泌，从而抑制卵泡的发育和排卵，防止妊娠期第二次受孕。此外，孕激素还有增加产热、使子宫血管和消化道平滑肌松弛等生理作用。

孕激素在维持妊娠中是必不可少的，临床上常用孕激素保胎。有些动物（如猪、山羊、兔、大鼠和小鼠等）在妊娠的任何阶段切除卵巢均能导致流产，而马和绵羊在妊娠后期切除双侧卵巢并不引起流产，这是因为这两种动物的胎盘可产生孕酮以维持妊娠。

3. 松弛素及其生理作用

松弛素（relaxin）主要是在妊娠过程中由卵巢的间质腺和妊娠黄体分泌，某些动物的胎盘或子宫也能分泌松弛素。大多数动物松弛素的浓度随着妊娠的发展升高，但分娩后血中松弛素含量迅速下降。

松弛素是一种多肽激素，卵巢内合成的是前松弛素（即松弛素原），之后再降解为松弛素。

松弛素的生理作用是为分娩做准备，可使子宫颈扩张、变软，抑制子宫平滑肌收缩，促使耻骨联合和其他骨盆关节松弛和分离。但松弛素的以上作用是在雌激素作用的基础上实现的。

（三）卵巢功能的调节

内、外环境的变化可通过下丘脑－腺垂体－性腺（卵巢）轴及靶腺激素的反馈作用来调节卵巢的活动。

（1）在内外环境因素的作用下，下丘脑释放 GnRH，作用于腺垂体使其释放 FSH 和 LH，后者再作用于卵巢。

（2）FSH、类胰岛素生长因子、上皮因子等可促进卵泡生长发育并分泌雌激素，并能使颗粒细胞产生芳香化酶，将内膜细胞产生的雄激素转化为雌激素。血中雌激素达到一定浓度时，又可对 GnRH 和 FSH 的分泌产生负反馈作用。LH 作用于内膜细胞，能使胆固醇转变为雄激素。

（3）卵巢中的雌激素可通过局部正反馈作用增加卵泡对 LH 和 FSH 的敏感性，能在 FSH 分泌减少的情况下继续促进卵泡的生长发育。在排卵前夕，高浓度的雌激素能对 GnRH 和 LH 的分泌产生正反馈作用。

（4）卵泡的颗粒细胞能分泌抑制素，对 FSH 的分泌产生抑制作用。

（5）催乳素具有维持黄体的作用。

通过下丘脑－垂体－卵巢轴对卵巢功能的调节及卵巢内的自身调节，既能维持血液中雌激素和孕激素浓度的水平，又能保证性周期不同时段对雌激素和孕激素的需要，从而维持雌性动物的正常生殖过程。

二、性周期

雌性动物性成熟后，卵巢在神经和体液因素的调节下出现周期性的卵泡成熟和排卵。伴随着每次卵泡成熟和排卵，整个机体特别是生殖器官发生一系列的形态和机能变化，同时动物还出现周期性的性反射和性行为，称为性周期（sex cycle）。除了妊娠期之外，性周期将一直延续到性机能停止的年龄为止。

性周期也称生殖周期，哺乳动物的性周期一般又称为发情周期（estrous cycle）或动情周期，灵长类和人则称为月经周期（menstrual cycle）。由前一次发情开始到下一次发情开始的整个时期称为一个发情周期。各种动物发情周期的节律和发情持续时间有所不同，见表 11-2。

发情周期是一系列逐渐变化的复杂生理过程，难以严格地区分，通常将其分为发情前期、发

表 11-2　动物的发情周期、发情持续时间和排卵时间

动物	发情周期	发情持续时间	排卵时间
马	19~23 d	4~7 d	发情前 1 d 到开始发情后 1 d
牛	21 d	13~17 h	发情结束后 12~15 h
猪	21 d	2~3 d	发情开始后 30~40 h，有些品种在发情开始后 18 h
绵羊	16~17 d	30~36 h	发情开始后 18~26 h
山羊	19 d	32~40 h	发情开始后 9~19 h
豚鼠	16 d	6~11 h	发情开始后 10 h
小鼠	4 d	10 h	发情开始后 2~3 h
大鼠	4~5 d	13~15 h	发情开始后 8~10 h
犬	春、秋各发情 1 次	7~9 d	发情开始后 12~24 h 各卵泡陆续排卵，持续 2~3 d
狐	12 月到翌年 3 月，无周期	2~4 d	发情开始后 1~2 d
兔	周期不明显	时间界限不明显	交配后 10.5 h（诱导排卵）
水貂	8~9 d	2 d	交配后 40~50 h（诱导排卵）
猫	周期不明显	4 d	交配后 24~30 h（诱导排卵）
雪貂	周期不明显	时间界限不明显	交配后 30 h（诱导排卵）

情期、发情后期和休情期（间情期）。

（一）发情前期

发情前期（proestrus）是性周期的准备阶段和性活动开始的时期。这时动物处于安静状态，没有交配欲的表现，但生殖器官却发生一系列变化：卵巢内卵泡迅速生长，并达到成熟阶段；输卵管内壁的细胞生长，纤毛增多；子宫角蠕动加强，子宫内膜的血管大量增生；阴道上皮细胞增生加厚，整个生殖道腺体活动加强等。

（二）发情期

发情期（estrus）是性周期的高潮期。这时动物表现为兴奋不安，食欲减退，时常鸣叫、爬跨其他个体或接受爬跨。生殖器官的变化是：卵巢中的成熟卵泡破裂并排卵；子宫黏膜血管大量增生，腺体分泌，子宫颈口张开，子宫出现蠕动和水肿；输卵管出现蠕动；阴唇黏膜肿胀；有些动物从阴道流出黏液。发情期动物的各种表现及生殖器官的形态和机能变化，出现的主要原因是由于卵泡所分泌的雌激素的作用。在一般情况下，动物发情的同时往往引起排卵，但实际上发情和排卵两种生理活动过程是可以分离并单独存在的。例如切除卵巢的动物，给予外源性雌激素仍能引起发情，但不能排卵。在生产实践中有些患有不孕症的动物，其病因之一即为只有发情而不排卵。

（三）发情后期

发情后期（metestrus）指发情结束后的一段时期。此时期内的雌性动物恢复安静并拒绝交配，卵巢中形成了黄体并分泌孕激素和雌激素。在孕激素的作用下，子宫为接受胚泡并适应胚泡的营养和附植而发生一系列的变化。如果排出的卵细胞受精，发情周期中止并进入妊娠期，直到分娩后才重新出现新的发情周期。如果排出的卵细胞未受精，就过渡到休情期。

（四）休情期

休情期（diestrus）是相对生理静止期。此时期雌性动物的卵巢内黄体开始退化，卵泡未开始发育，生殖道逐渐恢复到发情前期以前的状态，子宫内膜变薄，阴道上皮不角化等。少周期动物的休情期比较明显，时间长；多周期动物的休情期不明显，时间短。

动物的发情周期经常受到内外环境因素、营养及健康状况的影响，如突然而剧烈的环境变化会造成发情周期的紊乱甚至停止。按卵巢周期性变化特征来区分，性周期可分为卵泡期（follicular phase）和黄体期（luteal phase），排卵是卵泡期和黄体期的分界线。卵巢周期与发情周期的关系如图 11-8。

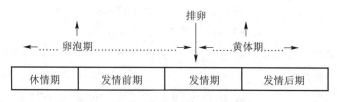

图 11-8 卵巢周期与发情周期的关系

卵泡期是卵巢内卵泡发育、成熟和排卵的时期。卵泡的发育、成熟和排卵是在腺垂体分泌的 FSH 和 LH 的调控下实现的。

卵泡期的初期，血中雌激素和孕激素均处于低水平，对 FSH 和 LH 分泌的负反馈作用较弱，并且卵泡液中存在促 FSH 释放蛋白（FSH-releasing protein，FRP），使 FSH 的分泌增加，同时 LH 的分泌亦有所增加，从而促进卵泡的成熟和颗粒细胞内芳香化酶的合成，使血中雌激素浓度增加。到了卵泡期的中期，由于雌激素和颗粒细胞分泌的卵泡抑制素（follistatin，FST）的负反馈作用，使 FSH 的水平有所下降。但此时雌激素可通过局部的正反馈作用使卵泡继续发育成熟。到排卵前夕（卵泡期后期），血中雌激素浓度达到顶峰。雌激素通过中枢性正反馈作用，使下丘脑的 GnRH 和腺垂体的 LH 及 FSH 分泌增多，特别是 LH 的分泌增加更为明显，出现 LH 峰，能抵消抑制素的抑制，从而促进排卵。雌激素对下丘脑和腺垂体均有反馈作用，一般来说，低浓度时为负反馈，这对维持血中雌激素和孕激素的水平具有重要意义；高浓度时为正反馈，这对排卵前夕 LH 峰的形成和排卵起着重要作用。

黄体期是排卵后卵巢内黄体形成的时期。在 LH 的作用下，成熟卵泡排出卵子后即形成黄体。LH 通过 cAMP 蛋白激酶系统使黄体细胞分泌大量孕激素和雌激素，导致血中雌激素和孕激素浓度明显升高，从而对下丘脑和腺垂体产生负反馈作用，使 GnRH 分泌减少，血中 FSH 和 LH 浓度下降，阻止新的卵泡发育成熟。腺垂体分泌的 LH 和催乳素是维持黄体所必需的。若排出的卵子没有受精，在前列腺素的作用下，黄体退化，血中孕激素和雌激素浓度大幅度下降，解除了对下丘脑和腺垂体的抑制作用，使 GnRH 和 FSH、LH 的分泌增加，从而进入下一个性周期。

三、附性器官的功能

雌性动物的附性器官（附属生殖器官）包括输卵管、子宫、阴道及外生殖器等。

（一）输卵管的功能

输卵管的主要生理作用如下：

（1）接纳卵巢排出的卵子　卵巢排出的卵子，一般均被纳入输卵管的伞端。

（2）卵子和精子的转运作用　在卵巢激素的作用下，输卵管上皮纤毛和管壁肌发生有规律的蠕动，使精子和卵子分别向着输卵管上 1/3 处的壶腹部转运。

（3）是精子获能和受精的地点。

（4）是受精卵卵裂和早期胚胎发育的场所　输卵管分泌细胞分泌的液体可提供受精卵卵裂及胚胎早期发育的营养，有利于受精卵向子宫方向转运。

（二）子宫的机能

子宫是胚胎发育的场所，妊娠期所形成的胎盘是重要的内分泌器官。子宫的主要生理作用如下：

（1）子宫肌的运动对生殖机能的影响　发情期在卵巢激素和交配等因素的作用下，子宫肌发生节律性的收缩，可促进精子向输卵管方向移动，有利于受精；妊娠期在孕激素的作用下，子宫肌运动减弱，处于相对静止状态，有利于胎儿的生长发育；分娩时在神经体液的调节下，子宫肌发生强力收缩，促进胎儿娩出。

（2）为胎儿生长发育提供各种所需物质及适宜环境　胎儿在生长发育过程中所需的所有营养物质的吸收及其代谢产物的排出，均是通过胎盘实现的，胎盘是母体子宫组织和胚胎组织共同构成的临时性器官。

（3）对黄体的作用　子宫能分泌前列腺素。前列腺素可通过子宫 – 卵巢的局部循环而引起黄体溶解。

（4）子宫颈分泌黏液的作用　在发情期，子宫颈分泌较为稀薄的黏液有利于精子的通过；在妊娠期，其分泌物较黏稠，可闭塞子宫颈，防止感染物进入子宫。

（5）子宫的内分泌功能（见第十章内分泌）。

四、受精和授精

（一）受精

受精（fertilization）是指精子和卵子结合形成合子的复杂生理过程（图 11-9）。它包括精子和卵子的运行、精子的获能作用、精子和卵子的相遇及顶体反应、精子进入卵细胞及合子的形成以及透明带反应等重要生理过程。

1. 精子和卵子的运行

精子和卵子一般均需要运行到输卵管的壶腹部相遇并受精。射入雌性生殖道内的精子，一般 15 min 左右就能到达输卵管。精子的快速运行主要是靠精子本身的运动和雌性生殖道（子宫和输卵管）的节律性收缩实现的。在发情期，子宫和输卵管在雌激素的作用下运动明显加强，有利于精子的运行，并且精液中含有高浓度前列腺素可刺激子宫收缩，收缩后的松弛造成宫腔内负压，可把精子吸入宫腔。雄性动物每次射精所排出的精子数为几亿到几十亿个，但能到达输卵管壶腹部的精子一般不超过 100 个，这是由于 90% 以上的精子被阴道内的酶所杀伤而失去活力，而存活的精子随后又被子宫颈黏液阻截。卵子的运行首先依赖于输卵管伞端对排出卵子的汲取，其次还依赖于输卵管平滑肌及上皮细胞的纤毛运动，使其转运到输卵管壶腹部。

2. 精子的获能

精子在雌性生殖道内经历一系列变化而获得使卵子受精的能力，称为精子获能（sperm capacitation）。精子的获能机制极为复杂，目前认为在附睾和精清中存在一种叫作"去获能因子"的物质能使精子的受精能力受到抑制，而雌性生殖道（主要是子宫和输卵管）内存在"获能因子"，能解除"去获能因子"的抑制作用，从而使精子获得受精能力。

3. 精子和卵子的相遇及其顶体反应

精子和卵子通过运行均到达输卵管壶腹部并相遇。在即将接触的瞬间精子顶体中的酶系释放出来的过程称为顶体反应（acrosome reaction）。顶体中的酶系包括透明质酸酶、放射冠穿透酶和顶体素（acrosin）等。顶体反应的发生可能与卵子外颗粒细胞此刻释放出某种特殊激素有关，但此物质的本质有待于进一步研究。

4. 精子进入卵细胞及合子的形成

卵巢排出的卵子外面包裹着透明带、放射冠及卵丘细胞等。精子要进入卵子必须穿过卵子外面的各层屏障。顶体反

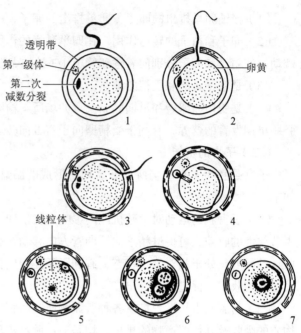

图 11-9　受精过程模式图

1. 精子与透明带接触，第一级体被挤出，卵子的细胞核正在进行第二次减数分裂；2. 精子已穿过透明带，与卵子膜接触，引起透明带反应，阴影表示透明带反应的扩展；3. 精子头部进入卵黄，平躺于卵黄的表面之内，该处表面突出，透明带围绕卵黄转动；4. 精子几乎完全进入卵黄之内，头膨大，卵黄体积缩小，第二极体被挤出；5. 雄原核和雌原核发育，线粒体聚集在原核周围；6. 原核完全发育，含有很多核仁，雄原核比雌原核大；7. 受精完成，原核消失，以染色质团代替，并成为一组染色体，处于第一次卵裂的前期

应中释放出来的酶系可协助精子穿过各层屏障而进入卵细胞。放射冠穿透酶使精子冲破放射冠细胞使其松解脱落；透明质酸酶能使精子穿过残存的放射冠基质而抵达透明带；顶体素使精子突破透明带的某个局部区域并到达卵黄膜。卵黄膜是精子进入卵子的最后一关。在某种酶的作用下，精子冲破这最后一道屏障，并在卵子分泌的活精肽的协助下进入卵子。卵子激活后，膜上离子通道发生变化使 Ca^{2+} 进入卵子，启动代谢过程导致卵子变得非常活跃。当一个精子进入卵子后，卵子即产生一种抑制顶体素的物质，封闭透明带，使其他精子难以再进入卵子，这一反应称为透明带反应（zona pellucida reaction）。而当一个精子进入卵黄后，卵黄体紧缩，卵黄膜增厚，并释放液体于周围，以阻止其他精子进入，这种作用称为卵黄膜封闭（vitelline block）。

精子进入卵黄膜后，精子核已不再有膜包裹，整个核开始吸收水分并膨大，核内出现核仁，且染色质变成丝状，周围生成一层核膜，形成雄原核。

卵子被精子激活后立即触发第二次减数分裂并出现第二极体。第二极体的染色质被排到卵黄周隙，使卵子体积缩小而卵黄周隙增大，并使卵子在透明带内能自由转动。卵子的核在排出第二极体后形成雌原核，其形成过程与雄原核相似。

雌原核与雄原核同时发育，体积增大。充分发育后，两个原核相互接近并融合，核仁、核膜和原核完全消失，各自形成染色体进行组合，从而完成受精的全过程，并发生第一次卵裂。

（二）授精

雄性动物的精液输入雌性动物生殖道的过程称为授精，包括自然授精和人工授精。自然授精是通过交配而实现的，根据精液输入雌性生殖道的部位不同又分为阴道授精型和子宫授精型。动物通过交配将精液输入雌性动物阴道，称为阴道授精型，如牛、羊、兔等均属于阴道授精型，其特点为每次射精的精液量少，但精子密度高。动物通过交配将精液直接射入雌性动物子宫内称为子宫授精型，如马、驴、猪、骆驼等均属此授精型，其特点为每次射精的精液量大，但精子密度低（表 11-3）。

表 11-3 几种动物的射精量和精子浓度

动物种类	1 次射精量 /mL		1 mL 中精子数 /10^9		1 次射精的总精子数 /10^9	
	平均	最大	平均	最大	平均	最大
马	50 ~ 100	600	0.08 ~ 0.2	0.8	4 ~ 20	60
牛	4 ~ 5	15	1 ~ 2	6	4 ~ 10	80
猪	200 ~ 400	1000	0.1 ~ 0.2	1	20 ~ 80	100
羊	1 ~ 2	3.5	2 ~ 5	8	2 ~ 10	18

种公畜的健康状况和精液的品质（包括精子的形态、活力和密度）直接影响受胎率的高低。掌握好配种时间也是提高受胎率的关键。因为无论精子还是卵子都有一定的存活时间和保持受精能力的时间（表 11-4），超过这一时间，精子和卵子均将失去受精能力。配种时间的确定，主要是根据雌性动物的排卵时间。在一个性周期中，各种动物的排卵时间是各不相同的（见表 11-2）；同一种动物由于年龄等的差异，排卵时间亦不相同。因此，在生产实践中，必须在掌握各种动物排卵规律的前提下确定配种时间。对诱导排卵的动物施行人工授精之前，则应先用输精管结扎的雄性动物进行交配，然后再进行输精，否则不能受孕。

表 11-4 精子在雌性动物生殖道内保持受精力和活动力的时间

动物	保持受精力的最长时间 /h	保持活动力的最长时间 /h
人	28 ~ 48	48 ~ 60
兔	30 ~ 32	—
豚鼠	21 ~ 22	41
大鼠	14	17
小鼠	6	13
雪貂	36 ~ 48	—
牛	28 ~ 50	48 ~ 96
羊	30 ~ 48	48
马	144	144
蝙蝠	135 d	159 d

在施行人工授精时，一般都是将精液稀释一定倍数后直接输入雌性动物的子宫内，从而避免大量精子在阴道内被酶所杀伤，以提高精液的利用率。

五、妊娠

胚胎在雌性动物输卵管和子宫内生长发育的过程叫作妊娠（pregnancy）。妊娠从受精开始，直到分娩时完成。各种动物的妊娠期如下（表11-5）。妊娠包括卵裂、胚泡着床、胎盘形成和胎儿发育等生理过程。妊娠期除了胎儿在子宫内的生长发育外，母体也将发生一系列生理变化。

表11-5　各种动物的妊娠期　　　　　　　　　　　　　　　　单位：d

动物种类	平均妊娠期	变动范围	动物种类	平均妊娠期	变动范围
马	340	207~402	牦牛	257	224~284
驴	380	360~390	驯鹿	225	195~243
牛	282	240~311	犬	62	59~65
水牛	310	300~327	猫	53	55~60
绵羊、山羊	152	140~169	兔	30	28~33
猪	115	110~140	豚鼠	60	59~62
骆驼	364	335~395	大鼠	22	20~25

（一）卵裂

受精卵在输卵管内不断地进行细胞分裂的过程称为卵裂。受精卵在卵裂的同时逐渐向子宫腔移动。受精卵不断分裂而形成胚泡（blastocyst），进入胚胎发育的囊胚期。各种动物的卵裂速度不同，到达囊胚期的时间亦不相同。例如兔要4 d，绵羊、山羊和猪大约为6 d，牛一般要7~8 d的时间。雌激素和孕酮需要维持适当的比例才能保证胚泡的正常运行，否则将影响胚泡的运行。胚泡到达子宫后，外面的透明带变薄继而消失，使其能直接从子宫内膜分泌的液体中吸取营养。

（二）着床

运行到子宫内的胚泡与子宫内膜相互作用，从而导致胚胎滋养层与子宫内膜建立紧密联系的过程称为着床（implantation）。多胎动物的胚泡在着床前常在子宫内迁移，使胚胎有规律地在子宫内分布。着床成功的关键在于胚泡与子宫内膜的同步发育和相互配合。只有胚胎发育到胚泡阶段与子宫分化到接受态同步进行，胚胎才能正常着床。在某些动物的子宫能产生一种胚激肽（blastokinin），可将雌激素和孕激素带给胚泡，激发其活力。胚泡也可产生多种激素和化学物质，如绒毛膜促性腺激素，能刺激卵巢黄体继续分泌孕酮，以维持子宫内膜不致剥离。此外，胚泡还能分泌 CO_2 侵蚀子宫内膜，有利于胚泡的黏着与植入，还能刺激子宫内膜基质发生蜕膜反应。

（三）胎盘的形成

着床后的胚泡滋养层迅速向外生长，形成含有胚泡血管组织的绒毛。与此同时，子宫内膜与胚泡相接的黏膜增生，形成覆盖胚胎的蜕膜，绒毛伸入蜕膜就形成胎盘。胎盘包括胎儿胎盘和母体胎盘两部分。胎盘是胎儿发育过程中最主要的临时性器官。它不仅对胎儿有保护作用，而且还具有免疫、代谢、造血、屏障和内分泌功能，还担负着胎儿的消化、呼吸和排泄器官的作用。根据胎盘的形状和绒毛与子宫内膜的联系程度，可以将胎盘分为 4 种类型：上皮绒毛膜胎盘（马、猪、骆驼）、结缔组织绒毛膜胎盘（牛、山羊、绵羊）、内皮绒毛膜胎盘（猫、犬、狐）和血性绒毛膜胎盘（兔、食虫类、人）。

胎儿发育过程中所需的各种营养物质的供应和胎儿各种代谢产物（如 CO_2、尿素等）的排泄都是通过胎盘而实现的。胎儿的循环与母体的循环在胎盘中并不直接相通，这是由于胎儿与母体胎盘的血管之间由毛细血管内皮细胞分隔，使血液不能发生混合。胎儿与母体之间的物质交换不仅是按照扩散、渗透等理化规律完成，还要在胎盘内进行复杂的生物化学过程将母体血液内的物质改造成新的物质后再转运给胎儿。这就是胎儿血液成分和母体血液成分存在明显差异的原因。

胚泡着床和胎儿形成后，胎儿即在母体子宫内完成整个胚胎发育过程，直至分娩。分娩时，胎盘将随胎儿的娩出而娩出。

（四）妊娠的维持

卵巢分泌的雌激素和孕激素及胎盘分泌的激素是维持妊娠的基础。

在卵泡期内，卵泡分泌的雌激素（主要是雌二醇）可促进子宫出现黏膜血管大量增生、腺体分泌、子宫颈口张开等一系列变化，为妊娠做好准备，是妊娠的准备阶段。在妊娠的初期，胎盘形成之前，妊娠黄体分泌的雌激素和孕激素则是胚泡着床不可缺少的。在有些动物（如小鼠、大鼠、兔、山羊和猪等），整个妊娠的维持主要依赖于妊娠黄体所分泌的孕酮，因此在妊娠期的任何时段切除卵巢都将引起流产。而另外一些动物（如马和绵羊）胎盘形成后，其分泌的促性腺激素、雌激素（主要是雌三醇）、孕激素和绒毛膜生长素等既是维持妊娠的关键因素，又能促进胎儿的生长发育。这些动物在妊娠后半期切除双侧卵巢并不引起流产，是因为胎盘所分泌的促性腺激素在腺垂体分泌促性腺激素减少的情况下，既可代替腺垂体促性腺激素的作用，又可降低淋巴细胞的活力，防止母体对胎儿的排斥反应。

胎盘分泌的雌激素既能促进子宫肌的增厚和乳腺的发育，又能通过产生前列腺素来增加子宫与胎盘之间的血流以促进胎儿的生长。胎盘分泌的孕激素能抑制子宫肌收缩，促进乳腺腺泡发育。此外，受精 24 h 的受精卵即可产生早孕因子，抑制 T 淋巴细胞对胎儿的排斥作用，为妊娠的维持提供保证；而绒毛膜生长素也可促进胎儿的生长发育。总之，妊娠的维持和胎儿的生长发育是在卵巢和胎盘激素的调控下实现的。若妊娠期缺乏这些激素，将造成流产或胎儿发育不良。

（五）妊娠期间母体的生理机能变化

妊娠期间随着胎儿的生长发育，母体的生理机能也将发生一系列的适应性变化。其主要变化如下。

1. 乳腺的发育

在雌激素引起乳腺导管系统发育的基础上，妊娠黄体和胎盘分泌的孕酮能进一步促进乳腺腺泡的发育，使乳腺发育完全，准备分泌乳汁。

2. 代谢的变化

为适应胎儿发育的特殊需要，母体的甲状腺、肾上腺、甲状旁腺和垂体等分泌激素增加，使代谢过程明显增强。由于在妊娠前期食欲旺盛，对饲料的利用率增加，使母体显得肥壮，被毛光亮平直。畜牧业生产中有时利用这一原理，将准备淘汰的母畜配种，在妊娠后的适当时期屠杀，来提高生产率。妊娠后期若饲料供应不足，母体将会出现消瘦。

3. 血液的变化

妊娠期母体血浆容量增加，血液凝固能力提高，血沉加快。到妊娠后期，由于血液碱贮减少，出现酮体而形成生理性酮血症。

4. 其他变化

随着胎儿的生长发育，体积增大的子宫挤压腹部内脏，使横膈膜运动受阻而出现浅而快的胸式呼吸。挤压膀胱使排尿次数增多并出现蛋白尿；心脏负担加重，出现代偿性心肌肥大等。此外，由于孕酮分泌的增加，一方面能抑制排卵，另一方面也能降低子宫肌的兴奋性。

（六）妊娠间期的发情

大多数动物妊娠之后发情周期中断，但有些动物还能出现发情。例如，绵羊在妊娠早期或产前 5 d 都可能有发情表现，有 10% 的母牛也会有这种发情。在施行人工授精时应特别加以注意，防止已妊娠的动物因再次进行人工授精而造成流产或胎儿干尸化。

（七）假妊娠

雌性动物排出的卵子并没有受精，但由于黄体的继续存在，经一定时间之后出现乳腺发育、泌乳、做窝等妊娠征候，这种现象称假妊娠。假妊娠持续时间较真妊娠为短，犬、猫和兔等动物常有假妊娠现象。

六、分娩

母体妊娠期满，将发育成熟的胎儿及其附属物从子宫排出体外的生理过程叫作分娩（parturition）。分娩时，先是依靠子宫肌、腹壁肌和膈肌的一系列强烈收缩将胎儿排出，经短时间的间歇之后，再依靠子宫肌的收缩排出胎衣。

（一）分娩的过程

整个分娩期是从子宫出现阵缩开始至胎衣排出为止。分娩是一个连续的、完整的过程，可分为开口期、胎儿排出期和胎衣排出期。

1. 开口期

是指通过子宫肌的阵发性（阵缩）和节律性收缩，将胎儿和胎水挤入已经松弛并扩张的子宫颈，迫使子宫颈开放的时期。这一时期结束时，胎儿和胎膜被部分地挤入子宫颈并突入阴道。随着子宫肌的强力收缩，胎膜破裂流出部分羊水，胎儿的前部顺着液流进入盆腔。

2. 胎儿排出期

当胎儿和胎膜部分挤进盆腔后，子宫肌发生更加频繁、强烈而持久的收缩，同时腹肌和膈肌也发生协调性收缩，使胎儿和胎膜通过子宫颈和阴道产出。反刍动物的胎儿在被排出的过程中，其子宫阜仍与母体子宫阜保持联系，使母体能继续向胎儿供氧。但在大多数动物的分娩第一阶段开始后不久，胎盘与母体的联系就被破坏，如果胎儿排出期异常延迟，将导致胎儿因窒息而死亡。

胎儿产出后，在新生仔畜重力作用下脐带被扯断。肉食动物在胎儿产出后常由母畜咬断脐带。

3. 胎衣排出期

胎儿排出后，经短时间的间歇，子宫肌又发生收缩，使胎衣（包括胎膜和胎盘）排出。但此时子宫的收缩力比胎儿排出期弱，且间歇时间长。犬、猫等肉食动物的胎衣常随胎儿同时排出。

胎衣排出后，分娩过程完成，进入产后期。在产后期，所有在妊娠过程中发生的变化都逐渐恢复到未孕前状态。

（二）分娩的机理

有关分娩发动机制至今仍未完全清楚，目前已提出母体发动分娩和胎儿发动分娩两种学说，分别介绍如下。

1. 母体发动分娩学说

该学说的基本内容是：由于母体某些激素分泌量的变化而导致分娩。针对不同的研究对象并采用不同的研究方法所获得的研究结果，分别对发动分娩的机制提出如下几种解释：①妊娠末期母体孕酮含量急剧下降或雌激素含量升高，都能导致两者的比例发生变化，成为发动分娩的主要原因（图11-10、图11-11）。这是由于在孕酮占优势的情况下，子宫对各种刺激的反应性降低，使子宫处于相对安静的状态。而雌激素则能刺激子宫肌发生节律性收缩，并通过提高子宫对缩宫素的敏感性而起到间接的作用。因此，当这两种激素比例发生改变时可导致分娩，但雌激素不能诱发马和猪的分娩。②临分娩前前列腺素 $F_{2\alpha}$ 分泌量的增加，可导致分娩。前列腺素 $F_{2\alpha}$ 不但具有溶解黄体的作用，还具有直接刺激子宫肌收缩的作用，它是分娩时引起子宫阵缩的主要因素之一，参与分娩的发动。③分娩前松弛素分泌增加，能使子宫颈松软和扩张，参与分娩的发动。但是，对猪的研究发现，早在妊娠中期，血中松弛素含量就达到最高水平，并一直保持到分娩；并且骨盆韧带的松弛是一种渐进性过程，而发动分娩却是暴发性的。④分娩时缩宫素分泌增多可促

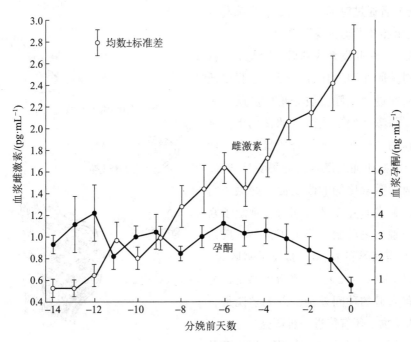

图11-10　母牛分娩前几天的雌激素和孕酮含量的变化

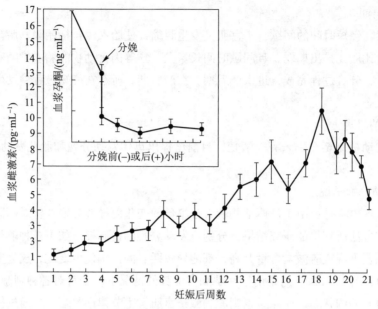

图 11-11 绵羊妊娠（单胎）期间血浆孕酮含量的变化
左上角插图示分娩前几小时内孕酮含量急剧下降

进分娩。这是由于缩宫素可引起子宫肌的强烈收缩。但对人和牛的研究发现，分娩开始时，血浆中缩宫素含量并不升高，只有当胎儿进入产道时，才通过神经 – 体液途径引起缩宫素分泌的增多。所以缩宫素只是协助分娩的完成，而不参与分娩的发动。

2. 胎儿发动分娩学说

近年来研究者通过对绵羊、山羊、牛和马的大量实验，提出胎儿发动分娩学说。

该学说认为：胎儿发育成熟后，胎儿下丘脑发出信息，刺激胎儿腺垂体分泌促肾上腺皮质激素，后者又促进肾上腺皮质分泌糖皮质激素作用于胎盘。胎盘在糖皮质激素的作用下，细胞内的酶系利用孕酮作为前体合成雌激素，使胎盘的孕酮分泌减少而雌激素的分泌明显增多。子宫局部这两种激素比例的改变促进妊娠子宫分泌大量前列腺素 $F_{2\alpha}$，前列腺素 $F_{2\alpha}$ 刺激子宫收缩而发动分娩。之后胎儿压迫子宫颈，反射性地引起母体缩宫素的释放，加强子宫收缩，完成分娩过程（图 11-12）。必须指出的是，分娩的发动具有明显的种间差别，以上学说是否适用于所有的动物，还有待进一步研究。

分娩发动是一个复杂的生理过程，以上两种

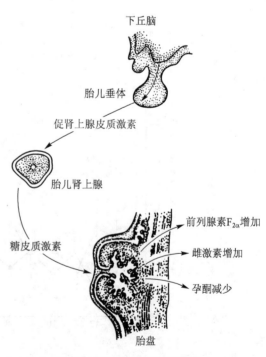

图 11-12 胎儿发动分娩示意图

学说均无法完全解释。一般认为，分娩并非单纯受一种因素触发，而是在妊娠过程中许多因素同时发生变化，并且相互联系、相互协调，共同作用，触发分娩。

小　结

生物体生长发育到一定阶段后，能够产生与自身相似的子代个体，这种功能称为生殖。睾丸的主要功能是生成精子和分泌雄激素（主要为睾酮）。睾酮的主要作用为促进睾丸的生精作用，维持雄性第二性征及促进代谢等。卵巢的主要功能是产生卵子和分泌雌激素与孕激素。雌激素主要作用为促进卵泡的发育和卵子的成熟、维持雌性第二性征、促进生殖器官（卵巢、子宫、输卵管、阴道）的发育、使子宫内膜增生等；孕激素（孕酮）的作用需要雌激素的协同，表现为促进子宫内膜呈现分泌期变化，维持子宫安静状态，保证孕卵着床和维持妊娠。睾丸产生精子和雄激素，卵巢产生卵子和雌激素的功能都是在下丘脑－腺垂体－卵巢轴的调节下进行的。动物达到性成熟后，其性腺的活动呈现周期性变化，并伴有周期性性反射和性行为反射，称之为生殖周期，它受到各种因素的影响。卵泡成熟即刻排卵，并形成黄体与白体，这些都是在促性腺激素和性激素协同作用下完成的。精子与卵子结合称为受精，而精液输入雌性动物生殖道的过程为授精。精子必须在雌性生殖道内获能，才具有受精能力。妊娠的维持和分娩的发动是脑垂体、卵巢和胎盘分泌的各种激素相互配合的结果。分娩是指胎儿及其附属物由母体生殖道排出体外的过程。

思考题

1. 简述睾丸的内分泌功能及其调节。
2. 简述卵巢的功能、分泌的激素及其作用。
3. 促性腺激素对卵泡和卵母细胞的生长、发育、成熟以及排卵是如何进行调控的？
4. 卵子在生长、发育和成熟的过程中，与其周围的颗粒细胞是如何相互作用的？
5. 在哺乳动物受精过程中，精子的顶体有何重要作用？
6. 下丘脑－垂体－睾丸轴是如何对雄性动物的生殖机能进行调节的？
7. 附睾有哪些特殊的生理条件与精子的成熟有重要的关系？
8. 妊娠过程中，胎儿和母体之间是如何相互作用的？
9. 雌激素与孕激素比例的变化对分娩发动有何作用？
10. 母体发动分娩与胎儿发动分娩有哪些异同点？
11. 为什么检测血液或尿中的人绒毛膜促性腺激素的浓度可作为早期妊娠诊断的重要指标？
12. 母牛产后第 2 天未见胎衣排出，表现弓背、努责，阴门中排出污红色恶臭液体、卧地时排出量较多，经镜检排出物内含变性分解的组织碎片，体温未见明显变化。此牛初步诊断为胎衣不下，结合本章知识，简要回答如何进行治疗。

第十二章

泌乳生理

◎知识导图
◎学习基础
◎学习要点

泌乳包括乳的分泌和排出两个独立而相互制约的过程，乳腺在初次妊娠过程中达到完全发育，在分娩后开始分泌乳汁。那么，乳腺是如何生长发育的？其结构如何？乳的成分有哪些？它们是如何生成的？泌乳是如何发动和维持的？哪些因素可以影响泌乳活动？本章将回答这些问题。

乳腺（mammary gland）是哺乳动物主要用于分泌乳汁的特殊腺体，是从动物汗腺衍生出来的类似皮脂腺和汗腺的一种皮肤外分泌腺。乳腺发育及泌乳活动是哺乳动物最突出的形态与生理特征。虽然各哺乳动物乳腺基本相似，但在腺体形状和合成、分泌等方面有明显的种间差异。一般除有袋类的雄性动物没有乳腺外，其他哺乳动物雌雄都有，但只有雌性动物的才能充分发育从而具备泌乳功能。在每次分娩后，乳腺持续分泌乳汁的时期称为泌乳期。各种动物的泌乳期长短不一，乳牛约 300 d，黄牛和水牛 90 ~ 120 d，猪约 60 d。在分娩后，牛 21 ~ 42 d、猪约 14 d 可达到泌乳高峰，此后便逐渐下降。从乳腺停止泌乳到下次分娩为止的一段时期，称为干乳期。

第一节　乳腺的结构

一、乳腺的组织学结构

牛、马、山羊和绵羊等，成对的乳腺是两个密切接触的结构，称为乳房（udder）。乳房主要有两种组织，一种是由乳腺腺泡和导管系统构成的腺体组织或实质；另一种是乳房的支持结构：皮肤、中间悬韧带和外侧悬韧带（以奶牛为例，图 12-1），与脂肪组织构成间质，保护和支持腺体组织。中间悬韧带由弹性组织构成，将奶牛乳房的左右半部分开。外侧悬韧带包绕乳腺，还延伸到乳腺组织内，形成小叶间隔。中间悬韧带和外侧悬韧带分出大量纤维板，横穿进乳腺组织，与其中的结缔组织网络互相连接，构成多层的吊床式结构分层支持乳房，保障乳腺不受到自身重量的压力和血液循环畅通。

二、乳腺的腺泡、导管系统和乳池

乳腺腺泡和导管系统是乳腺的基本结构（图 12-2）。乳腺腺泡是分泌乳汁的部分，由单层分

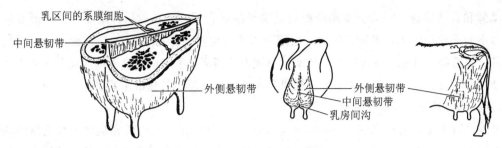

图 12-1 悬韧带支持乳房的剖面图（左），悬韧带的作用是使乳房悬吊于机体（右）（自泰勒，2007）

泌上皮（腺泡上皮细胞）构成。腺泡上皮细胞可从血液中摄取营养物质生成乳汁并排入腺泡腔。腺泡的数目决定乳腺的泌乳能力，腺泡越多，泌乳能力越强。多个乳腺泡构成一个功能单位——乳腺小叶，几个小叶构成 1 个叶，多个叶构成乳腺。细小乳导管，相互汇合成中等乳导管（其所属的几个小叶构成叶），再汇合成粗大的乳导管，最后汇合成为乳池。牛、羊的每个乳腺各有一个发达的乳池，牛乳导管汇合成 8～12 条粗大乳导管通到乳池，每个乳池经一个乳头管向外开口。马每个乳腺有前后两个乳池和两个乳头管；猪、猫、犬、兔等乳池不发达或缺少，由汇集乳腺不同区域乳汁的大导管取代；鼠的导管系统汇集成一条总导管，直接通过乳头与外界相通（图12-3）。正常情况下，牛有 4 个功能乳头和腺体，绵羊和山羊有 2 个，每个乳头有一乳头管及相互隔离的腺区。猪和马的每个乳头通常有 2 个乳头管。乳腺腺泡和细小乳导管的外层，有一层肌上皮细胞围绕，并相互连接成网状。肌上皮细胞对缩宫素敏感，当受到缩宫素作用时，这些细胞收缩，可使腺泡中蓄积的乳汁排出。较大的乳导管和乳池壁分布有平滑肌，其收缩参与乳的排出过程。

乳头处的皮肤有散在的汗腺和皮脂腺直接开口于皮肤。皮脂腺分泌物可起到保护皮肤和润滑幼畜口唇的作用。乳头皮下主要是胶原性致密结缔组织和一些弹性纤维，使乳头皮肤有较大弹性，乳头内还有较多的平滑肌纤维，呈环形和放射状排列，其中环形肌构成乳头括约肌，使乳头管在不排乳时保持闭锁状态。乳头壁的中部有丰富的毛细血管，充血时使乳头勃起。

三、乳腺的血管系统、淋巴系统和神经系统

乳腺的血液供应极为丰富。马、牛、羊的乳腺，其动脉主要来自左右阴部外动脉延伸形成的

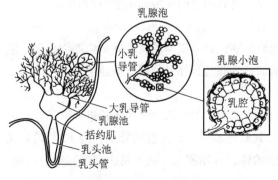

图 12-2 乳腺由导管系统和连接在导管上生乳的乳腺泡及乳头构成（自泰勒，2007）

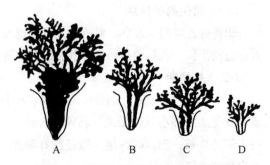

图 12-3 常见动物乳腺泡和导管系统模式图
A. 牛；B. 马；C. 猪；D. 大鼠

会阴动脉和乳房动脉，后者分支形成前后乳房动脉。它们进入乳腺后，反复分支，形成包围每个乳腺泡的稠密的毛细血管网，因此，血液可以充分地将营养物质和 O_2 带给腺泡，以满足乳腺生成乳汁的需要。乳腺中的静脉系统比动脉系统发达得多，静脉的总横断面比动脉大若干倍。因此血液缓慢经过乳腺，为腺泡生成乳汁提供有利条件，乳腺中的血液主要沿着左右腹壁皮下静脉（又称乳静脉）及耻骨外静脉流出乳腺。

乳腺具有丰富的淋巴系统（lymphatic system），大量的毛细淋巴管密集分布在乳腺泡周围的结缔组织中，在乳腺小叶间逐级汇成较大的淋巴管，沿血管和乳导管走行，注入所属淋巴结。乳腺淋巴结输出管通过腹股沟管到达外侧髂淋巴结，然后经过深层腰干乳糜池，经过胸导管进入前腔静脉。正在泌乳的动物，乳腺淋巴管的流量增加多倍。乳腺淋巴系统除有免疫功能外，淋巴液中的乳糜微粒是乳腺分泌细胞合成乳脂的前体（甘油和脂肪酸）的主要来源。

乳腺的生长、发育及泌乳主要由激素调控，排乳的启动却主要由神经调节。乳腺的神经主要包括躯体神经和自主神经，其传入神经来自第 1、2 腰神经的腹支，腹股沟神经和会阴神经。其分支进入乳腺，并在各腺泡间形成稠密的神经网。猪、犬等的乳腺还接受肋间神经和胸外神经等的分支传来的冲动。乳腺的传出神经属于交感神经，其支配乳腺内的血管、乳池和大乳导管周围的平滑肌，兴奋时引起平滑肌收缩，但不调节腺泡。因此，刺激交感神经使乳腺内血液循环量显著减少，泌乳量也相应下降，这是泌乳母牛受到惊扰时泌乳量明显下降的主要原因。腺泡外的肌上皮细胞不受神经支配，而受缩宫素的调节。乳腺同其他皮肤腺体一样没有副交感神经分布，乳腺内的平滑肌对肾上腺素、去甲肾上腺素极其敏感。

乳腺各部分有多种内、外感受器，乳房和乳头皮肤主要是外感受器，而乳腺内的腺泡、血管、乳导管等处有内感受器，包括机械感受器、温度感受器、化学感受器和压力感受器等内感受器。

第二节　乳腺的发育及其调节

一、乳腺的发育

乳腺的发育与动物繁殖密切相关，因此其生长发育具有明显的年龄和生殖周期的特点。

（一）出生到初情期

幼畜的乳腺尚未发育，雌雄两性乳腺也没有明显差别，只有简单导管由乳头向四周辐射。随着幼畜的生长、乳腺中结缔组织和脂肪组织逐步增加，乳腺与身体其他器官等速生长。

（二）初情期

犊牛达到初情期时，随着体内雌激素水平的提高，乳腺的导管系统迅速生长进入脂肪垫，形成分支复杂的细小导管系统，乳腺进入异速生长达到其他器官生长速度的数倍，约 12 月龄后又进入等速生长。但这时腺泡一般还没有形成，乳房的体积开始膨大。随着每次发情周期的出现，乳房继续进行发育。

（三）妊娠期

母牛妊娠后，在高水平的雌激素和孕激素的作用下，乳腺导管和腺泡迅速生长发育，导管的数量继续增加，并且在每个导管的末端开始形成没有分泌腔的腺泡；开始取代脂肪垫，使之减少，同时结缔组织中毛细血管增多，血流量增加。到妊娠中期，腺泡渐渐出现分泌腔和分泌物，腺泡和导管的体积不断增大，逐渐代替脂肪组织和结缔组织，乳房内的神经纤维和血管数量也显著增多。到了妊娠后期，发育速度达到高峰接近完全、体积达到最大，腺泡上皮细胞开始具有分泌机能，乳房的结构也达到了活动乳腺的标准状态。临产前，腺泡分泌初乳。妊娠期的乳腺发育决定了泌乳期腺泡上皮细胞的数量和后续产乳能力。

（四）泌乳期

分娩并开始泌乳后，乳腺才成为分化和发育完全的器官，开始正常的泌乳活动。乳汁的分泌和蓄积是在哺乳的间隔期进行的。在同一个乳腺小叶中，不同腺泡的分泌活动不完全一致。此外，泌乳时期乳腺内乳汁的完全排空不仅刺激相关催乳激素的释放，还机械性促进腺泡上皮细胞的分泌活动。发育完全的腺泡结构一直维持到泌乳期结束。

（五）退化期

经过一定时期的泌乳活动后，乳腺内因乳汁郁积，抑制有关乳成分合成酶和激素水平，腺体要经过一个腺泡上皮细胞凋亡和乳腺的重塑过程，腺泡的体积重新逐渐缩小，分泌腔逐渐消失，与腺泡直接相连的细小乳导管重新萎缩，腺组织被结缔组织和脂肪组织所代替，乳房体积缩小，逐渐恢复到妊娠前的状态。乳腺的这种生理变化过程，叫作乳腺的回缩（involution）。乳腺的回缩通常是在泌乳后期出现的渐进性过程，最终致使乳腺活动停止，进入干乳期。在干乳期内，乳牛的乳腺组织能最大限度地重新形成（重塑），体内的脂肪储备也可以较好地得到补充。重塑后的乳腺与妊娠前性发育成熟的乳腺非常相似，但比未经产的乳腺发育更完全。母牛的干乳期平均40～60 d，年轻母牛的干乳期常需70 d以上。乳腺的生长发育呈现明显周期性变化，这与性周期中卵巢的发育和妊娠期内分泌腺活动密切相关。

二、乳腺发育的调节

乳腺发育既受激素的控制，又受中枢神经系统的调节（图12-4）。

（一）激素调节

乳腺的发育是由多种激素协同作用的结果。从出生到初情期，甲状腺激素、生长激素和皮质类固醇激素参与调节机体（包括乳腺）的生长发育，乳腺逐步发育，仅限大小，组织形态不变。初情期开始后，乳腺变化很大，首先腺垂体分泌的卵泡刺激素刺激卵巢的生长发育；刚刚有功能的卵巢分泌雌激素，促进乳腺导管系统的发育增生；卵泡成熟的同时，腺垂体分泌黄体生成素，引起排卵形成黄体，分泌孕激素，促进腺泡的发育增生。

因此，每次发情，机体释放的雌激素都会刺激乳腺导管系统的持续发育，在妊娠前，基本发育完成。奶牛妊娠后，3～4个月时导管系统大量增生。妊娠的其余时间叶－腺泡系统受孕酮影响而快速发育。此发育期，雌激素和孕激素主要来源于卵巢、黄体和胎盘。除雌激素和孕激素外，催乳素、生长激素、甲状腺激素、胰岛素、促肾上腺皮质激素和肾上腺皮质所分泌的几种激素及胎盘催乳素的分泌对乳腺系统的发育也很重要（图12-4）。起关键作用的是雌激素和孕激素

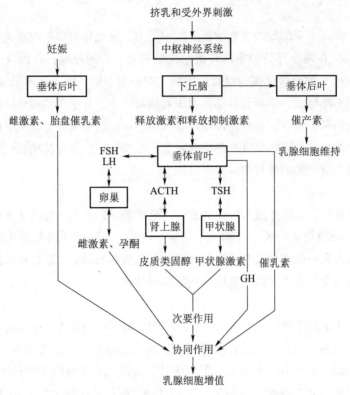

图 12-4 乳腺生长发育的调节（自陈杰，2003）

在乳腺发育时期的比例。在雌激素和孕激素 1：1000 时，牛的乳腺能很好的发育。

（二）神经调节

乳腺的发育又受神经系统的调节。刺激乳腺的感受器，发放冲动传到中枢神经系统，通过下丘脑－垂体系统或者直接支配乳腺的传出神经控制乳腺的发育。按摩初胎母牛、妊娠母猪的乳房，可增强乳腺发育和产后的泌乳量。此外，神经系统对乳腺也具有营养作用。在性成熟前切断母山羊的乳腺神经，可中止乳腺的发育；在妊娠期切断乳腺神经，则乳腺腺泡发育不良，不形成腺泡腔与小叶；在泌乳期切断乳腺神经，大部分腺泡处于不活动状态。

第三节 乳的分泌

乳腺组织的分泌细胞，从血液中摄取营养物质生成乳汁后，分泌入腺泡腔内，这一过程叫作乳汁分泌（milk secretion）。

一、乳汁

乳是哺乳动物乳腺分泌的、为哺乳幼仔所产的必需营养物质和重要活性物质。乳可分为初乳（colostrum）和常乳（normal milk）两种。

（一）初乳

在分娩期或分娩后最初 3 ~ 5 d 内，乳腺所产生的乳称为初乳。

初乳中各种成分的含量和常乳显著不同，其中干物质含量较高，可超出常乳数倍之多。初乳内含有丰富的球蛋白和白蛋白。初生仔畜吸吮初乳后，蛋白质能透过肠壁被吸收，有利于增加仔畜血浆蛋白质的浓度；初乳中含有大量的免疫抗体、酶、维生素及溶菌素等，特别是由于各种家畜的胎盘不能转送抗体，新生幼畜主要依赖初乳中的抗体或免疫球蛋白形成体内的被动免疫，以增加仔畜抵抗疾病的能力。初乳中的维生素 A 和 C 的含量比常乳约多 10 倍，维生素 D 比常乳多 3 倍。初乳中含有较多的无机盐，其中的镁盐有轻泻作用，促进肠道排出胎便。所以，初乳几乎是初生仔畜不可替代的食物。喂给初生动物以初乳，对保证初生仔畜的健康成长具有重要意义。几种家畜初乳成分如表 12-1。

表 12-1 几种家畜的初乳成分 单位：g·L⁻¹

成分	牛	猪	马	绵羊	山羊
水分	733	693	851	588	812
脂肪	51	72	24	177	82
乳糖	22	24	47	22	34
蛋白质	176	188	72	201	57
无机物	10	6	6	10	9

（二）常乳

初乳期过后，乳腺所分泌的乳汁，称为常乳。常乳中的一些成分与血浆中的成分以同样的形式存在，但乳中的酪蛋白和乳糖是乳中特有的。各种动物的常乳，均含水、蛋白质、脂肪、糖、无机盐、酶和维生素等。蛋白质主要是酪蛋白，其次是白蛋白和球蛋白。乳中的脂肪是油酸、软脂酸和其他低分子脂肪酸的甘油三酯，还有少量磷脂、胆固醇等脂类。

乳中的糖仅有乳糖，它能被乳酸菌分解为乳酸。乳中的酶类很多，主要有过氧化氢酶、过氧化物酶、脱氢酶、水解酶等。乳中还含有来自饲料的各种维生素（A、B、C、D 等）和植物性饲料中的色素（如胡萝卜素、叶黄素等）以及血液中的某些物质（抗毒素、药物等）。

乳中的无机盐主要有氯化物、磷酸盐和硫酸盐等，乳中的铁含量很少，所以哺乳的仔畜应补充少量含铁物质，否则易发生贫血。常见动物常乳的化学成分如表 12-2。

（三）乳的生物活性物质

乳中还含有多种生物活性物质，包括激素和生长因子等。至今已经检测到的有 50 多种。它们有的直接由血液循环进入乳中；有的是蛋白质分解产物；还有一部分是由乳腺合成分泌的激素和生长因子。因此，目前乳腺也被认为是一种内分泌器官，可分泌甲状腺激素、甲状旁腺素释放肽、雌激素、促性腺激素释放激素、催乳素、松弛素和生长因子等进入乳中。这些生物活性物质主要参与乳腺功能的调节及母子间的信息传递。

表 12-2 常见动物的常乳成分

| 物种 | 质量分数 /% | | | | | | 能量 / |
	水	脂	酪蛋白	乳清蛋白	乳糖	灰分	(kcal · 100 g⁻¹)
骆驼	86.5	4.0	2.7	0.9	5.0	0.8	70
驯鹿	66.7	18.0	8.6	1.5	2.8	1.5	214
驴	88.3	1.4	1.0	1.0	7.4	0.5	44
犬	76.4	10.7	5.1	2.3	3.3	1.2	139
马	88.8	1.8	1.3	1.2	6.2	0.5	55
猪	81.2	6.8	2.8	2.0	5.5	1.0	102
瘤牛	86.5	4.7	2.6	0.6	4.7	0.7	74
牦牛	82.7	6.5	5.8*		4.6	0.9	100
水牛	82.8	7.4	3.2	0.6	4.8	0.8	101
奶牛	87.3	3.9	2.6	0.6	4.6	0.7	66
山羊	86.7	4.5	2.6	0.6	4.3	0.8	70
绵羊	82.0	7.2	3.9	0.7	4.8	0.9	102
人	87.1	4.5	0.4	0.5	7.1	0.2	72
兔	67.2	15.3	9.3	4.6	2.1	1.8	202
大鼠	79.0	10.3	6.4	2.0	2.6	1.3	137
豚鼠	83.6	3.9	6.6	1.5	3.0	0.8	80
小鼠	–	13.1	7.86	1.85	3.0	–	171

（引自 Larson，1985）* 总乳蛋白的百分数。1cal = 4.186 J。

二、乳的生成过程

乳的生成过程是在乳腺腺泡和细小乳导管的分泌上皮细胞内进行的。生成乳汁的各种原料都来自血液，其中乳中的球蛋白、酶、激素、维生素和无机盐等均由血液直接进入乳中，是腺泡上皮细胞对血浆选择性吸收和浓缩的结果；因此，乳与血液成分相似，但各组分含量差别较大（表 12-3）。而乳中的乳蛋白、乳脂和乳糖等则是腺泡上皮细胞利用血液中的原料，经过复杂的生物合成而来的（图 12-5）。

此外，哺乳动物的乳汁成分，因物种、饲料、季节、年龄、胎次、泌乳期以及个体特性等而受到影响。乳成分的物种差异很大（见表 12-2），同一物种不同品种或不同地区同一品种动物乳成分含量也不同。乳脂含量是乳成分中最不稳定的。

（一）乳脂的合成

乳脂几乎完全呈现甘油三酯状态。它在腺泡上皮细胞的内质网中形成脂肪小球。脂肪小球从细胞分泌时，由薄质膜包裹。构成甘油三酯的脂肪酸是 $C_4 \sim C_{18}$ 饱和脂肪酸以及不饱和脂肪酸——油酸。脂肪酸的比例随日粮而不同。牛和山羊乳中的 $C_4 \sim C_{18}$ 脂肪酸的前体物，一般来自甘油三酯和脂蛋白的裂解。而瘤胃发酵产生的乙酸和丁酸可在一定程度上被腺泡上皮细胞利用转

表 12-3　牛乳中一些组分与血液中前体比较　　　　　　　　　　　　　　　　单位：%

组分	血液	乳
水分	91	86
葡萄糖	0.05	痕量
乳糖	0	4.6
氨基酸（游离）	0.02	痕量
酪蛋白	0	2.8
β- 乳球蛋白	0	0.32
α- 乳白蛋白	0	0.13
免疫球蛋白	2.6	0.07
血清白蛋白	3.2	0.05
三酰甘油	0.06	3.7
磷脂	0.25	0.035
柠檬酸	痕量	0.18
乳清酸	0	0.008
钙	0.01	0.13
磷	0.01	0.10
钠	0.34	0.05
钾	0.025	0.15
氯	0.35	0.11

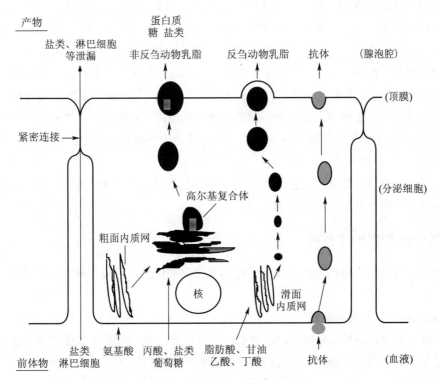

图 12-5　乳的分泌过程模式图

变为 $C_4 \sim C_{18}$ 脂肪酸，后者还可用于生产乳糖和酪蛋白。但腺泡上皮细胞不能利用葡萄糖合成脂肪酸。甘油三酯中的甘油，主要由葡萄糖转变而来，其次是来自血液的甘油。

（二）乳糖的合成

乳糖的主要原料是血液中的葡萄糖。在乳糖合成酶的催化下，一部分葡萄糖在乳腺内先转变成半乳糖，然后再与葡萄糖结合生成乳糖。不同动物乳中乳糖含量不同。乳糖仅由乳腺合成，自然界和动物其他器官中几乎不存在。反刍动物瘤胃发酵所产生的挥发性脂肪酸中，丙酸可被用于合成乳糖。乳糖能促进胃肠道中乳酸菌的生长繁殖，促进乳酸发酵。乳酸的产生抑制其他腐败菌生长，提高胃蛋白酶消化力，并可促进钙的吸收。乳糖在小肠必须被乳糖酶分解为葡萄糖和半乳糖两种单糖后才能被吸收。

（三）乳蛋白的合成

乳中的蛋白质主要是酪蛋白、乳清蛋白和微量蛋白，是由腺泡上皮细胞合成的产物，其合成原料来自血液中的氨基酸。氨基酸由腺泡上皮细胞吸收后，被核糖体聚合成短肽链。移行至高尔基体内的肽进一步缩合，形成各种不溶性酪蛋白颗粒以及可溶性 β– 乳球蛋白。然后含有酪蛋白的颗粒由高尔基体移行至细胞表面。少量乳蛋白如免疫球蛋白和血清白蛋白可从血液中直接吸收。乳中还含有乳铁蛋白、乳过氧化物酶、溶菌酶、脂肪酶和蛋白水解酶，激素和生长因子等的浓度都高于血浆。

（四）乳中免疫球蛋白的合成与分泌

乳中免疫球蛋白（immunoglobulin，Ig）是初乳中具有抗体活性或化学结构与抗体相似的蛋白。因大多数 Ig 不能通过胎盘，所以免疫系统发育尚未健全的新生儿只能在出生后从初乳中摄取，从而获得后天被动免疫。初乳中的 Ig 可分为 IgG、IgA、IgM、IgD 和 IgE 5 种。Ig 含量在整个泌乳期中有大幅度的变化。牛和羊初乳中的 Ig 含量最高可达 $120 \ g \cdot L^{-1}$，以后迅速下降；在泌乳高峰期的含量为 $0.5 \sim 1.0 \ g \cdot L^{-1}$。反刍动物初乳中的免疫球蛋白主要是 IgG。IgG 主要由脾和淋巴结中的浆细胞分泌进入血液，由腺泡上皮选择性地转运至乳中。人和家兔初乳中的免疫球蛋白主要是 IgA。反刍动物的初乳中也有微量 IgA。这类球蛋白是由淋巴细胞 – 浆细胞在腺泡附近合成。在干乳期内，乳腺中有大量淋巴细胞和巨噬细胞浸润。B 淋巴细胞被抗原激活后，转为浆细胞，分泌 IgA。IgA 不能直接进入乳中，必须先与腺泡上皮细胞合成的一种特殊多肽结合，才能进入乳中。

免疫球蛋白和其他血浆蛋白可能是以"转运泡"的形式，从组织液穿过腺泡上皮进入乳中。转运泡由腺泡上皮基部的细胞内陷形成。

三、乳分泌的发动和维持

泌乳期间，乳的分泌包括发动泌乳和维持泌乳两个过程，它们与生殖过程相适应，受神经 – 体液调节。

（一）乳分泌的发动及其调控

发动泌乳是指分娩前后乳腺由非泌乳状态向泌乳状态转变的功能性变化过程。它包括妊娠后期开始少量分泌乳汁特有成分的第一阶段和伴随分娩分泌大量乳汁的起始阶段——第二阶段。在妊娠期间，由于胎盘和卵巢分泌大量的雌激素和孕激素，抑制腺垂体释放催乳素。分娩前，随着黄体溶解、胎盘膜破裂，孕酮分泌急剧下降，雌激素则达高峰，从而解除了对下丘脑和垂体前叶的抑制作用，引起催乳素和糖皮质激素迅速释放，强烈促进乳的生成。同时，血液中生长激素水平也升高。上述任一因素单独发生都不会引起泌乳，只有协同发生才引发泌乳。此后血液中的催乳素和糖皮质激素保持一定水平，以维持泌乳。

催乳素的受体在泌乳发动的两个阶段均增多，可见催乳素对泌乳发动非常重要。催乳素可与乳腺分泌细胞膜上的受体结合，促进乳蛋白和酶的 mRNA 的合成。哺乳或挤奶抑制下丘脑的催乳素释放抑制激素的分泌，解除对腺垂体的抑制，催乳素的释放增多。

糖皮质激素（皮质醇）的基本功能是促进乳腺腺泡系统分化发育，主要是促进内质网和高尔基体发育，成为催乳素促进蛋白质合成的前提条件。

雌激素浓度在泌乳发动的两个阶段均发生变化，牛产前 1 个月左右雌激素浓度显著上升，分娩前 2 d 达到高峰，之后迅速下降。它间接通过糖皮质激素和催乳素发动泌乳。雌激素可促使各种动物的乳腺不同程度地发育或泌乳，当低浓度时可促进腺垂体释放催乳素，高浓度时则起抑制作用。

孕激素能抑制泌乳的发动。它与其受体在乳腺分泌细胞的胞质中结合，同时竞争结合糖皮质激素受体而抑制糖皮质激素的发动泌乳作用。它还抑制由催乳素诱导的催乳素受体的合成，同时减弱糖皮质激素与催乳素的协同发动泌乳作用。

（二）乳分泌的维持及其调控

发动泌乳后，乳腺能在相当长的一段时间内持续进行泌乳活动，这就是维持泌乳。

乳汁分泌的维持，必须依靠下丘脑的调控及多种激素的协同作用。一定水平的催乳素、肾上腺皮质激素、生长激素、甲状腺激素是维持泌乳所必需的。此外，乳腺导管系统内压也是重要的影响因素。

糖皮质激素对机体的蛋白质、糖类、无机盐和水代谢都有显著的调节作用，它与乳腺中特异受体结合，调节乳蛋白分泌。因此糖皮质激素是维持泌乳所必需的，在生理水平时维持泌乳，但高剂量时则抑制泌乳。甲状腺激素能提高机体的新陈代谢，显著促进乳的生成。腺垂体分泌的促甲状腺激素和促肾上腺皮质激素控制甲状腺和肾上腺皮质对乳生成的调节作用。

动物维持泌乳的激素调节有很大物种差异，人、兔及大鼠的泌乳维持属于催乳素依赖型，而牛、羊等反刍动物属于非催乳素依赖型。增加生长激素，可使乳牛增加 10%～40% 的产乳量，其泌乳的维持与生长激素密切相关，而催乳素作用不大。

第四节　乳的排出

腺泡腔中的乳汁经过各级乳腺组织导管和乳头管流向体外的过程叫排乳（milk ejection）。乳汁分泌和排乳这两个性质不同而又相互联系的过程合称泌乳（lactation）。

一、排乳过程

当哺乳或挤乳时，引起乳房容纳系统紧张度改变，使蓄积在腺泡和乳导管系统内的乳汁迅速流向乳池，进行排乳。排乳是一种复杂的反射过程：哺乳或挤乳时，刺激母畜乳头的感受器，反射性地引起腺泡和细小乳导管周围的肌上皮细胞收缩，腺泡乳流入导管系统；接着大导管和乳池的平滑肌强烈收缩，乳池内压迅速升高，乳头括约肌开放，于是乳汁排出体外。

最先排出的是乳池乳。当乳头括约肌开放时，乳池乳借助本身重力作用即可排出。腺泡和乳导管的乳必须依靠乳腺内肌细胞的反射性收缩才能排出，这些乳叫反射乳（reflex milk）。乳牛的乳池乳一般约占泌乳量的30%，反射乳约占泌乳量的70%。挤乳或哺乳后，乳房内总有一部分残留乳。挤乳或哺乳刺激乳房不到1 min，就可以引起牛的排乳反射。但猪的排乳反射需要较长时间，仔猪用鼻吻突撞母猪乳房2~3 min后，才能开始排乳，并持续约1 min，然后突然停止，主要因为母猪没有发达的乳池，乳汁几乎都是积聚在腺泡腔中。

二、排乳的神经－体液调节

排乳是由高级神经中枢、下丘脑和垂体参加的复杂反射活动。

（一）排乳反射的传入途径

挤压或吮吸乳头时对乳房内外感受器的刺激，是引起排乳反射的主要非条件刺激。外界环境的各种刺激经常通过视觉、嗅觉、听觉、触觉等形成大量的促进或抑制排乳的条件反射。

排乳反射的非条件反射传入从乳房感受器开始，传入冲动经过精索外神经传进脊髓后，最后到达下丘脑的室旁核和视上核，此处是排乳反射的基本中枢。由此发出下丘脑－垂体束，进入神经垂体。大脑皮质也有相应代表区，控制下丘脑的活动。乳房的传入冲动传进脊髓后，还有一部分纤维能与胸腰段脊髓内的自主神经元联系，并通过交感神经，支配乳腺平滑肌的活动（图12-6）。

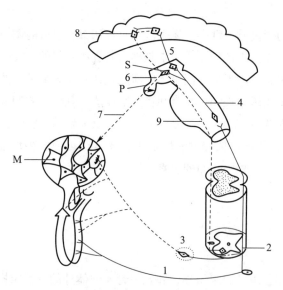

图12-6　排乳的反射性调节模式图

1. 背根的传入神经；2. 与自主神经元联系；3. 走向乳腺平滑肌的交感神经元；4. 自脊髓至下丘脑的上行途径；5. 自下丘脑至大脑皮层的途径；6. 视上核－垂体途径；7. 体液作用（缩宫素）；8. 皮层中枢；9. 自皮层至脊髓的下行途径

P. 垂体后叶；M. 肌上皮；S. 视上核

（二）排乳反射的传出途径

排乳反射的传出途径有两条：一条是体液途径；另一条是神经途径。体液途径主要是通过神经垂体释放缩宫素。缩宫素在血液中以游离形式运输，到达乳腺后迅速从毛细血管中扩散，作用于腺泡和终末乳导管周围的肌上皮细胞引起收缩。神经途径主要是支配乳腺的交感神经通过精索外神经进入乳腺，直接支配乳腺大导管周围的平滑肌的活动。

正确的饲养管理制度，可形成一系列有利于排乳的条件反射，促进排乳和增加挤乳量。

疼痛、不安、恐惧和其他情绪性纷乱常抑制动物排乳。可通过抑制反射中枢或者传出途径起作用。中枢的抑制性影响常起源于脑的高级部位，阻止神经垂体释放缩宫素。外周性抑制效应常由于交感神经系统兴奋和肾上腺髓质释放肾上腺素，导致乳房内外小动脉收缩。结果使乳房循环血量下降，不能输送足够的缩宫素到达肌上皮细胞，导致排乳抑制。

三、乳导管系统内压与泌乳和排乳的关系

在仔畜吸吮乳头或挤奶之前，乳腺腺泡上皮细胞生成的乳汁，连续地分泌到腺泡腔内。当腺泡腔和细小乳导管充满乳汁时腺泡周围的肌上皮细胞和导管系统的平滑肌反射性收缩，将乳汁转移入乳导管和乳池内。随着乳汁的分泌，储存于乳池、乳导管、终末导管和腺泡腔中的乳汁不断增加，乳房内压不断升高，使乳汁分泌变慢。乳腺的全部腺泡腔、导管、乳池则构成了蓄积乳的容纳系统。乳房内压继续升高，则使交感神经兴奋，降低乳腺外周的血流量，从而导致泌乳相关激素和相关泌乳所需营养物质减少，最后乳汁分泌停止。当排出蓄积的乳汁后，乳房内压下降，重新开始泌乳，这是一种泌乳反馈过程。

乳汁蓄积时，泌乳细胞分泌的泌乳反馈抑制素（feedback inhibitor of lactation，FIL）在腺泡腔内的浓度增大，以自分泌方式抑制乳汁的进一步合成和分泌，FIL 在体内外以浓度依赖方式抑制乳汁分泌。FIL 主要是阻断腺泡上皮细胞的组成性分泌，如酪蛋白和乳糖。若哺乳活动较频繁则会刺激乳腺的生长和泌乳量的提高。因此，乳从乳腺有规律地排空是维持泌乳的必要条件。一般认为泌乳量与挤乳次数有关。高产乳牛应增加挤乳次数。

 **小　结**

乳腺在生长期与机体等速生长，在青春期开始发育——主要是乳腺导管系统，在妊娠期进行乳腺小叶和腺泡发育，在临产前达到具有泌乳能力；妊娠期的乳腺发育决定了泌乳期腺泡上皮细胞的数量和后续产乳能力；经过泌乳期后进入干乳的退化期。而泌乳的发动和维持主要受到机体内分泌的调节，而乳的排出既有神经调节，也有内分泌调节过程。

 思考题

1. 乳腺是如何发育的？有哪些调节因素？
2. 乳腺的发育主要受哪些激素的影响？
3. 乳成分是怎样生成的？

4. 何为初乳？何为常乳？初乳和常乳有什么区别？

5. 牛奶质量的评定指标主要为乳脂率和乳蛋白含量。影响这两个指标的因素有很多，请从饲养管理水平角度分析其对牛奶质量的影响。

6. 牛的排乳反射的发生机制是什么？不良因素如环境噪音、惊吓或疼痛对牛排乳反射有何影响？分析其影响的机制。

第十三章

禽类的生理特点

◎知识导图
◎学习基础
◎学习要点

　　禽类与哺乳动物比较，在结构和机能上都存在许多不同的特点。了解禽类生命活动规律，对促进养殖业的发展和禽类疾病的防治具有重要意义。家禽属于脊椎动物的鸟纲，因适应飞翔，在漫长的进化过程中，形成了其身体构造的特征和生理特点。那么，与哺乳动物相比，禽类血液的理化特性、循环系统、呼吸系统、消化系统、神经系统、内分泌系统及生殖系统的生理活动规律又有哪些差异呢？本章将揭示这些问题。

第一节　血液生理

　　禽类的血液是由血浆及血细胞组成，主要承担运输、防御、血凝及维持水和电解质平衡的作用。

一、血液的理化特性

（一）颜色

　　禽类由于红细胞中含有血红蛋白，血液呈红色。禽类出现呼吸、循环等系统功能障碍时，血液中含氧量可明显下降，出现鸡冠等部位发绀现象。

（二）比重和黏滞性

　　禽类全血比重为 1.045～1.060。由于母鸡血浆中含有较多的脂质，母鸡血浆比重明显低于公鸡。由于雄性血液中红细胞数量多于雌性，所以雄性血液黏滞性大于雌性，如公鸡为 3.67，母鸡为 3.08。

（三）渗透压

　　血浆渗透压约相当于 0.93% NaCl 溶液。但由于禽类血浆中白蛋白的含量较少，形成的胶体渗透压比哺乳动物低，如鸡和鸽的血浆胶体渗透压值分别为 1.47 kPa 和 1.08 kPa。

二、血浆的化学组成

　　禽类血浆中除水分外，还含有蛋白质等有机物和钠离子等无机物。

（一）血浆蛋白

　　禽类血浆蛋白含量比哺乳动物低，并随品种、年龄、性别和生产性能不同而有一定差异。禽类的血浆蛋白主要为前白蛋白、白蛋白和球蛋白。

（二）血糖

禽类血糖平均可高达 $12.8 \sim 16.7$ mmol·L^{-1}，比哺乳动物高得多。其中母鸡为 $7.2 \sim 14.5$ mmol·L^{-1}，公鸡为 $9.5 \sim 11.7$ mmol·L^{-1}，鸭和鹅在 8.34 mmol·L^{-1} 左右。

（三）血脂

成年鸡血浆总脂肪含量因生理和营养状况不同而不同。产蛋鸡较停产母鸡、公鸡和雏鸡显著增高。

（四）无机盐

禽类血浆中的无机盐与哺乳动物相比，含有较多的钾和较少的钠，成年禽类血浆钠含量为 $130 \sim 170$ mmol·L^{-1}，钾为 $3.5 \sim 7.0$ mmol·L^{-1}。成年雄禽血浆总钙含量为 $2.2 \sim 2.7$ mmol·L^{-1}，但产蛋雌禽比雄禽和未成熟的雌禽要高 $2 \sim 3$ 倍。成年鸡的血浆无机磷含量为 $1.9 \sim 2.6$ mmol·L^{-1}。

（五）血浆非蛋白含氮化合物

禽类血浆非蛋白含氮化合物含量平均为 $14.3 \sim 21.4$ mmol·L^{-1}，主要为氨基氮和尿酸氮，尿素含量很低，仅 $0.14 \sim 0.43$ mmol·L^{-1}，几乎没有肌酸，而哺乳动物主要为尿素和肌酸氮。

三、血细胞

禽类的血细胞分为红细胞、白细胞和血小板。

（一）红细胞

禽类红细胞有核，呈椭圆形，其体积比哺乳动物大，但数量较少，细胞计数在 $2.2 \times 10^{12} \sim 4.0 \times 10^{12}$ 个·L^{-1} 之间，一般雄性（除鹅和火鸡外）的数量较多（表13-1）。红细胞在全血中的容积百分比受年龄、性别、激素、缺氧等因素的影响。把雄激素投喂给鸡和鹌鹑，可使未成熟的雄性和雌性禽血液红细胞数目增加。相反，给予雌激素则减少成年雄性禽血液红细胞数目，但对去势和正常两性鹅的红细胞数量，雄激素均没有明显影响，而雌激素却有抑制红细胞生成的作用。

表13-1　几种家禽红细胞数目和血红蛋白含量

种别	性别	红细胞 / ($\times 10^{12}$ 个·L^{-1})	血红蛋白 / (g·L^{-1})
鸡	雄	3.8	117.6
	雌	3.0	91.1
北京鸭	雄	2.7	142.0
	雌	2.5	127.0
鹅		2.7	149.0
鸽	雄	4.0	159.7
	雌	2.2	147.2
火鸡	雄	2.2	$125.0 \sim 140.0$
	雌	2.4	132.0
鹌鹑	雌	3.8	146.0

研究证明，家畜和家禽血红蛋白分子中的血红素结构都完全相同。红细胞破坏后血红蛋白释放出来，进一步被分解为珠蛋白、铁和胆绿素。由于禽类肝脏中葡萄糖醛基转移酶水平很低，而胆绿素还原酶很少，所以，禽类胆汁中的胆红素很少。

禽类红细胞在循环血液中生存期比哺乳动物短，鸡为 28 ~ 35 d，鸭为 42 d，鸽子为 35 ~ 45 d，鹌鹑为 33 ~ 35 d。禽类红细胞生存期短与其体温和代谢率较高有关。

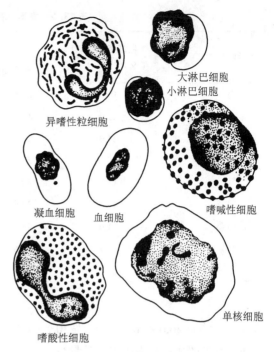

图 13-1 禽类的成熟血细胞

（二）白细胞

禽类白细胞包括异嗜性粒细胞、嗜酸性粒细胞、嗜碱性粒细胞、淋巴细胞和单核细胞等五种（图 13-1）。

1. 异嗜性粒细胞

异嗜性粒细胞又称假嗜酸颗粒白细胞，鸡的这种细胞为圆形，胞质中分布有暗红色嗜酸性杆状或纺锤状颗粒。禽类异嗜性粒细胞相当于哺乳动物的嗜中性粒细胞，具有较强的吞噬能力，在非特异性免疫中发挥重要作用。

2. 嗜酸性粒细胞

禽类血液嗜酸性粒细胞数量较少，患寄生虫病时，其数量明显增加。

3. 嗜碱性粒细胞

禽类血液嗜碱性粒细胞细胞质中含有大而明显的嗜碱性颗粒。血液中嗜碱性粒细胞数量很少，占白细胞总数的 2% 左右。

4. 淋巴细胞

禽类淋巴细胞呈球形，数量占白细胞总数的 40% ~ 70%，在体液免疫和细胞免疫中发挥重要作用。

5. 单核细胞

单核细胞是血液中体积最大的细胞，直径平均为 12 μm，最大可达 20 μm。这种细胞有趋化性和一定的吞噬能力，可形成巨噬细胞。

白细胞总数在大多数禽类为 20×10^9 个·L^{-1} ~ 30×10^9 个·L^{-1}，其中淋巴细胞的比例最高。各类白细胞在血液中的数量和百分比随家禽种类不同而不同（表 13-2）。

幼年鸡较成年鸡的白细胞总数低。室外饲养的鸡较室内笼养鸡白细胞总数多。禽类与哺乳动物一样，一些疾病会使白细胞总数增加或减少以及百分比改变，例如鸡患白痢和伤寒时，白细胞数量增多，尤其单核细胞明显增多。结核菌可使鸡体内异嗜性粒细胞数量增多而淋巴细胞数量减少。

（三）血小板

禽类的血小板也叫凝血细胞或血栓细胞，参与凝血过程。血小板比红细胞数量少。在每升血

表 13-2　禽类血液白细胞总数和分类占比

种别	性别	白细胞数量 /（×10⁹个·L⁻¹）	分类 /%				
			异嗜性粒细胞	嗜酸性粒细胞	嗜碱性粒细胞	淋巴细胞	单核细胞
鸡	雄	16.6	25.8	1.4	2.4	64.0	6.4
	雌	29.4	13.3	2.5	2.4	76.1	5.7
北京鸭	雄	24.0	52.0	9.9	3.1	31.0	3.7
	雌	26.0	32.0	10.2	3.3	47.0	6.9
鹅		18.2	50.0	4.0	2.2	36.2	8.0
鸽		13.0	23.0	2.2	2.6	65.6	6.6
滨白鸡	雌	31.0	45.1	2.4	2.7	48.0	1.6
鹌鹑	雄	19.7	20.8	2.5	0.4	73.6	2.7
	雌	23.1	21.8	4.3	0.2	71.6	2.7

液中，鸡约为 26.0×10^9 个，鸭为 30.7×10^9 个。血小板呈卵圆形，细胞质中央有一个圆形的核，比哺乳动物的血小板大得多，数量少。

四、血液凝固

禽类血液凝固时间比哺乳动物长。禽类血液凝固过程与哺乳动物相似，也是凝血酶原通过一系列凝血因子逐渐被激活的过程。凝血时需要有充足的维生素 K，若维生素 K 缺乏，可引起鸡皮下和肌肉出血。肝素对鸡血液有很好的抗凝效果。

第二节　循环生理

禽类血液循环系统进化水平较高，主要表现在：动静脉完全分开，完全的双循环，心脏容量大，心跳频率快，动脉血压高和血液循环速度快。

一、心脏生理

禽类心脏和哺乳类一样，也分为左右心房和左右心室 4 个部分，通过心脏的节律性收缩和舒张活动，推动血液循环。

禽类的心率比哺乳动物高（表 13-3）。一般情况下家禽的心率与个体大小呈负相关，即家禽个体越大，其心率就越慢。公鸡的心率比母鸡和阉鸡低，但鸭和鸽的心率性别差异不显著。禽类的心率晚上很低，随光照和运动增强而增加。

禽类心脏节律性兴奋也是起源于窦房结，并沿心脏传导系统向整个心脏扩布，由于房室束周围没有纤维鞘围绕，来自窦房结的兴奋易于广泛地沿着房室束扩布到心脏各部。心脏兴奋过程中的电活动，可通过导联电极引导入心电图机。记录心电图，常用导联方法为：

表 13-3　几种家禽的心率

种别	年龄	性别	心率 / (次·min^{-1})	种别	年龄	性别	心率 / (次·min^{-1})
鸡	7 周	雄	422	鹅	成年		200
		雌	435	鸭	4 个月	雄	194
	13 周	雄	367			雌	190
		雌	391		12 ~ 13 个月	雄	189
	22 周	雄	302			雌	175
		雌	357	鸽	成年	雄	202
		阉	350			雌	208

导联名称	正电极	负电极
第一导联（Ⅰ）	左翅基部	右翅基部
第二导联（Ⅱ）	左腿	右翅基部
第三导联（Ⅲ）	左腿	左翅基部

禽类心电图由于心率较快，通常只表现 P、S 和 T 3 个波，且 P 波不明显，如果心率超过 300 次以上，则 P 波和 T 波可能融合在一起。

鸡的心电图有性别差异，公鸡心电图中各波的波幅较大，这种差异可能和雌激素水平有关，因为注射雌激素可使各波波幅降低。

与哺乳动物相似，禽类的心输出量也等于每搏输出量 × 心率。与相同体重的哺乳动物相比，禽类具有较大的心输出量。禽类心输出量和性别有关。按每千克体重计，公鸡的心输出量大于母鸡。环境温度、运动和代谢状况对心输出量有显著影响。短期的热应激，能使心输出量增加，但血压降低。急性冷应激，也可引起心输出量增加，但血压升高。鸡在热环境中生活 3 ~ 4 周后发生适应性变化，心输出量不是增加而是明显减少。鸭潜水后比潜水前心输出量明显下降。

二、血管生理

禽类血液在动脉、毛细血管和静脉内流动的规律和哺乳动物相同。

禽类静息时的平均血压高于同等状态、相同体重哺乳动物的血压。禽类血压因品种、性别、年龄而异。成年公鸡的收缩压为 25.3 kPa（190 mmHg），舒张压为 20.0 kPa（150 mmHg），脉压为 5.3 kPa（40 mmHg）。鸡血压性别差异自 10 ~ 13 周龄时开始显现，原因可能与性激素有关。研究表明，用雌激素处理后，成年公鸡血压降到接近正常母鸡水平。鸡血压还随年龄增大而增高，如从 10 ~ 14 个月到 42 ~ 54 个月，血压明显上升。鸡的血压也受季节影响，随着季节转暖，血压呈下降趋势。这种血压的季节性变化，主要是环境温度的作用，与光照变化无关。据观察，习惯于高温的鸡，其血压明显低于生活在寒冷环境下的鸡。

血压和心率之间没有明显关系，虽然同种之间（如家鸡和火鸡）血压存在较大的变异，但心率变化不大。雄性鸡与雌性鸡相比，血压较高但心率较慢。

禽类血液循环时间比哺乳动物短。鸡血液流经体循环和肺循环一周所需时间为 2.8 s，鸭为 2 ~ 3 s，潜水时血流速度明显减慢，循环时间增至 9 s。禽类各器官血流量与其代谢水平相适应。

代谢水平低时则血流量少，高时则血流量大。母鸡生殖器官的血流量占心输出量的 15% 以上，比例较高的还有肾、肝、心脏和十二指肠。

禽类体内淋巴管丰富，在组织内分布成网，毛细淋巴管逐渐汇合成较大的淋巴管，然后汇合成一对胸导管，最后开口于左右前腔静脉。

三、心血管活动的调节

禽类心脏受迷走神经和交感神经双重支配。在安静情况下，禽类迷走神经和交感神经对心脏的调节作用比较均衡，不像哺乳动物那样呈现明显的迷走紧张。

禽体大部分血管接受交感神经支配，调节禽类心脏和血管的基本中枢位于延髓。

与哺乳动物相比，禽类的颈动脉窦和颈动脉体位置低得多，恰在甲状旁腺后面、颈总动脉起点处、锁骨动脉根部前方。禽类压力感受器响应血压变化的放电特性与哺乳动物高阈值、慢适应压力感受器的特性相似。但禽类化学感受器的作用尚未明确。

激素等化学物质对心血管的作用大体与哺乳动物的情况相同。肾上腺素和去甲肾上腺素可使鸡血压升高。缩宫素可使哺乳动物的血管收缩，血压上升，但却使鸡血压降低。有资料报道，禽类血液中 5- 羟色胺（5-HT）和组胺含量高于哺乳动物，给鸡注射组胺或 5-HT，可使血压明显下降。

禽类的心血管功能受环境影响较大。适应高温环境中生活的鸡，其血压低于冷适应的鸡。环境温度骤升时，可引起体温上升，使血管舒张，血压下降。环境温度下降时，可导致血管收缩，血压升高。若改变了低气温条件，随着体温的恢复，血压也趋于正常。

第三节　呼吸生理

禽类呼吸过程和哺乳动物一样，包括肺通气、气体在肺和组织中的交换以及气体在血液中的运输。与哺乳动物不同的是，禽类肺较小，在呼吸过程中体积变化不大，而与其相连的九个气囊可进行肺通气，但不参与气体交换。禽类将换气与通气功能分离可增加气体交换面积。

一、呼吸器官

禽类呼吸系统由呼吸道和肺两部分构成。呼吸道包括鼻、咽、喉头、气管、鸣管、支气管及其分支、气囊及某些骨骼中的气腔（图 13-2）。

（一）鼻腔

禽类鼻腔较狭窄，鼻腔黏膜有黏液腺和丰富的血管，对吸入气体有加温和湿润作用。黏膜上虽有嗅神经分布，但禽类嗅觉不发达。

（二）喉

禽类喉没有会厌软骨和甲状软骨，也没有发声装置。禽类的发声器官是鸣管，位于气管分叉为两支气管的部位。

（三）气管和支气管

禽类气管在肺内不分支成气管树，而是分支成 1~4 级支气管，各级支气管间互相连通。与

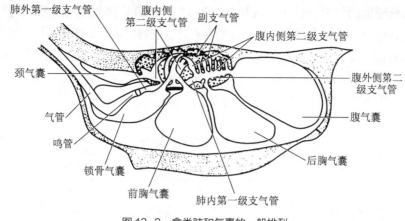

图13-2　禽类肺和气囊的一般排列

体型相当的哺乳动物相比，禽类的气管容积要小得多，因此常以深而慢的呼吸补偿增加的无效腔容积。

（四）肺

禽类肺约 1/3 嵌于肋间隙内，因此，扩张性不大。肺各部均与易于扩张的气囊直接通连。所以，肺部一旦发生炎症，易于蔓延，症状比哺乳动物严重。

（五）气囊

气囊（air sac）是禽类特有的器官，一般有 9 个气囊，其中包括一个不成对的锁骨气囊、一对颈气囊、一对前胸气囊、一对后胸气囊和一对腹囊。这些气囊充满于腹腔内脏和体壁之间。气囊和支气管及肺相通。气囊的容积很大，占全部呼吸器官总容积的 85%～90%，较肺容积大 5～7 倍。禽类的气囊除了作为空气储存库外，还有许多重要功能。

（1）气囊内空气在吸气和呼气时均通过肺，从而增加了肺通气量，适应于禽体旺盛的新陈代谢需要。

（2）储存空气，便于潜水时在不呼吸情况下，仍旧能利用气囊内的气体在肺内进行气体交换。

（3）气囊的位置都偏向身体背侧，飞行时有利于调节身体重心，对水禽来说，有利于在水上漂浮。

（4）依靠气囊的强烈通气作用和巨大的蒸发表面，能有效地发散体热，协助调节体温。

二、呼吸运动

禽类没有像哺乳动物那样的膈肌，胸腔和腹腔仅由一层薄膜隔开，胸腔内的压力几乎与腹腔内完全相同，没有经常性的负压存在，因此胸腔和腹腔可作为一个整体进行运动。

禽类肺的弹性较差，被相对地固定在肋骨间。打开胸腔后并不萎缩。呼吸主要通过强大的呼气肌和吸气肌的收缩来完成。吸气时胸腔容积加大，气囊容积也加大，肺受牵拉而稍微扩张，气囊内压力下降，气体即进入肺，再由肺进入气囊。呼气肌收缩时则发生相反的过程。

禽类气管系统分支复杂，毛细气管壁上有许多膨大部，叫作肺房，是气体交换的场所。气体通过各级支气管进入气囊。根据研究，禽类呼吸时，吸气和呼气时均有气体进入气囊并通过肺部交换区，所以，无论是吸气过程或呼气过程都在肺部进行气体交换，提高了呼吸效率。

每次吸入或呼出的气量，称为潮气量。鸡为 15～30 mL。来航鸡每分钟肺通气量为 550～650 mL，芦花鸡约为 337 mL。由于禽类气囊的存在，呼吸器官的容积明显增加。据测定，鸡气囊容积达 300～500 mL，鸭约为 530 mL，因此，每次呼吸的潮气量仅占全部气囊容量的 8%～15%。

禽类的呼吸频率变化较大，它取决于体格大小、种类、性别、年龄、兴奋状态及其他因素。通常个体越小，呼吸频率越高。禽类呼吸频率见表 13-4。

表 13-4　几种家禽的呼吸频率　　　　　　　　　　　单位：次·min^{-1}

性别	鸡	鸭	鹅	火鸡	鸽
雄	12～20	42	20	28	25～30
雌	20～36	110	40	49	25～30

三、气体交换与运输

禽类支气管在肺内不形成支气管树。支气管在肺内为一级支气管，然后分支形成二级和三级支气管，三级支气管又称副支气管（parabrochus），各级支气管互相连通。副支气管的管壁呈辐射状的分出大漏斗状微管道，并反复分支形成毛细气管网，在这些毛细气管的管壁上有许多膨大部，即肺房，相当于家畜的肺泡。同时，由副支气管动脉分支形成毛细血管并与毛细气管紧密接触，形成很大的气体交换面积，按肺每单位体积的交换面积计算，比家畜至少大 10 倍，按每克体重计算，母鸡交换面积达 17.9 cm^2，鸽高达 40.3 cm^2。

气体交换的动力是 O_2 和 CO_2 的分压差。鸡的静脉血氧分压约为 6.7 kPa（50 mmHg），肺和气囊中为 12.5 kPa（94 mmHg）。

禽类气体在血液中的运输方式，与哺乳动物相似，只是前者氧离曲线偏右，表明在相同氧分压条件下，血氧饱和度比哺乳动物小，即血红蛋白易于释放氧，以供组织利用。

四、呼吸运动的调节

禽类呼吸中枢位于延髓前部和脑桥。在第Ⅺ和Ⅻ脑神经根之间横断脑干可致鸽呼吸暂停和最终死亡。中脑前部背区有调节呼吸的中枢，刺激时出现浅快的急促呼吸。在两侧丘脑区圆核附近还有抑制中枢，刺激时呼吸变慢。与哺乳动物相似，延髓是呼吸的基本中枢。

研究表明，禽类肺和气囊壁上存在牵张感受器，感受肺扩张的刺激，经迷走神经传入中枢，使呼吸变慢。所以，禽类肺牵张反射也可以调整呼吸深度，维持适当的呼吸频率。

血液中的 CO_2 和 O_2 含量对呼吸运动有显著的影响。血液中 CO_2 分压升高时，这些感受器兴奋，所产生的冲动沿迷走神经传入，可兴奋呼吸。缺氧使呼吸中枢抑制，但可通过外周化学感受器兴奋呼吸。切断鸡两侧迷走神经可以消除或显著降低缺氧引起的呼吸频率增加。鸡在热环境中发生热喘呼吸，常使副支气管区的通气面积显著加大，并导致 CO_2 分压过低，甚至造成呼吸性碱中毒。

第四节 消化

禽类的消化器官包括喙（beak）、口、唾液腺、舌、咽、食管、嗉囊、腺胃、肌胃、小肠、大肠、盲肠、直肠和泄殖腔，以及肝和胰腺。可见，家禽的消化器官在一些方面与家畜明显不同。禽类消化器官的特点是没有牙齿而有嗉囊和肌胃，没有结肠而有两条发达的盲肠（图 13-3）。

一、口腔及嗉囊内的消化

（一）口腔内的消化

禽类由于嗅觉和味觉不发达，寻找食物主要依靠触觉和视觉。禽类的主要采食器官是角质化的喙。不同禽类喙的差异较大，以便适应不同的摄食模式。鸡喙为锥形，便于啄食谷粒；鸭和鹅的喙扁而长，边缘呈锯齿状互相嵌合，便于水中采食。

禽类口腔内无牙齿，采食不经过咀嚼，食物进入口腔后依靠舌的运动迅速咽下。口腔壁和咽壁分布有丰富的唾液腺，其导管开口于口腔黏膜，主要分泌黏液。在吞咽时有润滑食物的作用，便于咽下。唾液中含有微量的淀粉酶。成年鸡一昼夜分泌唾液平均为 12 mL，分泌量的变化范围在 7~25 mL。唾液呈弱酸性，平均 pH 为 6.75。

禽类的食管相对长、直径大并易扩张，便于未咀嚼的食物通过。吞咽食物和水时，主要靠抬头伸颈，借助食物和水的重力以及食管内的负压，送入嗉囊。

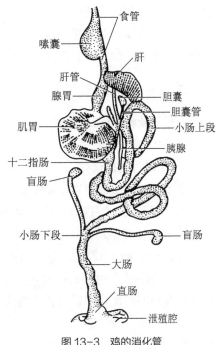

图 13-3 鸡的消化管

（二）嗉囊内的消化

嗉囊（crop）是食管的扩大部分，位于颈部和胸部交界处的腹面皮下。鸡的嗉囊发达，鸭和鹅没有真正的嗉囊，只在食管颈段形成一纺锤形扩大部，还有的食虫禽类嗉囊不发达或没有。嗉囊壁的结构与食管相似，二者均内衬不完全角化复层鳞状上层，存在大量黏液腺开口。嗉囊的主要功能是储存、润湿和软化食物。唾液淀粉酶、食物中的酶和某些细菌都可能在嗉囊内对淀粉进行消化，嗉囊内容物常呈酸性，平均 pH 在 5.0 左右。

嗉囊内的环境适于微生物生长繁殖，其中乳酸菌占优势。微生物主要对饲料中的糖类进行发酵分解，产生有机酸，这些有机酸只有小部分可在嗉囊内被吸收，大部分随食物至后段消化道再被吸收。

禽类进食时，咽下的食物有一部分经过嗉囊时并不停留而直接进入腺胃，另一部分则停留在嗉囊内。这一过程取决于胃的充盈程度和收缩状态。食物在嗉囊停留的时间取决于食物的性质、数量和饥饿程度，一般停留的时间约 2 h，最长可达 16 h。嗉囊内的食物依靠嗉囊肌的蠕动进入腺胃，胃空虚时发出的神经冲动引起嗉囊收缩和排空；而胃充盈时则产生抑制作用。嗉囊受迷走神经和交感神经支配。切断两侧迷走神经，则嗉囊肌肉麻痹，运动减弱或者消失，刺激迷走神经，则嗉囊强烈收缩，食物排放加快。刺激交感神经，对嗉囊和食管的影响不明显。

切除嗉囊对家禽的消化机能有不良影响。切除嗉囊的鸡采食量明显减少，消化率降低，一些食物未经消化就随粪便排出。

鸽（雌和雄）在育雏期间，嗉囊能分泌一种乳白色液体，称为嗉囊乳，它含有大量蛋白质、脂肪、无机盐、淀粉酶和蔗糖等。鸽能逆呕出这种液体，用以哺育 20 d 以内的幼鸽。

二、胃内的消化

与哺乳动物不同，禽类的胃由两个腔室组成，即腺胃（glandular stomach）和肌胃（muscular stomach）。

（一）腺胃内的消化

禽类的腺胃又称前胃（proventriculus），容积小，呈纺锤形，前端经由下段食管与嗉囊相连，后端与肌胃相通。腺胃的壁厚，腺体主要位于黏膜层内。黏膜内有 30~40 个大型腺体。腺胃相当于哺乳动物胃的前半部，有 2 种类型的细胞，一种是分泌黏液的黏液细胞；另一种是分泌黏液、HCl 和胃蛋白酶原的细胞，这些细胞构成了复腺（compound gland）。禽类的胃液呈连续性分泌，鸡的分泌量大约是 $8.8~\text{mL} \cdot \text{g} \cdot \text{h}^{-1}$，显著高于哺乳动物。同时，酶的浓度较高，但每毫升胃液中胃蛋白酶浓度比多数哺乳动物低。胃液的 pH 波动范围为 3.0~4.5。

腺胃较小，食物通过腺胃的蠕动，迅速进入肌胃。食物一般不在腺胃内停留，也不进行消化。腺胃的生理功能是分泌胃液，胃液随食物进入肌胃，在肌胃和十二指肠内发挥作用。

腺胃分泌受神经和体液因素的调节。刺激迷走神经或注射乙酰胆碱、毛果芸香碱等引起胃液分泌量和胃蛋白酶含量增加，而刺激交感神经则引起胃液少量分泌。

许多体液因素影响禽类的胃液分泌。禽类腺胃幽门区有 G 细胞，可分泌促胃液素，影响腺胃的分泌活动。在哺乳动物体内，促胃液素主要促进胃液分泌，缩胆囊素主要促进胰腺和肝的分泌活动。而禽类缩胆囊素具有较强的刺激胃酸分泌的作用。由于禽类腺胃幽门区含 G 细胞少，缩胆囊素可能起到弥补促胃液素的作用，以维持胃分泌活动的适当水平。蛙皮素、胰多肽对胃液分泌都有一定的刺激作用。组胺和 5 肽促胃液素对胃液分泌也有影响。

消化道中的食物、饮水量、麻醉、兴奋和某些药物等因素均可影响胃液分泌。饥饿或禁食 12~24 h，鸡和鸭的胃液分泌减少。

（二）肌胃内的消化

肌胃呈扁圆形的双凸透镜状，主要由坚厚的平滑肌构成，它是禽类体内非常发达的特殊器官。肌胃平滑肌含有较丰富的肌红蛋白，呈深红色，肌纤维与腱膜相连。肌胃黏膜中有许多小腺体，能分泌可迅速硬化的胶样分泌物，覆盖在黏膜表面，形成一层坚硬的角质膜，并具有粗糙的摩擦面。角质膜具有保护肌胃免于腺胃分泌的酸和酶的作用，还可保护胃壁在研磨坚硬饲料时不受损伤。肌胃进行消化活动时，角质膜不断因磨损而消失，也不断由腺体分泌来补充。角质膜的坚硬程度与饲料性质密切相关，粗硬饲料引起腺体分泌增强，形成较坚硬的角质膜。肌胃不分泌具有消化作用的胃液。

肌胃的主要功能是对饲料进行机械性磨碎，同时使饲料与腺胃分泌液混合，进行化学性消化。禽类饲料的磨碎主要在肌胃内进行。摄食谷类的禽类，肌胃特别发达，适合于谷类等较坚硬食物的磨碎。肌胃内常保持一定数量的小沙砾或其他坚硬的小颗粒，借以增强磨碎食物的作用，小沙砾对消化并非必需，但缺乏时，将使坚硬饲料的消化时间延长，消化率降低。

肌胃内容物比较干燥，含水量平均占44.4%，pH为2~3.5，适于胃蛋白酶的水解作用。肌胃的收缩具有自动节律性，平均20~30 s收缩一次。饥饿时收缩节律变慢，但持续时间延长；进食时，收缩节律加速。肌胃收缩时在胃腔内形成很高的压力，据测定，鸡为18.6 kPa（140 mmHg），鸭为23.9 kPa（180 mmHg），鹅为35.2 kPa（265 mmHg），这样高的压力不但能有效地磨碎坚硬饲料，而且使贝类等外壳被压碎，甚至金属小管也可能被捻转扭曲。

肌胃主要受迷走神经的支配。刺激迷走神经，肌胃收缩增强，刺激交感神经使其运动减弱。

三、小肠内的消化

小肠是禽类进行化学性消化的主要场所，也是营养物质吸收的主要部位。禽类的小肠前接肌胃，后连盲肠。小肠一般分为十二指肠、空肠和回肠三部分。全部肠壁都有肠腺，全部肠黏膜也都有绒毛。禽类的肠道相对较短，鸡的体长与肠长之比约为1∶4.7，食物在消化道内停留的时间也比哺乳动物短，一般不超过一昼夜，但禽类肠内的消化活动进行得比家畜强烈。禽类在小肠内的消化过程基本与哺乳动物相似。

（一）胰液的分泌

胰液通过2条（鸭、鹅）至3条（鸡）胰导管输入十二指肠，胰液的性状、组成及消化酶种类与哺乳动物相似。

鸡的胰液分泌是连续的。平时分泌水平相当低，仅为0.4~0.8 mL·h^{-1}。饲喂后第一小时内的分泌水平可增至3 mL·h^{-1}，持续9~10 h后，逐渐恢复至原来的水平。

禽类胰液分泌的调节与哺乳动物基本相同，包括神经和激素的作用。迷走神经与胰液分泌的关系尚无直接证明，在禁食的鸡采食后胰液立即开始分泌，如果切断支配胰腺的迷走神经，尽管胰液分泌量最终也升高，但并不立即分泌。这种现象说明迷走神经影响着胰液的分泌。禽类促胰液素是胰液分泌的主要体液刺激因素。

（二）胆汁的分泌

禽类的肝连续不断地分泌胆汁。禽类胆汁呈酸性，鸡胆汁pH为5.88，鸭为6.14，含有淀粉酶。胆汁中所含的胆汁酸主要是鹅胆酸、少量的胆酸和异胆酸，缺少脱氧胆酸。鹅胆酸和胆酸分别与牛磺酸结合形成结合胆酸。胆色素主要是胆绿素，胆红素很少，胆色素随粪便排出，而胆盐大部分被重吸收，再由肠肝循环促进胆汁分泌。胆汁能乳化脂肪，从而使其更有效地被脂肪酶消化。

鸡在不进食期间，由肝分泌的胆汁一部分流入胆囊储存、浓缩，另有少量直接经肝胆管流入小肠，进食时胆囊胆汁和肝胆汁流入小肠显著增加，持续3~4 h。切断迷走神经后上述现象消失，表明禽类的胆汁分泌与排出受神经反射性调节。鸡的小肠提取物具有类似哺乳动物的缩胆囊素的作用。在禽类的十二指肠和空肠已发现有产生缩胆囊素的细胞，这种激素的作用主要是在采食后引起胆汁从胆囊中排出。然而，研究表明禽血管活性肠肽也刺激胆汁分泌，蛙皮素可刺激胆囊收缩。因此，缩胆囊素并非唯一的刺激胆汁排放的因素。

（三）小肠液的分泌和作用

禽类的小肠黏膜分布有肠腺，某些禽类可能存在与哺乳动物十二指肠腺相同或类似的管状腺，但鸡缺乏十二指肠腺。肠腺分泌弱酸性至弱碱性的肠液，其中含有黏液、蛋白酶、淀粉酶、脂肪酶和双糖酶。成年鸡肠液的基本分泌速率平均约为 $1.1 \ mL \cdot h^{-1}$，机械刺激和给予促胰液素引起分泌速率显著增加，刺激迷走神经和注射毛果芸香碱引起浓稠肠液的分泌，但对分泌速率的影响却很小。

（四）小肠运动

禽类的小肠有蠕动和分节运动两种基本类型。逆蠕动比较明显，常使食糜往返于肠段之间，甚至可逆流入肌胃。小肠运动的作用与哺乳动物相同。

小肠运动受神经和体液调控。禽类小肠的外在和内在神经丝支配与哺乳动物相似。缩胆囊素是研究最多的肠道运动调节剂，静脉注射可抑制十二指肠运动。此外，小肠运动也受很多外在因素的影响，比如戊巴比妥钠等麻醉剂可抑制十二指肠运动，较高的环境温度也可抑制十二指肠运动。

四、大肠内的消化

禽类的大肠包括两条盲肠和一条直肠。直肠末端开口于泄殖腔。泄殖腔内由 4 个彼此以孔道相连的部分组成。直肠开口于肠管的延续部分称为粪道；粪道以后是泄殖腔、输尿管和输精管（或输卵管）开口；泄殖腔与肛门相连的扩张部称为原肛；泄殖腔的第四部分是一个盲囊，称为腔上囊，它是激活 B 淋巴细胞的重要器官，由一个狭窄的孔道与原肛相通。

食糜经小肠消化后，一部分可进入盲肠，其他进入直肠，开始大肠消化。

大肠的消化主要是在盲肠内进行的。饲料中的粗纤维素在盲肠内进行微生物的发酵分解，此过程尤其是对草食禽类更为重要。盲肠内 pH 为 6.5 ~ 7.5，有严格的厌氧条件，食糜在盲肠内停留时间较长，一般 6 ~ 8 h，这些条件都适宜于微生物的生长繁殖。微生物主要是革兰氏阴性杆菌。微生物将纤维素分解为挥发性脂肪酸，其中以乙酸的比例为最高，其次是丙酸和丁酸，还有少量的高级脂肪酸。这些有机酸可在盲肠内被吸收，在肝内进行代谢。另外，盲肠内还产生 CO_2 和 CH_4 等气体。

盲肠内的细菌可将饲料中的蛋白质和氨基酸分解产生氨，并能利用非蛋白氮合成菌体蛋白质，还能合成 B 族维生素和维生素 K 等。

盲肠也有蠕动和逆蠕动，盲肠的蠕动从其与小肠交界处开始，到达盲肠的盲端；而逆蠕动则开始于盲肠尖端，止于前端。食糜可以从直肠逆流入盲肠，但不进入小肠，由此推断此时回盲括约肌是关闭的。

盲肠内容物是均质和糊状的，一般呈黑褐色，这是和直肠粪便的不同点。家禽的直肠较短，主要功能是吸收食糜中的水分和盐类，最后形成粪便进入泄殖腔，与尿混合后排出体外。

五、吸收

家禽对营养成分的吸收与哺乳动物基本相似，主要通过小肠绒毛进行。禽类的小肠黏膜形成 "乙" 字形横皱襞，扩大了食糜与肠壁的接触面积，延长食糜通过的时间，使营养物质被充分吸收。

（一）糖类的吸收

糖类主要在小肠上段被吸收，特别是当食物中的糖类是六碳糖时更如此。由淀粉分解产生的葡萄糖的吸收慢于直接来自饲料中的葡萄糖，因为当食糜进入空肠下段时，仅有 60% 的淀粉被消化。禽类糖类的吸收机制与哺乳动物相似，包括主动转运和被动转运两种方式。其中，主动转运方式占葡萄糖吸收的 80% 以上。D- 葡萄糖、D- 半乳糖、D- 木糖、3- 甲基葡萄糖、D- 甲基葡萄糖和 D- 果糖都以主动转运方式被吸收。这种吸收方式通过同向协同转运系统来完成。在小肠中，十二指肠吸收葡萄糖的能力最强。此外，盲肠对葡萄糖也有明显的吸收作用。值得一提的是，食物的抑制因子、禽类的年龄以及小肠的 pH 均影响糖类的吸收。

（二）蛋白质分解产物的吸收

蛋白质的分解产物大部分以小分子肽的形式进入小肠上皮刷状缘，然后再分解成氨基酸而被吸收。外源性蛋白质水解成的氨基酸大部分在回肠前段被吸收，而内源性蛋白质的分解产物则大部分在回肠后段被吸收。大多数氨基酸以继发性主动转运的方式被吸收。家禽小肠上皮中已发现有分别吸收中性、碱性和酸性氨基酸的载体系统。中性氨基酸的载体系统转运的氨基酸，彼此之间有竞争性抑制现象。有些氨基酸能同时通过两种不同的方式被吸收。氨基酸的吸收速度不是取决于分子量的大小，而是由极性或非极性侧链所决定，具有非极性侧链的氨基酸被吸收的速度比有极性侧链的氨基酸快。

（三）脂肪的吸收

脂肪一般需要分解为脂肪酸、甘油或甘油一酯、甘油二酯后被吸收。脂质的消化终产物大部分在回肠上段被吸收。由于禽类肠道的淋巴系统不发达，绒毛中没有中央乳糜管，因此脂肪的吸收不像哺乳动物那样通过淋巴途径，而是直接进入血液。

胆酸的重吸收也主要发生在回肠后段。分泌的胆酸大约 93% 被小肠吸收。

（四）水和无机盐的吸收

禽类主要在小肠和大肠吸收水分和盐类，嗉囊、腺胃、肌胃和泄殖腔也有少许吸收作用。

水的吸收主要依赖于各种溶质尤其是 Na^+ 和 Cl^- 吸收形成的小肠粘膜两侧的渗透梯度，即组织间液的渗透压高于小肠腔内的渗透压，形成水吸收的驱动力。各种盐类的吸收除受日粮中含量的影响外，还受其他因素的影响。钙的吸收受 1,25- 二羟维生素 D_3、钙结合蛋白的影响。用维生素 D 处理维生素 D 缺乏的鸡可增加磷的吸收。产蛋鸡对铁的吸收高于非产蛋鸡和成年鸡，非产蛋鸡与成年公鸡无差异。

第五节　能量代谢和体温

一、能量代谢及其影响因素

（一）能量代谢

禽类的能量代谢与哺乳动物相似，能量来源于饲料中的化学能。采食饲料中的总能，除去粪、尿和食物的特殊动力作用消耗的能量外，其余70%～90%的能量用于维持生命的基本活动和生长、产蛋及肌肉做功。

测定禽类（以成年鸡为例）基础代谢时，要求条件为处于清醒、安静、禁食48 h状态，环境温度保持在20～30℃。基础代谢水平通常用 $kJ \cdot m^{-2} \cdot h^{-1}$ 或 $kJ \cdot kg^{-1} \cdot h^{-1}$ 表示。几种家禽的基础代谢率见表13-5。

表13-5 几种家禽的基础代谢率

种别	体重 /kg	代谢率 / ($kJ \cdot kg^{-1} \cdot h^{-1}$)	种别	体重 /kg	代谢率 / ($kJ \cdot kg^{-1} \cdot h^{-1}$)
鸡	2.0	20.9	火鸡	3.7	209.0
鹅	5.0	23.4	鸽	0.3	502.4

生产中还常用代谢体重来计算能量代谢率：

$$Q = 83 \times 体重^{0.75}$$

式中，Q 为24 h产热量，单位是4184 J（1 kcal）；83为系数；体重$^{0.75}$为代谢体重。这里系数83适用于产蛋鸡。

（二）影响能量代谢的因素

1. 年龄

刚孵出的雏鸡代谢率比成年鸡低，孵出后头一个月代谢率增高并超过成年鸡，然后再逐渐下降到成年鸡水平。

2. 性别与繁殖活动

成年公鸡的基础代谢率以单位体表面积计算，较母鸡高6%～13%。母鸡产蛋时的代谢水平上升。

3. 食物的特殊动力作用

特殊动力作用又称热增耗。动物进食后，尽管仍处于安静状态，其产热量有"额外"增加的现象。食物的特殊动力作用与营养水平和日粮组成有关，其80%热量产生在内脏器官。

4. 温度

环境温度对能量代谢有显著影响。环境温度低，代谢率增加，用于维持需要的能量增加。有实验表明，环境温度升高1℃，饲料消耗减少1.6%，但高于29.5℃时，产蛋性能下降。

5. 换羽

鸡在换羽期间，能量代谢水平最高，较平时增加45%～50%。

6. 昼夜节律

禽类的能量代谢水平呈现明显的昼夜变化。成年鸡通常在8时左右最高，20时左右最低，夜间的产热水平降低18%～30%。

7. 季节

一年内鸡的代谢水平以春夏较高，秋冬季较低。这种季节性变化与产蛋、甲状腺功能等因素的变化有关。

二、体温

（一）禽类的体温

禽类是恒温动物，其深部体温比哺乳动物高。测量禽类体温，可用温度计插入直肠内测定，也可用无线电遥测技术测定禽类体温。不同禽类的体温见表13-6。

表13-6　几种成年家禽直肠温度

种别	正常范围 /℃	种别	正常范围 /℃
鸡	40.5 ~ 42.0	火鸡	41.0
鸭	41.0 ~ 43.0	鸽	41.3 ~ 42.2
鹅	40.0 ~ 41.0		

体温的生理性波动除了与禽体大小有关外，下列因素也可影响体温。

（1）环境温度　在一般环境温度条件下，禽类的体温能够维持相对恒定。不过在高温气候时，由于蒸发散热不足，可使体温升高。而在低温时，由于寒战产热增加，也可使深部体温上升。雏鸡的体温调节能力较差，过热和受冷将引起体温波动。

（2）昼夜生理节律　大多数禽类的体温有明显的昼夜波动。以成年鸡为例，体温以 0 时最低（40.3℃），17时左右最高（41.6℃），昼夜温差可达 1℃。这表明禽类体温的昼夜波动与其活动和光照有关。如果是夜间活动的禽类，其最高体温发生在环境温度低的午夜，而不是白天。这说明禽类体温的昼夜节律变化主要与活动有关。

（二）禽类的产热和散热

禽类主要的体热来源是肝和骨骼肌。环境温度在适当范围内，代谢水平基本稳定，鸡的等热范围为 16 ~ 28℃，火鸡为 20 ~ 28℃，鹅为 18 ~ 25℃。生理状况对等热范围有很大影响。以鸡为例，初生雏鸡等热范围为 33 ~ 35℃，1 周龄时为 30 ~ 33℃，2 周龄时为 27 ~ 30℃。羽毛和群集对等热范围温度有明显影响。

（三）体温调节

家禽的体温调节中枢位于视前区 - 下丘脑前部（PO/AH）。禽类体表、内脏器官、脊髓和大脑存在温度感受器。当环境温度改变或禽体深部温度变化时，这些温度监测装置就向体温调节中枢传递信息，然后引起体温调节反应。如果环境温度超过临界水平上限，禽类表现为站立，双翅下垂，这样可降低羽毛的绝热效能；腿部、冠和肉垂血管舒张，甚至表现出呼吸加快，张口热喘以加强散热。在低温情况下，表现羽毛蓬松，以增加绝热效应；伏坐并藏头于翼下，以防裸露部位散热过多。此时血管舒张，肢体周期性地血流增加，以避免冻伤。

研究表明，体温调节中枢的神经递质可能主要是 5-HT 和去甲肾上腺素。5-HT 可能通过激活中枢神经的产热通路，使鸡体温升高，而去甲肾上腺素可激活散热通路或阻抑产热通路使鸡体温降低。但这两种物质在哺乳动物中的作用往往相反。

（四）家禽对环境温度变化的反应

1. 温度耐受性

家禽能耐受高温环境。气温高时，主要靠热喘呼吸来散发热量，所以空气湿度大就会妨碍蒸发散热。气温在27℃时，母鸡直肠温度开始升高，呼吸频率增加；高于29.5℃时，蛋鸡产蛋性能明显受到影响；气温升到38℃时，鸡常常不能耐受。

2. 适应和风土驯化

禽类在寒冷环境或炎热条件下可表现风土驯化，以适应环境。冷环境中可发生心率变慢、血流外周阻力增加，但随着风土驯化又逐渐恢复正常。与此同时，去甲肾上腺素和甲状腺素分泌增加，基础代谢水平升高，绝热装置改善。在炎热环境中，许多机能要进行调整，如体重减轻、呼吸频率增加、心跳加快和全身血流外周阻力减少，但驯化后禽类这些反应不明显。

第六节　排泄

禽类的泌尿器官由一对肾和两条输尿管组成，没有肾盂和膀胱。因此，尿在肾内生成后，经输尿管直接排入到泄殖腔，与粪便一起经泄殖腔排到体外（图13-4）。

一、尿生成的特点

禽类肾小球有效滤过压比哺乳动物低，为1～2 kPa（7.5～15 mmHg）。因此，滤过作用不如哺乳动物强。经肾小球滤过作用生成的原尿，在经过肾小管时，其中99%的水分、全部葡萄糖、部分氯、钠、碳酸氢盐以及其他血浆成分被重吸收。

禽类肾小管的分泌与排泄作用在尿生成过程中较为重要。禽类蛋白质代谢的主要终产物是尿酸，而不是尿素。尿酸氮可占尿中总氮量的60%～80%，这些尿酸90%左右由肾小管分泌和排泄。除此之外，肾小管还分泌和排泄马尿酸、鸟氨酸、对乙氨基苯甲酸、甲基葡萄糖甙酸和硫酸酚酯等。

二、尿的理化特性、组成和尿量

禽尿一般是淡黄色、浓稠状半流体，但饮水多时可变稀薄，pH范围为5.4～8.0。在产卵期，钙沉积形成蛋壳，尿呈碱性，pH约为7.6。一般情况下，鸡的尿呈弱酸性，pH为6.2～6.7，密度为1.0025，鸭尿的密度为1.0018。尿生成后进入泄殖腔，在泄殖腔内可进行水的重吸收，所以渗透压较高。在尿组成方面，禽类与哺乳动物的主要区别在于禽尿内尿酸含量多于尿素，肌酸含量多于肌酸酐。

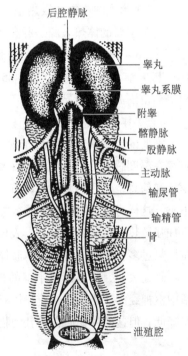

后腔静脉

睾丸
睾丸系膜
附睾
髂静脉
股静脉
主动脉
输尿管
输精管
肾

泄殖腔

图13-4　雄鸡的泌尿生殖系统

禽类尿量少，成年鸡的昼夜排尿量为 60～180 mL。

三、鼻腺的排盐机能

鸡、鸽及一些其他禽类对盐的排泄主要通过肾。但鸭、鹅和一些海鸟有一种特殊的鼻腺（nasal gland），又称盐腺，能分泌大量的氯化钠，可补充肾的排盐机能，从而维持体内盐和渗透压的平衡。这些禽类鼻腺并非都位于鼻内，多数海鸟都位于头顶或眼眶上方，故又名眶上腺。腺体通过两侧导管开口于前庭鼻甲内，其分泌物从前鼻腔经鼻孔流至喙尖，排出体外。鼻腺的分泌物绝大部分是钠和氯，还有少量的钾、钙、镁和碳酸氢根离子。鼻腺的分泌量及分泌物的成分依摄入体内的食物和水而发生变化，如给鸭饮海水比给饮淡水时，鼻腺排水和盐的比例显著增加。

鼻腺分泌受神经和体液因素的调节，刺激副交感神经或注射乙酰胆碱可使鼻腺分泌增加。在正常情况下，盐是鼻腺分泌的重要刺激物。维持鼻腺的正常分泌功能有赖于垂体－肾上腺皮质系统的完整，切除垂体或肾上腺可使鼻腺分泌明显减少。给予促肾上腺皮质激素，皮质类固醇则可使鼻腺分泌量增加。

第七节　神经系统

与哺乳动物相似，禽类的外周神经系统分为脑神经、脊神经和自主神经。禽类粗大的神经相对较少，因此神经传导速度较慢，成年鸡为 50 m·s^{-1}（哺乳动物最快为 120 m·s^{-1}）。

脊神经支配皮肤感觉和肌肉运动，都具有较明显的节段性排列特点。

禽类具有较复杂的平滑肌系统可控制羽毛的活动，其中有的使羽毛平伏，有的使羽毛竖起，二者又都可使羽毛旋转。平伏肌和竖毛肌均受交感神经支配，刺激交感神经可引起收缩，导致羽毛平伏或竖起。

一、脊髓

禽类脊髓的生理基本活动与哺乳动物相同。切断脊髓短期内发生脊休克，切断部位以下所有反射消失，随后典型的保护性脊髓反射和维持禽体平衡的尾部运动反射相继出现，禽由于失去较高级中枢控制，不能保持正常的姿势；两腿反射运动可交替发生，但不能走路；两翅膀反射运动尚能协调，与正常时相似。

禽类脊髓的上行传导路径不发达，仅有少数脊髓束纤维可达延髓，所以外周感觉较差。

二、延髓

禽类延髓发育良好，具有维持及调节呼吸、血管运动、心脏活动等生命活动的中枢。延髓的前庭神经核除参与外眼肌运动反射，维持和恢复头部及躯体的正常姿势外，还与迷路联系，调节空间方位的平衡。

三、小脑

禽类的小脑相当发达，全部摘除小脑后，颈、腿肌肉发生痉挛，尾部紧张性增加，不能行走和飞翔。摘除一侧小脑则同侧腿部僵直。因此，禽类小脑与控制身体各部位的肌紧张有关。

四、中脑

禽类视觉较其他动物发达，破坏视叶则失明。视叶表面有运动中枢，与哺乳动物前脑的运动中枢相同，刺激视叶引起同侧运动。

五、间脑

禽类丘脑以下部位与身体各部分躯体神经相连，破坏丘脑引起屈肌紧张性增高。

丘脑下部与垂体紧密联系。丘脑下部的视上核和室旁核所产生的缩宫素沿神经细胞轴突运送到神经垂体储存，同时丘脑还控制着腺垂体的活动。丘脑下部存在体温中枢、饱中枢和摄食中枢。破坏腹内侧的饱中枢，可引起鸡、鹅贪食变胖；反之，破坏外侧部的摄食中枢，会导致厌食，使禽类消瘦死亡。

六、前脑

禽类纹状体非常发达，而大脑皮质相对较薄。切除前脑后，家禽仍可出现站立、抓握等非条件反射，但不能主动采食谷粒，对外界环境的变化无反应，出现长期站立不动等现象，可见禽类的高级行为是由大脑皮质主宰的。

禽类也可建立条件反射。切除前脑皮质后，仍能建立视觉、听觉和触觉的条件反射。鸡也具有神经活动类型等特征。

第八节　内分泌

禽类内分泌腺包括垂体、甲状腺、甲状旁腺、胸腺、鳃后腺、肾上腺、胰岛、性腺和松果体，有些内分泌腺的机能尚不完全清楚。

一、垂体

禽类垂体有前叶（腺垂体）和后叶（神经垂体），但没有中间叶。在解剖结构和功能上，禽类垂体与下丘脑关系密切。下丘脑的肽能神经元在调节垂体前叶的功能方面起到关键性作用。外环境的变化、内环境因素（包括血中激素的浓度）的变化、外周神经活动和机体内在生物节律的改变，通过传入神经均可以改变肽能神经元的活动。下丘脑-垂体系统整合、转换信息，引起腺垂体分泌相应的激素。下丘脑与腺垂体之间的联系也是通过垂体门脉系统。

（一）腺垂体

禽类腺垂体含有大量内分泌细胞，包括促肾上腺皮质激素分泌细胞、促性腺激素分泌细胞、催乳素分泌细胞、生长激素分泌细胞及促甲状腺激素分泌细胞等。

腺垂体分泌的激素可分为 2 种类型，糖蛋白类和蛋白质或多肽类。黄体生成素（LH）、卵泡刺激素（FSH）和促甲状腺素（TSH）是糖蛋白激素。而生长激素（GH）、催乳素（PRL）和促肾上腺皮质激素（ACTH）属于蛋白质激素。这些激素的主要作用如下。

（1）卵泡刺激素和黄体生成素　禽类 FSH 和 LH 的特性和作用与哺乳动物相似。

（2）促甲状腺激素　禽类 TSH 的作用与哺乳动物相似，TSH 能促进甲状腺分泌甲状腺素，采用分离的牛 TSH 和鸵鸟 TSH 处理 1 日龄雏鸡，5 h 后血液中甲状腺激素水平升高。哺乳动物 TSH 能增加鸡胚胎的血液中甲状腺激素浓度。

（3）生长激素　按照分离哺乳动物 GH 的方法也能分离出鸡的 GH。鸡的分子量为 2200～2300，等电点为 7.5。

GH 的作用主要是影响生长和短期内调节代谢活动。垂体切除可明显导致生长鸡的生长缓慢，若用胰蛋白酶处理制备的牛 GH 可提高鸡的生长率。GH 也可增加肌糖原的合成。此外，GH 还可加快脂解速率，抑制禽类脂肪的合成。

（4）催乳素　鸡与火鸡的 PRL 已被提纯。禽类 PRL 对机体有多方面的调节作用，包括生殖活动、肾上腺皮质活动、渗透压调节、生长和皮肤代谢。PRL 并不影响公鸡的性腺活动，但抑制母鸡的生殖活动，一般认为 PRL 抑制母鸡的性腺功能。抱窝鸡的腺垂体和血液中 PRL 浓度升高，表明 PRL 影响禽类的就巢性。禽类 PRL 可促使鸽的嗉囊腺分泌嗉囊乳。PRL 也影响鸡的皮肤，特别是对尾脂腺影响明显，这方面与哺乳动物的 PRL 对皮脂腺的影响相似。另外，PRL 还会促使鸡换羽等。

（5）促肾上腺皮质激素　ACTH 能够刺激禽类肾上腺皮质细胞产生皮质酮、醛固酮和脱氧皮质酮。同时，ACTH 还可引起禽类肾上腺皮质细胞形态发生显著变化。用提纯的哺乳类动物 ACTH 和鸡的垂体提取物粗品处理禽类肾上腺皮质，可促进皮质酮和醛固酮的分泌。用猪 ACTH 处理未成年鸡则引起血液中皮质酮浓度暂时性升高，重复多次注射则抑制生长、降低肾上腺的胆固醇含量并使淋巴组织退化。

（二）神经垂体

禽类的神经垂体主要释放 8- 精缩宫素和少量 8- 异亮缩宫素。8- 精缩宫素主要由在下丘脑视上核前部神经细胞生成；8- 异亮缩宫素则在视上核侧区，特别是室旁核部位生成。8- 精缩宫素为禽类所特有，具有催产和升压作用。增加血浆渗透压或 Na^+ 浓度可刺激鸡 8- 精缩宫素的分泌。母鸡产蛋前血液中 8- 精缩宫素升高，神经垂体内含量减少，证明这一激素与产蛋有关，而 8- 异亮缩宫素的生理作用目前尚不清楚。

二、甲状腺

禽类的甲状腺为成对椭圆形腺体，呈暗红色，外表有光泽，位于颈部外侧、胸腔外面的气管两旁（图 13-5）。

禽类甲状腺激素的生成、储存和释放基本与哺乳动物相同。下丘脑释放的促甲状腺素释放激素控制着腺垂体分泌 TSH，从而又影响着甲状腺的活动。禽类血清中运输 T_4 和 T_3 的方式与哺乳动物不同。禽类缺少甲状腺激素结合 α_2 球蛋白，因此，血液中 T_4 浓度（13～19 $nmol \cdot L^{-1}$）明显低于哺乳类（130 nmol · L^{-1}）。禽类血液中与 T$_4$ 和 T$_3$ 结合的蛋白质中 70%~75% 是白蛋白，10% 是 α 球蛋白，其余为前清蛋白。由于禽类 T$_4$ 与血浆蛋白亲和力低，循环血液中 T$_4$ 的比例比哺乳动物低，使之半衰期短。

成年母鸡血液内的 T$_4$ 与 T$_3$ 比率约 10∶1。火鸡在破壳时和孵化期间血液中 T$_4$ 和 T$_3$ 浓度增加，可以明显提高代谢率。T$_4$ 与 T$_3$ 影响禽的生长发育，若切除甲状腺，则引起生长缓慢、羽毛结构改变、性腺机能减退。遗传或营养因素导致的甲状腺功能低下或甲状腺功能亢进都会引起生长停滞。营养不良和饥饿可引起血液中 T$_4$ 和 T$_3$ 浓度降低，而 TSH 浓度不发生改变。成年母鸡切除甲状腺后产蛋率下降，体内脂肪过度沉积。

甲状腺激素的分泌率除受年龄、性别和营养等因素影响外，在很大程度上受环境因素的影响，如光照周期及昼夜变化可影响甲状腺激素的分泌，黑暗期甲状腺的分泌和碘的摄取增加，黎明前达最大值。光照期在外周组织中 T$_4$ 和 T$_3$ 脱碘，因此，T$_4$ 浓度降低，T$_4$ 向 T$_3$ 转化。环境温度可以影响血液中 T$_4$ 和 T$_3$ 的浓度。在寒冷情况下，T$_4$ 与 T$_3$ 的代谢迅速增加。T$_4$ 向 T$_3$ 转化加强，耗氧量增加，产热量增加，以适应冷环境。当鹌鹑暴露在高温情况下，甲状腺的血流减少，血液中 T$_4$ 浓度降低，T$_3$ 浓度在较小范围内波动。血中 T$_4$ 和 T$_3$ 的浓度亦随季节发生变化。

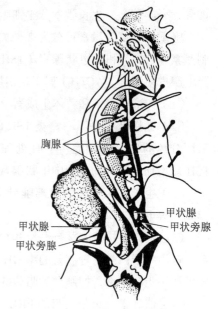

图 13-5 鸡甲状腺、甲状旁腺及胸腺的位置

三、甲状旁腺

甲状旁腺所分泌的甲状旁腺激素（PTH），其化学结构、生物合成和分泌基本上与哺乳动物相同。PTH 的主要机能是维持体内钙的平衡，它对于蛋壳形成、肌肉收缩、血液凝固、酶系统、组织的钙化和神经肌肉兴奋性的维持是必需的。与哺乳动物不同，禽类对 PTH 非常敏感。给产蛋期蛋鸡注射 PTH 8 min 左右就会出现高血钙反应。切除甲状旁腺后会引起血钙下降、神经肌肉的兴奋性增加，出现搐搦。

细胞外液的 Ca^{2+} 浓度是 PTH 分泌的主要刺激物。另外还有其他因素，如 Mg^{2+}、儿茶酚胺和前列腺素也影响甲状旁腺素的分泌。禽类 PTH 的靶器官与哺乳动物一样是骨骼和肾。给产蛋鸡喂高钙日粮（50 g Ca · kg^{-1}）则抑制 PTH 的分泌。

四、胸腺

家禽的胸腺呈黄色或灰红色，鸡约有 14 个叶（鸭约为 10 个叶，最后一叶最大），每侧 7 个，分布于整个颈部的两侧，紧靠颈静脉和迷走神经。鸡的胸腺在性成熟前体积最大，而后逐渐减小，在一年左右的成鸡中，仅留有残迹。禽类胸腺可分泌胸腺素，其功能与哺乳动物胸腺素相似。胸腺也是一个重要的免疫器官，其作用主要是产生 T 淋巴细胞。

五、鳃后腺

禽类的鳃后腺是成对的内分泌器官，呈椭圆形、两面稍凸而不规则的粉红色腺体，位于颈部两侧，甲状旁腺后侧。鳃后腺的功能相当于哺乳动物的甲状腺 C 细胞，主要分泌降钙素（CT），CT 由 32 个氨基酸组成。但家禽的鳃后腺对高血钙的敏感性比哺乳动物的甲状腺 C 细胞低，故认为家禽的 CT 的分泌速率远较哺乳动物高。

禽类血液中 CT 的浓度随年龄发生变化，如日本鹌鹑血液中 CT 的浓度，在 6 周龄时很高，随后逐渐下降。成年雄性鹌鹑血液中 CT 浓度高于雌性。鸡的 CT 分泌主要受高钙的刺激而引起。

六、肾上腺

禽类的肾上腺位于肾头叶的前内例，紧接肺的后方。它们的颜色从浅黄色到橘黄色，形状为三角形或椭圆形。肾上腺皮质和髓质虽然没有严格分开，但分泌的激素不同，生理作用也不同。

1. 肾上腺皮质

根据激素作用的不同禽类肾上腺皮质分泌的激素可分为糖皮质激素和盐皮质激素，其生理作用与哺乳动物相似。摘除肾上腺后，鸡、鸭常在 6~20 h 内死亡。

2. 肾上腺髓质

肾上腺髓质分泌肾上腺素和去甲肾上腺素，这两种激素的生理作用与哺乳动物相同。但其分泌规律与哺乳动物不同，哺乳动物出生后，随着年龄增长，逐渐以分泌肾上腺素为主，而家禽则以去甲肾上腺素为主。

七、胰岛

根据染色不同，禽类胰岛的内分泌细胞可分为 A、B、D 和 PP 型。禽类胰岛细胞中以 A 细胞数量最多，而哺乳动物则以 B 细胞数量多。胰岛的 B 细胞分泌胰岛素。与牛胰岛素相比，鸡的胰岛素氨基酸序列中有 6 个氨基酸位置不同，火鸡胰岛素具有相同的一级结构，而鸭的胰岛素有 3 个位置的氨基酸不同。禽类胰岛素的生物合成与哺乳动物相似。鸡胰腺中胰岛素的浓度仅为 $10~30$ ng·mg^{-1}（湿重），而哺乳动物为 $100~150$ ng·mg^{-1}（湿重）。胰岛 A 细胞分泌胰高血糖素，鸡和火鸡胰高血糖素的氨基酸序列除第 28 位是丝氨酸而不是天冬氨酸外，其余与哺乳动物相同。鸭胰高血糖素氨基酸序列在第 16 位是苏氨酸而不是丝氨酸，其余与哺乳动物也相同。有关胰高血糖素在胰腺内含量报道不一。鸡胰腺中的大量 D 细胞分泌生长抑素，鸡胰腺中生长抑素含量高于鼠类 20 多倍。在胰岛内也发现有 PP 细胞，这种细胞能分泌胰多肽（pancreatic polypeptide，PP），它由 36 个氨基酸组成，与牛胰多肽相比，第 20 位氨基酸不同。

禽类胰岛素的生理作用是降低血糖。不过禽类对胰岛素反应的敏感性远比哺乳动物低，对胰高血糖素反应的敏感性比胰岛素更有效。较为合理的解释是，禽类血糖浓度相对较高，是哺乳动物的 2~3 倍。全部切除禽的胰腺则引起暂时性高血糖。

尽管胰岛素对禽类血糖调节是必需的，但它对代谢过程影响并不十分广泛，也不像哺乳动物那样敏感。饥饿时，禽胰岛素分泌减少，组织对胰岛素敏感性相应降低，胰高血糖素浓度明显升高，使血糖浓度增加，进而引起胰岛素分泌增加。胰岛素除能使血糖稍降低外，还可增加血中游离脂肪酸和血液中尿酸浓度，促进氨基酸代谢。

目前有关禽类胰岛分泌的生长抑素和 PP 的代谢作用研究相对较少。给鸡注射生理剂量 PP（1~25 µg·kg⁻¹体重）可刺激胃酸、胃液、促胃液素的分泌，使游离酸和蛋白质总量增加。大剂量注射 PP（50~100 µg·kg⁻¹体重）引起肝糖原分解和血中甘油酯减少，但并不影响血糖浓度。生长抑素在禽体内的作用未见报道。

禽类胰岛素在控制糖类代谢和脂质代谢方面的作用并不十分重要。禽类胰腺对高血糖等信号敏感性低，但胰岛素的释放对乙酰胆碱很敏感，这表明副交感神经对胰岛素的释放起到重要作用。

八、性腺

（一）卵巢

成年雌禽的卵巢可产生 3 种性激素，即雌激素、雄激素和孕激素，而胚胎时期肾上腺是这些激素的重要来源。产蛋鸡卵巢的卵泡膜细胞和颗粒细胞可以合成和分泌类固醇激素，在 LH 的作用下，颗粒细胞仅产生孕酮。卵泡膜细胞可将孕酮转化为雄烯二酮和睾酮，然后再分别转变成雌酮和 17-β- 雌二醇。这些类固醇激素对母鸡在生理和解剖上有广泛而持久的效应。几乎没有一个系统不受这些激素的影响，如鸡冠的生长、距的生长发育、鸣叫、行为、脂肪沉积、羽毛的形状、色素和腰骨等。根据这些外部特征可以区分出公鸡和母鸡。肝脂蛋白的合成直接受雄激素的调控。而孕激素在 LH 的释放和排卵方面起调节作用。同时，这些类固醇激素直接影响钙的代谢。

雌激素的生理作用可归纳如下：①促进输卵管发育，耻骨松弛和肛门增大，以利于产卵。②促使蛋白分泌腺增生，并在雄激素及孕酮的协同作用下使其分泌蛋白。③在 PTH 的协同作用下，调控子宫对钙盐动用和蛋壳的形成。④促使羽毛的形状和色泽转变成雌性类型。⑤促进血液中的脂肪、钙和磷的水平升高，为蛋的形成提供原料。

禽类产卵后不形成黄体，孕酮由卵泡颗粒细胞产生。孕酮只引起排卵和释放 LH，但大量注射孕酮反而阻断排卵和产蛋，也能导致换羽。

（二）睾丸

睾丸分泌的雄激素主要是睾酮。它主要由睾丸间质细胞分泌。精细管中的支持细胞也能分泌少量睾酮。睾酮的生理作用可归纳如下：①维持雄禽的正常性活动。②促进雄禽的第二性征发育，如肉冠和肉髯的发育、啼鸣等。③影响雄禽的特有行为，如交配、展翼、竖尾，以及在群体中的啄斗等。④促进新陈代谢和蛋白质合成。

雄鸡被阉割后，新陈代谢水平降低 10%~15%，血液中红细胞数和血红蛋白的含量下降、脂肪沉积增多，肉质改善。

九、松果体

禽类松果体（pineal body）的细胞不同于鱼类、两栖类和爬行类，是常见的光感受器官，且与哺乳动物相似，主要功能是分泌褪黑激素。褪黑激素的含量在黑暗期最高，而在光照期最低，呈现生理昼夜节律性变化。

研究证明，禽类褪黑激素可影响睡眠、行为和脑电活动，以及促使吡哆醛激酶形成更多的吡哆醛磷酸化物。此外，还抑制鹌鹑性腺和输卵管的生长。注射褪黑激素使生长鸡性腺减退，并抑制鸡黄体生成素释放激素的活性等。

第九节　生殖

禽类的生殖生理在许多方面不同于哺乳动物。禽类生殖的最大特点是卵生。禽类属于雌性异型配子（染色体 ZW）和雄性同型配子（染色体 ZZ）动物，雌性的性别取决于染色体 W。在繁殖形式上，大部分禽类为一雄多雌的繁殖类型。雌禽为适应卵生需要，卵内的蛋白质形成过程与哺乳动物显著不同。卵中含有大量卵黄和蛋白质，可满足胚胎发育的全部需要。卵外形成壳膜、卵壳等保护性结构。在生殖道的结构和功能上，雌禽一般只有左侧卵巢和输卵管发育，并按一定的产蛋周期连续产蛋。雄禽没有精囊腺、前列腺和尿道球腺等附性腺。

一、雌禽的生殖

（一）雌禽的生殖道

成年雌禽左侧卵巢和左侧输卵管发达。尽管右侧输卵管在胚胎时期就已形成，但通常不能保持到成年时期，连同右侧卵巢一起退化，孵出时只留下残迹。但也有报道，有些禽类双侧卵巢和输卵管均有功能。

禽类左侧卵巢位于身体左侧、肾的头端，以卵巢系膜韧带附着于体壁。在未成熟的卵巢内集聚着大小不等的卵细胞。在鸡的未成熟卵巢中，肉眼可见的卵泡约有 2000 个，在显微镜下可观察到上万个，能达到成熟卵泡阶段的只有 200 ~ 3000 个。

单个卵泡在排卵前直径为 40 mm 左右，在卵泡上有丰富的血管和神经分布，其神经纤维主要是肾上腺素能纤维和胆碱能纤维。

禽类的输卵管由 5 个部分组成，分别为漏斗部、膨大部（蛋白分泌部）、峡部、壳腺部（子宫）和阴道部（图 13-6）。

（二）卵的发生和蛋的形成

1. 卵的生长和卵黄沉积

禽类的卵细胞是大型的端黄卵。细胞核和原生质位于细胞的动物极，形成一个很小的胚盘，细胞的绝大部分被卵黄填充。卵黄有黄卵黄和白卵黄两种，卵黄中央是由白卵黄组成的卵黄心。它与胚盘之间由卵黄连接，黄卵黄和白卵黄绕卵黄心呈同心圆相间排列，卵黄和胚盘表面有一层卵黄膜覆盖。

在孵化中期雌雏胚胎卵巢生殖上皮开始增殖，生成卵原细胞，直到出壳后 2 ~ 3 d 停止。卵原细胞外面由一层上皮包囊形成卵泡。

禽类卵泡的结构与哺乳类动物相似，卵细胞外面的卵泡膜由最内层、放射带、颗粒层、内膜和外膜组成。整个卵泡膜的结构也随着卵细胞的发育而逐渐发育。

雌禽接近性成熟时，少数卵原细胞开始生长，并形成卵黄物质在卵细胞内积存，使细胞体积

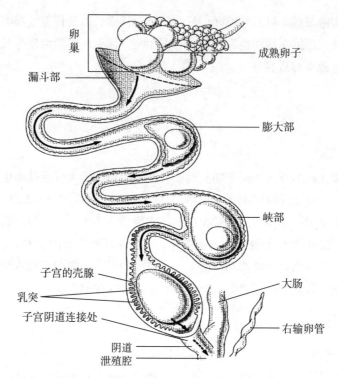

图 13-6　产蛋母鸡的生殖道（改自 Gill，2007）

迅速增大，成为初级卵母细胞。卵黄形成后，在排卵前 2.0 ~ 2.5 h 时，初级卵母细胞开始第一次成熟分裂，放出第一极体，形成次级卵母细胞；排卵时，卵细胞处在次级卵母细胞时期。这时第二次成熟分裂只是形成纺锤体，并没有完全成熟；当卵细胞在输卵管伞部与精子结合而受精时，才完成第二次成熟分裂，释放出第二极体，使卵细胞完全成熟。如果未受精，卵细胞就停留在次级卵母细胞阶段而产出。

雏鸡生长到 2 月龄时，初级卵母细胞开始沉积卵黄，经 60 d 左右，初级卵母细胞的直径可增大到 6 mm 左右。性成熟时，其中有些卵泡迅速沉积卵黄，在 9 ~ 11 d 内，体积增加到成熟时的大小，卵黄含量达 18 ~ 20 g，卵黄呈同心圆状沉积。每昼夜形成一层深色的黄卵黄和一层浅色的白卵黄。

卵黄是水、脂质、蛋白质和许多其他微量维生素和矿物质组成的混合物。脂质多以脂蛋白形式存在。这些化合物常与钙或铁构成复合物。磷脂，如卵磷脂在卵黄中也大量存在。卵黄中大部分成分来自血浆，产蛋鸡卵黄主要的前体物质是血浆中卵黄蛋白原和富含甘油三酯的脂蛋白。在雌激素作用下，肝合成卵黄蛋白和脂蛋白，经血液运送到卵巢并沉积于正在发育的卵泡上。卵黄的黄色来自食物中的叶黄素，若食物中这种成分少，卵黄则变成浅黄色或白色。

卵泡膜上有特别发达的血管系统，这是保证卵泡生长和成熟的基础。卵泡柄中最大的动脉通向生长速度最快的卵泡，分支成小动脉，然后穿过膜层的基膜而形成毛细血管。

性成熟后，禽类卵巢体积非常大，卵巢上存在大量发育中的卵泡，外观像一串葡萄。性成熟母鸡的卵巢通常包含 4 ~ 6 个按等级顺序排列，体积依次变小的排卵前卵泡（F1、F2、F3、F4、F5、F6），很多等级前卵泡（小黄卵泡、大白卵泡和小白卵泡）和几个排卵后卵泡。根据卵泡尺寸进行划分，将直径小于 1 mm 的等级前卵泡称为小白卵泡，直接在 2～4 mm 的等级前卵泡称为大白卵泡，直径在 5～10 mm 的等级前卵泡称为小黄卵泡。禽类卵巢中的卵泡有严格的等级制度，即卵泡从大到小按照排卵顺序排列，只有发育成小黄卵泡才有机会被选择进入卵泡等级库。该卵泡将继续发育成排卵前卵泡并按等级顺序逐渐排卵。

2. 排卵

禽类卵细胞从卵巢排出的过程称为排卵。卵泡迅速生长时，在将会破裂的部位出现一条肉眼可见的带状结构，叫卵带。它位于卵泡蒂对侧，是在卵泡膜周围延伸约一半的带状少血管区。临近排卵时，卵带附近的毛细血管循环受到卵泡内部的压力而阻断，使卵带变亮。排卵时，卵泡膜破裂，这首先在卵带一端发生，接着延伸到卵带的另一端，使卵细胞迅速排出。

排卵后，卵泡萎缩，逐渐退化，一周后，只留下勉强可见的痕迹。禽类破裂的卵泡不形成黄体。破裂的卵泡在短期内有调节产蛋的作用。

3. 蛋的形成（以鸡为例）

卵子从卵泡释放出来后，经过接近 25～26 h，蛋从体内排出。排卵后，卵细胞依靠输卵管平滑肌的收缩，逐渐向后方移动，卵子在移动过程中形成蛋。禽类只有左侧输卵管发育，它是长而盘曲的管道。其占据左侧腹腔的大部分，它前接卵巢，开口于腹腔，后端开口于泄殖腔。输卵管的功能是摄取排出的卵子，运送和储存精子，是精卵结合的部位，并为胚胎的早期发育提供适宜条件。输卵管能分泌多种营养物质，并形成壳膜和蛋壳保护层。蛋在形成过程中，通过输卵管的 5 个部分（漏斗部、膨大部、峡部、壳腺部和阴道部）所需的时间如表 13-7 所示。

表 13-7　母鸡输卵管各部的长度、功能和卵母细胞通过的时间

部位	平均长度 /cm	功能			卵细胞通过的时间 /h
		功能种类	分泌量 /g	固形成分 /%	
漏斗部	11.0	形成卵系带			1/4
膨大部	33.6	分泌卵清蛋白	32.9	12.2	3
峡部	10.6	分泌壳膜	0.3	80.0	11/4
壳腺部	10.1	形成石灰质卵壳	6.1	98.4	18～22
阴道部	6.9	分泌黏蛋白	0.1		1/60

漏斗部是运送卵细胞和提供受精的部位，是输卵管的伞状部，能将卵卷入输卵管，一般认为不参与蛋的形成。

膨大部的功能是分泌和储存蛋白，当卵细胞通过这一部位时，它释放出蛋白质将卵细胞包裹起来。它所分泌的是浓稠和不分层的胶状蛋白质，其中卵蛋白约占 4%、卵铁传递蛋白 13%、卵类黏蛋白 11%、卵球蛋白 3%、溶菌酶 3.5%、卵黏蛋白 2%，还有其他物质。溶菌酶的主要作用是溶解细菌细胞壁，卵类黏蛋白可抑制胰蛋白酶。蛋白体积占蛋产出时体积的一半左右。

借助于膨大部的蠕动，卵由膨大部进入峡部，此部位的腺体分泌角蛋白，包围在蛋白质外层，形成壳膜。首先形成内壳膜，然后在外面形成外壳膜。在蛋的钝端，内外壳膜有部分分开，

形成气室（air cell），并有少量空气存在，供胚胎早期发育的需要。峡部还能分泌少量水分，通过壳膜进入蛋白质。壳膜形成后，蛋的外形基本定型。

蛋进入壳腺（shell gland）部的最初 5 h，壳腺分泌水分，透过壳膜进入蛋白质，结果使蛋白层体积增加 1 倍。由于在峡部和壳腺部水分进入蛋白，与浓蛋白混合形成稀蛋白，并出现分层排列结构。随后蛋在壳腺内的 5 h 中，壳腺主要分泌碳酸钙（98%）和糖蛋白基质（2%）而形成蛋壳。蛋壳外面覆盖蛋白性的角质层，它可防止细菌的侵入。如果在蛋壳形成中壳腺分泌色素，则会在蛋壳形成色素沉着。

蛋壳形成过程中需要大量的钙。钙来自饲料，雌禽能在较短的时间内动用大量的钙以提供蛋壳形成的需要。在蛋壳形成的 15 h 内有 2 g 钙沉积，这个数量相当于每 15 min 分泌出血钙的总量。接近性成熟时，在雌激素的作用下，钙的代谢发生明显变化，血钙水平由 2.5 mmol·L^{-1} 升高到 6.2 mmol·L^{-1}。管状骨的髓腔中储存钙量达 4 ~ 5 g。随着生殖活动的开始，小肠吸收钙的能力增强，在蛋壳形成的过程中，壳腺分泌的钙来自血浆，血钙来自饲料和骨骼。Ca^{2+} 通过上皮细胞分泌到壳腺腔，CO_3^{2-} 通过壳腺上皮下管状腺分泌出来，Ca^{2+} 与 CO_3^{2-} 反应生成碳酸钙。

4. 蛋的产出

蛋在停留于壳腺部的绝大部分时间内，始终是尖端指向尾部的位置，当蛋将产出过程中，它通常旋转 180°，以钝端朝向尾部的方向通过阴道产出。驱使蛋产出的主要动力是壳腺部平滑肌的强烈收缩。

尽管在产蛋方面做了大量的研究，但关于产蛋机制及调节还了解得很少。现在较多的研究证明，一些激素如 8- 精缩宫素、加压素和前列腺素等影响产蛋过程。另外，乙酰胆碱、麻黄碱和肾上腺素也能影响壳腺的收缩或舒张。

尽管交感神经和副交感神经也支配输卵管和壳腺，但关于它们对产蛋过程的调节作用还有待深入了解。

（三）雌禽的生殖周期

雌禽生殖周期分段明显，包括产蛋期、赖抱期和恢复期 3 期。在生殖周期中采食、代谢及神经内分泌均发生相应的变化。

鸡的排卵 - 产蛋周期（卵子排出至钙化蛋产出的时间）一般为 24 ~ 28 h，而且持续几天不间断，极端情况下长达一年或更久。产蛋率高的母鸡，排卵周期可缩短到 24 h 或少于 24 h。母鸡的产蛋常有一定的节律性：一般是连续几天产蛋后，停止一天或几天再恢复连续产蛋。产蛋的这种节律性叫作连产周期。排卵和产蛋有较高的相关性，但并非绝对相关。有高达 11% ~ 20% 的卵排入腹腔而不能进入输卵管。这种卵不能生成蛋，最后在腹腔内被吸收。

在自然光照情况下，排卵常在早晨进行，15 时以后很少排卵，卵在输卵管内形成蛋需要 25 ~ 26 h。在连产周期中，前一个蛋产后，经 30 ~ 60 min 下一个卵泡发生排卵。这样，因为排卵并非是每 24 h 有规律的发生，所以每天产蛋时间将越来越推迟，最终，产蛋推迟到 14 时或 15 时，蛋产出后就不再排卵。于是连产就中断一天或几天，再从早晨开始下一个连产周期。

母鸡的繁殖能力一般来说是由连产周期的长短来确定的。连产周期的长短又决定于产蛋和随后排卵之间的时间间隔，这个间隔时间越长，一个连产周期产蛋越少。为了提高一个连产周期的产蛋量，一种策略是缩短产蛋与排卵之间的时间间隔，另一策略是缩短卵在壳腺内的时间。

（四）排卵周期的调节

排卵前 LH 峰是 F1 级卵泡发生破裂的主要刺激，随后是排卵的物理过程。许多研究已表明哺乳动物的 LH 可诱导母鸡排卵。在用 FSH 和 LH 处理产蛋鸡时发现，FSH 与少量的 LH 协同作用可引起排卵。禽类血液中 LH 峰通常出现在排卵前 4~6 h。

血液中孕酮和雌二醇在排卵前 4~7 h 出现峰值。研究表明，LH 与孕酮之间存在相互刺激效应，孕酮分泌不足时，LH 峰不会出现。睾酮也是排卵周期中 LH 水平的一个调节因子。在不排卵时，这些激素并不升高。在每个排卵周期，血液中 FSH 浓度出现两次下降现象，分别发生在排卵前 25 h 和 11 h。

在卵泡周期中，血液的上述几种激素对卵泡的调节及其相互作用仍不清楚。注射 LH 或 FSH 在几分钟内就能引起火鸡血清中雌二醇和孕酮水平升高。注射一定量孕酮或睾酮也能诱导排卵。

禽类的雌二醇、孕酮和睾酮对 LH 释放的影响，有许多不同于哺乳动物的特点：①在哺乳动物中，排卵前的雌激素峰是激发 LH 释放的必要因素。但在禽类雌激素没有这种正反馈作用。②鸡在排卵前 4~7 h 出现的孕酮峰对诱导 LH 释放是必不可少的。同样，LH 也能诱导鸡卵泡颗粒细胞合成和分泌孕酮，但在大多数哺乳动物中，孕酮常抑制 LH 释放。③睾酮对下丘脑－垂体系统有正反馈作用，促进 LH 释放。④高浓度的孕酮和睾酮都抑制 LH 释放，并引起卵泡萎缩、抑制鸡和鹌鹑排卵。

光照是影响禽类排卵的重要因素。在自然条件下，禽类有明显的生殖季节。在春季光照逐渐延长的时期进行生殖活动；在秋季光照逐渐缩短时期，生殖活动减退。由于长期驯化和选育的结果，禽类繁殖季节已不明显，但适当延长人工光照，可提高产蛋率。光照变化引起禽类生殖活动的改变，主要是通过影响下丘脑和腺垂体的内分泌活动进而影响卵巢活动变化的结果。

（五）就巢

就巢亦称抱窝，或赖抱，是大多数禽类的孵卵行为，表现为孵卵和育雏。就巢行为包括终止产蛋、启动孵蛋和养育幼雏。因为人工选育的结果，一些产蛋鸡这种行为实际上已消失。研究表明，就巢期下丘脑－垂体－性腺轴活动下降，高浓度的 PRL 具有抑制生长抑素分泌及抑制性腺功能的作用。在就巢行为未开始前几天，血浆中 PRL 含量升高，而 LH、孕酮和睾酮含量下降。这表明在就巢开始前，垂体和卵巢功能下降，鸡就巢开始，卵巢萎缩，产蛋停止。

鸡和火鸡的孵卵行为是由腺垂体分泌的 PRL 量增加引起的。PRL 可能是阻断腺垂体分泌促性腺激素或阻断这些激素对性腺的作用。

禽类在就巢期食欲下降，采食量和摄水量比产蛋期显著降低，体重也减轻，具有攻击性和防御行为；就巢后期食欲有所增加，雏禽孵出后摄食量和摄水量又迅速上升；恢复期采食量增加，体重逐渐恢复，以准备产蛋。

有关禽类 PRL 分泌的调节机制还不十分清楚，在禽类，外源性多巴胺并不影响禽类血液中的 PRL 浓度，但应用多巴胺受体阻断剂能阻断禽类就巢。5-HT 和促甲状腺激素释放激素能刺激 PRL 释放。

二、雄禽的生殖

禽类雄性生殖系统包括一对睾丸、附睾、输精管和发育不全的阴茎。鸡的睾丸位于腹腔内，没有隔膜和小叶，由精细管、精管网和输出管组成，其重量在性成熟时约占总体重的 1%，单个睾丸重 9～13 g。鸡的阴茎勃起时充满淋巴液，这些淋巴液还参与精液形成。鸭和鹅有较发达的阴茎，呈螺旋状扭曲。

刚孵出的雄性雏鸡，精细管中就已经有精原细胞。到 5 周龄时，精细管中出现精母细胞。到 10 周龄时，初级精母细胞经减数分裂，出现次级精母细胞。在 12 周龄时，次级精母细胞发生第二次成熟分裂，形成精子细胞。一般在 20 周龄左右时，可在精细管内看到精子。

精子在精细管形成后，即进入附睾管和输精管，获得受精能力。直接从睾丸取出的精子不能使卵子受精，从附睾取得的精子只有很低的受精能力，只有从输精管后段取得的精子才有接近正常的受精能力。上述结果提示，精子成熟的主要部位是输精管，而不是附睾。禽类精子成熟所需时间比哺乳动物短，正常精子只需 24 h 就能从睾丸通过附睾和输精管，到达泄殖腔。输精管不仅是精子成熟的部位，而且也是精子储存的部位。

公鸡的一次射精量平均为 0.5 mL，每毫升约含 40 亿个精子。

禽类精液的理化性质与哺乳动物不同，因禽类无附性腺，其精液的氯化物含量低，而钾和谷氨酸含量高，公鸡的精液一般呈白色而混浊，pH 为 7.0～7.6。鸡与火鸡的精子形状相似，但它们与哺乳动物精子不同。禽类精子头部窄而长（0.5～12.5 μm），中段和尾部直径大约 0.5 μm 或更细，整体看呈线型结构。

睾丸的生长发育和活动受垂体控制。垂体分泌的 FSH 主要作用于精细管的支持细胞，促进精细管生长发育和精子生成。LH 主要作用于睾丸的间质细胞，促进睾酮的生成和分泌。当雄禽受到光照刺激而开始准备繁殖时，血中 FSH 和 LH 含量明显升高，而后，当血液中睾酮含量升高到一定程度时，则抑制垂体分泌 LH，使血中 LH 含量下降。在睾丸充分发育后，FSH 分泌量下降。

光照是影响雄禽生殖活动的主要因素，也是雄禽生殖季节性变化的主要因素。光照能通过下丘脑刺激垂体分泌 LH 和 FSH，野禽的生殖受光照影响特别明显。环境温度也是影响精子生成的另一个因素，在 0～30℃睾丸生长和精子生成随温度升高而加快，当温度在 30℃以上时，精子生成往往受到抑制。禽类精子生成有昼夜性的变动，凌晨和午夜是精子发生最旺盛的时间。

年龄、营养、遗传和交配次数等因素对雄禽生殖也有一定影响。如维生素 A 和 E 缺乏则会明显影响睾丸的精子生成。

鸡交尾时，公鸡泄殖腔紧贴母鸡泄殖腔，将精子射入母鸡的泄殖腔内。精子进入雌禽泄殖腔后，很快沿输卵管向漏斗部移动，精子在漏斗部存活可达 3 周以上。因此，母鸡每次交配后 10～19 d 内，其卵细胞都有可能受精。

 小 结

与哺乳动物相比，禽类在漫长的进化过程中，形成了其身体结构和功能的独特特点。禽类红细胞有核，体积比哺乳动物的大，但数量较少。禽类血液凝固时间比哺乳动物长。禽类血液循环系统进化水平较高，心率快，动脉血压高，血液循环速度快。禽类肺较小，气囊是其特有的呼吸器官，可进行肺通气，但不参与气体交换。禽类将换气和通气功能分离，可增加气体交换面积。

禽类消化器官没有牙齿而有嗉囊和肌胃，没有结肠而有两条发达的盲肠，营养成分的吸收主要通过小肠绒毛进行。禽类是恒温动物，其深部体温比哺乳动物高。禽类的体温调节中枢位于视前区 – 下丘脑前部。禽类的泌尿器官没有肾盂和膀胱，尿在肾内生成后经输尿管直接排入到泄殖腔，经泄殖腔与粪便一起排到体外。禽类神经传导速度较慢，具有较复杂的平滑肌系统支配羽毛的活动，刺激交感神经可引起收缩，导致羽毛平伏或竖起。禽类垂体有前叶和后叶，但没有中间叶。禽类的生殖特点为卵生，为一雄多雌的繁殖类型。雌禽卵巢中卵泡有严格的等级制度，只有发育成小黄卵泡才有机会被选择进入等级卵泡库，待其发育成排卵前卵泡，可按等级顺序排卵，排卵后不形成黄体。

 思考题

1. 禽类血液组成与哺乳动物比较有何差异？
2. 禽类心血管活动调节方式有哪些？
3. 禽类呼吸器官的特点有哪些？
4. 禽类消化器官的特点有哪些，消化吸收方式是什么？
5. 禽类内分泌特点及其激素的主要作用？
6. 蛋是如何生成的，排卵周期的调节机制有哪些？
7. 在畜牧生产中，一些养殖户为了提高蛋鸡的产蛋效率，向饲料中添加过量的石粉、骨粉或贝壳粉等，导致禽痛风的发生。请简要解释其中的生理学原理。

主要参考文献

陈杰.家畜生理学[M].4版.北京：中国农业出版社，2003.

陈守良.动物生理学[M].4版.北京：北京大学出版社，2012.

范少光，汤浩.人体生理学[M].3版.北京：北京大学医学出版社，2006.

范作良.家畜生理学[M].北京：中国农业出版社，2001.

韩济生.神经科学原理（上、下册）[M].北京：北京医科大学出版社，1999.

韩正康，毛鑫智.家禽生理学[M].南京：江苏科学技术出版社，1989.

胡仲明，柳巨雄.动物生理学前沿[M].长春：吉林人民出版社，2003.

李庆章.乳腺发育与泌乳生物学[M].北京：科学出版社，2009.

李永才，黄益明.比较动物生理学[M].北京：高等教育出版社，1985.

利维，斯坦顿，凯普恩.生理学原理：第4版[M].梅岩艾，王建军，译.北京：高等教育出版社，2008.

林学颜，张玲.现代细胞与分子免疫学[M].北京：科学出版社，1999.

刘景生.细胞信息与调控[M].2版.北京：中国协和医科大学出版社，2003.

刘先国.生理学[M].2版.北京：科学出版社，2010.

吕求达，霍仲厚.特殊环境生理学[M].北京：军事医学出版社，2003.

欧阳五庆.动物生理学[M].2版.北京：科学出版社，2012.

寿天德.神经生物学[M].2版.北京：高等教育出版社，2006.

泰勒，恩斯明格.奶牛科学：第4版[M].张沅，王雅春，张胜利，译.北京：中国农业大学出版社，2007.

王玢，左明雪.人体及动物生理学[M].北京：高等教育出版社，2009.

王金洛，艾晓杰.动物生理学词典[M].北京：中国农业出版社，2002.

王庭槐.生理学[M].9版.北京：人民卫生出版社，2018.

向秋玲.生理学[M].4版.北京：高等教育出版社，2023.

杨秀平，肖向红，李大鹏.动物生理学[M].3版.北京：高等教育出版社，2016.

姚泰.生理学[M].北京：人民卫生出版社，2001.

姚泰.生理学[M].北京：人民卫生出版社，2005.

张玉生，柳巨雄，刘娜.动物生理学[M].长春：吉林人民出版社，2000.

赵茹茜.动物生理学[M].6版.北京：中国农业出版社，2020.

郑行，乔惠理.动物生理学复习指南暨习题解析[M].5版.北京：中国农业大学出版社，2011.

钟国隆，生理学[M].4版.北京：人民卫生出版社，2002.

朱大年 . 生理学 [M]. 北京：人民卫生出版社，2008.

朱妙章 . 大学生理学 [M]. 北京：高等教育出版社，2010.

朱文玉 . 医学生理学 [M]. 2 版 . 北京：北京大学医学出版社，2009.

祝俊杰 . 犬猫疾病诊疗大全 [M]. 北京：中国农业出版社，2005.

Berne R M，Levy M N. Principles of Physiology [M]. 3rd ed. St. Louis：Mosby，2000.

Cunningham J G，Klein B G. Cunningham's Textbook of Veterinary Physiology [M]. Amsterdam：Elsevier Saunders，2013.

Davies A，Blakeley A G H，Kidd C. Human Physiology [M]. New York：Churchill Livingstone，2001.

Ganong W F. Ganong's Review of Medical Physiology [M]. 20th ed. New York：McGraw-Hill，2001.

Gill F. B. Ornithology [M]. 3th ed. New York：W.H. Freeman and Company，2007.

Greger R，Windhorst U. Comprehensive Human Physiology [M]. Berlin：Springer，1996.

Guyton A C. Textbook of Medical Physiology [M]. 10th ed. Philadelphia：W B Saunders Co，2000.

Johnson L R. Physiology of Gastrointestinal Tract [M]. 3rd ed. New York：Raven Press，1994.

Lingappa V R，Farey K. Physiological Medicine，A Clinical Approach to Basic Medical Physiology [M]. New York：McGraw-Hill，2001.

Opie L H. The Heart Physiology，from Cell to Circulation [M]. 3rd ed. Philadelphia：Lippincott Williams and Wilkins，1998.

Reece W O，Erickson H H，Goff J P，et al. Dukes' Physiology of Domestic Animals [M]. 13th ed，New Jersey：Wiley-Blackwell Press，2015.

读者意见反馈

为收集对教材的意见建议，进一步完善教材编写并做好服务工作，读者可将对本教材的意见建议通过如下渠道反馈至我社。

咨询电话　400-810-0598
反馈邮箱　gjdzfwb@pub.hep.cn
通信地址　北京市朝阳区惠新东街4号富盛大厦1座　高等教育出版社总编辑办公室
邮政编码　100029

防伪查询说明

用户购书后刮开封底防伪涂层，使用手机微信等软件扫描二维码，会跳转至防伪查询网页，获得所购图书详细信息。

防伪客服电话　（010）58582300